集成电路工艺技术丛书

表面组装技术（SMT）
基础与通用工艺
（第2版）

吴　敔　　王琳涛　顾霭云　编著

电子工业出版社.
Publishing House of Electronics Industry
北京·BEIJING

内 容 简 介

表面组装技术（Surface Mount Technology，SMT）是电子信息产业中印制电路板组装制造的核心技术，是电子信息产业技术链条上的重要环节，是持续发展的先进制造技术。本书分为上、下两篇，介绍了当今电子信息产品制造过程中普遍采用的表面组装技术的总体情况。上篇主要阐述了表面组装技术的基础知识，涉及电子元器件、印制电路板、材料、主要的生产和检测设备等方面的内容。下篇主要阐述了表面组装技术的应用情况，涉及印制电路板的可制造性设计（DFM）、表面组装技术通用工艺、可靠性、精益生产等方面的内容。

全书内容广泛，对于行业人员掌握 SMT 基础理论、提高产品设计水平、尽快掌握正确的工艺方法、提高工艺能力具有很强的指导作用，也可作为高等院校电子信息相关专业的参考教材。

图书在版编目（CIP）数据

表面组装技术（SMT）基础与通用工艺 / 吴敌，王琳涛，顾霭云编著. —2 版.—北京：电子工业出版社，2022.6

（集成电路工艺技术丛书）

ISBN 978-7-121-43493-8

Ⅰ. ①表… Ⅱ. ①吴… ②王… ③顾… Ⅲ. ①印刷电路—组装 Ⅳ. ①TN410.5

中国版本图书馆 CIP 数据核字（2022）第 086348 号

责任编辑：刘海艳

印　　刷：北京天宇星印刷厂
装　　订：北京天宇星印刷厂
出版发行：电子工业出版社
　　　　　北京市海淀区万寿路 173 信箱　邮编：100036
开　　本：787×1092　1/16　印张：29　字数：838 千字
版　　次：2014 年 1 月第 1 版
　　　　　2022 年 6 月第 2 版
印　　次：2024 年 5 月第 4 次印刷
定　　价：158.00 元

凡所购买电子工业出版社图书有缺损问题，请向购买书店调换。若书店售缺，请与本社发行部联系，联系及邮购电话：（010）88254888，88258888。

质量投诉请发邮件至 zlts@phei.com.cn，盗版侵权举报请发邮件至 dbqq@phei.com.cn。

本书咨询联系方式：lhy@phei.com.cn。

编 委 会

前　言

实体经济是国家强盛的重要支柱，是建设现代化经济体系的坚实基础。制造业是实体经济的基础，是我国构筑未来发展战略优势的重要支撑。电子信息产业是制造业的重要领域，日益成为经济社会发展的重要因素，对生产生活方式正在产生变革式的影响。电子信息产业不但是战略性新兴产业，也逐渐成为各行业发展的基础要素之一。表面组装技术（Surface Mount Technology，SMT）是电子信息产业中印制电路板组装制造的核心技术，是电子信息产业技术链条上的重要环节，是持续发展的先进制造技术。

截至目前，我国的表面组装技术经历了三十余年的发展，在学习国际先进技术的基础上，实现了在各类电子产品上的大规模应用，同时也研发出了系列化的国产电子元器件、制造装备、相关材料等，取得了长足的进步。在表面组装技术领域，电子元器件、电子材料、电子生产设备相互影响，推动行业技术持续发展。本书对于电子元器件、材料、工艺、设计技术、设备、检验、检测、标准、精益生产等方面进行了阐述，内容比较全面，涉及范围也比较广，希望能够为行业发展提供助益。本书是对已有的技术与工艺等方面知识的总结，也对新技术、新工艺进行了展望。由于技术发展永无止境，因此本书仅是一家之言，未来的创新与提升还需业界同仁结合实际去体悟与升华。

本书是在 2014 年 1 月出版的《表面组装技术（SMT）基础与通用工艺》基础上，结合当前SMT 的发展重新修订完善的。全书主要内容由顾霭云执笔，参加本次修订的有吴敌、丁飞、王琳涛、张富文、王怀军、刘雪涛、安建华、张树谦、刘春林、董因辉、刘新胜、董洋、姚畅等。

本书在策划和写作过程中，得到了北京电子学会智能制造委员会（原北京电子学会 SMT 委员会）的大力支持。书中参考并引用了许多国内外设备企业及媒体出版发行的文献和行业技术讲座资料中的一些图表等，在此一并表示衷心感谢！

由于编著者水平有限，书中难免存在差错与不足之处，真诚希望行业专家与广大读者批评指正。

目　　录

上篇　表面组装技术（SMT）基础与可制造性设计（DFM）

下篇　表面组装技术（SMT）通用工艺

上 篇

表面组装技术（SMT）基础与可制造性设计（DFM）

表面组装技术（Surface Mount Technology，SMT），又称表面安装技术、表面贴装技术，是先进的电子制造技术，是无须对印制电路板钻插装孔，直接将表面贴装元器件贴焊到印制电路板（PCB）或其他基板表面规定位置的先进电子装联技术。与传统的通孔插装技术比较，SMT 具有结构紧凑、组装密度高、体积小、质量小；高频特性好；抗振动、抗冲击性能好，有利于提高可靠性；工序简单，焊接缺陷极少；适合自动化生产，生产效率高、劳动强度低；降低生产成本等优点。因此，近年来 SMT 得到了迅速发展，已成为世界电子整机组装技术的主流。

下面简单回顾一下电子组装技术的发展概况（见表 0-1）。随着电子元器件小型化、高集成度的发展，电子组装技术也经历了手工、半自动插装浸焊、全自动插装波峰焊和 SMT 四个阶段。目前，SMT 正向窄间距和超窄间距的微组装方向发展。

表 0-1　电子组装技术的发展概况

	无 源 元 件	IC 器 件	元器件的封装形式	组 装 技 术
第一代 （20 世纪 50 年代前）	有引线大尺寸元件	电子管	电子管座	扎线、配线、分立元器件、分立走线、金属底板、手工焊接
第二代 （20 世纪 60 年代）	有引线小型化元件	晶体管	有引线、金属壳封装	分立元器件、单面印制板、平面布线、半自动插装、浸焊
第三代 （20 世纪 70 年代）	整形引线小型化元件，后期开始出现表面贴装元件（SMC）	集成电路，厚、薄膜混合电路	双列直插式金属、陶瓷、塑料封装，后期开始出现表面贴装器件（SMD）	双面印制板、初级多层板、自动插装、波峰焊
第四代 （20 世纪 80、90 年代）	SMC 大发展，并向微型化发展	大规模、超大规模集成电路	SMD 大发展，向微型化发展，有了 BGA、CSP、倒装芯片、MCM	SMT——自动贴装、再流焊、波峰焊。向窄间距、超窄间距 SMT 发展
第五代 （21 世纪）	集成无源元件（IPD）	无源与有源的集成混合器件，三维立体组件	晶圆级封装（WLP）和系统级封装（SIP）	微组装——SMT 与 PCB 技术结合，SMT 与 IC、HIC 结合，多晶圆键合等

SMT 是从厚、薄膜混合电路演变发展而来的。

美国是世界上 SMD 与 SMT 起源最早的国家，并一直重视在投资类电子产品和军事装备领域发挥 SMT 高组装密度和高可靠性方面的优势，具有很高的水平。

日本在 20 世纪 70 年代从美国引进 SMD 和 SMT，应用在消费类电子产品领域，并在基础材料、基础技术和推广应用方面进行了大量的开发与研究工作，从 20 世纪 80 年代中后期加速了 SMT 在产业电子设备领域中的全面推广应用。

欧洲各国有较好的工业基础，虽然起步较晚，但发展速度也很快，仅次于日本和美国。

20 世纪 80 年代以来，新加坡、韩国、中国香港地区和中国台湾地区也投入巨资，引进先进技术，使 SMT 获得较快发展。

中国大陆地区 SMT 起步于 20 世纪 80 年代初期，2003 年以后进入快速发展阶段，每年引进贴装机 5000 台以上，2007 年引进 10 189 台，约占全球当年贴装机产量的 1/2。中国大陆地区贴装机的保有量约 6 万台，居全球第一。目前中国已发展为 SMT 应用大国，设备已经与国际接轨，但设计、制造、工艺和管理技术等方面与国际还有差距，应加强基础理论和工艺研究，提高工艺水平和管理能力，努力成为真正的 SMT 制造大国、制造强国。

表面组装技术的组成如下。

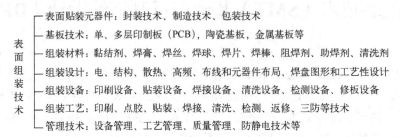

随着电子元器件小型化、高集成度的发展，以及不断涌现的新型封装，使组装密度越来越高，组装难度也越来越大。SMT 是一项复杂的、综合的系统工程技术，组装质量不仅与组装工艺有关，还与设备、基板、元器件、工艺材料、可制造性设计、管理等有关。在一定意义上可以认为这些是影响 SMT 组装质量的重要因素，也是 SMT 工程技术人员掌握 SMT 工艺技术的基础条件。

本篇简要介绍表面贴装元器件（SMC/SMD）、表面组装印制电路板（SMB）、表面组装工艺材料、SMT 生产线及主要设备、SMT 印制电路板的可制造性设计（DFM）等内容。

了解并掌握本篇内容，对提高 SMT 工程技术人员的工艺能力，提高 SMT 产品的可制造性设计水平等方面都具有很实用的指导作用。

第1章 表面贴装元器件（SMC/SMD）

表面贴装元件/表面贴装器件的英文是 Surface Mounted Components/Surface Mounted Devices，SMC/SMD。表面贴装元器件是指外形为矩形片状、圆柱形或异形、无引线或短引线、焊端或引脚制作在同一平面内并适用于表面组装的电子元器件。

目前，人们习惯上把表面组装无源元件，如片式电阻、电容、电感称为 SMC，而将表面组装有源器件，如小外形晶体管（SOT）及种类繁多的集成电路称为 SMD。

SMC/SMD 的封装和制造工艺与传统的通孔插装元器件（THC）相比较具有以下优点。

① 体积小、质量轻，可采用双面贴装，有利于提高组装密度和电子设备小型化。

② 高频特性好，无引线或短引线，寄生参数小，噪声小，去耦合效果好。

③ 可靠性好，耐振动，抗冲击。

④ 适合自动化生产，生产效率高，有利于降低生产成本。

⑤ 可以采用再流焊工艺，有自定位效应，焊接缺陷极少。

⑥ 工序简单，劳动强度低。

当然，表面贴装元器件也存在着不足之处，例如，元器件与 PCB 表面非常贴近，与基板间隙小，给清洗造成了困难；元器件体积小，电阻、电容一般不设标记，一旦弄错，就很难分辨出来；元器件与 PCB 之间热膨胀系数的差异性等也是 SMT 产品中应注意的问题。

1.1 对 SMC/SMD 的基本要求及无铅焊接对元器件的要求

对 SMC/SMD 的总要求是要满足可贴性、可焊性、耐焊性。

1. 对 SMC/SMD 的基本要求

① 外形适合自动化表面组装，上表面应易于被真空吸嘴吸取。

② 尺寸、形状标准化，并具有良好的尺寸精度和互换性。

③ 包装形式适合贴装机自动贴装要求。

④ 具有一定的机械强度，能承受贴装机的贴装应力和基板的弯折应力。

⑤ 元器件的焊端或引脚的可焊性要符合要求：有铅焊接为 235℃±5℃、2s±0.2s 或 230℃±5℃、3s±0.5s，焊端 90%以上沾锡；无铅焊接为 250～255℃。

⑥ 符合再流焊和波峰焊的耐高温焊接要求。

● 再流焊：235℃±5℃/10～15s（无铅焊接为 260～270℃/10～15s）。

● 波峰焊：260℃±5℃/5s±0.5s（无铅焊接为 270～272℃/5s±0.5s）。

⑦ 可承受有机溶剂的洗涤。

2. 无铅焊接对元器件的要求

（1）元器件封装体和元器件内部连接要能承受无铅焊接高温的影响

表 1-1 是 IPC/JEDEC J-STD-020D 标准对元器件封装耐受的再流焊峰值温度。

表 1-1　元器件封装耐受的再流焊峰值温度（IPC/JEDEC J-STD-020D）

	封装厚度	封装体积<350mm³	封装体积≥350mm³	
Sn-Pb 共晶焊接	<2.5mm	235℃	220℃	
	≥2.5mm	220℃	220℃	
	封装厚度	封装体积<350mm³	封装体积 350～2000mm³	封装体积>2000mm³
无铅焊接	<1.6mm	260℃	260℃	260℃
	1.6～2.5mm	260℃	250℃	245℃
	>2.5mm	250℃	245℃	245℃

（2）无铅元器件焊端表面镀层无铅化、抗氧化、耐高温

有铅与无铅元器件焊端表面镀层材料比较见表 1-2。

表 1-2　有铅与无铅元器件焊端表面镀层材料比较

有引线元器件引线材料	有引线元器件焊端表面镀层材料		无引线元器件焊端表面镀层材料	
	有　铅	无　铅	有　铅	无　铅
Cu	Sn-Pb（少量 Ni-Au）	Sn 或 Sn-0.05Ni	Sn-Pb（少量 Pd-Ag、Ni-Pd-Au）	Sn 或 Sn-0.05Ni
		Ni-Au		Ni
Ni		Ni-Pd-Au		Ni-Pd-Au
		Sn-Ag		Sn-Ag
42 号合金钢		Sn-Ag-Cu		Sn-Ag-Cu
		Sn-Bi 或 Sn-Ag-Bi		Sn-Bi 或 Sn-Ag-Bi

1.2　SMC 的封装命名及标称

SMC 的封装是以元件的外形尺寸来命名的，封装命名及标称已经标准化。

1．SMC 的封装、名称、外形尺寸、主要参数及包装方式（见表 1-3）

表 1-3　SMC 的封装、名称、外形尺寸、主要参数及包装方式

封　装	名　称	外形尺寸		主　要　参　数	包装方式
		公制	英制		
矩形片式元件	电　阻	0402（0.4mm×0.2mm）	01005	0～10MΩ	编带或散装
	陶瓷电容	0603（0.6mm×0.3mm）	0201	0.5pF～1.5μF	
	钽 电 容	1005（1.0mm×0.5mm）	0402	0.1～100μF/4～35V	
	电　感	2125（2.0mm×1.25mm）	0805	0.047～33μH	
	热敏电阻	3216（3.2mm×1.6mm）	1206	1.0～150kΩ	
	压敏电阻	3225（3.2mm×2.5mm）	1210	耐压 22～270V	
	磁　珠	4532（4.5mm×3.2mm）等（视不同元件而定）	1812	Z=7～125Ω	
圆柱形片式元件	电　阻	φ1.0m×2.0m	0805	0～10MΩ	编带或散装
	陶瓷电容	φ1.4m×3.5m	1206	1.0～33000pF	
		φ2.2m×5.9m	2210		
	陶瓷振子	φ2.8m×7.0m	2511	2～6MHz	
复合片式元件	电阻网络	SOP8～SOP20		47Ω～10kΩ	编带

续表

封　装	名　　称	外形尺寸		主　要　参　数	包装方式
		公制	英制		
复合片式元件	电容网络			1pF～0.47μF	
	滤波器	4.5mm×3.2mm 和 5.0mm×5.0mm		有低通、高通、带通等	
异形片式元件 	铝电解电容	3.0mm×3.0mm		0.1～220μF/4～50V	编带
	微调电容	4.3mm×4.3mm		3～50pF	
	微调电位器	4.5mm×4.0mm		100Ω～2MΩ	
	绕线型电感	4.5mm×3.8mm		10nH～2.2mH	
	变压器	8.2mm×6.5mm		10nH～2.2mH	
	各种开关	尺寸不等		形式有触、旋转、扳钮等	
	振子	10.0mm×0.8mm		3.5～25MHz	
	继电器	16mm×10mm		规格不等	托盘
	连接器	尺寸不等		规格不等	

2．SMC 的标称值

$$\boxed{1}\ \boxed{0}\ \boxed{2}$$

十位和百位表示数值 —————┘　　└——— 个位表示 0 的个数

片式电阻举例：$\boxed{102}$——表示 1kΩ；$\boxed{471}$——表示 470Ω；$\boxed{105}$——表示 1MΩ。

片式电容举例：$\boxed{102}$——表示 1000pF；$\boxed{471}$——表示 470pF；$\boxed{105}$——表示 1μF。

小于 10Ω 的电阻和小于 10pF 的电容，用 R 夹在两个数值之间（以 R 代替小数点）来表示。例如，用 4R7 代表 4.7Ω，用 4R7 代表 4.7pF。

3．表面组装电阻、电容的阻值、容值误差表示方法

（1）阻值误差表示方法。

　　F——±1%；J——±5%；K——±10%；M——±20%。

（2）容值误差表示方法

　　C——±0.25pF；D——±0.5pF；F——±1.0pF；J——±5%；K——±10%；M——±20%。

1.3　SMD 的封装命名

SMD 的封装是以器件外形命名的。SMD 的封装和外形、引脚数和间距及包装方式见表 1-4。

表 1-4　SMD 的封装和外形、引脚数和间距及包装方式

器件类型	封装和外形		引脚数和间距	包装方式
片式晶体管	圆柱形二极管 MELF			编带或散装
	SOT23		三端	
	SOT89		四端	
	SOT143		四端	
集成电路	SOP（翼型小外形塑料封装）TSOP（薄型 SOP）		引脚数：8～44 引脚间距：1.27mm、1.0mm、0.8mm、0.65mm、0.5mm	编带或管状或托盘
	SOJ（J 型小外形塑料封装）		引脚数：20～40 引脚间距：1.27mm	

器件类型	封装和外形	引脚数和间距	包装方式
集成电路	PLCC（带引线的塑料芯片载体）	引脚数：16～84 引脚间距：1.27mm	编带或管状或托盘
	LCCC（无引线陶瓷芯片载体）（底面）	电极数：18～156	
	QFP（四边扁平封装器件） TQFP（薄型 QFP） BQFP（带保护垫的 QFP）	引脚数：20～304 引脚间距：1.27mm、1.0mm、0.8mm、0.65mm、0.5mm、0.4mm、0.3mm	
	BGA（球形栅格阵列） LGA（焊盘阵列封装） CSP（又称μBGA，外形与 BGA 相同，封装尺寸比 BGA 小。芯片封装面积与芯片面积比≤1.2） Flip Chip（倒装芯片） QFN（方形扁平无引脚封装，也称为方形扁平无引线引线框架封装） MCM（多芯片模块——如同混合电路，将电阻制作在陶瓷或 PCB 上，外贴多个集成电路和电容等其他元件，再封装成一个组件）	焊球间距：1.5mm、1.27mm、1.0mm、0.8mm、0.65mm、0.5mm、0.4mm、0.3mm	

1.4 SMC/SMD 的焊端结构

表面贴装元器件的焊端结构目前有 4 种形式：无引线厚膜金属端头、周边短引线金属结构、球形合金结构和无引线引线框架结构。

1. 无引线片式 SMC 的焊端结构与焊端电极的形式

（1）无引线片式 SMC 的焊端结构

无引线片式 SMC 的焊端一般为 3 层电镀金属电极，如图 1-1 所示。

内部电极（一般为银钯电极）

中间电极（镍阻挡层）

外部电极（镀铅锡）

图 1-1 无引线片式 SMC 端头 3 层金属电极示意图

● 最内层：内部电极，银钯（Ag-Pd）合金（0.5mil），与陶瓷基板有良好的结合力。
● 中间层：中间电极，镍层（0.5mil），用于防止在焊接期间银层的熔蚀。
● 最外端：外部电极，通常是锡铅（Sn-Pb），无铅元器件采用纯锡或其他无铅合金。

（2）无引线片式 SMC 焊端电极的形式

无引线片式 SMC 焊端电极有一端、三端和五端电极 3 种形式，如图 1-2 所示。

● 一端电极：电极分布在元件端头的底面。一端电极的元件主要有滤波器、晶振等。
● 三端电极：电极分布在端头的底面、顶面和两个端头的端面。三端电极的元件主要有陶瓷电阻。
● 五端电极：电极分布在端头的四周和端面。五端电极的元件有陶瓷电容、电感等。

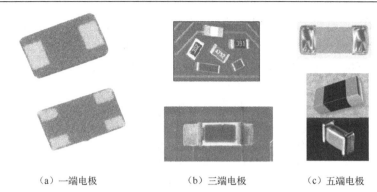

（a）一端电极　　　　　　（b）三端电极　　　　　　（c）五端电极

图 1-2 无引线片式 SMC 的 3 种形式焊端电极

2. 表面贴装器件（SMD）的焊端结构

表面贴装器件的焊端结构分为翼型、J 型、球形和无引线引线框架型，如图 1-3 所示。

① 翼型的器件封装类型有 SOT、SOP、QFP。

② J 型的器件封装类型有 SOJ、PLCC。

③ 球形的器件封装类型有 BGA、CSP、倒装芯片。

④ 无引线引线框架型的器件封装类型有 QFN。

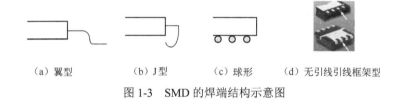

（a）翼型　　　　（b）J 型　　　　（c）球形　　（d）无引线引线框架型

图 1-3 SMD 的焊端结构示意图

1.5 SMC/SMD 的包装类型

表面贴装元器件的包装类型有编带包装、散装、管状包装和托盘包装。同一种表面贴装元器件可采用不同的包装，如 QFP 封装集成电路，既有编带包装，也有托盘包装。

1. 编带包装

编带包装有纸带包装和塑料带包装两种形式。

① 纸带包装主要用于包装小尺寸片式电阻、电容，只用于 8mm 编带。

② 塑料带包装用于包装各种片式无引线元器件、复合元器件、异形元器件、SOT、SOP、小尺寸 QFP 等片式元器件。

③ 纸带包装和塑料带包装的孔距为 4mm，元器件间距为 4mm 的倍数（0402 及以下的小元器件孔距为 4mm，元器件间距为 2mm）。表面贴装元器件编带包装的常用尺寸标准见表 1-5。

表 1-5 表面贴装元器件编带包装的常用尺寸标准

编带宽度（mm）	8	12	16	24	32	44	56
元器件间距（mm）	2、4	4、8	4、8、12	12、16、20、24	16、20、24、28、32	24、28、32、36、40、44	40、44、48、52、56

编带宽度已标准化，尺寸主要有 8mm、12mm、16mm、24mm、32mm、44mm，最大可到 76mm。

编带包装是应用最广、时间最久、适应性最强、贴装效率非常高的一种包装形式。卷盘的尺寸有 ϕ178mm 和 ϕ330mm 两种规格。8mm 宽的 ϕ178mm 卷盘可装 4000～5000 只片式电阻、电容，ϕ330mm 卷盘可装 8000～10000 只片式电阻、电容。常用编带包装如图1-4所示。

图1-4　常用编带包装

2．管状包装

管状包装（见图1-5）主要用于 SOP、SOJ、PLCC、PLCC 的插座及异形元器件等。

3．托盘包装

托盘又称华夫盘。使用托盘包装（见图1-6），在运输和传递过程中器件不会移动，不会发生相邻器件引脚之间的碰撞。托盘包装主要用于共面性要求高或大尺寸的器件，如 QFP、窄间距 SOP、BGA、CSP、QFN、PLCC 插座等。托盘的尺寸、X/Y 方向的阵列中心距与相应器件的封装尺寸都是匹配的，托盘的规格是标准化的。

图1-5　管状包装　　　　　　　　　　　图1-6　托盘包装

4．散装包装

散装包装主要用于片式无引线、无极性元件，多用于矩形、圆柱形电容、电阻。

散装包装的形式主要有塑料袋包装、塑料瓶包装、塑料盒包装，数量可以根据合同要求决定。

1.6　元器件的运输、存储、使用要求

1.6.1　一般物料的运输、存储、使用要求

一般物料（包括元器件）的运输、存储、使用条件见表1-6。

表1-6　一般物料（包括元器件）的运输、存储、使用条件

	运输	存储	使用条件
相对湿度	15%～70%	10%～70%	35%～55%
温度	−5～+40℃	15～30℃	20～28℃

不适宜的存储条件会导致元器件质量下降，引起可焊性变差。元器件的存储条件必须规范化。

① 总存储时间：不应超过2年（从制造到用户使用）。到用户手中至少有1年的使用期。

② 存储期间不应打开最小包装单元（SPU），SPU 最好保持原始包装。

③ 不要存储在存在有害气体和有害电磁场的环境中。

1.6.2　静电敏感元器件（SSD）的运输、存储、使用要求

对静电反应敏感的元器件称为静电敏感元器件（Static Sensitive Device，SSD）。静电敏感元器件主要是指超大规模集成电路，特别是金属化膜半导体（MOS）电路。根据能够承受而不至于被损坏的静电极限电压值（也可称为静电敏感度），SSD 可以分为三级，见表 1-7。

表 1-7　SSD 的三个分级

级别	静电敏感度范围（V）	元器件类型
1 级	0～1999	微波器件（肖特基垫垒二极管、点接触二极管等）、离散型 MOSFET 器件、声表面波（SAW）器件、结型场效应晶体管（JFET）、电耦合器件（CCDS）、精密稳压二极管（加载电压稳压度<0.5%）、运算放大器（OPAMP）、薄膜电阻器、MOS 集成电路（IC）、使用 1 级元器件的混合电路、超高速集成电路（UHSIC）、可控硅整流器等
2 级	2000～3999	由试验数据确定为 2 级的元器件和微电路、离散型 MOSFET 器件、结型场效应晶体管（JFET）、运算放大器（OPAMP）、集成电路（IC）、超高速集成电路（UHSIC）、使用 2 级元器件的混合电路、精密电阻网络（RZ）、低功率双极型晶体管
3 级	4000～15999	由试验数据确定为 3 级的元器件和微电路、离散型 MOSFET 器件、运算放大器（OPAMP）、集成电路、超高速集成电路（UHSIC）、小信号二极管、硅整流器、低功率双极型晶体管、光电器件、片式电阻器、使用 3 级元器件的混合电路、压电晶体

静电敏感元器件（SSD）的运输、存储、使用要求如下。

① 在运输过程中不得掉落在地上，不得任意脱离包装。

② 库房相对湿度为 30%～40%。

③ 在存放过程中要保持原包装，若须更换包装，要使用具有防静电性能的容器。

④ 放置位置应贴有防静电专用标签，如图 1-7 所示。

⑤ 发放时，用目测法，在原包装内清点数量。

⑥ 对 EPROM 进行写、擦及信息保护操作时，应将写入器/擦除器充分接地，并且要带防静电腕带。

⑦ 装配、焊接、修板、调试等操作人员必须按静电防护要求操作。

⑧ 测试、检验合格的 SMA 在封装前用离子喷枪喷射一次，以消除可能积聚的静电荷。

图 1-7　ESD 敏感标志

1.6.3　潮湿敏感元器件（MSD）的管理与控制

潮湿敏感元器件（MSD）主要指非气密性（Non-Hermetic）元器件，包括塑料封装元器件，其他透水性聚合物封装（环氧、有机硅树脂等）元器件，一般的 IC、芯片、电解电容、LED 等。

吸潮的元器件在回流区的高温作用下，元器件内部的水分会快速膨胀，元器件的不同材料之间的配合会失去调节，各种连接会产生不良变化，从而导致元器件剥离分层或者爆裂，于是元器件的电气性能受到影响或者破坏。破坏严重时，元器件外观变形、出现裂缝等（通常把这种现象形象地称作"爆米花"现象）。由于无铅焊接温度高，因此要特别注意对 MSD 的管理。例如：

① 设计中要在明细表中注明元器件潮湿敏感等级；

② 工艺中要对潮湿敏感元器件制作时间控制标签，做到受控管理；

③ 对已受潮元器件进行去潮处理。

1. MSD 的潮湿敏感等级（见表 1-8）

MSD 的等级越高，对湿度越敏感，越容易受湿气损害，可分为 1 级、2 级、2a 级、3 级、4级、5 级、5a 级、6 级等级别。其中，1 级的不是 MSD。

表 1-8　MSD 的潮湿敏感等级（IPC/JEDEC 标准）

敏 感 等 级	拆封后置放环境条件	拆封后必须使用的期限（标签上最低耐受时间）
1 级	≤30℃，<85%RH	无限期
2 级	≤30℃，<60%RH	1 年
2a 级	≤30℃，<60%RH	4 周
3 级	≤30℃，<60%RH	168h
4 级	≤30℃，<60%RH	72h
5 级	≤30℃，<60%RH	48h
5a 级	≤30℃，<60%RH	24h
6 级	≤30℃，<60%RH	按标签上写的时间

2．MSD 的管理与控制

J-STD-033B 标准对 MSD 的管理与控制有以下规定。

① 必须对 MSD 正确分类、识别，并将其包装在干燥袋内，直到 PCB 组装需要用到时再将其拿出。只要打开干燥袋，就必须在规定时间内完成 MSD 的组装和再流焊。

② 必须跟踪每一卷或盘上的 MSD 在整个生产工艺中累积的总暴露时间，直到所有元器件被贴放好、准备进行再流焊。

③ 从组装线上卸下的元器件盘，应将其存储在干燥箱或干燥袋中。

1.7　元器件的选用原则

① 在不影响功能、可靠性的前提下，尽可能使元器件种类少。

② 优选生命周期处于成长、成熟的元器件，慎选生命周期处于衰落的元器件，禁止选用停产的元器件。

③ 功率器件优先选用热阻小、结温更大的封装型号。

④ 尽量选择封装尺寸大于 0402（含）的元器件。

⑤ 所选元器件抗静电能力至少达到 250V。对于特殊的元器件，如射频器件，抗 ESD 能力至少为 100V，并要求做防静电措施。

⑥ 所选元器件潮湿敏感等级（MSL）不能大于 5 级（含），优先选用密封真空包装的。潮湿敏感等级（MSL）大于 2 级（含）的，必须使用密封真空包装。

⑦ 优先选用编带包装、托盘包装的。如果是潮湿敏感等级为 2 级或者以上的元器件，则要求盘状塑料编带包装，盘状塑料编带必须能够承受 125℃ 的高温。

⑧ 对于关键元器件，至少有两个品牌的型号可以互相替代，有的还要考虑方案级替代。

⑨ 使用的材料要求满足抗静电、阻燃、防锈蚀、抗氧化以及安规等要求。

1.8　SMC/SMD 的发展方向

1．SMC 向微小型、薄型、高频化、多功能化、组合化、多品种方向发展

SMC 的尺寸从 1206（3.2mm×1.6mm）、0805（2mm×1.25mm）、0603（1.6mm×0.8mm）、0402（1.0mm×0.5mm）发展到 0201（0.6mm×0.3mm）、01005（0.4mm×0.2mm），最新又推出公制 03015

（0.3mm×0.15mm）。图 1-8 显示了表面贴装元件（SMC）向小型、薄型发展的趋势。目前，英制 0603 和 0201 在 PCB 上的应用非常普遍。0201 已经接近设备与工艺的极限尺寸。一般而言，01005（0.4mm×0.2mm）适合模块的组装工艺和高性能的手机等场合。公制 03015 只适合模块的组装工艺。

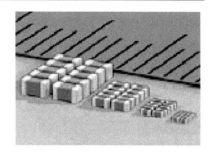

图 1-8　SMC 向小型、薄型发展

2. 集成电路封装技术的发展

从图 1-9 中可以看出，集成电路封装技术发展非常迅速，从双列直插（DIP）向 SMD 发展，SMD 又迅速向小型、薄型和窄引脚间距发展；引脚间距从过去的 1.27mm 和 0.635mm 到目前的 0.5mm 和 0.4mm，并向 0.3mm 发展；然后又从周边引脚向器件底部球栅阵列（BGA/CSP）发展；近年来又向二维（2D）、三维（3D）发展，出现了多芯片模块封装（MultiChip Module，MCM）、系统级封装（System in a Package，SIP）、多芯片封装（MultiChip Package，MCP）、封装上堆叠封装（Package on Package，POP）；最后还要向单片系统（System on a Chip，SOC）发展。

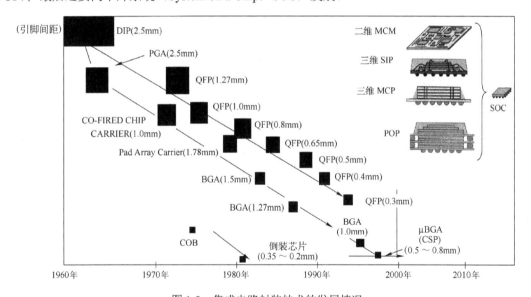

图 1-9　集成电路封装技术的发展情况

（1）球形栅格阵列（Ball Grid Array，BGA）和 CSP（μBGA）的广泛应用

BGA 的引脚是球形的，均匀地分布在芯片的底部。BGA 与 QFP 相比，最突出的优点是 I/O 数与封装面积比高，节省 PCB 面积，提高组装密度，组装难度下降，加工窗口更大。另外，由于 BGA 引线短，导线的自感和互感很低，引脚间信号干扰小，频率特性好，散热性好。目前，BGA 已经广泛应用。

CSP 又称μBGA。CSP 的外形与 BGA 相同，封装尺寸比 BGA 小。CSP 的封装尺寸与芯片面积比小于等于 1.2。CSP 比 BGA 具有更短的互连，阻抗低、干扰小，更适合高频领域。

（2）焊盘阵列封装（Land Grid Array，LGA）

LGA 是与 BGA 很相似的一种封装形式，属于面阵列封装形式。与 BGA 不同的是，LGA 封装器件在封装体的底部只有金属端子或焊盘，没有焊球，在焊接时是使用印刷焊膏的方式来直接代替焊球或焊柱的。这种焊接方式有效减小了芯片与印制电路板的距离，使引出路径变短，电信号传递快，电性能更好。另外，焊接高度的降低有利于组装的高密度化，避免了传统器件由于引脚共面性问题而引起的虚焊等焊接不良的现象，提高了成品率，为运输提供了方便。以上种种优点使得 LGA 封装器件广泛应用在各种电子产品中。

（3）倒装芯片（Flip Chip）

倒装芯片的优点是组装密度更高、成本更低，但由于需要底部填充，因此组装后存在不可修复的缺点。

（4）COB（Chip on Board）

COB 是指将裸芯片直接贴在 PCB 或陶瓷等基板上，用铝线或金线进行电子连接，然后直接在板上封胶的技术。由于 COB 工艺使用裸芯片，因此节约了封装成本，裸芯片比封装的 IC 成本便宜约 20%以上。COB 主要应用于低端电子产品，如玩具、计算器、遥控器等。

（5）多芯片模块（MultiChip Module，MCM）

MCM 如同混合电路，将电阻制作在陶瓷或 PCB 上，外贴多个集成电路和电容等其他元器件，再封装成一个组件。MCM 能有效地提高组装密度，有利于功能组件进一步小型化。

（6）晶圆级封装（Wafer Level Processing，WLP）

WLP 是直接在晶圆（硅片）上加工凸点的封装技术。它综合了倒装芯片技术及 SMT 和 BGA 的成果，使 IC 进一步微型化。

（7）方形扁平无引脚封装（Quad Flat No-lead Package，QFN）

QFN 是无引线框架封装。这种封装的引线分布在元器件的底面，体积小、质量轻，与 QFP、SOP 相比较，占 PCB 面积更小，适合手机、PDA 等便携式电子产品。QFN 还可以将散热电极布置在底面，有利于高密度散热。

3．SMT 与 IC、SMT 与高密度封装技术、SMT 与 PCB 制造技术相结合，推动封装技术从 2D 向 3D 发展，向模块化、系统化发展

目前，元器件尺寸已日益面临极限，PCB 设计、PCB 加工难度及自动印刷机、贴装机精度也趋于极限。但是在信息时代里，无法阻止人们对通信设备，特别是便携式电子设备提出更薄、更轻及无止境的多功能、高性能等要求。为了满足电子产品多功能、小型化要求，在提高 IC 集成度的基础上，目前已研制出复合化片式无源元件；将上百个无源元件和有源器件集成到一个封装内，组成一个功能系统；25～15μm 薄芯片技术和薄型封装层叠技术组成三维立体组件。目前已经有 3 芯片、8 芯片、10 芯片堆叠模块，三维晶圆级堆叠正处在研发阶段。SMD 封装技术从二维向三维发展。另外，SOC 单片系统、微机电系统（MEMS）等新型封装器件也在开发应用。表 1-9 概括了传统与新型元器件封装形式。

表 1-9　传统与新型元器件封装形式一览表

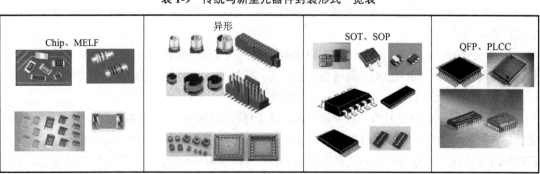

续表

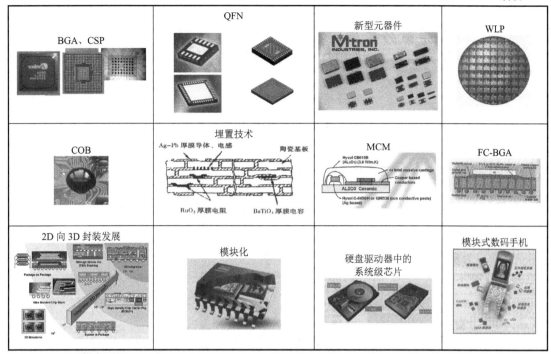

SMT 与高密度封装技术、SMT 与 PCB 制造技术相结合的新型模块化组件、系统化组件具有体积明显缩小，提高频率特性和散热性，提高可靠性，增加电子产品的使用寿命，提高 SMT 生产效率、组装质量，降低组装、检测难度和 SMT 制造加工成本等优点。

总之，模块化、系统化推动 SMT 向更简单、更优化、低成本、高速度、高可靠方向发展，推动电子产品走向更高级、更经济、更可靠的方向发展。

思 考 题

1．简述表面贴装元器件（SMC/SMD）的定义。

2．简述表面贴装元件（SMC）和表面贴装器件（SMD）的发展趋势。

3．简述 SMT 对表面贴装元器件的基本要求。

4．简述表面组装电阻器、电容器标称值及误差表示方法。常用表面贴装器件的外形封装名称有哪些？

5．无引线片式 SMC 为什么要采用三层焊端结构？其焊端电极有哪几种形式？

6．表面贴装器件（SMD）的焊端结构有哪几种形式？

7．表面贴装元器件有几种包装类型？各种包装适用于哪些元器件？

8．潮湿敏感元器件（MSD）主要指哪些？打开包装袋的 MSD 应怎样管理和控制？

第2章　表面组装印制电路板（SMB）

2.1　印制电路板

2.1.1　印制电路板的定义和作用

印制电路板（Printed Circuit Board，PCB）简称印制板，是电子产品中重要的基础零部件，广泛应用于汽车电子、消费电子、工业自动化、通信设备、军用电子、航空航天电子等领域。几乎所有整机电子产品中均可以用到印制板。印制电路板如图 2-1 所示。

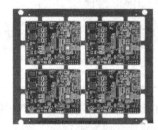
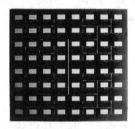

（a）挠性印制电路板（FPC）　　　　（b）高密度互连印制板（HDI）　　　　（c）高频印制板

图 2-1　各种印制电路板

国家标准 GB/T 2036-1994《印制电路术语》中的有关定义：

① 印制电路（Printed Circuit）：在绝缘基材上，按预定设计形成的印制元件或印制线路以及两者结合的导电图形。

② 印制线路（Printed Wiring）：在绝缘基材上形成的导电图形，用于元器件之间的连接，但不包括印制元件。

③ 印制板：印制电路或印制线路成品板的通称，包括刚性、挠性和刚挠结合的单面、双面和多层印制板等。

印制电路板在电子产品中的作用如下。

① 为各种电子元器件的组装提供了安装、固定等机械支撑的载体。

② 按要求实现了各种电子元器件之间的电气连接和绝缘。这是印制板的基本功能，也是电子产品整机对印制板的基本要求。

③ 为电子元器件焊接提供保障用的阻焊图形，为印制板上的元器件安装、检验和维修提供识别标志和字符。

④ 在特殊电路（如高速或高频电路）中还可以提供某些电气特性，如特性阻抗、电磁屏蔽、电磁兼容等性能。

⑤ 内部嵌入元件的印制板，提供了一定的电气功能，简化了安装流程，提升了产品可靠性。

⑥ 在大规模和超大规模的电子封装器件中，为电子元器件小型化的芯片封装提供了有效的芯片载体。

表面组装印制电路板（Surface Mount Printed Circuit Board，SMB）与传统的 PCB 又有一定区别，本章将重点介绍。

2.1.2　印制电路板分类

按结构分：刚性板、挠性板、刚挠结合板。

按层数分：单面板、双面板、多层板。

按功能分：高速印制板、高频印制板、HDI 板、金属基板、厚铜箔板、背板、齐平印制板、BUM 基板、IC 封装载板等。

2.1.3　常用印制电路板的基板材料

印制电路板按基板材料结构特征可分为覆铜箔层压板（Copper Clad Laminate，CCL）、附树脂铜箔（Resin Coated Copper，RCC）、半固化片（Prepreg，P.P）、无铜箔的特殊基材。CCL 是印制电路板基板材料中最重要的一种，广泛应用于减成法（铜箔刻蚀）制造印制板；RCC 主要用于积层法制造 HDI 板；半固化片主要是制作多层印制板时所使用的粘结片；无铜箔的特殊基材主要用于全加成法制作印制板。

覆铜箔层压板按基板材料的刚性和使用特点分为刚性覆铜箔板（Rigid Copper Clad Laminate，RCCL）和挠性覆铜箔板（Flexible Copper Clad Laminate，FCCL）。

常用印制电路板的基板材料按增强材料分类有纸基板、玻璃布基板、复合基板、特殊材料基板（如金属基板、陶瓷基板）。

基板材料中的主体大多为树脂，因此按主体树脂又可分为酚醛树脂基板、环氧树脂（EP）基板、聚酰亚胺树脂（PI）基板、聚苯醚树脂（PPO 或 PPE）基板、聚四氟乙烯（PTFE）基板、双马来酰亚胺三嗪树脂（BT）基板、氰酸酯树脂（CE）基板等。

环氧玻璃布基 CCL 是采用环氧玻璃纤维布+黏合剂，经烘干→覆铜箔→高温高压工艺制成的。其特点为综合性能优良、吸水性低，易高速钻孔，机械性能、电气性能好，广泛应用于双面、多层、中高档电子产品中。它也是 SMT 最常用的 PCB 材料。

环氧玻璃布覆铜箔层压板有阻燃型与非阻燃型之分。FR-2、FR-3、FR-4、FR-5 为阻燃型，内层印有红色标记。FR-4 最常用。FR-5 可用于无铅工艺。需要注意的是，FR-4 是一种耐燃材料等级的代号，代表树脂材料经过燃烧状态能够自行熄灭的一种材料规格，不是材料名称，而是材料等级。按 NEMA 标准分类的常见环氧玻璃布基 CCL 牌号见表 2-1。

表 2-1　按 NEMA 标准分类的常见环氧玻璃布基 CCL 牌号

牌　　号	性　能　比　较
G10	FR-4、FR-5 为阻燃型。 G11、FR-5 的耐热性比 G10、FR-4 好。 FR-4 为最常用品种，用量占环氧玻璃布基 CCL 总用量的 90% 以上
G11	
FR-4	
FR-5	

2.1.4　评估 PCB 基材质量的相关参数

评估 PCB 基材质量的相关参数主要分为热性能参数、电气性能参数和物理性能参数。

热性能参数：玻璃化转变温度（T_g）、热膨胀系数（CTE）、热分解温度（T_d）、热分层时间。

电气性能参数：介电常数、介质损耗角正切值、抗电强度、表面绝缘电阻、体积电阻率、耐电弧性能。

物理性能参数：热导率、剥离强度、吸水率、燃烧性、耐离子迁移性等。

1. 热性能参数

（1）玻璃化转变温度（Glass-transition Temperature，T_g）

在无定形材料内或部分结晶材料的无定形域内，材料由黏流态或橡胶态转变成坚硬状态（或反之）的一种物理变化称为玻璃化转变。玻璃化转变通常发生在一个相对小的温度范围内，该温度范围内的中点处温度被称为玻璃化转变温度（T_g）。

T_g 过低，高温下会使 PCB 变形，损坏元器件。选择基板材料时，对 T_g 的一般要求：

① T_g 应高于电路工作温度。

② 无铅工艺要求高 T_g（$T_g \geqslant 170℃$）。航天热风再流焊用印制板宜优选 $T_g \geqslant 170℃$ 的材料。

③ 过高的 T_g 会对加工带来影响，也会影响材料的耐离子迁移性能，选材时需慎重。

（2）热膨胀系数（Coefficient of Thermal Expansion，CTE）

CTE 可定量描述材料受热后膨胀的程度。

CTE 定义：环境温度每升高 1℃，单位长度的材料所伸长的长度，单位为 $10^{-6}/℃$。

计算公式：

$$\alpha_1 = \frac{\Delta l}{l_0 \Delta T} \tag{2-1}$$

式中，α_1 为热膨胀系数；l_0 为升温前原始长度；Δl 为升温后伸长的长度；ΔT 为温差。

SMT 要求低 CTE。无铅焊接由于焊接温度高，要求 PCB 材料具有更低的热膨胀系数。特别是多层 PCB，其 Z 方向的 CTE 对金属化孔的镀层耐焊接性影响很大。尤其在多次焊接或返修时，经过多次膨胀、收缩，会造成金属化孔镀层断裂，如图 2-2 所示。

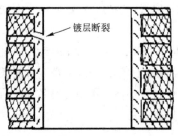

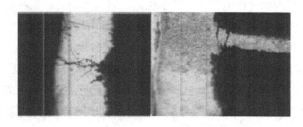

（a）金属化孔镀层断裂示意图　　　　（b）金属化孔镀层断裂示例

图 2-2　金属化孔镀层断裂

一般 FR-4 板材 Z 方向的 $\alpha_1 \leqslant 60 \times 10^{-6}/℃$，低热膨胀系数板材 Z 方向的 $\alpha_1 \leqslant 50 \times 10^{-6}/℃$，较好的热膨胀系数板材 Z 方向的 α_1 为 $30 \times 10^{-6}/℃ \sim 40 \times 10^{-6}/℃$。

（3）热分解温度（Temperature of Thermal Decomposition，T_d）

T_d 是基材中树脂材料受热分解，当材料质量损失 5% 时的最高温度。在此温度下，材料的一些物理、化学性能降低，产生不可逆的变化。图 2-3 是两种 T_g 都是 175℃ 的 FR-4，T_d 不同。图 2-4 是超过 T_d 损坏层压基板结构示例。对于 FR-4 板材，热质量损失 5% 时的 $T_d \geqslant 340℃$。随着无铅焊接工艺的大力发展，由于焊接温度的提高和再流焊时间的加长，该项技术指标能反映出基材的耐焊接程度，越来越被印制板用户重视。

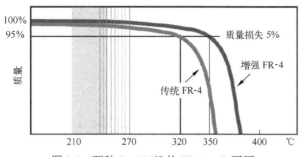

图 2-3 两种 $T_g=175℃$ 的 FR-4，T_d 不同

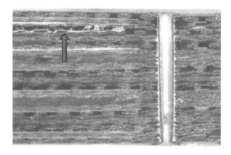

图 2-4 超过 T_d 损坏层压基板结构示例

（4）热分层时间

热分层时间是印制板基材耐浸焊性能指标，指材料在规定的焊料温度下和规定的时间内焊接，基材不出现分层、起泡等破坏现象的时间。焊接温度越高，在高温下停留时间越长，越容易加大印制板基材的热膨胀和分层的可能性。因此选择基板材料一般要求：

① 有铅焊接时，一般型 FR-4 的 SMB：$t_{260℃}≥10s$。

② 无铅焊接要求更高的耐热性：$t_{260℃}>30min$，$t_{288℃}>5min$，$t_{300℃}>2min$。

③ T_g 为 170℃ 以上的板材：$t_{288℃}>15min$。

2．电气性能参数

（1）介电常数（D_k 或 ε）

介电常数是基材影响高频、高速电路用印制板阻抗特性的重要特性参数，与信号传输速率有关，数值越大，信号传输速率就越小。通常，介电常数小的基材，介质损耗也小，因此一般要求 SMB 基材的 $\varepsilon<2.5$。

（2）介质损耗角正切值

介质损耗角正切值 $\tan\delta$ 又称损耗因子或介电损耗（D_f），$\tan\delta$ 越大，介质损耗越大，频率越高，损耗越大。通常要求 SMB 基材的 $\tan\delta<0.02$。$\tan\delta$ 偏大，会引起基板发热，高频损耗增大。

（3）抗电强度

相邻两导体间距为 1mm 时，在正常大气条件下，抗电强度应不小于 1300V。

（4）表面绝缘电阻

正常大气条件下，表面绝缘电阻不小于 $10^4MΩ$；高温下（125±2℃），表面绝缘电阻不小于 $10^3MΩ$。

（5）体积电阻率

要求大于 $10^3MΩ·cm$。

（6）耐电弧性能

要求大于 60s。

3．物理性能参数

（1）热导率

热导率又称导热系数，反映物质的热传导能力。基材的热导率越高，相同导体横截面积和相同电流下导体的升温越小。普通 0.8mm 厚 FR-4 基材的热导率是 0.33W/（m·K）。

（2）剥离强度

将单位宽度的铜箔从基材上拉起所需最小垂直于板面的力被称为剥离强度。在正常大气条件下，剥离强度应不小于 13N/cm。在相同条件下，铜箔较厚的基材剥离强度大于铜箔较薄基材的剥离强度。

（3）吸水率

温度为 85℃，相对湿度为 85%RH，时间为 168h，要求吸水率小于 0.8%。

（4）燃烧性

一般根据需求，应优选达到 UL 标准（美国保险商试验室标准）中规定的垂直燃烧法试验的燃烧性能要求 V 级的阻燃型板（又称 V0 板）。一般常用的为 FR-4 等级的板子。

（5）耐离子迁移性（CAF）

耐离子迁移性是绝缘基材在电场作用下能够承受电化学绝缘破坏的能力，主要表现形式为导电的离子在材料内部沿玻璃纤维迁移。吸水率小的材料有利于减小 CAF。

2.2　SMT 对表面组装印制电路板的一些要求

2.2.1　SMT 对印制电路板的总体要求

表面组装印制电路板（Surface Mount Printed Circuit Board，SMB）与传统的印制电路板有很大的区别。SMT 再流焊工艺要求 SMB 在 230℃（无铅最高 260℃）高温炉中通过。因此，它对基板材料的要求比传统的印制电路板的要求高得多，主要有耐高温、平整度好等要求。另外由于 SMB 具有高密度、小孔径等特点，因此加工难度比传统的印制电路板要大得多。

SMT 对印制电路板的要求如下。

① 外形尺寸稳定，翘曲度不小于 0.75%（安装有陶瓷封装芯片的应不小于 0.5%）。

② 焊盘镀层平坦，满足 SMD 共面性要求。

③ 热膨胀系数小，热导率高。

④ 耐热性要求见 2.1.4 节。

⑤ 铜箔的剥离强度高，可焊性好。

⑥ 抗弯曲强度高。

⑦ 电性能要求：介电常数、抗电强度、绝缘性能等要符合产品要求。

⑧ GBA、CSP 等高密度 PCB 采用埋孔或盲孔的多层板。

⑨ 耐清洗。

2.2.2　表面组装 PCB 材料的选择

① 根据产品的功能、性能指标及产品的档次选择 PCB。

② 对于一般的电子产品，采用 FR-4 环氧玻璃纤维基板；无铅焊接可选择高 T_g（150～170℃）的 CEM-3、FR-4、FR-5 等。

③ 对于使用环境温度较高的印制电路板，采用聚酰亚胺基板。

④ 对于散热要求高的高可靠印制电路板，采用金属基板。

⑤ 对于高频、高速电路印制板和微带印制板，需采用与设计需求相匹配的 ε 和 $\tan\delta$ 的基板。

⑥ 对于挠性印制电路（FPC），主要采用覆铜箔聚酯薄膜、覆铜箔聚酰亚胺薄膜、薄型环氧玻璃布覆铜板等。

2.2.3 无铅焊接用 FR-4 的特性

① $T_g \geq 150℃$（一般为 $150 \sim 170℃$）。
② T_d 高（$T_d \geq 340℃$）。
③ 热态下尺寸稳定性优异。
④ 基材热膨胀系数 CTE 相对要小（XY 向、Z 向）。
⑤ 耐离子迁移性好。

2.3 PCB 焊盘表面涂（镀）层及无铅 PCB 焊盘涂镀层的选择

自然界中除了金和铂金外，所有暴露在空气中的金属都会被氧化。为了防止 PCB 铜焊盘被氧化，焊盘表面都要进行涂（镀）保护层处理。PCB 焊盘表面处理的材料、工艺、质量直接影响焊接工艺和焊接质量。另外，不同的电子产品、不同工艺、不同焊接材料，对 PCB 焊盘表面处理的选择也是有区别的。正确选择 PCB 焊盘表面涂（镀）层是保证焊接质量的关键因素之一。

2.3.1 PCB 焊盘表面涂（镀）层

PCB 焊盘表面涂（镀）层有两种类型：有机防氧化保护涂层和金属镀层。

1. 有机防氧化保护涂层（Organic Solderability Preservatives，OSP）

OSP 涂层薄（$0.2 \sim 0.5 \mu m$）、平面性好，能防止焊盘氧化，有利于焊接，在焊接温度下自行分解，可焊性、导电性好。

OSP 的优点是表面平整、成本低，可避免热风整平操作时高温热冲击容易使印制板翘曲的缺点，广泛用于 SMT。

OSP 的缺点是保存时间短。OSP 的印制板在真空包装条件下保存期为 6 个月，焊接温度相对提高（235℃）；抗热冲击次数有限，不能多次再流焊；高温失效后可引起 Cu 表面氧化，因此双面板回流工艺要注意。OSP 无法用来处理电气接触表面，如按键的键盘表面。

2. 金属镀层

金属镀层主要工艺有热风整平、电镀镍/金、化学镀镍/金、化学镀镍/钯/金、浸银和浸锡。

（1）热风整平（Hot-Air Solder Leveling，HASL）

热风整平镀层厚度为 $7 \sim 11 \mu m$。HASL 的印制板在真空包装条件下保存期为 12 个月。

热风整平俗称喷锡，是将印制板浸入熔融的焊料中，使焊盘和金属化孔壁铜层被焊料润湿，将板从锡槽取出时通过热风将印制板焊盘表面及金属化孔内的多余焊料吹掉，从而得到焊料涂覆层。HASL 可保护焊盘，可焊性好，可用于双面再流焊，能经受多次焊接。HASL 最大的缺点就是表面不平整，镀层的厚度和焊盘的平整度（圆顶形）很难控制，很难贴装窄间距元器件，不能用于高密度组装中。

HASL 是波峰焊的最好选择。由于成本低，HASL 是世界范围内应用最广泛的表面处理技术。在传统的 Sn-Pb 工艺中，HASL 通常使用的焊料为 63Sn-37Pb，其相容性是最佳的，连接可靠性、焊接工艺、成本等方面都是最佳的。

（2）电镀镍/金（ENEG）

电镀金分为板面镀金和印制插头镀金。电镀镍主要是用于阻挡层。

板面镀金是电镀24K纯金，具有柱状结构，有极好的导电性和可焊性。镀金层厚度为0.13～0.45μm。超声金属线焊接区域金层厚度最小为0.05μm。热超声、热压焊金属线焊接区域金层厚度最小为0.8μm。板面镀金是以低应力镍或光亮镍为底层，镀镍层厚度为3～5μm，能阻止金铜间的相互扩散和阻碍铜穿透到金表面。

印制插头镀金是电镀硬金，镀金后的插头俗称"金手指"。它是含有Co、Ni、Fe、Sb等其中一种添加元素的合金镀层，添加含量不大于0.2%。金层厚度大于等于1.3μm，镍层厚度为3～5μm。硬金层具有层状结构，硬度、耐磨性都高于纯金镀层。其缺点是加工成本高，厚金层不作为可焊层。金能与焊料中的锡形成脆性的金锡间共价化合物（$AuSn_4$），焊点中金的含量超过3%，会使焊点变脆（金脆），所以一般厚的镀金层虽然可焊性好，但也不能用作焊接镀层。用于焊接的金层厚度小于等于1μm。

微带印制板或微波组件用印制板因其主要作用于电磁波信号，而镍层会使传输中的电信号损耗加大，因此表面镀层大多采用在铜表面直接镀纯金的方法。

思考：除微带印制板外，传统印制板为什么不能直接在铜表面镀金？

由于镀金层的孔隙率大，铜可从金层的孔隙中渗出，影响可靠性。例如，金手指处时间长会"长"出绿毛，这是铜渗出被氧化、腐蚀的原因。

解决措施：在铜与金之间镀Ni阻挡层，防止铜渗出。

所有的金属体系中，含Ni的夹层被认为具有更稳定的焊点界面，焊接过程中焊料在Ni表面润湿，形成锡镍共价化合物Ni_3Sn_4。因此对于结点强度（尤其是接触式连接）要求较高的场合，多采用电镀镍/金的方法。

（3）化学镀镍/金（Electroless Nickel-Immersion Gold，ENIG）

ENIG即化学镀镍、闪镀金，俗称水金板，即在PCB焊盘上化学镀Ni（厚度为3～5μm）后，再镀上一层厚度为0.025～0.1μm的薄金，用于焊接；或在镀Ni层表面再镀一层厚度为0.3～1μm的厚金，用于引线键合（Wire Bonding）工艺。ENIG耐氧化，可焊性好，可适用高温焊接，可多次焊接。

化学镀层均匀、表面平整、共面性好，适用于高密度SMT板的双面再流焊工艺。薄金层在焊接时迅速熔于焊料中，露出新鲜的Ni，与焊料中的Sn生成Ni_3Sn_4，使焊点更牢固。少量Au熔于锡中不会引起焊点变脆。Au层只起保护Ni层不被氧化的作用。但是Au不能太厚，Au能与焊料中的Sn形成金锡间共价化合物（$AuSn_4$）。在焊点中，Au的含量超过3%会使焊点变脆，因为太多的Au溶解到焊点里（无论Sn-Pb还是Sn-Ag-Cu）都将引起"金脆"，所以一定要限定Au层的厚度。另外加工印制板时，如果ENIG（Ni/Au）的工艺参数控制不好，Ni会被酸腐蚀或氧化，造成"黑焊盘"现象，因此化学镀镍层的含磷量在7%～9%之间为宜。

（4）化学镀镍/钯/金（Electroless Nickel Electroless Palladium and Immersion Gold，ENEPIG）

ENEPIG即化学镀镍、化学镀钯、浸镀金，即先在PCB焊盘上化学镀Ni（厚度为3～5μm），然后化学镀Pa（厚度为0.08～0.2μm），最后浸镀一层厚度为0.025～0.1μm的薄金。

ENEPIG与ENIG相比，化学镀钯与化学镀镍的工艺相近似。在镍和金之间多了一层钯，相当于在镍和金之间形成了阻挡层，钯层可以防止出现置换反应所导致镍的腐蚀现象，避免黑盘（或称黑镍）现象；钯层还可以使金层镀得更薄一些，避免"金脆"现象；另外，浸金时金能够紧密覆盖在钯层表面，提供良好的焊接面；焊接时，在合金界面不会出现富磷层，钯层不与熔融的焊料形成化合物，钯漂浮在焊料表面很稳定，露出新鲜的镍与锡生成良好的锡镍合金（Ni_3Sn_4）。因此，ENEPIG的可焊性和可靠性比ENIG好，适合军工和高可靠产品。

由于钯的价格贵过金，因此在一定程度上限制了它的应用。随着IC集成度的提高和组装技术的进步，化学镀钯在芯片极组装（CSP）上将发挥更有效的作用。

（5）浸银（Immersion Silver，I-Ag）

浸银又称化学镀银，是通过浸银工艺处理，在铜表面沉积一层薄（0.1～0.4μm）而密的银保护膜，铜表面在银的密封下，大大延长了寿命。

对于 I-Ag 精确的化学配方、厚度、表面平整度及银层内有机元素的分布，都必须仔细选择和规定，否则浸银中平面的微孔或香槟状气泡会影响焊接可靠性。另外，要求 I-Ag 的替代工艺都必须适用于有铅和无铅两种工艺。

I-Ag 是目前使用更多、成本更低廉的 ENIG（Ni/Au）替代工艺，广泛地被工业界接受。I-Ag 的可焊性、ICT 可探测性及接触/开关焊盘的性能不如 Ni-Au，但对于大多数应用场合已满足要求，此外，I-Ag 既可以锡焊也可以"邦定"（压焊），因而受到普遍关注。

（6）浸锡（I-Sn）

浸锡又称化学镀锡，就是通过化学方法在裸铜表面沉积一层锡薄膜。锡的沉积厚度应大于 1.0μm。

浸锡的加工成本比较低，镀层平整，与表面贴装器件的共平面性好，受到普遍关注。其一个主要问题是在浸锡过程中容易产生 Cu-Sn 金属间化合物，影响可焊性；另一个主要问题是寿命短，新板的润湿性较好，但存储一段时间或经过 1 次回流后，由于 Cu-Sn 金属间化合物的不断增长与高温氧化，使润湿性迅速下降，甚至不能承受波峰焊前的一次再流焊，工艺性较差。一般该工艺可应用在一次焊接工艺的消费类电子产品。

2.3.2　无铅 PCB 焊盘涂镀层的选择

无铅焊接要求 PCB 焊盘表面镀层材料也无铅化。目前主要是用非铅金属或无铅焊料合金取代 Sn-Pb 热风整平（HASL）、化学镀镍/金（ENIC）、化学镀镍/钯/金（ENEPIG）、Cu 表面涂覆 OSP、浸银（I-Ag）和浸锡（I-Sn）。

选择无铅 PCB 焊盘涂镀层必须考虑焊料、工艺与 PCB 焊盘涂镀层的相容性。

1. PCB 焊盘涂镀层与焊料的相容性

不同金属镀层与焊料合金焊接后在界面形成的化合物是不一样的，因此它们之间的连接强度也不同。例如，Sn 与 Ni 界面合金 Ni_3Sn_4 的连接强度最稳定，一般高可靠性产品选择 ENIG（Ni/Au）或化学镀镍/钯/金（ENEPIG）；采用与无铅焊料相同的合金热风整平（HASL），相容性最好。

2. PCB 焊盘涂镀层与工艺的相容性

（1）无铅焊料合金热风整平（HASL）

目前，无铅焊料合金热风整平的焊料主要有 Sn-Ag-Cu、Sn-Cu、Sn-Ag、Sn-Cu-Ni+Ge（锗）、Sn-Cu-Ni+Sb（锑）或 Sn-Cu-Ni+Co（钴）等。其中，Sn-Cu-Ni+Ge（锗）的成分为 Sn、0.7% Cu、0.05% Ni 和名义含量为 $65×10^{-6}$ 的 Ge。锗不但可以阻止氧化物的生长，而且能够阻止 PCB 焊盘镀层表面在 HASL 过程和随后的再流焊和波峰焊过程中焊点变黄和失去光泽。另外，锗还能抑制无铅波峰焊中熔渣的形成。

无铅焊料合金热风整平与 Sn-Pb 焊料 HASL 一样，由于镀层的厚度和焊盘的平整度（圆顶形）很难控制，因此不能用于窄间距、高密度组装，可应用于一般密度的无铅产品双面再流焊，以及消费类电子产品的波峰焊工艺。

无铅 HASL 工艺中最大的麻烦，是设备使用过程中锡槽的沉铜堵塞问题。

HASL 工艺的典型工作温度范围为 265～275℃。这个温度范围可以用于几乎所有实际生产的层压板。在这个温度下，即使是 CEM1，也没有分层劣化的问题。但是，实际工艺温度随着锡槽中铜成分升高而提高。当铜成分比最优值 1.2%高出 0.3%时，焊接温度必须提高到 285℃，这是层压板不能承受的。虽然可以加入不含铜的焊料合金，降低锡槽中铜的含量，但是很难控制比例。

另外还可以采用所谓的"冻干"方法。在锡铅共晶焊料（63Sn-37Pb）温度降至大约 190℃时（约比 183℃熔点温度高 7℃），熔解中的锡铜金属间化合物（Cu_6Sn_5）会"冻干"。在高密度含铅焊料中，Cu_6Sn_5 会漂浮在熔融焊料的表面，可以使用漏勺撇出。但是，在无铅焊料中，Cu_6Sn_5 的密度比无铅焊料大，Cu_6Sn_5 会沉在锡槽的底部。有机构介绍把温度降低到大约 235℃（约比熔点温度高 8℃），锡槽停工至少两个小时，最好是一整夜，这时，大部分合金仍处于熔化状态，可以设计专用工具，从锡槽的底部捞出沉淀的 Cu_6Sn_5，但是难度还是很大的。

（2）ENIG（Ni/Au）

ENIG 耐氧化、可焊性好、镀层表面平整，适用于无铅高密度 SMT 板的双面再流焊工艺。

由于无铅焊接温度高，更容易出现"金脆"和"黑焊盘"现象，因此要求严格控制镀层质量与 Au 镀层厚度。用于焊接的 Au 镀层应薄而致密，厚度最好控制在 0.05～0.1μm 之间。

（3）化学镀镍/钯/金（ENEPIG）

ENEPIG 与 ENIG 相比，可避免黑盘（黑镍）和"金脆"现象。ENEPIG 的可焊性和可靠性比 ENIG 好，适合军工和高可靠的无铅产品与有铅、无铅混装产品。

由于 ENEPIG 的制造工艺还不够普遍和成熟，因此要选择有经验的、质量好的制造商。

（4）浸银（I-Ag）

浸银曾经一度由于发现了银迁移现象，后来很少采用。由于无铅工艺的兴起，浸银工艺又成了目前使用更多、成本更低廉的 Ni-Au 替代工艺，而且更为广泛地被工业界接受。对于银的电子迁移问题，通过向银内添加有机成分部分解决。

（5）浸锡（I-Sn）

由于浸锡（I-Sn）的加工成本比较低，因此 I-Sn 被较广泛地应用于无铅工艺。但由于浸锡过程中容易产生 Cu-Sn 金属间化合物，影响可焊性，因此工艺性较差。一般可应用在一次焊接工艺的无铅消费类电子产品。

（6）OSP

目前无铅手机板大多采用 OSP 涂层。这里着重说明一点，无铅的 OSP 与有铅的 OSP 材料是不一样的，OSP 的热分解温度必须与焊接温度匹配，要求无铅的 OSP 应能耐更高的温度。

OSP 能否耐高温的关键是 OSP 溶液的配方及涂覆工艺。这是 OSP 供应商的机密。目前，国际上使用最广的唑类 OSP 已经发展到第 5 代，其热分解温度为 354.7℃，可承受多次加热。国外最好的 OSP 能够耐 4 次、5 次再流焊。因此，一般消费类无铅电子产品可选择 OSP 涂层。今后的发展方向是需要对 OSP 的组成与工艺持续改进，继续提高 OSP 的耐热温度和耐热性能。

2.4　当前国际先进印制电路板及其制造技术的发展动向

PCB 制造技术不仅朝着高密度、多层板方向发展，还与半导体技术、SMT 紧密结合，大有打破传统技术的势头。在某些高密度、高速度领域，PCB 制造、半导体与 SMT 三者的界限慢慢模糊，渐渐融合在一起，推动电子制造业向更先进、高可靠、低成本的方向发展。

1．印制电路板材料的发展趋势

① 基板材料产品形式的多样化。为了适应高速、高频电路的要求，基板材料应适用印制板制造技术的发展，体现出相应的多功能化。

② 同一类基板材料产品的多品种化。根据高频、高速电路和 HDI 多层板应用领域的增加，同一类基板应针对不同需求凸显材料性能的不同侧重面。

③ 追求基板材料性能的均衡化。实现产品标准所规定的主要基本性能、加工应用性能和成本性三者达到相对均衡。

④ 挠性 CCL 印制电路板的应用越来越广泛。

⑤ 含纳米材料的覆铜箔板的开发。

⑥ 3D 打印技术在印制电路板基材制造上的应用。

2．印制电路板制造技术的发展趋势

① PCB 制造技术要适应超高密度组装、高速度、高频率要求。各种制造技术要有机地进行整合，如半加成法、激光钻孔技术、积层多层制造技术、表面溅射技术、CAD-喷绘系统的应用等加工技术相互整合。

② 为适应复合组装化，PCB 制造技术与半导体技术、SMT 组装技术紧密结合。在向 PCB 中埋置 R、C、H、滤波器等元件的技术中，如何控制实现极为严格的 R、C、H 公差要求，如何检测、改善材料特性、降低成本等，都是要研究的课题。

③ 要适应新功能器件的组装要求。

④ 要适应无铅焊接耐高温与 PCB 焊盘表面镀层材料无铅化的要求。

⑤ 3D 打印技术在印制电路板制造上的应用。

⑥ 无基板电路、超薄挠性集成电路等前沿科技的研究。

总之，印制电路板的技术水平朝高精度、高密度、超薄型多层印制电路板、在基板内埋置无源元件、有源器件等新技术方向发展。

思　考　题

1．简述印制电路板的定义和作用及印制电路基板的分类。

2．常用印制电路板的基板材料有哪些种类？评估 SMB 基材质量的主要参数有哪些？

3．解释玻璃化转变温度 T_g、热膨胀系数 CTE、PCB 热分解温度 T_d 的含义。无铅 PCB 材料对 T_g、CTE、T_d 和耐热性有什么要求？

4．SMT 对印制电路板有哪些要求？

5．PCB 表面涂（镀）层有哪几种类型？焊盘表面的表面涂（镀）层有什么作用？

6．简述各种 PCB 可焊性表面涂（镀）层——热风整平法（HASL）、化学镀镍/金（ENIG）、化学镀镍/钯/金（ENEPIG）、浸锡（I-Sn）、浸银（I-Ag）、有机防氧化保护涂层（OSP）的优缺点。为什么厚 Au 不能作为可焊层？ENIG 的镀金层厚度范围是多少？

第3章　表面组装工艺材料

表面组装工艺材料主要有焊料、黏结剂、阻焊剂、助焊剂、助焊膏、清洗剂等。

焊料：钎焊材料，是使基板与元器件，以及元器件与元器件之间信号传输得以实现的关键材料，是电子信息产品中元器件功能实现的桥梁和纽带。在使用过程中，焊料承担力、热、电（或磁）三重互连的作用，不仅要求具有高的导电、导热性、优异的力学性能和使用的可靠性，对材料的熔化温度、形态尺寸都有严苛的要求。焊料包括焊条、焊丝、焊膏、预成型焊料（包括焊球、焊片及焊柱等）。

黏结剂：主要指贴片胶，用于临时固定表面贴装元器件，以防波峰焊时元器件掉落到锡锅中。

阻焊剂：主要用于采用水溶性助焊剂波峰焊时涂覆金手指、后附元器件的通孔焊盘等处，以防不需要沾锡处沾锡或后附元器件的通孔被焊锡堵塞。

助焊剂：用于波峰焊和手工焊时，在低温阶段起辅助热传导、去氧化作用，在高温阶段起降低表面张力、去氧化、防止高温再氧化的作用。

助焊膏：在再流焊过程中起到去除焊锡粉及被焊元器件表面氧化物，降低被焊接材质表面张力，促进润湿并防止焊接过程中氧化的作用，因其呈膏状，为区别于液体助焊剂，而称为助焊膏。

清洗剂：用于清洗焊接过程中产生的残留物及生产工艺过程中带进的灰尘、油脂等污物。

底部填充胶：一种化学胶水（主要成分是环氧树脂），用于 BGA 封装芯片的底部填充，从而达到加固的目的，增强 BGA 封装芯片和 PCB 基板之间的抗跌落性能。

表面组装工艺材料的应用见表 3-1。

表 3-1　表面组装工艺材料的应用

组装工艺	波　峰　焊	再　流　焊	焊接机器人或手工焊
贴装	黏结剂	—	—
焊接	助焊剂 棒状焊料	焊膏 预成型焊料	助焊剂 焊丝
清洗	清洗剂		

常用的各种焊料形状见表 3-2。

本章主要介绍锡铅焊料合金、无铅焊料合金、助焊剂、焊膏、焊丝、黏结剂（贴片胶）和清洗剂。

表 3-2 常用的各种焊料形状

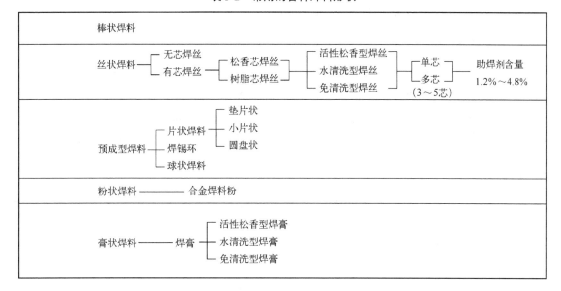

3.1 锡铅焊料合金

锡在常温下耐氧化性好，是一种质地软、延展性好的低熔点金属。铅不但化学性能稳定、抗氧化、耐腐蚀，而且是软质金属，塑造性、铸造性、润滑性好，很容易加工成型。铅与锡有良好的互溶性，在锡中添加不同比例的铅能组成高、中、低温各种用途的焊料。特别是 63Sn-37Pb 共晶焊料，其导电性、化学稳定性、机械特性和工艺性能都非常优异，熔点低，焊点强度高，是一种极为理想的电子焊接材料。因此，63Sn-37Pb 共晶锡铅焊料是近一个世纪以来最主要的电子焊接材料。Sn 可与 Pb、Ag、Bi、In 等金属元素组成各种用途的高、中、低温焊料，见表 3-3。

表 3-3 常用的锡铅焊料合金组分及其固相线、液相线温度

合 金 组 分	固相线温度（℃）	液相线温度（℃）	合 金 组 分	固相线温度（℃）	液相线温度（℃）
Sn-37Pb	183	183	Sn-36Pb-2Ag	179	179
Sn-40Pb	183	188	Sn-88Pb-2Ag	268	290
Sn-50Pb	183	215	Sn-43Pb-14Bi	135	165
Sn-90Pb	268	301	Pb-1.5Ag-1Sn	309	309
Sn-95Pb	300	314	Pb-2.5Ag-5Sn	298	309

3.1.1 锡的基本物理和化学特性

锡是银白色有光泽的金属，常温下耐氧化性好，暴露在空气中仍能保持较好的金属光泽度，密度为 $7.298g/cm^3$（15℃），熔点为 232℃，是一种质地软、延展性好的低熔点金属。

1. 锡的相变现象

锡的相变点为 13.2℃：高于相变点温度时，锡是白色β-Sn；低于相变点温度时，锡开始变成粉末状（俗称锡瘟现象）。这是由于低温锡变时，锡由四方晶系的β-Sn（白锡）转变为金刚右形立

方晶系的α-Sn（灰锡），会使体积增加26%左右，强度几乎消失。在-40℃附近相变速度最快，低于-50℃时，白锡将变为粉末状的灰锡。因此，纯锡一般不用于电子组装。

2．锡的化学性质

① 锡在大气中有较好的抗腐蚀性，不容易失去光泽，不与水、氧气、二氧化碳发生反应。

② 锡能抗有机酸的腐蚀，对中性物质来说，有较高的抗腐蚀性。

③ 锡是一种两性金属，能与强酸和强碱起化学反应，不能抗氯、碘、苛性钠和碱等物质的腐蚀。因此对于那些在酸性、碱性、盐雾环境下使用的组装板，需要三防涂覆保护焊点。

3．液态锡的易氧化性

锡在固态时不易氧化，然而在熔化状态下极易氧化，生成黑色的SnO。温度越高，锡的流动性越好，氧化速度也越快。锡基焊料的防氧化措施如下：

① 加入防氧化油。

② 使用活性炭类的固体防氧化剂。

③ 使用抗氧化焊料。

④ 采用 N_2 保护，或采用气相（相当于真空）焊接。

4．浸析现象

浸入液态焊料中的固体金属会产生溶解，生产中将这种现象称为浸析现象或溶蚀现象，俗称"被吃"。金、银、铜等金属元素在液态锡基焊料中均有较高的溶解速度，如图3-1（a）所示。

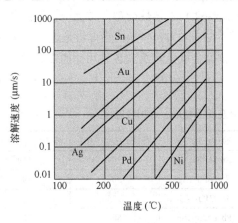

（a）常用金属元素在60Sn-40Pb中的溶解速度

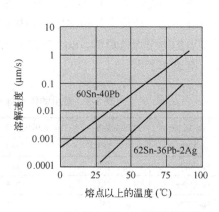

（b）添加2%wtAg减慢溶解速度

图3-1　金属元素在60Sn-40Pb焊料中的溶解速度

影响浸析的因素主要有被焊金属合金元素与焊料合金元素之间的亲和力和互溶性、焊料的温度、流动速度等。温度上升，溶解速度增大；焊料流动速度增大，溶解速度也增大。

在波峰焊中，铜的浸析很严重；再流焊时也可能发生浸析现象。例如，在焊接银-钯合金端电极的片式元器件时，银-钯电极中的银会溶解到锡基焊料中，焊后造成端头脱落，俗称"脱帽"。通常在 Sn-Pb 焊料中添加2wt%左右的 Ag 可以减轻浸析现象，如图3-1（b）所示。这是由于在锡基焊料中有了一定浓度的 Ag，可以减慢端头中 Ag 在熔融锡基焊料中的溶解速度。另外，添加少量的 Ag（一般为0.4wt%Ag）也可以产生"消光"和防止小元器件

"立碑" 的效果。

5．Sn 和许多金属元素容易形成金属间化合物

正是由于这一特性，使 Sn 能够与多种金属在几秒钟内完成扩散、溶解、冶金结合，形成焊点。但也是因为这一特性，容易使金属间化合物生长过快，造成焊点界面金属间化合物厚度过厚而使焊点变脆、机械性能变差，导致焊点提前失效。

6．锡的晶须问题

晶须（Whisker）是指从金属表面生长出的细丝状、针状单晶体。Sn 晶须主要发生在元器件引脚和焊端表面电镀层上。锡晶须增长会引发窄间距引脚发生短路故障，引起电子产品可靠性问题。

Sn 晶须的产生原因、危害、形态等，详见 17.4 节。

抑制 Sn 晶须生长的措施：

① 镀暗 Sn。镀 Sn 不加增光剂（镀暗 Sn），对抑制 Sn 晶须生长有一定效果。

② 热处理。表面镀层的热处理有 3 种方法：退火、熔化和回流。镀 Sn 后放在烘箱中烘 150℃/2h 或 170℃/1h，可达到退火的作用；不采用电镀，采用热浸（Hot Dip）；镀 Sn 后回流一次，可以将镀层熔化再凝固。

③ 中间镀层。中间镀层是指在镀 Sn 前先镀一层其他金属元素作为阻挡层，然后再镀 Sn。最常用的中间镀层材料为 Ni。

④ 镀层合金化。在 Sn 中添加 Pb、Ag、Bi、Cu、Ni、Fe、Zn 等金属元素可以有效抑制 Sn 晶须生长，大都采用 Sn-Ni 镀层、日本、韩国的无铅元器件有采用 Sn-Bi 镀层的。

⑤ 增加镀 Sn 层厚度。一般将镀 Sn 层厚度增加到 8～10μm。

3.1.2　铅的基本物理和化学特性

铅是一种蓝灰色金属，新暴露在空气中的铅表面有光亮的金属光泽，很快呈暗灰色，密度为 11.34g/cm^3，熔点为 327.4℃。铅的密度大，热膨胀系数大，导电、导热性能比锡差，特别是铅很柔软，强度太低，因此纯金属铅不宜用于电子组装。

铅的化学性能稳定，抗氧化、耐腐蚀，与锡有良好的互溶性，焊点表面很光滑。

3.1.3　63Sn-37Pb 共晶合金的基本特性

1．密度

63Sn-37Pb 共晶合金的密度为 8.5g/cm^3。

2．相变温度

图 3-2 是 Sn-Pb 二元合金相图。从 Sn-Pb 二元合金相图中可以看出，在所有的 Sn-Pb 合金配比中，只有 63Sn-37Pb 合金配比有共晶点，所以 63Sn-37Pb 配比的 Sn-Pb 合金称为共晶合金。对于 Sn-Pb 共晶合金的组分，国际上也有微量的差异，有的研究机构认为是 62.7Sn-37.3Pb，有的研究机构（日本）认为是 61.9Sn-38.1Pb，目前大家都把 63Sn-37Pb 称为共晶合金。

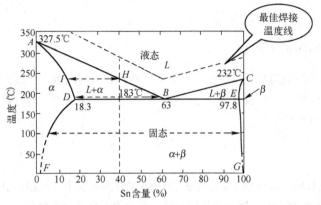

① A-B-C 线——液相线
② A-D、C-E 线——固相线
③ D-F、E-G 线——溶解度曲线
④ D-B-E 线——共晶线（点）
⑤ L 区——液体状态
⑥ L+α、L+β 区——二相混合状态
⑦ α+β 区——凝固状态
⑧ 液相线上之上 30～40℃的虚线是最佳焊接温度线

图 3-2　Sn-Pb 二元合金相图

在应用中，液相线温度等于熔化终了温度，固相线温度等于开始溶化温度。对于给定的合金成分，在液相线和固相线之间的温度范围是液相和固相共存范围，被认为是熔程范围。液相线温度与固相线温度相等的合金组分，称为共晶合金。此温度称为共晶点或共晶线。共晶合金在升温时只要达到共晶点温度，立即从固相变成液相；反之，冷却凝固时只要降到共晶点温度，立即从液相变成固相。因此，共晶合金在熔化和凝固过程中没有熔程范围。

合金凝固温度范围对焊接的工艺性和焊点质量影响极大。熔程范围大的合金，在合金凝固、形成焊点时需要较长时间。如果在合金凝固期间 PCB 和元器件有任何振动，都会造成"焊点扰动"，有可能会使焊点开裂。因此，选择焊料合金时应尽量选择共晶或近共晶合金。大多数冶金专家建议将范围控制在 10℃以内。为了保证焊点在最恶劣环境下的可靠性，建议焊料合金的液相线温度（熔点）应至少高于工作温度上限值的两倍。

3．电导率

电导率是物质传送电流的能力。焊料作为一种互连材料，一般要求电导率越高越好，63Sn-37Pb 共晶合金的电导率较高。

4．热导率

热导率高，导热性好。焊料的热导率随温度的增加而减小。

5．热膨胀系数（CTE）

CTE 是 SMT 业界关注和努力改进的问题。PCB、焊料、元器件焊端或引线的 CTE 不匹配将增加焊点上的应力和应变，缩短焊点的寿命，导致早期失效。

6．黏度与表面张力

黏度与表面张力是润湿性的重要性能。

7．冷凝收缩现象

63Sn-37Pb 合金从室温升到 183℃，体积会增大 1.2%，而从 183℃降到室温，体积的收缩却为 4%，故锡铅焊料焊点冷却后有时有缩小现象。无铅焊料也有冷凝收缩现象。

63Sn-37Pb 合金的物理性能见表 3-4。

表 3-4 63Sn-37Pb 合金的物理性能

合 金 成 分	密度（g/cm³）	熔点（℃）	热膨胀系数（×10⁻⁶/℃）	热导率（W/(m・K)）	电导率（%IACS）	电阻率（μΩ・cm）	260℃时的表面张力（mN/m）
63Sn-37Pb	8.5	183	23.9	50	11.5	15	481

3.1.4 铅在焊料中的作用

① 降低熔点，有利于焊接。

② 改善机械性能，提高锡铅合金的抗拉强度和剪切强度。

③ 降低表面张力和黏度，增大液态焊料的流动性和润湿性。

④ 抗氧化。铅是稳定的金属，不易氧化，使焊点抗氧化性能增加。

⑤ 铅的润滑性使 Sn-Pb 焊膏印刷时有一定的润滑作用。

⑥ 锡中加入铅可以避免灰锡的影响。

⑦ 避免产生晶须。含锡量在 70wt% 以下的各种 Sn-Pb 焊料，都可以避免锡晶须的产生。

3.1.5 锡铅合金中的杂质及其影响

① 锌（Zn）含量达到 0.01% 时，焊料的流动性和润湿性变差，明显影响焊点的外观。

② 铝（Al）含量达 0.001% 时，影响焊料的流动性和润湿性，而且容易发生氧化和腐蚀。

③ 镉（Cd）具有降低熔点的作用，并能使焊料的晶粒变得粗大而失去光泽。镉含量超过 0.001%，就会降低流动性，焊料会变脆。

④ 锑（Sb）可使焊料的机械强度和电阻增大。当含量为 0.3%～3% 时，焊点成型极好。如果含量在 6% 以内时，不但不会出现不良影响，还可以使焊点的强度增加，增大焊料的蠕变阻力，所以可用在高温焊料中。但是，当含量超过 6% 时，焊料会变得脆而硬，流动性和润湿性变差，抗腐蚀性减弱。另外，含锑的焊料不适于含锌的母材。

⑤ 铜（Cu）的熔点高，能够增大结合强度。当含量在 1% 以内时，会使蠕变阻力增加。焊料中含有少量的铜可以抑制焊锡对电烙铁头的熔蚀，但铜含量超过 1% 会使焊料熔点上升，流动性变差，焊点易产生拉尖、桥接等缺陷，因此铜含量是经常检测的项目。

⑥ 铁（Fe）可使焊料熔点增高，不易操作，还会使焊料带上磁性。

⑦ 铋（Bi）可使焊料熔点下降并且变脆。

⑧ 砷（As）即使含量很少也会增大硬度和脆性，影响焊点外观，但可使流动性略有提高。

⑨ 磷（P）含量过大时会溶蚀电烙铁头，微量磷能够增加焊料的流动性。

锡铅焊料合金中杂质金属的标准容许限值见表 3-5。

表 3-5 锡铅焊料合金中杂质金属的标准容许限值（J-STD-006）

杂质金属	允许含量（%）	杂质金属	允许含量（%）	杂质金属	允许含量（%）
银（Ag）	<0.05	金（Au）	<0.05	锑（Sb）	<0.50
砷（As）	<0.03	镉（Cd）	<0.002	铁（Fe）	<0.02
铋（Bi）	<0.10	铜（Cu）	<0.08	镍（Ni）	<0.01
铝（Al）	<0.005	铟（In）	<0.10	锌（Zn）	<0.003

3.2 无铅焊料合金

无铅化的核心和首要任务是无铅焊料。据统计，全球范围内共研制出 100 多种无铅焊料，最为典型是 Sn-Ag-Cu 系无铅合金。

3.2.1 对无铅焊料合金的要求

要求无铅焊料合金的物理性能、化学性能等尽量与锡铅共晶合金相接近。

① 合金成分中不含铅或其他对环境造成污染的元素。

② 合金熔点应与锡铅共晶合金相接近，为 180～230℃。

③ 有较小的固液共存温度范围，凝固时间要短，有利于形成良好的焊点。

④ 具有良好的物理特性，如导电性、导热性、润湿性、表面张力等。

⑤ 具有良好的化学性能，如耐腐蚀、抗氧化性好，不易产生电迁移等。

⑥ 良好的冶金性能，与铜、银、钯、金、42 号合金钢、镍等形成优良的焊点，焊点的机械性能（如强度、拉伸度、疲劳度）良好，并要求容易拆卸和返修。

⑦ 焊接过程中生成的残渣少。

⑧ 具有可制造性，容易加工成焊球、焊片、焊条、焊丝等形式。

⑨ 成本合理、资源丰富、便于回收。

⑩ 无铅焊料合金的组分与杂质含量必须受到控制。表 3-6 是 ISO 9453 标准的规定。

表 3-6 ISO 9453 标准中关于无铅焊料合金成分及杂质最大允许值的规定（%）

合金	Sn	Pb^e	Sb	Bi	Cu	Au	In	Ag	Al	As	Cd	Fe	Ni	Zn	其他
Sn95Sb5	余量	0.07	4.5～5.5	0.10	0.05	0.05	0.10	0.10	0.001	0.03	0.002	0.02	0.01	0.001	
Bi58Sn42	41～43	0.07	0.10	余量	0.05	0.05	0.10	0.10	0.001	0.03	0.002	0.02	0.01	0.001	
Sn99.3Cu0.7	余量	0.07	0.10	0.10	0.5～0.9	0.05	0.10	0.10	0.001	0.03	0.002	0.02	0.01	0.001	
Sn97Cu3	余量	0.07	0.10	0.10	2.5～3.5	0.05	0.10	0.10	0.001	0.03	0.002	0.02	0.01	0.001	
Sn99.25Cu0.7Ni0.05	余量	0.07	0.10	0.10	0.5～0.9	0.05	0.10	0.10	0.001	0.03	0.002	0.02	0.02～0.08	0.001	
Sn99.3Cu0.7Ag0.3	余量	0.07	0.10	0.06	0.5～0.9	0.05	0.10	0.2～0.4	0.001	0.03	0.002	0.02	0.01	0.001	
Sn99.1Cu0.5Ag0.3P0.05Ga0.05	余量	0.07	0.10	0.08	0.3～0.7	0.05	0.10	0.2～0.4	0.001	0.03	0.002	0.02	0.01	0.001	P 0.001～0.1 Ga 0.001～0.1
In52Sn48	47.5～48.5	0.07	0.10	0.10	0.05	0.05	余量	0.10	0.001	0.03	0.002	0.02	0.01	0.001	
Sn96.5Ag3.5	余量	0.07	0.10	0.10	0.05	0.05	0.10	3.3～3.7	0.001	0.03	0.002	0.02	0.01	0.001	
Sn96.5Ag3Cu0.5	余量	0.07	0.10	0.10	0.3～0.7	0.05	0.10	2.8～3.2	0.001	0.03	0.002	0.02	0.01	0.001	
Sn95.5Ag4Cu0.5	余量	0.07	0.10	0.10	0.3～0.7	0.05	0.10	3.8～4.2	0.001	0.03	0.002	0.02	0.01	0.001	
Sn91Zn9	余量	0.07	0.10	0.10	0.05	0.05	0.10	0.10	0.001	0.03	0.002	0.02	0.01	8.9～9.9	
Sn89Zn8Bi3	余量	0.07	0.10	2.8～3.2	0.05	0.05	0.10	0.10	0.001	0.03	0.002	0.02	0.01	7.5～8.5	

3.2.2　目前最有可能替代 Sn-Pb 焊料的合金材料

最有可能替代 Sn-Pb 焊料的无铅合金是 Sn 基合金。以 Sn 为主，通过添加 Ag、Cu、Zn、Bi、In、Sb 等金属元素，构成二元、三元或多元合金来改善合金性能，提高可焊性、可靠性。主要 Sn 基合金有 Sn-Ag 共晶合金、Sn-Ag-Cu 三元合金、Sn-Cu 系焊料合金、Sn-Zn 系焊料合金（仅日本开发应用）、Sn-Bi 系焊料合金、Sn-In 和 Sn-Sb 系合金。

1. Sn-Ag 共晶合金

Sn-3.5Ag 共晶合金是早期开发的无铅焊料，共晶点为 221℃。

在 Sn-3.5Ag 二元共晶合金中，Sn 中几乎不能固溶 Ag，Sn-Ag 所形成的合金组织是由不含银的纯 β-Sn 和微细的 Ag_3Sn 组成的二元共晶组织。添加 Ag 所形成的 Ag_3Sn，晶粒细小，是稳定的化合物，改善了合金的机械性能。其优、缺点如下。

优点：具有优良的机械性能、拉伸强度、蠕变特性，耐热老化比 Sn-Pb 共晶焊料优越，延展性比 Sn-Pb 稍差，因此很早以前就被应用在军工产品和 IC 的封装中。

缺点：熔点偏高，润湿性差，成本高。

图 3-3（a）是 Sn-Ag 二元合金相图。在 Ag 含量 75%附近有一个纵长的 Ag_3Sn 区域，此成分和温度区域内 Ag_3Sn 能够稳定地存在。Ag_3Sn 左侧低 Ag 成分处与图 3-3（b）Sn-Pb 二元合金相图相似。

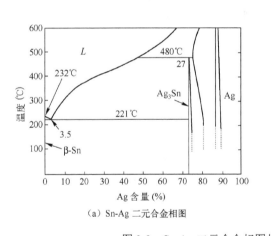

（a）Sn-Ag 二元合金相图

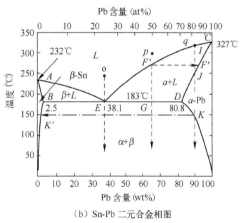

（b）Sn-Pb 二元合金相图

图 3-3　Sn-Ag 二元合金相图与 Sn-Pb 二元合金相图比较

虽然 63Sn-3.5Ag 是共晶合金，但并不是一下子凝固的，而是先形成树枝状 β-Sn 初晶，然后在其间隙中发生共晶反应，最终凝固，形成纤维状 Ag_3Sn。

从图 3-4（a）中可以看到，63Sn-37Pb 共晶组织比较均匀，这是由于 Sn 和 Pb 结晶彼此都能在某种程度上固溶对方元素。

从图 3-4（b）中可以看到，Sn-3.5Ag 共晶组织不均匀，这是由于 Sn 中几乎不能固溶 Ag。Sn-3.5Ag 形成的合金是由不含 Ag 的 β-Sn 和微细的 Ag_3Sn 相组成的二元共晶组织。

2. Sn-Ag-Cu 三元合金

Sn-Ag-Cu 三元合金（熔点为 216～222℃）是目前被大家公认的适用于再流焊的合金组分。

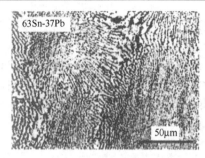

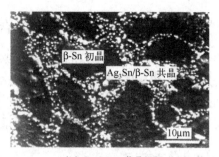

（a）63Sn-37Pb共晶组织　　　　　　　　（b）Sn-3.5Ag共晶组织

图 3-4　63Sn-37Pb 与 Sn-3.5Ag 共晶组织比较

Sn-Ag-Cu 合金相当于在 Sn-Ag 合金里添加 Cu，能够在维持 Sn-Ag 合金良好性能的同时稍微降低熔点。Cu 和 Ag 一样，也是几乎不能固溶于 β-Sn 的元素，所形成的合金组织是由不含 Ag、Cu 的 β-Sn 和细微的 Ag_3Sn、Cu_6Sn_5 相结成的共晶组织。Sn-Ag-Cu 与 Sn-Ag 不同，各国理论界在共晶成分上存在微小的差别。在 Sn-Ag 合金里添加 Cu，还能够减少对焊件（母材）中铜的溶蚀，因此 Sn-Ag-Cu 合金成为国际上应用最多的无铅合金。

图 3-5（a）是日本研究的 Sn-Ag-Cu 三元合金相图，共晶点成分为 Sn-3.24Ag-0.57Cu，共晶温度为 217.7℃。从图中可以看到，液态时的成分为 $β-Sn+Cu_6Sn_5+Ag_3Sn$。如果在平衡状态（冷却速度无限慢时）凝固，其结晶是很规则的形状，但实际生产条件下是快速冷却，是非平衡状态凝固的结晶。Cu 与 Ag 一样，也是几乎不能固溶于 β-Sn 的元素。Sn 先结晶，以枝晶状（树状）出现，边缘是 Cu_6Sn_5 和 Ag_3Sn，Sn-Ag-Cu 合金的凝固特性导致无铅焊点表面颗粒不均匀，因此无铅焊点外观不如 Sn-Pb 焊点光亮。Sn-Ag-Cu 焊点金相切片如图 3-5（b）所示。

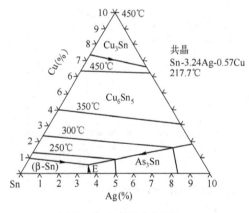

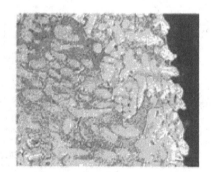

（a）Sn-Ag-Cu 三元合金相图　　　　　　　　（b）Sn-Ag-Cu 焊点金相切片

图 3-5　Sn-Ag-Cu 三元合金相图和 Sn-Ag-Cu 焊点金相切片图

3. Sn-Cu 系焊料合金

Sn-0.7Cu 为共晶合金，共晶温度为 227℃，主要用于波峰焊。

图 3-6 是 Sn-Cu 二元合金相图，其优、缺点如下。

优点：润湿性、残渣形成和可靠性次于 Sn-Ag-Cu，成本比 Sn-Ag-Cu 低得多。

缺点：过量 Cu 会在焊料内出现粗化结晶物，造成熔融焊料的黏度增加，影响润湿性和焊点机械强度。

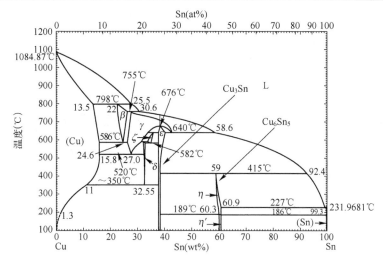

图 3-6　Sn-Cu 二元合金相图

改善措施：①添加 0.1%Ag 可改善延伸率；②添加微量 Ni 可增加流动性，减少残渣；③添加 Ge、P、Ga 等有助于提高抗氧化性，典型的如波峰焊用的 Sn-Cu-Ni-Ge（SN100C）合金。

4. Sn-Zn 系焊料合金

Sn-8.8Zn 为共晶合金，熔点为 198.5℃，与 Sn-37Pb 熔点接近。Sn-8Zn-3Bi 的熔点为 189～193℃，Sn-8Zn-5In-0.1Ag 合金的熔点为 185～198℃。图 3-7 是 Sn-Zn 二元合金相图。

优点：相对较低的熔点；机械性能好；拉伸强度优于 Sn-37Pb；具有良好的蠕变特性；可拉制成丝材使用；储量丰富、价格低。

缺点：Zn 极易氧化并易形成稳定的氧化物，导致润湿性变差，另外，与 Cu 电位差比较大，耐腐蚀性差，因而一般不用在对 Cu 的焊接上。

改善措施：①添加 Ag、Cu、In 等元素能降低合金熔点，提高其强度和抗腐蚀性；通常添加 3%左右 Bi 来改善润湿性，但不能添加过多，因为 Bi 不仅会降低液相线温度，还会使合金变硬；②在氮气中焊接也能改善润湿性。

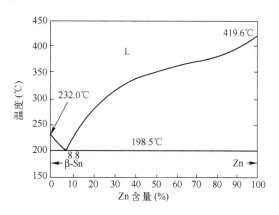

图 3-7　Sn-Zn 二元合金相图

5. Sn-Bi 系焊料合金

Sn-57Bi 为共晶合金，熔点为 139℃。图 3-8（a）是 Sn-Bi 二元合金相图。

Sn-Bi 系焊料能在 139～232℃宽熔点范围内形成，合金熔点最接近 Sn-37Pb 合金，因而工艺相容性较好。含 Bi 焊料在日本受到特别的厚爱。

优点：熔点低，蠕变特性好，较高的拉伸强度。

缺点：硬而脆；加工性差，难以加工成线材使用。另外，Sn-Bi 系存在一个致命弱点，即 Bi 在凝固过程会偏析而造成共晶溶解与 Bi 的粗化，特别是在有铅/无铅混装时，因 Sn-Pb-Bi 三元共晶温度仅为 96℃，在焊区底部形成 Bi 的低熔点相。凝固时引线和焊料热缩应力会对焊区底部产生拉伸而导致焊缝浮起（Fillet-Lifting）现象，也称焊点剥离，如图 3-8（b）所示。

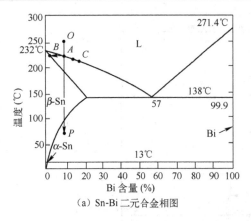

（a）Sn-Bi 二元合金相图

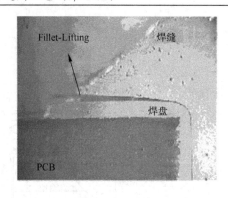

（b）焊缝浮起（Fillet-Lifting）现象

图 3-8　Sn-Bi 二元合金相图和焊缝浮起现象

6．Sn-In 和 Sn-Sb 系合金

Sn-In 系合金熔点低，蠕变性差。In 易氧化，且 In 在地球上的储量稀少、成本太高。Sn-Sb 系合金润湿性差，Sb 还稍有毒性，因而仅用在耐温性要求较高的场合。这两种合金体系开发和应用较少。

3.2.3　目前应用最多的无铅焊料合金

目前应用最多的、用于再流焊的无铅焊料是三元共晶或近共晶 Sn-Ag-Cu 合金。Sn（3～4）%Ag（0.5～0.7）%Cu 的熔点为 217℃左右（216～220℃）。

Sn-0.7Cu 或 Sn-0.7Cu-0.05Ni 焊料合金用于波峰焊，熔点为 227℃。在高可靠性要求的场合，波峰焊工艺大多还是采用 Sn-Ag-Cu 焊料。手工焊大多采用 Sn-Ag-Cu、Sn-Ag、Sn-Cu 焊料。常用无铅焊料合金的固相温度、液相温度和密度见表 3-7。

表 3-7　常用无铅焊料合金的固相温度、液相温度和密度

合金成分	固相温度（℃）	液相温度（℃）	密度（g/cm³）	合金成分	固相温度（℃）	液相温度（℃）	密度（g/cm³）
Sn-37Pb	183	183	8.40	Sn-3.8Ag-0.7Cu	216.4	217	7.44
Sn-52In	118	118	7.30	Sn-3.5Ag-0.7Cu	217	218	7.44
Sn-58Bi	138	138	8.75	Sn-0.3Ag-0.7Cu	217	227	7.31
Sn-35Bi-1Ag	144	179	8.21	Sn-3.5Ag-1.5In	218	218	7.40
Sn-57Bi-1Ag	138	138	8.58	Sn-1.0Ag-0.5Cu	215	225	7.32
Sn-20In-2.8Ag	175	189	7.36	Sn-3.0Ag-0.5Cu	216	220	7.37
Sn-17Bi-0.5Cu	180	209	8.06	Sn-3.5Ag	221	221	7.37
Sn-0.7Cu	227	227	7.31	Sn-0.7Cu-0.05Ni	226	227	7.31
Sn-9Zn	198	199	7.27	Sn-8Zn-3Bi	189	193	7.30
Au-20Sn	280	280	14.7	Sn-5Sb	232	240	7.26

注：Sn-37Pb 为参比合金。

3.2.4　Sn-Ag-Cu 系焊料的最佳成分

关于 Sn-Ag-Cu 系焊料的最佳成分，日、美、欧之间存在一些微小的差别，日本对无铅焊料

有很深入的研究。研究表明，Sn-3.8Ag-0.7Cu 焊料中 Ag 与 Sn 在 221℃形成共晶板状的 Ag₃Sn 合

金，当 Ag 含量超过 3.2%以后（出现过共晶成分），板状
的 Ag₃Sn 合金会粗大化（见图 3-9），粗大的板状 Ag₃Sn
较硬，拉伸强度降低，容易造成疲劳寿命降低，裂纹容
易沿粗大的板状边缘延伸而造成失效。其结论是"在共
晶点附近，成分不能向金属间化合物方向偏移。"因此选
择使用低 Ag 的 Sn-3.0Ag-0.5Cu。由于其 Ag 含量低，成
本也更有优势，因而至今仍是最主流的 Sn-Ag-Cu 合金成
分。此外，在电子消费品领域，具有更低成本优势的
Sn-0.3Ag-0.7Cu 也被广泛应用。

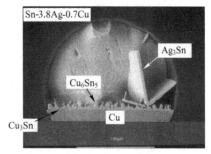

图 3-9　Sn-Ag-Cu 无铅焊料中 Ag 与 Sn
　　　形成板状的 Ag₃Sn 合金

3.2.5　继续研究更理想的无铅焊料

虽然 Sn 基无铅合金已经被较广泛地应用，但 Sn-Ag-Cu 合金作为主流无铅焊料，与 Sn-Pb 共
晶焊料相比，仍有熔点高（比 Sn-37Pb 高 34℃）、表面张力大、润湿性差、价格高等问题，综合
性能仍有待提高。

针对目前无铅合金存在的以上问题，国内外做了许多研究和试验。例如，为降低材料成本，
在波峰焊和再流焊工艺中用低 Ag 的 Sn-Ag-Cu 或无银的 Sn-Cu-Ni 替代目前广泛应用的
Sn-3.0Ag-0.5Cu。

Indium 公司开发了一种改良的 Sn-Ag-Cu 合金，在 Sn-1.0Ag-0.5Cu 的基础上掺杂了 Mn 等其
他合金元素。该掺杂物能够有效增加合金的延展性和柔软度。

特别是随着微电子信息产品轻柔短小化发展，互连密度呈指数增加，单位尺寸焊点所承受的
载荷、热冲击、电流密度成倍增加，因而开发了系列多元合金，如 Sn-Ag-Cu-Bi-Sb-Ni 六元合金
具有更优的耐温度循环疲劳特性和更高的焊后使用温度稳定性。

另一方面，随着芯片的大尺寸化发展，因焊接热变形翘曲导致的不良率大幅攀升，并且某些
领域（如柔性 PCB、元件预埋 PCB、热敏元器件焊接）等不能耐受 Sn-Ag-Cu 无铅焊料焊接过程
产生的高温热冲击，迫切需要在 200℃以下的回流组装。当前，从综合性能比较看，Sn-Bi-Cu、
Sn-Bi-Sb 系低温合金是最具前景的低温焊料，如 LF143 合金的熔化温度为 143℃。

然而在替代 Pb 含量大于 85wt%的高温焊料的无铅化方面，尽管研究也较多，但目前仍没有
理想的替代品，解决方案主要有三方面：采用 Sn-Sb 系（如 Sn-10Sb-0.5Ni）或 Bi-Ag 系（如
Bi-10Ag-X）合金焊料方案、采用复合焊料（如 Sn-Ag-Cu 焊粉与铜粉复合）方案、采用纳米金属
粉（如纳米银、纳米铜等）烧结方案。

科学发展是永无止境的，相信通过努力，一定能够研制出更理想的无铅焊料。

3.3　助　焊　剂

在焊接工艺中能帮助和促进焊接，同时具有保护作用、阻止氯化反应的化学物质称为助焊剂，
简称焊剂。

3.3.1　对助焊剂物理和化学特性的要求

① 助焊剂的外观应均匀一致、透明，无沉淀或分层现象，无异物。

② 黏度和密度比熔融焊料小，容易被置换。助焊剂可以用溶剂来稀释，在 23℃时密度应为 $0.80\sim0.95g/cm^3$。免清洗助焊剂应在其标称密度的（100 ± 1.5）%范围内。

③ 表面张力比焊料小，润湿扩展速度比熔融焊料快，扩展率大于 85%。

④ 熔点比焊料低，在焊料熔化前，助焊剂可充分发挥助焊作用。

⑤ 不挥发物含量应不大于 15%，焊接时不产生飞溅，不产生毒气和强烈的刺激性臭味。

⑥ 焊后残留物表面应无黏性，不沾手，表面的白垩粉应容易被除去。

⑦ 免清洗型助焊剂要求固体含量小于 2.0%，不含卤化物，焊后残留物少，不吸湿，不产生腐蚀作用，绝缘性能好，绝缘电阻大于 $1\times10^{11}\Omega$。

⑧ 水清洗、半水清洗和溶剂清洗型助焊剂要求焊后易清洗。

⑨ 常温下储存稳定。

3.3.2　助焊剂的分类和组成

助焊剂的种类很多，大体上可分为有机、无机和树脂 3 大系列。

树脂助焊剂通常是从树木的分泌物中提取的，属于天然产物，腐蚀性比较小。松香是这类助焊剂的代表，所以也称为松香类助焊剂。助焊剂通常是以松香为主要成分的混合物，主要由松香、树脂、活性剂、添加剂和有机溶剂组成。

1. 助焊剂的分类

（1）按助焊剂状态分类

按助焊剂状态，助焊剂可分为液态、糊状、固态 3 类，各类的使用范围见表 3-8。

表 3-8　按助焊剂状态分类及各类的使用范围

类　别	使用范围
液态助焊剂	波峰焊、手工焊、浸焊、搪锡用
糊状助焊剂	SMT 焊膏用
固态助焊剂	焊丝内芯用

（2）按助焊剂活性大小分类

按助焊剂活性大小分类，助焊剂可分为低活性（R）、中等活性（RMA）、高（全）活性（RA）和特别活性（RSA）助焊剂，各类的使用范围见表 3-9。

表 3-9　按助焊剂活性大小分类（国内）及各类的使用范围

类　别	标　识	使用范围
低活性	R	用于较高级别的电子产品，可实现免清洗
中等活性	RMA	用于民用电子产品
高（全）活性	RA	用于可焊性差的元器件
特别活性	RSA	用于可焊性差的元器件或镍铁合金

活性分类标志 R、RMA、RA 和 RSA 为国内习惯用法。在 IPC-J-STD-004 等标准中，助焊剂活性分类的标志采用 L、M 和 H 来表示，它们的相互关系如下。

L0 型助焊剂——所有低活性（R）类、某些中等活性（RMA）类和低固含量免清洗焊剂。

L1 型助焊剂——大多数中等活性（RMA）类、某些全活性（RA）类。

M1 型助焊剂——某些全活性（RA）类、某些低固含量免清洗焊剂。

M2 型助焊剂——大多数全活性（RA）类。

H0 型助焊剂——某些水溶性助焊剂。

H1 型助焊剂——所有全活性合成（RSA）类、大部分水溶性和合成全活性助焊剂。

（3）按助焊剂中不挥发物分类

按助焊剂中不挥发物（固体含量）分类及各类的使用范围见表 3-10。

表 3-10　按助焊剂中不挥发物（固体含量）分类及各类的使用范围

类　　别	不挥发物含量	使 用 范 围
低固含量	≤2%	精密仪器和较高级别的电子产品
中固含量	2.0%～5.0 %	通用电子产品
高固含量	5.0%～10.0 %	民用电子产品

（4）按活性剂类别分类

按活性剂类别，助焊剂可分为无机、有机、树脂 3 大系列。

① 无机系列助焊剂，具有高腐蚀性，不能用于电子产品焊接。

② 有机系列助焊剂，包括有机酸、有机胺、有机卤化物等物质。有机酸（OA）助焊剂的活性比松香助焊剂强，活性相对较弱，具有活性时间短、加热迅速分解、残留物基本上呈惰性、吸湿性小、电绝缘性能较好等特点。由于在水中的可溶性，很容易用极性溶剂（如水）去除掉，因此 OA 助焊剂是环保允许的。有机酸（OA）助焊剂在军用、商业、工业和电信业等（二类和三类）电子产品的焊接中应用是可行的。

③ 树脂系列助焊剂，是由松香或合成树脂材料添加一定量的活性剂组成的，助焊性能好，树脂可起成膜剂的作用，焊后残留物能形成致密的保护层，对焊接表面具有一定的保护性能。松香（树脂）助焊剂是应用最广泛的助焊剂。

（5）按残留物的溶解性能分类（见图 3-10）

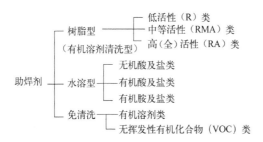

图 3-10　助焊剂按残留物的溶解性能分类

2．助焊剂的组成

助焊剂通常主要由松香（或非松香型合成树脂）、活性剂、成膜剂、添加剂和溶剂等组成。

（1）松香（或非松香型合成树脂）

松香是助焊剂的主要成分。松香是一种天然树脂，是透明、脆性的固体物质，颜色由微黄至浅棕色，表面稍有光泽，带松脂香气味，溶于酒精、丙酮、甘油、苯等有机溶剂，不溶于水。松香主要由 70%～85%的松香酸组成。松香酸的分子式为 $C_{19}H_{29}COOH$，分子量为 302.46，密度为 1.05～1.10g/cm³，软化点为 70～74℃，熔点为 170～175℃，沸点为 300℃（65Pa），闪点（开口）为 216℃，燃点为 480～500℃，挥发物含量为 3%～5%。由于松香含有百分之几的不皂化碳水化合物，因此为了清除松香助焊剂，必须加入皂化剂。

通过以上分析可以看出：松香酸 74℃开始软化，170～175℃开始活化，活化反应随温度升高而剧烈，活化反应时呈酸性，此温度恰好在 Sn-Pb 共晶合金熔点 183℃以下，这就能够在焊料合金熔化之前对焊件表面起到去除氧化层的作用。松香酸在 230～250℃时转化为不活泼焦松香酸，300℃以上炭化并完全丧失活性。因此松香酸在常温及 300℃以上是无活性的。

松香酸是一种弱酸，为了改善其活性（助焊性能），可向松香中加入活化剂（卤化催化剂），这样就构成活化松香助焊剂。

合成树脂的熔点（分解）较高一些，因此合成树脂助焊剂可用于比松香助焊剂更高的温度。

（2）活性化剂

活性化剂也称活化剂，是强还原剂，主要作用是净化焊料和被焊件表面，添加量为 1%～5%，通常使用有机胺和氨类化合物、有机酸及有机盐、有机卤化物。

① 有机胺和氨类化合物。这类物质不含卤素，常用的有乙二胺、二乙胺、单乙醇胺、三乙醇胺及胺和氨的各种衍生物，如磷酸苯胺等。单纯的胺类物质的活性较弱，经常与有机酸联合使用，可以提高助焊剂的活性，调节 pH 值，使之接近于中性，也有利于降低腐蚀。

② 有机酸，主要有乳酸、油酸、硬脂酸、苯二酸、柠檬酸、苹果酸等，也有用谷氨酸的。有机酸去除氧化膜主要是通过酸与金属氧化物之间的化学反应来完成的。有机酸具有中等程度去氧化膜能力，焊后残留物有一定腐蚀性，某些情况下需要焊后清洗。

③ 有机卤化物，主要有盐酸苯胺、盐酸羟胺、盐酸谷氨酸和软脂酸溴化物等。这类物质的活性很强，类似于无机酸类物质，更具有腐蚀性，焊后需要清洗。

（3）成膜剂

成膜剂能在焊接后形成一层紧密的有机膜，保护焊点和基板，使其具有防腐蚀性和优良的电绝缘性。常用的成膜剂有天然树脂、合成树脂及部分有机化合物，如松香及改性松香、酚醛树脂和硬脂酸脂类等。一般成膜剂加入量为 10%～20%，有时高达 40%，加入量过大会影响扩展率，使助焊作用下降，并在 PCB 上留下过多的残留物。

（4）添加剂

添加剂主要有缓蚀剂、表面活性剂、触变剂、消光剂等，主要作用是使助焊剂获得一些特殊的物理、化学性能，以适应不同产品、不同工艺场合的需求。

（5）溶剂

溶剂主要有乙醇、异丙醇、乙二醇、丙二醇、丙三醇等，均属于有机醇类溶剂。溶剂的作用是使固体或液体成分溶解在溶剂里，使之成为均相溶液，主要起溶解，稀释，调节密度、黏度、流动性、热稳定性，以及保护等作用。

3.3.3　助焊剂的作用

下面以母材为 Cu、焊料为 Sn-Pb 共晶合金为例，分析松香型助焊剂的作用。

1．去除被焊金属表面的氧化物

母材 Cu 暴露在空气中，低温时生成 Cu_2O，高温时生成 CuO；Sn-Pb 焊料在熔融状态时主要生成 SnO、SnO_2 及少量的 PbO。焊接过程中的首要任务是清除氧化膜。

（1）松香去除氧化膜

松香的主要成分是松香酸。松香酸在活化温度范围下能够与母材及焊料合金表面的氧化膜起还原反应，生成松香酸铜（残留物）。松香酸铜只与氧化铜发生反应，不与钝铜发生反应，因而没有腐蚀问题。松香酸铜可溶于许多溶剂，但不溶于水，需要使用溶剂、半水溶剂或皂化水来清洗。松香去氧化物的通用式为

$$RCO_2H + MX = RCO_2M + HX \qquad (3-1)$$

式中，RCO_2H 为助焊剂中的松香酸（前面提到的 $C_{19}H_{29}COOH$）；M 为锡（Sn）、铅（Pb）或铜（Cu）；X 为氧化物（Oxide）、氢氧化物（Hydroxide）或碳酸盐（Carbonate）。

（2）活性剂去除氧化膜

有机构研究了硬脂酸与氧化铜的反应，认为其去除氧化膜的过程是按如下方式进行的：

$$2C_{17}H_{35}COOH + CuO \longrightarrow Cu(OCOC_{17}H_{35})_2 + H_2O \uparrow \qquad (3-2)$$

硬脂酸铜在钎焊温度下会发生热分解，吸收氢气，生成硬脂酸和铜，反应式如下：

$$Cu(C_{17}H_{35}COO)_2 + 2H_2 \longrightarrow 2C_{17}H_{35}COOH + Cu \downarrow \qquad (3-3)$$

（3）助焊剂中的金属盐与母材进行置换反应

助焊剂中的金属盐会与母材进行置换反应。

（4）有机卤化物去氧化膜作用

有机卤化物在加热过程中发生分解，通常使用的活性剂是有机胺的盐酸盐。这些活性剂在加热时能释放出 HCl 并与 Cu_2O、SnO、PbO 起还原反应，使氧化膜生成氯化物（残留物）。氯化物能溶于水和溶剂，因此可以清洗掉。其反应式如下：

$$Cu_2O + 2HCl \longrightarrow CuCl_2 + Cu + H_2O \uparrow \qquad (3-4)$$

$$SnO + HCl \longrightarrow SnCl_2 + Sn + H_2O \uparrow \qquad (3-5)$$

$$PbO + HCl \longrightarrow PbCl_2 + Sn + H_2O \uparrow \qquad (3-6)$$

2．防止焊接时金属表面的高温再氧化

焊接时助焊剂涂覆在金属表面，使其与空气隔离，可有效防止金属表面高温下再氧化。

3．降低焊料的表面张力、增强润湿性、提高可焊性

助焊剂中的松香酸和活性剂的活化反应就是分解、还原和置换反应，在化学反应时会发出热量和激活能，促进液态焊料在金属表面漫流，增加表面活性，从而提高液态焊料的浸润性。从图 3-11（a）中可以看出，未滴加助焊剂焊接时，由于液态焊料表面张力大、润湿性差，呈半熔状态；图 3-11（b）是滴加助焊剂后的现象，由于助焊剂降低了表面张力，迅速去除了金属表面的氧化层，出现了润湿现象，有利于扩散、溶解、冶金结合，提高了可焊性。

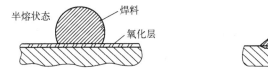

（a）未滴加助焊剂时表面张力大　　　　（b）滴加助焊剂后迅速出现润湿现象

图 3-11　助焊剂降低液态焊料表面张力、增强润湿性作用示意图

4．促使热量传递到焊接区

由于助焊剂降低了熔融焊料的表面张力和黏度，增加了液态焊料的流动性，因此有利于将热量迅速、有效地传递到焊接区，加速扩散速度。

3.3.4　四类常用助焊剂

1．松香型助焊剂

松香型助焊剂分为无活性和活性两种，如图 3-12 所示。

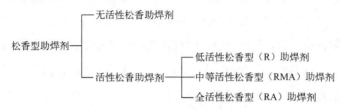

图 3-12　松香型助焊剂的分类

无活性松香助焊剂是将纯松香溶于乙醇或异丙醇等溶剂中组成的助焊剂，助焊性能较弱，残留物基本上无腐蚀，留在基板上形成一层保护膜，但有时有黏性和吸湿性，一般不清洗。

活性松香助焊剂由松香加活性剂组成。活性剂是一种强还原剂，是助焊剂中最为关键的成分。

活性松香型助焊剂又分为低活性型（R）、中等活性型（RMA）、全活性型（RA）。低活性松香助焊剂的氯化物添加量很少，残留物腐蚀性较弱，一般不必清除残留物。中等活性助焊剂由松香加活性剂组成，残留物腐蚀性比 R 型大，一般焊后需清洗，若组装产品要求不高，焊后也可不清洗。全活性松香助焊剂与中等活性松香助焊剂相似，也是松香加活性剂，但活性剂比例更高，活性更强，腐蚀性显著增强，焊后必须清洗。

2．水溶性助焊剂

其最大特点是助焊剂组分在水中的溶解度大、活性强、助焊性能好，焊后残留物可用水清洗。水溶性助焊剂分为两类：无机型和有机型。

（1）水溶性助焊剂的特性

水溶性助焊剂去氧化能力强，助焊性较强；焊后残留物溶于水，且不污染环境；清洗后 PCB 满足洁净度要求，无腐蚀性，不降低电绝缘性能；储存稳定，无毒性。

（2）使用水溶性助焊剂应注意的问题

① 使用过程中，需经常添加专用的稀释剂调节活性剂浓度，以确保良好的焊接效果。

② 水溶性助焊剂不含松香树脂，故锡铅合金焊料防氧化更为必要。

③ 采用纯度较高的离子水清洗，温度以 45～60℃为宜，有时可达 70～80℃。

④ 焊接的 PCB 经水清洗后要用离子净度仪测定其离子残留量，以考核水清洗效果。

⑤ 一般要求焊后 2h 内进行清洗。

3．免清洗助焊剂

免清洗助焊剂是指焊后只含微量无害助焊剂残留物，焊后无须清洗的助焊剂。免清洗助焊剂的固体含量一般在 2%以下，最高不超过 5%，焊后残留物极少，无腐蚀性，具有良好的稳定性，不清洗即能使产品满足长期使用的要求。

（1）免清洗助焊剂应符合的要求

① 适应浸焊、发泡、喷射或喷雾、涂覆等多种涂布工艺。

② 可焊性好。

③ 无毒性、气味小、操作安全，焊接时烟雾少、不污染环境。

④ 焊后残留物极少，PCB 表面干燥、无黏性、色浅，具有在线测试能力。

⑤ 焊后残留物无腐蚀性，具有较高耐湿性，符合规定的表面绝缘电阻值。

⑥ 具有较长的储存期，一般为一年以上，具有良好的稳定性。

（2）免清洗助焊剂的组成

免清洗助焊剂主要由活性剂、成膜剂、润湿剂、发泡剂、缓蚀剂、消光剂、溶剂等组成。

3.3.5　助焊剂的选择

助焊剂通常与焊料匹配使用，要根据焊料合金、不同的工艺方法和元器件引脚、PCB 焊盘涂镀层材料、金属表面氧化程度，以及产品对清洁度和电性能的具体要求进行选择。

（1）浸焊、波峰焊等群焊工艺选择助焊剂的一般原则

① 一般情况下，军用及生命保障类，如卫星、飞机仪表、潜艇通信、保障生命的医疗装置、微弱信号测试仪器等电子产品必须采用清洗型助焊剂。

② 通信类、工业、办公、计算机等类型的电子产品可采用免清洗或清洗型助焊剂。

③ 一般消费类电子产品均可采用免清洗型助焊剂，或采用 RMA 松香型，可不清洗。

（2）手工焊和返修时选择助焊剂的原则

① 一定要选择与再流焊、波峰焊时相同类型的助焊剂。

② 特别是高可靠性要求的组装板，助焊剂一定要严格管理。

3.3.6　无铅助焊剂的特点、问题与对策

① 助焊剂与合金表面之间有化学反应，因此不同合金成分要选择不同的助焊剂。

② 由于无铅合金的润湿性差，因此要求助焊剂活性高。

③ 由于无铅合金的润湿性差，需要增加助焊剂的用量，因此要求焊后残留物少，并且无腐蚀性，以满足 ICT 探针能力和电迁移。

④ 无铅合金熔点高，因此要求适当提高助焊剂的活化温度，以适应无铅焊接的高温。

⑤ 无铅助焊剂是水基溶剂型助焊剂，焊接时如果水未完全挥发，会引起焊料飞溅、气孔和空洞，因此要求增加预热时间，手工焊的焊接时间比有铅焊接长一些。

⑥ 无铅助焊剂必须专门配制。早期，无铅焊膏的做法是简单地将 Sn-Pb 焊料的免清洗助焊剂和无铅合金混合，结果很糟糕。焊膏中助焊剂和焊料合金间的化学反应影响了焊膏的流变特性（对印刷性能至关重要）。因此，无铅助焊剂必须专门配制。

开发新型活性更强、润湿性更好的助焊剂，要与预热温度和焊接温度相匹配，而且满足环保要求的无铅免清洗助焊剂适应无铅焊接的需要。

3.4　焊　　膏

焊膏是再流焊工艺必需的关键工艺材料。焊膏是由合金粉末、糊状助焊剂载体均匀混合成的膏状焊料。焊膏的印刷性、黏度稳定性、可焊性质量直接影响 SMT 的组装质量。

焊膏大多采用 500g 塑料瓶装，少数用玻璃瓶装，也有针管包装的，如图 3-13 所示。

 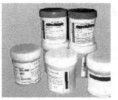 

（a）焊膏的包装　　　　　　　　　　　　（b）焊膏印刷图形

图 3-13　焊膏的包装和焊膏印刷图形

3.4.1　焊膏的技术要求

1．焊膏应用前

① 焊膏制备后到印刷前的储存期内，在 2～10℃下冷藏（或在常温下）1 年（至少 3～6 个月），焊膏的性能应保持不变。

② 焊膏中的金属粉末与助焊剂不分层。

③ 吸湿性小，低毒、无臭、无腐蚀性。

2．焊膏应用时

① 要求焊膏的黏度随时间变化小。室温下连续印刷时，要求焊膏不易干燥。

② 具有良好的脱模性，连续印刷时，不堵塞模板漏孔。

③ 印刷后保持原来的形状和大小，不产生塌落（冷坍塌），具有良好的触变性（保形性）。

④ 印刷后常温下放置 12～24h，至少 4h，其性能保持不变。

3．再流焊时

① 再流焊预热过程中，要求焊膏塌落（热坍塌）变形小。

② 再流焊时润湿性好，焊料飞溅少，形成最少量的焊料球（锡珠）。

③ 良好的润湿性能。

4．再流焊后

① 形成的焊点有足够的强度和良好的导电、导热性，确保不会因加电、振动等因素造成焊接点失效。

② 焊后残留物稳定性好，无腐蚀性，有较高的绝缘电阻，焊后易清洗。

3.4.2　焊膏的分类

焊膏可按以下几种方法分类。

① 按合金粉末的成分可分为有铅和无铅，含银和不含银。

② 按合金熔点可分为高温、中温和低温。

③ 按合金粉末的颗粒度可分为一般间距用（T3、T4）和窄间距用（T5、T6、T7、T8）。

④ 按助焊剂的成分可分为免清洗、有机溶剂清洗和水清洗。

⑤ 按助焊剂活性可分为 R（非活性）、RMA（中等活性）、RA（全活性）。

⑥ 按助焊膏中有无卤素可分为含卤素、无卤、零卤。

⑦ 按黏度可分为印刷用和滴涂或喷印用。

3.4.3　焊膏的组成

焊膏的组成与功能见表 3-11。

表 3-11　焊膏的组成与功能

组　　成		功　　能
合 金 粉 末		元器件和电路的机械与电气连接
助焊剂	活化剂	去除焊粉表面的氧及被焊元器件表层的氧化物
	黏结剂	提供贴装元器件所需的黏性
	润湿剂	增加焊膏和被焊件之间的润湿性
	溶剂	调节焊膏特性
	触变剂	改善焊膏的触变性
	其他添加剂	改进焊膏的抗腐蚀性、焊点的光亮度及阻燃性能等

1. 合金粉末

合金粉末通常采用旋转盘离心雾化或功率超声雾化对熔融的焊料破碎雾化凝固制成，然后根据颗粒尺寸分级。合金是焊膏和形成焊点的主要成分。合金的熔化温度决定焊接温度。合金粉末的组成、颗粒形状和尺寸是决定焊膏特征及焊点质量的关键因素。表 3-12 是常用焊膏的合金成分、熔点范围、性质和用途。

表 3-12　常用焊膏的合金成分、熔点范围、性质和用途

金 属 组 分	熔化温度（℃）		性质和用途
	固相线	液相线	
Sn-37Pb	183	183	共晶中温焊料，适用于普通表面组装组件，不适用于含 Ag、Ag/Pa 材料电极的元器件
Sn-45Pb	183	200	近共晶中温焊料，易制造，适用于无 RoHS 环保要求的 LED 组装
Sn-36Pb-2Ag	179	179	共晶中温焊料，有利于减少 Ag、Ag/Pa 电极的浸析，广泛用于 SMT 焊接（不适用于水金板）
Sn-92.5Pb-2.5Ag	298	309	近共晶高温焊料，适用于耐高温元器件及需要两次再流焊的表面组装组件的第一次再流焊（不适用于水金板）
Sn-3.5Ag	221	221	共晶高性能焊料，适用于要求焊点强度较高的表面组装板的焊接（不适用于水金板）
Sn-3.0Ag-0.5Cu	216	217	目前最常用的近共晶无铅焊料，性能比较稳定，各种焊接参数接近有铅焊料
Sn-58Bi	138	138	共晶低温焊料，适用于热敏元器件及需要两次再流焊的表面组装组件的第二次再流焊

2. 助焊剂

焊膏中使用膏状助焊剂，是合金粉末的载体，助焊剂与合金粉末的密度相差极大，约为 1：7.3。为了保证焊剂与合金粉末经过充分搅拌后良好地混合在一起，使其形成悬浮状。

助焊剂的组成对焊膏的扩展性、润湿性、塌落度、黏性变化、清洗性、焊珠飞溅及储存寿命均有较大的影响。焊膏中助焊剂的主要成分和功能见表 3-13，其中固体含量为 50%～70%，溶剂含量为 30%～50%。助焊剂的活性分类见表 3-14。

表 3-13 助焊剂的主要成分和功能

助焊剂成分	使用的主要材料	功　能
树脂	松香、合成树脂	净化金属表面，提高润湿性
黏结剂	松香、松香脂、聚丁烯	提供贴装元器件所需的黏性
活化剂	乳酸、甲酸、有机氢化盐酸盐（如胺、苯胺、联氨卤化盐、硬脂酸等）	净化金属表面，产生激活能，降低表面张力，提高润湿性
溶剂	甘油、乙醇类、酮类（如乙二醇、二丁醚等）	调节焊膏工艺特性
其他	触变剂、助印剂、界面活性剂、消光剂	防止分散和塌边，调节工艺性

表 3-14 助焊剂的活性分类

类　型	性　能	用　途
RA	活性，松香型	消费类电子产品
RMA	中等活性	一般 SMT
OA	水清洗	强活性，焊后需要水清洗
NC	免清洗	要求较高的 SMT 产品

3.4.4 影响焊膏特性的主要参数

影响焊膏特性主要参数有合金成分、助焊剂的组成及合金与助焊剂的配比，合金粉末颗粒尺寸、形状和分布均匀性，合金粉末表面含氧量，黏度，触变指数和塌落度等。

1. 合金组分、助焊剂的组成及合金焊料与助焊剂的配比

① 合金组分。要求焊膏的合金组分尽量达到共晶合金或近共晶合金，有利于提高焊接质量。

② 助焊剂的组成直接影响焊膏的可焊性和印刷性。

③ 合金与助焊剂的配比。

焊膏中合金粉的含量决定焊接后的焊料量。随着合金所占质量百分含量的增加，焊点的高度也增加。但在给定黏度下，随着合金含量的增加，焊点桥连的倾向也相应增大。从表 3-15 可以看出，随着合金含量的减少，再流焊后焊点的厚度减少，通常选用 85%～90% 合金含量。

表 3-15 焊膏厚度一定时金属含量对焊点厚度的影响

合金金属含量（%）	厚度（in）	
	焊膏图形厚度	再流焊后焊点厚度
90	0.009	0.0045
85	0.009	0.0035
80	0.009	0.0025
75	0.009	0.0020

合金质量百分含量还直接影响焊膏的黏度和印刷性，一般合金百分含量在 75%～90%。免清洗焊膏和模板印刷工艺用的合金百分含量高一些，控制在 89% 或 90%。滴涂工艺用的合金百分含量低一些，在 75%～85%。

2. 合金粉末颗粒尺寸、形状及其分布均匀性

合金粉末颗粒的尺寸、形状及其均匀性是影响焊膏性能的重要参数，它影响焊膏的印刷性、脱模性和可焊性。细小颗粒的焊膏印刷性比较好，因此对于高密度、窄间距的产品，由于模板开口尺寸小，必须采用小颗粒合金粉末，否则会影响印刷性和脱模性。

（1）合金粉末颗粒尺寸

一般合金粉末颗粒直径应小于模板开口尺寸的 1/5。

常用合金粉末颗粒的尺寸分为 6 种粒度等级，随着 SMT 组装密度越来越高，目前已推出适应高密度的小于 20μm 微粉颗粒，一般选用 25～45μm 的，见表 3-16。

表 3-16　焊膏常用合金粉末的类型和颗粒尺寸

焊锡粉类型	最大颗粒尺寸（μm）*	少于 1% 的颗粒尺寸（μm）	至少 85% 的颗粒尺寸（μm）	至少 90% 的颗粒尺寸（μm）	最多 10% 的颗粒尺寸（μm）
1	160	>150	150～75	—	<20
2	80	>75	75～45	—	<20
3	50	>45	45～25	—	<20
4	40	>38	—	38～20	<20
5	30	>25	—	25～15	<15
6	20	>15	—	15～5	<5
7		>11		2～11	<2
8		>8		2～8	<2

*经供需双方同意，此要求可不作考核。

合金粉末氧含量应小于 0.5%，最好控制在 $80×10^{-6}$ 以下。

（2）合金粉末颗粒分布均匀性

合金粉末要控制大颗粒与微粉颗粒的含量。大颗粒会堵塞网孔，影响漏印性；过细的微粉在再流焊预热升温阶段容易随溶剂挥发飞溅，形成小锡珠。微粉应控制在 10% 以下。

（3）合金粉末颗粒形状

合金粉末颗粒形状有球形和不定形（针状、棒状），如图 3-14 和图 3-15 所示。

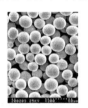　　　　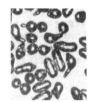

图 3-14　球形合金粉末颗粒　　　　　图 3-15　不定形合金粉末颗粒

球形粉印刷过程中易于滚动，且表面积小，含氧量低，焊点光亮，有利于提高焊接质量。一般焊锡粉形状应是球形的，但允许长轴与短轴的最大比是 1.5（对于 1、2、3 型焊锡粉）或 1.2（对于 4、5、6、7、8 型焊锡粉）的近球形粉末。

3. 黏度

焊膏是一种具有一定黏度的触变性流体，在外力的作用下能产生流动。

黏度是焊膏的主要特性指标，它是影响印刷性能的重要因素。黏度太大，焊膏不易穿出模板的漏孔，影响焊膏的填充和脱膜，印出的焊膏图形残缺不全；黏度太小，印刷后焊膏图形容易塌边，使相邻焊膏图形粘连，焊后造成焊点桥接（滴涂或喷印用焊膏因特殊要求除外）。

影响焊膏黏度的主要因素如下。

（1）合金粉末的百分含量

从图 3-16 可以看出：合金粉末含量高，黏度大；助焊剂百分含量高，黏度小。

（2）合金粉末颗粒

从图 3-17 可以看出：合金粉末颗粒尺寸增大，黏度减小；颗粒尺寸减小，黏度增大。

（3）温度

从图 3-18 可以看出：随着温度升高，焊膏黏度减小；随着温度降低，焊膏黏度增大。

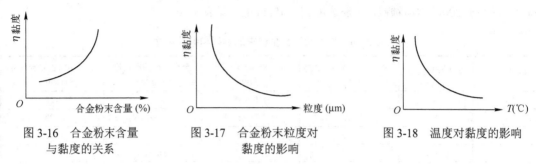

图 3-16　合金粉末含量　　　　图 3-17　合金粉末粒度对　　　　图 3-18　温度对黏度的影响
　　　　与黏度的关系　　　　　　　　　黏度的影响

（4）助焊剂类型

助焊剂中溶剂和树脂的种类及含量直接影响焊膏黏度，一般滴涂或喷印用焊膏选择低黏度组分进行配制。

4．触变指数和塌落度

触变指数是指触变性流体受外力作用时黏度能迅速下降，停止外力后迅速恢复黏度的性能。

焊膏是触变性流体，焊膏的塌落度主要与焊膏的黏度和触变性有关。触变指数高，塌落度小；触变指数低，塌落度大。影响触变指数和塌落度的主要因素有：

① 合金焊料与助焊剂的配比，即合金粉末在焊膏中的质量百分含量；

② 助焊剂载体中的触变剂性能和添加量；

③ 颗粒形状、尺寸。

5．工作寿命和储存期限

工作寿命是指在室温下连续印刷时，要求焊膏的黏度随时间变化小，焊膏不易干燥，印刷性（滚动性）稳定。影响焊膏黏度稳定性的根本原因在于锡粉表层与助焊剂中的活性物质发生反应造成膏体理化特性发生改变，甚至是锡粉颗粒间发生冷焊。温度和湿度会加剧焊膏中锡粉与助焊剂的反应，因而焊膏一般需冷藏条件下保存，并且在使用之前应充分回温，防止吸湿。一般要求在常温下放置 12～24h，至少 4h，其性能保持不变。

储存期限是指在规定的储存条件下，焊膏从制造到应用，其性能不致严重降低、不失效、正常使用之前的保存期限，一般规定在 2～10℃下保存 1 年，至少 3～6 个月。

3.4.5　焊膏的选择

不同产品要选择不同的焊膏。

焊膏合金粉末的组分、纯度及含氧量、颗粒形状和尺寸、助焊剂的成分与性质等是决定焊膏特性及焊点质量的关键因素。

（1）根据产品本身的价值和用途，高可靠性的产品需要高质量的焊膏。

（2）根据 PCB 和元器件存放时间及表面氧化程度决定焊膏的活性。

① 一般采用 RMA 级。

② 高可靠性产品、航天和军工产品可选择 R 级。

③ PCB、元器件存放时间长，表面严重氧化，应采用 RA 级，焊后清洗。

（3）根据产品的组装工艺、印制板、元器件的具体情况选择焊膏合金组分。

① 一般镀印制板采用 63Sn-37Pb。

② 含有钯金或钯银厚膜端头和引脚可焊性较差的元器件印制板采用 62Sn-36 Pb-2Ag。

③ 水金板一般不要选择含银的焊膏。

④ 无铅工艺一般选择 Sn-Ag-Cu 合金焊料。

（4）根据产品（表面组装板）对清洁度及可靠性的要求选择是否采用免清洗焊膏。

① 对于免清洗工艺，要选用不含卤素或其他弱腐蚀性化合物的焊膏。

② 高可靠性产品、航天和军工产品及高精度、微弱信号仪器仪表，以及涉及生命安全的医用器材要采用水清洗或溶剂清洗的焊膏，焊后必须清洗干净。

（5）BGA、CSP、QFN 器件一般都需要采用高质量免清洗焊膏。

（6）焊接热敏元器件或柔性线路板时，应选用含 Bi 的低熔点焊膏。

（7）根据 PCB 的组装密度（有无窄间距）选择合金粉末粒度。

SMD 引脚间距也是选择合金粉末颗粒度的重要因素之一。最常用的是 4 号粉（20～38μm）。一般需根据焊盘大小选择合适粒径及分布的合金粉末颗粒，参考值见表 3-17。

表 3-17　SMD 引脚间距和焊料颗粒的关系

器件类型	引脚间距（mm）	焊盘宽度（mm）	焊盘长度（mm）	开孔宽度（mm）	开孔长度（mm）	钢网厚度（mm）	需要焊粉粒径（μm）	焊粉粒径（μm）	焊粉可选类型
PLCC	1.27	0.65	2.0	0.6	1.95	0.15～0.25		45～75	T2
QFP	0.635	0.635	1.5	0.32	1.45	0.15～0.18	50		T3
QFP	0.5	0.254～0.33	1.25	0.22～0.25	1.2	0.12～0.15	44	25～45	T3
QFP	0.4	0.25	1.25	0.2	1.2	0.10～0.12	30	20～38	T40
QFP	0.3	0.2	1.0	0.15	0.95	0.07～0.10	24	20～32	T45
0603（In）	0.65					0.2			T2、T3
0402（In）	0.5	0.5	0.65	0.45	0.6	0.15	40～45	25～45	T3
0201（In）	0.25	0.25	0.4	0.23	0.35	0.12	37～40	25～45	T3、T44
01005（In）	0.1	0.2	0.35	0.18	0.3	0.075	17～20	15～25	T41、T51
03015（Me）	0.1	0.2	0.32	0.18	0.3	0.05	16～18	15～25	T50、T61
BGA	1.27	Φ0.8		Φ0.75		0.15～0.20		45～75	T2
μBGA	1.0	Φ0.38		Φ0.35		0.10～0.12	37～40	25～45	T3
μBGA	0.50	Φ0.3		Φ0.28		0.07～0.12	33～35	20～38	T40
倒装芯片	0.25	0.12	0.12	0.12	0.12	0.08～0.10	22～25	20～38	T45、T51
倒装芯片	0.20	0.10	0.10	0.10	0.10	0.05～0.10	17～20	15～25	T50
倒装芯片	0.15	0.08	0.08	0.08	0.08	0.03～0.08	10～12	5～15	T62

（8）根据施加焊膏的工艺及组装密度选择焊膏的黏度。

模板印刷和高密度印刷应选择高黏度焊膏，点胶或喷印选择低黏度焊膏。焊膏黏度的选择见表 3-18。

表 3-18　焊膏黏度的选择

施 膏 方 法	丝 网 印 刷	模 板 印 刷	注 射 滴 涂
黏度（Pa·s）	300～800	普通密度：500～900 高密度、窄间距 SMD：700～1300	150～300

3.4.6　焊膏的检测与评估

目前焊膏的种类非常多，如何选择出适合自己产品的焊膏，是保证组装质量的关键之一。

（1）焊膏评估项目

焊膏评估可以分为材料特性评估和工艺特性评估两个部分。

焊膏材料特性评估通常包括合金成分、焊膏黏度、黏着性、合金颗粒尺寸及形状、助焊剂含量、卤素含量、绝缘电阻等焊膏材料本身所有的物理化学指标；工艺特性则是指焊膏在 SMT 实际生产中的应用特性，包括可印刷性、塌陷、润湿性、焊球（锡珠）、干燥度等与 SMT 工艺相关的性能。

焊膏评估试验需要一些专用设备、仪器，有些项目对于一般的 SMT 制造厂商是没有条件开展的。可以根据本企业产品的重要性及检测设备配置情况做可印刷性、塌陷、润湿性、焊球等工艺性试验。

（2）无铅焊膏物理特性的评估项目

无铅焊膏的检测和评估方法与传统焊膏是相同的，只是助焊剂比例、卤素含量等方面与传统焊膏有所差别。由于无铅合金的密度小、熔点高、润湿性差，因此无铅焊膏的助焊剂活性要好一些，活化温度要提高一些，助焊剂的量也需要多一些。无铅焊膏物理特性的评估项目见表 3-19。

表 3-19　无铅焊膏物理特性的评估项目（举例）

项　　目		特　性　值		试 验 方 法
水溶液阻抗（Ω·m）		$>1×10^3$		IPC-TM-650
助焊剂含量（%）		10.5±0.03		IPC-TM-650
卤素含量（%）		0.07±0.02		IPC-TM-650
铜镜腐蚀试验		合格		IPC-TM-650
粉末形状及粒度（μm）		型号 1	型号 2	IPC-TM-650
		球形 10～38	球形 20～45	
熔点（℃）		216～221		IPC-TM-650
助焊剂中氟化物试验		不含氟化物		IPC-TM-650
绝缘阻抗（Ω）	40℃相对湿度 90%	$>1×10^{12}$		IPC-TM-650
	85℃相对湿度 85%	$>5×10^8$		
助焊剂残渣腐蚀性试验		无腐蚀		IPC-TM-650
印刷性		型号 1	型号 2	IPC-TM-650
		0.4mm 间距	0.5mm 间距	
黏度（Pa·s）		180±20		IPC-TM-650
印刷性塌陷性		无 0.2mm 桥连		IPC-TM-650
加热性塌陷性		无 0.2mm 桥连		IPC-TM-650
黏着性	初期	>1.0N		IPC-TM-650
	24h 后	>1.0N		
湿润率 wetting		2 级（铜板）		IPC-TM-650
锡球试验	初期	1～3 级		IPC-TM-650
	24h 后	1～3 级		
回流后残余物黏着性		无黏着性		IPC-TM-650
迁移试验		无发生		IPC-TM-650

3.4.7 焊膏的发展动态

目前，普通焊膏还在继续沿用。随着环保要求的提出，无铅、无卤免清洗焊膏的应用越来越普及。对清洁度要求高、必须清洗的产品，一般应采用溶剂清洗型或水清洗型焊膏。

随着高密度组装的发展，焊料合金粉末逐渐微细化，已经开发出 T7（2～11μm）、T8（2～8μm）等，甚至更细的系列合金焊粉。

目前无铅焊膏发展渐趋成熟，有不同粒度类型、不同助焊剂种类、不同合金组分的更加功能化和专业化的产品可供选择，特别是 200℃以下低温无铅焊膏、250℃以上应用的高温无铅焊膏，以及严苛环境下使用的高可靠无铅焊膏也日益完善。

3.5 焊料棒和丝状焊料

焊料棒主要用于波峰焊，每根焊料棒的规格大多为 1kg。

丝状焊料俗称焊锡丝、焊丝，用于手工（或焊接机器人）焊，有实心焊丝和有芯焊丝。实心焊丝主要用于波峰焊自动加锡和热保领域的打线，大多焊接采用有芯焊丝。

有芯焊丝有单芯、多芯之分，最多有 3～5 芯，如图 3-19 所示，应用最多的是单芯焊丝。

（a）焊丝包装   （b）多芯焊丝   （c）单芯焊丝剖面图

图 3-19 焊丝

焊芯中的助焊剂是固体助焊剂。焊芯中固体助焊剂含量占焊丝总质量的 1.2%～1.8%，无铅焊丝及自动焊丝的助焊剂含量一般高些，约占焊丝总质量的 2.5%～4.5%。焊丝一般采用圈轴包装，大多每圈 1kg。

焊芯中固体助焊剂的种类也与液体助焊剂一样，主要有免清洗型（松香或树脂），活性、松香型，中等活性、水清洗型。

1．焊料棒的质量要求

① 焊料棒的外形尺寸在 GB/T 3131—2020《锡铅焊料》及 GB/T 20422—2018《无铅钎料》中有规定，由供、需双方协商确定。

② 焊料棒表面应光滑、清洁，不应有裂纹、杂质和油污等缺陷。

③ 焊料棒的合金成分及杂质含量应符合 ISO 9453、GB/T 10574、GB/T 20422—2018 或 IPC-J-STD-006 等相关标准。

④ 焊料的物理性能（如固相线温度、液相线温度、电阻率等）不作检测判定要求。

2．无铅焊丝的质量要求

① 外观质量。焊丝的表面应光滑、清洁，不应有裂纹、油污和夹杂物。

② 焊料合金及杂质应符合相关标准规定的要求（无铅要求 Pb 含量小于等于 0.07%）。

③ 焊丝的丝径、允许的偏差及助焊剂含量，见表 3-20。

④ 助焊剂连续性。焊丝的内部助焊剂应均匀连续，不应有不连续现象。

⑤ 助焊剂含量和性能应符合规定。

焊丝的性能指标见表 3-21。

表 3-20　焊丝的丝径、允许的偏差及助焊剂含量

标称丝径（mm）	允许偏差（mm）	助焊剂含量
0.5	±0.03	
0.8	±0.05	公称含量的±
1.0	±0.10	0.3%范围内
1.2	±0.10	

注：焊丝的直径和助焊剂含量可以由供、需双方商定。

表 3-21　焊丝的性能指标

项　　目	性　能　指　标	
	含卤素型	不含卤素型
酸值（KOHmg/g）	≤150	≤220
卤素含量	≤0.3%	0
铜镜腐蚀试验	助焊剂下铜镜不应穿孔或脱落	
助焊剂含量	按表 3-20 规定	
扩展率	≥80%	
干燥度	白垩粉应该容易自任意方向去除	
焊后表面绝缘电阻	梳形电极间距为 0.3mm 时，≥$1×10^{11}$Ω	
电迁移	≥$1×10^{11}$Ω 用 10 倍放大镜鉴定梳形电极样品，枝状晶体生长不得大于导线间距的 20%。导线允许轻微变色，但不能被强烈腐蚀	
离子污染度 （NaCl 当量，μg/cm²）	≤3	

3.6　预成型焊料

预成型焊料，又称焊料预成型，是预先制成特定形状和尺寸、规格的焊料，可单独使用，能够精确每个焊点的焊料量；也可与焊膏一起使用，并以此来加强焊点强度，提高焊接可靠性及产品良率。

3.6.1　预成型焊片

预成型焊片有各种标准的形状，例如方形、矩形、垫圈形和圆盘形等。其中，载带式包装预成型焊片因其使用的便捷性，在民用消费品领域用量较大。

1. 预涂助焊剂焊片

顾名思义，是含助焊剂涂层的预成型焊片，其特点是无须手工涂覆助焊剂、无过多助焊剂残留物、提高生产率、可精确涂覆助焊剂、涂覆剂量一致，等等。

使用含助焊剂涂层的预成型焊片，可在免除昂贵的单独涂覆助焊剂的生产工序的同时提高产量。预成型焊片的涂层可选免洗或松香基助焊剂，其活性程度多样，可用于不同基板的金属化表面。

2. 高洁净度焊片

高洁净焊片是通过精细加工得到高品质预成型焊料，特别适用于半导体真空焊接工艺。该工

艺以 N_2+H_2 或 HCOOH 气氛（即 Forming Gas）替代传统工艺中的助焊剂，在真空炉环境下通过 H_2 或 HCOOH 还原焊料和被焊面表面的氧化层来促使焊料对被焊面的润湿，再通过循环真空消去因氧化膜去除过程生成的水汽而造成的焊缝中的气泡——空洞，从而实现低空洞率高质量焊接面。该类预成型焊料以金基合金成分最为典型，如 Au-Sn、Au-Ge、Au-Si 等。

3.6.2　焊球/焊柱

1. BGA/CSP 焊球

BGA、CSP 封装所用的材料是一种锡合金微球，称焊球或锡球。根据封装对象不同，所用球的直径在 50～1000μm；在封装过程中，利用焊球在熔化过程中的自定位效应来实现微球与焊盘之间的精确连接。为避免出现桥联等质量问题，要求焊球具有很高的尺寸及外形精度；为了保证精密封装的可靠性，所用焊球表面还要包覆一层高分子材料，这个包覆层（约几十纳米厚）既要保护焊球不被氧化同时还要与助焊剂有很好的相容性，因此，焊球是一种广义上的有色金属与高分子材料的复合材料。

主要技术指标包括合金成分（熔化温度）、球径、圆度率、球径集中度等，见表 3-22。

表 3-22　焊球的性能指标

项目	性能要求
焊球外观	呈球形，表面无明显凹坑、凸点，焊球之间不连接；呈银白色，不应出现黑色或灰色
化学成分与固液相温度	根据不同的用途选择相应的合金，参考 GB/T 8012—2013 和 GB/T 20422—2018
焊球球径公差	一般焊球直径≤250μm，公差为±5μm；焊球直径为 250～450μm，公差为±10μm；焊球直径＞450μm，公差为±18μm
焊球平均圆度率	焊球直径为 100～150μm，圆度率≥93.5%；焊球直径为 151～350μm，圆度率≥94.5%；焊球直径为 351～650μm，圆度率≥95%；焊球直径＞651～1000μm，圆度率≥96%
焊球球径集中度	焊球直径≤450μm，球径集中度≥1.33%；焊球直径＞450μm，球径集中度≥1.67%
焊球氧含量	焊球直径≤300μm，氧含量≤0.0026%；焊球直径＞300μm，氧含量≤0.0015%
焊球表面抗氧化	摇晃后的色差仪测试值与摇晃前的色差仪测试值之差小于 0.3
焊球烘烤	烘烤前后不应有明显的外观色差
焊球再流焊	焊点不允许出现明显的凹陷和变色
高温高湿	焊点周围不应出现锡珠

2. CCGA 焊料

CCGA（Ceramic Column Grid Array）是由 CBGA 发展来的，将 CBGA 芯片下的焊球，改为焊柱（高 Pb 锡合金）或铜缠锡柱，大大缓解了氧化陶瓷芯片载体（热膨胀系数 $6.5×10^{-6}/℃$）与环氧树脂玻璃布印刷电路板（$18×10^{-6}/℃～21×10^{-6}/℃$）之间由于热膨胀系数不匹配带来的热疲劳问题，从而提高了组装可靠性。

CCGA 技术在军事、航空航天电子产品领域占有非常重要的地位，而在民用领域推广较为缓慢，其中很重要的原因就是其生产成本太高，这与民品所要求的利润不相符。

对于 CCGA 焊柱而言，其生产成本包括焊柱制造成本和组装成本两部分，其中焊柱的制造成本与焊球相比有巨大的提高，主要原因有两个：第一，相同直径的焊柱体积是焊球体积的数倍，因此原材料消耗更大；第二，焊柱制造工艺更为严格，对于焊柱的共面性以及表面粗糙度等方面要求更高，也增加了制造成本。在组装成本中，印刷焊膏和植柱时所需的网板定位夹具，对于不同型号的基板需定制不同的夹具，这就增加了组装的成本。

焊柱形态发展进程如图 3-20 所示，焊柱直径尺寸演变如图 3-21 所示。

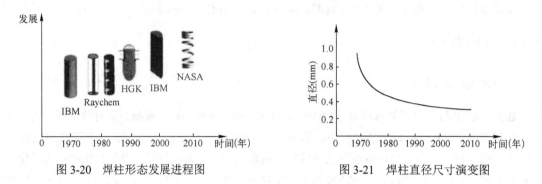

图 3-20　焊柱形态发展进程图　　　　图 3-21　焊柱直径尺寸演变图

此外，纳米烧结（瞬态扩散焊）的渐趋成熟，促进纳米 Ag 膏、纳米 Cu 膏的发展。

3.7　贴片胶（黏结剂）

贴片胶即黏结剂，又称红胶、邦定胶。贴片胶主要用于片状电阻、电容、IC 芯片的贴装工艺，适用于点胶和刮胶（印刷）。贴片胶是表面贴装元器件波峰焊工艺必需的黏结材料。波峰焊前需要用贴片胶将表面贴装元器件固定在 PCB 相对应的位置上，以防波峰焊时元器件掉落在锡锅中。贴片胶的质量直接影响片式元器件波峰焊工艺的质量。

贴片胶由黏结材料、固化剂、填料及其他添加剂组成。

3.7.1　常用贴片胶

1．环氧树脂贴片胶

环氧树脂贴片胶是 SMT 中最常用的一种贴片胶，其成分主要有环氧树脂、固化剂、填料及其他添加剂。环氧树脂贴片胶的固化方式以热固化为主。环氧树脂属热固型、高黏度黏结剂，热固型黏结剂又可分为单组分和双组分。单组分环氧树脂贴片胶的树脂和固化剂混合在一起，使用方便且质量稳定。双组分环氧树脂贴片胶的树脂和固化剂分别包装，使用时将环氧树脂和固化剂充分混合。双组分胶的配比常常不准，影响性能，目前很少用。

2．丙烯酸类贴片胶

丙烯酸类贴片胶的主要成分有丙烯酸类树脂、光固化剂和填料，属于光固化型的贴片胶，常用单组分系统。其特点是性能稳定，固化时间短且固化充分，工艺条件容易控制，储存条件为常温避光存放，时间可达一年，但黏结强度和电气性能不及环氧型高。

3.7.2　贴片胶的选择方法

贴片胶的性能指标见表 3-23。一般应优先选择固化温度较低、固化时间较短的贴片胶，目前较好的贴片胶的固化条件一般为 150℃ 以下，小于 3min 即能固化。

表 3-23　贴片胶的性能指标

常规性能	外观；黏度；涂布性；铺展/塌落；存储期
电气性能	耐压；介电常数；介电损耗因数；体积电阻；表面电阻；湿热后绝缘电阻；电迁移
力学性能	放置时间；初始黏度/初始强度；剪切强度/焊接后剪切强度；高温移位试验；维修性能试验
化学性能	固化后表面性质；耐溶剂性；水解稳定性；不吸潮、耐霉菌

3.7.3　贴片胶的存储、使用工艺要求

1．存储

环氧树脂类贴片胶应低温（2～10℃）存储，丙烯酸类贴片胶需常温避光存放。

2．使用工艺要求

① 使用时应在前一天从冷藏柜内取出贴片胶，待贴片胶恢复到室温后方可使用。

② 使用时注意胶的型号、黏度，注意跟踪首件产品，测试新换贴片胶的各方面性能。

③ 不要将不同型号、不同厂家的贴片胶互相混用，换胶时，一切工具都应清洗干净。

④ 点胶或印刷操作应在恒温下进行（23℃±2℃）。

⑤ 采用印刷工艺时，不能使用回收的贴片胶。

⑥ 需要分装的贴片胶，待恢复到室温后方可打开包装容器盖，以防止水汽凝结。用不锈钢棒将胶搅拌均匀，并进行脱气泡处理，待贴片胶完全无气泡时装入清洁的注射管。灌得不要太满（2/3 体积），搅拌后的贴片胶应在 24h 内使用完，剩余的贴片胶要单独存放。

⑦ 压力注射滴涂时，应进行胶点直径的检查。一般可在 PCB 的工艺边处设 1～2 个测试胶点，经常观察固化后胶点直径的变化，对使用的贴片胶品质真正做到心中有数。

⑧ 点胶或印刷后及时贴片，并在 4h 内完成固化。

⑨ 操作者应尽量避免贴片胶与皮肤接触，不慎接触应及时用乙醇擦洗干净。

3.8　清　洗　剂

清洗剂主要用于组装板的焊后清洗，用于清除再流焊、波峰焊和手工焊后的助焊剂残留物，以及组装工艺过程中造成的污染物。

3.8.1　对清洗剂的要求

① 对污染物有较强的溶解能力，能有效地溶解和去除污染杂质，不留残迹和斑痕。

② 不腐蚀设备与元器件，操作简便。

③ 无毒或低毒。

④ 不燃、不爆，物理、化学性能稳定。

⑤ 价格低廉，耗用量小并易于回收利用。

⑥ 表面张力低，有利于穿透元器件与基板间的狭窄缝隙，提高清洗效率。

⑦ 对环境无害，最好选用非 ODS 类溶剂。

3.8.2 清洗剂的种类

清洗剂分为有机溶剂清洗剂、水清洗剂、半水清洗剂。

1．传统的溶剂清洗剂

① 乙醇和异丙醇。这两种是最常用的有机溶剂，它们对松香型助焊剂的残留物松香酸盐的溶解能力比较强，但对于树脂型助焊剂、某些活化剂，以及其他添加剂焊后生成的残留物溶解能力比较差，甚至不能溶解。因此，乙醇和异丙醇一般无法完全去除再流焊的残留物。

② 氟利昂（CFC-113）。氟利昂用于波峰焊和手工焊的焊后清洗。

③ 1.1.1.三氯乙烷。1.1.1.三氯乙烷用于再流焊的焊后清洗。

氟利昂和 1.1.1.三氯乙烷，化学稳定性好，热稳定性好，不燃、不爆，对 PCB 和元器件无腐蚀、脱脂率高，对助焊剂残留物溶解力强、清洗效率高、易挥发，对人体毒性在允许范围内，价格便宜。氟利昂和 1.1.1.三氯乙烷是 ODS（Ozone Depleting Substance，消耗大气臭氧层物质），ODS 会破坏大气臭氧层，属于蒙特利尔议定书中规定的受控物质，2010 年起全部停止使用。目前国内有些军工产品仍使用 CFC-113 和 1.1.1.三氯乙烷。

④ HCFC、HFC 及其他含氟清洗剂。作为 CFC-113 和 1.1.1.三氯乙烷的替代品，仍属于 ODS 溶剂，只是对臭氧层的破坏能力较低，被列为 2040 年最终应淘汰的物质。

2．非 ODS 有机溶剂清洗剂

主要有以下 4 种：

① 氟系溶剂，如 HCFC、HFC、HFE。

② 烃类溶剂，即碳氢化合物，如二氯甲烷。

③ 醇类溶剂，如乙醇、异丙醇。

④ 水基型清洗剂。

此外，还有酮类、脂类、醚类溶剂、有机硅氧烷类和一些多种物质混合的溶剂。

3.8.3 有机溶剂清洗剂的性能要求

① 要求清洗剂表面张力小，具有良好的润湿性，能够充分地在被清洗工件表面扩展。

② 良好的溶解度。溶剂和污染物的分子结构应该是相似的，这样容易相互溶解。一般通过选择适当的设备、搅拌方法或增加清洗时间等措施来提高溶剂的溶解度。

③ 所选用的溶剂，清洗时应对印制板和元器件不产生腐蚀作用。

④ 溶剂清洗剂通常由极性物质和非极性物质混合而成，常用来调节、平衡溶解度。

⑤ 溶剂清洗剂在最终漂洗后不应留下有害残留物。

⑥ 稳定性好，使用寿命长。稳定性取决于抵抗化学分解和热分解的性能。

⑦ 要求溶剂清洗剂的安全性好。用户必须考虑防火、防爆，对人体健康的影响。

⑧ 低成本。

3.8.4 清洗效果的评价方法与标准

清洗效果的评价方法主要有目测法、溶剂萃取液测试法、表面绝缘电阻（SIR）测试。

清洗效果的评价方法与标准详见 14.6 节。

3.9　底部填充胶

底部填充胶是一种用化学胶水（主要成分是环氧树脂），用于对 BGA 封装芯片进行底部填充，利用加热的固化形式，将 BGA 底部空隙大面积（一般覆盖 80%以上）填满，从而达到加固的目的，增强 BGA 封装芯片和 PCB 基板之间的抗跌落性能。

3.9.1　底部填充胶的作用

BGA 器件及类似器件成为影响产品可靠性的关键因素，由于这些器件硅质基材的热膨胀系数比一般性 PCB 材质的要低许多，在受热时两者会产生相对位移，导致焊点机械疲劳从而引起断裂失效。对于这些器件，采用底部填充可以有效地增强器件与基板间的机械连接，降低其现场失效问题。底部填充不仅有助于降低材料之间 CTE 不匹配的热应力破坏，同时还可以减少基板的翘曲变形、跌落撞击、挤压和振动等机械应力造成焊点破裂失效的风险。通过对 BGA 器件及类似器件实施点胶和底部填充，对提高电子产品在恶劣环境下工作的稳定性及可靠性是非常有效的。

3.9.2　底部填充胶的介绍和分类

要在 BGA 器件与 PCB 基板间形成高质量的填充，材料的品质与性能至要重要。用于 BGA 等器件的底部填充胶，主要是以单组分环氧树脂为主体的液态热固胶黏剂；有时在树脂中添加增韧改性剂，是为了改良环氧树脂柔韧性不足的弱点。底部填充胶主要分为三类，毛细管效应底部填充胶、助焊（非流动）型底部填充胶和四角或角-点底部填充胶。每类底部填充胶都有其优势和局限，分别对应于某种特定的封装应用，目前使用最为广泛的是毛细管效应底部填充胶。

毛细管效应底部填充，把填充胶分配涂覆到组装好的器件边缘，利用液体的"毛细效应"使胶水渗透填充满芯片底部，而后加热使填充胶与芯片基材、焊点和 PCB 基板三者为一体。

助焊（非流动）型底部填充胶是通过将助焊性能集成到底部填充材料中，BGA 器件的焊接和环氧树脂固化工艺合二为一。在组装过程中，在器件放置之前先将非流动型底部填充材料涂覆到焊盘位置上。进行再流时，底部填充胶中的助焊剂成分活化辅助焊接，获得合金互连，并且在再流焊炉中同步完成固化，将焊接和胶固化两个工序合二为一，所以可以在传统的表面组装工艺线上完成底部填充。助焊（非流动）型底部填充胶除了能够提供保护之外，同时省去了后续的点胶和固化步骤，产量显著提高，随着产量提高，加之省去了使用专用的点胶设备，成本也得以降低。

3.9.3　毛细管效应底部填充胶的选择方法

底部填充胶的选择是与产品特点相关的，往往需要在工艺和可靠性间平衡。表面张力和温差是底部填充产生毛细流动的两个主要因素，由于热力及表面张力的驱动，填充材料才能自动流至芯片底部。另外，填充材料都会界定最小的填充间隙，在选择时需要考虑产品的最小间隙是否满足要求。

底部填充胶选择时依据 PCB 材质的不同，力求热膨胀系数与其匹配。胶水的黏度和密度要适中，室温下良好的湿润性，利于快速出胶和快速填充；低温固化快利于提高固化效率；较低的（CTE）和较高的（T_g）点，可以得到良好的热性能；适中的模量系数，使其兼备优良的机械强度和柔韧性。总之，优质的底部填充胶需具有室温快速流动和低温快速固化，与焊膏良好的兼容性，较高的黏着强度和断裂韧度，以及返工性能佳和长期可靠性高等特点。

底部填充胶应该安全无腐蚀性，具有较长的储存期，解冻后有较长的使用寿命。一般来说，BGA填充胶的有效期不低于6个月（储存条件：−40℃），在室温下（25℃）的有效使用寿命需不低于24h。有效使用期是指，胶水从冷冻条件下取出后在一定的点胶速度下可保证点胶量的连续性及一致性的稳定时间，其间胶水的黏度增大不能超过10%。微小球径的器件，胶水的有效使用期相比于大间距的BGA器件通常要短一些，胶水的黏度需控制在1000mPa·s以下，以利于填充的效率。使用期短的胶水须采用容量较小的针筒包装，反之可采用容量较大的桶装。使用寿命越短，包装应该越小，比如用于倒装芯片的胶水容量不要超过50ml，以便在短时间内用完。大规模生产中，使用期长的胶水可能会用到1000ml的大容量桶装，为此需要分装成小容量针筒以便点胶作业，在分装或更换针筒时要避免空气混入。

思 考 题

1. 表面组装主要有哪些工艺材料？电子产品焊接对焊料有什么要求？

2. 什么是浸锡现象？影响浸锡的主要因素有哪些？

3. 锡的晶须对电子产品的长期可靠性有什么危害？有哪些措施能够抑制锡晶须生长？

4. 什么是共晶合金？Sn-Pb合金的共晶合金成分和共晶点温度是多少？合金的熔点温度是指什么温度？为什么选择焊料合金时要尽量选择共晶或近共晶合金？

5. 锡铅焊料具有哪些优点？铅在锡基焊料中主要起哪些作用？

6. 对无铅焊料合金有什么要求？目前应用最广的无铅焊料的合金材料是什么？请写出高温、中温、低温3种典型无铅焊料合金的成分和熔化温度。

7. 对助焊剂的物理化学特性有哪些要求？液态、糊状、固态三类助焊剂各有什么用途？

8. 助焊剂主要由哪些成分组成？松香的活化温度是多少？活化剂起什么作用？

9. 为什么要使用助焊剂？对助焊剂的要求有哪些？

10. 对免清洗助焊剂有哪些要求？使用水溶性助焊剂应注意哪些问题？

11. 无铅工艺对助焊剂有哪些要求？为什么无铅助焊剂必须专门配制？

12. 焊膏在应用前、应用时、再流焊前、再流焊后各有什么要求？

13. 焊膏的组成是什么？焊膏的熔点是由什么成分决定的？

14. 常用焊料合金粉末颗粒的尺寸分为哪几种粒度等级？

15. 影响焊膏黏度的主要因素有哪些？合金焊料粉的百分含量和温度对黏度有何影响？

16. 常用贴片胶有哪两大类？贴片胶的存储、使用工艺要求有哪些？

17. 组装板的焊后清洗对清洗剂的要求有哪些？影响焊膏黏度稳定性的因素又有哪些？

18. 底部填充胶的作用是什么？底部填充胶分为哪几类？

第 4 章　SMT 生产线及主要设备

SMT 生产设备具有全自动、高精度、高速度、高效益等特点。SMT 生产线的主要生产设备包括印刷机、点胶机、贴装机、再流焊炉和波峰焊机，辅助设备有检测设备、返修设备、清洗设备、干燥设备和物料存储设备等。

4.1　SMT 生产线

SMT 生产线按照自动化程度可分为全自动生产线和半自动生产线，按照生产线规模大小可分为大型、中型和小型生产线。全自动生产线是指整条生产线的设备都是全自动设备，通过自动上板机、缓冲连接线和卸板机将所有生产设备连成一条自动线；半自动生产线是指主要生产设备没有连接起来或没有完全连接起来，印刷机是半自动的，需要人工印刷或人工装卸印制板。

中、小型 SMT 生产线可以是全自动线或半自动线，贴装机一般选用中、小型机，如果产量比较小，可采用一台速度较高的多功能机；如果有一定的生产量，可采用一台多功能机和一至两台高速机，如图 4-1 所示。

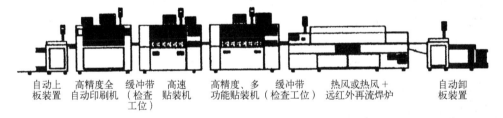

自动上　高精度全　缓冲带　高速　高精度、多　缓冲带　热风或热风+　自动卸
板装置　自动印刷机　（检查　贴装机　功能贴装机　（检查工位）　远红外再流焊炉　板装置
　　　　　　　　工位）

图 4-1　中、小型 SMT 自动流水生产线设备配置示意图

中、大型生产线，如手机、计算机主板生产线，一般可采用以下 3 种配置方式。

方式 1：传统配置（1 台多功能机+2～3 台高速机）。

方式 2：复合式系统，如 Siemens 的 HS 系列，如图 4-2 所示。

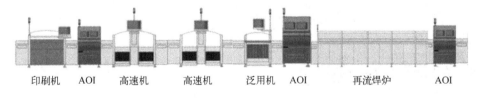

印刷机　AOI　高速机　高速机　泛用机　AOI　再流焊炉　AOI

图 4-2　复合式手机、计算机主板生产线示意图

方式 3：平行系统，如飞利浦公司的 FCM 系列、Fuji NXT 模组型系统，如图 4-3 所示。

（a）平行系统生产线　　　　　　　　　（b）模块（组）式系统生产线

图 4-3　平行和模块（组）式系统生产线

4.2　焊膏印刷设备

焊膏印刷设备按照工作方式的不同分为印刷机和喷印机两类。

4.2.1　印刷机

印刷机用于将焊膏或贴片胶正确地印到印制板相应的焊盘或位置上。印刷机的基本结构如图 4-4 所示。

用于 SMT 的印刷机大致分为 3 种档次：手动、半自动和全自动。

手动印刷机是指手工装卸 PCB，图形对准和所有印刷动作全部由手工完成。

半自动印刷机是指手工装卸 PCB，印刷、网板分离的动作由印刷机自动完成。装卸 PCB 是往返式的，完成印刷后装载 PCB 的工作台会自动退出来，适合多品种，中、小批量生产。

全自动印刷机是指装卸 PCB、视觉定位、印刷等所有动作全部自动按照事先编制的程序完成的印刷机，完成印刷后，PCB 通过导轨自动传送到贴装机的入口处，适合大批量生产。图 4-5 为日本日立公司 NP-04LP 全自动印刷机。

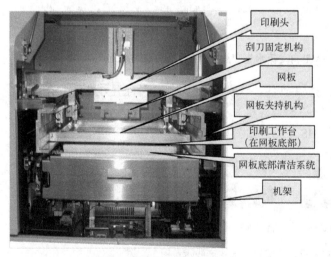

印刷头
刮刀固定机构
网板
网板夹持机构
印刷工作台（在网板底部）
网板底部清洁系统
机架

图 4-4　印刷机的基本结构　　　　　　　　图 4-5　日本日立公司 NP-04LP 全自动印刷机

1．印刷机的主要技术指标

● 最大印刷面积：根据最大的 PCB 尺寸确定。

- 印刷精度：一般要求达到±0.025mm。
- 重复精度：一般要求达到±0.01mm。
- 印刷速度：根据产量要求确定。

2．印刷机的发展方向

印刷机一直向着高密度、高精度、多功能的方向发展。为了配合 SMT 产品灵活、多变、小批量、高混合业务订单的需要，半自动印刷机也可以提供全自动视觉对位、二维检验、自动清洗模板底部功能等全自动印刷机的功能选件，如英国 DEK 公司还可随时将刮刀印刷头升级为 ProFlow® DirEKt 挤压印刷头。

全自动印刷机除了具有 CCD 自动视觉识别功能外，还可增加各种功能选件。

① 封闭型印刷，用于控制印刷环境的温度和湿度。

② 离板速度调整。

③ 二维、三维测量系统。

④ 对 QFP 器件进行 45°角印刷。

⑤ 推出 Plower Flower 等密闭式"流变泵"印刷头技术。

传统印刷头的印刷方式都是开放式印刷[见图 4-6（a）]，印刷过程中焊膏长时间暴露在开放环境下是引起印刷缺陷的重要原因。最早，英国 DEK 和美国 MPM 推出"流变泵"印刷头技术（固定挤压式）（见图 4-6（b）），这种技术是解决上述问题的重要突破。日本 Minami 和日立公司也相继推出了密闭式印刷头技术，Minami 是单向旋转式[见图 4-6（c）]，日立是双向密闭式，（见图 4-6（d））。密闭式印刷头技术的不断改进和提高，使印刷机的功能和应用也得到了扩展，现在有的机型还可以用到晶圆凸点的印刷工艺、助焊剂涂覆、植球、胶粘剂灌封和基板凸起等场合。这些新技术满足免清洗、无铅焊接、高密度、高速度印刷的要求。

 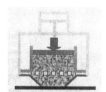 

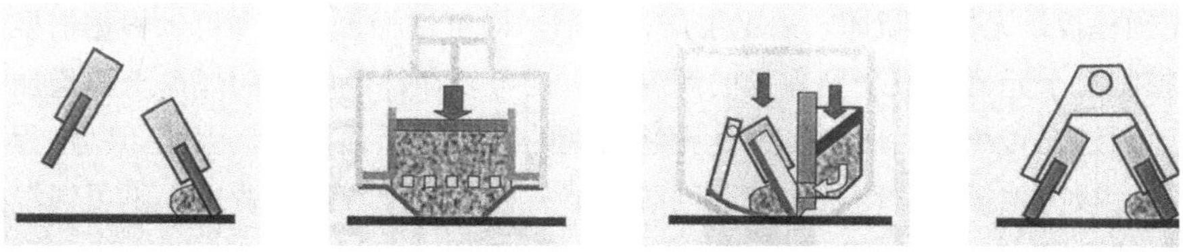

（a）传统开放式　　（b）固定挤压式　　（c）单向旋转式　　（d）双向密闭式

图 4-6　各种不同形式的印刷头技术示意图

⑥ 干擦、湿擦、真空吸的网板清洁功能。

4.2.2　喷印机

焊膏喷印机是一种通过喷射出微小的焊膏液滴来实现焊膏在基板上精确沉积成形，进行非接触式的精密分配的机器，属于非接触印刷设备。

焊膏喷印技术是一种增材式的制作技术，它具有喷射速度快、分配精度高、喷印过程无接触、不产生压力、可控性强和材料利用率高等优点。焊膏喷印技术是最近几年 SMT 设备领域中最具革命性的新技术。它一改传统的钢网印刷模式，无须模板，更柔性、更灵活，印刷质量更高。同时喷印机省去了钢网、清洗剂、擦拭纸和焊膏搅拌机等，在便捷、省时、高效率方面有很大的优势。

1. MYDATA 公司 MY500 焊膏喷印机介绍

MYDATA 公司 MY500 焊膏喷印机如图 4-7 所示。MY500 焊膏喷印机主要由喷印机主机、喷印头和焊膏盒[见图 4-7（b）]及计算机控制系统三部分组成。

图 4-8 是喷印原理图，焊膏通过一个螺旋杆进入到一个密封的压力舱，然后由一个压杆压出。该机器以 500 点/s 的速度在 PCB 上表面滑动喷印焊膏，可以喷印 180 万点/h，可与 30000 片/h 的组装生产线相同步。由于喷印机具有高度的灵活性并支持各种生产设置，因此在高混合生产环境中是最高效的。

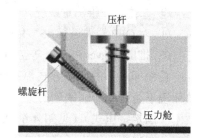

(a) MY500 焊膏喷印机　　　　(b) 喷印头和焊膏盒

图 4-7　MYDATA 公司 MY500 焊膏喷印机

图 4-8　喷印原理图

2. MYDATA 公司 MY500 焊膏喷印机的特点

① 无须模板，无接触喷印，调用生产程序后，即可进行生产，并可以根据需要随时调整焊膏量，控制每个元器件或个别焊盘的焊膏量，也可以在已经喷印的焊盘上再增加喷印焊盘的堆积量，而这在传统丝网印刷机中是无法实现的。由于无须模板，因此印刷过程中没有模板底部污染，极大地提高了印刷质量，同时还节省模板设计、加工费用，不用清洗剂、擦拭纸、焊膏搅拌机等。

② 采用触摸屏界面，操作简单；可以直接从多种格式 CAD 文件中转换并生成喷印程序，编程效率高，20min 左右就可以编完生产程序。

③ 焊膏装在密封容器内。在密闭环境印刷，有利于保持焊膏质量，无污染、无损耗。

④ 喷印头的最小喷印点为 0.25mm，能够在间距为 0.4mm 的焊盘上喷印焊膏，并且可以在大器件或者连接器旁边喷印 0201 等片式元器件的焊盘。

⑤ 焊膏喷印是依靠逐点喷印实现的，为了能够达到传统焊膏印刷设备的生产速度，焊盘喷印机的喷印速度高达每秒数百点，喷印头的运动可以承受高达 4g 的加速度，机座由铸石制作而成，基板传送采用线性电动机驱动，通过激光测量定位基板高度。

SMT 工业在持续变化与发展，每个制造者都需要应对变化与发展所带来的挑战，今天的制造者面临三个重要挑战：更快速地响应用户需求；提高焊点质量；满足日益提高的复杂基板设计要求。焊膏喷印技术能够应对这些挑战，完全突破了传统印刷技术模式的限制，使工艺控制变得更为简单、灵活，并且具有高质量、高效率特点，将会被更多地应用到电子制造技术中。

4.3　点　胶　机

点胶机又称滴液机，主要用于滴涂贴片胶或 CSP 底部填充，有时也用来分配滴涂焊膏。

分配器滴涂可分为手动和全自动两种方式。手动滴涂用于试验或小批量生产中，全自动滴涂用于大批量生产中。全自动滴涂需要专门的全自动点胶设备，也有些全自动贴装机上配有点胶头，具备点胶和贴片两种功能。各种点胶机如图 4-9 所示。

（a）美国 Asymtek 公司 Axiom X-1020/X 　　（b）美国 Asymtek 公司 Axiom X-2020/X 　　（c）多用途半自动点胶机
　　　-1022 全自动在线式点胶机　　　　　　　　-2022 全自动在线式点胶机

图 4-9　各种点胶机

按照分配泵不同，点胶头分为时间/压力式、螺旋泵式、活塞泵式、喷射泵式 4 种，如图 4-10 所示。

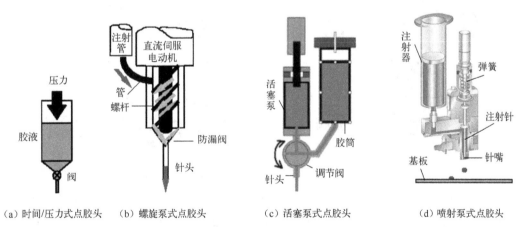

（a）时间/压力式点胶头　　（b）螺旋泵式点胶头　　（c）活塞泵式点胶头　　（d）喷射泵式点胶头

图 4-10　各种点胶头

① 时间/压力式点胶头。这是最原始、应用最广泛的方法，灵活性好、控制方便、操作简单、可靠，针头、针管易清洗，但速度受黏度影响大，高速和滴涂小胶点时一致性较差。

② 螺旋泵式点胶头。螺旋泵式灵活性强，适合滴涂各种贴片胶，对贴片胶中混入的空气不太敏感，但对黏度的变化敏感，速度对一致性有些影响。

③ 活塞泵式点胶头。高速时，胶点一致性好，能点大胶点，但清洗复杂，对贴片胶中的空气敏感。

④ 喷射泵式点胶头。喷射泵式是非接触式，速度快，对板的翘曲和高度的变化不敏感，但点大胶点速度慢，需要多次喷射，清洗复杂。

4.4 贴装机

贴装（Pick and Place）机又称拾放机、贴片机。贴装机相当于机器人的机械手，把元器件按照事先编制好的程序从它的包装中取出，并贴放到印制板相应的位置上。SMT生产线的贴装功能和生产能力主要取决于贴装机的功能与速度。

4.4.1 贴装机的分类

贴装机的分类大致有以下几种方法：

① 按贴装机的动作方式，可分为动臂式拱架型和转塔型。

② 按自动化程度，可分为手动式、半自动式、全自动（机电一体化）贴装机。

③ 按贴装机的功能和速度，可分为高精度多功能贴装机（或称泛用机，主要贴高精度、窄间距、大尺寸和不规则元器件）和高速贴装机（主要贴规则小元器件）。

④ 按贴装机供料器位置与贴装头数量的多少，可分为大型机，中、小型机，复合型机。

日本FUJI NXT高精度多功能贴装机如图4-11所示。它能够与其他模组配合起来，组成高速多功能贴装机，可通过灵活组合满足不同的产量要求。

西门子HF系列多悬臂系统多功能高速贴装机如图4-12所示。该机器安装有4个垂直旋转头，其中3个旋转头可安装12个或6个吸嘴，可贴装小元器件和小尺寸IC；另1个头是高精度IC头，可贴装高精度、大尺寸及异形元器件。贴装速度可达5万片/h。

 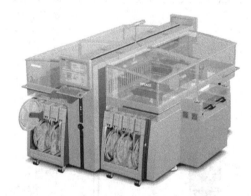

图4-11 日本FUJI NXT高精度多功能贴装机　　图4-12 西门子HF系列多悬臂系统多功能高速贴装机

在SMT生产制造中，一般把贴装机分为高速机和高精度多功能机。SMT的初期只有动臂式拱架型和转塔型，随着表面贴装元器件的封装尺寸越来越小，新的封装类型不断涌现，贴装机也有了很大的改进和发展。目前全球贴装机的品种规格达几百个，但归纳起来大致分为动臂式拱架型、转塔型、动臂与转盘的复合型、平台型、模块型。

（1）基本型1——动臂式拱架型（Gantry）

动臂式拱架型的贴装头安装在拱架型的X/Y坐标移动横臂（或称横梁）上，如图4-13所示。贴片时基板（PCB）和放置元器件的送料器固定不运动，只有贴装头运动。贴装头在横梁（X轴）上沿X方向运动，Y方向由横梁（X轴）带着贴装机在Y轴上运动，Z轴方向的运动和旋转角度（θ）由贴装头的Z轴及旋转电动机带动。动臂式拱架型的Y轴有单丝杠和双丝杠之分。

PCB固定式结构的机器在贴装过程中，由于PCB是固定不动的，PCB上先贴装的元器件没有加速度的影响，先贴装的元器件没有移位问题，因此相对来讲具有更好的贴装精度。这种结构适用于高精度多功能贴装机。

（2）基本型 2——转塔型（Turret）

转塔型有水平旋转、垂直旋转和 45°旋转三种。转塔型的贴装头安装在旋转的圆盘上，在圆盘上安装多个贴装头，如图 4-14 所示。例如，有一款水平转塔型贴装机转塔上有 16 个头，每个头上可安装 6 个不同规格的吸嘴。转塔型贴装机贴片时，基板、放置元器件的料站、贴装头同时运动，因此速度比较高，但相对来讲影响一些贴装精度。这种机型一般用于高速贴装机。

（3）复合型

复合型机器是从动臂型机器发展而来的，它集合了转盘型和动臂型的特点，在动臂上安装有转盘，如图 4-15 所示。例如，Siemens 的 Siplace80S 系列贴装机，有两个带有 12 个吸嘴的转盘。由于复合型机器可通过增加动臂数量来提高速度，因此具有较大的灵活性。Siemens 的 HS50 机器安装有 4 个这样的旋转头，贴装速度可达 5 万片/h。

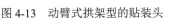

图 4-13　动臂式拱架型的贴装头　　图 4-14　转塔型的贴装头　　图 4-15　复合型的贴装头

（4）平行系统（模块型）

平行系统由一系列的小型独立贴装机组成（见图 4-3），各自有定位系统、摄像系统，若干个带式送料器能为多块电路板分区贴装。例如，飞利浦公司的 FCM 机器有 16 个贴装头，贴装速度达到 0.03s/片，每个头的贴装速度在 1s/片左右。又如，日本富士 NXT 模组型高速多功能贴装机有 8 模组和 4 模组两种基座，M6 和 M3 两种模组，8 吸嘴、4 吸嘴和单吸嘴三种贴装头，可通过灵活组合满足不同产量要求。单台产量最高可达 4 万片/h，单台机器可完成从微型 0201 到 74mm×74mm 的大型元器件，甚至大到 32mm×180mm 连接器的贴装。

4.4.2　贴装机的基本结构

贴装机主要由机器底座，印制电路板传输定位装置，贴装头的 X、Y 定位传输装置，气动系统，电力驱动系统，贴装头，图像处理系统，传感器，送料器，吸嘴库和吸嘴，计算机控制系统，报警灯，送料器预设器，显示器，手持键盘等部件组成。图 4-16 是日本松下公司 BM231（动臂式拱架型）贴装机的基本结构示意图（顶视图）。

底座又称机座、机架，是用来安装和支撑贴装机的部件。底座主要有钢板烧焊式和整体铸造式两种结构类型。贴装机的高速度、高精度，要求贴装机的底座具有重、稳、水平度高、振动小等性能。由于铸铁件具有质量大、耐振动、有利于保证贴装精度等优点，因此目前趋向于采用整体铸铁件。

目前大多数贴装机直接采用轨道传输 PCB，也有少数贴装机采用工作台传输，即把 PCB 固定在工作台上，工作台在传输轨道上运行。传输导轨又分为固定式和活动式两种。

PCB 传送系统是将 PCB 送进或送出贴装机的装置。PCB 从贴装机的入口到出口，是通过安装在轨道内侧边缘的薄皮带传输的。传输皮带一般分为三段。分三段传送 PCB 的好处是贴一块PCB 时，另一 PCB 处于缓冲等待位置，可以节省 PCB 上板时间，如图 4-17 所示。

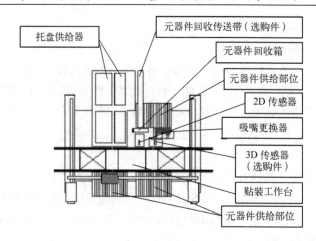

图 4-16　日本松下公司 BM231 型贴装机基本结构示意图（顶视图）

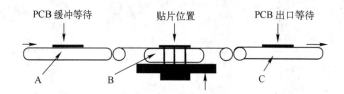

图 4-17　PCB 三段传送结构示意图

定位装置的作用是将 PCB 卡住以便进行贴装。一般贴装机都具备针定位、PCB 外围边定位两种方式。首先通过针定位或边定位方式对 PCB 进行机械（初步）定位，然后通过贴装头上的主 CCD 对 PCB 进行基准校正，实现精确定位。

PCB 底部支撑的作用是将 PCB 支撑在水平位置上，避免振动影响贴装精度。

4.4.3　贴装头

贴装头是贴装机上最复杂、最关键的部件，可以说它是贴装机的心脏。它相当于机械手，用来拾取和贴放元器件。贴装头有单臂单头、单臂多头，多臂单头、多臂多头、水平旋转贴装头、垂直旋转贴装头、45°旋转贴装头等形式。各种类型的贴装头如图 4-18 所示。

（a）日本松下 BM231 同轴 8 个头

（b）美国 Universal 公司平台式机器贴装头

（c）水平转塔型旋转贴装头

（d）Siemens 垂直旋转贴装头

（e）日本 SONY 公司 SI-E1000MKⅢ
高速贴装机的 45°旋转贴装头

图 4-18　各种类型的贴装头

下面简单介绍动臂式拱架型和旋转型两种基本型贴装头的结构和工作方式。

1．动臂式拱架型贴装头

动臂式拱架型又分为单臂（梁）式和多臂（梁）式，多臂式贴装机可成倍提高工作效率。

图 4-19 是日本松下公司 BM231 贴装头的构造图，同轴有 8 支吸嘴，每个轴能够独立地上下驱动，能对不同高度的元器件进行统一识别、吸附，分别顺序贴片。通过独立的上下驱动，能够更加稳定地贴装。贴装头上有贴装头轴、Z 轴电动机、θ 旋转电动机、基板识别照相机、贴装头照相机、吸片照相机。其中，基板识别照相机是用于基准校准和示教编程的；贴装头照相机相当于扫描 CCD，贴装头在 X、Y 方向移动中能够识别元器件；吸片照相机是选件，用于吸取左边几个料站上元器件时用的。

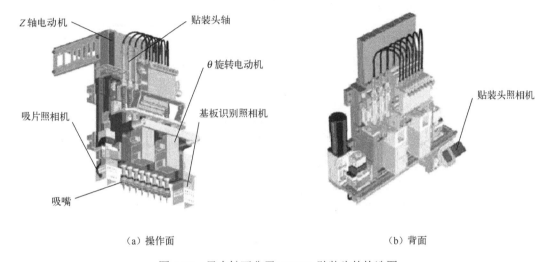

（a）操作面　　　　　　　　　　　　　　　　　（b）背面

图 4-19　日本松下公司 BM231 贴装头的构造图

2．转塔型贴装头

水平转塔型旋转贴装头如图 4-18（c）所示。转塔结构是高速贴装机最常见的一种结构。设备通常配置 12～30 个贴装头，每个贴装头有 3～6 个吸嘴，能在飞中（On-the-fly）更换（或不需要更换）吸嘴；在飞中同时进行拾取、检查元器件、角度旋转操作，以及视觉检查和贴装元器件。在理想条件下，这种结构贴装机的贴装产量达到 40000cph。有关 cph 的解释，见 4.4.10 节。

转塔型的元器件送料器安装在一个单坐标移动的装载台（料车）上，基板（PCB）固定在一个 X/Y 坐标系统移动的工作台上，贴装头安装在一个旋转的圆盘转塔上。贴装时，PCB、送料器、贴装头同时运动：在转动过程中，完成对元器件的视觉识别检查、定位与旋转角度的调整；当吸嘴转动到贴装位置时，将元器件贴放到基板上。贴装过程中，元器件的拾取、视觉识别检查、角度旋转、对准、定向定位等操作都同时发生在拾取元器件与贴装元器件之间。旋转头的转塔不断旋转，贴装头上每个吸嘴的工作任务不断轮流。最快速度达到每个片式元器件 0.1～0.03s。

图 4-20 是西门子 HF 系列贴装机垂直旋转头贴片方式示意图。从图中可以看出，PCB 和供料台都是固定的，贴片时只有移动式旋转头在运动，因此速度快、精度高。

图 4-20　西门子 HF 系列贴装机垂直旋转头贴片方式示意图

图 4-21 是西门子垂直旋转头工作过程示意图。

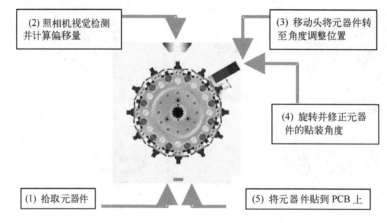

图 4-21　西门子垂直旋转头工作过程示意图

　　旋转头移动到元器件拾取位置（1）处拾取元器件；旋转到照相机视觉检测位置（2）处时，进行照相并计算偏移量；转到移动位置（3）和（4）处时，移动头将元器件旋转到角度调整位置，自动旋转并修正元器件的贴装角度；旋转头移动到贴装位置（5）处时，进行定位贴装。

4.4.4　X、Y 与 Z/θ 的传动定位（伺服）系统

　　随着 SMC/SMD 封装尺寸越来越小，对贴装机贴装精度要求也越来越高。贴装头的 X、Y 与 Z/θ 轴传动定位系统是决定贴装机贴装精度的关键机构。

1．X、Y 传动机构

　　X、Y 传动机构主要有滚珠丝杠（直线导轨）和同步齿行带（直线导轨）两大类。

　　滚珠丝杠（直线导轨）的典型结构是贴装头固定在滚珠螺母基座和对应的直线导轨上方的基座上，电动机工作时，带动螺母在 X 方向往复运动，由有导向的直线导轨轴承保证运动方向平行，X 轴在两条平行滚珠丝杠（直线导轨）上在 Y 方向移动，从而实现贴装头在 X-Y 方向正交平行移动。机械丝杠传动又分为单丝杠（单驱动）和双丝杠（双驱动）两种方式，双驱动系统的传输精度高于单驱动系统。

2．X、Y 定位控制系统（伺服系统）

　　X、Y 的定位精度是由 X、Y 伺服系统来保证的。滚珠丝杠和同步齿行带是由交流伺服电动机

驱动，并在位移传感器及控制系统指挥下实现精确定位的，因此位移传感器的精度直接影响 X、Y 定位精度。目前，贴装机上使用的位移传感器有圆光栅编码器、磁栅尺和光栅尺。

（1）圆光栅编码器

图 4-22（a）是圆光栅编码器工作原理示意图。圆光栅编码器的位移控制系统结构简单，抗干扰性强，测量精度取决于编码器中光栅盘上的光栅数及滚珠丝杠导轨的精度。贴装精度一般在 0.1～0.03mm。

（2）磁栅尺

图 4-22（b）是磁栅尺与光栅尺系统工作原理示意图。磁栅尺系统由磁栅尺和磁头检测电路组成，通常磁栅尺直接安装在 X、Y 导轨上，利用电磁特性和录磁原理对位移进行测量。磁栅尺的优点是制造简单，安装方便，稳定性高，量程范围大，测量精度在 1～5μm。通常高精度自动贴装机采用此装置。贴装精度在 0.02mm 左右。

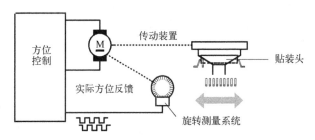

（a）圆光栅编码器工作原理示意图

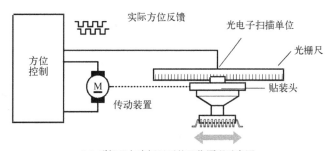

（b）磁栅尺与光栅尺系统工作原理示意图

图 4-22 X、Y 定位控制系统

（3）光栅尺

光栅尺系统类似磁栅尺系统，由光栅尺、光栅读数头与检测电路组成。光栅尺是在透明玻璃或金属镜面上真空沉积镀膜，利用光刻技术制作互相平行、等距离、密集的条纹（100～300 条/mm）而成的。光栅读数头由指示光栅、光源、透镜及光敏器件组成，指示光栅有相同密度的条纹。光栅尺是根据物理学的莫尔条纹形成原理进行位移测量的，测量精度高，一般在 0.1～1μm。光栅尺通常应用在高精度贴装机中，其定位精度比磁栅尺还要高 1～2 个数量级。

3．Z 轴定位系统

贴片时，Z 轴方向是由贴装头的吸嘴在上下运动过程中定位的。

在动臂式拱架型贴装头系统中，采用圆光栅编码器的 AC/DC 伺服电动机（滚珠丝杆）或采用磁栅尺与光栅尺系统的同步带机构。采用滚珠丝杆控制时，电动机安装在吸嘴上方；采用同步带控制时，电动机可安装在侧部，通过齿轮转换机构实现吸嘴在 Z 方向的控制。

转塔型贴装头系统中，吸嘴在 Z 方向依靠特殊设计的圆筒凸轮控制系统做曲线运动，实现吸嘴上下运动，贴片时在 PCB 装载台自动调节高度的配合下，完成贴片动作。

4.θ 旋转角度传动定位系统

θ 旋转角度是通过吸嘴的 Z 轴旋转定位的。早期贴装机吸嘴的旋转控制是采用汽缸和挡块来实现的，现在已直接将微型脉冲电动机安装在贴装头内部，以实现 θ 方向高精度的控制。动臂式拱架型贴装头 θ 旋转精度一般可达到 0.01°，转塔型贴装头可达到 0.02°。

4.4.5　贴装机对中定位系统

贴装机是以贴装头吸嘴的中心定义为元器件的贴装中心的。贴片的对中定位方式有机械对中、激光对中、全视觉对中、激光和视觉混合对中，其中全视觉对中精度最高。机械对中方式是20 世纪 80 年代 SMT 初期技术，由于对中精度低，元器件很容易被对中爪打坏，目前已经不使用了。激光对中采用投影的原理，视觉对中采用摄像机（CCD）照相原理，CCD 的分辨率越高，贴装精度也越高。图 4-23 是各种对中方式示意图。

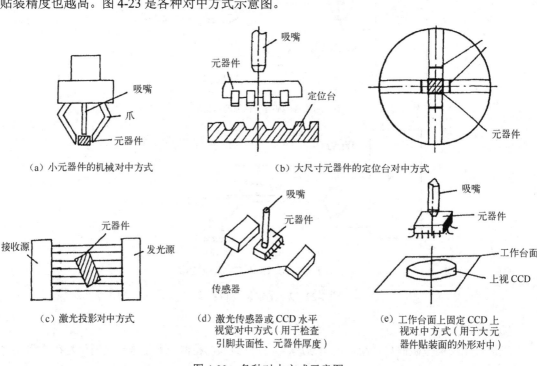

图 4-23　各种对中方式示意图

1. 光学视觉对中定位系统的组成

光学视觉对中系统由光源、CCD、显示器及数模转换与图像处理系统组成。

光学对中的精度与 CCD 分辨率、光源设计有关。CCD 的分辨率越高，贴装机的贴装精度也越高。通常分辨率与 CCD 的视野大小也有关，同样的分辨率，视野越小，分辨率越高；视野越大，分辨率越低。因此，在高精度贴装机中一般都装有两种不同视野的 CCD，贴装窄间距、高密度元器件时使用小视野 CCD，贴装大元器件时使用大视野 CCD。

CCD 一般采用 LED 做照明系统的光源，为了配合贴装机贴装 BGA 和 CSP 等元器件时，能够照出更清晰的图像，在 CCD 的侧面、水平方向、底部等不同位置设置了 LED 光源。

不同类型的贴装机，CCD 的配置是不同的。动臂式拱架型高精度贴装机一般最少需要配置 2 个 CCD，最多 7 个 CCD。贴装头上至少配置 1 个基准校准和示教编程时照坐标用的 CCD；同轴多头贴装头最多配置 4 个 CCD，其中 2 个是基准校准和示教编程 CCD（两侧各 1 个，右边是主 CCD，左边是辅 CCD），1 个飞行对中的扫描 CCD（用来照小尺寸元器件图像），还有 1 个照元器件厚度的 CCD（有的机器配激光传感器）。动臂式拱架型贴装机在机器传送轨道的外侧还要配置 1～3 个不同分辨率的固定 CCD，用来照大尺寸、窄间距、异形元器件图像。

2．光学视觉定位 Fiducial（基准校准）的原理和过程

PCB Mark 的作用和 PCB 基准校准的原理见 10.7 节。

下面以西门子 HF 系列垂直贴装头为例，介绍 Fiducial 的对中原理和对中、定位过程。

从图 4-24 中可以看出：贴装头拾取元器件后，元器件视觉模块收集获取元器件的影像和图像信息；经过视觉控制器，进行图像分析；进行 PCB 方位识别及光学定位；最后，通过机器控制器修整 X、Y 坐标和 θ（转角），实现高速度、高可靠的贴装精度。

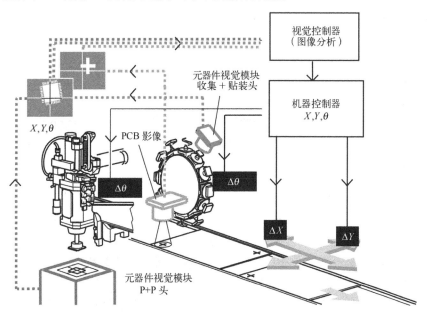

图 4-24　西门子 HF 系列贴装机的视觉系统原理示意图

3．元器件贴装位置光学视觉对中原理和过程

完成 PCB 基准校准后，吸嘴到送料器上拾取元器件，然后对拾取的元器件底部（上视）照相。小元器件用贴装头上的扫描 CCD，大的元器件用固定 CCD，然后与该元器件在图像库中的标准图像比较，对元器件进行确认。比较的内容如下。

① 比较图像是否正确，如果图像不正确，则贴装机认为该元器件的型号错误，会根据程序设置抛弃元器件，若干次后报警停机。

② 将引脚变形和共面性不合格的元器件识别出来并送至程序指定的抛料位置。

③ 比较该元器件拾取后的中心坐标 X、Y、转角 θ 与标准图像是否一致，如果有偏移，贴片时贴装机会自动将拾片偏移量[offset(X)、offset(Y)、offset(θ)]修正到该元器件的贴片坐标中，从而

保证每个元器件的贴装精度，如图 4-25 所示。

4.4.6　传感器

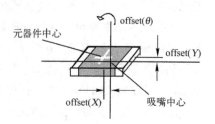

　　传感器是一种检测装置，能感受到被测量的信息，并能将信息按一定规律转换成电信号或其他形式的输出信息，以实现信息的传输、处理、存储、显示、记录和控制等功能。

　　贴装机是高速度、高精度、高度自动化的现代电子制造设备。贴装机由很多部分组成，每一个部分都有传感器，因此在贴装机中有很多传感器。贴片过程中需要完成许多复

图 4-25　元器件贴装位置光学视觉对中原理示意图

杂的动作，而且要求每一个动作都非常准确，传感器就好比贴装机的眼睛，时刻监视机器的每一步动作是否正常，然后将信息传送到控制部分进行显示，告诉操作者是否可运行。如果不能运行，会显示错误信息，操作者就会按提示排除故障，使设备能正常运行。所以，把传感器称为"电子眼"。传感器运用得越多，表示贴装机的智能化水平越高。

　　按照传感器的功能可将其分为压力传感器、负压传感器、位置传感器、图像传感器、激光传感器、贴装头压力传感器、元器件检查器等。

　　贴装机的每个部分——机器盖（安全）、驱动部、贴装头、PCB 传输导轨和工作台、料站和送料器都有相应的传感器。

4.4.7　送料器

　　送料器也称为喂料器、供料器，是贴装机的主要选配件之一，主要有带式送料器、管式振动送料器、托盘送料器、散装送料器和垂直送料器。

1．带式送料器

　　带式送料器用于编带包装的各种元器件。带式送料器的用途最广泛。带式送料器的规格通常有 8mm、12mm、16mm、24mm、32mm、44mm、56mm、72mm。

　　8mm 带式送料器有纸带和塑料带两种，有的公司纸带、塑料带可以通用。另外，32mm 带式送料器有塑料带和粘带之分。其余所有规格的带式送料器都是用于塑料带包装的。

　　SMC/SMD 的包装类型见第 1 章 1.5 节，编带的尺寸标准见表 1-5。

　　西门子公司的带式送料器如图 4-26 所示。这种带式送料器是通用型的，适用于表 4-1 中所列各种宽度（8～88mm）的编带包装、所有间距、所有标准卷径的编带（7～19 英寸）。

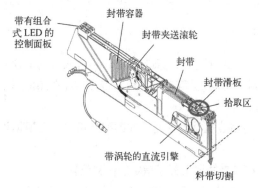

（a）西门子带式送料器结构

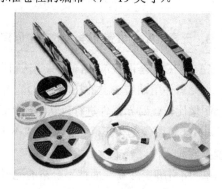

（b）西门子带式送料器外形

图 4-26　西门子公司可用于各种规格（8～88mm）编带的带式送料器

按照驱动同步齿轮的动力分类，带式送料器有气动式和电动式两种类型。传统的带式送料器大多是气动式的，电动式送料器比气动式送料器的振动小，噪声低，控制精度高。

由于元器件的尺寸越来越小，因此有的公司把 8mm 带式送料器做成双 8mm 带式送料器，这样一个双 8mm 带式送料器可以装两种小元器件。

2．管式送料器

管式送料器又称杆式送料器、管状送料器、振动送料器。管式送料器主要由振动台、定位板等部件组成。管式送料器也有气动式和电动式两种类型。管式送料器主要用于 SOP、SOJ、PLCC、PLCC 的插座，以及异形元件等。管式送料器一般用于小批量生产中。

管式送料器的规格有单通道、多通道之分。单通道管式送料器的规格有 8mm、12mm、16mm、24mm、32mm、44mm；多通道管式送料器有 2~7 通道不等，通道的宽度有固定的，有的可以调整。单管式振动送料器如图 4-27（a）所示，多管式振动送料器如图 4-27（b）所示。

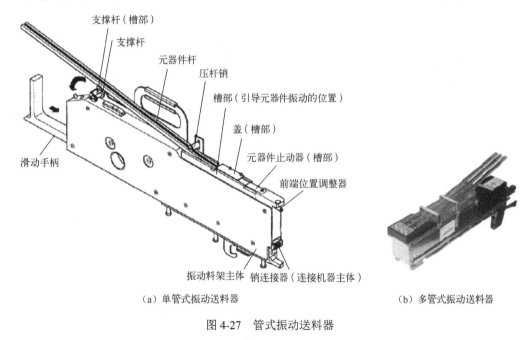

（a）单管式振动送料器　　　　　　　　（b）多管式振动送料器

图 4-27　管式振动送料器

3．托盘送料器

托盘送料器又称华夫盘送料器、盘装送料器，主要用于 QFP、BGA、CSP 等器件。这种包装方式便于运输，不容易损坏窄间距引脚的共面性。

固定托盘式送料器是一个不锈钢盘，把它放在料位上，用磁条定位即可，一般只适合 IC 比较少的产品以及小批量生产。双托盘固定式托盘送料器如图 4-28 所示。多层式自动托盘送料机采用立柜式 20 层、40 层、最多 80 层不等的托盘机，每层能放 2 个托盘，贴片时自动按照抬片程序中指定某层（前或后托盘）送到抬料位置上，抬料完毕自动将该托盘收回到托盘机中。双柜式多层托盘机，左右交替工作，可实现不停机换料，如图 4-29 所示。

4．垂直送料器

随着 SMT 与 IC 封装技术的结合，出现了直接在硅片上封装的晶圆（Wafer）技术，有些公司开发了贴装晶圆的功能。贴装晶圆需要使用垂直送料器，图 4-30 所示为西门子公司开发的垂直晶圆送料器（Wafer Vertical），图 4-31 所示为安装在机器上的垂直晶圆送料器。

图 4-28　双托盘固定式托盘送料器

图 4-29　西门子双柜式多层托盘机

图 4-30　西门子垂直晶圆送料器

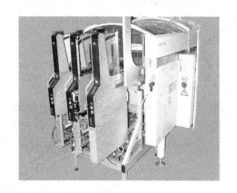

图 4-31　安装在机器上的垂直晶圆送料器

4.4.8　吸嘴

不同形状、大小的元器件要采用不同的吸嘴进行拾放，一般的元器件采用真空吸嘴，对于异形元件（如没有吸取平面的连接器等），也有采用机械爪结构的。不同设备厂家的吸嘴结构是不同的，另外，吸嘴的材料也不一样，有塑料的、金属的，还有陶瓷的。对于 0201、01005 这一类微小尺寸元器件的吸嘴，其加工难度是很大的，有的厂家还申请了专利。各种类型的吸嘴如图 4-32 所示。

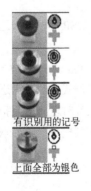
有识别用的记号
上面全部为银色

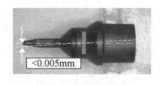

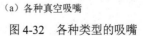

（a）各种真空吸嘴　　　　　　　　　　（b）机械吸嘴（夹子）

图 4-32　各种类型的吸嘴

4.4.9　贴装机的主要易损件

为了确保贴装机始终处于最佳状态，要定期对设备的易损件进行维护和更换。贴装机主要的易损件有过滤器、吸嘴、送料器的零部件、PCB 传送皮带、轴承、汽缸、电动机、控制板等。

4.4.10　贴装机的主要技术指标

贴装机的主要技术指标包括贴装精度、贴片速度、对中方式、贴装面积、贴装功能、可贴装元器件种类数、编程及程序优化等。

（1）贴装精度

贴装精度包括 3 个内容：贴装（定位）精度、分辨率、重复精度。

① 贴装（定位）精度：是指元器件贴装后相对于印制板标准的目标贴装位置的偏移量。贴装（定位）精度主要取决于贴装头在 X、Y 导轨上移动的精度，以及贴装头 Z 轴的旋转精度，与 CCD 的分辨率有关，还与 PCB 设计（如 Mark 不规范）、元器件尺寸精度误差、编程等因素有关。其中，编程坐标是否精确对贴装精度影响最大，也就是说，与贴片程序中 X、Y、θ（旋转角度）坐标的准确度有关。一般来讲，贴装片式元器件要求达到±0.1mm，贴装高密度、窄间距的 SMD 至少要求达到±0.06mm，目前，多功能机一般要求达到 3σ，高速机要求达到 6σ。

② 分辨率：是指贴装机运行时最小增量（如丝杠的每个步进为 0.01mm，那么该贴装机的分辨率为 0.01mm，光栅尺的最小读数为 0.001mm，其分辨率为 0.001mm）的一种度量，衡量机器本身精度时，分辨率是重要的指标。

③ 重复精度：是指贴装头重复返回标定点的能力。重复精度与机器使用的材料、结构、机加精度等因素有关。

贴装精度、分辨率、重复精度之间有一定关系。分辨率、重复精度是机器固有性能，是决定贴装精度的主要因素，贴装精度还与设备软件、编程、操作，以及设备维护保养有关。

（2）贴装速度

贴装速度是指在一定范围内，料架固定，每个元器件的贴装时间。目前高速机贴装片式元器件的速度为 0.06～0.03s；多功能机一般都是中速机，贴装 QFP 的速度在 1～2s，贴装片式元器件的速度为 0.3～0.6s，目前多功能机也能达到 0.2s 以内。

按 IPC 9850 标准《表面贴装设备性能检测方法》，贴装速度用 cph 来表示，cph 是指每小时在 200mm×200mm 贴片面积范围内表面贴装元器件的数量。片式元器件（指小元器件）与 QFP 等大器件的贴装速度分别表示，如贴装片式元器件的速度大于等于 12000cph，贴装 QFP 的速度大于等于 1800cph。

（3）贴装角度

贴装角度一般为 0°～360°，分辨率为 0.1°～0.001°。

（4）元器件吸装率

元器件吸装率是指贴装机准确拾取和贴放的能力，用%表示，数值越大越好。例如，元器件吸装率 99.9%，是指拾放 1000 个元器件允许抛料数为小于 1 个元器件。

（5）贴装面积

贴装面积由贴装机传输轨道及贴装头运动范围决定，一般最小 PCB 尺寸为 50mm×50mm，最大 PCB 尺寸应大于 250mm×300mm。不同厂家的机器最大贴装面积是不一样的，一般同一种机型的机器最大 PCB 尺寸也分为大、中、小 3 种规格。

例如，日本 JUKI 贴装机的贴装面积有以下几种规格：

PCB 允许长×宽=330mm×250mm～50mm×50mm；410mm×360mm～50mm×50mm；

510mm×360mm～50mm×50mm；510mm×460mm～50mm×50mm

（6）贴装功能

一般高速贴装机可以贴装各种片式元器件和较小的 SMD（最大 25mm×30mm 左右）；多功能机可以贴装 0.6mm×0.3mm（目前最小可贴装 0.3mm×0.15mm）～54mm×54mm（目前最大可贴装 60mm×60mm）SMD，可贴元器件包括片式元器件、Melf、QFP、PLCC、BGA、CSP、FC、Connector 及异形元件，还可以贴装长度为 150mm 以上的连接器等异形元件。

（7）贴装高度

贴装高度是指贴装机能够贴装的最大的元器件高度。一般高速机的贴装高度为 6mm 左右，高精度多功能机为 10～20mm。

（8）可贴装元器件种类数

可贴装元器件种类数是由贴装机料站位置（以能容纳 8mm 编带供料器的数量来衡量）的数量决定的。一般高速贴装机料站位置大于 120 个，多功能机料站位置在 60～120 之间。

（9）编程功能

编程功能是指在线和离线编程优化功能。

4.4.11　贴装机的发展方向

随着 SMT 的飞速发展，不但元器件的尺寸越来越小、组装密度越来越高，而且还不断推出新型封装形式，为了适应高密度、高难度的组装技术的需要，贴装机正在向高速度、高精度、多功能和模块化、智能化方向发展。

（1）高速度

① "飞行对中"技术。飞行对中技术把 CCD 图像传感器直接安装在贴装头上，一起运动，实现了在拾起元器件后，在运动到印制电路板贴装位置的过程中对元器件进行光学对中。

② 高速贴装机模块化（本章前面已经有介绍）。

③ 双路输送结构。在保留传统单路贴装机的性能下，将 PCB 的输送、定位、检测等设计成双路结构，这种双路结构的贴装机，其工作方式可分为同步方式和异步方式。同步方式运转时，完成两块大小相同的印制板的元器件贴装；异步方式运转时，当一块印制板在进行元器件贴装时，另一块印制板完成传送、基准对准、坏板检查等步骤，从而提高生产效率。

④ 自动吸嘴转换功能。日本、欧洲一些公司对新型贴装机的贴装头部做了改进，如采用转盘和复式吸嘴结构。转盘结构在贴装头移动过程中自动更换所需吸嘴，并且在一个拾放过程中可以同时吸取多个元器件，降低贴装臂来回运动的次数，从而提高贴装机的工作效率。

（2）高精度

目前许多贴装机制造商采用各种技术，以适应窄间距、新型元器件对贴装精度的要求，使最高贴装精度达到±0.01～±0.001 27mm。主要采取如下措施。

① 采用高分辨率的线性编码器闭环系统。

② 采用智能服务系统，提高服务性能和缩短调整时间，减轻主机负荷，提高贴装可靠性。

③ 改进机器视觉系统，采用高分辨率的线性扫描摄像机，并对图像进行灰度处理，提高图

像处理精度，进一步提高贴装机的精度等级。

④ 采用温度补偿功能，降低环境对贴装超细间距 IC 的影响。

（3）多功能、高速化（本节前面已经有介绍）

（4）模块（组）化（本节前面已经有介绍）

（5）智能化

智能化不仅体现在离线编程和优化功能上，还体现在 PCB 定位精度、贴装精度、Z 轴贴放压力的自动控制等方面。

（6）贴装头（贴装头形式多样化，向多功能、智能化方向发展。本节前面已经有介绍）

（7）吸嘴

开发适用于小元器件、微型元器件的真空吸嘴，以及适用于异形元器件的机械夹吸嘴。

（8）送料器

送料器向简易、智能、双带送料、电动等方向发展。为适应元器件小型化，有的公司还开发了 4mm 宽的带式送料器，开发了贴装晶圆（Wafer）的垂直送料器等。

随着电子产品向多样化发展，现在，大规模生产的模式逐渐为平台的方法所取代。最近一些设备供应商纷纷推出了智能化、柔性化贴装机。

德国西门子公司最新推出的智能 SIPLACE DX 如图 4-33 所示，主要特点：

● 高速 20 吸嘴收集贴装头。实现了高速，同时也非常适用于 01005 大规模生产。

● 采用全闭环控制的线性电动机技术。

● 智能供料器。

● 易于操作的工作站软件。

● 全新强大软件系统和不间断运行托盘供料器。

日本富士公司最新推出的 AIMEX 如图 4-34 所示，主要特点：

● 在 NXT 的基础上增设了贴装头等丰富的可选单元。

● 是一台具备可扩张性的 All in One 贴装机。

● 由于其贴装机械轴可以增设，因此可灵活应对产量变化及产品变更。

图 4-33　德国西门子智能 SIPLACE DX　　　图 4-34　日本富士 AIMEX

4.5　再流焊炉

再流焊炉是焊接表面贴装元器件的设备。再流焊炉主要有红外炉、热风炉、红外加热风炉、气相焊炉等，目前最流行的是强制式全热风炉。本节主要介绍强制式全热风炉和气相焊炉。

4.5.1　再流焊炉的分类

再流焊炉种类很多，按再流焊加热区域，可分为对 PCB 整体加热和对 PCB 局部加热两大类。

对 PCB 整体加热的有箱式（见图 4-35）、流水式再流焊炉，热板、红外、全热风、气相再流焊炉，箱式再流焊炉适合实验室和小批量生产。流水式再流焊炉适合批量生产。

德国 ERSA 公司强制式全热风 Hotflow 无铅再流焊炉如图 4-36 所示。该设备具备无铅再流焊炉的关键特性：可以承受无铅生产的高温，在装上电路板和取下电路板时保持热稳定性，具有适合无铅生产的设备材质、精确的温区分隔、优异的绝热性能，提供氮气环境，可以灵活地实现炉温曲线，炉腔的 ΔT 极小，冷却能力很强。

图 4-35　箱式再流焊炉　　　　　图 4-36　德国 ERSA 公司 Hotflow 无铅再流焊炉

对 PCB 局部加热的设备有热丝流、热气流、激光、感应、聚焦红外等方式，PCB 局部加热设备主要用于返修和个别元器件的特殊焊接。

4.5.2　全热风再流焊炉

全热风再流焊炉是目前应用最广泛的再流焊炉，主要由炉体、上加热源、下加热源、PCB 传输装置、空气循环装置、冷却装置、排风装置、温度控制装置、氮气装置、废气回收装置及计算机控制系统组成，如图 4-37 所示。

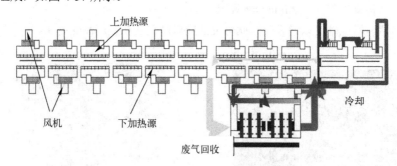

图 4-37　全热风再流焊炉结构示意图

1．空气流动设计

生产再流焊设备的国内外厂家很多，每个厂家的气流设计是不一样的，有垂直气流、水平气流、大回风、小回风等。无论采用哪一种方式，都要求对流效率高，包括速度、流量、流动性和渗透能力，气流应有好的覆盖面，气流过大、过小都不好。

图 4-38 是空气流动设计示意图，空气或氮气从风机的入口进入炉体，被加热器加热后由顶部强制热风发送器将热空气的热量传递到组装板上，降温后的热气流经过通道从出口排出。热风再

流焊是热空气按设计的气流方向不断循环流动，与被加热件产生热交换的过程。

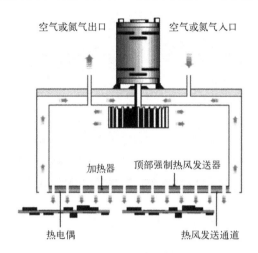

图 4-38　空气流动设计示意图

　　图 4-39 为空气流动设计技术举例，图（a）、（b）是多喷嘴小回风结构和空气流动图。多喷嘴小回风技术的热效率高、热分布均匀，已被多家再流焊炉制造商应用。

　　图 4-39（c）所示为 ViTechnology 公司最近新开发的顶部和底部强制对流模块，该技术减少了横向对流，保证了 PCB 区域内的温度均匀性和热传递效率。对流喷嘴的布局、设计和分布，可以确保作用在 PCB 上的热风锥流尽可能地均匀。

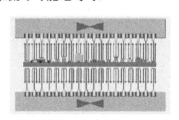

（a）多喷嘴小回风结构　　　（b）多喷嘴小回风空气流动示意图　　（c）ViTechnology公司最近新开发的
　　　　　　　　　　　　　　　　　　　　　　　　　　　　　　　顶部和底部强制对流模块
　　　　　　　　　　　　　　　　　　　　　　　　　　　　　（带有限制横向流动的对流技术）

图 4-39　空气流动设计技术举例

2．加热源设计

　　加热效率与加热源的热容量有关。加热体大而厚的高热容量加热源的温度稳定性好，能够同时控制温度和气流，炉内热分布比较均匀，但热反应慢，降温速度慢；加热体薄的低热容量加热源的成本低，热反应快，但温度稳定性较差，炉内热分布、温度和气流不容易控制。

3．温度控制精度

　　温度控制精度是由设备温控系统决定的。传统炉温控制采用晶闸管继电器，这种温控方法往往会使炉温波动达到±5℃以上。新技术采用全闭环 PID 温度控制，其原理示意如图 4-40所示。全闭环 PID 温度控制是靠控制加热功率和时间来控制温度的，当温度接近设置温度时通过 PID 开始降低加热功率；当温度即将超过设置温度时通过 PID 降低加热功率。PID 控温精度可以达到±1℃以下。

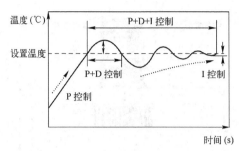

P—比例控制（功率、时间比例控制）；I—积分控制；D—微分控制

图 4-40　闭路 PID 温度控制原理示意图

4．冷却效率

冷却效率与设备的配置有关，通常有风冷、水冷两种方式。要根据温度曲线的冷却斜率来选择冷却设备，一般情况选择风冷即可，无铅氮气保护焊接设备可以选择水冷。

5．PCB 传送方式

PCB 传送方式有两种：链传动，链传动+网传动。

6．氮气保护系统

氮气保护系统用于充氮气焊接，它可以减少高温氧化，提高焊点浸润性，减少锡渣。氮气焊接主要用于高可靠产品、无铅产品。

7．助焊剂废气回收系统

配置助焊剂废气回收系统的目的如下：一是环保要求，不让助焊剂挥发物直接排到大气中；二是废气在炉中的凝固沉淀会影响热风流动，降低对流效率，由于无铅焊膏中助焊剂量比较多，因此更加有必要回收；三是氮气炉必须配置助焊剂回收系统，可循环使用氮气。

4.5.3　气相再流焊（VPS）炉

液体因加热沸腾而气化，从而发生物态的变化。液体气化时吸收热量，所吸收的热量称为气化潜热，简称为气化热。当饱和的蒸气遇到温度较低的物体时，蒸气会凝结成相同温度的液体并释放出气化潜热，从而导致物体升温，这一过程称为凝结传热，属相变传热的一种形式。

气相再流焊（Vapor Phase Soldering）也称气相焊，就是利用饱和蒸气遇冷转变为液态时所释放出的气化潜热进行加热的钎焊技术，其加热原理是有相变的热对流。气相焊接中，液态传热介质先被加热沸腾，产生出大量的饱和蒸气；当蒸气遇到送入的被焊组件时，会在温度较低的组件表面（包括元器件引脚、焊料和 PCB 焊盘表面）凝结一层液体薄膜并释放出热量，焊区就是依靠这种热量被加热升温，实现焊接的。

1．气相再流焊的原理

气相再流焊的原理是将含有碳氟化物的液体加热至沸点气化后产生蒸气，利用其作为传热媒介，将完成贴片的基板放入蒸气炉中，通过凝结的蒸气传递热量（潜热）进行焊接。在气相再流焊炉中，当达到气化温度后，在焊接区（碳氟化物液体的蒸气层）变成高密度、饱和的蒸气，取代空气和湿气。充满蒸气的地方，温度与气化阶段的液体沸点相同。焊接峰值温度就是碳氟化物液体在大气压下的沸点温度左右，温度非常均匀。VPS 的焊接环境是中性的，不需要使用氮气，在焊接较大的陶瓷 BGA 器件以及无铅焊接中具有优势。

由于气相再流焊是利用热媒介质蒸气冷凝转化成液体的过程中释放出大量的热来加热组装件，迅速提高组装件的温度的，所以气相再流焊工艺的优点就是 ΔT 小，特别是对于无铅焊接工艺窗口比较窄有很大的优势。同时气相焊可以避免出现元器件过度加热的风险，因为印制电路板和元器件的温度不会超过所选择的焊液的沸点。

2．真空气相再流焊

随着无铅化的发展，在传统气相焊设备的基础上开发了一种基于喷射原理的新方法，这种方法能够精确地控制焊接介质蒸气的数量，同时在密闭腔体内对组装板进行再流焊。此方法的再流焊温度曲线的控制程度和灵活性高于传统气相焊接系统，焊接时形成真空，能够排除熔融焊点中的气泡，提高可靠性，降低成本。这种基于喷射原理的焊接系统就是真空气相再流焊系统。

真空气相再流焊技术提高了工艺的灵活性并降低了运作成本，是一种先进电子焊接技术，是汽车电子、航空航天企业主要的电子焊接工艺手段。真空气相再流焊的传热特性好，适合用来焊接批量大、热处理困难的组装件；对于工艺窗口较窄的无铅焊接，焊点空洞要求比较严格的产品，真空气相再流焊是非常理想的工艺。和传统再流焊相比较，真空气相再流焊具有可靠性高，焊点无空洞，组装密度高，抗震能力强，焊点缺陷率低，高频特性好，无须保养维护等特点。因此，真空气相再流焊是提高产品焊接质量，提高生产效率，解决产品焊接品质问题的有效方法之一。

德国 rehm 传送带流水式真空气相再流焊炉如图 4-41 所示，适合用于批量生产。

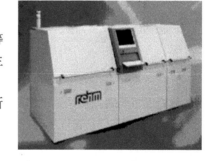

3．真空气相再流焊的几个特点

图 4-41　德国 rehm 真空气相再流焊炉

（1）"精确喷射法"炉温控制方式

每个加热阶段都数字化可控，结合温度曲线的要求，通过在每个阶段注入不同数量的液态热媒介，控制液体进入的数量，就可以控制蒸气雾能携带的热量，可以非常精确和灵活地控制需要的温度曲线。注入的液体数量越少，升温斜率越低，反之液体数量越多，升温斜率越高；同时充满蒸气的地方，PCB 和元器件温度与气化阶段的液体沸点相同，也就是焊接组件上的任何点都不会超过液体的沸点温度，从而做到精确控制温度。

（2）真空度变化实现无空洞工艺

焊接腔体真空度是可以变化的，也就是可以提供真空工艺可控制压力曲线。利用变化的真空度和压力控制可以让大气泡逐步移到焊盘的外缘，避免由于爆炸性排气造成的焊点飞溅。在焊接和真空处理过程中，组装件固定在密闭处理腔内，在 IMC 形成和气泡产生溢出的时间段内梯度抽真空，形成无空洞的完美焊点。

（3）温度均匀性控制

蒸气冷凝成的液体能润湿固体表面并形成一层液态薄膜，在真空气相焊接中，液态热媒介几乎能润湿所有的被焊组件表面，都是膜式凝结的传热过程。这种传热更加均匀，并且几乎不受元器件和 PCB 几何形状的影响，因此各个元器件在温度上也更加均匀一致。

4.5.4 再流焊炉的主要技术指标

再流焊炉的主要技术指标有温度控制精度、传输带横向温差、最高加热温度、加热区数量和长度、传送带宽度、冷却效率等。

① 温度控制精度：应达到±0.1～0.2℃。

② 传输带横向温差：传统要求±5℃以下，无铅焊接要求±2℃以下。

③ 温度曲线测试功能：如果设备无此配置，应外购温度曲线采集器。

④ 最高加热温度：无铅焊料或金属基板，应选择 350～400℃。

⑤ 加热区数量和长度：加热区长度越长、加热区数量越多，越容易调整和控制温度曲线，无铅焊接应选择 7 温区以上。

⑥ 传送带宽度：应根据最大和最小 PCB 尺寸确定。

⑦ 冷却效率：应根据产品的复杂程度和可靠性要求来确定，复杂和高可靠要求的产品，应选择高冷却效率。

4.5.5 再流焊炉的发展方向

再流焊炉正向着高效率、多功能、智能化的方向发展，其中有具有独特的多喷口气流控制的再流焊炉、带氮气保护的再流焊炉、带局部强制冷却的再流焊炉、可以监测元器件温度的再流焊炉、带有双路输送装置的再流焊炉、带中心支撑装置的再流焊炉等。

4.6 波 峰 焊 机

波峰焊机是通过机械泵或电磁泵的作用，在熔融的液态焊锡锅的表面形成循环流动的焊锡波，利用熔融液态焊料循环流动的波峰与装有元器件的 PCB 焊接面相接触，以一定速度在相对运动时实现群焊的焊接设备。

图 4-42 是各种波峰焊机的外形图。美国 Speedline 公司 Electrovert VectraES 波峰焊机的助焊剂喷涂使用空气雾化喷头，使用了 Electrovert 的最新预热技术——Low Mass 强迫对流，热性能极好，大大减少了整块电路板及 PCB 上下的温差，适合通孔插装和表面贴装元器件的焊接；改善了通孔中焊锡的填充性能，减少了桥接，并把浮渣减少了 40%。

（a）日本千住公司SMIC机械　　（b）电磁泵波峰焊机　　　　（c）美国 Speedline 公司
　　　泵波峰焊机　　　　　　　　　　　　　　　　　　　　Electrovert VectraES 波峰焊机

图 4-42　各种波峰焊机的外形图

4.6.1　波峰焊机的种类

波峰焊机的种类很多。

① 按照泵的形式可分为机械泵和电磁泵波峰焊机。机械泵波峰焊机又分为单波峰和双波峰焊机，单波峰焊机适用于纯通孔插装元器件组装板焊接，双波峰焊机和电磁泵波峰焊机适用于通孔插装元器件与表面贴装元器件混装焊接。

② 按照锡锅尺寸大小与组装板尺寸大小可分为小（微）型机、中型机和大型机。

③ 按照焊接工艺又可分为一次焊接和二次焊接系统。

4.6.2　双波峰焊机的基本结构

波峰焊机的部分部件如图 4-43 所示。

（a）锡锅进出及升降装置　　　（b）自动加锡装置　　　（c）氮气保护装置　　　（d）各种钛 PCB 夹持爪

图 4-43　波峰焊机的部分部件

本节主要讲解双波峰焊机的基本结构。双波峰焊机主要由助焊剂涂覆系统、PCB 预热系统、焊料锅、焊料波峰发生器、冷却系统、电气和计算机控制系统、PCB 夹送装置组成。另外还有一些选件，如热风刀、焊料自动补给系统、氮气保护系统等。图 4-44 是双波峰焊机内部结构示意图。

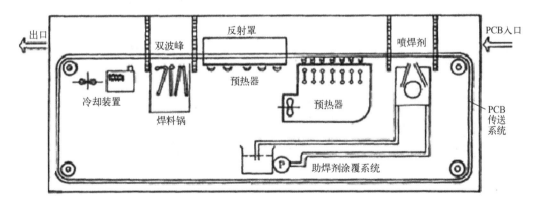

图 4-44　双波峰焊机内部结构示意图

1. 助焊剂涂覆系统

助焊剂涂覆主要有涂刷、发泡及定量喷射等方式。传统采用滚筒涂刷及发泡是敞开式的，焊接的质量会受到环境影响，助焊剂的密度随着时间的延长增大，助焊剂涂覆量不易控制，因此现在已经很少使用。目前大多采用定量喷射方式，这种方式助焊剂是密闭在容器内的，不会挥发，不会吸收空气中的水分，不会被污染，因此助焊剂成分能保持不变。超声喷雾法是定量雾化后喷涂，因此喷涂量可以控制，而且比较均匀。各种助焊剂涂覆装置如图 4-45 所示。

　（a）助焊剂喷雾系统　　　　（b）发泡助焊剂槽　　　　（c）助焊剂喷嘴　　　　（d）超声喷雾器

图 4-45　各种助焊剂涂覆装置

2．焊料波峰发生器

焊料波峰发生器是液态焊料产生和形成波峰的部件，是关系到波峰焊机性能的核心技术，直接影响波峰的平稳性、波峰高度的可调性等性能。焊料波峰发生器的形式主要有两类：机械泵和电磁泵。机械泵又分为离心泵式、螺旋泵式和齿轮泵式 3 种类型；电磁泵又分为直流传导式、单相交流传导式及单相交流感应式和三相交流感应式。

焊料波峰的形状对焊接质量有很大影响。波峰的形状是由喷嘴的外形设计决定的，国内外大约有几十种波形设计，如弧形波、双向平波、不对称双向平波、Z 形波、T 形波、λ波、Ω波、空心波等。常见的波峰结构有λ波、T 形波、Ω波、空心波，如图 4-46 所示。适合 SMT 波峰焊接的波形有Ω波、空心波，以及由一个扰动、振动的紊流波与一个平滑波组成的双波峰。

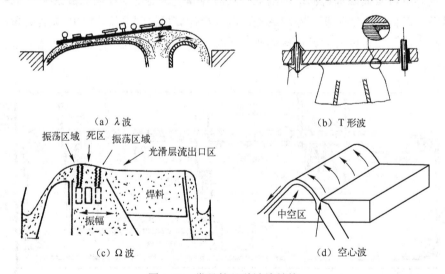

　　　　　　（a）λ波　　　　　　　　　　　　　　　　（b）T 形波

　　　　　　（c）Ω波　　　　　　　　　　　　　　　　（d）空心波

图 4-46　常见的几种波峰结构

3．冷却系统

冷却系统有风冷式、水冷式。

4．氮气保护装置

氮气保护装置用于充氮气焊接，可以减少高温氧化，提高焊点浸润性，减少锡渣。氮气焊接主要用于高可靠产品和无铅产品。

5．PCB 夹送、传输系统

对 PCB 夹送、传输系统的主要技术要求是：传动平稳，无振动和抖动现象，噪声低；机械特性好，抗腐蚀、耐高温，不变形；传送速度在一定范围内（一般为 0～3m/min）连续可调，速度波动量应小于 10%；传送角度在 3°～7°范围内可调。PCB 夹持爪化学稳定性要好，在助焊剂和高温下不熔蚀、不沾锡、弹性好、夹持力稳定；装卸 PCB 方便，宽度调节容易。

PCB 传送机构主要有爪式夹送器、机械手夹持和框架式夹送器几种。

爪式夹送器和机械手夹持是将 PCB 置于夹持爪上，夹持爪直接安装在驱动链条上并在传输导轨上运行；框架式夹送器也称为托架式的，它是将 PCB 固定在框架上，然后将框架安放在链式夹送器或钢带式夹送器上进行传送。

4.6.3　波峰焊机的主要技术参数

波峰焊机的主要技术参数包括 PCB 宽度、PCB 运输速度、锡炉容锡量、温区长度和数量、最高温度、炉温控制精度等。

- PCB 宽度，一般最大为 350～450mm。
- PCB 运输速度，一般为 0～3m/min。
- 运输导轨倾角，一般为 3°～7°。
- 预热区长度，一般为 1800mm（2×900mm）。
- 预热区数量，一般为 2～4 个。
- 预热区温度，通常为室温至 250℃。
- 锡炉容锡量，通常为 350～800kg。
- 锡炉最高温度，一般为 350℃。
- 控温方式和温度控制精度，一般 PID；炉温控制精度±2℃。
- 助焊剂流量，一般为 10～100mL/min。
- 冷气发生系统，通常为-10～-20℃。

4.6.4　波峰焊机的发展方向及无铅焊接对波峰焊设备的要求

波峰焊在混装工艺中，特别是消费类产品中广泛应用。

1．波峰焊机的发展方向

① 过程控制计算机化使整机可靠性大为提高，操作维修简便，人机界面友好。

② 向环保方向发展。目前出现了超声喷雾和氮气保护等机型。

③ 焊料波峰动力技术方面的发展：随着感应电磁泵技术理论研究的深入和应用技术的完善，感应电磁泵技术将逐渐替代机械泵技术，成为未来焊料波峰动力技术的主流。

④ 采用曲线渐变导轨和机械手可变倾角来调整 PCB 进入波峰的倾角，提高焊接质量。

⑤ 采用惰性气体（如氮气）保护技术，避免焊料高温氧化。

⑥ 选择性波峰焊机越来越被广泛应用。

2. 无铅焊接对波峰焊机的要求

① 耐高温、抗腐蚀，采用钛合金钢锅胆或在锅胆内壁镀防护层。Sn 锅温差小于±2℃。

② 采用喷雾法进行助焊剂的喷涂，控制喷涂宽度和喷涂量。

③ 加长预热区长度，满足缓慢升温要求。预热区采用热风加热器或红外加通风，有利于水汽挥发。

④ 缩小从预热段到焊料锅的距离，缩小两个波峰之间的距离，防止从预热段到焊接前，以及两波峰焊接之间的温度过大跌落。

⑤ 增加中间支撑，预防高温引起 PCB 变形。

⑥ 增加冷却装置，使焊点快速降温。

⑦ 充 N_2，减少焊锡渣的形成。

⑧ 增加助焊剂回收装置，减少对设备和环境的污染。

⑨ 采取焊锡防氧化与锡渣分流措施。

由于无铅焊料的高含锡量及高温，焊料氧化和锡渣量增加比较严重。可采用新型喷嘴结构和锡渣分离设计，尽量减少锡渣中锡的含量。另外，采用锡渣自动聚积的流向设计，能减少波峰表面飘浮的锡渣，这样可以减少淘渣和维护。

4.6.5　选择性波峰焊机

选择性波峰焊是为了满足现代焊接工艺要求而发明的一种特殊焊接形式的波峰焊。它同样有助焊剂单元、预热单元和焊接单元三个主要组成部分。通过预先编好的程序，机器可以针对性地对需要喷助焊剂的焊点进行喷涂和焊接，焊接效率和可靠性比手工焊高，焊接成本比波峰焊低。

选择性焊接技术适用于高端电子制造领域，如通信、汽车工业和军用电子行业。

德国 ERSA 公司的 Verasflow 选择性波峰焊机如图 4-47 所示。美国 HARMONY SPX 选择性波峰焊机如图 4-48 所示。

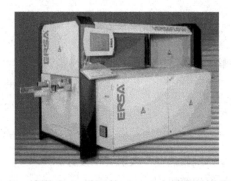
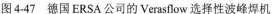

图 4-47　德国 ERSA 公司的 Verasflow 选择性波峰焊机　　　图 4-48　美国 HARMONY SPX 选择性波峰焊机

1. 选择焊的技术优势

每一个焊点的焊接参数都可以"量身定制"，可以把每个焊点的助焊剂喷涂量、焊接时间、波峰高度等调至最佳，缺陷率由此降低，甚至有可能做到通孔插装元器件的零缺陷焊接。

选择焊只是针对所需要焊接的点进行助焊剂的选择性喷涂，线路板的清洁度因此大大提高，同时离子污染量大大降低。助焊剂中的 Na^+ 离子和 Cl^- 离子如果残留在线路板上，长时间会与空气中的水分子结合形成盐从而腐蚀线路板和焊点，最终造成焊点开路。因此，传统的生产方式往往需要对焊接完的线路板进行清洗，而选择焊则从根本上解决了这一问题。

选择焊只是针对特定点的焊接，无论是在点焊和拖焊时都不会对整块线路板造成热冲击，因此也不会在 BGA 等表面贴装器件上形成明显的剪切应力，也不会因 PCB 整体变形导致焊点开裂，从而避免了热冲击所带来的各类缺陷。

2. 选择焊设备的组成及技术要点

（1）助焊剂喷涂系统

选择焊采用选择性助焊剂喷涂系统，即助焊剂喷头根据事先编制好的程序指令运行到指定位置后，仅对线路板上需要焊接的区域进行助焊剂喷涂（可点喷和线喷），不同区域的喷涂量可根据程序进行调节。这样既节省助焊剂用量，又避免了对线路板上非焊接区域的污染。

选择性喷涂对助焊剂喷头的控制精度、驱动方式、自动校准功能等要求非常高。此外，在材料的选择上必须考虑非 VOC（水溶性）助焊剂的强腐蚀性，零部件都必须能抗腐蚀。

（2）预热模块

预热模块的关键在于安全，可靠。首先，整板预热是关键，整板预热可以有效地防止因 PCB不同位置受热不均而造成变形；其次，预热的安全可控非常重要。预热的主要作用是活化助焊剂，由于助焊剂的活化是在一定温度范围下完成的，过高和过低的温度对助焊剂的活化都是不利的；另外，线路板上的热敏元器件也要求预热的温度可控，以免损坏热敏元器件。

试验表明，充分的预热还可以缩短焊接时间和降低焊接温度；而且这样一来，焊盘与基板的剥离、对线路板的热冲击，以及熔铜的风险也降低了，焊接的可靠性自然大大增加。

（3）焊接模块

焊接模块通常由锡缸、机械/电磁泵、焊接喷嘴、氮气保护装置和传动装置等构成。由于机械/电磁泵的作用，锡缸中的焊料会从独立的焊接喷嘴中不断涌出，形成一个稳定的动态锡波；氮气保护装置可以有效防止由于锡渣产生而堵塞焊接喷嘴；而传动装置则保证了锡缸或线路板的精确移动以实现逐点焊接。

3. 选择性波峰焊有拖焊和浸焊两种方式

（1）拖焊

拖焊是采用单喷嘴或双喷嘴按照事先设定好的路径，顺序地完成焊接的加工方式，锡槽温度、助焊剂喷射位置、助焊剂喷射量、波峰喷嘴的锡波高度、波峰喷嘴的运动路径，以及波峰喷嘴的 X、Y、Z 三个方向的坐标位置都可由专用软件精确编程控制。这种设备可以对电路板上通孔插装元器件的单个焊点或成排焊点进行焊接，在应用上具有高度的灵活性。适合多品种、少量焊点的组装板。

拖焊方式使用高斯焊料波喷头（见图 4-49）进行点式或拖拉式选择性焊接。微型高斯焊料波喷嘴具有倾斜方式焊接的功能，更有效地避免短路、拉尖等焊接缺陷。

（2）浸焊

浸焊是多点同步完成焊接的加工方式，其中有为特定的电路板或拼板而设计的多喷嘴平板，多个喷嘴中锡波同时上升到电路板的相应位置进行同步焊接。为提高喷射助焊剂的效率，可以使用一种掩模钢板，把板子上不需要喷涂助焊剂的位置掩盖掉。这种设备在应用上大大提高了生产效率，适用于品种少、批量特大的产品生产。

浸焊模块如图 4-50 所示。

4. 选择性波峰焊对 PCB 设计上的要求

选择性波峰焊对 PCB 设计有一定的要求。为了不影响周边相邻元器件，在选择焊接的焊点周围需要留出焊接通道，相邻焊点边缘、元器件及焊嘴间的距离应大于 5～6mm。元器件体厚度小于 4mm 时，元器件及焊嘴间的距离可小于 6mm；元器件体高度大于 15～20mm 时，元器件及焊嘴间的距离应大于 6mm，如图 4-51 所示。这一点对工艺的稳定性很重要。浸焊式选择焊工艺可焊接 0.7～10mm 的焊点，短引脚及小尺寸焊盘的焊接工艺更稳定，桥接可能性也小。

图 4-49　高斯焊料波喷头

图 4-50　浸焊模块

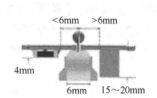
图 4-51　焊嘴与元器件之间的距离

4.7　检　测　设　备

近年来相应的检查技术与 SMT 制造技术一样也有了飞速的发展。初期主要是目视检查和接触式检查。目视检查主要采用放大镜、双目显微镜、三维旋转显微镜、投影仪等；接触式检查有功能测试、在线测试（ICT）。随着元器件尺寸越来越小，BGA、CSP 等元器件的大量应用，高组装密度使得传统采用针床进行的在线测试遇到挑战，逐渐地非接触式测试（如自动光学检查（AOI）、自动 X 射线检查（AXI）、尺寸测量等）成了现代 SMT 领域常用的测试技术。

4.7.1　自动光学检查设备（AOI）

自动光学检查的英文全称为 Automatic Optic Inspection，简称 AOI。

AOI 设备根据其检查原理分为两大类：激光 AOI 和 CCD 镜头式的 AOI。

激光 AOI 的优点是可以准确地检查出高度，如焊膏厚度、元器件高度及焊锡高度等，属于三维检查；缺点是技术处理较为困难，编程极为复杂，检查速度也比较慢。另外，由于再流焊后经常发生 PCB 受热翘曲变形，这种情况往往会导致误判，目前很少使用。

AOI 大多使用 CCD 镜头方式。主要原因是低噪声和高灵敏度，同时 CCD 采样得到的图像可以进行数字二值化处理，相对于激光方式来说技术处理较为简单。

从应用角度来分类，AOI 分为台式和在线式两种方式。台式大多是半自动的，需要手动放板和手动开启检查。在线式是全自动的，可以连线也可以单机测试，多品种、小批量生产时一般不连线。

神州视觉 ALEADER 公司新推出的台式智能 AOI（ALD625）如图 4-52 所示，在线式智能 AOI（ALD770）如图 4-53 所示。

图 4-52　ALD625 台式智能 AOI

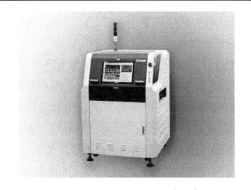

图 4-53　ALD770 在线式智能 AOI

1．AOI 的基本原理

人观察物体是通过光线反射回来量进行判断的，反射量多为亮，反射量少为暗。AOI 与人的判断原理相同。AOI 检查的基本原理是用人工光源 LED 灯光代替自然光，用光学透镜和 CCD 代替人眼，把从物体反射回来的光源量与已经编程的标准进行比较、分析和判断。

AOI 检查分为两部分：光学部分和图像处理部分。

（1）光学部分

光学部分由图像采集模块和光源模块组成。

① 图像采集模块。图像采集模块的质量直接影响图像的质量，采用远心镜头和高分辨率相机，可以显著减少调试检查程序的工作量，还能减少误报率。

对于大尺寸 IC 和密间距焊点的检查，采用远心镜头可以在更加灵活的光照和配置条件下获得更高的图片分辨率和更小的失真。为了满足现代化的生产对检查速度的要求，在不损失图像质量的前提下需要更大的视野范围（FOV）。采用工业用的 400 万像素相机可以在一张高分辨率的照片中涵盖近 20cm^2 的范围。图 4-54 是远心镜头和高分辨率相机（远心图像采集模块）拍摄的图像。

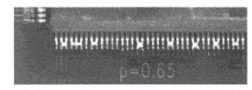

（a）远心光学模块拍摄 42mm×42mm QFP 引脚的清晰图像　　　（b）远心光学模块拍摄 Pitch=0.65mm QFP 引脚焊点的清晰图像

图 4-54　远心图像采集模块拍摄的图像

② 光源模块。在 AOI 中，光源的选择和控制也十分重要。

光源的亮度越亮越好，选择合适的光源就意味着更高的缺陷检出率。灵活的光照是检查大量不同型号的电子元器件并发现其各种缺陷所必需的。近年来，各种形状和颜色的 LED 在 AOI 中得到了广泛应用并成为标准配置。

多方向、多入射角，呈角度配置的光源适于检查焊接短路，降低误判率。能以高对比度显示激光标志，这是有效使用真正的 OCR（光学字符识别）功能和极性检查的前提。检查焊点在器件四周底部的 PLCC 和 SOJ 焊点，必须配备呈一定角度入射光源的摄像机系统。

③ 灯光变化的智能控制非常重要。对 AOI 来说，灯光是认识影像的关键因素，但光源受环境温度、AOI 设备内部温度上升等因素影响，不能维持不变的光源，因此需要通过"自动跟踪"

灯光的"透过率"对灯光变化进行智能控制，例如定期校准光照强度。

（2）图像处理部分

图像处理是 AOI 的关键技术。图像处理部分就好比 AOI 的大脑，通过光学部分获得需要检查的图像要通过图像处理部分来分析、处理和判断。图像处理部分需要很强的软件支持，因为各种缺陷需要不同的计算方法用计算机进行计算和判断。有的 AOI 软件有几十种计算方法，如黑/白、求黑占白的比例、彩色、合成、求平均、求和、求差、求平面、求边角等。

图 4-55 是欧姆龙公司采用"彩色高亮度"（Color Highlight）方式焊点检查的原理示意图。这种方式使用环形的 RGB 三色光，以不同的角度对需要检查的焊点进行照射，然后使用彩色 CCD 镜头接收图像，进行分析。虽然产生的图像是二维的，但对不同的颜色对比进行分析后可以形成三维的目标对象数据。这和绘制地形图时经常使用的等高线原理类似。在形成的图像中，蓝色代表坡度大的区域，红色代表平坦的部分，而绿色为两者间的过渡。根据这种模式进行焊点分析不仅简便易行，编程方便，而且可以覆盖几乎所有可能出现的故障。例如，对在 IC 芯片上经常出现的引脚起翘（Lifting）缺陷也可以清晰准确地做出判别。

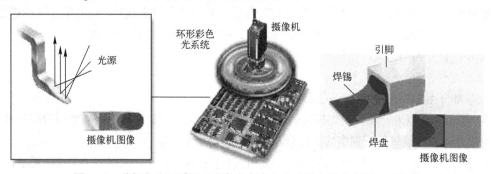

图 4-55　欧姆龙公司采用"彩色高亮度"方式焊点检查的原理示意图

2．AOI 的应用及有待改进的问题

（1）AOI 的应用

① AOI 放置在印刷后：可对焊膏的印刷质量做工序检查；可检查焊膏量过多、过少，焊膏图形的位置有无偏移，焊膏图形之间有无连桥、拉尖，焊膏图形有无漏印。

② AOI 放置在贴装机后、焊接前：可检查元器件贴错、元器件移位、元器件贴反（如电阻翻面）、元器件侧立、元器件丢失、极性错误、贴装压力过大造成焊膏图形之间连桥等。

③ AOI 放置在再流焊炉后：可做焊接质量检查；可检查元器件贴错、元器件移位、元器件贴反（如电阻翻面）、元器件丢失、极性错误、焊点润湿度、焊锡量过多、焊锡量过少、漏焊、虚焊、桥接、焊球（引脚之间的焊球）、元器件翘起（竖碑）等焊接缺陷。

（2）AOI 有待改进的问题

① AOI 只能做外观检查，不能完全替代在线检测检查（ICT）。

② 无法对 BGA、CSP、倒装芯片等不可见的焊点进行检查。

③ 对 PLCC 也要采用侧面的 CCD 才能较准确地检查。

④ 有些分辨率较低的 AOI 不能做 OCR 字符识别检查。

3．AOI 编程

AOI 编程前首先需要一块焊接完的板卡作为标准板。将标准板放在 AOI 中并设置 PCB 尺寸参数后进行扫描，然后设置 Mark 点，再对标准板上所有的元器件和焊点编程（编制测试数据），最后优化镜头。编程结束后用一个文件名将这块标准板的程序保存在程序库中作为标准板程序。这时还需要使用 20～30 块焊接完的板卡对已经编好的程序进行调试和学习。正常检查时，机器自动与标准板程序进行比较，并把不合格的部分做标记或打印出来。测试过程中，可能会由于元器件批次不同、元器件外观与示教好的元器件外观不同而发生误报，因此，更换元器件时应对标准板程序做简单调试。

AOI 编程可通过 CAD 转换很容易地将 PCB、元器件的坐标、物料编码等信息输入软件。AOI 具有强大的数据库，编程时可以通过库操作或自定义的方法编制各种数据。编程的方法有在线编程和离线编程两种。

① 在线编程需要在 AOI 设备上输入元器件位置和物料编码等信息。元器件位置可以直接输入 X、Y 坐标值及角度，也可以通过 CCD 摄像或扫描，如同贴装机示教编程输入元器件的 X、Y 坐标及角度；然后编制该元器件可能发生的各种缺陷的检查数据；最后用检查框框住元器件和焊点，输入物料编码、各种缺陷的门槛值、上限、下限等信息。在线编程需要占用 AOI 机时，影响检查效率。

② 离线编程需要利用离线编程的软件，在计算机上进行编程，能够提高 AOI 的利用率。

4.7.2　自动 X 射线检查设备（AXI）

自动 X 射线检查的英文全称为 Automatic X-ray Inspection，简称 AXI。X 射线对不同物质的穿透率是不相同的，X 射线检查就是利用 X 射线不能透过焊料的原理对组装板进行焊后检查的。

X 射线检查属于非破坏性检查，主要用于焊点在器件底部，用肉眼和 AOI 都不能检查的 BGA、CSP、倒装芯片、QFN、双排 QFN、DFN 等焊点的检查，以及印制电路板、元器件封装、连接器、焊点的内部损伤等检查。

1．X 射线图像检查原理

X 射线由一个微焦点 X 射线管产生，穿过管壳内的一个铍窗，并投射到试验样品上。样品对 X 射线的吸收率或透射率取决于样品所包含材料的成分与比率。穿过样品的 X 射线轰击到 X 射线敏感板上的磷涂层，并激发出光子，这些光子随后被摄像机探测到，然后对该信号进行处理放大，由计算机进一步分析或观察。

各种材料对 X 射线的不透明度系数是不相同的。处理后的灰度图像能够显示被检查的物体密度或材料厚度的差异。

2．X 射线检查设备的种类

X 射线检查设备按照自动化程度，可分为人工手动 X 射线检查和自动 X 射线检查两种方式；按照 X 射线技术，可分为透射式和截面式的。

（1）透射式 X 射线检查系统

透射式 X 射线检查系统是早期的 X 射线检查设备，适用于单面贴装 BGA 器件的板及 SOJ、PLCC 器件的检查，缺点是对垂直重叠的焊点不能区分，因此检查双面板和多层板时，缺陷判断比较困难。

（2）截面式 X 射线检查系统

截面分层法（或称三维 X 射线）是一个用于隔离 PCBA 内水平面的技术，该系统可以做分层断面检查，相当于工业 CT。截面 X 射线检查系统设计了一个聚焦断层剖面，分层的 X 光束以一个角度穿过板，并通过 X 光束，与 Z 轴同步旋转镜头形成约 0.2～0.4mm 厚的稳定的聚焦平面。在成像的过程中，感应器和光源都绕一个轴转动，系统根据得到的图像，通过计算机运算法则可以定量计算出空洞、裂纹的尺寸，也可以计算焊锡量、查找可能引起短路的锡桥等缺陷，这些测量都可显示焊接点的品质。测试时，根据需要可以任意在 Z 轴方向以微小增量的截面，检查焊点或其他被测物的不同层面。截面式 X 射线检查系统适用于测试单、双面电路板。

自动 X 射线检查系统如图 4-56 所示。

（a）美国 V.J.Electronix 公司 Vertex Serials-A 　　（b）美国 Agilent 的 5DX Series 5000
自动 X 射线检查系统　　　　　　　　　　　自动 X 射线检查系统

图 4-56　自动 X 射线检查系统

3. X 射线焊点图像分析

X 射线透视图能够定量地显示出焊点的厚度、形状及质量的密度分布。根据 X 射线检查到的厚度、形状及质量的密度分布指标和图像，结合强大的图像分析软件，就能分析和判断焊点的焊接质量，如连桥、开焊、锡量不足、锡过量、对位不良、空洞、焊锡珠、元器件或引脚丢失、裂纹等焊接缺陷。

另外，X 射线的分辨率对设备的性能和检查缺陷的能力有较大影响，表 4-1 是不同应用对 X 射线检查系统最小分辨率的要求。

表 4-1　不同应用对 X 射线检查系统最小分辨率的要求

应　　用	对 X 射线检查系统最小分辨率的要求（μm）
整体缺陷检查	50
一般 PCB 检查与质量控制、BGA 检查	10
高密度窄间距焊点、μBGA、倒装芯片检查，PCB 缺陷分析与工艺控制	5
键合裂纹检查、微电路缺陷检查	1

4. 光学与 X 射线组合检测

虽然 X 射线检测设备能够检测人眼看不见的缺陷，但是它不能检测电路上的问题，也不能测量单个电阻器、电容器、电感器的数值，不能检查二极管、三极管和集成电路的存在与方向。针对高密度、高可靠性产品的需要，目前又推出 X 射线与 ICT 结合使用的检测方法，用 ICT 补偿 X 射线检测的不足。航空航天、医疗、汽车电子等高可靠性领域也越来越多地选择 X 射线检测设备，并采取 ICT 与 X 射线测试结合的测试策略来确保连接的可靠性。荷兰 Rommtech 公司最近开发的第二代 AOI/AXI X7056 组合测试系统，该设备能在同一个检测系统中用同一个软件，统一的用户界面系统就可检测是 BGA、QFN、SMC、SMD、THT 连接问题，以及组装错误或空焊点，改善了交货质量，还节省设备占地面积。

4.7.3　在线测试设备

在线测试（In-Circuit Tester，ICT）是通过对在线元器件的电性能及电气连接进行测试来检查生产制造缺陷及元器件不良的一种标准测试手段。它主要检查在线的单个元器件及各电路网络的开、短路情况，具有操作简单、快捷迅速、故障定位准确等特点。对于大批量生产的场合，ICT 仍是目前最常用、最经济的测试方法。

ICT 设备分为针床式和飞针式两种类型。

1. 针床式 ICT

针床式 ICT 可检测的故障覆盖率高，检测速度快，效率高，但对每种单板需制作专用的针床夹具。针床式 ICT 适用于一般组装密度、大批量的产品。

北京星河 SRC8001 针床式 ICT 如图 4-57 所示。SRC8001 是北京星河研制的新一代电路板测试设备，该设备具备 PCB 图形显示功能、光电保护功能；采用 ARM 嵌入式处理器，提高了测试精度和稳定性；采用双通道高速同步采集技术，大大提高了测试速度；使用四针八线技术，采用电桥测试方法，使微电阻测试更加稳定；采用灵敏的电压感应技术，可测 IC 引脚漏焊开路、接插件等；具有较高的测试覆盖率和分辨率，可测光电耦合器、电位器、接插件等元器件；可测试挠性电路板（FPC）、线材及焊接元器件等。另外，与市场上其他主流 ICT 机型的治具（针床，见图 4-58）、程序均能自由兼容和转换。

探针直径有 50mil、75mil、100mil 等，头型有尖、平、棱、冠、圆、簇等，如图 4-59 所示。

　　　　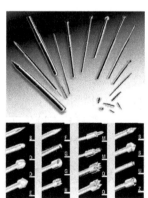

图 4-57　北京星河 SRC8001 针床式 ICT　　　　图 4-58　针床　　　　图 4-59　各种探针

2. 飞针式 ICT

飞针测试的开路测试原理和针床的测试原理是基本相同的。

飞针式 ICT 有 2 个和 4 个测试头的，测试时如同贴装机一样，根据事先编好的程序进行自动测试。其优点是能够测试的最小间距为 0.2mm，测试精度高于针床式 ICT，不需制作针床夹具，程序开发时间短；缺点是设备的成本比较高，测试时间比较长（100～200ms），因此飞针式 ICT

适用于多品种、中小批量、较高密度组装板的测试。图 4-60 是飞针式 ICT 在测试中的照片。

4.7.4　功能测试设备

功能测试（Functional Test，FT）用于表面组装板的电功能测试和检验。功能测试就是将表面组装板或表面组装板上的被测单元作为一个功能体，输入电信号，然后按照功能体的设计要求检测输出信号。大多数功能测试都有诊断程序，可以鉴别和确定故障。但功能测试的设备价格都比较高昂。

图 4-60　测试中的飞针式 ICT

最简单的功能测试是将表面组装板连接到该设备相应的电路上进行加电，看设备能否正常运行，这种方法简单、投资少，但不能自动诊断故障。

4.7.5　焊膏检查设备（SPI）

焊膏检查设备是最近两年推出的测量设备，与 AOI 有相同之处。

焊膏检查（Solder Paste Inspection，SPI）是焊膏印刷后检查焊膏的高度、体积、面积、短路和偏移量等。

目前 SPI 领域中主要的检查方法有激光检查和条纹光检查两种。其中激光方法是用点激光实现的。由于点激光加 CCD 取像须有 X、Y 逐点扫瞄的机构，并未明显增加量测速度，为了增加量测速度故将点激光改成扫描式线激光光线。

以上是最常用到的两种方法，除此外还有 360°轮廓测量理论、对映函数法测量原理（Coordinate Mapping）、结构光法（Structure Lighting）、双镜头立体视觉法。但这些方法会受到速度的限制而无法被应用到在线测试上，只适合单点的 3D 测量。

焊膏检查设备主要分为两类：在线型和离线型。

在线型大多采用 3D 图像处理技术，3D 焊膏检查设备能通过自动 X-Y 平台的移动及激光扫描焊膏获得每个点的 3D 数据，也可用来测量整个焊盘焊膏的平均厚度，使焊膏印刷过程良好受控。3D SPI 采用程序化设计方式，同种产品一次编程成功，可以无限量扫描，速度较快。图 4-61 为 3D SPI 扫描图像。

2D 焊膏检查设备只是测量焊膏上的某一条线的高度，来代表整个焊盘的焊膏厚度。工作原理是：激光发射器发射出来的激光束照射到 PCB、铜箔和焊膏三个不同平面上，依靠不同平面反射回来的激光亮度值换算出焊膏的相对高度。由于 2D SPI 是点扫描方式，焊膏拉尖或者焊膏斜面都会导致焊膏厚度的测量结果不准确。2D SPI 多采用手动旋钮调整 PCB 平台来对正需要测量的焊膏点，速度较慢。图 4-62 为 2D SPI 扫描图像。

图 4-61　3D SPI 扫描图像　　　　　　　　图 4-62　2D SPI 扫描图像

焊膏检查设备除了它自身的主要任务——测量得到焊膏的厚度值外，还能通过它得到面积、体积、偏移、变形、连桥、缺锡、拉尖等数据。其检查的基板尺寸范围一般是 50mm×50mm～250mm×330mm，基板厚度范围为 0.4～5.0mm。

区分焊膏检查设备优劣的指标集中在分辨率、测定重复性、检查时间、可操作性和 GR&R（重复性和再现性）。

国内外比较有名的焊膏检查设备生产商主要是韩国的 Kouyoung、Cyber Optics，日本的 SAKI，以及中国台湾的德律泰等。

4.7.6　三次元影像测量仪

三次元又名三坐标。三次元影像测量仪（见图 4-63）是机械测量的必备工具。其测量原理是将被测物体置于三坐标测量空间，获得被测物体上各测点的坐标位置，根据这些点的空间坐标值，经计算求出被测物体的几何尺寸、形状和位置。

三次元影像测量仪的组成：

① 主机机械系统（X、Y、Z 三轴或其他）；

② 测头系统；

③ 电气控制硬件系统；

图 4-63　三次元影像测量仪

④ 数据处理软件系统（测量软件）。

市场上的各种三次元影像测量仪都很相似，X、Y、Z 测量行程一般为 300mm×200mm×150mm，采用 1/3in 彩色高分辨率的 CCD 相机，分辨率在 0.1～1μm。比较知名的影像测量仪生产商有台湾省中测院、三丰精密量仪、西安爱德华测量设备和瑞士 TESA 等。

4.8　手工焊与返修设备

手工焊与返修的主要工具是电烙铁（简称烙铁）。对于表面贴装器件（SMD）和 BGA、CSP、QFN 器件等，需要专用的设备进行返修。

4.8.1　电烙铁

电烙铁的种类很多，按照烙铁加热方式来分，有直热式电烙铁、感应式电烙铁、恒温电烙铁、智能电烙铁、吸锡泵、热风焊台等。电子焊接最常用的有防静电恒温电烙铁、智能电烙铁等。

1．防静电恒温电烙铁

防静电恒温电烙铁的烙铁头内装有带磁铁的温度控制器或控温元件，通过控制通电时间而实现恒温。通电时烙铁温度上升，当达到预定的温度时因强磁体传感器达到了居里点而磁性消失，从而使磁芯触点断开，停止向电烙铁供电。当温度低于强磁体传感器的居里点时，强磁体恢复磁性，并吸动磁芯开关中的永久磁铁，使控制开关的触点接通，继续向电烙铁供电。如此循环达到控制温度的目的。防静电恒温电烙铁的结构与原理如图 4-64 所示。

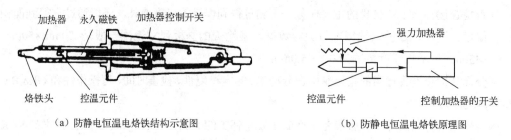

（a）防静电恒温电烙铁结构示意图　　　　　　　　（b）防静电恒温电烙铁原理图

图 4-64　防静电恒温电烙铁的结构与原理图

2. 智能电烙铁

智能电烙铁应用 SmartHeat 专利技术设计，使用智能电烙铁焊接各种热容量大小不同的焊点时，能自动进行功率补给，使烙铁头温度变化始终保持在±1℃的范围，烙铁头的温度变化与操作人员的经验无关，不会出现超温现象，焊接时温度无须校验。

智能电烙铁的温度补偿原理如图 4-65 所示。智能电烙铁适用于航天航空、汽车电子、医疗等高可靠性产品的手工焊与返修，也是无铅手工焊与返修的最佳选择工具。

美国 OK 公司 MX-500DS Metcal 智能焊台如图 4-66 所示，是一种先进的焊接和返修工具。它可配备各种焊接和拆焊的烙铁头，一台烙铁可完成焊接、SMD 的解焊和返修工作。

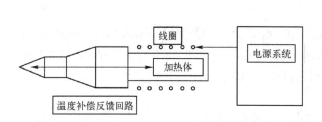

图 4-65　智能电烙铁温度补偿原理示意图　　　　图 4-66　美国 OK 公司 MX-500DS Metcal 智能焊台

3. 吸锡泵

吸锡泵是一种拆焊维修用工具，分为加热型和不加热型。加热型吸嘴是一种特别的烙铁头，对准欲拆焊的焊点，待焊锡熔化后自动将熔锡吸出；而非加热型的吸嘴不能加热，靠其他工具（如烙铁和热风喷嘴）将锡点加热熔化后，只是用吸嘴将熔锡吸出。使用吸锡泵时，要注意在每次使用完后，趁熔锡尚未固化时将吸嘴内的熔锡吸出，以免吸嘴堵塞影响使用。

4. 其他手工焊工具与焊接辅助工具

除了以上介绍的主要焊接工具外，还有蓄能式电烙铁、无线气体燃烧发热烙铁、SMC/SMD 专用焊接工具、锡线自动送给电烙铁等焊接工具。

德国 ERSA 公司的数码电热夹如图 4-67 所示。数码电热夹是 SMC/SMD 专用焊接工具，配有各种尺寸的热夹头，用以熔锡、夹取 0201 等小元器件。当电热夹加热到焊锡熔化后，可以安全轻松地拆换小元器件。

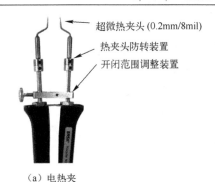

超微热夹头 (0.2mm/8mil)
热夹头防转装置
开闭范围调整装置

（a）电热夹

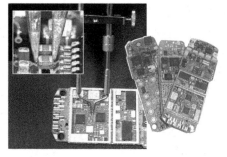

（b）电热夹在手机板中的返修应用

图 4-67　德国 ERSA 公司的数码电热夹（1mil=0.0254mm）

5．电烙铁的选用

选用电烙铁时应优选防静电恒温烙铁，根据被焊电子元器件的大小及要求，合理地选用电烙铁的功率及种类，对提高焊接质量和效率有直接的关系。电烙铁的选用可参考表 4-2。

表 4-2　焊接各种元器件电烙铁选用参照表

序号	元器件种类	烙铁头温度	选用电烙铁
1	一般印制电路板、安装导线	250～350℃	20W 内热式，30W 外热式，恒温式
2	SMC/SMD、集成电路	250～350℃	20W 内热式，恒温式
3	焊片、电位器、2～8W 电阻、大功率管	350～450℃	30～50W 内热式，调温式，50～75W 外热式
4	8W 以上大电阻，2A 以上导线等较大元器件	400～550℃	100W 内热式，150～200W 外热式
5	金属板等	500～630℃	300W 以上外热式
6	维修、调试一般电子产品	250～350℃	20W 内热式，恒温式，感应式，储能式，两用式

6．烙铁头和烙铁头的选择与保养

（1）烙铁头的结构

烙铁头的结构如图 4-68 所示。烙铁头一般采用紫铜材料制造。为保护在焊接的高温条件下不被氧化生锈，常将烙铁头进行电镀处理，一般镀铁镍合金，烙铁头前端一般采用镀铁处理。有的烙铁头还采用不易氧化的合金材料制成。

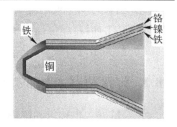

铬
镍
铁
铁
铜

图 4-68　烙铁头的结构

（2）烙铁头的形状与规格

烙铁头的形状与规格很多，形状主要有圆锥形、凿子形（扁铲形）、马蹄形、双片扁铲式马蹄形、四方形、热夹头等。美国 OK 公司 SP800 型 Metcal 无铅焊接智能焊台的部分烙铁头形状如图 4-69 所示。

图 4-69　美国 OK 公司 SP800 型部分烙铁头的形状

（3）烙铁头的正确选择

正确选择烙铁头可以在最低的温度下达到较好的焊接，并最大限度地延长烙铁头的使用寿命。选择烙铁头的主要依据如下。

● 根据所焊元器件的种类选择适当形状的烙铁头。例如：拆卸 SOIC，应选择双片扁铲式马蹄形烙铁头；拆卸 QFP/PLCC，应选择四方形烙铁头。

● 根据所焊元器件焊点尺寸大小选择适当尺寸的烙铁头。例如：小焊点可以采用圆锥形烙铁头，较大焊点可以采用凿形或圆柱形烙铁头，如图 4-70 所示。

（a）正确	（b）太小	（c）太大
烙铁头与被焊件的接触面积最大，但没有超出焊盘	这种焊点不要选择圆锥形，因接触面积小，不利于热传导，应选凿子形	烙铁头尺寸超出焊盘，容易损坏焊盘

图 4-70　正确选择烙铁头的形状和尺寸

（4）烙铁头的正确使用与保养方法

① 初次上锡时，焊丝要从低温（183℃左右）开始接触烙铁头，并且不要超越烙铁镀锡段。使用中避免用烙铁顶或摩擦元器件引脚，防止镀层损坏和烙铁变形。

② 温控烙铁最好不要超过 350℃，过高的设置温度会加速损坏镀层。

③ 清洁烙铁头，给烙铁头加锡有利于热传导。保持烙铁头上有锡，并随时清洁烙铁头。

④ 焊丝芯中助焊剂的酸性偏高，也会影响烙铁头的寿命，千万不要用助焊剂清洁烙铁头。

⑤ 清洁用的泡沫塑料黏湿度要适当，烙铁头接触水容易氧化。

⑥ 镀铁镍合金烙铁头，不能用刀或其他东西刮氧化层，也不要用坚硬物敲打烙铁头上的锡渣（自制铜烙铁头除外）。

⑦ 当长时间不使用电烙铁时，应及时关闭电源，以免烙铁头烙铁芯加速氧化，缩短使用寿命（目前有的恒温焊台设计了自动休眠功能）。

⑧ 在关闭电烙铁前，应给烙铁头挂锡，以避免加速氧化。

4.8.2　焊接机器人和非接触式焊接机器人

焊接机器人也称自动焊锡机。随着产品的日益小型化，不仅元器件越来越小，组装密度越来越高，而且还出现了许多新型封装的元器件；伴随着无铅化、无 VOC 化等要求，使手工焊、返修工作的难度也不断升级。使用焊接机器人是保证焊接质量的最佳选择。

JK-006A 万向自动焊锡机如图 4-71 所示，HCT-80 脚踏自动焊锡机如图 4-72 所示。这两款焊锡机适用的焊丝线径是 0.6mm、0.8mm、1.0mm、1.2mm，可根据焊点大小进行选择。在高可靠性和无铅焊接中，还可以配置焊丝预热器与氮气保护装置，如图 4-73 和图 4-74 所示。

图 4-71　JK-006A 万向自动焊锡机　　　　　图 4-72　HCT-80 脚踏自动焊锡机

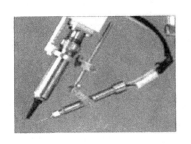

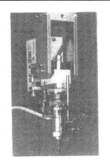

图 4-73　在烙铁上部安装焊丝预热器　　　　图 4-74　烙铁上的氮气保护装置

最近又推出一种全自动非接触式焊接机器人，这种设备是激光或微光非接触式焊接，因此焊接精度高，重复性好，效率高，不会损伤元器件，比较适合高可靠性产品的焊接。

Opus-2 全自动非接触式焊接机器人的外形，如图 4-75 所示。

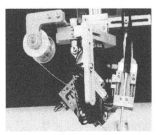

（a）Opus-2 焊接机器人的外形　　　　　　　（b）焊接机械手臂

图 4-75　Opus-2 全自动非接触式焊接机器人

4.8.3　SMD 返修系统

返修工作站又称返修系统，用于返修 BGA、CSP、QFP、PLCC、SOIC 等表面贴装器件（SMD）。SMD 返修工作站主要由顶部加热体、底部加热体、光学对中系统、温度反馈系统、整体构架、PCB 夹具、PC 及操作软件组成。由于 BGA 器件的焊点在器件底部，是看不见的，因此重新焊接 BGA 器件时要求返修系统配有分光视觉系统，以保证贴装 BGA 器件时精确对中。

BGA 器件返修设备要求：

● 带 Vision 视觉图像对中系统；

● 最好具有温度曲线测试功能；

● 具有底部加热功能，可对 PCB 的底部进行预热，以防止翘曲；

● 选用热风加热方式时，喷嘴种类尽可能多选一些；

● 为长远考虑，能返修 CSP 和倒装芯片、POP 等新型封装的器件。

不同厂家，其返修系统的差别主要在于加热源不同，或热气流方式不同。常用的加热源有热风、红外、热风＋红外。

1．热风返修系统

热风返修系统也称热风返修工作站，是最常用的返修系统。热风返修工作站主要由主机控制器系统、热风加热系统、工作台底部加热系统、夹持印制板的工作台、对中分光系统、高分辨率摄像机及彩色监视器等部件组成。返修时能够随时监控、调整温度曲线。

热风返修系统的主要特点：不容易损坏 SMD 及基板或周围的元器件；返修不同的 SMD 需各种不同的喷嘴；PCB 设计时需考虑留出 3～5mm 返修空间。

美国 OK 公司 APR5000XL 热风返修工作站（见图 4-76）。扩大了预热的范围，同时增加了底部中心加热体，这两项改进有效地提高了底部预热和加热效率。OK 公司还为 POP 返修专门开发了镊形喷嘴（见图 4-77）和上下温度可以单独控制的返修台。

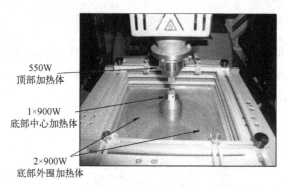

550W
顶部加热体

1×900W
底部中心加热体

2×900W
底部外围加热体

图 4-76　美国 OK 公司 APR 5000 XL 热风返修工作站

图 4-77　镊形喷嘴

2．红外加热返修系统

红外加热返修系统采用红外线加热，对中采用分光（红、白）系统，视觉对中和加热分置两地，即先视觉对中、贴装元器件，然后将工作台平移到加热器下方进行焊接。如果配置了内窥镜检查系统，能够观察到 BGA、CSP 器件焊接过程中焊球的两次沉降实时图像。德国 ERAS 公司的红外加热返修系统如图 4-78 所示。

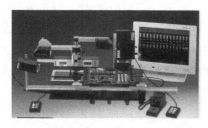

灵活地观察全部工艺

（a）红外加热返修系统　　　　　　（b）内窥镜检查系统

图 4-78　德国 ERAS 公司的红外加热返修系统

红外加热返修系统的主要特点：返修时不需要喷嘴，设计需考虑留出较小的返修空间；比较适合高密度组装板（如手机板）的返修，还能够返修 BGA 等 SMD 和通孔插装元器件。

3．热风-红外返修系统

热风-红外返修系统的顶部采用热风加热，底部采用红外预热。美国 PMT 公司 B 系列热风-红外返修系统如图 4-79 所示。该系统顶部采用 1000W 超大功率、强制对流热风加热技术，PID 温度控制，热电偶闭环回路控制；底部采用矩阵型可编程低容量红外预热器模块组件，预热温度均匀，可重复能力强；该系统还可以方便简单地引入氮气保护。

（a）热风-红外返修系统　　　　　　　　（b）矩阵型可编程红外底部预热器模块组件

图 4-79　美国 PMT 公司 B 系列热风-红外返修系统

热风-红外返修系统综合了热风和红外两种返修系统的优点；加热迅速；底部预热充分，实现了整板加热，温度均匀；较适合大型板和无铅产品的返修。

4．返修工装工具

与返修系统配套的专用工装工具主要有印刷网板、印刷小刮刀和植球工装等，如图 4-80 所示。

（a）印刷网板、刮刀和热风喷嘴　　　　（b）吸取式植球工装　　　　（c）漏球式植球工装

图 4-80　返修工装工具

4.8.4　手工贴片工具

手工贴片工具主要有电动和手动吸笔，主要用于试验、返工或小批量生产中。吸笔必须防静电，不同尺寸的元器件要选择不同尺寸的吸嘴。电动和手动吸笔如图 4-81 所示。

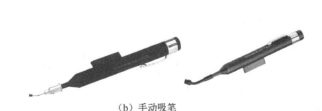

（a）电动吸笔　　　　　　　　　　　　　（b）手动吸笔

图 4-81　电动和手动吸笔

4.9　清 洗 设 备

清洗设备主要用于组装板的焊后清洗、模板清洗和印刷焊膏的返工清洗。

焊后清洗设备主要有超声清洗机、气相清洗机和水清洗机，模板清洗、印刷焊膏的返工清洗设备主要有超声清洗机。

4.9.1　超声清洗设备

超声清洗机可用于溶剂清洗，也可用于水清洗工艺。它是利用超声波的作用使清洗液体产生孔穴作用、扩散作用及振动作用，对工件进行清洗的设备。超声清洗机的清洗效率比较高，清洗液可以进入被清洗工件的最细小的间隙中，因此可以清洗元器件底部、元器件之间及细小间隙中的污染物。

超声清洗机有常温和加热、单槽和多槽之分，小批量及一般清洁度要求的产品可采用单槽式超声清洗机；大批量及高清洁度要求的产品可采用多槽式并带有加热功能的超声清洗机。单槽超声清洗机如图4-82（a）所示，多槽超声清洗机如图4-82（b）所示。

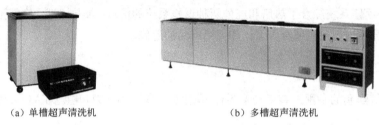

（a）单槽超声清洗机　　　　　　　　　　　（b）多槽超声清洗机

图4-82　超声清洗设备

4.9.2　气相清洗设备

气相清洗设备是溶剂清洗设备，它是利用溶剂蒸气不断地蒸发和冷凝，使被清洗工件不断"出汗"并带出污染物的原理进行清洗的。气相清洗机由超声波发生器、制冷压缩机组、清洗槽组成。清洗过程为：热浸洗→超声洗→蒸气洗→喷淋洗→冷冻干燥。

气相清洗设备有单槽式和多槽式两种结构。单槽式清洗机清洗时，被清洗工件上、下移动，先在清洗槽底部加热浸泡和超声清洗，然后将清洗工件提升到浸泡超声槽与冷凝管之间进行气相清洗，最后用干净的清洗溶剂喷淋。多槽式清洗机的清洗槽依次是热浸泡槽、超声波清洗槽、漂洗槽、蒸馏槽。清洗时，被清洗工件从第一个槽向最后一个槽横向移动，然后将被清洗工件提上来，用干净的清洗溶剂喷淋，最后快速冷冻干燥。气相清洗设备一般都需要配置自动补液装置和溶剂回收装置。小批量清洗一般采用单、双槽式，大批量采用多槽式。

4.9.3　水清洗设备

水清洗设备适用于水清洗和半水清洗工艺。它是利用水作为清洗剂，或在水中加入一定量的乳化剂或皂化剂，在乳化作用、皂化作用及施加搅拌、喷洗或超声等不同的机械方式下进行清洗的设备。水清洗设备有立柜式和流水式两种方式。

立柜式（批次式）水清洗机如同洗碗机，它是分批清洗的，需要编制清洗程序，完成表面润湿、溶解、乳化、皂化、洗涤、漂洗、喷淋清洗过程，然后将清洁的组装板放到烘箱中烘干。立柜式水清洗机适用于多品种、中小批量的军工、研发企业的电子组装板焊后清洗。

图4-83是流水式水清洗机原理示意图。流水式水清洗机由2～4个清洗槽组成，是流水线式的。在每个清洗槽中分别完成表面润湿、溶解、乳化、皂化、洗涤、漂洗、喷淋清洗过程，然后烘干。流水式水清洗机适用于大批量清洗。

水清洗设备投资大，占地面积大，耗电、耗水多；还要配置价格昂贵的纯水（去离子水）制造设备；最后，还要进行废水处理。

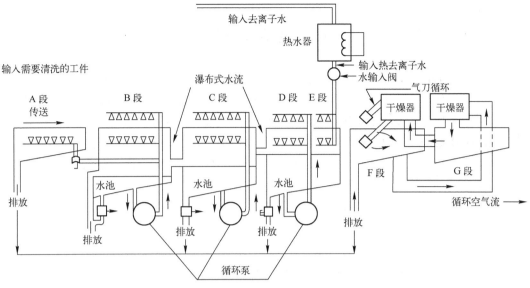

图 4-83　流水式水清洗机原理示意图

4.10　选择性涂覆设备

选择性涂覆设备用于航天航空、航海、汽车电子等高可靠性产品，以及使用环境恶劣的电子产品的表面涂覆（三防）。选择性涂覆设备可以在组装板的焊点表面或指定的元器件表面精确喷涂如聚氨酯、环氧、丙烯酸、有机硅等多种液态涂料，可以替代手工喷涂、浸渍、刷涂等。

传统的涂覆方法有手工刷涂、浸渍及人工喷涂。这些方法虽然成本低廉，但都有很多缺点，如厚度无法控制，均匀性不好，产品涂覆的一致性不好，比较大的污染对操作者及环境不利等。而自动化的设备涂覆，比较好地解决了上述问题。因为所有操作参数可由设备设定，减少了人为的因素，因此在涂覆的一致性及工艺控制方面有了量化的概念。

美国 USI Prism350/450 选择性涂覆机如图 4-84 所示。

（a）USI Prism350/450 选择性涂覆机　　　　　（b）在工作中的 USI Prism350/450 涂覆机

图 4-84　美国 USI Prism350/450 选择性涂覆机

4.11　其他辅助设备

生产线上的辅助设备很多，例如，用于去除工作环境中助焊剂挥发物等有害性气体的烟雾净化系统，用于存储焊膏、贴片胶等物料的冰箱，用于搅拌焊膏并使焊膏通过搅拌回到室温的焊膏搅拌机，焊膏黏度测试仪，焊膏厚度测试仪，用于存储需要防潮保存的 SMD 的干燥储存箱，用于已受潮 SMD 去潮处理的烘箱，防静电设施和测量仪器，足够的防静电周转箱和物流小车、供料器料架，如果产品中有拼板，还应配置用于切割 PCB 的割板机等。总之，生产线辅助设备和物料也要根据产品的具体情况进行配置。

思　考　题

1．SMT 生产线有哪些分类？SMT 生产线主要由哪些设备组成？每种设备有什么用途？

2．简述印刷机的基本结构、主要技术指标和工作原理。

3．何为开放式印刷和密闭式印刷？密闭式印刷的优点是什么？

4．喷印机相比较传统印刷机的优点是什么？

5．点胶机的主要用途是什么？按照分配泵的不同，点胶头分为哪 4 种方式？

6．按照功能、精度和速度分类，贴装机可分成哪几类？它们各自的特点和功能是什么？

7．简述贴装机基本结构和主要技术指标。贴装精度包括哪 3 项内容？各自的含义是什么？

8．简述动臂式拱架型和旋转型两种贴装头的结构和工作方式。

9．PCB 的定位方式有哪几种？分别是如何实现精确定位的？

10．贴装头 X、Y 方向的传动定位系统分为哪两种方式？各自的主要特点是什么？

11．贴片的对中定位方式有哪几种？简述光学视觉对中定位系统的对中、定位过程。

12．简述 5 种类型送料器和各自的功能。标准的带式送料器有多少种规格？

13．对 PCB 整体加热的再流焊设备有哪些种类？目前最流行的是哪种类型的再流焊炉？

14．简述全热风再流焊炉的基本结构与主要性能技术指标。

15．无铅焊接对再流焊设备的要求有哪些？无铅焊接对波峰焊机有什么要求？

16．简述真空气相再流焊的几个特点。

17．波峰焊机有哪些种类？最常用的是哪一种？适用于片式元器件波峰焊的是哪一种？

18．用于 SMT 质量检测的设备主要有哪些种类？简述各类检测设备的应用范围。

19．对 BGA 器件返修设备有什么要求？热风与红外返修工作站的特点与应用是什么？

下　篇

表面组装技术（SMT）通用工艺

通用工艺又称为典型工艺，是根据工艺内容的通用性、成熟性和先进性并结合本单位的设备条件和产品特点而提出的工艺课题，是按照具体工艺内容编写的。通用工艺的内容包括工艺条件、工艺流程、操作程序、安全技术操作方法、工艺参数、检验标准和检验方法等。

通用工艺规程是企业生产活动中最基础的技术文件。严格按照通用工艺规定的操作程序和质量控制程序进行操作，对提高生产效率、提高产品质量具有十分重要的意义。

表面组装通用工艺包括施加焊膏、施加贴片胶、贴装元器件、再流焊、波峰焊、手工焊与返修、清洗、检验和测试、电子组装件三防涂覆工艺、通孔插装元器件再流焊等工艺。除上述工艺，本篇还介绍了 0201、01005 的印刷与贴装技术，PQFN 的印刷、贴装与返修工艺，倒装芯片（Flip Chip）、晶圆级 CSP、CSP 的底部填充工艺，COB 技术，晶圆级 FC、WLP 芯片的直接贴装技术，三维堆叠 POP 技术、ACA、ACF 与 ESC 技术，挠性印制电路板（FPC）的应用与发展，LED 应用的迅速发展，PCBA 无焊压入式连接技术等新工艺和新技术，以及 SMT 制造中的静电防护技术和 SMT 制造中的工艺控制与质量管理等内容。

从理论上来讲，就焊点来说，焊料、元器件焊端、PCB 表面镀层全部是锡铅的，或全部是无铅的相容性是最好的。目前，如果采用无铅焊接，可以买到所有的无铅元器件。十多年的应用实践证明：对于大多数民用、通信等领域，由于使用环境应力小、不恶劣，应用无铅焊接是没有问题的。但无铅产品的长期可靠性在业内还存在争议，并确实存在不可靠因素，这也是国际上对军事、航空航天、医疗等高可靠电子产品获得豁免的主要原因之一。目前的问题是已经买不全甚至买不到有铅元器件了。有铅工艺遇到 85％甚至 90％以上无铅元器件，因此，我国军工等高可靠电子产品普遍存在有铅和无铅元器件混装焊接的现象，目前大多采用有铅焊料焊接有铅和无铅元器件的混装工艺。

无论无铅焊接还是有铅和无铅元器件混装焊接，其焊接机理、工艺过程、工艺方法与有铅工艺基本相同，使用的设备也基本相同，只是对焊接设备有耐高温、抗腐蚀等要求。由于无铅焊接温度高、工艺窗口小、润湿性差，因此工艺难度也比有铅焊接大。

有铅和无铅混用时，可能会发生材料之间、工艺之间、设计之间不相容等问题。因此，要求高可靠产品从产品设计开始就要考虑到混装的可靠性。按照正确的工艺方法，把混装工艺做得比有铅，甚至比无铅工艺更细致一些。这样才能比较正确地处理有铅、无铅混用问题。

根据以上考虑，本篇把无铅工艺与有铅工艺相同的内容在一起叙述，有区别的内容除了在每一章加以说明外，还在第 11 章叙述了锡焊（钎焊）机理、无铅焊接、有铅无铅混装焊接等内容，学习运用焊接理论，正确设置无铅再流焊温度曲线，无铅焊接可靠性讨论及无铅再流焊工艺控制，有铅、无铅混装再流焊工艺控制等内容。

第5章　SMT 印制电路板的可制造性设计（DFM）

印制电路板（PCB）设计是表面组装技术的重要组成之一。PCB 设计质量是衡量表面组装技术水平的一个重要标志，是保证表面组装质量的首要条件之一。

可制造性设计（Design for Manufacturing，DFM）是保证 PCB 设计质量最有效的方法。DFM 是将产品的工程要求与制造能力相匹配，以达到成本最低、产量最高并加快产品面市时间的设计实践和流程。DFM 从产品开发设计时起，就考虑到可制造性和可测试性，使设计和制造之间紧密联系，实现从设计到制造一次成功的目的。DFM 具有缩短开发周期、降低成本、提高产品质量等优点，是企业产品取得成功的途径。

传统的新产品研制方法通常是设计、生产制造、销售各个阶段串行完成。传统的设计方法在产品首次设计时强调设计速度，只注重产品功能的实现，在设计阶段不能全面地考虑制造要求，由于不可制造或制造性差，为了纠正制造过程中存在的问题，还要返回来再进行一次或多次的重新设计，每次改进又要重新制作样机，导致整个产品的实际开发周期变长，成本也随之增加。

现代设计方法在产品首次设计时强调更细致的设计，将制造和测试过程中可能发生的问题提前到设计阶段来解决。这种方法虽然在初期设计时花费的时间比较多，但最终结果是缩短了开发设计的时间，同时还降低了成本。

传统设计方法与现代设计方法的比较如图 5-1 所示。

HP 公司 DFM 统计调查表明：产品总成本的 60%取决于产品的最初设计，75%的制造成本取决于设计说明和设计规范，70%～80%的生产缺陷是由于设计原因造成的。

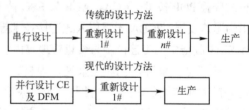

图 5-1　传统设计方法与现代设计方法的比较

与制造有关的 DFX 包括可制造性设计（DFM）、可测试性设计（DFT）、可分析性设计（DFD）、可装配性设计（DFA）、为环境而设计（DFE）、PCB 可加工性设计（DFF）、为流程而设计（DFS）、可靠性设计（DFR）等。

本章主要介绍以下内容。

① 不良设计在 SMT 生产中的危害；

② 目前国内 SMT 印制电路板设计中普遍存在的问题及解决措施；

③ PCB 设计包含的内容及可制造性设计实施程序；

④ SMT 工艺对设计的要求；

⑤ SMT 设备对设计的要求；

⑥ PCB 可加工性设计；

⑦ 可制造性设计审核。

5.1　不良设计在 SMT 生产中的危害

SMT 的组装质量与 PCB 的设计有直接的、十分重要的关系。PCB 设计是保证表面组装质量的首要条件之一，不良设计在 SMT 生产制造中的危害非常大。

① 造成大量焊接缺陷；

② 增加修板和返修工作量，浪费工时，延误工期；

③ 增加工艺流程，浪费材料，浪费能源；

④ 返修可能会损坏元器件（有的元器件是不可逆的）和印制板；

⑤ 返修后影响产品的可靠性；

⑥ 造成可制造性差，增加工艺难度，影响设备利用率，降低生产效率；

⑦ 导致重新设计，延长产品实际开发时间。

总之，不良设计会给企业造成不同程度的损失。

因此，从管理层领导到设计人员、工艺人员，对 SMT 印制电路板可制造性设计的重要性都必须有足够的认识，应从产品开发设计时起就考虑到其可制造性。

5.2　国内 SMT 印制电路板设计中普遍存在的问题及解决措施

虽然 SMT 在国内也有二十几年的历史，但是由于我国的 SMT 教学滞后等原因，电子产品开发设计人员普遍对 SMT 生产设备、制造工艺不熟悉，实践经验不足，导致设计出的产品可生产性较差，影响产品的可靠性与生产效率。

5.2.1　SMT 印制电路板设计中的常见问题举例

SMT 印制电路板设计中的常见问题有焊盘结构尺寸、通孔设计不正确，阻焊和丝印不规范，元器件布局不合理，基准标志（Mark）、PCB 外形和尺寸、PCB 定位孔和夹持边设置不正确，PCB 材料选择、PCB 厚度与长度、宽度尺寸比不合适，PCB 外形不规则，造成不能上机器贴装，等等。

1．焊盘结构尺寸不正确

SMT 焊盘设计是 PCB 设计非常关键的部分，它确定了元器件在 PCB 上焊接位置，对焊点的可靠性，焊接过程中可能出现的焊接缺陷、可清洗性、可测试性和可维修性等起着显著作用。如果 PCB 焊盘设计正确，贴装时少量的歪斜可以在再流焊时，由于熔融焊锡表面张力的自定位效应而得到纠正；相反，如果 PCB 焊盘设计不正确，即使贴装位置十分准确，再流焊后会出现元器件位移、立碑等焊接缺陷。因此焊盘设计是决定表面组装部件可制造性的关键因素之一。

① 当焊盘间距 G 过大时[见图 5-2（a）]，再流焊时由于元器件焊端不能与焊盘搭接交叠，会产生立碑、和空焊。

焊盘间距 G 过小时[见图 5-2（b）]，影响熔融焊料沿元器件焊端和 PCB 焊盘结合处的金属表面润湿铺展所能达成的尺寸，影响焊点形态，降低焊点的可靠性。

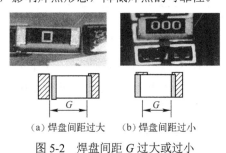

（a）焊盘间距过大　　（b）焊盘间距过小

图 5-2　焊盘间距 G 过大或过小

② 从图 5-3 可看出，当焊盘尺寸大小不对称，或两个元器件的端头设计在同一个焊盘上时，由于表面张力不对称，也会产生立碑、移位。

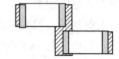

（a）焊盘尺寸大小不对称，一个大、一个小　　（b）两个元器件的端头设计在同一个焊盘上

图 5-3　焊盘尺寸大小不对称或两个元器件的端头设计在同一个焊盘上

③ 0.5mm 间距的 QFP 焊盘长度过长或焊膏量较大，回流时造成短路，如图 5-4 所示。

图 5-4　焊盘长度过长，焊膏量较大导致回流时短路

④ PCB 焊盘宽度大于元器件焊盘宽度，导致元器件偏移，如图 5-5 所示。

图 5-5　焊盘宽度不匹配，导致元器件偏移

图 5-6　大面积焊盘隔热带处理方式

⑤ 焊盘直接与大面积铜箔连接，导致立碑、虚焊等缺陷，应对焊盘进行隔热带处理，如图 5-6 所示。

2．导通孔设计不正确

从图 5-7 可看出，导通孔设计在焊盘上，再流焊时焊料会从导通孔中流出，由于焊膏量不足会造成虚焊、锡少（见图 5-8）、立碑（见图 5-9）、焊点强度不足等问题。正确的设计如图 5-7（b）所示，应采用一段细导线将导通孔从焊盘的一端引出。

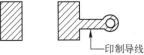

（a）不正确（导通孔设计在焊盘上）　　　　（b）正确　　　　（c）导通孔设计在焊盘上的例子

图 5-7　导通孔设计示意图

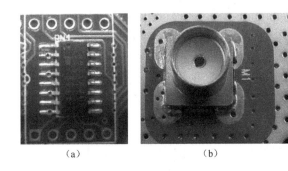

（a）　　　　　　　　　（b）　　　　　　　　　（c）

图 5-8　导通孔设计不正确导致焊接缺陷——锡少

（a）　　　　　　　　　　　　　（b）

图 5-9　导通孔设计不正确导致焊接缺陷——立碑

3．阻焊和丝印不规范

如图 5-10 所示，丝印加工在焊盘上。阻焊和丝印加工在焊盘上的原因：一是设计，二是 PCB 制造加工精度差造成的。其结果是造成虚焊或电气断路。

丝印遮挡是元器件位号丝印在元器件底部，安装焊接后无法识别，如图 5-11 所示。

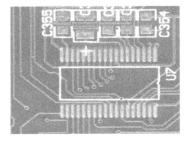

图 5-10　丝印加工在焊盘上　　　　　　　图 5-11　丝印遮挡

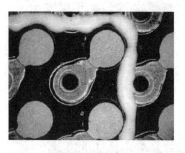

图 5-12　丝印白油距离焊盘太近

丝印白油距离焊盘太近，容易导致白油污染焊盘及焊膏印刷增加厚度，如图 5-12 所示。

4．元器件布局、排列方向不合理

（1）没有按照再流焊要求设计，造成焊接缺陷的概率增大。

再流焊工艺推荐的元器件布局如图 5-13（a）所示。两个端头片式元器件的长轴应垂直于 PCB 的运动方向；SMD 的长轴平行于 PCB 的运动方向，再流焊时能够实现元器件两焊端同步受热，同时到达熔化温度，降低产生立碑、移位、焊端脱离焊盘等焊接缺陷的概率。

不推荐的布局如图 5-13（b）所示。元器件的布局和排列方向没有按照再流焊的要求设计，再流焊时由于元器件两焊端不能同步受热，导致元器件两焊端温度产生差异，增大了产生焊接缺陷的概率。

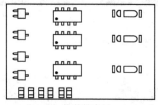
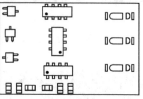

　　（a）推荐的布局　　　　　　　　　　　（b）不推荐的布局

图 5-13　再流焊工艺元器件布局

在设计许可的条件下，元器件的布局尽可能做到同类元器件按相同的方向排列，相同功能的模块集中在一起布置；相同封装的元器件等距离放置，以便元器件贴装、焊接和检测。

（2）没有按照波峰焊要求设计，波峰焊时造成阴影效应。

推荐的排列方向如图 5-14（a）所示，满足波峰焊的设计要求。两个端头片式元器件的长轴垂直于焊锡流方向，SMD 长轴平行于焊锡流方向，同尺寸两个端头的片式元器件在平行于焊锡流方向排成一条直线，不同尺寸的大小元器件交错放置，小尺寸的元器件排布在大元器件的前方。

不推荐的排列方向如图 5-14（b）所示。因为没有按照波峰焊的要求设计，波峰焊时由于阴影效应，造成大量的漏焊、虚焊、桥接等焊接缺陷。

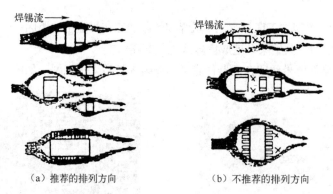

　　（a）推荐的排列方向　　　　　　　　　（b）不推荐的排列方向

图 5-14　波峰焊工艺元器件布局

（3）经常拔插的连接器，周围 3mm 不要摆放易受应力断裂的元器件；贵重元器件不要布放在 PCB 的角、边缘，或靠近接插件、安装孔、槽、拼板的切割、豁口和拐角等处，以上这些位置是印制板的高应力区，容易造成焊点和元器件的开裂或裂纹。

（4）PCB 外形和尺寸应与结构设计一致，元器件选型应满足结构件的限高要求，元器件布局不应导致装配干涉；小、低元器件不要埋在大、高元器件群中，影响检修；大型元器件的四周要留一定的维修空隙（留出 SMD 返修设备加热头能够进行操作的尺寸）。

（5）功率大器件布局。

① 双面贴装的元器件，两面上体积较大的元器件要错开安装位置，否则在焊接过程中会因为局部热容量增大而影响焊接效果。

② 对于温度敏感的元器件要远离发热元器件。例如，三极管、集成电路、电解电容和有些塑壳元器件等应尽可能远离大功率器件、散热器和大功率电阻。

③ 元器件均匀分布，特别要把大功率的器件分散开，避免电路工作时 PCB 上局部过热产生应力，影响焊点的可靠性。

④ 发热元器件应尽可能远离其他元器件，一般置于边角、机箱内通风位置。发热元器件应该用其引线或其他支撑物做支撑（如可加散热片），使发热元器件与电路板表面保持一定距离。发热元器件在多层板中将发热元器件体与 PCB 连接，设计时做金属焊盘，加工时用焊锡连接，使热量通过 PCB 散热。

（6）元器件布局要满足再流焊、波峰焊的工艺要求以及间距要求。

① 单面混装，应把表面贴装和通孔插装元器件放在主（A）面；

② 采用双面再流焊的混装时，要求 PCB 设计应将大元器件布放在主（A）面，小元器件在辅（B）面，如图 5-15 所示。

若有超重的元器件必须布在辅面，则应通过计算或试验验证可行性。

PCB 面积过大时，为防止过锡炉时 PCB 弯曲，应在 PCB 中间留一条 5～10mm 宽的空隙不布放元器件，用来在过炉时加上防止 PCB 弯曲的压条或支撑。

5. 基准标志（Mark）、PCB 外形和尺寸、PCB 定位孔和夹持边设置不正确

① 基准标志（Mark）制作在大地的网格上，或 Mark 图形周围有阻焊膜，由于图像不一致、反光，造成不认 Mark、频繁停机。如图 5-16 所示，将阻焊加工在 Mark 的无阻焊区，是不正确的设计。

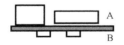 

图 5-15　元器件布局示意图　　　　图 5-16　不正确的 Mark 设计

② 导轨传输时，由于 PCB 外形为异形，PCB 尺寸过大、过小，或由于 PCB 定位孔不标准，造成无法上板，无法实施机器贴片操作。

③ 在定位孔和夹持边附近布放了元器件，只能采用人工补贴。

④ 拼板槽和缺口附近的元器件布放不正确，裁板时造成损坏元器件。

6．PCB 材料选择、PCB 厚度与长度、宽度尺寸比不合适

① 由于 PCB 材料选择不合适，在贴片前就已经变形，造成贴装精度下降。

② PCB 厚度与长、宽尺寸比不合适造成贴装及再流焊时变形，容易产生焊接缺陷，还容易损坏元器件。特别是焊接 BGA 器件时，容易造成虚焊。

7．BGA 器件的常见设计问题

图 5-17（a）是通孔、阻焊、导线和焊盘尺寸不规范的示例。图 5-17（b）是焊盘形状不规范、部分焊盘被阻焊覆盖的示例。图 5-17（c）是中间大面积接地焊盘直接用阻焊分隔的不规范示例，大的热容量会造成再流焊温度不均匀，产生各种焊接缺陷。

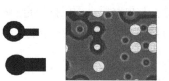 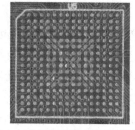

（a）通孔、阻焊、导线和焊盘尺寸不规范　　（b）焊盘形状不规范　　（c）中间大面积接地的焊盘不规范

图 5-17　BGA 焊盘设计不规范

8．再流焊和波峰焊混装工艺中，BGA 器件的导通孔没有堵塞造成二次熔锡

从图 5-18 所示的失效案例可以看出，由于 BGA 器件的导通孔没有堵塞（没有设计盲孔或进行埋孔处理），A 面再流焊后是合格的，但经过 B 面波峰焊工艺后使中间导通孔附近的焊球产生二次熔锡，造成 BGA 焊点失效。

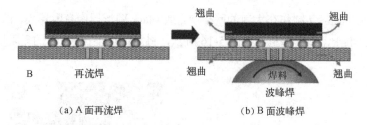

（a）A 面再流焊　　　　　　（b）B 面波峰焊

图 5-18　BGA 器件导通孔焊盘设计不规范

9．元器件及元器件的包装选择不合适

由于没有按照贴装机供料器配置选购元器件及元器件的包装，造成无法用贴装机贴装。

从以上设计问题的例子中可以看出，PCB 设计问题在生产工艺中是很难甚至是无法解决的。即使采取补救措施或通过返修暂时解决了，但对产品质量、成本和效益都会造成不同程度的损失。

5.2.2　消除不良设计、实现 DFM 的措施

消除不良设计，实现可制造性设计的措施：

① 管理层要重视 DFM，编制本企业的 DFM 规范文件。

② 制定审核、修改和实施的具体规定，建立 DFM 的审核制度。

③ 对 CAD 工程师的要求。CAD 工程师要熟悉 DFM 设计规范，并按照设计规范进行新产品设计；要学习了解一些 SMT 工艺，有条件时应经常到 SMT 生产现场了解制造过程中的问题，以加深对 DFM 设计规范的理解，使设计符合 SMT 工艺及 SMT 生产设备的要求。

5.3　编制本企业可制造性设计规范文件

编制 DFM 规范文件时，可以参照 IPC、EIA、SMEMA 等国际标准，也可以参照 SJ/T 10670—1995《表面组装工艺通用技术要求》，还可以参照元器件供应商提供的焊区结构等相关资料。但是这些资料都只是指导性的，不可能涵盖所有的具体情况，因此要根据本企业的设备情况，产品的性能要求、定位档次、组装密度、成本等具体情况进行编制。

DFM 规范文件的内容包括 5.4 节中叙述的所有 PCB 设计的内容。

当 SMC/SMD、工艺材料或制造工艺发生变化，或添置、更新生产设备时，应及时修改 DFM 规范文件。例如，当出现 BGA、CSP、倒装芯片、01005、QFN 等新型元器件并决定采用它们时，当新设备有新的要求、老的 DFM 规范可能会不适用时，都应及时对 DFM 规范文件作补充或修改。

5.4　PCB 设计包含的内容及可制造性设计实施程序

PCB 设计包含基板与元器件材料选择、印制板电路设计、工艺（可制造）性设计、可靠性设计、降低生产成本等内容。其细分如图 5-19 所示。

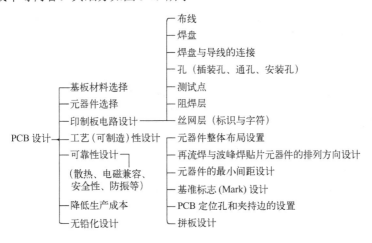

图 5-19　PCB 设计包含的内容

SMT 印制板可制造性设计实施程序如下所述。

1. 确定电子产品的功能、性能指标及整机外形尺寸的总体目标

这是 SMT 印制板可制造性设计首要考虑的因素。

2. 进行电原理和机械结构设计，根据整机结构确定 PCB 的尺寸和结构形状

画出 SMT 印制板外形设计工艺布置图，如图 5-20 所示。确定 PCB 的尺寸和结构形状时既要考虑电子产品的结构，还要考虑印刷机、贴装机的夹持边。要标出 PCB 的长、宽、厚，结构件、装配孔的位置、尺寸，留出夹持边不能布放元器件的尺寸、焊盘的边缘尺寸等，使电路设计师能在有效范围内进行布线和元器件布局设计。

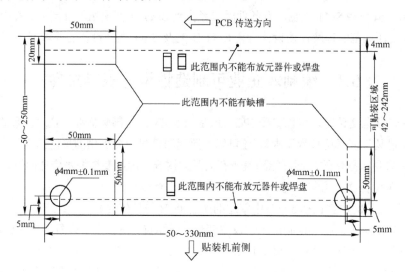

图 5-20　SMT 印制板外形设计工艺布置图

3．表面组装方式及工艺流程设计

表面组装方式及工艺流程设计合理与否，直接影响组装质量、生产效率和制造成本。

表面组装件（SMA）的组装类型和工艺流程原则上是由 PCB 设计规定的，因为不同的组装方式对焊盘设计、元器件的排列方向都有不同的要求。一个好的设计应该将焊接时 PCB 的运行方向都在 PCB 表面标注出来，生产制造时应完全按照设计规定的流程与运行方向操作。

组装方式和工艺流程设计详见第 7 章 7.1～7.6 节。

4．根据产品的功能、性能指标及产品的档次选择 PCB 材料和电子元器件

（1）选择 PCB 材料

PCB 材料的选择详见第 2 章 2.2.2 节。

（2）选择元器件

要根据具体产品的电路要求，以及 PCB 尺寸、组装密度、组装形式、产品的档次和投入的成本选择元器件。

① SMC 的选择。

● 注意尺寸大小和尺寸精度，并考虑满足贴装机功能。

● 钽和铝电解电容器主要用于电容量大的场合。

● 薄膜电容器用于耐热要求高的场合。

● 云母电容器用于 Q 值高的移动通信领域。

● 波峰焊工艺必须选择三层金属电极焊端结构片式元器件。

② SMD 的选择。

● 小外形封装晶体管：SOT23 是最常用的三极管封装，SOT143 用于射频器件。

● SOP、SOJ：是 DIP 的缩小型，与 DIP 功能相似。

- QFP：占有面积大，引脚易变形，易失去共面性；但引脚的柔性又能帮助释放应力，改善焊点的可靠性。QFP 引脚最小间距为 0.3mm，目前 0.5mm 间距已普遍应用，0.3mm、0.4mm 的 QFP 器件逐渐被 BGA 器件替代。选择时应注意贴装机精度是否满足要求。
- PLCC：占有面积小，引脚不易变形，但检测不方便。
- LCCC：价格昂贵，主要用于高可靠与军用产品，应考虑元器件与电路板之间的 CET 问题。
- BGA、CSP：适用于 I/O 高的电路中。

③ 片式机电元件的选择

片式机电元件主要用于高密度、体积小、质量轻的电子产品。

④ THC（通孔插装元器件）的选择

大功率器件、机电元件和特殊器件的片式化尚不成熟，还得采用通孔插装元器件。

5. 设计印制板电路

（1）表面组装印制板电路的设计标准

① GJB 3243—98《电子元器件表面安装要求》。

② IPC-7351《表面安装元器件和焊盘图形标准》。

③ GJB 4057—2000《军用电子设备印制电路板设计要求》。

④ SJ/T 10670—1995《表面组装工艺通用技术条件》。

表面贴装器件的焊盘设计必须符合上述文件的规定，每种表面贴装元器件必须和印制电路板上的焊盘相匹配；表面贴装器件之间、表面贴装元器件和通孔插装元器件之间、表面贴装元器件和引线之间不得公用同一个焊盘。

（2）应用 SMT 工艺的焊盘设计原则

印制板电路设计是 PCB 设计的核心。目前人工设计已经很少使用，一般都利用 EDA（Electronic Design Automation）设计工具。虽然现在已经有 Protel、Power PCB 等功能较强的 CAD 设计软件，可以直接将电路原理图转换成布线图，但实际设计时由于组装密度不一样、工艺不同、设备不同，以及有特殊元器件等情况，因此需要具体分析，有时不能随意调用，需要适当地修正和调整。

① 标准元器件可直接调用 PCB 设计软件中元器件库里的图形。

查选或调用焊盘图形尺寸资料时，应与所选用的元器件的封装外形、焊端、引脚等与焊接有关的尺寸相匹配。必须克服不加分析或对照就随意抄用或调用所见到的资料或元器件库中焊盘图形尺寸的不良习惯。

元器件库的建立是设计成功的基础性工作之一，一般设计软件中所带的元器件库，尤其是焊盘图形库都能够依据相关标准，但还需要不断完善。

② 非标元器件的焊盘图形和尺寸按供应商提供的元器件手册进行设计。

③ 非标元器件必须按元器件实际尺寸设计，必须按照 DFM 设计规范进行。

例：焊盘中心等于引脚中心；焊盘宽度一般取引脚中心距的一半；焊盘与相邻印制导线间隔应不小于 0.3mm。

图 5-21 是各种元器件焊点结构示意图。设计的焊盘结构（尺寸、间距等）一定要保证焊后能够形成主焊点的位置，同时还要满足印刷、贴装的工艺要求，这样才能确保再流焊的优良焊点。

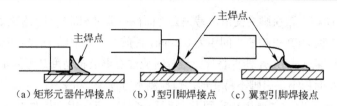

（a）矩形元器件焊接点　（b）J 型引脚焊接点　（c）翼型引脚焊接点

图 5-21　各种元器件焊点结构示意图

（3）PCB 焊盘设计应掌握的关键要素（以片式元器件为例）

图 5-22 是矩形片式元器件焊盘结构示意图。焊盘结构和尺寸要满足以下要求：

① 对称性——两端焊盘必须对称，才能保证熔融焊锡表面张力平衡。

② 焊盘间距——确保元器件端头或引脚与焊盘恰当的搭接尺寸。

③ 焊盘剩余尺寸——搭接后的剩余尺寸必须保证焊点能够形成弯月面。

④ 焊盘宽度——应与元器件端头或引脚的宽度基本一致。

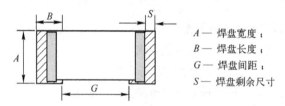

A —— 焊盘宽度；
B —— 焊盘长度；
G —— 焊盘间距；
S —— 焊盘剩余尺寸

图 5-22　矩形片式元器件焊盘结构示意图

（4）印制板电路设计时应着重注意的内容

① 标准元器件应注意不同厂家元器件的尺寸公差，非标准元器件必须按照元器件的实际尺寸设计焊盘图形及焊盘间距。

② 设计高可靠性电路时应对焊盘作加宽处理（焊盘宽度=1.1～1.2 倍元器件焊端宽度）。

③ 高密度时要对 CAD 软件中元器件库的焊盘尺寸进行修正。

④ 元器件之间距离、导线、测试点、通孔、焊盘与导线的连接、阻焊等都要按照标准设计。

⑤ 应考虑到返修性，如大尺寸 SMD 周围要留有返修工具进行操作的尺寸。

⑥ 应考虑散热、高频、抗电磁干扰等问题。

⑦ 元器件的布放位置与方向也要根据不同工艺进行设计。

⑧ PCB 设计还要考虑到设备。不同贴装机的机械结构、对中方式、PCB 传输方式都不同，因此对 PCB 的定位孔位置、基准标志（Mark）的图形和位置、PCB 边形状，以及 PCB 边附近不能布放元器件的位置都有不同的要求。这些属于可生产性设计的内容。

⑨ 要考虑相应的设计文件。因为 SMT 生产线的点胶（焊膏）机、贴装机、在线测验、X 射线测验、AOI 自动光学检测等设备均属于计算机控制的自动化设备，这些设备在组装 PCB 之前，均需要编程人员花费相当时间进行准备和编程。因此要求 PCB 设计阶段就应考虑到生产，一旦设计完成，则将设计所产生的有关数据文件交给 SMT 生产设备，编程时直接调用或进行相关的后处理就可以驱动加工设备。

⑩ 在保证可靠性的前提下，还要考虑降低生产成本。

（5）其他要求

① 同一块 PCB 设计，使用单位必须统一。

② 双面组装与单面组装的 PCB 设计要求相同，贴装机坐标文件 A、B 面分别提供。

③ 高密度设计时要采用泪滴焊盘图形。

6. 编制表面贴装生产需要的 3 个文件

① 贴装机坐标文件。
② 元器件明细表。
③ 模板文件。

7. 审核可制造性

设计完毕经过自检、校对后进行可制造性（工艺）审核，审批后送印制板加工厂。

8. 对印制板加工厂商提出加工要求

① 注明印制板加工标准的等级（一般企业都分为二级标准）。
● 第一级消费类：只要求电性能，对外观要求不严。
● 第二级工业类：要求比第一级高一些。
● 对于军用等高可靠性产品，应提出专门的加工要求。
② 注明选用的印制板的板材、黏结预浸材料、阻焊材料。
③ 注明 PCB 翘曲度要求：SMT 的 PCB 要求翘曲度小于 0.0075mm/mm。
④ PCB 外形尺寸：铣外形±（0.2～0.25）mm，冲外形±（0.25～0.30）mm。
⑤ 定位孔误差：±0.10mm。
⑥ V 形槽开槽或连接厚度为板厚的 1/3，误差为±0.15mm，角度为 30°/45°±5°。
⑦ 外层焊环离金属化孔壁最少有 0.08～0.15mm 距离。
⑧ 保证内层连接良好。
⑨ 图形对位精确，线宽小于 0.25mm 的导线宽度误差为±（0.05～0.075）mm。
⑩ Mark 要求平整、光滑。
⑪ BGA 器件过孔需要加工埋孔或阻焊。
⑫ 镀层表面平滑、线路边缘应清晰，字符标记清晰，具有可读性，不得出现重影。
⑬ 阻焊层完全覆盖要求部分，颜色均匀。
⑭ 丝印和字符不能印在焊盘上。
⑮ 板面应清洁，没有影响可焊性的杂物或胶渍。

9. 进行样机制作（可分为模样和正样两个阶段）和试生产

模样一般只加工 1～2 台，可以用手工焊。

正样一般加工 10～20 台，必须写出工艺文件（也可以只对 SMT 加工部分写出操作指南），并完全按照 SMT 工艺文件执行。正样要求验证是否满足电性能指标要求，是否满足工艺要求（通过检查缺陷率），是否满足生产设备要求，是否满足可靠性和节约成本的要求。

模样和正样阶段，要求工艺师跟踪生产，对工艺性、可制造性及加工质量进行严格检查，分析原因并提出修改方案，反馈到设计部门和工艺管理部门进行修改。

到小批量试生产时，应基本定型，不应该有大的变更。

任何一个新产品，从开发设计开始都要经过以上几个阶段，才能正式投入批量生产。

5.5　SMT 工艺对设计的要求

SMT 与传统通孔插装工艺（THT）的元器件封装形式不同、生产设备、组装方法和焊接工艺也完全不同。SMT 采用再流焊技术，传统通孔插装工艺采用波峰焊技术。

由于以上原因，SMT 与传统 THT 的 PCB 设计规则也完全不同。SMT 印制电路板设计必须满足 SMT 设备、表面组装工艺和再流焊工艺特点"再流动"与"自定位效应"的要求。

SMT 工艺对设计的要求主要包括以下内容：

① 根据整机结构确定 PCB 的尺寸和结构形状；

② 印制板的组装形式及工艺流程设计；

③ PCB 材料选择；

④ 元器件选择；

⑤ SMC/SMD 焊盘设计；

⑥ THC 焊盘设计；

⑦ 布线设计；

⑧ 焊盘与印制导线连接的设置；

⑨ 导通孔、测试点的设置；

⑩ 阻焊、丝印的设置；

⑪ 元器件整体布局设置；

⑫ 再流焊与波峰焊表面贴装元器件的排列方向设计；

⑬ 元器件最小间距设计；

⑭ 模板设计。

其中，①、②、③、④的内容已经在 5.4 节中介绍过，下面介绍后 10 个内容。

5.5.1　表面贴装元器件焊盘设计

1. 矩形片式元器件焊盘设计

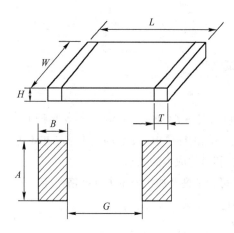

图 5-23　矩形片式元器件外形及其焊盘
尺寸设计

（1）矩形片式元器件外形及其焊盘尺寸设计原则（见图 5-23）。

焊盘宽度：$A=W_{max}-K$

电阻器焊盘的长度：$B=H_{max}+T_{max}+K$

电容器焊盘的长度：$B=H_{max}+T_{max}-K$

焊盘间距：$G=L_{max}-2T_{max}-K$

式中，L 为元器件长度（mm）；W 为元器件宽度（mm）；T 为元器件焊端宽度（mm）；H 为元器件高度（钽电容器是指焊端高度）（mm）；K 为常数，一般取 0.25mm。

① 焊盘长度越长，元器件可靠性越好。

② 高的可靠性一般取焊盘宽度的上限，但是为了贴正元器件一般以较小者为好。

③ 阻容元件的间距一般越小焊接难度越小。

④ 焊盘间距与直通率、立碑、防锡球等缺陷相关。

（2）常用表面组装电阻和电容焊盘设计（见表 5-1 和表 5-2）。

表 5-1　常用表面组装电阻焊盘设计

封装类型：mm（in）	GJB 3243—1998					IPC-7351					
	G		B	A		G		B		A	
	最大	最小	参考	最大	最小	mil	mm	mil	mm	mil	mm
0402 (01005)							0.16		0.19		0.22
0603 (0201)						10	0.254	14	0.3556	12	0.3048
1005 (0402)	0.6	0.4	0.9	0.8	0.6	20	0.508	25	0.635	20	0.508
1608 (0603)	0.8	0.6	1.1	1.2	1	25	0.635	30	0.762	25	0.635
2012 (0805)	0.8	0.6	1.3	1.4	1.2	30	0.762	60	1.524	50	1.27
3216 (1206)	1.4	1.2	1.6	1.6	1.4	70	1.778	70	1.778	60	1.524
3225 (1210)	1.4	1.2	1.6	2.6	2.4	80	2.032	70	1.778	100	2.54
5025 (2010)	2.8	2.6	1.8	2.6	2.4						
6332 (2512)	4	3.8	1.8	3.2	3						

表 5-2　常用表面组装电容焊盘设计

封装类型：mm（in）	GJB 3243—1998					IPC-7351					
	G		B	A		G		B		A	
	最大	最小	参考	最大	最小	mil	mm	mil	mm	mil	mm
0402 (01005)							0.16		0.21		0.22
0603 (0201)						10	0.254	14	0.3556	12	0.3048
1005 (0402)	0.6	0.4	0.9	0.8	0.6	20	0.508	25	0.635	20	0.508
1310 (0504)	0.6	0.4	1	1.2	1						
1608 (0603)	0.8	0.6	1.1	1.2	1	25	0.635	30	0.762	25	0.635
2012 (0805)	0.8	0.6	1.3	1.6	1.4	30	0.762	60	1.524	50	1.27
3216 (1206)	1.4	1.2	1.6	2	1.8	70	1.778	70	1.778	60	1.524
3225 (1210)	1.4	1.2	1.6	1.6	1.4	80	2.032	70	1.778	100	2.54
4532 (1812)	2.2	2	1.9	1.8	1.6	120	3.048	70	1.778	120	100
4564 (1825)	2.2	2	1.9	4.4	4.2	120	3.048	70	1.778	250	100

（3）索爱手机 Rachael 焊盘设计既不是 SMD 也不是 NSMD，而是两者的组合有人称为 HSMD，这是一种新的焊盘设计。它可以避免焊盘间阻焊膜偏厚带来的不良影响。并保证焊盘大小的一致性，所以无源元件 0201 和 01005 封装的焊盘首选应是 HSMD 型。iPhone 和 Rachael 手机焊盘设计对比如图 5-24 所示。

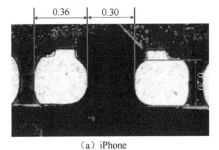

（a）iPhone　　　　　　　　　　（b）Rachael

图 5-24　iPhone 和 Rachael 手机焊盘设计对比图（单位：mm）

（4）钽电容。

钽电容焊盘图形尺寸如图 5-25 所示。

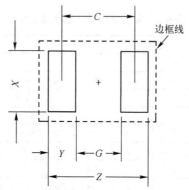

封装类型：mm		GJB3243—1998					IPC—7351					
		G		Y	X		G		Y		X	
		最大	最小	参考	最大	最小	in	mm	in	mm	in	mm
A 型	3216	1	0.8	2	1.2	1	40	1.016	60	1.524	50	1.27
B 型	5328	1.2	1	2	2.2	2	50	1.27	60	1.524	90	2.286
C 型	6032	2.6	2.4	2.6	2.2	2	120	3.048	90	2.286	90	2.286
D 型	7343	4	3.8	2.6	2.4	2.2	160	4.064	100	2.54	100	2.54

图 5-25　钽电容焊盘图形尺寸

2．半导体分立器件焊盘设计（MELF、片式、SOT、TOX 系列）

半导体分立器件主要包括二极管、三极管和半导体特殊器件（如晶闸管和场效应管）。

（1）MELF 焊盘设计（Metal Electrode Leadless Face，MELF）

MELF 的焊盘设计有两种结构：一种结构与矩形片式元器件相同，可以设计为两个对称的矩形焊盘，如图 5-26（b）所示，图中虚线框是贴片范围；另一种结构如图 5-26（c）所示，在两个对称的矩形焊盘内侧设计两个凹槽，这种结构更有利于预防再流焊时器件移位。

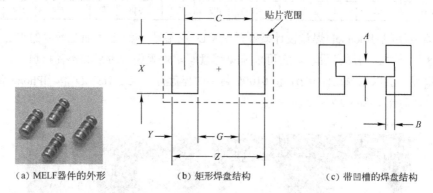

（a）MELF 器件的外形　　　　　（b）矩形焊盘结构　　　　　（c）带凹槽的焊盘结构

图 5-26　MELF 器件的外形与焊盘设计

一般的设计规则：
$$Z = L + 1.3 \text{（mm）}$$
式中，L 为器件的公称长度。

MELF 器件尺寸与焊盘设计参数对照表见表 5-3。

表 5-3　MELF 器件尺寸与焊盘设计参数对照表

封装： （mm）[in]	Z（mm）	G（mm）	X（mm）	Y（mm） 参考	C（mm） 参考	A（mm）	B（mm）	贴片范围 （mm×mm）
SOD-80/MLL-34	4.80	2.00	1.80	1.40	3.40	0.50	0.50	6×12
SOD-87/MLL-41	6.30	3.40	2.60	1.45	4.85	0.50	0.50	6×14
2012[0805]	3.20	0.60	1.60	1.30	1.90	0.50	0.35	4×8
3216[1206]	4.40	1.20	2.00	1.60	2.80	0.50	0.55	6×10
3516[1406]	4.80	2.00	1.80	1.40	3.40	0.50	0.55	6×12
5923[2309]	7.20	4.20	2.60	1.50	5.70	0.50	0.65	6×18

注：采用波峰焊工艺时，焊盘间距 G 的尺寸应放大 20%～30%。

（2）片式小外形二极管焊盘设计（Small Outline Diode，SOD）

矩形片式二极管的引脚有翼型（SOD 封装）和 J 型（DO214/SMB 封装）两种形式。SOD 的外形如图 5-27（a）所示。矩形片式二极管的焊盘设计结构与矩形片式元器件相同，即设计为两个对称的矩形焊盘。其焊盘设计结构与贴片范围如图 5-27（b）所示。

① 翼型引脚 SOD123、SOD323 焊盘设计。

$$Z=L+1.3（mm）$$

式中，L 为器件的公称长度（mm）。

- SOD123：$Z=5$；$X=0.8$；$Y=1.6$。
- SOD323：$Z=3.95$；$X=0.6$；$Y=1.4$。

② J 型引脚 DO214（AA/AB/AC）/SMB 焊盘设计。

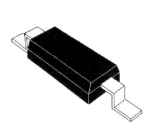

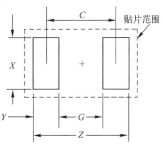

（a）SOD 的外形　　　　　　（b）矩形片式二极管焊盘设计结构与贴片范围

图 5-27　SOD 的外形和矩形片式二极管焊盘设计结构与贴片范围

$$Z=A+1.4（mm）$$

式中，A 为器件的公称长度。

$$X=1.2W_1$$

式中，W_1 为器件的引脚宽度。

- DO214AA：$Z=6.8mm$；$X=2.4mm$；$Y=2.4mm$。
- DO214AB：$Z=9.3mm$；$X=3.6mm$；$Y=2.4mm$。
- DO214AC：$Z=6.5mm$；$X=1.74mm$；$Y=2.4mm$。

（3）SOT 系列焊盘设计（Small Outline Transistor，SOT）举例

SOT 系列封装的引脚是翼型的，有三脚、四脚、五脚、六脚和特殊封装。

翼型 SOT 焊盘设计的一般原则：

- 焊盘的中心距与引线的中心距相等。
- 焊盘的图形与引线的焊接面相似，尺寸上一般是在长度方向上加 1mm，宽度方向上加 0.4mm。

① SOT23 焊盘设计。

SOT23 的外形与封装参数及焊盘设计结构如图 5-28 所示，焊盘设计尺寸见表 5-4。

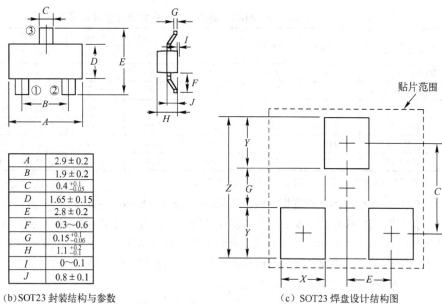

A	2.9 ± 0.2
B	1.9 ± 0.2
C	$0.4^{+0.1}_{-0.05}$
D	1.65 ± 0.15
E	2.8 ± 0.2
F	$0.3 \sim 0.6$
G	$0.15^{+0.1}_{-0.06}$
H	$1.1^{+0.2}_{-0.1}$
I	$0 \sim 0.1$
J	0.8 ± 0.1

（a）SOT23 的外形　（b）SOT23 封装结构与参数　　　　　　　　　（c）SOT23 焊盘设计结构图

图 5-28　SOT23 的外形与封装参数及焊盘设计结构

表 5-4　SOT23 焊盘设计尺寸

封装	Z（mm）	G（mm）	X（mm）	Y（mm） 参　考	C（mm） 参　考	E（mm） 参　考	贴片范围（mm×mm）
SOT23	3.60	0.80	1.00	1.40	2.20	0.95	8×8

注：波峰焊时，Z 值加 0.2mm。

② SOT89 焊盘设计。

SOT89 的外形和焊盘设计结构图如图 5-29 所示，焊盘设计尺寸见表 5-5。

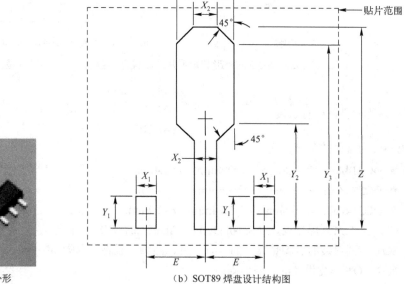

（a）SOT89 的外形　　　　　　　　　　　（b）SOT89 焊盘设计结构图

图 5-29　SOT89 的外形和焊盘设计结构

③ SOT143 焊盘设计。

SOT143 的外形和焊盘设计结构如图 5-30 所示，焊盘设计尺寸见表 5-6。

表 5-5　SOT89 焊盘设计尺寸

封装	Z（mm）	Y_1（mm）	X_1（mm）	X_2（mm）		X_3（mm）		Y_2（mm）	Y_3（mm）	E（mm）	贴片范围（mm×mm）
				最小	最大	最小	最大	参考	参考	基本的	
SOT89	5.40	1.40	0.80	0.80	1.00	1.80	2.00	2.40	4.60	1.50	12×10

注：波峰焊时，Z 值加 0.2～0.5mm。

（a）SOT143 的外形

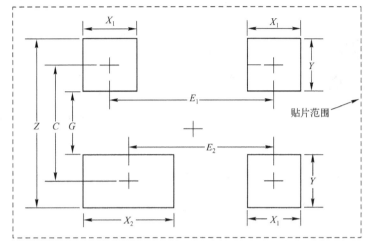

（b）SOT143 焊盘设计结构图

图 5-30　SOT143 的外形和焊盘设计结构

表 5-6　SOT143 焊盘设计尺寸

封装	Z（mm）	G（mm）	X_1（mm）	X_2（mm）		C（mm）	E_1（mm）	E_2（mm）	Y（mm）	贴片范围（mm×mm）
				最小	最大	参考	基本的	基本的	参考	
SOT143	3.60	0.80	1.00	1.00	1.20	2.20	1.90	1.70	1.40	8×8

注：波峰焊时，Z 值加 0.2～0.5mm。

④ SOT223 焊盘设计。

SOT223 的外形和焊盘设计结构图如图 5-31 所示，焊盘设计尺寸见表 5-7。

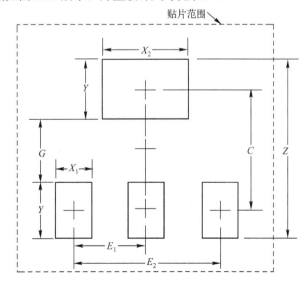

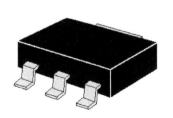

（a）SOT223 的外形

（b）SOT223 焊盘设计结构图

图 5-31　SOT223 的外形和焊盘设计结构

表 5-7　SOT223 焊盘设计尺寸

封装	Z (mm)	G (mm)	X_1 (mm)	X_2 (mm)		Y (mm)	C (mm)	E_1 (mm)	E_2 (mm)	贴片范围 (mm×mm)
				最小	最大	参考	基本的	基本的	参考	
SOT223	8.40	4.00	1.20	3.40	3.60	2.20	6.20	2.30	4.60	18×14

注：波峰焊时，Z 值加 0.2～0.5mm。

　（a）传统设计　　　　　　（b）最新变化

图 5-32　SOT 焊盘设计的最新变化

⑤ SOT 焊盘设计的最新变化。

SOT 焊盘传统设计如图 5-32（a）所示，由于焊盘宽度比引脚宽度大得多，因此再流焊后很容易造成器件移位。虽然目前设计标准没有改变，但已经有一些公司将焊盘宽度缩小，如图 5-32（b）所示，采用 QFP 引脚设计方法，使"移位"问题得到很好的改善。

3．SOP（Small Outline Packages，翼型小外形塑封）焊盘设计及举例

翼型小外形 IC 有 SOIC、SSOIC、SOP、TSOP、CFP 等几种封装类型（见图 5-33），但习惯统称 SOP。SOP 除用于集成电路，还用于电阻网络。

　　SOIC　　　　SSOIC　　　　SOP　　　　TSOP　　　　CFP

图 5-33　翼型小外形集成电路的封装类型

SOP 焊盘（见图 5-34）设计原则有以下几点。

- 焊盘中心距等于引脚中心距；
- 单个引脚焊盘设计的一般原则：

$$Y=T+b_1+b_2=1.5\sim2\text{mm} \qquad (b_1=b_2=0.3\sim0.5\text{mm})$$

$$X=(1\sim1.2)W$$

- 相对两排焊盘内侧距离按下式计算：

$$G=F-K$$

式中，G 为两排焊盘之间的内侧距离（mm）；F 为元器件壳体封装尺寸（mm）；K 为系数，一般取 0.25mm。

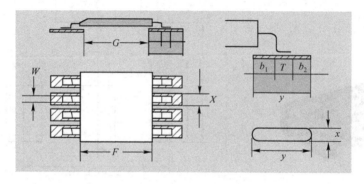

图 5-34　SOP 封装外形及焊盘设计示意图

设计 SOP 封装焊盘时，考虑引脚形状的特点是极其重要的，有必要注意的是即使封装名称相同，仍然可能存在微小的差异（如管脚尺寸等），安装焊盘尺寸参数如图 5-35 所示。

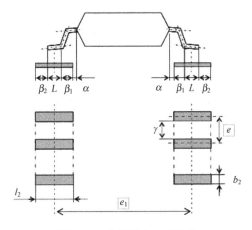

图 5-35　安装焊盘尺寸参数

以下为安装焊盘尺寸的调整参数。

- α 大小与清洗性正相关。
- β_1 大小与焊接强度。
- 形状的精度和焊接的目视检测性（β_2）大小与直通率正相关，与可靠性负相关。
- 焊桥发生的难易度（γ）：大些仅利于目视检查及手工修理，小些对直通率有益。

（1）SOIC（Small Outline Integrated Circuits）小外形集成电路焊盘设计

SOIC 的引脚间距为 1.27（50mil），封装体尺寸（A）为 3.9mm、7.5mm、8.9mm，引脚数有 8、14、16、20、24、28、32、36，封装名称为 SO16/SO16W、SO20W、SO24W/S024X，其中"W"表示宽体。设计时需要考虑的关键几何尺寸主要有封装体尺寸 A、引脚数、间距 E。

（2）SOP（Small Outline Packages，翼型小外形塑封）焊盘设计

SOP 的引脚间距为 1.27mm（50mil），引脚数有 6、8、10、12、18、22、28、30、32、36、40、42，封装名称表示方法是在 SOP 后面加引脚数，如 SOP8、SOP12、SOP40 等。

设计考虑的关键几何尺寸为引脚数，不同引脚数对应不同的封装体宽度。

SOP 与 SOIC 焊盘设计的区别如下。

- SOIC 有宽、窄体之分，SOP 无宽、窄体之分。
- SOP 封装厚（1.5～4.0mm），SOIC 封装薄（1.35～2.34mm）。
- SOP16 以上引脚数的焊盘，由于封装体的尺寸不一样，因此 G 和 Z 也不一样。

（3）SSOIC（Shrink Small Outline Integrated Circuits，缩小型小外形集成电路）焊盘设计

SSOIC 的引脚间距为 0.8mm 和 0.635mm，封装体尺寸（A）有 12mm 和 7.5mm，引脚数有 48、56、64，封装名称为 SS048、SS056、S064。

SSOIC 焊盘设计时需要考虑的内容如下。

① 引脚间距为 0.8mm 的封装存在公英制累积误差。

② 为了避免再流焊时产生桥接，应优选椭圆形焊盘形状。

（4）TSOP（Thin Small Outline Packages，薄型小外形封装）焊盘设计

引脚间距：0.65mm、0.5mm、0.4mm、0.3mm，属于窄间距（Fine Pitch）范畴。

封装体尺寸有 4 种规格：短端（A）有 6mm、8mm、10mm、12mm，长端（L）有 14mm、

16mm、18mm、20mm。

封装高度（H）：1.27mm。

引脚数：有 16 种（16～76）。

封装名称表示方法：TSOP $A×L$ 引脚数，如 TSOP 8×20 52。

设计时需要考虑以下内容。

① 所有的 TSOP 封装都存在公英制累积误差。

② 为了避免再流焊时产生桥接，应优选椭圆形焊盘形状。

③ 焊盘外侧间距：$Z=L+0.8$（mm）（其中，L 为长度方向公称尺寸）。

④ 单个焊盘长×宽（$Y×X$）设计：见表 5-8。

⑤ 验证焊盘内侧距离：$G<S-0.3～0.6$mm。

（5）CFP（Ceramic Flat Packages，陶瓷扁平封装）焊盘设计

CFP 的特点是不吸潮、耐 260℃高温，适用于军品和高可靠性产品。在组装前，需要对其引脚进行预成型。CFP 的封装参数如下。

引脚间距：1.27mm。

引脚数：有 10 种（10～50）。

封装高度（H）：有两种（2.5mm、3.0mm）。

封装体宽度有 7 种规格：5.08mm、7.62mm、10.16mm、12.70mm、15.24mm、17.78mm、22.86mm。

封装名称表示方法：CFP 引脚数，如 CFP10、CFP28 等。

建议采用椭圆形焊盘，单个焊盘的尺寸：$X×Y=0.65$mm×2.2mm。

（6）SOP 单个焊盘设计总结（见表 5-8）

表 5-8　SOP 单个焊盘设计总结

封　　装	CFP/SOP 或 SOIC	SSOIC	TSOP	SSOIC	TSOP		
引脚间距（mm）	1.27	0.8	0.65	0.635	0.5	0.4	0.3
焊盘宽度（mm）	0.65/0.6	0.5	0.4	0.4	0.3	0.25	0.17
焊盘长度（mm）	2.2	2.0	1.6	2.2	1.6	1.6	1.6

4. QFP（Plastic Quad Flat Pack，翼型四边扁平封装）器件焊盘设计及举例

QFP 的封装类型有 PQFP、QFP、SQFP、TQFP、CQFP（陶瓷体四边扁平封装），如图 5-36 所示，其中 QFP、SQFP、TQFP 都有正方形和矩形两种形式。

(a) PQFP　　　　　(b) SQFP/QFP(TQFP)(正方形、矩形)　　　　(c) CQFP

图 5-36　QFP 的封装类型

PQFP（Plastic Quad Flat Pack）：带角耳的四边扁平塑封。

QFP（Plastic Quad Flat Pack）：普通间距封装。

SQFP（Shrink Plastic Quad Flat Pack）：缩小型四边扁平塑封。

TQFP（Flat Plastic Quad Flat Pack）：薄型四边扁平塑封。

SQFP 和 TQFP 属于窄间距（Fine Pitch）器件。

CQFP（Ceramic Quad Flat Pack）：陶瓷体四边扁平封装。

QFP 封装外形及焊盘设计如图 5-37 所示。

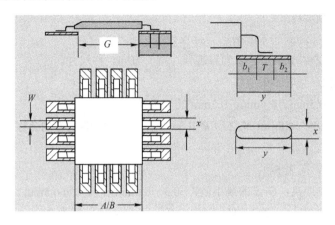

图 5-37　QFP 封装外形及焊盘设计示意图

因 QFP 与 SOP 的引脚均为鸥翼型，故其焊盘尺寸的计算方法相同。

● 焊盘中心距等于引脚中心距。

● 单个引脚焊盘设计的一般原则：

$$Y=T+b_1+b_2=1.5\sim2mm \qquad （b_1=b_2=0.3\sim0.5mm）$$

$$X=(1\sim1.2)W$$

● 相对两排焊盘内侧距离按下式计算：

$$G=A/B-K$$

式中，G 为两排焊盘之间的距离（mm）；A/B 为器件壳体封装尺寸（mm）；K 为系数，一般取 0.25mm。

（1）正方形 QFP/SQFP 焊盘设计（见图 5-38）

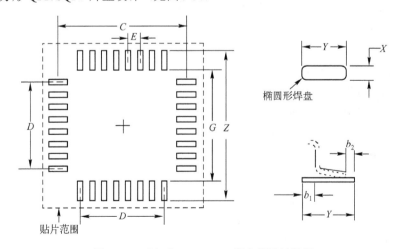

图 5-38　正方形 QFP/SQFP 焊盘设计结构图

正方形 QFP/SQFP 的封装参数如下。

引脚间距：QFP，1.27～0.635mm；SQFP、TQFP，0.5mm、0.4mm、0.3mm，属于窄间距。

引脚数：24～576。

封装名称表示方法：QFP 引脚数，如 QFP208；SQFP $A \times B$-引脚数（$A=B$），如 SQFP 6×6-32。

焊盘设计：

① 建议采用椭圆形焊盘。

② 引脚间距为 0.8mm、0.65mm 的焊盘设计。

焊盘外侧间距：$Z=L+0.6mm$，L 为封装长（宽）方向公称尺寸。

单个焊盘的尺寸：见表 5-9。

③ 引脚间距为 0.5mm、0.4mm、0.3mm 的焊盘设计。

焊盘外侧间距：$Z=L+0.8mm$ 或 $Z=A/B+2.8mm$。L 为封装长/宽方向公称尺寸。A/B 为封装体尺寸。

单个焊盘的尺寸：见表 5-9。

④ 验证焊盘内侧距离：$G<S$ 的最小值，-0.3～0.6mm（一般为 0.5mm）；

$$Z>L \text{ 的最大值，} +0.3～0.6mm（一般为 0.3mm）。$$

⑤ 引脚间距为 0.8mm、0.65mm、0.5mm、0.4mm、0.3mm，均存在公英制累积误差。

（2）矩形 QFP/SQFP 焊盘设计

矩形 QFP/SQFP 与正方形 QFP/SQFP 一样，也有缩小型和薄型封装。其封装参数如下。

引脚间距：QFP，0.8mm、0.65mm；SQFP、TQFP，0.5mm、0.4mm、0.3mm。

引脚数：32～440。

封装名称表示方法：QFP 引脚数，如 QFP80；SQFP $A \times B$-引脚（$A \neq B$），如 SQFP 6×6-32。

焊盘设计：

① 建议采用椭圆形焊盘。

② 引脚间距为 0.8mm、0.65mm 的焊盘设计（QFP80/100）。

焊盘外侧间距：$Z_1=L+0.8mm$，$Z_2=L_2+0.8mm$，L_1、L_2 为封装长/宽方向公称尺寸。

单个焊盘的尺寸：见表 5-9。

③ 引脚间距为 0.5mm、0.4mm、0.3mm 的焊盘设计。

焊盘外侧间距：$Z_1/Z_2=L_1/L_2+0.8mm$，或 $Z_1/Z_2=A/B+2.8mm$。

其中，L_1/L_2 为封装长/宽方向公称尺寸，A/B 为封装体尺寸。

单个焊盘的尺寸：见表 5-9。

④ 验证焊盘内侧距离：$G<S$ 的最小值，-0.3～0.6mm（一般为 0.5mm）；

$Z>L$ 的最大值，+0.3～0.6mm（一般为 0.3mm）。

⑤ 引脚间距为 0.8mm、0.65mm、0.5mm、0.4mm、0.3mm，均存在公英制累积误差。

（3）PQFP（Plastic Quad Flat Pack，带角耳的四边扁平塑封）焊盘设计

PQFP 的封装参数如下。

引脚间距：0.635mm（25mil），属于窄间距。

引脚数：有 6 种（84、100、132、164、196、244）。

封装高度（H）：4.57mm。

封装体宽度有 6 种规格：16.8～45.4mm。

封装名称表示方法：PQFP 引脚数，如 PQFP84。

建议采用椭圆形焊盘，单个焊盘的尺寸：$X \times Y=0.35mm \times 1.8mm$。

验证焊盘内侧距离：$G<S$ 的最小值，-0.3～0.6mm。

（4）CQFP（Ceramic Quad Flat Pack，陶瓷体四边扁平封装）焊盘设计

CQFP 应用于军工和高可靠性产品。CQFP 在组装前需要对其引脚进行预成型。CQFP 的封装参数如下。

引脚间距：1.27mm、0.8mm、0.63mm。

引脚数：28～196。

封装高度（H）：2.3～4.92mm。

封装名称表示方法：CQFP-引脚数，如 CQFP-100、CFP-144 等。

建议采用椭圆形焊盘，单个焊盘的尺寸：$X×Y$=0.65mm×2.4mm。

（5）QFP 单个焊盘设计总结（见表 5-9）。

表 5-9　QFP 单个焊盘设计总结

封　　装	CQFP	QFP		PQFP	SQFP		
引脚间距（mm）	1.27	0.8	0.65	0.635	0.5	0.4	0.3
焊盘宽度（mm）	0.65	0.5	0.4	0.35	0.3	0.25	0.17
焊盘长度（mm）	2.4	1.8	1.8	1.8	1.6	1.6	1.6

注：封装体尺寸相同的情况下，Z 是相同的。引脚间距为 0.8mm、0.65mm、0.5mm、0.4mm、0.3mm，存在公英制转换误差。

（6）凸缘（PS）焊盘设计

焊点开路由引脚共面性的变动或焊膏印刷厚度的变动而引起。

QFP 封装器件的引脚常常在共面性上呈现出 ±25μmm 的变动，在使用 125μmm 厚度的钢网和传统的矩形焊盘设计，回流后一般产生焊料凸点，高度大约为 70μmm，其尺寸变动参看图 5-39。图 5-39 显示出，回流后焊料凸点高度分布的低端会低于引脚的非共面性分布的高端，不可避免地出现开路。由于这个原因造成的开路可通过减少器件的引脚的非共面性或通过增加焊膏印刷厚度来进行修正。前者的方法受到制造商能力的限制，后面的方法由于过多的焊膏量会引入桥接。

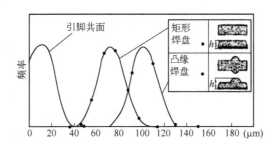

图 5-39　焊盘设计与凸点高度分布、开路的频率之间的关系

图 5-39 为焊盘设计与凸点高度分布、开路的频率之间的关系。凸缘焊盘提供较大的凸点高度，由于共面性引起的开路被消除。

QFP 焊点开路可用凸缘（PS）焊盘方法解决，即在焊盘图案的一部分里采用扩大面积的焊盘设计。凸缘焊盘如图 5-40 所示。凸缘焊盘呈现局部凸点高度高于矩形焊盘的高度大约为 30μmm。凸点高度分布的低端仍然高于引脚共面性变动的高端大约为 30μmm（见图 5-39），因此阻止了开路的形成。为了避免焊接短路，突出部分排列成交错图案（见图 5-40），这是应用于 12mil 间距的例子。

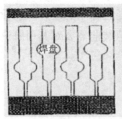

（a）PS焊盘的俯视图　　（b）模拟凸起的三维焊料示意图

图 5-40　凸缘（PS）焊盘

凸缘焊盘方法也可用于焊膏工艺和 SOP 封装焊盘设计。

0.4mm QFP 的焊盘设计实例如图 5-41 所示。

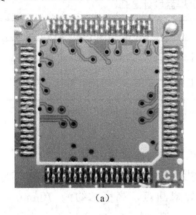

（a）　　　　　　　　　　　　　　　　（b）

图 5-41　0.4mm QFP 的焊盘设计实例

0.5mm 间距芯片的凸缘焊盘设计如图 5-42 所示。

5．J 型引脚小外形集成电路（SOJ）和塑封有引脚芯片载体（PLCC）的焊盘设计及举例

SOJ 与 PLCC 的引脚均为 J 型，典型引脚中心距为 1.27mm，其焊盘设计原则和单个焊盘图形设计相同。SOJ 封装体是长方形的，其引脚分布在封装体长边两侧的底部；PLCC 的封装体有正方形和矩形两种形式，引脚分布在封装体四周外侧底部；LCC（Leadless Ceramic Chip）是无引脚陶瓷体芯片级封装。SOJ 与 PLCC 封装类型如图 5-43 所示。

（a）SQJ　　　　（b）正方形PLCC　　　（c）矩形PLCC　　　（d）LCC

图 5-43　SOJ 与 PLCC 封装类型

图 5-42　0.5mm 间距芯片的凸缘焊盘设计（单位：mm）

SOJ 与 PLCC 焊盘图形设计总则如下（见图 5-44）。

● 单个引脚焊盘设计：长(Y)×宽(X)=(1.8～2.2)mm×(0.5～0.8)mm。

● 引脚中心应在焊盘图形内侧 1/3 至焊盘中心之间。

引脚中心在焊盘中央　　　引脚中心在焊盘内侧 1/3 处　　　$J=C+K$

图 5-44　SOJ 与 PLCC 焊盘图形设计总则示意图

- SOJ 相对两排焊盘内侧之间的距离：A 值一般为 5mm、6.2mm、7.4mm、8.8mm。
- PLCC 相对两排焊盘外轮廓之间的距离为（单位：mm）

$$J=C+K$$

式中，J 为焊盘图形外侧距离；C 为 PLCC 最大封装尺寸；K 为系数，一般取 0.75mm。

（1）SOJ（Small Outline Integrated Circuits，小外形集成电路）焊盘设计（见图 5-45）

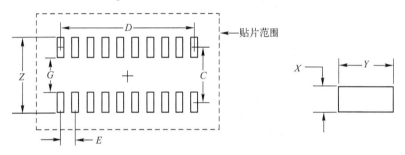

图 5-45　SOJ 焊盘设计结构图

SOJ 封装参数如下。

引脚间距：1.27mm。

SOJ 封装宽度：300mm、350mm、400mm、450mm（0.300in、0.350in、0.400in、0.450in）。

引脚数：14、16、18、20、22、24、26、28。

表示方法：SOJ 引脚数/封装体宽度，如 SOJ14/300、SOJ14/450。

焊盘尺寸设计：封装系列为 300mm、350mm、400mm、450mm。

① 焊盘外侧间距 Z：9.4mm、10.6mm、11.8mm、13.2mm。

② 单个焊盘设计：长(Y) ×宽(X)=2.2mm×0.6mm。

③ 注意验证相对两排焊盘内、外侧距离：

$G < S$ 的最小尺寸，$-0.3\sim0.6$mm；

$Z > L$ 的最大尺寸，$+0.3\sim0.6$mm。

（2）正方形 PLCC（Plastic Leaded Chip Carriers）焊盘设计（见图 5-46）

正方形 PLCC 封装参数如下。

引脚间距：1.27mm。

引脚数：20、28、44、52、68、84、100、124。

表示方法：PLCC-引脚数，如 PLCC-100。

焊盘设计：

① 单个焊盘设计，长(Y)×宽(X) =2.2mm×0.6mm；

② 注意验证相对两排焊盘内、外侧距离。

（3）矩形 PLCC（Plastic Leaded Chip Carriers）焊盘设计（见图 5-47）

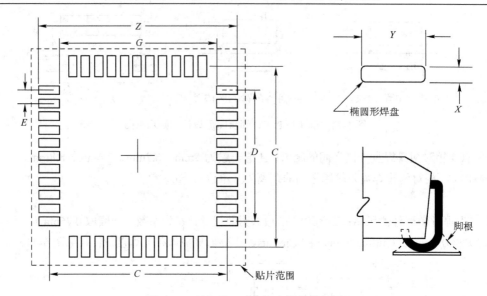

图 5-46 正方形 PLCC 焊盘设计结构图

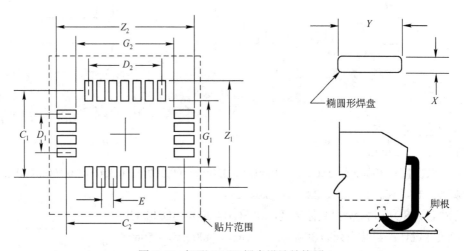

图 5-47 矩形 PLCC 焊盘设计结构图

矩形 PLCC 封装参数如下。

引脚间距：1.27mm。

引脚数：18、22、28、32。

表示方法：PLCC/R-引脚数分布，如 PLCC/R-327×9。

焊盘设计：

① 单个焊盘设计：长(Y)×宽(X)=2.0mm×0.6mm。

② 注意验证相对两排焊盘内、外侧距离。

（4）LCC（Leadless Ceramic Chip，无引脚陶瓷体芯片级封装）焊盘设计（见图 5-48、图 5-49）

LCC 应用于军工和高可靠性产品。

LCC 封装参数如图 5-48 所示，LCC 的焊端在器件的底部，因此封装体 A/B 尺寸等于 L。其"1 脚"的标志在器件的底部中间位置，尺寸较长的电极为 1 脚。

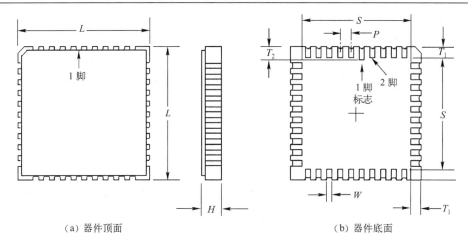

（a）器件顶面　　　　　　　　　　　　　（b）器件底面

图 5-48　LCC 封装参数

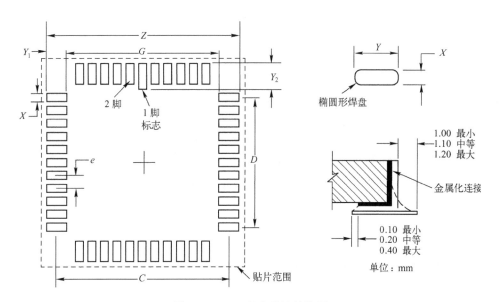

图 5-49　LCC 焊盘设计结构图

引脚间距：1.27mm。

引脚数：16～156。

表示方法：LCC-引脚数，如 LCC-100。

焊盘设计：

① 建议采用椭圆形焊盘。

② 单个焊盘设计：长(Y)×宽(X)=2.6mm×0.8mm。

③ 注意验证相对两排焊盘内、外侧距离。

6．BGA/CSP 焊盘设计

（1）分类

BGA 是指在器件底部以球形栅格阵列作为 I/O 引出端的封装形式，分为以下几类：

① PBGA（Plastic Ball Grid Array，塑封 BGA）。PBGA 截面如图 5-50 所示，PBGA 内部结构如图 5-51 所示。

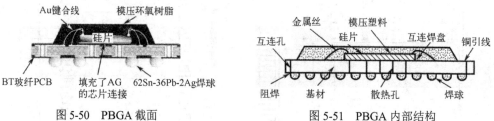

图 5-50　PBGA 截面　　　　　　　　　　图 5-51　PBGA 内部结构

PBGA 器件的外壳为塑封，易吸潮，在使用前应进行烘干处理，否则会由于焊接时急剧升温，内部的潮气汽化膨胀导致芯片外壳胀裂，造成 PBGA 器件性能降低或功能失效。

PBGA 封装对于翘曲是敏感的。封装边缘有向上的趋势，易导致外圈焊球脱焊。正如所想，大的 PBGA 封装比小封装更容易受到翘曲的影响。

用于 PBGA 的树脂的玻璃化转化温度（T_g）有较高的热稳定性。这些材料有与常用的 FR-4 极为相似的 CTE，因此不会带来任何焊点可靠性问题。

② CBGA（Ceramic Ball Grid Array，陶瓷 BGA）。CBGA 截面如图 5-52 所示。CCGA 和 CBGA 结构如图 5-53 所示。

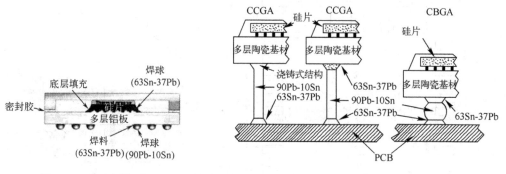

图 5-52　CBGA 截面　　　　　　　　　　图 5-53　CCGA 和 CBGA 结构

陶瓷材质能很好地解决 PBGA 吸潮性，并且具有很强的抗腐蚀性能，在军用电子装备中的应用越来越广泛。

CBGA 的底部是 90Pb-10Sn 焊球；CCGA 的底部是 90Pb-10Sn 焊柱。CBGA 和 CCGA 都可以采用有铅共晶焊料或无铅焊料进行焊接，焊接时底部的球和柱均不熔化。

CBGA 的焊盘设计要保证模板开口使焊膏漏印量≥0.08mm³。这是最小要求，才能保证焊点的可靠性。所以 CBGA 的焊盘要比 PBGA 大。CBGA 的缺点是热容量大，设定回流曲线非常困难，封装体和电路板间的 CET 失配也限制了它的使用寿命。研究发现，角上的焊点（离中心最远的点）最先失效，失效发生在焊球和电路板之间。另一方面，CCGA 一般失效在柱处。

③ TBGA（Tape Ball Grid Array，载带 BGA）。TBGA 截面如图 5-54 所示。

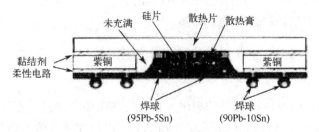

图 5-54　TBGA 截面

④ μBGA（微型 BGA，又称 CSP——Chip Scale Package，芯片级封装）。图 5-55 所示为μBGA（CSP）封装内部结构。

（2）BGA/CSP 的焊球分布形式（见图 5-56）

● 总体可分为完全分布、局部分布两大类。

● 同一种封装尺寸的完全分布有完全分布对称矩阵和完全分布奇数矩阵两种矩阵。

● 同一种封装尺寸的局部分布有周边矩阵和热增强型矩阵两种矩阵。

● 交叉矩阵分布（Staggered Matrix）。

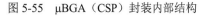

图 5-55　μBGA（CSP）封装内部结构

● 选择性减少分布（Selective Depopulation）。

P 为焊球间距；C/D 分别为封装体 A/B 两侧最外一圈的最大焊球中心距；F、G 为器件 4 个角第 1 个焊球与封装体的距离。

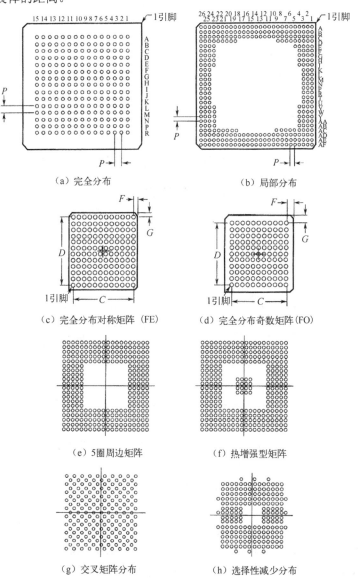

（a）完全分布　　　　　　（b）局部分布

（c）完全分布对称矩阵（FE）　　　（d）完全分布奇数矩阵（FO）

（e）5 圈周边矩阵　　　　　（f）热增强型矩阵

（g）交叉矩阵分布　　　　　（h）选择性减少分布

图 5-56　BGA/CSP 的焊球分布形式

（3）BGA 的极性方向

BGA 封装结构与极性方向的标志如图 5-57 所示，包括 BGA 的极性方向、1 脚位置。

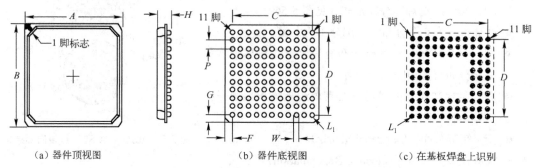

（a）器件顶视图　　　　　　（b）器件底视图　　　　　　（c）在基板焊盘上识别

A、*B*—器件封装体最大尺寸；*H*—器件最大高度；*C*、*D*—分别为封装体 *A*、*B* 两侧最外一圈的最大焊球中心距；
*L*₁—器件左下角第 1 脚；*F*、*G*—器件 4 个角第 1 个焊球与封装体的距离；*P*—焊球间距；*W*—焊球直径

图 5-57　BGA 封装结构与极性方向的标志

（4）焊球直径和焊球间距

焊球标称直径范围在 φ0.15～0.75mm，但每个器件制造商之间都有一些差别，误差范围为 0.04～0.3mm；焊球间距为 0.25～1.5mm。一般 BGA 的焊球间距大于 0.8mm，CSP 的焊球间距小于 0.8mm。

（5）BGA 焊盘设计尺寸的一般规则

焊盘尺寸是根据焊球直径设计的。一般情况，焊盘设计尺寸比焊球直径缩小 20%～25%，允许误差范围为 0.02～0.1mm，焊球直径越小，允许误差范围也越小，见表 5-10。

表 5-10　BGA 焊盘设计尺寸的一般规则

焊球标称直径（mm）	焊球间距（mm）	焊盘缩小比例	焊盘标称直径（mm）	焊盘误差范围（mm）
0.75	1.5，1.27	25%	0.55	0.60～0.50
0.60	1.0	25%	0.45	0.50～0.40
0.50	1.0，0.8	20%	0.40	0.45～0.35
0.45	1.0，0.8，0.75	20%	0.35	0.40～0.30
0.40	0.8，0.75，0.65	20%	0.30	0.35～0.25
0.30	0.8，0.75，0.65，0.50	20%	0.25	0.25～0.20
0.25	0.40	20%	0.20	0.20～0.17
0.20	0.30	20%	0.15	0.15～0.12
0.15	0.25	20%	0.10	0.10～0.08

（6）PBGA（Plastic Ball Grid Array，塑封 BGA）焊盘设计

PBGA 以 BT 树脂或 FR-4 等高质量 PCB 基材为载体。常用的 PBGA 封装参数如下。

焊球间距（Pitch）：1.50mm、1.27mm、1.0mm、0.8mm。

焊球直径：0.89mm、0.762mm、0.6mm、0.5mm。

封装尺寸范围：7～50mm。

表示方法：PBGA 长×宽 焊球分布类型焊球数。例如，PBGA10×10FE36 表示 PBGA 的封装尺寸为 10mm×10mm，完全分布对称矩阵，36 个焊球；PBGA10×10FO25 表示 PBGA 的封装尺寸为 10mm×10mm，完全分布奇数矩阵，25 个焊球。

下面介绍焊球间距为 1.50mm 正方形 PBGA 和焊球间距为 1.27mm 矩形 PBGA 的焊盘设计。

① 焊球间距为 1.50mm 正方形 PBGA 的焊盘设计结构如图 5-58 所示。部分焊球间距为 1.50mm 正方形 PBGA 焊盘设计尺寸如表 5-11 所示。

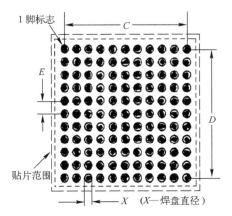

图 5-58　焊球间距为 1.50mm 正方形 PBGA 焊盘设计结构

表 5-11　部分焊球间距为 1.50mm 正方形 PBGA 焊盘设计尺寸

封　装	焊球阵列 行×列	最大焊 球数	C（mm）	D（mm）	X（mm）	E（mm）	贴片范围 （mm×mm）
PBGA 25×25 FE256	16×16	256	22.50	22.50	0.60	1.50	52×52
PBGA37.5×37.5 FE576	24×24	576	34.50	34.50	0.60	1.50	78×78
PBGA50×40 FE1024	32×32	1024	46.50	46.50	0.60	1.50	102×102

② 焊球间距为 1.27mm 矩形 PBGA 的焊盘设计结构如图 5-59 所示。

矩形 PBGA 表示方法：R-PBGA 长×宽，第一个字母 "R" 代表矩形。例如，R-PBGA22×14 表示矩形 PBGA 的封装尺寸为 22mm×14mm。

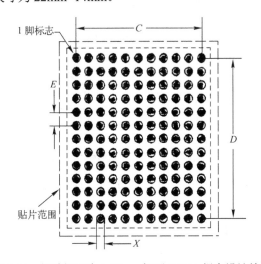

图 5-59　焊球间距为 1.27mm 矩形 PBGA 焊盘设计结构

（7）BGA 焊盘设计的基本要求

① PCB 上每个焊球的焊盘中心与 BGA 底部相对应的焊球中心相吻合；焊盘直径既会影响焊点的可靠性，又会影响布线。

② PCB 焊盘图形为实心圆，导通孔不能加工在焊盘上。

③ 导通孔在孔化电镀后，必须采用介质材料或导电胶进行堵塞，高度不得超过焊盘高度。

④ 通常，焊盘直径小于焊球直径的 20%～25%。焊盘越大，两焊盘之间的布线空间越小。

⑤ 两焊盘间布线数的计算为

$$P-D \geqslant (2N+1)X$$

式中，P 为焊球间距；D 为焊盘直径；N 为布线数；X 为线宽。

⑥ 通用规则：PBGA 的焊盘直径与器件基板上的焊盘相同。

⑦ 与焊盘连接的导线宽度要一致，一般为 0.15～0.2mm。

⑧ 阻焊尺寸比焊盘尺寸大 0.1～0.15mm。

⑨ CBGA 的焊盘设计要保证模板开口使焊膏印刷量大于等于 0.08mm^3（这是最小要求），才能保证焊点的可靠性。所以，CBGA 的焊盘要比 PBGA 大。

⑩ 设置外框定位线。设置外框定位线对贴片后的检查很重要。BGA/CSP 外框定位线如图 5-60 所示。

定位框尺寸和芯片外形相同；线宽为 0.2～0.25mm；45°倒角表示芯片方向；外框定位线有丝印、敷铜两种。前者会产生误差，后者更精确。另外，在定位框外应设置 2 个 Mark 点。

图 5-60　BGA/CSP 外框定位线示意图

（8）焊盘及阻焊层设计

BGA、CSP 的焊盘设计按照阻焊方法不同可分为 NSMD 和 SMD 两种类型，如图 5-61（a）所示。

NSMD（Non-Solder Mask Defined）是非阻焊定义的焊盘设计。阻焊层比焊盘大，类似标准的焊盘设计，是大多数情况下推荐使用的。其优点是铜箔直径比阻焊尺寸容易控制，热风整平表面光滑、平整；焊点上应力小。BGA 和 PCB 上都使用 NSMD 焊盘，可靠性优势明显如图 5-61（b）所示。SMD（Solder Mask Defined）称为阻焊定义的焊盘设计，焊盘铜箔直径比阻焊开孔直径大，其阻焊层压在焊盘上。其优点是铜箔焊盘和阻焊层交叠，可提高焊盘与印制板的附着强度，大多应用在窄间距 CSP 设计中；另外，在无铅过渡期有利于气体排出，可减少"空洞"现象。

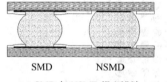

（a）SMD 与 NSMD 焊盘设计　　　（b）NSMD 焊点可靠性较好

图 5-61　BGA/CSP 焊盘设计示意图

NSMD 型焊接强度高于 SMD 型，温度循环的寿命也比 SMD 型长，但容易由于机械应力而发生焊盘的剥离或者与焊盘连接的配线颈部断线。

SMD 型焊接强度低于 NSMD 型，温度循环的寿命也比 NSMD 型短，不易由于机械应力而发生焊盘的剥离或者与焊盘连接的配线颈部断线。

上述特点适用于当封装的安装焊盘尺寸和印刷电路板侧的安装焊盘尺寸相同的情况。

一般说来，由于焊接安装后的应力均匀地分布于焊接部，将电路板的安装焊盘尺寸和封装（BGA、LGA）的焊盘直径设计为相同是比较好的。

（9）引线和过孔设计

导通孔不能加工在焊盘上，导通孔在孔化电镀后，必须采用介质材料或导电胶进行堵塞，高度不得超过焊盘高度；与焊盘连接的导线宽度要一致，一般为 0.15～0.2mm。

焊球间距为 1.27mm、焊球直径为 0.762mm BGA 的焊盘、过孔与引线采用哑铃形设计，如图 5-62 所示。

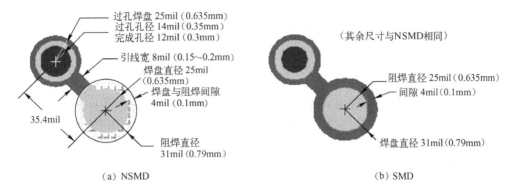

（a）NSMD　　　　　　　　　　　　　　　　　（b）SMD

图 5-62　焊球间距为 1.27mm、焊球直径为 0.762mm BGA 的哑铃形焊盘设计

（10）PCB 层数及焊盘走线设计

BGA 具有高 I/O 的特点，布线难度大，印制电路板的层数增加。球距为 1.0mm 的 BGA/CSP 最小层数一般为 6；PCB 每层走 2 圈信号线，一层电源，一层地；两焊盘之间走一根线。图 5-63 是尺寸为 27mm×27mm、1.0mm 焊球间距 BGA 焊盘走线设计。表 5-12 是几种间距 BGA 焊盘设计。

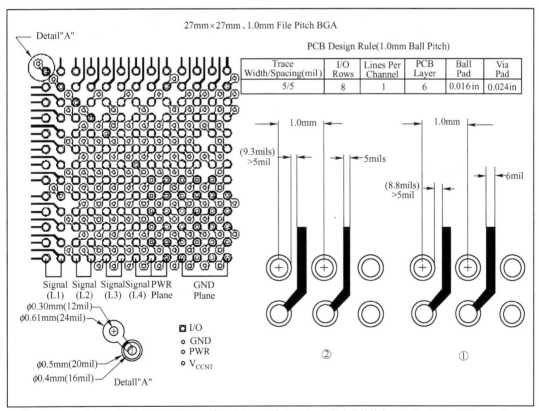

①—线宽 6mil/线距 6mil，是标准线宽/线距。②—线宽 5mil/线距 5mil，是较先进的技术。（L1）、（L2）、（L3）、（L4）—信号线。PWR Plane—电源层。GND Plane—地层。Detall "A"—放大的哑铃形焊盘设计。焊盘直径—φ4mm（0.016in）。阻焊开口直径—φ5mm（0.02in）。过孔孔径—φ0.3mm（0.012in）。过孔焊盘—φ0.61mm（0.024in）。

图 5-63　尺寸为 27mm×27mm、1.0mm 焊球间距 BGA 焊盘走线设计

表5-12　几种间距 BGA 焊盘设计

引脚间距（mm）	焊球直径ϕ（mm）	焊盘直径ϕ（mm）/（mil）	孔径/焊盘（mm）/（mil）	引线（mil）
1.27	0.76	0.58～0.74（23～29）	0.360/0.635（14/25）	6～8
1.0	0.6	0.5～0.55（19.6～21.6）	0.3/0.6（11.8/23.6）	6
0.8	0.45	0.4	0.3/0.6（11.8/23.6）	5

（11）BGA 焊盘设计注意事项

① 采用 NSMD 的阻焊形式，以获得好的可靠性。因其可产生较大的焊接面积和较强的连接。

② 每个 BGA 焊球都必须采用独立焊盘。焊盘之间用最短的导线连接，有利于机械、电气性能。

③ 有大面积连接时，去掉一些铜面积（网格形设计）。

图 5-64（a）是网格形设计示意图，有利于热分布均匀；图 5-64（b）是大面积连接焊盘网格形设计示例。

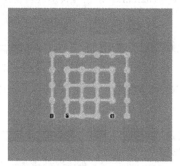

（a）网格形设计示意图　　　　　　（b）大面积连接焊盘网格形设计示例

图 5-64　大面积连接焊盘设计

④ 焊盘表面处理采用镀焊料热风整平或 OSP，这样能保证安装表面的平整度，允许器件适当地自对中。应当避免镀金，因为在再流焊时，焊料和金之间会发生反应，削弱焊点的连接。

⑤ 过孔不要在焊盘上，正、反面过孔都要阻焊。

⑥ 外形定位线必须按标准设计。

⑦ 当有多个 BGA 器件时，在布置芯片位置时，要考虑加工性。

⑧ 考虑返修性，通常 BGA 器件周围留 3～5mm，特别是 CBGA 器件，间隙越大越好，如图 5-65 所示。

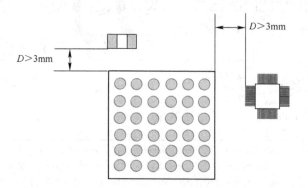

图 5-65　BGA 器件周围间隙

⑨ 一般情况下 BGA 器件不允许放置在背面；当背面有 BGA 器件时，不能在正面 BGA 器件 3mm 禁布区的投影范围内布器件，如图 5-66 所示。

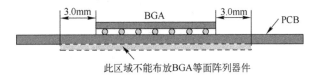

图 5-66　BGA 器件周围禁布区

⑩ BGA 焊盘设计如图 5-67 所示。

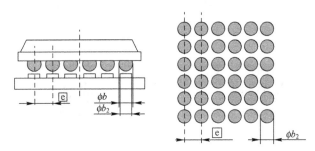

引脚间距（mm）	1.5	1.27	1.00	0.80	0.75	0.65	0.50	0.40
焊盘尺寸（mm）	0.55～0.65	0.55～0.65	0.45～0.55	0.35～0.45	0.40～0.50	0.30～0.40	0.20～0.30	0.15～0.25

图 5-67　BGA 焊盘设计

7. 新型封装 PQFN 的焊盘设计

PQFN（Plastic Quad Flat Pack-No Leads，方形扁平无引脚塑封）封装和 CSP（芯片尺寸封装）有些相似，但封装底部不是焊球，而是金属引线框架。PQFN 封装有正方形和矩形两种，封装底部中央位置有一个大面积热焊盘，用来导热，封装外围四周是导电焊盘。

PQFN 导电焊盘有两种类型：一种只裸露出封装底部的一面，其他部分被封装在内，如图 5-68（a）所示；另一种裸露出封装侧面的部分，如图 5-68（b）所示。PQFN 的封装参数如图 5-69 所示。

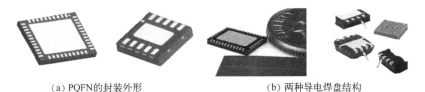

（a）PQFN的封装外形　　　　　　（b）两种导电焊盘结构

图 5-68　PQFN 的封装外形和导电焊盘结构

（1）PQFN 焊盘设计原则

PCB 大面积热焊盘设计得约等于器件热焊盘尺寸，需考虑避免和周边焊盘桥接。

（2）PQFN 焊盘设计（见图 5-70）

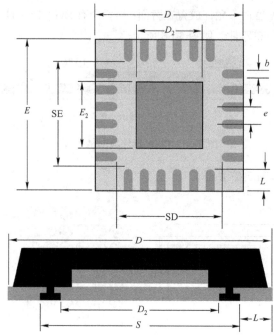

D、E—最大封装尺寸；D_2、E_2—器件的热焊盘尺寸；SD、SE—周边引脚内侧间距；S—周边引脚外侧间距；
L—周边引脚长度；b—周边引脚宽度；e—周边引脚间距

图 5-69   PQFN 的封装参数

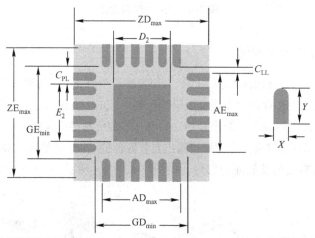

X、Y—单个周边焊盘的宽度和长度；D_2、E_2—热焊盘尺寸；ZD_{max}、ZE_{max}—相对两排周边焊盘的最大外廓距离；

AD_{max}、AE_{max}—相对两排周边焊盘的最大宽度；GD_{min}、GE_{min}—相对两排周边焊盘的最小内廓距离；

C_{LL}—周边焊盘内侧顶角点相邻焊盘间的最小距离；C_{PL}—外围焊盘内顶角与热焊盘的最小距离（定义 C_{LL}、C_{PL} 的目的：避免焊桥）

图 5-70   PQFN 焊盘设计结构图

① 单个焊盘设计：长(Y) ×宽(X)=(0.57～0.96)mm×(0.25～0.5)mm。

② 主要注意验证以下几个参数。

● 周边相对两排导电焊盘内、外侧距离。

● 外围焊盘内顶角与热焊盘的最小距离。

● 周边焊盘内侧顶角点相邻焊盘间的最小距离。

（3）散热过孔设计

PQFN 封装底部大面积暴露的热焊盘提供了可靠的焊接面积，PCB 底部必须设计与之相对应的热焊盘及传热过孔。过孔提供散热途径，能够有效地将热量从芯片传导到 PCB 上。

热过孔设计：孔的数量及尺寸取决于器件的应用场合、芯片功率大小、电性能要求，根据热性能仿真，建议散热过孔的间距在 1.0～1.2mm，尺寸为 ϕ0.3～0.33mm。

散热过孔有 4 种设计形式如图 5-71 所示。图（a）、（b）使用干膜阻焊膜从过孔顶部或底部阻焊，图（c）使用液态感光（LPI）阻焊膜从底部填充，图（d）采用"贯通孔"。

4 种散热过孔设计的利弊如下所述。

① 图 5-71（a）从顶部阻焊，对控制气孔的产生比较好，但 PCB 顶面的阻焊层会阻碍焊膏印刷。

② 图 5-71（b）、图 5-71（c）底部阻焊和底部填充，气体的外逸会产生大的气孔，覆盖 2 个散热过孔，对热性能方面有不利的影响。

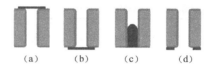

③ 图 5-71（d）中贯通孔允许焊料流进过孔，减小了气孔的尺寸，但器件底部焊盘上的焊料会减少。

图 5-71　4 种散热过孔设计

（4）PCB 的阻焊层结构

建议使用 NSMD 阻焊层，阻焊层开口应比焊盘开口大 120～150μm，即焊盘铜箔到阻焊层的间隙有 60～75μm。当引脚间距小于 0.5mm 时，引脚之间的阻焊可以省略。

5.5.2　通孔插装元器件（THC）焊盘设计

由于目前大多数表面组装板（SMA）采用 SMC/SMD 和 THC 混装工艺，因此本节简单介绍通孔插装元器件（Through Hole Component，THC）主要参数的设计要求。

1．元器件孔径和焊盘设计

元器件孔径过大、过小都会影响毛细作用，影响浸润性和填充性，同时会造成元器件歪斜。

（1）元器件孔径设计

● 元器件孔一定要设计在基本格、1/2 基本格、1/4 基本格上；
● 通常规定元器件孔径 $\phi = d+(0.2～0.5)$mm（d 为引线直径）；
● 通孔插装元器件的焊盘孔与引线间隙在 0.2～0.3mm；
● 自动插装机的插装孔比引线直径大 0.4mm；
● 如果引线需要镀锡，孔还要加大一些；
● 通常焊盘内孔不小于 0.6mm，否则冲孔工艺性不好；
● 金属化后的孔径大于引线直径 0.2～0.3mm，孔太大，元器件容易偏斜；孔太小，插装元器件困难；
● 插装元器件不允许用锥子打孔。

（2）连接盘（焊环）设计

连接盘过大，焊盘吸热，易造成焊点干瘪；连接盘过小，影响可靠性。

焊盘直径大于孔直径（焊盘宽度 S）的最小要求（见图 5-72）如下。

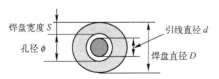

图 5-72　焊盘宽度（S）的最小要求

- 国标：0.2mm，最小焊盘宽度大于 0.1mm。
- 航天部标准：$\phi 0.4$mm，每边各留 0.2mm 的最小距离。
- 美军标准：$\phi 0.26$mm 时，每边各留 0.13mm 的最小距离。

（3）焊盘与孔的关系

焊盘与孔的关系见表 5-13。一般通孔插装元器件的焊盘直径（D）为孔径（ϕ）的两倍，双面板最小为 1.5mm，单面板最小为 2.0mm，在布局密度允许的情况下，建议取 2.5mm。

表 5-13　焊盘与孔的关系

引线直径 d（mm）	<0.4	0.75	0.8	1.0	1.2	1.5	IC 孔
焊盘孔径 ϕ（mm）	0.6	0.9	1.0	1.3	1.4	1.7	0.8
焊盘直径 D（mm）	1.8	2.5	3.0	3.0	3.5	4	2.2

孔直径<0.4mm 的焊盘设计：$D=(2.5\sim3)d$。

孔直径>2mm 的焊盘设计：$D=(1.5\sim2)d$。

（4）连接盘的形状

图 5-73 是圆形、椭圆形和泪滴形焊盘示意图。

连接盘的形状由布线密度决定，通常有圆形、椭圆形、长方形、正方形、泪滴形，可查标准。一般密度情况采用圆形焊盘。椭圆形焊盘长度、宽度与孔径的关系见表 5-14。

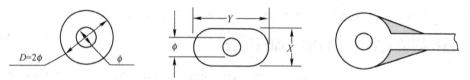

（a）圆形焊盘　　　　　　　　（b）椭圆形焊盘　　　　　　　（c）泪滴形焊盘

X—焊盘宽度；Y—焊盘长度；ϕ—孔径；D—焊盘直径

图 5-73　圆形、椭圆形和泪滴形焊盘示意图

表 5-14　椭圆形焊盘长度、宽度与孔径的关系

焊盘长度 Y（mm）	2.8	2.8	2.8	2.8	2.8	2.8
焊盘宽度 X（mm）	1.27	1.52	1.65	1.74	1.84	1.94
孔径 ϕ（mm）	0.6	0.7	0.8	0.9	1.0	1.1

（5）焊盘设计在 2.54 栅格上

焊盘应设计在 2.54 栅格上。

（6）焊盘与印制板的距离

焊盘内孔边缘到印制板边的距离要大于 1mm，这样可以避免加工时导致焊盘缺损。

（7）焊盘的开口

有些元器件需要在波峰焊后补焊。由于经过波峰焊后焊盘内孔被锡封住，使元器件无法插下去，解决办法是对该焊盘开一个走锡槽（小口），如图 5-74 所示，这样波峰焊时内孔就不会被封住，而且不会影响正常焊接。走锡槽的方向与过锡（PCB 传送）方向相反，宽度视孔的大小而定，一般为 0.5～1.0mm。

（8）相邻焊盘设计

相邻的焊盘要避免成锐角或大面积的铜箔，成锐角会造成波

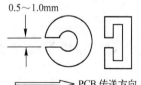

0.5～1.0mm

PCB 传送方向

图 5-74　波峰焊走锡槽示意图

峰焊困难，而且有桥接的危险；大面积铜箔因散热过快会导致不易焊接。

（9）大型元器件设计

大型元器件，如变压器、直径 15.0mm 以上的电解电容、大电流插座等，可通过加大焊盘来增加上锡面积。图 5-75 中阴影部分是增加的焊盘面积，要求加大面积至少与焊盘面积相等。

（10）大导电面积设计

多层板外层、单双面板上大的导电面积，应局部开设窗口，并最好布设在元件面；如果大导电面积上有焊接点，焊接点应在保持其导体连续性的基础上做出隔离刻蚀区域，防止焊接时热应力集中。焊盘隔离设计如图 5-76 所示。

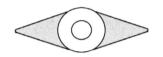 

图 5-75　增加焊盘面积　　　　　　　图 5-76　焊盘隔离设计

2．元器件孔（跨）距设计

通孔插装元器件的孔距应标准化，不要紧贴根部成型。跨接线通常只设 7.5mm、10mm。通孔插装元器件的孔距设计见表 5-15。

3．IC 焊盘设计

- IC 孔径=0.8mm。
- 焊盘尺寸=2.2mm。
- 引脚间距=2.54mm（0.1in）。
- 封装体宽度有两种，成形器有宽窄两种。
- 焊盘孔（跨）距宽度有两种，尺寸为 7.6mm（0.3in）和 15.2mm（0.6in）。

表 5-15　通孔插装元器件的孔距设计

元　器　件	孔距（mm）
R-1/4W、1/2W 的电阻	10、12.5、17.5
大于 1/2W 的电阻	L+(2～3)（L 为元器件体长）
1N4148	7.5、10、12.5
1N400 系列	10、12.5
小瓷片电容、独石电容	2.54
小三极管、ϕ 发光管	2.54

5.5.3　布线设计

随着电子产品多功能、小型化，表面组装板（SMA）的组装密度越来越高，布线难度不断增大。布线设计的主要内容包括内外层导线宽度、内外层导线间距、走线方式、内外层地线设计等。

1．布线工艺要求

布线不仅要满足产品的电性能要求，还要考虑安全性、可靠性、可加工性、成本等因素。

（1）导线宽度

导线宽度的设计，由四方面的因素决定，即负载电流、允许温升、板材附着力及生产加工难易程度。设计原则为既能满足电性能要求，又能便于加工，还要考虑附着力。部颁标准规定，FR-4 板材的附着力为 14N/cm^2。

一般情况，地线宽度>电源线宽度>信号线宽度，通常信号线宽度为 0.2～0.3mm，最精细宽度为 0.05～0.07mm，电源线宽度为 1.2～1.5mm，公共地线尽可能使用大于 2～3mm 的线宽。如果印制板上有大面积地线和电源线区（面积超过 500mm^2），应局部开窗口，开口宽度和间距最大

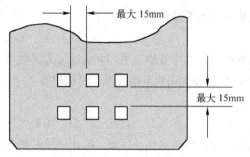

图 5-77　大面积地线局部开窗口

不超过 15mm（见图 5-77），或采用网格状布线。

（2）导线间距

导线间距由板材的绝缘电阻、耐电压和导线的加工工艺决定。电压升高，导线间距应加大。一般 FR-4 板材的绝缘电阻大于 $10^{10}\Omega/mm$，好的板材绝缘电阻大于 $10^{12}\Omega/mm$；耐电压大于 1000V/mm，实际上可达到 1300V/mm。由于导线加工有毛刺，毛刺的最大宽度不得超过导线间距的 20%。

（3）走线方式

同一层信号线改变方向时，应走斜线，拐角处尽量避免锐角，锐角处由于应力大会产生翘起。

（4）内层地线设计成网状

内层地线设计成网状可以增加层间结合力。线宽在 5mm 以上必须采用网格结构。

2．5 种不同布线密度的布线规则（见图 5-78）

一级布线密度：0.1in（2.54mm）间距中布 1 根导线；0.05in（1.27mm）间距不布线。

二级布线密度：0.1in（2.54mm）间距中布 1 根导线；0.05in（1.27mm）间距布 1 根导线。

三级布线密度：0.1in（2.54mm）间距中布 2 根导线；0.05in（1.27mm）间距布 1 根导线。

四级布线密度：0.1in（2.54mm）间距中布 3 根导线；0.05in（1.27mm）间距布 2 根导线。

五级布线密度：0.1in（2.54mm）间距中布 4 根导线；0.05in（1.27mm）间距布 3 根导线。

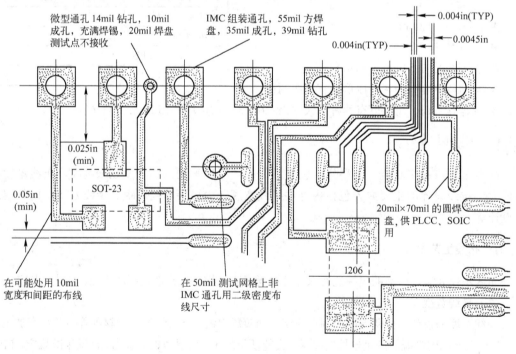

图 5-78　布线规则示意图

5.5.4　焊盘与印制导线连接的设置

SMT 再流焊工艺要求两个端头片式，元器件的焊盘都应当是独立的焊盘。当焊盘与大面积的地线相连时，应优选十字铺地法和 45°铺地法；从大面积地线或电源线处引出的导线长大于 0.5mm，宽小于 0.4mm；与矩形焊盘连接的导线应从焊盘长边的中心引出，避免呈一定角度，如图 5-79（a）所示。SMD 焊盘间的导线和焊盘引出导线如图 5-79（b）所示。图 5-80 是焊盘与印制导线的连接示意图。

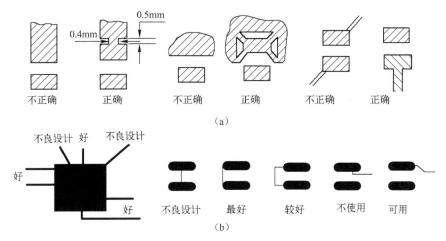

图 5-79　焊盘与印制导线的连接设置

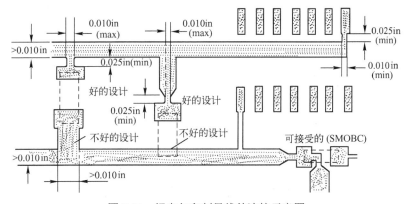

图 5-80　焊盘与印制导线的连接示意图

5.5.5　导通孔的设置

印制电路板有 4 类孔：机械安装孔、元器件引脚插装孔、隔离孔和导通孔。

本节主要介绍导通孔，以及采用再流焊、波峰焊工艺时导通孔的设置。

1. 导通孔

导通孔是多层板层间互连的关键技术之一，导通孔分为通孔、埋孔和盲孔。

（1）选孔原则

尽量用通孔，其次用埋孔，最后选盲孔。一般钻床只有 X、Y 两个方向的精度，而盲孔的钻孔设备精度还有 Z 轴方向，并且精度要求高，所以钻床的成本高。

直径小于 ϕ0.5mm 的孔不焊，这是因为孔受热后，内层容易断裂。

（2）孔与板厚比

优选 1∶3 和 1∶4，1∶5 时加工难度大。

2．采用再流焊工艺时导通孔的设置

① 一般导通孔直径不小于 0.75mm。

② 除 SOIC、QFP 或 PLCC 等器件之外，不能在其他元器件下面打导通孔。

③ 不能把导通孔直接设置在焊盘上、焊盘的延长部分或焊盘角上。

④ 导通孔和焊盘之间应有一段涂有阻焊膜的细线相连，细线的长度应大于 0.5mm，宽度大于 0.4mm，如图 5-81 所示。

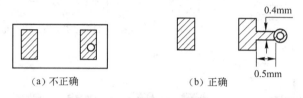

(a) 不正确　　　　　　　　(b) 正确

图 5-81　再流焊导通孔设置示意图

3．采用波峰焊工艺时导通孔的设置

采用波峰焊时，应将导通孔设置在焊盘的尾部或靠近焊盘。导通孔的位置应不被元器件覆盖，便于气体排出。当导通孔设置在焊盘上时，一般孔与元器件端头相距 0.254mm，如图 5-82 所示。

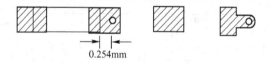

0.254mm

图 5-82　波峰焊导通孔设置示意图

5.5.6　测试孔和测试盘设计——可测试性设计（Design for Testability，DFT）

任何电子产品在单板调试、整机装配调试、出厂前及返修前后都需要进行电性能测试，因此 PCB 上必须设置若干个测试点，这些测试点可以是孔或焊盘。测试孔和测试焊盘设计必须满足"信号容易测量"要求，这就是可测试性设计。

SMT 的高组装密度使传统的测试方法陷入困境，在电路和表面组装板（SMB）设计阶段就进行可测试性设计是 DFX 的一个重要内容。DFT 的目的是提高产品质量，降低测试成本和缩短产品的制造周期。DFT 是一个包括集成电路的可测试性设计（芯片设计）、系统级可测试性设计、板级可测试性设计，以及电路结构的可测试性设计等方面的新兴的系统工程。它与现代的 CAD/CAM 技术紧密地联系在一起，对电子产品的质量控制，提高产品的可制造性，降低产品的测试成本，缩短产品的制造周期起着至关重要的作用。SMT 的可测试性设计主要是针对目前的 ICT 设备情况，将后期产品制造的测试问题在电路和表面组装印制板设计时就考虑进去，通过可测试性设计实现"信号容易测量"。图 5-83 是一个可测试性好的设计示例。可测试性设计主要考虑工艺性和电气性能的可测试性两方面的要求。

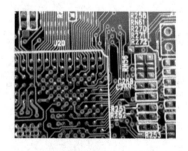

图 5-83　可测试性好的设计示例

1. 工艺性要求

工艺性方面主要考虑 ICT 自动测试的定位精度、基板大小、探针类型等影响探测可靠性的因素。

① 精确的定位孔。为了确保 ICT 自动测试时精确定位，PCB 设计时在基板上应设定精确的定位孔。定位孔误差应在 0.05mm 以内，至少设置两个定位孔，且距离越远越好。采用非金属化的定位孔，以免孔内焊锡镀层影响定位精度。如果是拼板，定位孔设在主板及各单独的基板上。

② 测试点的直径不小于 0.4mm，相邻测试点的间距最好在 2.54mm 以上，不要小于 1.27mm。

③ 测试面不能放置高度超过 6.4mm 的元器件，否则将引起测试夹具探针对测试点的接触不良。

④ 最好将测试点放置在元器件周围 1.0mm 以外，避免探针和元器件撞击而损伤。定位孔环状周围 3.2mm 以内，不可有元器件或测试点。

⑤ 测试点不可设置在 PCB 夹持边 4mm 范围内，这 4mm 的空间是用于夹持 PCB 的，与 SMT 的印刷和贴装设备中 PCB 夹持边的要求相同。

⑥ 所有探测点最好镀锡或选用质地较软、易贯穿、不易氧化的金属传导物，确保可靠接触。

⑦ 测试点不可被阻焊剂或文字油墨覆盖，否则将会缩小测试点接触面积，降低测试可靠性。

2. 电气性能的可测试性要求

为了确保电气性能的可测试性，测试点设计主要有如下要求。

① PCB 上可设置若干个测试点，这些测试点可以是孔或焊盘。

② 测试孔设置的要求与再流焊导通孔要求相同。

③ 测试焊盘表面与表面组装焊盘具有相同的表面处理。

④ 要求尽量将元件面（主面）的 SMC/SMD 测试点通过过孔引到焊接面，过孔直径应大于 1mm。这样可以通过在线测试采用单面针床来进行，避免两面用针床测试，从而降低在线测试成本。

⑤ 每个电气结点都必须有一个测试点，每个 IC 必须有电源及地的测试点，测试点尽可能接近此 IC 器件，最好在距离 IC 2.54mm 范围内。

⑥ 在电路的导线上设置测试点时，可将其宽度放大到 40mil。

⑦ 将测试点均衡地分布在印制板上。如果探针集中在某一区域，较高的压力会使待测板或针床变形，严重时会造成部分探针不能接触到测试点。

⑧ 电路板上的供电线路应分区域设置测试断点，以便于电源去耦电容或电路板上的其他元器件出现对电源短路时，更为快捷准确地查找故障点。设计断点时，应考虑恢复测试断点后的功率承载能力。

⑨ 探针测试支撑导通孔和测试点。采用在线测试时，探针测试支撑导通孔和测试点与焊盘相连时，可从布线的任意处引出，但应注意以下几点。

● 要注意不同直径的探针进行自动在线测试（ATE）时的最小间距。

● 导通孔不能选在焊盘的延长部分。

● 测试点不能选择在元器件的焊点上。这种测试可能使虚焊点在探针压力作用下挤压到理想位置，从而使虚焊故障被掩盖；另外，可能使探针直接作用于元器件的端点或引脚上而造成元器件损坏。测试点设置如图 5-84 所示。

● 探针测试盘直径一般不小于 0.9mm。

● 测试盘周围最小间隙，等于相邻元器件高度的 80%，最小间隙为 0.6mm（见图 5-85）。

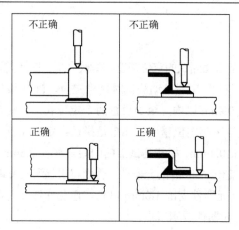

图 5-84　测试点设置示意图

- 在 PCB 有探针的一面，零件高度不超过 5.7mm。若超过 5.7mm，测试工装必须让位，避开高元器件，测试焊盘必须远离高元器件 5mm。
- 金手指不作为测试点，以免造成损坏。

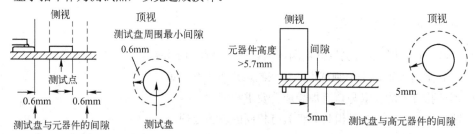

图 5-85　探针测试的焊盘直径与间距要求示意图

5.5.7　阻焊、丝印的设置

涂覆阻焊层有两种方法，液态丝印阻焊剂涂布法和光绘阻焊剂涂布法。阻焊层开窗的尺寸精度，取决于印制板制造商的工艺水平。采用液态丝印阻焊剂涂布法时，阻焊层开窗尺寸需比焊盘尺寸大 0.4mm 的间隙。采用光绘阻焊剂涂布法时，阻焊层开窗尺寸需比焊盘尺寸大 0.15mm 的间隙。最细的阻焊层部分，丝印技术应有 0.3mm 间隙，而光绘技术应有 0.2mm 间隙。

（1）阻焊

① PCB 制作一般选择热风整平工艺。

② 阻焊图形尺寸要比焊盘周边大 0.05～0.254mm，防止阻焊剂污染焊盘。

③ 当窄间距或相邻焊盘间没有导线通过时，允许采用图 5-86（a）的方法设计阻焊图形；当相邻焊盘间有导线通过时，为了防止焊料桥接，应采用图 5-86（b）的方法设计阻焊图形。

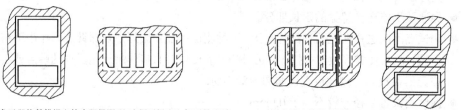

（a）整个片式元器件整排焊盘的大阻焊图形(应用于焊盘之间无导线时)　　（b）每个焊盘的独立阻焊图形(应用于焊盘之间有导线时)

图 5-86　阻焊图形设计示意图

（2）丝印图形

一般情况需要在丝印层标出元器件的丝印图形，丝印图形包括丝印符号、元器件位号、极性和 IC 的 1脚标志，如图 5-87（a）所示。高密度、窄间距时可采用简化符号，如图 5-87（b）所示。特殊情况可省去元器件位号。

OSP 焊盘涂层应注意：简化丝印的厚度不能超过焊盘，否则容易造成元器件一端抬起。

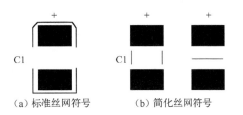

（a）标准丝网符号　　　　（b）简化丝网符号

图 5-87　丝印图形示意图

5.5.8　元器件整体布局设置

布局的合理与否将直接影响布线效果，因此合理的布局是 PCB 设计成功的第一步。

元器件布局既要满足整机电气性能和机械结构的要求，又要满足 SMT 生产工艺要求。由于设计引起的产品质量问题在生产中是很难克服的，因此要求 PCB 设计工程师基本了解 SMT 的工艺特点，根据不同的工艺进行元器件布局设计。正确的设计可以将焊接缺陷降到最低。

1．电路设计对元器件布局的要求

元器件布局对 PCB 的性能有很大的影响。电路上设计时，一般大电路分成各单元电路，并按照电路信号流向安排各单元电路的位置，避免输入/输出、高低电平部分交叉；流向要有一定规律，并尽可能保持一致的方向，使出现故障容易查找。

2．SMT 工艺对元器件布局设计的要求

元器件布局要根据 SMT 生产设备和工艺特点进行设计。不同的工艺，如再流焊和波峰焊，对元器件的布局是不一样的；双面再流焊时，对主面和辅面的布局也有不同的要求，等等。

（1）PCB 上元器件的分布应尽可能均匀。

（2）同类元器件尽可能按相同的方向排列，特征方向应一致，便于贴装、焊接和检测。

（3）大型元器件的四周要留一定的维修空隙，留出 SMD 返修设备加热头能够进行操作的尺寸。

（4）发热元器件应尽可能远离其他元器件，一般置于边角、机箱内通风位置。

（5）温度敏感的元器件要远离发热元器件。

（6）需要调节或经常更换的元器件和零部件，如电位器、可调电感线圈、可变电容器、微动开关、保险管、按键、插拔器等元器件的布局，应考虑整机结构要求，置于便于调节和更换的位置。

（7）接线端子、插拔件附近、长串端子的中央及经常受力作用的部位应设置固定孔，固定孔周围应留有相应的空间，防止因受热膨胀而变形，波峰焊时发生翘起现象。

（8）对于一些体（面）积公差大、精度低，需二次加工的零部件（如变压器、电解电容、压敏电阻、桥堆、散热器等），与其他元器件之间的间隔在原设定的基础上再增加一定的裕量。

（9）贵重元器件不要布放在 PCB 的角、边缘或靠近接插件、安装孔、槽、拼板的切割、豁口和拐角等处，以上这些位置是印制板的高应力区，容易造成焊点和元器件的开裂或裂纹。

（10）元器件布局要满足再流焊、波峰焊的工艺要求和间距要求。

① 单面混装时，应将表面贴装和通孔插装元器件布放在 A 面。

② 采用双面再流焊的混装时，要求 PCB 设计应将大元器件布放在主（A）面，小元器件在

辅（B）面（见图 5-88）。放置在辅（B）面的元器件设计应遵循以下原则。

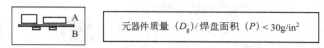

图 5-88　大元器件布放在主（A）面、小元器件在辅（B）面

预防二次回流时可能造成元器件掉落在再流焊炉中。最近，国外有研究机构验证了无铅双面再流焊时，$D_g/P<30g/in^2$ 的原则也完全符合无铅双面再流焊的工艺要求。只要符合这个原则，无铅双面再流焊二次回流时元器件就不会掉下来。

采用 A 面再流焊、B 面波峰焊时，应将大的表面贴装和通孔插装元器件布放在 A 面（再流焊面），适合于波峰焊的矩形、圆柱形、SOT 和较小的 SOP（引脚数<28，引脚间距>1mm）布放在 B 面（波峰焊接面）。若需在 B 面安放 QFP 器件，应按 45°方向放置。

（11）应留出印制板定位孔及固定支架需占用的位置。

（12）PCB 面积过大时，为防止过锡炉时 PCB 弯曲，应在 PCB 中间留一条 5～10mm 宽的空隙不布放元器件，用来在过炉时加上防止 PCB 弯曲的压条或支撑。

（13）轴向元器件质量超过 5g 有高振动要求，或元器件质量超过 15g 有一般要求时，应当用支架加以固定，然后焊接。有两种固定方法：一种是采用如图 5-89（a）所示的可撤换的固定夹牢固地夹在板上；另一种如图 5-89（b）所示，采用黏结胶固定在板上。

（a）用夹具固定　　　　　　　　　　　　　（b）用黏结胶固定

图 5-89　超重轴向元器件的固定方法

那些又大又重、发热量多的元器件，不宜装在印制板上，而应装在整机的机箱底板上。

5.5.9　再流焊与波峰焊表面贴装元器件的排列方向设计

由于焊接工艺有差异，因此再流焊与波峰焊表面贴装元器件的排列方向设计都有各自相应的要求。

1．再流焊工艺的元器件排布方向

为了使两个端头片式元器件的两侧焊端及 SMD 两侧引脚同步受热，减少由于元器件两侧焊端不能同步受热而产生竖碑、移位、焊端脱离焊盘等焊接缺陷，要求 PCB 上两个端头片式元器件的长轴应垂直于再流焊炉的传送带方向；SMD 长轴应平行于再流焊炉的传送带方向，两个端头的片式元器件长轴与 SMD 长轴应相互垂直，如图 5-90 所示。

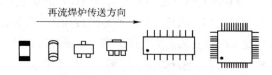

图 5-90　再流焊工艺的元器件排布方向示意图

另外，双面组装的 PCB，两个面上的元器件取向一致。

2. 波峰焊工艺的元器件排布方向（见图 **5-91**）

（1）为了使元器件相对应的两端头同时与焊料波峰相接触，片式元器件的长轴应垂直于波峰焊机的传送带方向，SMD 长轴应平行于波峰焊机的传送带方向。

（2）为了避免阴影效应，同尺寸元器件的端头在平行于波峰焊传送方向排成一直线；不同尺寸的大小元器件应交错放置，不应排成一直线，小尺寸的元器件要排布在大元器件的前方，防止元器件体挡住焊接端头和焊接引脚。当不能按以上要求排布时，元器件之间应留有 3～5mm 间距。

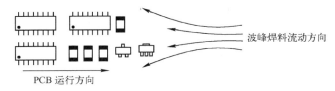

图 5-91 波峰焊工艺的元器件排布方向示意图

（3）元器件的特征方向应一致。

（4）采用波峰焊工艺时，PCB 设计的几个要点如下。

① 高密度布线时应采用椭圆焊盘图形，以减少连焊。

② 为了减小阴影效应、提高焊接质量，进行波峰焊的焊盘图形设计时，要对矩形元器件、SOT 元器件、SOP 元器件的焊盘长度作如下处理（见图 5-92）：

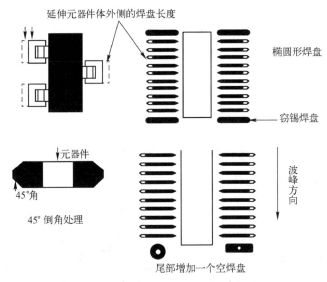

图 5-92 减小阴影效应的措施

● 延伸元器件体外的焊盘，作延长处理；

● 对 SOP 最外侧的两对焊盘加宽，以吸附多余的焊锡（俗称窃锡焊盘）；

● 小于 3.2mm×1.6mm 的矩形元器件，在焊盘两侧可作 45°倒角处理。

③ 波峰焊时，应将导通孔设置在焊盘的尾部或靠近焊盘。导通孔的位置应不被元器件覆盖，便于气体排出。当导通孔设置在焊盘上时，一般孔与元器件端头相距 0.254mm。

④ 元器件的布排方向与顺序遵循以下原则。

- 元器件布局和排布方向应遵循较小的元器件在前和尽量避免互相遮挡的原则。
- 波峰焊接面上的大小元器件应交错放置，不应排成一条直线。
- 波峰焊接面上不能安放 QFP、PLCC 等四边有引脚的器件。
- 单面板等特殊情况，必须将 QFP 布放在波峰面。为了减小阴影效应采取的措施如图 5-93 所示。

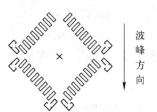

波峰方向

(1) QFP 一般不建议波峰焊（只有单面板采用）；
(2) 45° 布局；
(3) 设计椭圆形焊盘；
(4) Z 值增加 0.4～0.6mm（焊盘延长）；
(5) 波峰尾部增加窃锡焊盘

图 5-93　QFP 波峰焊时减小阴影效应的措施

- 由于波峰焊接前已经将片式元器件用贴片胶粘贴在 PCB 上，波峰焊时不会移动位置，因此对焊盘的形状、尺寸、对称性及焊盘和导线的连接等要求，都可以灵活一些。

5.5.10　元器件最小间距设计

元器件最小间距的设计，除保证焊盘间不易短接的安全间距外，还应考虑元器件的可维护性。

1. 与元器件间距相关的因素

① 元器件外形尺寸的公差，元器件释放的热量。
② 贴装机的转动精度和定位精度。
③ 布线设计所需空间，已知使用层数。
④ 焊接工艺性和焊点肉眼可测试性。
⑤ 自动插件机所需间隙。
⑥ 测试夹具的使用。
⑦ 组装和返修的通道。

2. 一般组装密度的表面贴装元器件之间的最小间距

一般组装密度的表面贴装元器件之间的最小间距如图 5-94 所示。

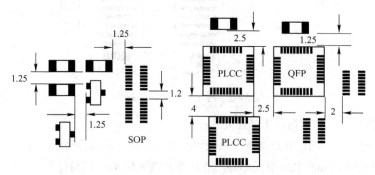

图 5-94　一般组装密度表面贴装元器件之间最小间距示意图（单位：mm）

① 片式元器件之间，SOT 之间，SOIC 与片式元器件之间为 1.25mm。
② SOIC 之间，SOIC 与 QFP 之间为 2mm。

③ PLCC 与片式元器件、SOIC、QFP 之间为 2.5mm。

④ PLCC 之间为 4mm。

⑤ 设计 PLCC 插座时应注意留出 PLCC 插座体的尺寸（PLCC 的引脚在插座体的底部内侧）。

3．SMC/SMD 与通孔插装元器件之间的最小间距

混合组装时，SMC/SMD 与通孔插装元器件之间的最小间距是根据通孔插装元器件的封装尺寸来确定的。主要考虑封装体的形状和元器件体高度，通孔插装元器件和 SMC/SMD 之间的最小距离一般为 1.27mm 以上。

4．高密度组装的焊盘间距

目前，0201 的焊盘间距一般为 0.15mm，最小间距为 0.10mm；01005 的最小间距为 0.08mm。

5.5.11　模板设计

模板又称漏板、钢网，是用来定量分配焊膏或贴片胶的，是保证印刷质量的关键工装。

模板设计是属于 SMT 可制造性设计的重要内容之一。IPC 7525 主要包含名词与定义、参考资料、模板设计、模板制造、模板安装、文件处理/编辑和模板订购、模板检查/确认、模板清洗和模板寿命等内容。本节主要介绍模板厚度设计、模板开口设计、模板加工方法的选择等。

1．模板厚度设计

模板印刷是接触印刷，印刷时不锈钢模板的底面接触 PCB 表面，因此模板的厚度就是焊膏图形的厚度。模板厚度是决定焊膏量的关键参数。

模板厚度应根据印制板组装密度、元器件大小、引脚（或焊球）之间的间距进行确定。通常使用 0.1～0.3mm 厚度的钢板。高密度组装时，可选择 0.1mm 以下厚度的钢板。

但通常在同一块 PCB 上既有 1.27mm 以上一般间距的元器件，又有窄间距元器件，1.27mm 以上间距的元器件需要 0.2mm 厚，窄间距元器件需要 0.15～0.1mm 厚。这种情况下可根据多数元器件的情况决定钢板的厚度，然后通过对个别元器件焊盘开口尺寸的扩大或缩小调整焊膏的漏印量。

要求焊膏量悬殊比较大时，可以对窄间距元器件处的模板进行局部减薄处理。

2．模板开口设计

当确定了模板厚度以后，开口的尺寸就很重要了。模板的厚度与开口尺寸决定了焊膏的印刷量。模板开口设计包含开口尺寸和开口形状两个内容。模板开口是根据焊盘图形来设计的。

图 5-95 显示了开孔尺寸[宽(W)和长(L)]与模板厚度(T)决定焊膏印刷于 PCB 焊盘上的体积。

图 5-96 是开孔尺寸示意图，IPC 7525 定义了模板开口设计最基本的要求：

宽厚比=开口宽度(W)/模板厚度(T)：$W/T > 1.5$。

面积比=开口面积/孔壁面积：$L \times W / 2(L+W) \times T > 0.66$。

当长度远大于宽度时，面积比与宽厚比相同。模板与 PCB 分离时，当焊盘面积大于内孔壁面积的 2/3 时，可达到 85%或更好的焊膏释放能力。

研究证明：面积比>0.66，焊膏释放体积百分比>80%；面积比<0.5，焊膏释放体积百分比<60%。

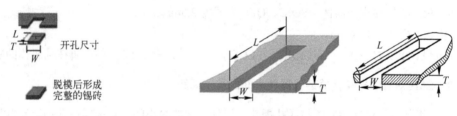

图 5-95　开孔尺寸决定焊膏的体积示意图　　　　　　图 5-96　开孔尺寸示意图

开孔侧壁的几何形状和孔壁光洁度直接与模板技术有关。采用电解抛光技术能获得更光滑的内孔壁，得到较高百分比的焊膏释放效果。

各种表面贴装器件的宽厚比/面积比示例见表 5-16。表中列出典型表面贴装器件开孔设计的一些实际例子中的宽厚比/面积比。20mil 间距的 QFP，在 5mil 厚的模板上取 10mil×50mil 的开孔，得到 2.0 的宽厚比。使用一种光滑孔壁的模板技术将产生很好的焊膏释放和连续印刷性能。表中 16mil 间距的 QFP，在 5mil 厚的模板上取 7mil×50mil 开孔，得到 1.4 的宽厚比，这是一个焊膏释放很困难的情况，对于这种情况，应该考虑采取以下①～③个措施：

① 增加开孔宽度（增加宽度到 8mil，将宽厚比增加到 1.6）；

② 减少厚度（减少金属箔厚度到 4.4mil，将宽厚比增加到 1.6）；

③ 选择一种有非常光洁孔壁的模板技术。

μBGA 器件的模板印刷推荐带有轻微圆角的方形模板开孔，比圆形开孔的焊膏释放效果更好一些。

表 5-16　各种表面贴装器件的宽厚比/面积比示例

示例	开孔设计 （长×宽×模板厚度）	宽 厚 比	面 积 比	焊 膏 释 放
QFP 间距 20mil	10mil×50mil×5mil	2.0	0.83	+
QFP 间距 16mil	7mil×50mil×5mil	1.4	0.61	+++
BGA 间距 50mil	圆形 25mil，厚度 6mil	4.2	1.04	+
BGA 间距 40mil	圆形 15mil，厚度 5mil	3.0	0.75	++
μBGA 间距 30mil	11mil×11mil××5mil	2.2	0.55	+++
μBGA 间距 30mil	13mil×13mil×5mil	2.6	0.65	++

注：+ 表示难度。

3．模板加工方法的选择

模板加工的主要方法有化学腐蚀（Chem-Etched，也称化学刻蚀）、激光切割（Laser-Cut）、混合式方法（Hybrid）、电铸（Electroformed）。每种加工方法都有独特的优点与缺点。化学刻蚀是递减（Substractive）的工艺，激光切割是机械加工方法，电铸成形是递增的工艺。

通常，引脚间距为 0.025in 以上时，选择化学腐蚀模板，能够达到与其他技术同样的印刷效果；当引脚间距在 0.020in 以下时，应该考虑激光切割和电铸成形的模板。

对于 0.020in 以下间距，改进焊膏释放的另一个技术是梯形截面开口，喇叭口向下，如图 5-97（a）所示。梯形截面孔得到的焊膏沉积是一个梯形"砖"的形状，如图 5-97（b）所示，梯形"砖"形状的焊膏沉积图形有利于稳定贴装和产生较少的桥接。

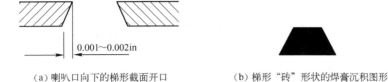

（a）喇叭口向下的梯形截面开口　　　　（b）梯形"砖"形状的焊膏沉积图形

图 5-97　梯形截面开口与梯形"砖"形状焊膏沉积图形

4．台阶/释放（**Step/Release**）模板设计（俗称减薄工艺）

向下台阶（Step Down）应该总是在模板的刮刀面，凹面在模板的顶面，因为模板底面与 PCB 上表面的接触面必须保持整体水平度。为了确保印刷质量，推荐在 QFP 与周围组件之间提供至少 0.1mil 的间隔，并使用橡胶刮刀，以保证刮刀在模板两个不同水平上完全地印刷焊膏。

这种向下台阶（减薄）模板还应用于有 CBGA 器件和通孔连接器的场合。

5．台阶与陷凹台阶（**Relief Step**）的模板设计

台阶与陷凹台阶（Relief Step）的模板是指凹面在模板的底面（朝 PCB 这一面的陷凹台阶）。当 PCB 上有凸起或高点妨碍模板在印刷过程中的密封作用的时候，就需要用到陷凹台阶。陷凹台阶的凹穴也用于两次印刷（Two-Print）模板，它主要用于混合技术，如通孔表面贴装技术/或者表面贴装/倒装芯片混合技术中。

6．免清洗工艺模板开孔设计

免清洗工艺模板开孔设计时，为了避免焊膏污染焊盘以外的部分，减少焊锡球；另外，免清洗焊膏中助焊剂比例较普通焊膏少一些，因此一般要求模板开口尺寸比焊盘缩小 5%～10%。

7．胶剂模板

胶剂模板（Adhesive Stencil）是指用于印刷贴片胶的模板。

8．返工模板

"小型的"模板专门设计用来返工或翻修单个组件，如 QFP 和 BGA 器件。

9．无铅工艺的模板设计

IPC 7525A 为无铅工艺提供了相关建议。作为通用设计指南，丝网开口尺寸将与 PCB 焊盘的尺寸相当接近，这是为了保证在焊接后整个焊盘拥有完整的焊锡。弧形边角设计也是可以接受的一种，因为相对于直角设计，弧形的边角更容易解决焊膏粘连问题。

总结如下：

当设计模板开孔时，在长度大于宽度的 5 倍时考虑宽厚比，对所有其他情况考虑面积比。随着这些比率的减小并分别接近 1.5 或 0.66，对模板孔壁光洁度的要求就更重要，以保证良好的焊膏释放。在选择提供光滑孔壁的模板技术时应该谨慎。作为一般规则，将模板开孔尺寸比焊盘尺寸减小 1～2mil，特别是在焊盘开口由阻焊层定义时。当焊盘由铜箔界定时，与多数 μBGA 器件一样，将模板开孔做得比焊盘大 1～2mil 可能是比较有效的。这个方法将增加面积比，有助于 μBGA 器件的焊膏释放。

5.6　SMT 设备对设计的要求

SMT 生产设备具有全自动、高精度、高速度、高效益等特点。PCB 设计必须满足 SMT 设备的要求。SMT 生产设备对设计的要求包括：PCB 外形、尺寸，定位孔和夹持边，基准标志（Mark），拼板，选择元器件封装及包装形式，PCB 设计的输出文件等。

5.6.1　PCB 外形、尺寸设计

进行 PCB 设计时，首先要考虑 PCB 的外形。PCB 的外形尺寸过大时，印制线条长，阻抗增加，抗噪声能力下降，成本也增加；过小，则散热不好，且邻近线条易受干扰。同时，PCB 外形尺寸的准确性与规格直接影响到生产加工时的可制造性与经济性。PCB 外形设计的主要内容如下。

（1）长宽比设计

印制板的外形应尽量简单，一般为矩形，长宽比为 3∶2 或 4∶3，其尺寸应尽量靠近标准系列尺寸，以便简化加工工艺，降低加工成本。板面不要设计得过大，以免再流焊时引起变形。板面尺寸大小与板厚要匹配，较薄的 PCB，板面尺寸不能过大。

（2）PCB 外形

PCB 外形和尺寸是由贴装机的 PCB 传输方式、贴装范围决定的。

① 当 PCB 定位在贴装工作台上，通过工作台传输 PCB 时，对 PCB 的外形没有特殊要求。

② 当直接采用导轨传输 PCB 时，PCB 外形必须是笔直的。如果是异形 PCB，必须设计工艺边使 PCB 的外形成直线，如图 5-98 所示。

③ 图 5-99 是 PCB 圆角或 45° 倒角示意图。在 PCB 外形设计时最好将 PCB 加工成圆角或 45° 倒角，以防止上板时锐角损坏 PCB 传送带（纤维皮带）。

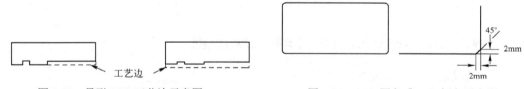

图 5-98　异形 PCB 工艺边示意图　　　　　图 5-99　PCB 圆角或 45° 倒角示意图

（3）PCB 尺寸设计

PCB 尺寸是由贴装范围决定的。在设计 PCB 时，一定要考虑贴装机的最大、最小贴装尺寸。PCB 最大尺寸 = 贴装机最大贴装尺寸；PCB 最小尺寸 = 贴装机最小贴装尺寸。

不同型号贴装机的贴装范围是不同的。当 PCB 尺寸小于最小贴装尺寸时必须采用拼板方式。

（4）PCB 厚度设计

一般贴装机允许的板厚为 0.5～5mm。PCB 的厚度一般在 0.5～2mm 范围内。

① 只装配集成电路、小功率晶体管、电阻、电容等小功率元器件，在没有较强的负荷振动条件下，尺寸在 500mm×500mm 之内的 PCB，使用厚度为 1.6mm。

② 有负荷振动条件下，可采取缩小板的尺寸或加固和增加支撑点，仍可使用 1.6mm 厚度。

③ 板面较大或无法支撑时，应选择 2～3mm 厚的板。

5.6.2　PCB 定位孔和夹持边的设置

一般丝印机、贴装机的 PCB 定位有针定位、边定位两种方式。

（1）针定位的定位孔

① 定位孔 2 个，位置在 PCB 的长边一侧，孔径为 ϕ 3.1mm（不同的机型，定位孔的孔径略有不同，一般在 $\phi 3\sim4$mm）。

② 定位孔必须与 PCB 打孔数据同时生成。

③ 定位孔内壁不允许有电镀层。

④ 定位孔的位置及尺寸要求如图 5-100 所示。

（2）针定位与边定位不能布放元器件的区域

导轨夹持边和定位孔附近不能布放元器件。

图 5-101（a）为针定位不能布放元器件的区域，图 5-101（b）为边定位不能布放元器件的区域。

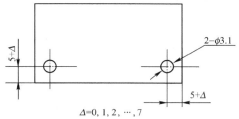

图 5-100　定位孔示意图

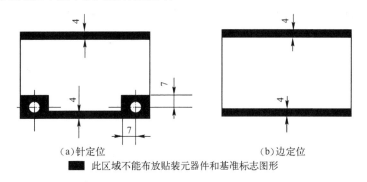

（a）针定位　　　　　　　　　　　（b）边定位

■ 此区域不能布放贴装元器件和基准标志图形

图 5-101　针定位与边定位 PCB 设计要求示意图（单位：mm）

5.6.3　基准标志（Mark）设计

基准标志是为了纠正 PCB 制作过程中产生的误差而设计的、用于光学定位的一组图形。基准标志的种类分为 PCB 基准标志和局部基准标志。图 5-102 是 PCB Mark 和局部 Mark 示意图。

（1）基准标志图形

Mark 的形状与尺寸应根据不同型号贴装机的具体要求进行设计，一般要求如下。

① 形状：实心圆、三角形、菱形、方形、十字形、空心圆、椭圆等都可以，优选实心圆。

② 尺寸：$\phi 1.0\sim2.0$mm。超小板面、高密度布局的基准标志可适当缩小，但不能小于 $\phi 0.5$mm。最大不能超过 $\phi 5$mm。

③ 表面：裸铜、镀锡、镀金均可，但要求镀层均匀、不要过厚。

④ 周围：考虑到阻焊材料颜色与环境的反差，在 Mark 周围有 $1\sim2$ 倍 Mark 直径的无阻焊区，特别注意不要把 Mark 设置在大面积接地的网格上。图 5-103 是基准标志（Mark）示意图。

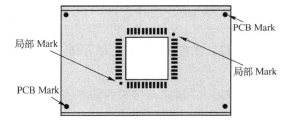

图 5-102　PCB Mark 和局部 Mark 示意图

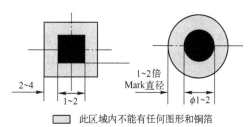

□ 此区域内不能有任何图形和铜箔

图 5-103　基准标志（Mark）示意图（单位：mm）

（2）基准标志布放位置

基准标志布放位置根据贴装机的 PCB 传输方式决定。直接采用导轨传输 PCB 时，在导轨夹持边和定位孔附近不能布放 Mark，具体尺寸因贴装机而异。

（3）PCB 基准标志

PCB 基准标志是用于整个 PCB 光学定位的一组图形。

① 一般设置 2～3 个，均在 PCB 的角上，距离越大越好。两点对角布放时，不要与 PCB 外形对称（不要布放在径向上），否则容易造成贴片方向错误。

② 长度小于 200mm 的 PCB 上，按照图 5-104（a）设置两个 Mark；当 PCB 长度大于等于 200mm 时，要求按照图 5-104（b）设置 4 个 Mark，并在 PCB 长度中心线上或附近设置 1～2 个 Mark。

③ 拼板的 Mark 应设置在每块小板的相应位置上，每块小板上可设置 1～2 个，如图 5-104（c）所示。

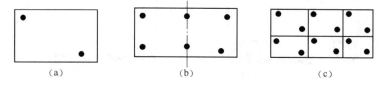

（a）　　　　　　　　　（b）　　　　　　　　　（c）

图 5-104　PCB 基准标志位置示意图

（4）局部基准标志（见图 5-105）

局部 Mark 用于多引脚、窄间距元器件的光学定位图形。

局部基准标志设置在元器件的对角线上，为 2～4 个。

5.6.4　拼板设计

图 5-105　局部基准标志位置示意图

为了充分利用基材，提高贴装效率，可采用多块相同图形或不同图形的小型印制板组成拼板。当 PCB 尺寸小于最小贴装尺寸（<50mm×50mm）时必须采用拼板方式，异形板也需拼板。

1．拼板设计要求

（1）拼板的尺寸不可太大，也不可太小，应以制造、装配和测试过程中便于加工、不产生较大变形为宜，并根据 PCB 厚度确定（1mm 厚度的 PCB 最大拼板尺寸为 200mm×150mm）。

（2）拼板的工艺夹持边一般为 10mm。带定位孔的边为 8～10mm，不带定位孔的边为 3mm。

（3）Mark 点加在每块小板的对角上，一般为两个（1 个也可以），如图 5-104（c）所示。

（4）定位孔加在工艺边上，其距离为各边 5mm。

（5）双面贴装如果不进行波峰焊时，可采用双数拼板、正反各半（阴阳板），如图 5-106所示。

（6）拼板中各块 PCB 之间的互连：拼板中各块小板 PCB 之间的互连方式主要有断签式、双面对刻 V 形槽和邮票板式 3 种，要求既有一定的机械强度，又便于组装后的分离。

① 断签式拼板互连：要求断签长度不大于 2.54mm，宽度不大于 2mm，如图 5-107 所示。

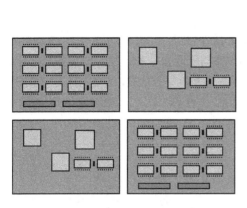

图 5-106 双数拼板、正反各半（阴阳板）示意图

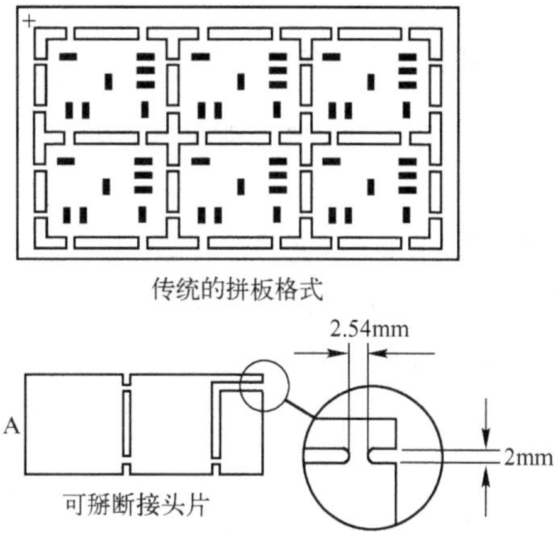

传统的拼板格式

图 5-107 断签式拼板互连示意图

② 双面对刻 V 形槽式：在拼板两面按各块 PCB 的排列纵横开 V 形槽，开槽或连接的厚度为板厚的 1/3，误差为±0.15mm，角度为 30°/45°±5°。过大的角度容易切到导线和元器件。

图 5-108（a）所示为 V 形槽形状，图 5-108（b）所示为 V 形槽深度。

图 5-108（c）所示为 V 形槽角度过大，图中①处由于 V 形槽角度达到 90°，分割时会损坏元器件。

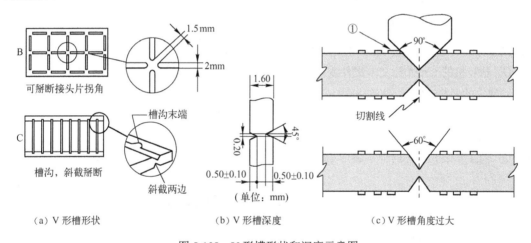

（a）V 形槽形状 （b）V 形槽深度 （c）V 形槽角度过大

图 5-108 V 形槽形状和深度示意图

③ 邮票板互连方式：是在断签式的基础上演变来的，图 5-109 是邮票板互连方式示意图。图中，断签长度为 4.5mm，在断签长度方向打 5 个 φ0.8mm 的小孔，以便组装后分离。

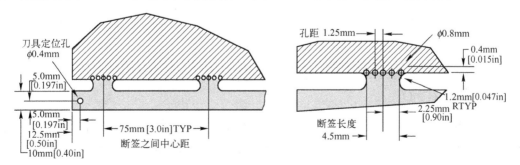

图 5-109 邮票板互连方式示意图

2．拼板元器件布局要求

拼板设计中，元器件排列要避免分割应力而造成元器件裂损。一般在断签、邮票板的分割孔附近，拼板分割时的应力比较大。因此，拼板的元器件布局应遵循：在应力大的位置尽量不要布放贵重元器件和关键元器件；在断签附近的片式元器件应与断签平行放置，避免与断签垂直放置，如果一定要垂直放置，应远离分割应力较大的断签，如图 5-110 所示。元器件与折断边的最小间距为 5mm，如图 5-111 所示。

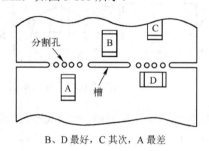

B、D 最好，C 其次，A 最差

图 5-110　拼板元器件布局要求示意图

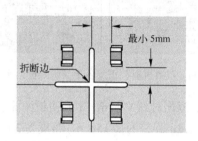

图 5-111　元器件与折断边的最小间距

5.6.5　PCB 设计的输出文件

除满足 PCB 加工标准中规定的印制板设计输出文件外，SMT 印制板设计还需生成 3 个文件：贴装机坐标文件、元器件明细表与模板文件，双面板需要 A、B 面分别提供。

① 贴装机的 CAM 纯文本文件或符合 ASCII 码的 PCB 坐标纯文本文件。此文件是 Mark 和贴片元器件的名称、位号、X 轴坐标、Y 轴坐标、T 旋转角度，以及元器件的封装形式或型号规格说明的 PCB 坐标文件。此文件可由 CAD 设计软件中 CAM 生成。

② 元器件明细表。该文件包括元器件的位号、型号规格和封装类型。

③ 表面贴装元器件的焊盘图形 Gerber 文件（简称模板文件，用于加工印刷模板）。

5.7　印制电路板可靠性设计

可靠性设计的目的是以最少的费用达到所要求的可靠性。

可靠性是电子产品的重要指标，产品的可靠性不仅影响生产公司的前途，还直接影响到产品的使用价值。尤其对于军用通信设备，更具有特别重要的意义。

印制电路板的可靠性设计是很复杂的，可靠性设计的内容很多，例如热设计、漂移设计、抗干扰设计、保护电路设计（防振设计、三防设计）、工艺设计、安全设计、人机系统设计、可靠性审查与价值分析、可靠性实验和可靠性鉴定等。

本节简单介绍散热设计和电磁兼容性设计。

5.7.1　散热设计简介

电子设备在工作过程中会发热。电子产品的故障率是随着工作温度的增加而呈指数增长的。一般而言，高温会使绝缘性能退化、元器件损坏、材料热老化、低熔点焊缝开裂、焊点脱落，最终导致电子设备失效。

散热设计的目的就是为了控制产品内部所有电子元器件的温度，使其在所处的工作环境条件下不超过标准及规范所规定的最高温度。

由于 SMC/SMD 的外形尺寸仅为 DIP 的 20%～50%，单位面积印制电路板中可组装更多的元器件，而且 SMT 还可以在 PCB 的双面组装元器件，SMT 组装件功率密度要比通孔插装组装件高得多。因此，表面组装板的散热设计尤为重要。

散热的方式主要有热传导、对流传导和辐射传导 3 种。最有效的方式是热传导，通过设置散热体，使发热元器件直接接触散热体，这种方法散热效率较高，可使热阻下降 20%～50%。

器件设计时可采取使用导热性好的引线框材料、加大引线框尺寸、在器件底部设计散热片等措施。例如，新型 QFN 封装就具有良好的电和热性能。

印制板的散热设计主要从以下几方面考虑。

① 设计时，在允许条件下尽量使 PCB 上的功率分布均匀。散热量较大的元器件在 PCB 上尽量分散安装。合理安排元器件布局，功率发热元器件应尽量安装于上部，对温度敏感的元器件要远离系统内部的发热元器件。热敏元器件不可安放在发热元器件的正上方，要在水平面内交错安置。电源通常是系统内部较大的热源，要安排好其位置并尽量使其直接向系统外部散热。

② 设计印制线时，首先要保证印制线的载流容量，印制线的宽度必须适用于电流的传导，不能引起不容许的压降和温升。这需要电路计算和温度场计算的协调。相邻线的间距应满足国际或国内标准要求。多层板的地线用网格状。

③ 采用散热层的方法。此方法是将散热板作为印制电路基板的一部分，像"三明治"结构那样夹在印制板电路中间，如图 5-112 所示。散热板的材料可采用铜/殷钢/铜或铜/钼/铜。设计时要注意电路板结构的对称性，以免受热后整个印制电路板将发生卷曲。此方法适用于双面板或多层板。

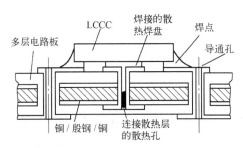

图 5-112　散热板和散热通孔设计示意图

④ 采用散热通孔的方法。此方法是在具有散热板的印制电路板上设置散热孔和盲孔。再流焊时焊锡将散热孔填满，热量由导通孔或盲孔迅速地传至金属散热层，横向散走，如图 5-112 所示。

⑤ 采用短通路，尽量减少传导热阻，加速元器件散热。

⑥ 加大安装面积，加大接触面积，尽量减少传导热阻，使传导效果更好。

⑦ 采用热导率高的材料，尽量减少传导热阻。例如，铝、铜的热导率很高，可减小热阻。

⑧ 板材采用耐热板材，要求 Z 轴方向热膨胀系数小。金属化孔不易拉断，可选择的板材：FR-5，内部是石英玻璃布＋改型树脂；通常选用聚酰亚胺树脂＋玻璃布；聚四氟乙烯；BT 树脂。对于组装密度较高的产品，散热效果还不够理想时，应采用导热效果好的金属基板、陶瓷基板。

⑨ 在防尘要求较低时，可在机箱上开设通风孔。单独为系统整机或关键功率器件、发热元器件设置散热风扇的效果很好，或为排热增加一个铁芯。

5.7.2 电磁兼容性（高频及抗电磁干扰）设计简介

电磁兼容性即高频及抗电磁干扰性。经验证明，如果在产品开发阶段解决电磁兼容性问题所需的费用为 1，那么，等到产品定型后再想办法解决，费用将增加 10 倍；若等到批量生产后再解决，费用将增加 100 倍。因此，在产品开发阶段应同时进行电磁兼容性设计。

电磁兼容性设计是很复杂的问题，与有源器件选择、电子电路分析、PCB 设计都有关系。

电磁兼容性设计的基本方法是指标分配和功能分块设计，即把产品的电磁兼容性指标要求细分成产品级、模块级、电路级、元器件级，然后进行逐级设计。从元器件、连接器的选择、印制板的布线、接地点的选择及结构上的布置等各方面进行综合考虑。在 PCB 设计时，可作以下考虑。

（1）选用介电常数高的电路基板材料（如聚四氟乙烯板）

优先选用多层板，并将数字电路和模拟电路分别安排在不同层内，电源层应靠近接地层，骚扰源应单独安排一层，并远离敏感电路，高速、高频器件应靠近印制板连接器。

（2）尽量选择表面贴装元器件

表面贴装元器件与 DIP 元器件相比较，由于表面贴装元器件引线的互连长度很短，因此引线的电感、电容和电阻比 DIP 元器件小得多，另外，SMT 印制板通孔少，布线可走捷径，组装密度高，单位面积上的元器件多，元器件间的互连长度短，因此采用 SMT 工艺可改善高频特性。

（3）尽量增加线距

高频或高速电路应满足 $2W$ 原则，W 是导线的宽度，即导线间距不小于 2 倍的线宽度，以减少串扰。导线应短、宽、均匀、直，转弯时应采用 45°角，导线宽度不要突变，不要突然拐角。

（4）地线设计

在电子设备中，接地是控制干扰的重要方法。若能将接地和屏蔽正确结合起来使用，可解决大部分干扰问题。电子设备中，地线结构大致有系统地、机壳地、数字地和模拟地等。

地线设计是最重要、难度最大的一项设计。理想的"地"应是零电阻的实体，各接地点之间没有电位差。但实际是不存在的，为了减少地环路干扰，一般可采用切断地环路的方法。例如，将信号地线与机壳地绝缘，形成浮地，高频时可以用平衡电路代替不平衡电路，也可以在两个电路之间插入隔离变压器、共模扼流圈或光电耦合器等。目前流行的方法是在屏蔽机壳上安装滤波器连接器。此外，在两个电路之间的连接或电缆上套铁氧体瓷环，也可滤除高频共模干扰。

① 在地线设计中应注意以下几点。

● 正确选择单点接地与多点接地。

● 将数字电路与模拟电路分开。

● 尽量加粗接地线。

● 将接地线构成闭环路。

② 大型复杂产品往往包含多种电子电路及各种电器等骚扰源。

● 分析产品内各电路单元的工作电平、信号类型等骚扰特性和骚扰能力。

● 将地线分为信号地线、骚扰电源地线、机壳地线等，信号地线还可分为模拟和数字地线。

（5）干净地与良好接地

布线时在电缆端口处留出一块"干净"地。

图 5-113 中滤波器与连接器都在干净地上。干净地
与信号地在一点连接，这个连通点称为"桥"。所有信
号都在"桥"上通过，以减小环路面积。

（6）综合使用接地、屏蔽、滤波等措施

使用屏蔽体是阻止电磁波在空间传播的一种措施。
为了避免电磁感应引起屏蔽效能下降，避免地电压在屏
蔽体内造成干扰，屏蔽体应单点接地。

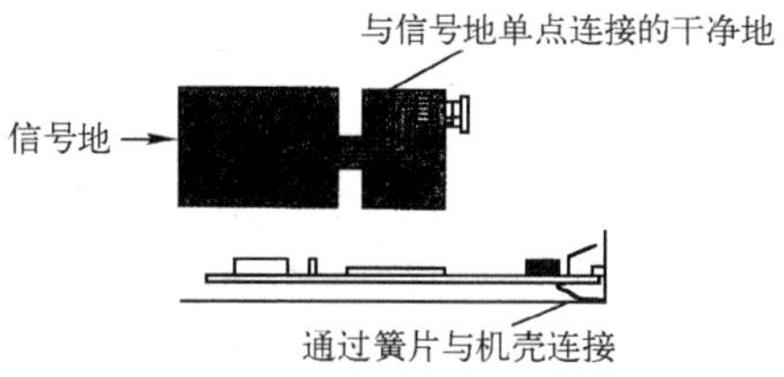

图 5-113　干净地与良好接地示意图

（7）高频传输线的设计

在低频电路中，用两根导线就能把信号由信号源送到负载，而在高频电路中也用两根普通的
导线来传输信号，则传输过程中信号会产生反射、电磁耦合和能量辐射等，使信号受到损失并影
响传输信号的精确性，甚至会妨碍高速电路性能的实现。只有按高频传输线设计，才可以合理解
决作为信号的高频电磁场的传输。影响高频电路性能的因素如下。

① 高频电路的布线形状。当布线按直角走线或方向突变时信号就会产生反射，如果方向作
缓慢变化时信号就会正常传输。因此，当布线改变方向时应圆滑过渡，而且半径大一些较好，避
免电场集中、信号反射和产生额外的阻抗。

② 接地的连续性。由两块或多块电路板组成各电路板间的相互连接时，要使地面互相保持
在同一个平面上，相连电路板间的间隙越小越好。

高频传输线的设计和制作都比较困难。传输电磁信号的线路称为传输系统。由传输系统引导
向着一个方向传输的电磁波称为导航波。常用的传输系统有同轴线、波导和微带等。能够直接在
印制电路板上制作的传输线有共面波导、微带、带状线和双带状线。

（8）高频电路设计布线要求

① 高频要注意屏蔽，在布线结构设计上进行变化。如两根高频信号线，中间加一根地线。

② 电源线和地线尽可能靠近，两电源线之间、两地线之间尽可能宽。

③ 高频信号多采用多层板，电源层、地线层和信号层分开，减少电源、地、信号之间的干
扰；大面积的电源层和大面积的地层相邻，这样电源和地之间形成电容，可起滤波作用。用地线
做屏蔽，信号线在外层，电源层、地层在里层。

例如，微波通信板，原来为单面板，现改为双面板，另一面起完全屏蔽作用。

多层板走线，要求相邻两层线条尽量垂直、走斜线、交叉布线、曲线布线，但不能平行，避
免在高频时基板间的耦合和干扰。在高频高速电路中，如果布线太密，容易发生自激。

④ 遵循最短走线原则，特别对小信号电路，线越短电阻越小，干扰越小。

⑤ 在同一面减小平行走线长度，长度大于 150mm 时绝缘电阻明显下降，高频时易串绕。

5.8　无铅产品 PCB 设计

到目前为止，虽然还没有对无铅 PCB 设计提出特殊要求，没有标准，但提倡为环保设
计，需要考虑 WEEE 在选材、制造、使用、回收成本等方面因素的设计思路已经成为大家
的共识。在实现无铅时，设计人员应当时刻注意的主要是 DFM 问题，电路板表面镀覆的选择、
层压板材料的选择和通孔方面的考虑、元器件的选择、可靠性问题，以及向后（Sn-Pb 焊料与无
铅元器件焊接）和向前（无铅焊料与传统的有铅元器件焊接）兼容等问题。

对无铅 PCB 的焊盘设计，业界流传各种说法，有些说法值得讨论。一种认为由于无铅浸润

性（铺展性）差，无铅焊盘可以比有铅焊盘小一些；还有一种认为无铅焊盘应比有铅大一些。目前业界比较一致的有以下一些观点。

① PCB 热分布设计。为了减小焊接过程中 PCB 表面的 ΔT，应仔细考虑散热设计，如均匀的元器件分布、铜箔分布，优化 PCB 的布局，以尽量使 ΔT 达到最小值。

② 椭圆形焊盘可减少焊后焊盘露铜现象。

③ 过渡阶段 BGA、CSP 采用 SMD 焊盘设计有利于排气、减少"孔洞"。BGA、CSP 的焊盘设计按照阻焊方法的不同分为 SMD 和 NSMD 两种类型。见 5.5.1 节 6.（8）焊盘及阻焊层设计。

④ 过渡时期通孔插装元器件无铅波峰焊的焊盘，以及双面焊（A 面再流焊，B 面波峰焊）时，A 面的大元器件及通孔插装元器件波峰焊的焊盘也可采用 SMD 焊盘设计，可减轻焊点起翘和焊盘剥离现象。

⑤ 通孔插装元器件插装孔的孔径需要适当加大一些，有利于增加插装孔中焊料的填充高度。

⑥ 为了减少气孔，BGA、CSP 焊盘上的过孔应采用盲孔技术，并要求与焊盘表面齐平。

⑦ 提倡环保设计，由于 WEEE 是关于报废电子电气设备回收和再利用的指令，要求 60%～70% 的质量必须回收，同时规定了谁制造谁回收的原则，因此设计时，在选材上要把 WEEE 回收再利用的成本考虑进去。要根据产品设计时的使用环境条件、使用寿命来选择工艺材料、PCB 材料、元器件和其他零部件，还包括组装方式和制造工艺流程设计的选择。过度地选择高质量、长寿命、高可靠性零部件和物料，不但会增加产品的制造成本，还会增加报废电子电气设备回收和再利用的成本。

5.9　PCB 可加工性设计

PCB 可加工性设计（Design for Fabrication of the PCB，DFP）是指设计 PCB 时要考虑到 PCB 加工厂的制造能力。

随着 PCB 行业的蓬勃发展，越来越多的工程技术人员加入 PCB 设计和制造中来，但由于 PCB 制造涉及的领域较多，且相当一部分 PCB 设计工程人员（Layout 人员）没有从事或参与过 PCB 的生产制造过程，导致在设计过程中偏重考虑电气性能及产品功能等方面的内容。当 PCB 加工厂接到订单，在实际生产过程中，会造成产品加工困难，加工周期延长或存在 PCB 品质的隐患。

PCB 可加工性设计主要考虑以下常见问题。

① 下料工序主要考虑板厚和表面铜厚问题。

② 钻孔工序主要考虑孔径大小公差、孔到板边、孔到导线边、非金属化孔处理及定位孔的设计。

③ 印制导线图形（线路）制作主要考虑线路刻蚀造成的影响。

④ 阻焊制作工序主要考虑导通孔（过电孔）上的阻焊处理方式。

⑤ 字符处理时主要考虑字符不能遮盖焊盘及相关标记的添加。

⑥ PCB 表面涂（镀）层的选择详见第 2 章 2.3 节。

5.10　SMT 产品设计评审和印制电路板可制造性设计审核

SMT 产品设计评审和印制电路板可制造性设计审核是提高 SMT 加工质量、提高生产效率、提高电子产品可靠性、降低成本的重要措施。本节主要介绍 SMT 产品设计评审和印制电路板可制造性设计审核的内容、评审和审核程序，以及审核方法。

5.10.1　SMT 产品设计评审

SMT 产品设计评审要结合 SMT 工艺和设备的特点，应特别注意工艺性和可制造性的评审。每个阶段要作总结和定期检查评估。通过每个阶段的检查评估，不仅能够更加完善设计，还能为按时完成并实现产品预期的功能、性能指标、成本等总体目标起到监督、检查、落实和保证作用。设计评审、设计验证、设计确认 3 个阶段之间的关系及每个阶段的作用见图 5-114 和表 5-17。

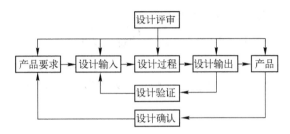

图 5-114　设计评审、设计验证、设计确认的关系图

表 5-17　设计评审、设计验证、设计确认每个阶段的作用

阶　段	设 计 评 审	设 计 验 证	设 计 确 认
目的	评价设计结果是否满足预期的设计要求	验证设计输出是否满足设计输入的要求	验证产品设计已满足预期的功能、性能指标、成本等总体目标，并具有合理性、可靠性、可生产性和可维护性
用途	检查阶段设计结果	为输出设计文件、图纸、样本做准备	向客户提供样品或产品，进行试用确认
时机	在设计的适当阶段	当形成设计输出时	在正式批量生产之前
方式	会议/传阅方式	试验、计算、对比、文件发布前的评审	试用、模拟

产品设计评审应有设计人员、工艺人员、整机承制单位（生产部门）、质管部门、计调、外协、经营部门、必要时请非本单位的同行专家参加。在设计确认阶段，还应邀请部分用户参加。

设计评审程序为：

① 设计部门提出"设计评审报告"，汇报研发工作进展情况；

② 工艺部门提出"产品工艺小结报告"，汇报工艺实施情况；

③ 整机生产部门汇报产品在试生产过程中有关设计、工艺、生产管理等方面出现的问题；

④ 外协和质管部门分别反映有关试制、技术、质量的情况；

⑤ 经营部门反映维修及用户反馈信息；

⑥ 设计部门提出整改意见；

⑦ 针对设计、试生产和试用中的问题，进行详细审核和评价，对存在问题提出改进意见；

⑧ 研发部门主管领导听取各方面意见后，对存在的问题提出解决办法，做出结论；

⑨ 设计、工艺人员将会议内容进行整理、归纳，编写"产品试制阶段评审会议纪要"；

⑩ 主管领导对"产品试制阶段评审会议纪要"签署意见。

如果经过评审验证，产品设计已满足预期的功能、性能指标、成本等总体目标，并具有合理性、可靠性、可生产性和可维护性，即可决策进入批量生产。

5.10.2　SMT 印制电路板可制造性设计审核

由于 PCB 设计的质量问题在生产工艺中是很难甚至无法解决的，如果疏忽了对设计质量的控制，在批量生产中将会带来很多麻烦，会造成元器件、材料、工时的浪费，甚至会造成重大损失。因此，要求在开发设计、模样、正样、小批试生产和大批生产各阶段都必须执行设计评审。特别是在批量生产前，必须严格按照设备和工艺对 PCB 设计的要求进行审核。在给印制电路板加工厂提交 CAD 设计资料前，必须一一确认。如果等到印制电路板加工后发现问题，就会给企业造成严重的损失。

1．PCB 可制造性设计审核标准和依据

① 本企业 SMT 印制电路板可制造性设计（DFM）标准（规范）；

② 参考 IPC、EIA、SMEMA 等国际标准，以及国内 SJ/T 等标准；

③ 元器件厂商提供的元器件尺寸和推荐的焊盘设计图形或元器件实物；

④ PCB 设计硫酸纸图；

⑤ CAD 设计文件（需要用专用软件打开）。

2．需要审核的文件

（1）PCB 设计图纸资料（硫酸纸图）

① 顶视图（主视图）；

② 底视图；

③ 字符、丝网图（如果是双面板，要提供两张）；

④ 1∶1 装配图（如果是双面板，要提供两张）；

⑤ 打孔图；

⑥ 内 1、内 2 等内层图；

⑦ 电路原理图；

⑧ 元器件总汇表及元器件明细表（如果是双面贴片，要提供两张明细表）。

（2）PCB 设计文件资料（CAD 设计文件，需要用专用软件打开）

提交 CAD 设计文件资料要求生成光绘文件，必须包括以下 CAD 文件：

① 顶视图（主视图）；

② 底视图；

③ 如果是多层板，有内 1、内 2 等；

④ 字符、丝网图（如果是双面板，要提供两张）；

⑤ 阻焊图（如果是双面板，要提供两张）；

⑥ 打孔图——要提供孔径，打孔文件要求孔径归类。例如，有 ϕ0.4mm、ϕ0.6mm、ϕ0.7mm、ϕ0.8mm 的孔，没有特殊要求时，可以将 ϕ0.7mm、ϕ0.8mm 的孔都归到 ϕ0.8mm；

⑦ 数控层——要提供孔的坐标；

⑧ 模板文件（双面贴片，要提供两个）——这是纯贴片元器件的焊盘图，用来加工印刷焊膏用的金属模板；

⑨ PCB 坐标文件（双面贴片，要提供两个）——贴装机、点胶机、AOI 等设备的编程用；

⑩ 元器件总汇表及元器件明细表（如果是双面贴片，要提供两个明细表）。

其中：①～⑦交给制板厂，用来加工印制电路板；⑧～⑩交给 SMT 加工部门，用来加工模板和编程。

3．审核程序和要求

（1）审核程序

如果 EAD 由专人绘图，可遵照以下审核程序：

EAD 绘图人员自审→设计审查→负责人签字→标准化审核→出图→工艺审核并写出审核报告→主管工艺师批准。

如果设计人员自己绘图，首先是设计人员自审，然后由工艺人员逐项审核，完成审核后要写出审核报告，提出修改建议，与设计人员协商后进行修改，最后必须由主管工艺师批准。

（2）审核要求

① 必须认真看完图再签字。

② 图纸有问题可以更改。

③ U 盘文件必须同时更改，U 盘文件和图纸必须一致。如果制板回来发现问题，则损失重大。

4．PCB 可制造性设计审核的内容

（1）PCB 的尺寸、外形等应符合要求

PCB 的尺寸和结构形状、安装孔的位置，孔径的尺寸，电源、接插件、开关、电位器、LED 或液晶显示器等布局，散热口的位置、尺寸，边缘尺寸等是否符合要求。

（2）PCB 组装形式和工艺设计是否合理

PCB 设计时在满足整机电性能、机械结构及可靠性要求的前提下，还要从降低成本和提高组装质量出发，应该做以下几方面考虑。

① 最大限度减少 PCB 层数。能采用单面板就不用双面板，能采用双面板就不用多层板，尽量减少 PCB 加工成本。

② 尽量采用再流焊工艺，因为再流焊比波峰焊具有更多优越性。详见第 7 章 7.5 节。

③ 最大限度减少组装工艺流程，尽量采用免清洗工艺。

（3）是否满足 SMT 设备对 PCB 设计的要求

① PCB 形状、尺寸是否正确，小尺寸 PCB 是否考虑了拼板工艺；

② 夹持边设计是否正确；

③ 定位孔设计是否正确；

④ 定位孔及非接地安装孔是否标明非金属化；

⑤ Mark 图形及其位置是否符合规定，Mark 图形周围是否留出 1～1.5mm 无阻焊区；

⑥ 是否考虑了环境保护要求。

（4）是否符合 SMT 工艺对 PCB 设计的要求

① 基板材料、元器件及元器件包装的选用是否符合要求；

② 焊盘结构（形状、尺寸、间距）是否符合 DFM 规范；

③ 引线宽度、形状、间距，引线与焊盘的连接是否符合要求；

④ 元器件整体布局、元器件之间最小间距是否符合要求，大元器件周围是否考虑了返修尺寸，元器件的极性排列方向是否尽量一致；

⑤ 再流焊面、波峰焊面元器件排布方向是否符合要求；

⑥ 通孔插装元器件的孔径、焊盘设计是否符合 DFM 规范；

⑦ 阻焊膜及丝网图形是否正确，元器件极性与 IC 第 1 脚是否标出；

⑧ 轴向元器件插装孔跨距是否合适（或元器件成形是否正确），径向元器件插装孔跨距是否与引脚中心距或元器件成形尺寸一致；

⑨ 相邻通孔插装元器件之间的距离是否有利于手工插装操作；

⑩ PCB 上接插件的位置是否有利于布线与插拔。

（5）是否满足检验、测试要求

① 测试点（孔）焊盘尺寸及间距设计是否正确，是否满足在线测、功能测要求；

② 是否考虑了测试通道、夹具问题。

（6）可靠性问题

是否考虑散热、高频、电磁干扰、防静电、防振动、防潮、防腐蚀等可靠性问题。

（7）节约成本

工艺材料的选用是否考虑既要满足工艺、质量可靠性要求，又能节约成本。

（8）检查设计输出文件是否完整和正确

除满足印制电路板加工标准中规定的印制电路板设计输出文件外，SMT 印制电路板设计还需生成以下 3 个文件。如果是双面板，需要分别提供双面的 3 个文件。

① 纯表面贴装元器件的 PCB 坐标纯文本文件。是否包括基准标志和元器件的位号、X 轴坐标、Y 轴坐标、T 旋转角度，以及元器件的封装名称（不应包括通孔插装元器件）。

② 纯表面贴装元器件明细表（贴片用）和总元器件明细表（总装配用）。元器件明细表中元器件的位号、型号规格和封装类型等是否符合设计文件，是否以纯文本文件的形式输出。

③ 纯表面贴装元器件的焊盘 Gerber 图形文件（简称模板文件，用于加工印刷模板）。

（9）其他

① 检查 PCB 设计使用的单位（公制或英制）是否统一；

② 检查不同厂家的元器件尺寸公差，特别在高密度情况下，应按元器件的实际尺寸进行设计；

③ 双面组装的 PCB 应分别提供 A、B 面的 PCB 坐标文件和模板文件；

④ 高密度设计时应采用泪滴（椭圆）形焊盘图形；

⑤ 高可靠性 PCB 焊盘设计时焊盘宽度=1.1～1.2 倍的元器件焊端宽度；

⑥ PCB 坐标文件、元器件明细表和模板文件应单独提供 U 盘，并标有"SMT"字样；

⑦ 文件的审批、更改应按规定执行；

⑧ 标有"SMT"的 U 盘按批生产发图，只发给 SMT 生产单位。

5．PCB 可制造性设计审核的方法

CAD 设计文件需要专用软件打开 Gerber 文件。目前较先进的有 Valor 工具软件，该软件有 3 种产品。

Enterprise 3000：DFM，设计专用。

Trilogy 5000：DFM+CAM，设计和装配厂用。

Genesis 2000：光板检查，PCB 生产检查，PCB 生产厂商用。

Trilogy 5000 具有 DFM 和 CAM（计算机辅助制造）功能，适合 SMT 制造厂使用。下面简单介绍 Trilogy 5000 的功能。

（1）软件格式：ODB++。IPC 将 ODB++ 数据格式推荐为行业标准——IPC 2581。

（2）元器件库：具有 3 千万个元器件资料。

元器件具体内容有元器件名称、生产厂商、生产编号、封装形式，以及外形尺寸和图形等。

（3）叠加功能：将元器件库中的元器件调入所设计的印制板中，放置在焊盘上或通孔上，形成二维平面图形，或形成三维立体图形。

（4）检查功能，如下所述。

① 光板的 DFM 审核：光板生产是否符合 PCB 生产的工艺要求，包括导线线宽、间距、布线、布局、过孔、Mark、波峰焊元器件方向等。

② 审核实际元器件与焊盘的吻合：采购实际元器件与设计焊盘是否吻合（如果不一致就用红色标识指出），是否满足贴装机的最小间距要求。

③ 生成三维立体图形：生成三维立体图形，检查空间元器件是否相互干涉，元器件布局是否合理，是否有利于散热，是否有利于再流焊的吸热等。

④ 生产线优化：优化贴装顺序、料站位置。将现有的贴装机（如西门子高速机、环球多功能机）数据输入到软件中，对现有板上表面贴装元器件进行分配，西门子高速机贴多少品种，哪几处位置，环球多功能机贴多少品种，哪几处位置等。从而优化贴片程序，节省时间。对于多条线生产，也同样可以优化分配贴装元器件。

⑤ 作业指导书：自动生成生产线上工人操作的作业指导书。

⑥ 检查规则修订：可以修改检查规则。如元器件间距最小 0.1mm，可根据具体机型、生产厂商、板的复杂程度设置为 0.2mm；导线宽度最小 6mil，高密度设计时可改为 5mil。

⑦ 支持松下、富士、环球贴片软件：可以自动生成贴装软件，节省编程时间。

⑧ 自动生成钢板优化图形。

⑨ 自动生成 AOI、X-RAY 程序。

⑩ 检查报告。

⑪ 支持各种软件格式（日本、美国 KATENCE、中国 PROTEL）。

⑫ 审核 BOM 表，修改相应的错误，如厂商拼写错误等，并将 BOM 表转成软件格式。

6. 完成审核后写出审核报告

审核报告要指出存在的问题，提出修改建议，然后与设计人员协商后进行修改，最后必须由主管工艺师批准。

DFM 审核报告是反映整个 DFM 过程中所发现问题的文件。

审核报告的格式可根据本单位的具体情况和要求进行设计。

5.11　IPC-7351《表面贴装设计和连接盘图形标准通用要求》简介

IPC-7351 是 IPC-SM-782 的替代版。

1987 年以来，IPC-SM-782 经过 1993 年和 1996 年两次修订。随着新元器件封装的不断推出和元器件密度向更高方向的发展，对 IPC-SM-782 进行修改和提高是非常有必要的。2005 年 2 月，IPC 宣布 IPC-7351 已最终替代 IPC-SM-782 标准。

IPC-7351 标准与前行标准一样，都是以数学模式验证为理论基础，考虑和兼顾制造、装配与元器件误差，从而计算出精确的焊盘图形结构尺寸。IPC-7351 创建了新的 CAD 数据库。

1. IPC-7351 与 IPC-SM-782 比较，主要改进和提高的内容

（1）IPC-7351 建立了焊盘图形几何形状

IPC-7351 对每一个元器件都建立了 3 个焊盘图形几何形状，对每一系列元器件都提供了清晰的焊点技术目标描述，以及提供给用户一个智能命名规则，有助于用户查询焊盘图形；而 IPC-SM-782 只是对每种元器件提供单个焊盘图形的推荐技术标准，在实际使用中往往是不够的。

IPC-7351 为每一个元器件提供了 3 个焊盘图形几何形状的概念，用户可以从中进行选择。

① 密度等级 A：最大焊盘伸出。

密度等级 A 适用于一般元器件密度应用中，典型的如便携/手持式或暴露在高冲击或振动环境中的产品。焊接结构是最坚固的，并且在需要的情况下很容易进行返修。

② 密度等级 B：中等焊盘伸出。

密度等级 B 适用于中等元器件密度的产品，提供坚固的焊接结构。

③ 密度等级 C：最小焊盘伸出。

密度等级 C 适用于焊盘图形具有最小焊接结构要求的微型元器件，可实现最高的组装密度。

表 5-18 给出了规格大于或等于 1608（0603）电阻、电容的焊点的脚趾、脚跟和侧面的最大焊盘伸出目标值，以及贴装区余量目标值，这些数值是 3 个等级焊盘图形几何形状变化的基值。图 5-115 是无引线 5 端电极焊端，鸥翼型、J 型引脚焊点的目标值。

  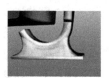

（a）无引线 5 端电极焊端目标焊点　　（b）欧翼型引脚目标焊点　　（c）J 型引脚目标焊点

图 5-115　无引线 5 端电极焊端，鸥翼型、J 型引脚焊点目标值

表 5-18　规格大于或等于 1608（0603）电阻和电容的目标值（单位：mm）

引 线 部 分	最小密度等级 C	中等密度等级 B	最大密度等级 A
脚趾（JT）	0.15	0.35	0.55
舍入因素	舍入到最近的 2 位偶数小数，即 1.00、1.20、1.40		
脚跟（JH）	−0.05	−0.05	−0.05
舍入因素	舍入到最近的 2 位偶数小数，即 1.00、1.20、1.40		
侧面（JS）	−0.05	0.00	0.05
舍入因素	舍入到最近的 1 位小数，即 1.0、1.1、1.2、1.3		
贴装区余量	0.1	0.25	0.5

（2）IPC-7351 提供了贴装区

贴装区描述了焊盘图形设计应考虑贴装工艺的因素，如图 5-116 所示。

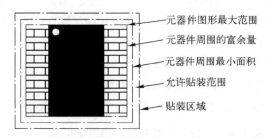

图 5-116　贴装区域示意图

IPC-7351 为焊盘图形区域提供了扩展范围，它计算出元器件边界和焊盘图形边界极限

的最小电气和机械容差。这一范围有助于基板设计师确定元器件和焊盘图形组合所占据的最小面积。

（3）IPC-7351 提供了智能焊盘图形命名规则

IPC-SM-782 为每种标准元件提供一个 3 位数字的注册焊盘图形（RLP），这一规则不具有向工程师或制造者传送任何有关元器件本身信息的智能信息。IPC-7351 提供了智能焊盘图形命名规则，代替 RLP 规则，该规则不仅有助于电子工程图解符号的标准化，而且有助于工程、设计和制造之间的元器件信息交流。

通过在焊盘图形命名规则中提供智能信息，IPC-7351 为增强焊盘图形在 CAD 数据库中的查询能力创造了条件，允许用户以多重属性查询一个具体的元器件。

例如，0.80mm 间距的方形小尺寸封装 QFP（Quad Flat Package）的通用命名规则如下：

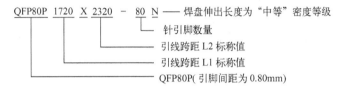

其中：

大写字母"X"——用来替代乘号，并把两个数字分开；

"–"字线——用来分开针引脚数量；

后缀字母"L"、"M"和"N"——表示焊盘伸出为最小、最大和中等的几何形状变化。

QFP80P1720X2320-80N 封装尺寸如图 5-117 所示。

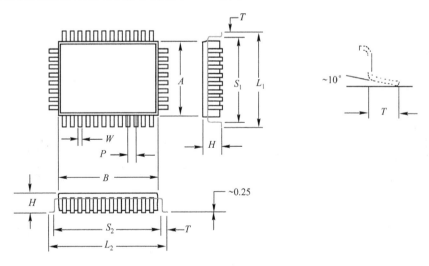

图 5-117　QFP80P1720X2320-80N 封装尺寸

当看到焊盘图形命名为"QFP80P1720X2320-80N"时，就明白了它表示下列信息。

● 元器件系列代号为 QFP。

● 元器件针引脚间距为 0.80mm。

● 元器件引线跨距标称值：$L_1 = 17.20$mm，为"1720"；$L_2 = 23.20$mm，为"2320"。

● 总的元器件针引脚数量为 80。

● 中等（正常）焊盘图形几何形状。

2．设计指南论述了组装中应考虑的问题

（1）举例 1

IPC-7351 为基准标志及元器件下和焊盘中的通路设计提供了新的设计指南。例如，局部 Mark 考虑到了激光切割模板、贴装、再流焊等工艺要求，规定要求将局部 Mark 设置在径向上，如图 5-118 所示。

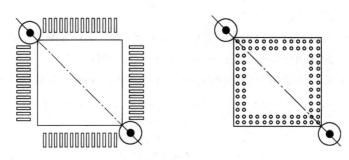

图 5-118　局部 Mark 示意图

（2）举例 2

零元器件旋转是 IPC-7351 的一个新的特性。

由于不同供应商所提供的同一规格元器件的卷带（或托盘）上可能会有不同的取向，IPC-7351 零元器件旋转设计允许 CAD 焊盘图形以同样的角度旋转。

IPC-7351 中所说的旋转将根据一个已有的 PCB 设计，按照标准 CAD 元器件数据库来定义。单个的焊盘图形可使用于由不同供应商所提供的同一规格的元器件上。

如果一个部件的零旋转是依据元器件被传送到组装设备的方式时，PCB 设计者无法引用单个的焊盘图形。

图 5-119 是 SOT 封装中零元器件旋转示意图。从图中可看出，IPC-7351 定义了 SOT "1 脚" 的位置在左上方。

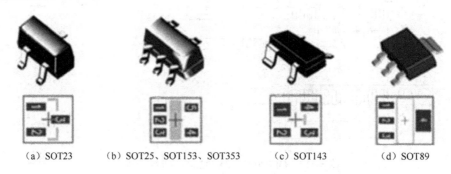

（a）SOT23　　（b）SOT25、SOT153、SOT353　　（c）SOT143　　（d）SOT89

图 5-119　SOT 封装中零元器件旋转示意图

3．增加新型封装 PQFN 的焊盘设计

具体内容见 5.5.1 节。

4．焊盘图形阅读器是构成该标准的重要内容之一

焊盘图形阅读器是一个包含标准的共享软件，利用这一共享软件的 CD 光盘，用户可以以表格的形式查看标准系列的元器件和焊盘图形的尺寸数据，以及通过图解说明一个元器件是怎样被贴装到基板焊盘图形上的。IPC-7351 焊盘图形阅读器为每一个焊盘图形几何形状提供一个具体的元器件和焊盘图形图解，它是通过采用该元器件的尺寸和容差而建立的。

焊盘图形阅读器具有较强的搜索、查询功能，借助于 IPC-7351 焊盘图形命名规则，可在众多的元器件数据库中搜索。用户可通过这些属性如针引脚间距、针引脚数量、焊盘名称或引线跨距等，只要标出几项即可查阅相关元器件和焊盘图形的数据。图 5-120 是焊盘图形阅读器元器件参数示例，图中显示了 SQFP50P900X900-48N 的封装参数和具体尺寸；图 5-121 是焊盘图形阅读器焊盘设计的示例，图中显示了 SQFP50P900X900-48N 的焊盘设计参数和设计尺寸。

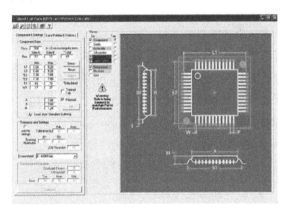

图 5-120　焊盘图形阅读器（SQFP50P900
X900-48N 元器件参数示例）

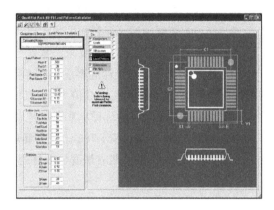

图 5-121　焊盘图形阅读器（SQFP50P900
X900-48N 焊盘设计示例）

IPC-7351 标准可免去大量抄写、复印的劳累，创建和实现了电子产品开发的自动化。电子厂商必定从中受益。

还可以制作新的 .p 数据库文件，并供 IPC-7351 的用户免费下载 IPC 焊盘图形阅读器。依赖于元器件和焊盘图形尺寸数据库文件，该数据库文件叫作 .p 文件。随着新元器件系列不断被标准化和 IPC 批准，将陆续制作新的 .p 数据库文件，供 IPC-7351 焊盘图形阅读器的用户免费下载。这一共享软件也需要一些附加软件的支持，这些附加软件可用来完成新焊盘图形的计算，以及存储新元器件和焊盘图形数据的新部件数据库的创建。

思 考 题

1. 什么是 DFM？DFM 的优点有哪些？

2. 简述不良设计在 SMT 生产中的危害。

3. 举例说明片式元器件焊盘结构和尺寸不规范会造成什么焊接缺陷？Mark 不规范会造成什么问题？

4. 片式元器件焊盘设计应掌握哪几个关键要素？

5. 图 5-122（a）是已有 1 脚标识的 BGA 顶视图，请分别在底视图（b）和基板焊盘图（c）的空白方框中填写 1 脚和 11 脚。

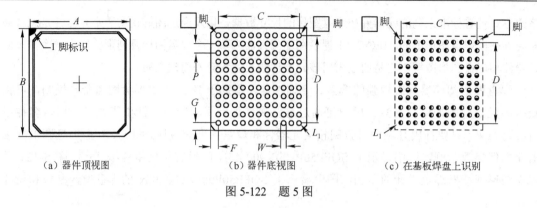

（a）器件顶视图　　　　　　（b）器件底视图　　　　　　（c）在基板焊盘上识别

图 5-122　题 5 图

6. 片式元器件的焊盘与印制导线连接设计有什么要求？为什么？

7. 简述再流焊与波峰焊表面贴装元器件的排列方向设计要求。

8. 模板开口设计最基本的要求、宽厚比和面积比的定义和要求分别是什么？

9. SMT 生产设备对设计的要求包括哪些内容？SMT 对基准标志（Mark）设计有哪些要求？在 Mark 周围为什么要设计 1～2 倍 Mark 直径的无阻焊区？拼板 Mark 怎么设计？

10. 简述 SMT 产品设计评审和印制电路板可制造性设计审核的目的和方法。

11. IPC-7351 与 IPC-SM-782 比较主要有哪些改进和提高？

12. IPC-7351 新的命名方法有什么好处？请解释 QFP80P1720X2320-80N 的含义。

第6章 表面组装工艺条件

SMT 是一项复杂的综合性系统工程技术，涉及基板、元器件、工艺材料、设计技术、组装工艺技术、高度自动化的组装和检测设备等多方面因素，涵盖机、电、气、光、热、物理、化学、物理化学、新材料、新工艺、计算机、新的管理理念和模式等多学科。SMT 产品具有结构紧凑、体积小、耐振动、抗冲击、高频特性好、生产效率高等优点。

SMT 生产设备具有全自动、高精度、高速度、高效益等特点。SMT 工艺与传统插装工艺有很大区别，片式元器件尺寸非常小，组装密度非常高；另外，SMT 的工艺材料如焊膏与贴片胶的黏度和触变性等性能与环境温度、湿度都有密切的关系。因此，SMT 生产设备和 SMT 工艺对生产现场的电、气、通风、照明、环境温度、相对湿度、空气清洁度、防静电等条件有专门的要求。

另外，SMT 制造中的工艺控制与质量管理也是表面组装工艺很重要的工艺条件之一。

6.1 厂房承重能力、振动、噪声及防火防爆要求

厂房地面的承载能力应大于 $8kN/m^2$。

振动应控制在 70dB 以内，最大值不应超过 80dB。

噪声应控制在 70dBA 以内。

SMT 生产过程中使用的助焊剂、清洗剂、无水乙醇等材料属于易燃物品，生产区和库房必须考虑防火防爆安全设计。

6.2 电源、气源、排风、烟气排放及废弃物处理、照明、工作环境

1. 电源

电源电压和功率要符合设备要求。

电压要稳定，一般要求单相 AC 220V（220V±10%，50/60Hz）；三相 AC 380V（220V± 10%，50/60Hz）。如果达不到要求，须配置稳压电源，电源的功率要大于设备功耗一倍以上。例如，贴装机的功耗 2kW，应配置 5kW 电源。

贴装机的电源要求独立接地，一般应采用三相五线制的接线方法。因为贴装机的运动速度很高，与其他设备接在一起会产生电磁干扰，影响贴装机的正常运行和贴装精度。

2. 气源

要根据设备的要求配置气源的压力，可以利用工厂的气源，也可以单独配置无油压缩空气机，一般要求压力大于 $7kg/cm^2$。SMT 生产要求清洁、干燥的净化空气，因此需要对压缩空气进行去油、去尘和去水处理。最好采用不锈钢或耐压塑料管做空气管道。不要用铁管做压缩空气的管道，因为铁管会生锈，锈渣进入管道和阀门，严重时会使电磁阀堵塞、气路不畅，影响机器正常运行。

3．排风、烟气排放及废弃物处理

再流焊和波峰焊设备都有排风及烟气排放要求，应根据设备要求配置排风机。对于全热风炉，一般要求排风管道的最低流量值为500立方英尺/分钟（14.15m³/min）。

SMT生产现场的空气污染源主要来自波峰焊、再流焊及手工焊时产生的烟尘，烟尘的主要成分为铅蒸气、锡蒸气、氮氧化物、臭氧、一氧化碳等有害气体。其中铅蒸气对人体健康的危害最严重。因此必须采取有效措施对生产现场的空气进行净化。在有些工位上安装烟雾过滤器，将有害气体吸收和过滤掉。对生产中产生的废弃物进行处理，例如对废汽油、乙醇、清洗液，废弃的焊膏、贴片胶、助焊剂、焊锡渣、元器件包装袋等分类收集，交给有能力处理并符合国家环保要求的单位处理。

4．照明

厂房内应有良好的照明条件，理想的照明度为800～1200lx，至少不能低于300lx。低照明度时，在检验、返修、测量等工作区应安装局部照明。

5．工作环境

SMT生产设备是高精度的机电一体化设备，设备和工艺材料对环境的清洁度、温度、湿度都有一定的要求，为了保证设备正常运行和组装质量，对工作环境有以下要求。

工作间保持清洁卫生，无尘土、无腐蚀性气体。空气清洁度为100000级（BGJ 73－84）；在空调环境下，要有一定的新风量，尽量将CO_2含量控制在$1000×10^{-6}$以下，CO含量控制在$10×10^{-6}$以下，以保证人体健康。

环境温度以23℃±3℃为最佳。一般为17～28℃，极限温度为15～35℃（印刷工作间环境温度以23℃±3℃为最佳）。

相对湿度为RH45%～70%。

根据以上条件，由于北方气候干燥，风沙较大，所以北方的SMT生产线需要采用有双层玻璃的厂房，一般应配备空调。

6.3　SMT制造中的静电防护技术

在电子产品制造中，静电放电往往会损伤元器件，甚至使元器件失效，造成严重损失。随着IC的集成度不断提高，元器件越来越小，使SMT组装密度也不断升级，静电的影响比以往任何时候更严重。据有关统计，在导致电子产品失效的因素中，静电占8%～33%，每年静电的损失高达10亿美元。因此，SMT生产中的静电防护非常重要。

6.3.1　防静电基础知识

为了在SMT生产中有效地做好静电防护，减少静电带来的损失，必须对SMT生产线全员职工进行防静电基础知识教育，提高每个员工的防静电意识，并且自觉遵守防静电制度。

1．静电、静电释放、电气过载、静电敏感器件

（1）静电（Electrostatic）

静电是物体表面过剩或不足的静止电荷。它是一种电能，存留于物体表面；是正负电荷在局

部范围内失去平衡的结果，是通过电子或离子的转换而形成的。静电现象是电荷在产生和消失过程中产生的电现象的总称，如摩擦起电、人体起电等现象。

（2）静电释放（ESD）

静电释放（Electrostatic Discharge，ESD）是一种由静电源产生的电进入电子组装件后迅速放电的现象。当电能与静电敏感元器件接触或接近时会对元器件造成损伤。

（3）电气过载（EOS）

电气过载（Electrical Overstress，EOS）是一些额外出现的电能导致元器件损害的结果。这种损害的来源很多，如电力生产设备、工具，操作过程中产生的 ESD。

（4）静电敏感元器件（SSD）

SSD 的介绍见 1.6.2 节。

ANSI/ESD S20.20—2014《静电放电控制方案体系标准》将静电敏感元器件按照人体放电模型 HBM（Human Body Model）、机器放电模型 MM（Machine Model）、带电器件模型 CDM（Charged Device Model）、插座放电模型 SDM（Socket Device Model）等不同的放电模型可划分为 4～7 个等级的敏感度。

2. 静电释放（ESD）/电气过载（EOS）在电子工业中的危害

在电子工业中，随着集成度越来越高，集成电路的内绝缘层越来越薄，互连导线宽度与间距越来越小。例如，CMOS 器件绝缘层的典型厚度约为 0.1μm，其相应耐击穿电压在 80～100V；VMOS 器件的绝缘层更薄，击穿电压为 30V。而在电子产品制造及运输、存储等过程中所产生的静电电压远远超过 CMOS 器件的击穿电压，往往会使器件产生硬击穿或软击穿（器件局部损伤）现象，使其失效或严重影响产品的可靠性。

3. 电子产品制造中的静电源

（1）人体静电

人体的活动，人与衣服、鞋、袜等物体之间的摩擦、接触和分离等产生的静电是电子产品制造中主要的静电源之一。人体静电是导致器件产生硬（软）击穿的主要原因。人体活动产生的静电电压约为 0.5～2kV。另外，空气湿度对静电电压的影响很大，因此在干燥环境中还要上升 1 个数量级。表 6-1 为典型的相对湿度与人体活动带静电的关系。

表 6-1 典型的相对湿度与人体活动带静电关系

人 体 活 动	静电电压（V）	
	相对湿度 10%～20%	相对湿度 65%～90%
在地毯上行走	35000	1500
在聚乙烯地板上行走	12000	250
坐在工作椅上	6000	100
使用聚乙烯封套（作业指导书）	7000	600
在工作台面上拿起塑料袋	20000	1200
使用有泡沫垫的工作座椅	18000	1500

人体带电后触摸到地线，会产生放电现象，人体就会产生不同程度的电击感反应，反应的程度称为电击感度。人体带电电位与电击感度见表 6-2。

表 6-2　人体带电电位与电击感度

人体电位（kV）	电 击 感 度	备 注
1.0	没有感觉	
2.0	手指外侧有感觉，但不疼痛	
2.5	有针刺感、哆嗦感，但不疼痛	
4.0	有较强针刺感，手微疼痛	光暗时，能见到放电微光
5.0	从手掌到前腕感到疼痛	
6.0	手指感到剧痛，后腕部有强烈电击感	
7.0	手指、手掌剧痛，有麻木感	

（2）工作服

化纤或棉制工作服与工作台面、座椅摩擦时，可在服装表面产生 6000V 以上的静电电压，并使人体带电。此时与元器件接触时，会导致放电，容易损坏元器件。

（3）工作鞋

橡胶或塑料鞋底的绝缘电阻高达 $10^{13}\Omega$，当与地面摩擦产生静电使人体带电。

（4）包装和运输过程中

树脂、漆膜、塑料膜封装的元器件放入包装中运输时，元器件表面与包装材料摩擦能产生几百伏的静电电压，对敏感元器件放电。

（5）塑料、树脂等高分子材料的各种包装和器具

用 PP（聚丙烯）、PE（聚乙烯）、PS（聚丙乙烯）、PVR（聚氨酯）、PVC 和聚酯、树脂等高分子材料制作的各种包装、料盒、周转箱、PCB 架等，都可能因摩擦、冲击产生 1～3.5kV 静电电压，对敏感元器件放电。

（6）工作台面

普通工作台面受到摩擦也会产生静电。

（7）绝缘地面

混凝土、打蜡、橡胶地板等地面的绝缘电阻高，人体上静电荷不易泄漏。

（8）电子生产设备和工具方面

电烙铁、波峰焊机、再流焊炉、贴装机等设备内的高压变压器，交、直流电路都会在设备上感应出静电。如静电泄漏措施不好，都会引起 SSD 失效。

从以上数据可以看出，人体在活动中，都有可能产生 100～35000V 静电。但大多数情况人体毫无感觉，达到 2500V 以上人体才能有电击感。静电敏感元器件（SSD）在运输、存储、使用过程中有可能不知不觉地被硬击穿或软击穿。因此，称静电为"无形杀手"并不过分。

4．静电防护原理

电子产品制造中，不产生静电是不可能的。产生静电不是危害所在，危害在于静电积聚以及由此产生的静电放电。静电防护的主要原理如下。

① 防止静电积聚，使静电边产生、边泄放，并将静电电压控制在安全范围内。

② 对已经存在的静电积聚要迅速消除掉，使其即时释放。静电防护的核心是静电消除。

5．静电防护方法

（1）使用防静电材料

金属是导体，导体的漏放电流大，会损坏元器件。另外，由于绝缘材料容易产生摩擦起电，

因此不能采用金属和绝缘材料作防静电材料，而是采用表面电阻为 $1×10^5Ω·cm$ 以下的所谓静电导体，以及表面电阻在 $1×10^5～1×10^8Ω·cm$ 的静电亚导体作为防静电材料。例如，常用的静电防护材料是在橡胶中混入导电炭黑来实现的，将表面电阻控制在 $1×10^6Ω·cm$ 以下。

（2）泄漏与接地

对可能产生或已经产生静电的部位应进行接地，提供静电释放通道。可采用埋大地线的方法建立"独立"地线，使地线与大地之间的电阻小于 $10Ω$（参见 SJ/T 10694—2006）。

采用静电防护材料的方法：将静电防护材料（如工作台面垫、地垫、防静电腕带等）通过 $1MΩ$ 的电阻接到通向独立大地线的导体上（参见 SJ/T 10630—1995）。串接 $1MΩ$ 电阻是为了确保对地泄放小于 $5mA$ 的电流，称为软接地。设备外壳和静电屏蔽罩通常是直接接地，称为硬接地。

防静电工作台能防止在操作时尖峰脉冲和静电释放对于敏感元器件的损害。安全工作台应具有对于 EOS 损害的防护功能，并能够避免在维修、制造或测试设备上产生尖峰脉冲。烙铁、吸锡器和测试器具能产生足以完全破坏敏感元器件或使其降级的电能。

ESD 安全工作台（EPA）具有接地的静电消散或抗静电工作台面。对于操作人员的皮肤也应有相应的接地方法，用于消除皮肤或衣物产生的静电，防静电腕带是较好的选择。

在接地系统中必须采取限流措施，用于防止操作失误或设备故障时产生的电流对于操作人员的人身伤害。一般在接地路径中有限流电阻，它可减慢放电速度，防止 ESD 的发生源产生电火花。另外，必须调查所使用的电压，工作台必须提供适当的对于人员电气伤害的防护。IPC-A-610 标准中推荐的防静电工作台接地方法如图 6-1 所示：图（a）是防静电腕带串联接地，是理想的 EOS/ESD 安全工作台；图（b）是防静电腕带并联接地，也是可接受的 EOS/ESD 安全工作台。

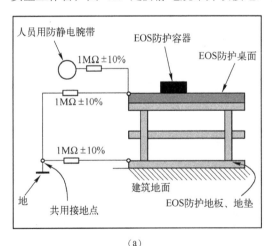
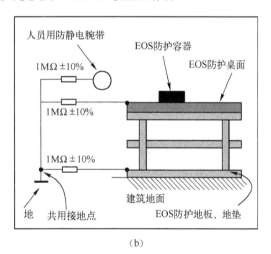

（a）　　　　　　　　　　　　　　　　（b）

图 6-1　IPC-A-610 标准中推荐的防静电工作台接地方法

（3）导体带静电的消除

导体上的静电可以通过接地使其泄漏到大地。放电体上的电压与释放时间可用下式表示：

$$U_t = U_0 e^{-\frac{t}{RC}} \tag{6-1}$$

式中，U_t 为 t 时刻的电压（V）；U_0 为起始电压（V）；R 为等效电阻（Ω）；C 为导体等效电容（pF）；e 为自然对数的底。

式中参数 R、C、U_0、U_t 应根据静电安全作业区（点）的基本条件选择。

① 安全电阻的确定。

根据人体受到电击时，安全电流应小于 10～16mA，计算时取安全电流 $I=5mA$。

设 $U=220～380V$，因为 $R=U/I$，计算得到 $R=4.4×10^4～7.6×10^4\Omega$，所以取安全电阻 $R>1.0×10^5\Omega$。

② 防静电系统的泄漏条件分析与最大允许接地电阻计算。

操作人员临时离开工作岗位返回时，如果忘记带接地的防静电腕带，是错误的。

资料表明：临时进入防静电作业区（点）的外来人员，即使踏上防静电地垫距离工作台上静电敏感元器件仅一步远，只需要 1s 就有可能导致元器件损害。因此，防静电泄漏系统应考虑最大允许接地电阻，即要求在 1s 的时间内将电压降至 100V 以下。

另外，物体放电时，除了需要通过接地电阻外，放电物体的电容量也影响放电时间。人体的等效电容大约为 100～4000pF，一些防静电器具对地的等效电容约为 35～300pF，因此取平均值 200pF。

物体放电的初始电压是不同的，国际上一般规定为 5000V，我们的工作电压一般为 220V。

根据以上分析，为了保证在 1s 内将 5000V 静电压降至 100V 以下的安全电压的最大允许接地电阻，可按照式（6-1）进行计算。

将 $t=1s$，$U_t=U_1=100V$，$U_0=5000V$，$C=200pF$，$R=$最大允许接地电阻值（Ω）代入式（6-1）：

$$100 = 5000e^{\left[-\frac{1}{200×10^{-12}R}\right]}$$

$$\ln 50 = \frac{1}{200×10^{-12}R}$$

$$\therefore R = \frac{1}{3.9×200×10^{-12}} = 1.28×10^9\Omega$$

因此，只要防静电系统的接地电阻小于 $10^9\Omega$，即可保证在 1s 内将静电泄漏，即 1s 内将电压降至 100V 以下的安全区。这就最大限度地减少了 SSD 在静电作用下的损坏机率。

③ 防静电腕带接地电阻的要求。

要求防静电腕带接地电阻必须保证操作者在任何情况下（包括移动时）人体电位都能在 0.1s 内降至 100V 以下。通过式（6-1）$U_t=U_0e^{-t/RC}$ 计算得到结论：腕带接地电阻应在 $10^5～10^8\Omega$ 之间。

导体上的静电可以用接地的方法使其泄漏到大地。导体带静电的消除要点如下。

● 一般要求在 1s 内将静电泄漏，即 1s 内将电压降至 100V 以下的安全区。这样可以防止泄漏速度过快、泄漏电流过大对 SSD 造成损坏。

● 若 $U_0=5000V$，$C=200pF$，要在 1s 内使 U_t 达到 100V 以下，则要求防静电系统的最大允许接地电阻 $R=1.28×10^9\Omega$，一般取 $R<10^9\Omega$。

● 静电防护系统通常用 1MΩ 限流电阻，将泄放电流限制在 5mA 以下，这是为操作安全设计的。如果操作人员在静电防护系统中，不小心触及 220V 工业电压，也不会带来危险。

防静电安全操作的最大接地电阻和放电时间见表 6-3。

表 6-3　防静电安全操作的最大接地电阻和放电时间

操作人员通过的媒介	允许的最大电阻	允许的最大放电时间
从地板垫到地	1000MΩ（<10⁹Ω）	<1s
从桌垫到地	1000MΩ（<10⁹Ω）	<1s
从腕带到地	100MΩ（<10⁸Ω）	<0.1s

（4）非导体带静电的消除

由于电荷不能在绝缘体上流动，因此不能用接地的方法消除静电，可采用以下措施。

① 使用离子风机。离子风机产生正、负离子，可以中和静电源的静电。离子风机可以设置在贴装机贴装头附近。

② 使用静电消除剂。静电消除剂属于表面活性剂。可用静电消除剂擦洗仪器和物体表面，能迅速消除物体表面的静电。

③ 控制环境湿度。增加湿度可提高非导体材料的表面电导率，使物体表面不易积聚静电。例如，北方环境干燥，可采取加湿、通风的措施。

④ 采用静电屏蔽。对易产生静电的设备，可采用屏蔽罩（笼），并将屏蔽罩有效接地。

（5）工艺控制法

为了在电子产品制造中尽可能少地产生静电，控制静电荷积聚；对已经存在的静电积聚，迅速将其消除掉，即时释放，应从厂房设计、设备安装、操作、管理制度等方面采取有效措施。

① SMT 生产设备必须接地良好，贴装机应采用三相五线制接地法并独立接地。

② 生产场所的地面、工作台面垫、座椅等均应符合防静电要求。

③ 车间内保持恒温、恒湿的环境。

6. 静电防护器材

① 人体防静电系统：包括防静电腕带、工作服、帽、手套、鞋、袜等。

② 防静电地面：包括防静电水磨石地面、橡胶地面、PVC 塑料地板、地毯、活动地板等。

③ 防静电操作系列：包括防静电工作台垫、包装袋、物流小车、防静电烙铁及工具等。

7. 静电测量仪器

① 静电场测试仪：用于测量台面、地面等表面电阻值。

② 腕带测试仪：测量腕带是否有效。

③ 人体静电测试仪：用于测量人体携带的静电量、人体双脚之间的阻抗、人体之间的静电差，腕带、接地插头、工作服等是否防护有效。还可以作为入门放电，将人体静电隔在车间之外。

④ 兆欧表：用于测量所有导电型、抗静电型及静电泄放型表面的阻抗或电阻。

8. 电子产品制造中防静电技术指标要求

① 防静电地板接地电阻小于 10Ω。

② 地面或地垫表面电阻为 $10^5 \sim 10^{10}\Omega$；摩擦电压低于 100V。

③ 墙壁电阻为 $5\times10^4 \sim 5\times10^9\Omega$。

④ 工作台面或垫表面电阻为 $10^6 \sim 10^9\Omega$，摩擦电压低于 100V；对地系统电阻为 $10^6 \sim 10^8\Omega$。

⑤ 工作椅面对脚轮电阻为 $10^6 \sim 10^8\Omega$。

⑥ 工作服、帽、手套摩擦电压低于 300V，鞋底摩擦电压低于 100V。

⑦ 腕带连接电缆电阻为 $1M\Omega$，佩戴腕带时系统电阻为 $1\sim10M\Omega$。脚跟带（鞋束）系统电阻为 $0.5\times10^5 \sim 0.5\times10^8\Omega$。

⑧ 物流车台面对车轮系统电阻为 $10^6 \sim 10^9\Omega$。

⑨ 料盒、周转箱、PCB 架等物流传递器具，表面电阻为 $10^3 \sim 10^8\Omega$，摩擦电压低于 100V。

⑩ 包装袋、盒摩擦电压低于 100V。

⑪ 人体综合电阻为 $10^6 \sim 10^8 \Omega$。

9. 电子产品制造中的防静电措施及静电作业区（点）的一般要求

① 根据防静电要求设置防静电区域，并有明显的防静电警示标志。

图 6-2 是 IPC-A-610 规定的 ESD 防护标识，表示某区域或物体经过专门设计，具有防静电保护能力。

图 6-2 ESD 防护标识

按作业区所使用元器件的静电敏感程度将其分为 1、2、3 级，或 4～7 个等级。根据不同级别制定不同的防护措施。16000V 以上是非静电敏感程度产品。

② 静电安全区（点）的室温为 23℃±3℃，相对湿度为 45%～70%。禁止在低于 30% 的环境内操作 SSD。

③ 定期测量地面、桌面、周转箱等表面电阻值。

④ 静电安全区（点）的工作台上禁止放置非生产物品，如餐具、茶具、提包、报纸等。

⑤ 工作人员进入防静电区域，必须放电。操作人员进行操作时，必须穿工作服和防静电鞋、袜。每次上岗操作前必须作静电防护安全性检查，合格后才能生产。

⑥ 操作时要戴防静电腕带，每天测量腕带是否有效。

⑦ 测试 SSD 时应从包装盒、管、盘中取一块，测一块，放一块，不要堆在桌子上。

⑧ 加电测试时必须遵循加电顺序，即按照低电压→高电压→信号电压的顺序进行，去电顺序与此相反。同时，注意电源极性不可颠倒，电源电压不得超过额定值。

⑨ 检验人员应熟悉 SSD 的型号、品种、测试知识，了解静电保护的基本知识。

10. 静电敏感元器件（SSD）的运输、存储、使用要求

静电敏感元器件（SSD）的运输、存储、使用要求见 1.6 节。

11. 防静电工作区的管理与维护

① 制定防静电管理制度，并由专人负责。

② 备用防静电工作服、鞋、手镯等个人用品，以备外来人员使用。

③ 定期维护、检查防静电设施的有效性。

④ 腕带每天检查一次。

⑤ 桌垫、地垫的接地性和静电消除器的性能每月检查一次。

⑥ 防静电元器件架、印制板架、周转箱、运输车、桌垫的防静电性能每 6 个月检查一次。

6.3.2 国际静电防护协会推荐的 6 个原则

国际静电防护协会推荐 6 个原则来降低 ESD 带来的损失。

① 采用防静电设计；

② 根据制造环境制订静电控制计划；

③ 定义并标出静电防范区域；

④ 防止静电的产生和积聚；

⑤ 静电驱散和中和；

⑥ 保护加工好的产品。

6.3.3　高密度组装对防静电的新要求

① 元器件的敏感度划分为 4～7 个等级；
② 建立本企业的 ESD 防护标准；
③ 利用场强计检测是否有可能产生 ESD；
④ 使用 ESD 监测器进行实时监测，超出规定即自动报警。

6.3.4　IPC 推荐的电子组装件操作的习惯做法

1．关注静电释放（ESD）模式的变化

不同静电释放（ESD）和电气过载（EOS）的模式需要不同的防御处理方法。

2．关注电气过载（EOS）损害的防护

在操作敏感元器件前，需要仔细测试工具和设备，保证它们不产生破坏电能，包括尖峰脉冲。目前的研究表明，小于 0.5V 的电压和脉冲是可以接受的。但是，如果要使用大量的高敏感度元器件，则要求烙铁、吸锡器、测试仪器等电子设备的脉冲小于 0.3V。

3．关注静电释放（ESD）损害的防护

最好的 ESD 损害的防护方法是防止静电积聚和迅速消除已经积聚的静电。
因此，要采用泄漏与接地的方法使导体上的静电泄漏到大地。

4．关注 SSD 的延时失效

SSD 失效可分为即时和延时两种形式。即时失效（如元器件全然破坏）可以重新测试、修理或报废；而延时失效（如元器件轻微受损，在正常测试下不易发现）的结果却严重得多，即使产品已经通过了所有的检验与测试，仍有可能在送到客户手中后失效。

5．使用防静电工作台（EPA）

这部分内容本节前面已经介绍过，此处不再重复。

6．遵守电子组装件操作准则

① 保持工作站清洁，工作区域不可有任何食品、饮料、烟草制品。
② 尽可能减少对电子组装件的操作，防止造成损坏。
③ 使用手套时应及时更换，防止肮脏手套的污染。
④ 不可用手直接接触可焊表面，油脂和盐分会降低可焊性、加重腐蚀、降低涂覆层附着性。
⑤ 不要使用未经许可的手霜，否则会影响可焊性和涂覆附着性。
⑥ 绝不要堆叠组装板，以防机械性损伤。
⑦ 即使没有静电敏感元器件标识的组装件，也应作为静电敏感组装件操作。
⑧ 操作人员必须经过培训并按照 ESD 规章制度执行。
⑨ 绝不能脱离包装传递、运送静电敏感元器件。
⑩ 使用具有 EOS/ESD 防护功能的干净手套或指套。

⑪ 在清洗工艺过程中应使用耐溶剂的 EOS/ESD 防护手套，如图 6-3（a）所示。

⑫ 在 EOS/ESD 防护条件下用干净手接触电子组装板边缘并进行操作，如图 6-3（b）所示。

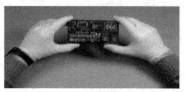 

（a）戴防护手套　　　　　　　　（b）用干净手接触电子组装板边缘

图 6-3　IPC-A-610 规定的正确操作 PCB 的方法

7. 对静电敏感元器件（SSD）进行电路保护性设计和包装

① 在非静电安全环境时，静电敏感元器件和组装件必须使用静电屏蔽料盒等方式包装。

② 只有在静电安全工作区，才可将静电敏感元器件从静电防护包装中取出。

8. 3 种不同类型的防护包装

（1）静电屏蔽（或阻挡层包装）材料

静电屏蔽（或阻挡层包装）材料可防止静电释放、穿透包装、进入组装件引起损害。

（2）抗静电材料

抗静电材料可作为静电敏感元器件廉价的中转包装，使用中不产生电荷。但如果发生了静电释放，便能够穿透包装导致静电敏感元器件损害。因此，不要用使用过的包装放置静电敏感元器件。

（3）静电消散材料

静电消散材料具有足够的传导性，使电荷能够通过其表面消散。离开静电防护工作区的部件必须使用静电消散材料包装。

一般情况"黑色"包装是静电屏蔽的，"粉红色"包装是抗静电的。但目前市场上有许多新型的透明材料，它们可能是抗静电的，甚至是静电屏蔽的。有时使用透明材料可能会引起 EOS/ESD 损害，因此，"颜色"不再是绝对的判定条件，不要被包装材料的"颜色"误导。

6.3.5　手工焊中防静电的一般要求和防静电措施

手工焊是产生静电电气过载的重要原因之一。手工焊中的防静电措施如下所述。

（1）进入工作区的工作人员必须接地

工作人员进入防静电区域，需放电。操作人员进行操作时，必须穿防静电工作服、鞋、袜、手套。每次上岗操作前必须做静电防护安全性检查，合格后才能生产。

（2）正确使用腕带（脚带）并且必须正确接地

① 操作时第一步就是戴防静电腕带。

② 每天测量腕带是否有效，工作台接地点是否有效。

③ 测量腕带（脚带）的方法必须正确。

④ 虽然许多制造商使用自动腕带测试仪，但常常可以看到因为腕带太松而失效。

由于坐着操作戴腕带、站着操作用防静电脚带更方便，因此，最好同时戴两种（腕带和脚带）。

（3）在防静电工作台上操作，工作台上禁止放置非生产物品

必要的物品，应放在工作台上离静电敏感元器件 12 英寸以外的地方。

（4）必要时采用离子发生器

① 根据产品中静电敏感元器件的等级，必要时采用离子发生器。

② 离子发生器在工作区域吹出离子化空气流，能中和累积在绝缘材料上的电荷。

③ 离子发生器的另一个优点是还可以防止灰尘静电附着于产品。

（5）手工焊工具必须良好接地，使用合格的防静电工具

① 烙铁、吸锡器等工具必须良好接地。

② 不要使用普通塑料的螺钉起子、塑料吸锡器、尼龙毛刷，以及由绝缘材料层所组成的标签等物品，防止静电积聚。

（6）识别防静电标签、标志

识别防静电标签、标志。在 SSD 包装上一般贴有专用标签。标签通常印成橘黄色。

（7）静电敏感元器件的所有操作都要在防静电工作台上进行

① 为防止 EOS/ESD 对 SSD 的损害，所有操作、组装、测试都必须在防静电工作台上进行。

② 尽量避免敏感元器件在包装内移动而产生静电。

③ 即使没有静电敏感元器件标志的组装件，也应作为静电敏感组装件操作。

（8）不要堆叠组装板，以防机械性损伤

待焊和焊好的组装板都应逐块插放在防静电印制板架上、周转箱内，以防机械性损伤。

（9）保护加工好的产品

测试、检验合格的电子组装板在封包装前应用离子喷枪喷射一次，以消除可能积聚的静电荷。

6.4　对 SMT 生产线设备、仪器、工具的要求

SMT 生产线所有设备、仪器、工具必须有设备合格证和定期鉴定的准用证。生产中必要的工具应齐全。每台设备、仪器都要由专人负责，操作人员要严格按照设备的安全操作规程进行操作，并且要严格按照各种设备的具体要求，做好每日、每周、每月、每季度、半年、一年的设备维护保养，使设备始终保持正常运行状态。

6.5　SMT 制造中的工艺控制与质量管理

工艺控制与质量管理的最终目的是用尽可能低的成本实现产品所要求的质量。

影响组装质量的因素非常多，例如 PCB 设计，元器件、印制板、工艺材料的质量，印、贴、焊等每道工序的工艺控制水平及工艺稳定性等。因此 SMT 要实现高质量、低成本、高效益的目标，不但要科学、全面地掌握工艺技术，同时还要提高企业管理水平，对设计、工艺、物料、设备、人员实现全面管理。

6.5.1　SMT 制造中的工艺控制

以工艺为主导、以预防为主的工艺过程控制尤其适合 SMT。

1. 以工艺为主导的指导方针

SMT 的主流工艺是再流焊工艺。再流焊工艺是全新的工艺。

再流焊工艺最大的特点是再流动、自定位效应。

再流焊工艺的另一个特点是通过印刷等方法，预先将焊料定量分配到焊盘上，每个焊点的焊料成分与焊料量是固定的，因此严格控制印刷焊膏和再流焊关键工序就能避免或减少焊接缺陷。

以工艺为主导的指导方针就是指设计、物料采购、工艺、设备、管理都要围绕 SMT 再流动、自定位效应，以及预先定量分配焊料这两个工艺特点进行。

2. 预防性工艺方法

同样的设备条件，采用不同的工艺方法就有不同的效益。预防性工艺方法是指使用科学的、先进的工艺，对每一步制造工序进行严格的工艺控制，预防故障的发生，同时，还要采用有效的措施预防前一道工序的缺陷及不合格隐患流入下一道工序的方法。这种控制手段对提高直通率、减少返工和返修、提高质量、降低成本、提高生产效率具有十分重要的意义。

预防性工艺方法提倡先质后量的新管理理念，提倡在设计和生产过程中实现高质量的工艺管理方法，提倡以过程控制为基础的 ISO 9000 质量管理体系运行模式，提倡应用数据处理技术和六西格玛质量管理理念。

（1）先质后量的新管理理念

传统的质量管理做法是被动的（制造管理）观念，主要是通过对每道工序的检测、过滤把关，通过出厂前的缺陷检测，经过返工、返修来"提高质量"。这一传统观念并不正确。焊后返修具有破坏性，如果返修方法不正确，还会加重对元器件和印制电路板的损伤，甚至会造成报废。

现代新的质量管理是先质后量的管理理念。首先要进行工艺优化，制定出能够保证质量的工艺技术规范和质量目标，然后通过过程控制实现高质量。一旦潜在的问题出现时，就可以实时地接收相关信息。这样，就能够立即将工艺调整到最佳状态，并在不符合技术规范的情况出现之前，就立即采取纠正措施。这种预防性工艺控制，能够把显而易见的和隐蔽的缺陷都控制在最小的范围内，从而提高直通率，避免返修，实现零（无）缺陷或接近零缺陷的再流焊质量。

（2）在设计和生产过程中实现高质量的工艺管理方法

质量是在设计和生产过程中实现的，质量是通过工艺管理实现的。

据统计，SMT 的质量问题有 11% 是由设计造成的，27% 是由工艺造成的，31% 是由工艺材料造成的，31% 是由过程控制造成的。

由此可见，DFM、工艺优化、工艺过程控制、供应链管理对实现高质量是十分重要的。

① 可制造性设计（DFM）。

DFM 是保证 PCB 设计质量的最有效的方法。由于设计的问题在生产工艺中是很难甚至无法解决的，在批生产中将会带来很多麻烦，会造成元器件、材料、工时的浪费，甚至会造成重大损失。详见第 5 章 5.1 节。

② 工艺优化和改进。

工艺优化和改进实际就是工艺制程管理。

工艺优化和改进的内容包括制程设计、制程调制、设定制程监控、制程改进。工艺优化和改进的实质是 PDCA 循环法，是怀疑→测量→改进→再怀疑→再测量→再改进的过程。从图 6-4 可以看出，PDCA 最主要是持续改进，而且永无止境。PDCA 不仅仅是制定纠正、预防措施，还应从技术进步、降低成本多方面去提高。因此，PDCA 还能给企业带来工艺技术水平的不断提高。

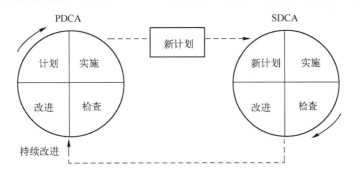

图 6-4   PDCA 循环法示意图

图 6-4 中：

计划（Plan）——看哪些问题需要改进，逐项列出来，找出需要改进和解决的问题；

实施（Do）——按既定计划展开行动；

检查（Check）——对执行计划的结果进行检查评价，看实际结果与原定的目标是否吻合；

改进（或称行动，Action）——对发现的问题及时解决；

持续改进（Improvement）——继续改进，为下一次的 PDCA 提供资料。

工艺优化和改进的要求：

● 组装方式与工艺流程应按照 DFM 规定进行；

● 要求工艺人员了解设备的特性、功能，掌握操作技术；

● 工艺改进是包括设计在内的全程整合处理和改进；

● 对优化后的制造能力做出评估，并初步确定监控方法。

一般情况下，首次设计未必能将所有工艺参数都制定得最优最完善，因此需要微调改正。例如，贴装程序、印刷参数、温度曲线等，尤其温度曲线的调制，可能需要多次循环改进。

③ 工艺监控。

工艺监控是确保质量和生产效率的重要活动。以关键工序再流焊工艺为例，设备的设置温度不等于组装板上焊点的实际温度。因此必须监控实时温度曲线，通过监控工艺变量预防缺陷的产生。

由于工艺参数自动化监控、反馈需要较大的投资，目前国内大多数企业还不能实现。这种情况下可通过人工检测和监控来实现工艺的稳定性，例如，企业的 DFM 规范、每道工序的通用工艺、关键工序的质量控制点、人工定时测量温度曲线等。

④ 供应链管理。

供应链管理实际就是生产物料管理，即从材料、元器件制造商到分销商、到终端产品制造厂商，对整个供应链加强管理。稳定的原材料货源与质量是保证 SMT 质量长期稳定的基础。

无铅生产物料管理比有铅更加严格。企业必须从元器件等物料的采购，无铅元器件、PCB、工艺材料的标识、储存、在线控制，直到无铅成品出厂都要认真考虑实物流动的管理。

供应链管理主要控制以下内容：

● 加强对上游供应商的管理；

- 采购控制（有条件和必要时对元器件、PCB、工艺材料进行评估与认证）；
- 备料；
- 元器件编号和识别；
- 材料管理自动化；
- 生产线设置验证；
- 可追溯性与材料清单；
- 元器件、PCB、工艺材料的储存；
- 对全线人员进行培训。

（3）预防性工艺的其他方法

① 把计算机集成制造系统应用到 SMT 制造中。

计算机集成制造系统（Contemporary Integrated Manufacturing Systems，CIMS）是一种对提升企业竞争力有重要作用的综合性技术，提供了集成制造、精益生产、企业重组、并行工程、敏捷制造等企业现代管理的新模式，能够提高企业的市场应变能力和竞争能力。

SMT 生产线中的重要加工设备均属于计算机控制的自动化生产设备，组装 PCB 之前需要编程人员花费相当时间进行准备和编程。在产品设计阶段就要考虑到生产制造的要求，采用 CIMS 设计。一旦设计完成，则将设计所产生的有关数据文件交给 SMT 生产设备，编程时直接调用或进行相关的后处理即可驱动设备。目前，国际上先进的企业已经采用 CIMS、柔性制造系统（FMS），并把 CIMS 系统应用到 SMT 中。另外，还有美国的"敏捷制造"（Agile Manufacturing）、日本的"精益生产"（Lean Production）等先进的管理技术，也逐渐被许多企业采纳和应用。

② 以过程控制为基础的 ISO 9000 质量管理体系运行模式。

ISO 9000 标准浓缩了世界发达国家近百年的先进管理经验，吸收了当今许多优秀的管理方法，采用 PDCA 循环的质量哲学思想，对于产品和服务的供需双方具有很强的实践性和指导性。ISO 9000 的核心是缺陷预防、减少变差及浪费、质量改进、防错防误、降低成本、持续改善，它具有很强的科学性、系统性和规范性，是完善企业质量管理体系的指南。

在新版工艺规范中，提出了实现"三个转变"，其中由结果控制向过程控制转变是新版工艺规范的核心。建立完善的过程控制体系，突出"连续、均匀、稳定、受控"的工艺管理原则，是提高工艺管理水平的基础。

③ 数据处理技术的应用。

测量量化是科学性管理的基础，数据处理技术是测量量化的主要技术。

在 SPC（Statistical Process Control，统计过程控制）及六西格玛的管理方法中，都需要收集各种数据。如果靠人工收集数据，需要大量的时间，而且很容易造成数据的误差，甚至失真。如果不测量或无法测量量化，就无法了解所管理对象的特性；如果测量数据不正确，测量的数字容易误导使用者。因此，数据处理技术的应用在 SPC 和六西格玛的管理中具有十分重要的意义。

④ SPC 和六西格玛质量管理理念见 6.5.3 节。

6.5.2　SMT 制造中的质量管理

SMT 制造中的质量管理是实现高质量、低成本、高效益的重要方法。

1. 制定质量目标

SMT 要求印制电路板通过印刷焊膏、贴装元器件，最后从再流焊炉出来的表面组装板的合格率达到或接近达到 100%，也就是要求实现零（无）缺陷或接近零缺陷的再流焊质量，同时还要求所有的焊点达到一定的机械强度。只有这样的产品才能实现高质量、高可靠性。质量目标是可测量的，目前国际上做得最好的企业，SMT 的缺陷率能够控制到小于等于 10ppm（即 10×10^{-6}），这是每个 SMT 加工厂追求的目标。通常可以根据本企业加工产品的难易程度、设备条件和工艺水平，制定近期目标、中期目标、远期目标。

2．过程方法

① 编制本企业的规范文件，包括 DFM 企业规范、通用工艺、检验标准、审核和评审制度等。

② 通过系统管理和连续的监视与控制，实现 SMT 产品高质量，提高 SMT 生产能力和效率。

③ 实行全过程控制。SMT 产品设计→采购控制→生产过程控制→质量检验→图纸文件管理→产品防护→服务提供→数据分析→人员培训。

SMT 产品设计和采购控制前面已经介绍过。下面介绍生产过程控制的内容。

3．生产过程控制

生产过程直接影响产品的质量，因此应对工艺参数、人员、设备、材料、加工、监视和测试方法、环境等影响生产过程质量的所有因素加以控制，使其处于受控条件下。受控条件如下：

① 设计原理图、装配图、样件、包装要求等。

② 制定产品工艺文件或作业指导书，如工艺过程卡、操作规范、检验和试验指导书等。

③ 生产设备、工装、卡具、模具、辅具等始终保持合格有效。

④ 配置并使用合适的监视和测量装置，使这些特性控制在规定或允许的范围内。

⑤ 有明确的质量控制点。SMT 的关键工序有焊膏印刷、贴装、再流焊和波峰焊炉温调控。

对质量控制点（质控点）的要求是：现场有质控点标识，有规范的质控点文件，控制数据记录正确、及时、清楚，对控制数据进行分析处理，定期评估 PDCA 和可追溯性。

SMT 生产中，对焊膏、贴片胶、元器件损耗应进行定额管理，作为关键工序控制内容之一。

关键岗位应有明确的岗位责任制。操作人员应严格培训考核，持证上岗。

有一套正规的生产管理办法，如实行首件检验、自检、互检及检验员巡检制度，上一道工序检验不合格的不能转到下道工序。

⑥ 产品批次管理。不合格品控制程序对不合格品的隔离、标识、记录、评审和处理应做出明确的规定。通常 SMA 返修不应超过三次，元器件的返修不超过两次。

⑦ 生产设备的维护和保养。对关键设备应由专职维护人员定检，使设备始终处于完好状态，对设备状态实施跟踪与监控，及时发现问题，采取纠正和预防措施，并及时加以维护和修理。

⑧ 生产环境。

● 水电气供应。

● SMT 生产线环境要求——温度、湿度、噪声、洁净度。

● SMT 现场（含元器件库）防静电系统。

● SMT 生产线的出入制度、设备操作规程、工艺纪律。

⑨ 生产现场做到定置合理，标识正确；库房材料、在制品分类储存，码放整齐，台账相符。

⑩ 文明生产。包括：清洁、无杂物；文明作业，无野蛮无序操作行为。现场管理要有制度、有检查、有考核、有记录，每日进行"5S"（整理、整顿、清扫、清洁、素养）活动。

4．质量检验

① 质量检验机构。质量检验部门应独立于生产部门之外，职责明确，有专职检验员，能力强，技术水平高，责任心强。质检部门负责完成原材料、元器件进货检验和过程产品、最终产品检验，合格放行。

② 检验依据。文件齐全，严格按检验规程、检验标准或技术规范进行。

③ 检验设备、仪表、量具齐全，处于完好状态。按期校准，特殊项目委托专门机构进行。

5．图纸文件管理

要制定文件控制程序，对设计、工艺文件的编制、评审、批准、发放、使用、更改、再次批准、标识、回收和作废等全过程活动进行管理，确保使用有效的适用版本，防止使用作废文件。

6．合格产品的防护

① 标识。应建立并保护好关于防护的标识，如防碰撞、防雨淋等。

② 搬运。在搬运过程中选用适当的设备和方法，防止产品在生产和交付过程中受损。

③ 包装。应根据产品特点和顾客的要求对产品进行包装，重点是防止产品受损。例如，SMA应用防静电袋包装，在包装箱内相对固定，以防止碰撞和静电对 SMA 的损害。

④ 储存。注意通风、防潮、控温、防静电、防雷、防火、防鼠、防盗，防意外事故发生。

6.5.3　SPC 和六西格玛质量管理理念简介

SPC（Statistical Process Control）统计过程控制主要是指应用统计分析技术对生产过程进行实时监控的一种工具，六西格玛（6 Sigma）是当今最先进的质量管理理念和方法。SPC 和六西格玛的管理方法也逐渐在 SMT 制造中推广应用。

传统的 SPC 系统中，原始数据是手工抄录，然后人工计算、打点描图，或者采用人工输入计算机，然后再利用计算机进行统计分析。过去，真正的过程控制费用很高，而且需要有内部资源的支持才能实现。所以大多数公司放弃选择投入资源改善其工艺过程。

现代的 SPC 系统已更多采取利用数据采集设备自动进行数据采集，实时传输到质量控制中心进行分析的方式。现代过程控制的方法是采用传感器技术，这种技术能够提供加工过程中每个产品连续和实时的信息。例如，将 AOI（自动光学检测）设备安装在生产线的任意位置，以便捕捉缺陷。同时，与计算机网络技术紧密结合，使企业内部不同部门的合作越来越紧密。

六西格玛是一项以数据为基础，追求几乎完美的质量管理方法，通过消除变异和缺陷来实现零差错率。六西格玛可解释为一百万个机会中有 3.4 个出错的机会，即合格率是 99.99966%，而三西格玛的合格率只有 93.32%。六西格玛的管理方法重点是将所有的工作作为一种流程，采用量化的方法分析流程中影响质量的因素，找出最关键的因素加以改进，从而达到更高的客户满意度。六西格玛是在 20 世纪 90 年代中期开始从一种全面质量管理方法演变成为一个高度有效的企业流程设计、改善和优化技术，并提供了一系列同等地适用于设计、生产和服务的新产品开发工具，继而与全球化、产品服务和电子商务等战略齐头并进，成为全世界追求管理卓越性企业最为重要的战略举措。它的目标从最初的追求百万分之三点四的差错率，已发展到追求全球同行业的首位，并被企业作为取得企业核心竞争力的一项关键战略。

六西格玛管理具有许多优越性，因此在 SMT 制造行业中，六西格玛管理越来越多地被应用。

思　考　题

1．SMT 生产设备和 SMT 工艺对生产现场的环境温度、相对湿度、防静电有什么要求？

2．什么是静电释放（ESD）/电气过载（EOS）和静电敏感元器件（SSD）？ESD/EOS 在电子工业中有哪些危害？

3．电子产品制造中存在哪些静电源？静电防护的主要原理和静电防护的核心是什么？

4．静电防护的主要方法有哪些？为什么不能采用金属和绝缘材料作防静电材料？

5．导体带静电和非导体带静电的消除原理和方法是什么？

6．静电敏感元器件（SSD）对运输、存储、使用有什么要求？手工焊中有哪些防静电措施？以下两个是 IPC 的什么标志？分别是什么含义？

7．SMT 制造中以工艺为主导的指导方针是指什么内容？

8．预防性工艺控制包括哪些内容？为什么说先质后量、过程控制就是预防性工艺控制方法？

9．如何理解"质量是在设计和生产过程中实现的，质量是通过工艺管理实现的"这句话？

第7章 典型表面组装方式及其工艺流程

表面组装方式及工艺流程设计合理与否,直接影响组装质量、生产效率和制造成本。

表面组装件(SMA)的组装类型和工艺流程原则上是由 PCB 设计规定的,因为不同的组装方式对焊盘设计、元器件的排列方向都有不同的要求。一个好的设计应该将焊接时 PCB 的运行方向都在 PCB 表面标注出来,生产制造时应完全按照设计规定的流程与运行方向操作。但目前国内大多数的设计水平还没有达到这样的要求,因此很多情况都需要工艺人员根据 PCB 设计来确定工艺路线,常常由于设计不合理而出现很为难的局面,有时候会出现很难制定工艺路线的情况。例如,有些双面板采用双面再流焊(Reflow Soldering,又称回流焊)有困难,采用再流焊+波峰焊也有困难;制定再流焊与波峰焊方向时出现横向走和纵向走都不合适的情况。遇到这种情况,工艺人员要尽量按照工艺流程的设计原则,设计出最简单、工艺路线最短、质量最优秀、加工成本最低的工艺流程。

针对人工成本的压力和智能制造的需求,在生产工序之间要增加必要的自动检验设备,以提高产品的一次过通率,减少人为干预对产品的影响,提高自动化和智能化程度。最常见的在线检测设备有 SPI、AOI、AXI(详见第 4 章 4.7 节)。这三种设备在自动化生产中主要的作用是减少人工参与,降低人员劳动强度,提高错误的检出率。例如:在智能制造中 SPI 可以将焊膏的检验结果向前反馈给丝印机,进行丝印机参数的微调或钢网清洗次数的调整,向后可以将结果传递给贴装机,让贴装位置做微调,炉前的 AOI 可以在检查出贴装缺陷时对贴装位置等进行微调,炉后的 AOI 可将检测结果传到检修工位,让检修人员有目的地进行检修。AXI 设备主要针对高可靠性要求的产品进行在线检验,控制产品的一次合格率、焊点的气泡率等。

7.1 典型表面组装方式

典型表面组装方式有全表面组装、单面混装、双面混装。

全表面组装是指 PCB 双面全部都是表面贴装元器件(SMC/SMD);单面混装是指 PCB 上既有 SMC/SMD,又有通孔插装元器件(THC),THC 在主面,SMC/SMD 可能在主面,也可能在辅面;双面混装是指双面都有 SMC/SMD,THC 在主面,也可能双面都有 THC。

各种典型表面组装方式的示意图、所用电路基板的类型和材料、焊接方式及工艺特征,见表 7-1。

表 7-1 典型表面组装方式

组装方式		示 意 图	电路基板	焊接方式	工 艺 特 征
全表面组装	单面表面组装	A B	单面 PCB 陶瓷基板	单面再流焊	工艺简单,适用于小型、薄型简单电路
	双面表面组装	A B	双面 PCB 陶瓷基板	双面再流焊	高密度组装、薄型化

组装方式		示意图	电路基板	焊接方式	工艺特征
单面混装	SMD 和 THC 都在 A 面		双面 PCB	先 A 面再流焊，后 B 面波峰焊	一般采用先贴后插，工艺简单
	THC 在 A 面，SMD 在 B 面		单面 PCB	B 面波峰焊	PCB 成本低，工艺简单，先贴后插
双面混装	THC 在 A 面，A、B 两面都有 SMD		双面 PCB	先 A 面再流焊，后 B 面波峰焊	适合高密度组装
	A、B 两面都有 SMD 和 THC		双面 PCB	先 A 面再流焊，后 B 面波峰焊，B 面通孔插装元器件后附	工艺复杂，很少采用

注：A 面——主面，又称元器件面（传统）；B 面——辅面，又称焊接面（传统）。

7.2　纯表面组装工艺流程

纯表面组装有单面表面组装和双面表面组装。单面组装采用单面板，双面组装采用双面板。

（1）单面表面组装工艺流程（示意见表 7-1，以下同）

施加焊膏→SPI 检查→贴装元器件→AOI 检查→再流焊→AOI 检查→AXI 检查。

（2）双面表面组装工艺流程

B 面施加焊膏→SPI 检查→贴装元器件→AOI 检查→再流焊→AOI 检查→AXI 检查→翻转 PCB→A 面施加焊膏→SPI 检查→贴装元器件→AOI 检查→再流焊→AOI 检查→AXI 检查。

7.3　表面组装和插装混装工艺流程

表面组装和插装混装工艺形式有单面混装、双面混装。

单面混装的通孔插装元器件在主面，表面贴装元器件有可能在主面，也有可能在辅面。当表面贴装元器件在 A（主）面时，由于双面都需要焊接，因此必须采用双面板；当表面贴装元器件在 B（辅）面时，由于焊接面在 B（辅）面，因此可以采用单面板。

双面混装是指双面都有表面贴装元器件，而通孔插装元器件一般在主面；有时双面都有通孔插装元器件。这是由于在高密度组装中，一些显示器、发光器件、连接器、开关等需要安放在辅面，这种双面都有通孔插装元器件的混合组装板的组装工艺比较复杂，通常辅面的通孔插装元器件采用手工焊。

（1）单面混装（SMD 和 THC 在 PCB 同一面，示意见表 7-1，以下同）

A 面施加焊膏→贴装 SMD→再流焊→A 面插装 THC→B 面波峰焊。

（2）单面混装（SMD 和 THC 分别在 PCB 的两面）

① 手工插装工艺流程。

B 面施加贴片胶→贴装 SMD→胶固化→翻转 PCB；

A 面插装 THC→B 面波峰焊。

② 自动插装工艺流程。

由于自动插装机插装 THC 后需要对引脚打弯，打弯时可能损坏已经贴装和胶固化的 SMD，因此需要先插装 THC，后贴装 SMD。其工艺流程如下：

A 面插装 THC（插装时自动剪腿、打弯）→翻转 PCB；

B 面施加贴片胶→贴装 SMD→胶固化→B 面波峰焊。

（3）双面混装（THC 在 A 面，A、B 两面都有 SMD）

A 面施加焊膏→贴装 SMD→再流焊→翻转 PCB；

B 面施加贴片胶→贴装 SMD→胶固化→翻转 PCB；

A 面插装 THC→B 面波峰焊。

（4）双面混装（A、B 两面都有 SMD 和 THC）

A 面施加焊膏→贴装 SMD→再流焊→翻转 PCB；

B 面施加贴片胶→贴装 SMD→胶固化→翻转 PCB；

A 面插装 THC→B 面波峰焊→B 面通孔插装元器件后附。

　　以上是传统的工艺流程。随着电子设备的多功能、小型化，表面组装板的组装形式也越来越复杂。近年来，SMT 工艺技术有了很大的发展、改进和创新。例如，通孔插装元器件再流焊工艺、选择性波峰焊的应用，尤其在双面混装工艺中采用双面回流，然后只对通孔插装元器件采用选择性波峰焊，这种工艺极大地提高了组装质量和生产效率。

7.4　工艺流程的设计原则

　　确定工艺流程是工艺员的首要任务。工艺流程设计合理与否，直接影响组装质量、生产效率和制造成本。

　　工艺流程的设计原则如下：

- 选择最简单、质量最优秀的工艺；
- 选择自动化程度最高、劳动强度最小的工艺；
- 工艺流程路线最短；
- 工艺材料的种类最少；
- 选择加工成本最低的工艺。

7.5　选择表面组装工艺流程应考虑的因素

　　选择工艺流程主要根据印制板的组装密度和本单位 SMT 生产线设备条件。当 SMT 生产线具备再流焊、波峰焊两种焊接设备时，可作如下考虑。

　　① 尽量采用再流焊方式，因为再流焊比波峰焊具有以下优越性。

- 再流焊不像波峰焊那样，元器件直接浸渍在熔融的焊料中，所以元器件受到的热冲击小。
- 焊料定量施加在焊盘上，能控制施加量，减少了焊接缺陷。因此焊接质量好，可靠性高。
- 有自定位效应（Self Alignment），即当元器件贴放位置有一定偏离时，由于熔融焊料表面张力的作用，当其全部焊端或引脚与相应焊盘同时被润湿时，能在润湿力和表面张力的作用下，自动被拉回到近似目标位置。
- 焊料中一般不会混入不纯物，使用焊膏时，能正确地保证焊料的组分。
- 可以采用局部加热热源，从而可在同一基板上采用不同焊接工艺进行焊接。
- 工艺简单，修板的工作量极小，从而节省了人力、电力、材料。

② 一般密度的混合组装，当 SMC/SMD 和 THC 在 PCB 的同一面时，采用 A 面印刷焊膏、再流焊，B 面波峰焊工艺；当 THC 在 PCB 的 A 面、SMC/SMD 在 B 面时，采用 B 面点胶、波峰焊工艺。

③ 在高密度混合组装条件下，当没有 THC 或只有极少量 THC 时，可采用双面印刷焊膏、再流焊工艺，及少量 THC 采用后附的方法；当 A 面有较多 THC 时，采用 A 面印刷焊膏、再流焊，B 面点胶、装贴、波峰焊工艺。

注意：在印制板的同一面，禁止采用先再流焊 SMD、后对 THC 进行波峰焊的工艺流程。

7.6　表面组装工艺的发展

电子产品向短、小、轻、薄和多功能方向发展，促使半导体集成电路的集成度越来越高，SMC 越来越小，SMD 的引脚间距也越来越窄，使电子产品的组装密度越来越高、组装难度越来越大。对于某些产品、某些场合而言，传统的通孔插装元器件插装工艺、波峰焊、手工焊已经无能为力，SMT 已经成为电子制造的主流技术。

工艺技术的发展趋势表现为以下几个方面。

① 目前表面组装主要采用印刷焊膏再流焊工艺，再流焊仍然是 SMT 的主流工艺。

② 单面板混装以及有较多通孔插装元器件时用波峰焊工艺。

③ 在通孔插装元器件较少的混装板中，通孔插装元器件再流焊工艺也越来越多地被应用。

④ 随着无铅焊接实施，波峰焊工艺难度越来越大，因此，选择性波峰焊越来越被广泛应用。

⑤ ACA、ACF 与 ESC 技术的应用（详见第 18 章 18.7 节）。

⑥ 倒装芯片 FC，晶圆级 CSP、WLP 等新型封装的组装技术（详见第 18 章 18.5 节）。

⑦ 三维堆叠 POP 技术的应用（详见第 18 章 18.6 节）。

⑧ 在聚合物内埋置 IC、晶圆、微型无源元件。在陶瓷基板内、PCB 基板内埋置 R（电阻）、C（电容）、L（电感）、滤波器等元器件，组成复合元器件或复合印制板。

⑨ FPC 冲破了传统的互连接技术观念，在各个领域中得到了广泛应用（详见第 18 章 18.8 节）。

⑩ LED 照明是节能环保产业的重要部分，广泛应用于显示屏、灯泡、灯管、路灯、广告和装饰用的灯串，近年来也有了迅速发展（详见第 18 章 18.9 节）。

目前元器件尺寸已日益面临极限，PCB 设计、PCB 加工难度及自动印刷机、贴装机的精度也趋于极限。现有的组装技术已经很难满足便携电子设备更薄、更轻，以及无止境的多功能、高性能要求。因此，SMT 与 PCB 制造技术结合，出现了各种各样新型封装的复合元器件。另外，在制造多层板时，不仅可以把电阻、电容、电感、ESD 等做在里面，需要时可以将其放在靠近集成电路引脚的地方，而且还能够把一些有源器件做在里面；不仅可以将印刷电路板做得小、薄、轻、快、便宜，而且可使其性能更好。

总之，随着小型化高密度封装的发展，更加模糊了一级封装与二级封装之间的界线。随着新型元器件的不断涌现，一些新技术、新工艺也随之产生，从而极大地促进了表面组装工艺技术的改进、创新和发展，使 SMT 工艺技术向更先进、更可靠的方向发展。

最近报道的无焊料电子装配工艺——Occam 倒序互连工艺，它不使用焊料（无焊料），简化了制造过程，完全改变了电子产品的传统制造方法，因而极具发展前景。

思 考 题

1．典型表面组装方式有哪几种类型？

2．简述工艺流程的设计原则。选择表面组装工艺流程应考虑哪些因素？

3．写出下面两种表面组装类型的工艺流程。

（1）单面混装板：A 面为 THC，B 面为 SMC/SMD。

（2）双面混装：A 面有 DIP，A、B 两面都有 SMC/SMD。

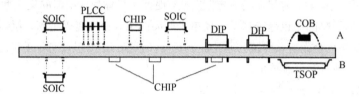

4．简述表面组装工艺的发展趋势。

第8章 施加焊膏通用工艺

施加焊膏的工艺目的是把适量的焊膏均匀地施加在 PCB 的焊盘上，以保证贴片元器件与 PCB 相对应的焊盘达到良好的电气连接，并具有足够的机械强度。施加焊膏是 SMT 再流焊工艺的关键工序，施加焊膏有滴涂、丝网印刷和金属模板印刷 3 种方法，近年又推出了非接触式焊膏喷印技术。其中金属模板印刷是目前应用最普遍的方法。本章重点介绍金属模板印刷焊膏技术。

8.1 施加焊膏技术要求

焊膏印刷是保证 SMT 质量的关键工序。据资料统计，在 PCB 设计规范、元器件和印制板质量有保证的前提下，60%～70%左右的质量问题出在印刷工艺。

施加焊膏的要求如下（见图 8-1）。

① 施加的焊膏量均匀，一致性好。焊膏图形要清晰，相邻的图形之间尽量不要粘连。焊膏图形与焊盘图形要一致，尽量不要错位。

② 在一般情况下，焊盘上单位面积的焊膏量应为 $0.8mg/mm^2$ 左右；对窄间距元器件，应为 $0.5mg/mm^2$ 左右。

③ 印刷在基板上的焊膏量，与希望值相比，可允许有一定的偏差，至于焊膏覆盖每个焊盘的面积，应在 75%以上。采用免清洗技术时，要求焊膏全部位于焊盘上，无铅要求焊膏完全覆盖焊盘。

④ 焊膏印刷后，应无严重塌落，边缘整齐，错位不大于 0.2mm；对窄间距元器件焊盘，错位不大于 0.1mm。基板表面不允许被焊膏污染。采用免清洗技术时，可通过缩小模板开口尺寸的方法，使焊膏全部位于焊盘上。

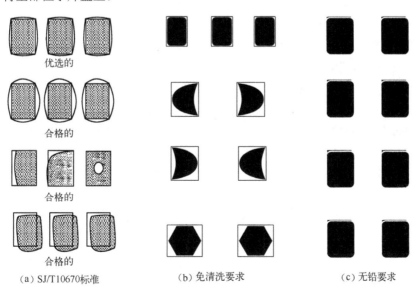

| (a) SJ/T10670标准 | (b) 免清洗要求 | (c) 无铅要求 |

图 8-1 施加焊膏的要求

8.2　焊膏的选择和正确使用

焊膏是表面组装再流焊工艺必需的材料。

焊膏的物理化学性能、工艺性能直接影响 SMT 焊接质量。

1．焊膏的选择方法

焊膏的种类和规格非常多，即便是同一厂家，也有合金成分、颗粒度、黏度、免清洗、溶剂清洗、水清洗等方面的差别，如何选择适合自己产品的焊膏，对产品质量和成本都有很大的影响。

焊膏的分类、组成、技术要求、影响焊膏特性的主要参数、焊膏的选择方法详见第 3 章 3.4 节。

选择焊膏时，应多选择几家公司的焊膏做工艺试验，对印刷性、脱模性、触变性、黏结性、润湿性及焊点缺陷、残留物等做比较和评估，有条件的企业可对焊膏进行测试、评估和认证。有高品质要求的产品必须对焊点做可靠性认证。

2．焊膏的正确使用与保管

焊膏是触变性流体，焊膏的印刷性能、焊膏图形的质量与焊膏的黏度、触变性关系极大。而焊膏的黏度除了与合金的质量百分含量、合金粉末颗粒度、颗粒形状有关外，还与温度有关，环境温度的变化，会引起黏度的波动。因此，要控制环境温度在 23℃±3℃ 为最佳。由于目前焊膏印刷大多在空气中进行，环境湿度也会影响焊膏质量；一般要求相对湿度控制在 RH45%～70%；另外，印刷焊膏工作间应保持清洁卫生，无尘土、无腐蚀性气体。

目前组装密度越来越高，印刷难度也越来越大，必须正确使用与保管焊膏。主要有以下要求：

① 必须储存在 2～10℃ 的条件下。

② 要求使用前一天从冰箱取出焊膏（至少提前 4h），待焊膏达到室温后才能打开容器盖，防止水汽凝结。

③ 使用前用不锈钢搅拌刀或者自动搅拌机将焊膏搅拌均匀，搅拌刀一定要清洁，手工搅拌时应顺一个方向搅拌，机器或者手工搅拌时间为 3～5min。

④ 添加完焊膏后，应盖好容器盖。

⑤ 免清洗焊膏不能使用回收的焊膏，如果印刷间隔超过 1h，须将焊膏从模板上拭去，将焊膏回收到当天使用的容器中。

⑥ 印刷后尽量在 4h 内完成再流焊。

⑦ 免清洗焊膏修板时，如不使用助焊剂，焊点不要用酒精擦洗，但如果修板时使用了助焊剂，焊点以外没有被加热的残留助焊剂必须随时擦洗掉，因为没有加热的助焊剂具有腐蚀性。

⑧ 需要清洗的产品，再流焊后应在当天完成清洗。

⑨ 印刷焊膏和进行贴片操作时，要求拿 PCB 的边缘或戴手套，以防止污染 PCB。

8.3　施加焊膏的方法

施加焊膏有 4 种方法：滴涂式、丝网印刷、金属模板印刷和喷印式。各种方法的适用范围如下。

1．滴涂（注射）式

自动滴涂机用于批量生产，但由于效率低，另外，滴涂质量不容易控制，因此应用比较少。

手工滴涂法用于极小批量生产，或新产品的研制阶段，以及生产中修补、更换元器件等。

2．丝网印刷

丝网印刷用的网板是在金属或尼龙丝网表面涂覆感光胶膜，采用照相、感光、显影、坚膜的方法在金属或尼龙丝网表面制作漏印图形。由于每个漏印开口中所含的细丝数量不同，不能保证印刷量的一致性，而且印刷时刮刀容易损坏感光胶膜和丝网，使用寿命短，因此现在已经很少应用。

3．金属模板印刷

金属模板是用不锈钢或铜等材料的薄板，采用化学腐蚀、激光切割、电铸等方法制作成的。

金属模板印刷用于多引线、窄间距、高密度产品的大批量生产。由于金属模板印刷的质量比较好，使用寿命长，因此金属模板印刷是目前应用最广泛的方法。

4．喷印式

喷印焊膏技术为电路板组件的焊膏印刷提供了一个全新的方法。焊膏储藏在可更换的管状容器中，通过微型螺旋杆将焊膏定量输送到一个密封的压力舱，然后由一个压杆压出定量的焊膏微滴并高速喷射在焊盘上，在程序控制下实现焊盘上规定的焊膏堆积面积和高度。目前喷印焊膏技术在小批量试制板卡组装、高要求精密器件印刷和差异化印刷要求方面应用较为广泛。

8.4　印刷焊膏的原理

焊膏是触变流体，具有黏性。触变流体具有黏度随剪切速度（剪切力）的变化而变化的特性，印刷焊膏就是利用触变流体的特性实现的。

当刮刀以一定的速度和角度向前移动时，对焊膏产生一定的压力，推动焊膏在刮刀前滚动，产生将焊膏注入网孔（即模板开口）所需的压力，焊膏的黏性摩擦力使焊膏在刮板与网板交接（模板开口）处产生切变，切变力使焊膏的黏性下降，从而顺利地注入网孔；当刮刀离开模板开口时，焊膏的黏度迅速恢复到原始状态。图 8-2 是焊膏印刷原理示意图。

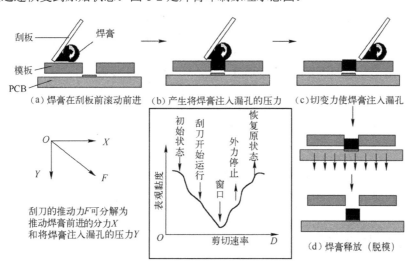

图 8-2　焊膏印刷原理示意图

焊膏印刷成功与否有3个关键要素：焊膏滚动、填充、脱模。

印刷时只有当焊膏在刮板前滚动，才能产生将焊膏注入开口的压力；焊膏填充模板开口的程度决定了焊膏量；脱模的完整程度决定了焊膏的漏印量和焊膏图形的完整性。

8.5 印刷机金属模板印刷焊膏工艺

目前应用最多的是全自动印刷机金属模板印刷焊膏工艺，半自动印刷机主要应用在小批量、多品种的半自动生产线。

半自动和全自动印刷机的原理与操作方法、印刷工艺基本相同，半自动印刷机只是不能连线，需要人工上、下板。

1．工艺流程（见图8-3）

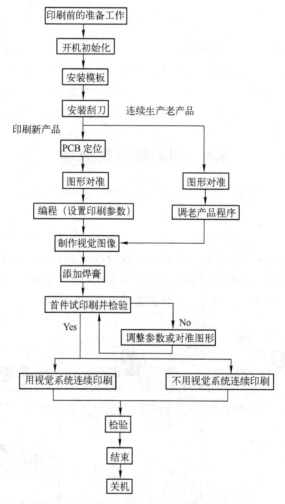

图 8-3　印刷机金属模板印刷焊膏工艺流程

2．印刷前的准备工作及开机

① 准备焊膏。

- 按产品工艺文件的规定选用焊膏。
- 焊膏的使用要求按本章 8.2 节的有关条款执行。
- 印刷前用不锈钢搅拌棒将焊膏向一个方向连续搅拌均匀，或采用焊膏搅拌机搅拌。

② 检查模板应完好无损，漏孔完整、不堵塞。

③ 开机。

3．安装模板和刮刀

① 应先安装模板，后安装刮刀。

② 安装刮刀时应选择比 PCB 印刷宽度长 20mm 的不锈钢刮刀，并调节导流板的高度，使导流板的底面略高于刮刀的底面。

注意：印刷焊膏一般应选择不锈钢刮刀，不锈钢刮刀有利于提高印刷精度。

4．图形对位

图形对位是通过对工作台或对模板 X、Y、θ 的精细调整，使 PCB 的焊盘图形与模板漏孔图形完全重合。究竟调整工作台还是调整模板，要根据印刷机的构造而定，目前多数印刷机的模板是固定的，这种方式的印刷精度比较高。

① 将 PCB 放在设定好轨道宽度的工作台上，传送到印刷位置进行夹紧。

② 测量 PCB 的对角两个基准点的坐标，输入到印刷机。

③ 印刷机的相机会自动行进到两个基准点的位置，进行基准点的学习。

④ 基准点学习示教完成后，图形对位检查。

⑤ 图形对位完成。如果对位不精确，则需要进行印刷偏移的补偿。

5．设置印刷参数

设置印刷参数要根据印刷机的功能和配置进行，一般设置以下关键参数。

① 印刷速度：一般设置为 15～40mm/s，有窄间距、高密度图形时，速度要慢一些。

② 刮刀压力：一般设置为 2～15kg/cm²。

③ 模板分离速度：有窄间距、高密度图形时，速度要慢一些。

④ 设置模板清洗模式：一般设为一湿一真空吸一干。

⑤ 设置模板清洗频率：窄间距时最多可设置为每印 1 块板清洁一次；无窄间距时可设置为 20、50 等；还可以不清洗，以保证印刷质量为准。

⑥ 设置检查频率：设置印刷多少块 PCB 进行一次质量检查，检查时机器会自动停止印刷。

⑦ 设置印刷遍数（一般为一遍或两遍）。

6．添加焊膏

① 首次添加焊膏。用小刮勺将焊膏均匀沿刮刀宽度方向施加在模板的漏印图形后面，注意不要将焊膏施加到模板的漏孔上。焊膏量不要加得太多，能使印刷时沿刮刀宽度方向形成 $\phi 9$～15mm 左右的圆柱状即可，印刷过程中随时添加焊膏可减少焊膏长时间暴露在空气中吸收水分或因溶剂挥发使焊膏黏度增加而影响印刷质量。

② 在印刷过程中补充焊膏时，必须在印刷周期结束时进行。

7. 首件试印刷并检验

① 按照印刷机的操作步骤进行首件试印刷。

② 印刷完毕检查首件印刷质量（首件的检测方法与印刷工序中的检测方法是相同的）。

③ 不良品的判定和调整（见 8.7 节）。

8. 连续印刷生产

对印刷质量不合格品的处理方法：

① 如果只有个别焊盘漏印，可用手动点胶机或细针补焊膏。

② 如果大面积不合格，必须用无水乙醇超声清洗或刷洗干净，将 PCB 板面和通孔中残留的焊膏全部清洗掉，并晾干或用吹风机吹干后再印刷。PCB 板面和通孔中残留的焊膏会引起小锡球。

9. 检验

由于印刷焊膏是保证 SMT 组装质量的关键工序，因此必须严格控制印刷焊膏的质量。

有窄间距（引线中心距 0.65mm 以下）时，必须全检。

无窄间距时，可以定时（如每小时一次）检测，也可以按表 8-1 所示取样规则抽检。

表 8-1　印刷焊膏取样规则

批 次 范 围	取 样 数 量	不合格品的允许数量
1～500	13	0
501～3200	50	1
3201～10000	80	2
10001～35000	125	3

（1）检验方法

检验方法主要有目视检验和焊膏检查机检验。

① 目视检验。用 2～5 倍放大镜或 3.5～20 倍显微镜检验。

② 窄间距时用焊膏检查机（SPI）检验详见第 4 章 4.7.5 节。

焊膏印刷过程在 SMT 生产中相对其他工序是非常不稳定的。根据众多公司和大学的研究发现，这个过程最大变化量达 60%。这是由于焊膏印刷过程中涉及很多相关的工艺参数，大约有 35 个参数需要得到控制。这些参数包括焊膏类型、环境条件（温度、湿度等）、模板类型（化学腐蚀、激光切割、激光切割抛光、电铸成型）、模板厚度、开孔形状、宽厚比、面积比、印刷机型号、刮刀、印刷头技术、印刷速度，等等。这些因素大大降低了印刷的重复精度。

一般密度采用 2D SPI 检测就可以了。可以整板测试或局部检测，整板测试的测试点应选在印刷面的上、下、左、右及中间 5 点；局部检测一般用于板面上高密度处及 BGA、CSP 等器件的检测。要求焊膏厚度范围在模板厚度的-10%～+15%之间。

对窄间距 QFP、CSP、01005、POP 等封装，应采用 3D SPI 焊膏检查机检测。

（2）检验标准

检验标准按照本单位制定的企业标准或参照其他标准（如 IPC 标准或 SJ/T10670—1995 表面组装工艺通用技术要求）执行。

10. 结束及关机

当完成一个产品的生产或结束一天的工作时，必须将模板、刮刀全部清洗干净。

① 卸下刮刀，用专用擦拭纸蘸无水乙醇，将刮刀擦洗干净，然后安装在印刷头或收到工具柜中。

② 清洗模板，有两种方法。

方法 1：清洗机清洗。用模板清洗设备，清洗效果是最好的。

方法 2：手工清洗。

● 用专用擦拭纸蘸无水乙醇，将焊膏清除，若漏孔堵塞，可用软牙刷配合，切勿用坚硬针捅。

● 用压缩空气枪将模板漏孔中的残留物吹干净。

● 将模板装在贴装机上，否则收到工具柜中。

注意：拆卸模板和刮刀的顺序为，先拆刮刀，后拆模板，以防损坏刮刀。

8.6　影响印刷质量的主要因素

影响印刷质量的因素很多，如焊膏质量、模板质量、印刷工艺参数、环境温度、湿度、设备的精度等。下面具体分析影响印刷质量的主要因素。

1．焊膏质量

（1）焊膏黏度和黏着力

焊膏黏度和黏着力（黏性）是影响印刷性能的重要参数。

黏度太大，对焊膏的滚动、填充、脱模都不利，印出的焊膏图形残缺不全。

黏度太小，容易产生塌边，影响印刷的分辨率，甚至造成相邻焊膏图形的粘连。

焊膏的黏着力不够，印刷时焊膏在模板上不会滚动，不能产生向下的压力，焊膏不能全部填满模板开孔，造成焊膏沉积量不足。焊膏的黏着力太大，则会使焊膏挂在模板孔壁上而不能全部漏印在焊盘上。

适当的黏度和黏着力能够获得较好的印刷质量。当焊膏与 PCB 之间的黏着力（F_s）>焊膏与开口壁之间的摩擦力（F_t）时，能够使焊膏顺利脱模。

（2）焊膏中合金粉末颗粒尺寸

一般合金粉末颗粒直径约为模板开口宽度的 1/5。高密度、窄间距的产品，由于模板开口尺寸小，应采用小颗粒合金粉末，否则会影响印刷性和脱模性。

合金粉末颗粒直径的选择原则：

① 长方形开口时，合金颗粒最大直径≤模板最小开口宽度的 1/5；

② 圆形开口时，合金颗粒最大直径≤开口直径的 1/8；

③ 模板开口厚度（垂直）方向，合金颗粒最大直径≤模板厚度的 1/3。

以上原则也就是通常说的三球、五球定律（见图 8-4）：

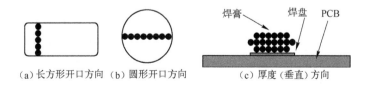

（a）长方形开口方向　（b）圆形开口方向　　　　（c）厚度（垂直）方向

图 8-4　合金粉末颗粒数量与模板开口宽度、厚度的关系示意图

模板最小开口宽度方向最大颗粒数应大于等于 5 个；

模板开口厚度（垂直）方向最大颗粒数应大于等于 3 个。

（3）焊膏中合金粉末颗粒形状

球形颗粒印刷性好，表面积小，含氧量低，有利于提高焊接质量。但印刷后焊膏图形容易塌落，可通过在助焊剂中添加触变剂解决，目前一般采用球形颗粒。详见第 3 章 3.4.4 节。

（4）触变指数和塌落度。

触变指数高，塌落度小，印刷后焊膏图形好；反之，塌落度大，印刷后易造成焊膏图形粘连。

2．模板设计

模板厚度、开口尺寸、开口形状及开口内壁的光滑度，以及模板开口方向与刮刀移动方向都会影响印刷质量，甚至模板的材料和加工工艺也会影响印刷质量。

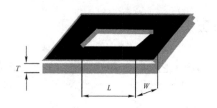

图 8-5　模板厚度与开口尺寸基本要求示意图

（1）模板厚度、开口尺寸

由于模板印刷是接触印刷，因此模板厚度、开口尺寸的大小决定了漏印的焊膏量。模板厚度与开口尺寸的基本要求（根据 IPC 7525 标准）如图 8-5 所示。详见第 5 章 5.5.11 节。

开口宽度（W）/模板厚度（T）>1.5（无铅要求>1.6）

开口面积（$W×L$）/孔壁面积[$2×(L+W)×T$]>0.66（无铅要求>0.71）

模板开口面积 B 与开口内壁面积 A 的比值（径/深比）>0.66 时焊膏释放（脱模）顺利，如图 8-6 所示。

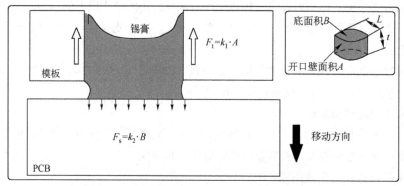

F_s—焊膏与 PCB 焊盘之间的黏着力；F_t—焊膏与模板开口壁之间的摩擦阻力；
A—焊膏与模板开口壁之间的接触面积；B—焊膏与 PCB 焊盘之间的接触面积。

图 8-6　放大后的焊膏印刷脱模示意图

（2）模板开口形状

一般来说，矩形开孔比方形和圆形开孔具有更好的脱模效率。

喇叭口垂直[见图 8-7（a）]或向下[见图 8-7（b）]时焊膏释放顺利；如果喇叭口向上[见图 8-7（c）]，印刷后不利于焊膏释放，脱模时焊膏被开口四周的倒角带起，造成焊膏图形不完整等印刷缺陷，微小开口时可能造成不能漏印。垂直开孔焊膏印刷效果更好，焊膏沉积量更大。

（a）垂直开口，易脱模　　　　　（b）喇叭口向下，易脱模　　　　　（c）喇叭口向上，脱模差

图 8-7　模板开口形状示意图

模板的类型对脱模效率的变化也起到非常重要的作用。化学刻蚀法制作的模板，容易造成过度刻蚀或刻蚀不足现象。刻蚀不足会使实际开口面积变小；过度刻蚀会造成开口面积过大，如图 8-8 所示。

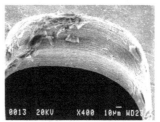

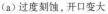

（a）过度刻蚀，开口变大　　　　　　　（b）刻蚀不足，开口变小

图 8-8　刻蚀钢板过度刻蚀或刻蚀不足

（3）模板开口壁的光滑度

开口壁光滑，焊膏容易脱模；开口孔壁粗糙，影响焊膏释放，如图 8-9 所示。因此加工窄间距模板时，可以采用电抛光的方法去除激光切割时产生的毛刺。

（4）模板开口方向与刮刀移动方向

通常组装板上都会有一些四边引脚的 QFP，总会遇到与刮刀移动方向垂直的模板开口。刮刀移动方向垂直于模板开口的情况下，因刮刀通过的时间短，焊膏难以被填入，常造成焊膏量不足，如图 8-10 所示。为了使与刮刀移动方向垂直的模板开口取得的焊膏量和与刮刀移动方向平行的模板开口取得的焊膏量相等，应加大垂直方向的模板开口尺寸，或采用 45°角印刷法解决。

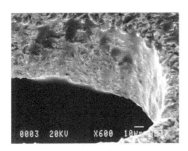
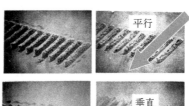

平行

模板开口长度方向
与刮刀移动方向平行

垂直

模板开口长度方向
与刮刀移动方向垂直

图 8-9　模板开口孔壁粗糙影响焊膏释放　　　图 8-10　模板开口方向与刮刀移动方向示意图

3. 刮刀材料、形状及印刷方式

（1）刮刀材料

刮刀材料有橡胶（聚氨酯）、金属两大类。

橡胶刮刀应选择适当的硬度。丝网印刷时选择肖氏（Shore）硬度 75，金属模板印刷时选择肖氏硬度 85。橡胶刮刀印刷时，当印刷压力过大或刮刀材料硬度过小时，容易嵌入金属模板较大的开口中，将开口中的焊膏刮出，造成焊膏图形凹陷，由于焊膏量不足引起虚焊等焊接缺陷，如图 8-11（a）所示。

金属刮刀分为不锈钢刮刀和高质量合金钢并在刀刃上涂有 TA（Teflon 润滑膜）涂层的刮刀。

带 TA 涂层的合金钢刮刀润滑性好、耐磨、使用寿命更长。金属刮刀印刷的焊膏图形表面比较平整，漏印的焊膏量一致性比较好，适宜各种间距、密度的印刷，且使用寿命长，应用广泛，如图 8-11（b）所示。

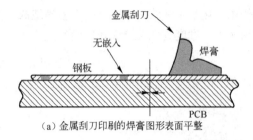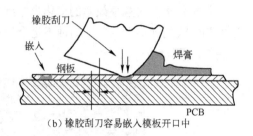

（a）金属刮刀印刷的焊膏图形表面平整　　　　　　　　　（b）橡胶刮刀容易嵌入模板开口中

图 8-11　金属刮刀与橡胶刮刀的印刷状态

（2）刮刀的角度

刮刀的角度通常为 45°～60°。

（3）刮刀宽度

刮刀宽度比 PCB 印刷宽度长 20mm 左右比较合适。刮刀太宽会浪费焊膏，过多的焊膏暴露在空气中，容易造成焊膏氧化。

4．印刷工艺参数

（1）图形对准和制作 Mark 图像

虽然全自动印刷机都配有图像识别系统，但必须通过人工对工作台或对模板作 X、Y、θ 的精细调整，使 PCB 焊盘图形与模板漏孔图形完全重合。制作 Mark 图像时要使图像清晰、边缘光滑、黑白分明，如果图形对准有误差，Mark 图像不清晰，机器是不能达到固有的印刷精度的。

（2）设置前、后印刷极限

前、后印刷极限应设置在模板图形前、后至少各 20mm 处，以防止焊膏漫流到模板的起始和终止印刷位置处的开口中，造成该处焊膏图形粘连等印刷缺陷。

（3）焊膏的投入量（滚动直径）

印刷过程中焊膏长时间在空气中吸收水分或溶剂挥发会影响焊接质量。因此焊膏的投入量不要过多，但焊膏的投入量过少也会影响焊膏的填充，同时频繁添加焊膏也会影响印刷效率。

焊膏的投入量应根据刮刀的长度确定。根据 PCB 组装密度（每块 PCB 的焊膏用量），估计出印刷 100 块还是 150 块添加一次焊膏，或 1～2h 加一次。

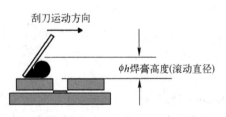

图 8-12　焊膏的滚动直径示意图

焊膏的滚动直径 $\phi h \approx 9 \sim 15 \text{mm}$ 较合适，如图 8-12 所示。

ϕh 过小，不利于焊膏漏印（印刷的填充性）；ϕh 过大，焊膏长时间暴露在空气中不断滚动，对焊膏质量不利。

（4）印刷速度

印刷速度一般设置为 15～40mm/s，由于刮刀速度与焊膏的黏度呈反比关系，故有窄间距、高密度图形时，速度要慢一些。速度过快，刮刀经过模板开口的时间太短，焊膏不能充分渗入开口中，容易造成焊膏图形不饱满或漏印的印刷缺陷。

（5）刮刀压力

刮刀压力一般设置为 2～15kgf/cm²。

刮刀压力也是影响印刷质量的重要因素。刮刀压力实际是指刮刀下降的深度，压力太小，可能会发生两种情况：①由于刮刀压力小，刮刀在前进过程中产生的向下的分力 Y 也小，造成漏印或锡量不足；②由于刮刀压力小，刮刀没有紧贴模板表面，印刷时刮刀与 PCB 之间存在微小的间隙，相当于增加了印刷厚度。另外，压力过小会使模板表面留有一层焊膏，容易造成图形粘连等印刷缺陷。因此，理想的刮刀压力应该恰好将焊膏从模板表面刮干净。

在刮刀角度一定的情况下，印刷速度和刮刀压力存在一定的关系，降低速度相当于增加压力，适当降低压力可起到提高印刷速度的效果。

（6）印刷间隙

印刷间隙是指模板底面与 PCB 表面之间的距离。如果模板厚度合适，一般都应采用零距离印刷。有时需要增加一些焊膏量，可以适当拉开一点距离，一般控制在 0～0.07mm。但要注意，过大的印刷间隙会造成模板底面污染。

（7）模板与 PCB 的分离速度

模板与 PCB 的分离速度也称脱模速度，见表 8-2 和图 8-13。当刮刀完成一个印刷行程后，模板离开 PCB 的瞬时速度称为分离速度。应适当调节分离速度，使模板离开焊膏图形时有一个微小的停留过程，让焊膏从模板的开口中完整释放出来（脱模），以获取最佳的焊膏图形。分离速度增大时，模板与 PCB 间变成负压，焊膏与焊盘的凝聚力小，使部分焊膏粘在模板底面和开口壁上，造成少印和粘连。分离速度减慢时，PCB 与模板间的负压变小，焊膏的凝聚力大，使焊膏很容易脱离模板开口壁，印刷状态良好。模板分离 PCB 的速度在 2mm/s 以下为宜。

表 8-2　推荐的模板与 PCB 的分离速度

引 脚 间 距	推荐分离速度
<0.3mm	0.1～0.5mm/s
0.4～0.5mm	0.3～1.0mm/s
0.5～0.65mm	0.5～1.0mm/s
>0.65mm	0.8～2.0mm/s

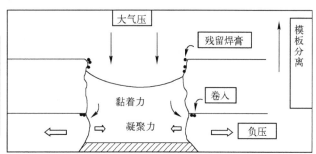

图 8-13　模板与 PCB 分离速度示意图

为了提高窄间距、高密度 PCB 的印刷质量，日立公司推出"加速度控制"方法——随印刷工作台的下降行程，对下降速度进行变速控制。

（8）清洗模式和清洗频率

经常清洗模板底面也是保证印刷质量的因素。清洗模式有干擦、湿擦和真空吸，应根据印刷密度进行设置。一般设置为一湿一真空吸一干。有窄间距、高密度图形时，清洗频率要高一些，以保证印刷质量为准。

5．设备精度

在印刷高密度、窄间距产品时，印刷机的印刷精度和重复印刷精度也会起一定的作用。

6．环境温度、湿度及环境卫生

环境温度过高会降低焊膏黏度；湿度过大时焊膏会吸收空气中的水分，湿度过小时会加速焊膏中溶剂的挥发；环境中的灰尘混入焊膏中会使焊点产生针孔。

一般要求环境温度为 23℃±3℃，相对湿度 RH45%～60%。

从以上分析中可以看出，影响印刷质量的因素非常多，而且印刷焊膏是一种动态工艺。

① 焊膏的量随时间而变化，如果不能及时添加焊膏，会造成焊膏漏印量少，图形不饱满。

② 焊膏的黏度和质量随时间、环境温度、湿度、环境卫生而变化。

③ 模板底面的清洁程度及开口内壁的状态不断变化。

8.7　印刷焊膏的主要缺陷与不良品的判定和调整方法

印刷焊膏的主要缺陷有印刷不完全，焊膏太薄、太厚，焊膏厚度不一致，焊膏图形坍塌，焊膏图形粘连、拉尖，PCB 表面被焊膏沾污，等等，如图 8-14 所示。不良品的判定和调整方法见表 8-3。

  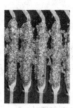  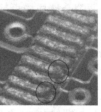

（a）错位　　　（b）塌位　　　（c）粘连　　　（d）少印　　　（e）拉尖

图 8-14　印刷缺陷举例

表 8-3　不良品的判定和调整方法

缺陷名称和含义	判 定 标 准	产生原因和解决措施
错位	错位大于焊盘面积的 25%	① 模板对位不准：重对位。 ② 印刷机印刷精度不够
印刷不完全，部分焊盘上没有印上焊膏（少锡）	未印上部分应小于焊盘面积的 25%	① 漏孔堵塞：擦模板底部，严重时用无纤维纸或软毛牙刷蘸无水乙醇擦。 ② 缺焊膏或在刮刀宽度方向焊膏不均匀：加焊膏，使之均匀。 ③ 焊膏黏度不合适，印刷性不好：换焊膏。 ④ 焊膏滚动性不好：减慢印刷速度，适当增加刮刀延时，使刮刀上的焊膏充分流到模板上。 ⑤ 焊膏黏在模板底部：减慢离板速度
焊膏太薄，焊膏厚度达不到规定要求（少锡）	焊膏厚度范围控制在模板厚度的 −10%～+15%	① 减慢印刷速度。 ② 增加印刷压力。 ③ 增加印刷遍数
焊膏厚度不一致，焊盘上焊膏有的地方薄、有的地方厚，有断点	焊膏厚度范围控制在模板厚度的 −10%～+15%	① 模板与 PCB 不平行：调 PCB 工作台的水平度。 ② 焊膏不均匀：印刷前搅拌均匀。 ③ 模板窗口内壁光滑度差，有残留焊膏：清洁模板
图形坍塌，焊膏往四边塌陷（塌边）	超出焊盘面积的 25% 或焊膏图形粘连	① 焊膏黏度小、触变性不好：换焊膏。 ② 室温过高，造成焊膏黏度下降：控制室温为 23℃±3℃
焊膏图形粘连，焊膏图形有凹陷	相邻焊盘图形连在一起	① 模板底部不干净：清洁模板底部。 ② 印刷遍数多：修正参数。 ③ 压力过大：修正参数。 ④ 模板窗口太大，橡胶刮刀硬度不够：换钢刮刀
拉尖，焊盘上的焊膏呈小丘状	焊膏上表面不平度大于 0.2mm	① 焊膏黏度大：换焊膏。 ② 离板速度快：调参数
PCB 表面沾污	PCB 表面被焊膏沾污	① 模板底部被焊膏污染：清洗模板底面。 ② 返工时 PCB 被污染，应将 PCB 清洗干净。 ③ 模板底部污染，在程序中增加清洗模板的频率
PCB 两端沾污		刮刀的前、后极限离模板开口太近，没有留出焊膏再流的足够位置：调整刮刀的前、后极限

8.8　印刷机安全操作规程及设备维护

自动印刷机的操作人员必须经过专业培训，持证上岗。应熟悉使用说明书内容，为了人身和设备安全，要制定印刷机的安全操作规程、设备维护制度，并严格按其规定操作和维护设备。

　① 非操作人员不允许使用印刷机。

　② 严格执行印刷机安全技术操作规程。

　③ 印刷机电源电压为 220V，因此操作设备前必须检查并确保机器外壳接地良好，以防触电。

　④ UPS 要后开，先关。

　⑤ 遇到紧急情况立即按紧急按钮。

　⑥ 打开印刷头罩操作时应将凸轮安全开关拔出来，切断电源、防止人员伤害。

　⑦ 两人操作时要配合好，以免造成人身及设备伤害。

　⑧ 在安装刮刀后切忌将手放在刮刀下面。

　⑨ 放置顶针时，要使 PCB 受力均匀，PCB 表面略高于工作台最高平面。

　⑩ 保证 PCB 与网板间隙为零，PCB 表面高度不得超过网板高度。

　⑪ 刮刀前后极限距网板边框不小于 40mm。装刮刀时查看压力，压力应设定在 3～5kgf，以免加压后造成网板破裂（具体参数要根据不同设备而定）。

　⑫ 关机时程序退回主菜单，否则下次开机时程序将出错。

8.9　手动滴涂焊膏工艺介绍

手动滴涂机用于小批量生产或新产品的模型样机和性能机的研制阶段，以及生产中修补、更换元器件时滴涂焊膏或贴片胶。

1．准备焊膏

安装好针筒装焊膏，装入转接器接头，并扭转锁紧，垂直放在针筒架上。根据 PCB 焊盘的尺寸选择不同内径的塑料渐尖式针嘴。

2．调整滴涂量

打开压缩空气源并开启滴涂机。调整气压，调节时间控制旋钮，控制滴涂时间，按下连续滴涂方式，踏下开关，就不断有焊膏滴出，直到放开开关为止。反复调整滴出的焊膏量。焊膏的滴出量由气压、放气时间、焊膏黏度和针嘴的粗细决定，因此具体参数要根据具体情况设定，主要依据滴在 PCB 焊盘上的焊膏量来调整参数。焊膏滴出量调整合适后即可在 PCB 上进行滴涂。

3．滴涂操作

把 PCB 平放在工作台上，手持针管，使针嘴与 PCB 的角度大约成 45°，进行滴涂操作。

4．常见缺陷及解决方法

拖尾是滴涂工艺中的常见现象，即当针头移开时，在焊点的顶部产生细线或"尾巴"。尾巴可能塌落，直接污染焊盘，引起桥连、锡球和虚焊。

产生拖尾的原因之一是对点胶机设备的工艺参数调整不到位，如针头内径太小，点胶压力太高，针头离 PCB 的距离太大等；另外一个原因是对焊膏的性能了解不够，焊膏与施加工艺不相兼容，或者焊膏的品质不好，黏度发生变化或已过期。其他原因也可引起拉丝/拖尾，如对板的静电放电、板的弯曲或板的支撑不够等。针对上述原因，可调整工艺参数，更换较大内径的针头，降低压力，调整针头离 PCB 的高度；检查所用焊膏的出厂日期、性能及使用要求，是否适合本工艺的涂覆。

8.10 SMT 不锈钢激光模板制作外协程序及工艺要求

金属模板的制造主要有 3 种方法，其比较见表 8-4。

表 8-4 3 种制造方法的比较

方　　法	基　　材	优　　点	缺　　点	适用对象
化学腐蚀法	锡磷青铜、不锈钢	价廉，锡磷青铜易加工	① 窗口图形不够好； ② 孔壁不光滑； ③ 模板尺寸不宜过大	0.65mm 以上的 QFP 器件
激光法	不锈钢、高分子聚酯板	① 尺寸精度高； ② 窗口形状好； ③ 孔壁较光洁	① 价格较高； ② 孔壁有时会有毛刺，需化学抛光加工	0.5mm QFP、BGA 等器件
电铸法	镍	① 尺寸精度高； ② 窗口形状好； ③ 孔壁光滑	① 价格昂贵； ② 制作周期长	0.3mm QFP、BGA、0201 以下小元器件等

下面介绍不锈钢激光模板制作的外协程序及模板制作工艺要求中各种参数的确定方法。

（1）向模板加工厂索取"激光模板加工协议"和"SMT 模板制作资料确认表"。

（2）给模板加工厂发 E-mail。要求 E-mail 传送的文件有：

① 纯贴片的焊盘层；

② 与表面贴装元器件的焊盘相对应的丝印层或含 PCB 边框的顶层；

③ 如果是拼板，需给出拼板图。

（3）按照模板加工厂的要求填写"激光模板加工协议"和"SMT 模板制作资料确认表"。

① 确认印刷面。模板加工时要求喇叭口向下。将含 PCB 边框的顶层或丝印层的图形发传真给对方，在确认表上确认该面是否为印刷面，也可在图纸上标明该面是否为印刷面。

② 确认焊盘图形是否正确。如果有不需要开口的图形，应在确认表上确认。

③ 确定模板的厚度。填写确认表时对一般间距元器件的开口可以取 1:1，对要求焊膏量多的大片式元器件及 PLCC 的开口面积应扩大 10%。对于引脚间距为 0.65mm、0.5mm 的 QFP 等器件，开口面积应缩小 5%～10%。无铅要求开口放大 2%～11%，至少 1:1。模板厚度详见第 5 章 5.5.11 节。

④ 确定网框尺寸。根据印刷机框架结构尺寸确定网框尺寸。不同规格的印刷机网框大小不一样，特殊情况下，如当印制板尺寸很小或印刷面积很小时，可以使用小于设备网框尺寸的小尺寸网框，但设备必须配有网框适配器。举例：DEK260 印刷机的印刷面积及网框尺寸如下所示。

● 最大 PCB 尺寸：420mm×450mm。

● 最大印刷面积：420mm×420mm。

● 模板边框尺寸：23in×23in（584mm×584mm）。

● 边框型材规格：25.4mm×38.1mm。

● 边框钻孔尺寸和位置如图 8-15 所示。

为保证钢网有足够的张力和良好的平整度，通常建议钢板距网框内侧保留 20～30mm 间距。另外，考虑到刮刀的起始位置和焊膏的流动，在不锈钢板漏印图形四围应留有刮刀和焊膏停留的尺寸，一般情况漏印图形四周与网板黏结胶的边缘之间至少要留有 40mm 以上距离，如图 8-16 所示。

图 8-15 DEK260 印刷机模板边框钻孔尺寸和位置示意图　　图 8-16 漏印图形位置要求示意图

⑤ 确定 PCB 位置。PCB 位置指印刷图形放在模板的什么位置：以 PCB 外形居中；以焊盘图形居中；或有特殊要求，如在同一块模板上加工两种以上 PCB 的图形。

● 一般情况下应以焊盘图形居中，以焊盘图形居中印刷时能选用小尺寸的刮刀，可以节省焊膏。

● 当印制板尺寸比较大，而焊盘图形的位置集中在 PCB 的某一边时，应采用以 PCB 外形居中，如果以焊盘图形居中，印刷时可能会造成印制板超出印刷机工作台的工作范围。

● 当 PCB 尺寸很小或焊盘图形范围很小时，可将双面板的图形或几个产品的漏印图形加工在同一块模板上，这样可以节省模板加工费。但必须向加工厂提供几个产品图形在模板上的布置要求，用文字说明或用示意图说明，如图 8-17 所示。

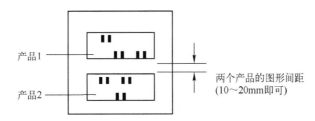

图 8-17 几个产品的漏印图形加工在同一块模板上的示意图

⑥ Mark 的处理方式，是否需要 Mark，放在模板的哪一面等。

Mark 图形放在模板的哪一面，应根据印刷机具体构造（摄像机的位置）而定。

Mark 点刻法视印刷机而定，有印刷面、非印刷面、两面半刻，全刻透封黑胶等。

⑦ 是否拼板，以及拼板要求。如果拼板，应给出拼板的 PCB 文件。

⑧ 插装焊盘环的要求。由于通孔插装元器件采用再流焊工艺时，比表面贴装元器件要求较多的焊膏量，因此如果有通孔插装元器件需要采用再流焊工艺时，可提出特殊要求。

⑨ 对模板（焊盘）开口尺寸和形状的修改要求。模板开口尺寸设计详见第 5 章 5.5.11 节。

通常大于 3mm 的焊盘，为防止焊膏图形发生凹陷和预防锡珠，开口采用"架桥"的方式，线宽为 0.4mm，使开口小于 3mm，可按焊盘大小均分。各种元器件对模板厚度与开口尺寸要求，参考表 8-5。

表 8-5 各种元器件对模板厚度与开口尺寸要求参考表

元器件类型	引脚间距或元器件尺寸	焊盘宽度或焊盘直径（mm）	焊盘长度或焊盘直径（mm）	开口宽度或开口直径（mm）	开口长度或开口直径（mm）	模板厚度（mm）
PLCC、SOJ	1.27mm	0.65	2.00	0.6	1.95	0.2
QFP	0.635mm	0.35	1.5	0.3	1.45	0.15～0.18
QFP	0.5mm	0.25	1.25	0.22	1.2	0.1～0.15
片式元器件	2mm×1.25mm	1.25	2.00	1.2	1.95	0.15～0.2
1005	1mm×0.5mm	0.5	0.65	0.45	0.6	0.1
BGA	1.27mm	0.8（圆形）	0.8（圆形）	0.75（圆形）	0.75（圆形）	0.15～0.2
μBGA/CSP	0.5mm	0.3（圆形）	0.3（圆形）	0.28（方形）	0.28（方形）	0.08～0.12
倒装芯片	0.25mm	0.12（圆形）	0.12（圆形）	0.12（方形）	0.12（方形）	0.08～0.1

- μBGA/CSP、倒装芯片采用方形开口比采用圆形开口的印刷质量好。
- 当使用免清洗焊膏、采用免清洗工艺时，模板的开口尺寸应缩小 5%～10%；
- 无铅工艺模板开口设计比有铅大一些，焊膏尽可能完全覆盖焊盘。
- 适当的开口形状可改善贴装效果。例如，当片式元器件尺寸小于公制 1005 时，由于两个焊盘之间的距离很小，贴片时两端焊盘上的焊膏在元器件底部很容易粘连，再流焊后很容易产生元器件底部的桥接和焊球。因此，加工模板时可将一对矩形焊盘开口的内侧修改成尖角形或弓形，减少元器件底部的焊膏量，这样可以改善贴片时元器件底部的焊膏粘连，如图 8-18 所示。具体修改方案可参照模板加工厂的"印焊膏模板开口设计"资料来确定。

矩形焊盘　　　　　　　　将焊盘开口内侧修改成尖角形或弓形

图 8-18 片式元器件模板开口修改方案示意图

⑩ 其他要求。
- 根据设计要求提出测试点是否需要开口等要求，如果对测试点无特殊说明则不开口。
- 有无电抛光工艺要求。电抛光工艺用于开口中心距在 0.5mm 以下的模板。
- 用途（说明加工的模板用于印刷焊膏还是印刷贴片胶）。
- 是否需要模板刻字符（可以刻 PCB 的产品代号、模板厚度、加工日期等信息，不刻透）。

（4）模板加工厂收到 E-mail 或传真后根据需方要求发回"请需方确认"的 E-mail 或传真。

（5）若有问题再打电话或传真联系，直到需方确认后即可加工。

（6）收到模板后应检查模板的加工质量，检查内容和方法如下。

① 检查网框尺寸是否符合要求，将模板平放在桌面上，用手弹压不锈钢网板表面，检查绷网质量，绷网越紧印刷质量越好。另外，还应检查网框四周的黏结质量。

② 举起模板对光目检，检查模板开口的外观质量，查看有无明显的缺陷，如开口的形状、IC引脚相邻开口之间的距离有无异常。

③ 用放大镜或显微镜检查焊盘开口的喇叭口是否向下，开口四周内壁是否光滑、有无毛刺，重点检查窄间距 IC 引脚开口的加工质量。

④ 将该产品的印制板放在模板下面，用模板的漏孔对准印制板焊盘图形，检查图形是否完

全对准，有无多孔（不需要的开口）和少孔（遗漏的开口）。

（7）如果发现问题，首先应检查是否属我方确认错误，然后检查是否为加工问题，如果发现质量问题，应及时反馈给模板加工厂，协商解决。

8.11　焊膏喷印工艺

1. 焊膏喷印技术介绍

焊膏印刷机+钢网印刷技术正面临着越来越多的挑战，较长的研制时间、缺乏柔性、印刷误差以及复杂基板印刷困难等已彰显出其技术差距，而喷印技术使得这一系列挑战得以解决。喷印技术是一种无钢网技术，独特的喷射器结构在基板上方以极高的速度喷射焊膏，是完全无接触的，类似于喷墨打印机，能够满足基板复杂度日益提高的要求和最高的质量要求，用户能够控制每一个元器件引脚所需的焊膏量，以保证获得最佳的焊点质量，软件控制及其附加功能为用户提供了无与伦比的灵活性。

2. 焊膏喷印技术特点

与传统印刷工艺相比，具有不需要调整刮刀压力、速度或者其他钢网印刷参数的特点，通过计算机控制，喷印程序可以完全控制每个焊盘上的喷印细节包括喷印次数和焊膏的堆积量，实现完全一致的焊膏喷印，极大地提高了焊膏印刷质量和保证了随后贴片与再流过程的可控性与焊点的质量。传统通孔回流工艺中焊膏量不足的问题通过喷印技术也可以完美解决。

喷印技术不仅适合单件小批量板卡，并且由于喷印速度非常快，也可以替代传统的钢网印刷设备，同时节省了钢网制作时间，无须清理和储存钢网。性能较好的喷印机可与 30000 片/小时的组装生产线相同步，同时能够喷印各种焊膏以及贴片胶。

3. 焊膏喷印工作流程

① 调用程序；
② 输入 CAD 或者 Gerber 文件；
③ 设定 Mark 点和焊盘区域；
④ 自动匹配功能完成程序的设置；
⑤ 放入焊膏弹匣；
⑥ 载入喷印程序；
⑦ 在电路板上执行喷印操作。

思　考　题

1. 施加焊膏的技术要求是什么？印刷焊膏对环境温度、湿度、环境卫生的要求是什么？
2. 如何正确选择、使用和保管焊膏？焊膏使用前从冰箱中取出后回温的目的是什么？
3. 简述施加焊膏的四种方法和适用范围。目前应用最广泛的是哪种方法？
4. 印刷焊膏的原理及焊膏印刷成功与否的三个关键要素是什么？
5. 自动印刷机需要设置哪些印刷参数？图形对准的操作步骤和要求是什么？

6．检查焊膏印刷质量有哪几种方法？不合格品的处理方法是什么？

7．影响焊膏印刷质量的主要因素有哪些？焊膏黏度和黏着力对印刷质量有什么影响？

8．如何根据组装密度选择焊膏中合金粉末的颗粒尺寸？

9．金属刮刀与橡胶刮刀各自的优缺点是什么？

10．简述印刷焊膏的主要缺陷与不良品的判定和调整方法。

11．简述手动点胶机滴涂焊膏工艺的主要应用场合。简要说明其操作方法。

12．简述焊膏喷印技术特点。

第 9 章 施加贴片胶通用工艺

施加贴片胶是表面贴装元器件与通孔插装元器件混装时，波峰焊工艺中的一个关键工序。

当表面贴装元器件与通孔插装元器件混装，且表面贴装元器件分布于通孔插装元器件的焊接面时，一般采用点胶波峰焊工艺。此工艺过程为：首先把适量的贴片胶（黏结剂）通过点胶或印刷工艺施加在 PCB 的相应位置上，再进行贴片、胶固化，把表面贴装元器件牢牢粘在印制板上，然后翻面、插装通孔插装元器件，最后表面贴装元器件与通孔插装元器件同时进行波峰焊接，如图 9-1 所示。

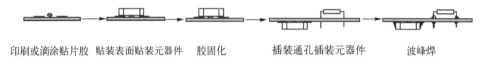

印刷或滴涂贴片胶 贴装表面贴装元器件 胶固化   插装通孔插装元器件   波峰焊

图 9-1 点胶波峰焊工艺流程示意图

9.1 施加贴片胶的技术要求

贴片胶是黏结剂，是表面贴装元器件波峰焊工艺必需的工艺材料。环氧树脂贴片胶是 SMT 中最常用的一种贴片胶。贴片胶的性能、质量不好直接影响点胶或印胶的工艺性，同时还会影响焊接质量，严重时会造成表面贴装元器件掉在锡锅里。有关常用贴片胶，贴片胶的选择方法，贴片胶的存储、使用工艺要求等内容详见第 3 章 3.7 节。施加贴片胶的技术要求如下：

① 采用光固型贴片胶，元器件下面的贴片胶至少有一半的量处于被照射状态；采用热固型贴片胶，贴片胶滴可完全被元器件覆盖，如图 9-2 所示。

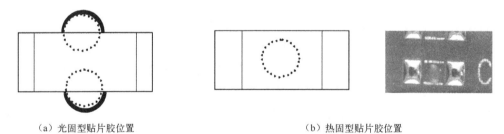

（a）光固型贴片胶位置   （b）热固型贴片胶位置

图 9-2 贴片胶涂覆位置示意图

② 小元器件可涂一个胶滴，大尺寸元器件可涂覆多个胶滴。

③ 胶滴的尺寸与高度取决于元器件的类型。胶滴的高度应达到元器件贴装后胶滴能充分接触到元器件底部的高度，胶滴量（尺寸大小或胶滴数量）应根据元器件的尺寸和质量而定，尺寸和质量大的元器件胶滴量应大一些。胶滴的尺寸和量也不宜过大，以保证足够的黏结强度为准。

④ 为保证焊接质量，要求贴片胶在贴装前和贴装后都不能污染元器件端头和 PCB 焊盘。

⑤ 贴片胶波峰焊工艺对焊盘设计有一定的要求。例如，为了预防贴片胶污染焊盘，片式元器件的焊盘间距应比再流焊放大 20%～30%。

9.2 施加贴片胶的方法和工艺参数的控制

施加贴片胶主要有 3 种方法：针式转印法、印刷法和压力注射法（也称分配器滴涂法）。

9.2.1 针式转印法

针式转印法是采用针矩阵模具，先在贴片胶供料槽上蘸取适量的贴片胶，胶的黏度为 70～90Pa·s，蘸取深度约为 1.2～2mm，然后转移到 PCB 的点胶位置上同时进行多点涂覆。此方法的优点是效率高，投资少，用于单一品种大批量生产；缺点为胶量不易控制，由于胶槽为敞开系统，易混入杂质，影响黏结质量。当 PCB 改版时，需重新制作针矩阵模具。这种方法目前已不常用。

9.2.2 印刷法

印刷贴片胶的原理、过程和设备与印刷焊膏相同。

印刷法的工艺参数主要有胶黏度、模板厚度和印刷参数等。具体设置如下。

1．贴片胶的黏度控制

印刷工艺中影响贴片胶黏度的因素主要是温度，因此控制环境温度是很重要的，一般要求室温维持在 23℃±2℃。贴片胶的黏度一般选用 300～200Pa·s。影响黏度的相关因素如下。

（1）温度对黏度的影响

温度能明显地影响黏度。温度升高，黏度下降，见表 9-1。

（2）压力对黏度的影响

压力增加，胶液通过注射器出口的速度增大，即剪切率增高，黏度下降。

表 9-1 温度对贴片胶黏度的影响

温度（℃）	黏度（Pa·s）
23	70
30	40

（3）时间对黏度的影响

时间对贴片胶的黏度无直接影响。在注射点胶工艺中，时间增长，出胶量变大。

2．模板的设计

印刷贴片胶有丝网、金属和塑料模板。早期丝网应用较多，目前丝网基本被金属模板替代。金属模板一般采用铜模板和钢模板，铜模板用腐蚀法，精度低、寿命短、价格便宜，适合多品种试生产；钢模板采用激光切割，适合大批量生产；塑料模板可印刷不同高度的贴片胶，清洗方便。

（1）金属模板

金属模板的结构与焊膏印刷模板的结构大体相同，主要差别是模板厚度一般为 250～300μm，比印刷焊膏的模板厚 0.1～0.2mm。模板开口形状可以是圆形，也可以是长方形。

圆形开口应首选双胶点，见图 9-2（a）。250μm 厚度的金属模板圆形开孔直径推荐见表 9-2。

表 9-2 250μm 厚度的金属模板圆形开孔直径推荐表

元器件封装	模板开孔直径	胶点中心之间的距离（mm）	元器件封装	模板开孔直径	胶点中心之间的距离（mm）
0603	2×φ0.5mm	0.9	SOT23	2×φ0.7mm	1.4
0805	2×φ0.6mm	1.1	Mini Melf	1×φ1.0mm	1.0
1206	2×φ0.8mm	1.4	Melf	2×φ1.5mm	2.0
1812	2×φ1.4mm	2.4	SO14	4×φ1.4mm	2.5
SO8	3×φ1.4mm	2.5			

长方形开口，开口宽度是元器件焊盘间距的 0.4 倍，模板厚度有所不同，如图 9-3 所示。

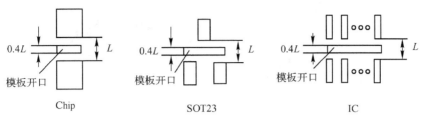

开口宽度应小于2mm，否则应开两条或三条

元器件	0603	0805	1206以上
模板厚度(mm)	0.15～0.18	0.2	0.25～0.3

图 9-3　模板长方形开口

（2）塑料模板

塑料模板分为厚、薄两种。塑料厚模板的厚度为 1～2mm。使用泵压印刷，1mm 厚的模板可印刷出胶点高度达到 2mm 或更多，能保证具有较大的离板间隙的元器件（如 SOT、SOP 等）也可以被贴片胶粘牢。塑料薄模板厚度大于等于 250μm，采用普通印刷。厚、薄两种塑料薄模板的制造方法采用钻孔完成。

金属模板与塑料厚、薄模板的优缺点比较见表 9-3。

表 9-3　金属模板与塑料厚、薄模板的优缺点比较

250～300μm 厚的金属模板		1mm 厚用于泵压印刷的塑料模板		250～350μm 厚的塑料模板	
优　点	缺　点	优　点	缺　点	优　点	缺　点
交货时间短，印刷期间延伸小；容易清洁	柔性小	柔性大；与 PCB 有良好的气密性；接触印刷可以得到极高的胶点	难以清洗；在印刷期间延伸	柔性大，与 PCB 有良好的密封性	难以清洗；在印刷期间模板延伸；供应商的数量有限

3．印刷参数设置

下面讨论用 250μm 厚的金属和塑料模板印刷时印刷参数的设置。

（1）接触式印刷

接触式印刷时，由于模板具有相对较小的厚度，所以胶点高度受到局限。对于 1.8mm 的大胶点，刮板会把胶刮掉，印刷后胶的高度与模板厚度差不多；中等尺寸的胶点（如 0.8mm），可能发生不规则的胶点形状，因为贴片胶与模板和与 PCB 的附着力几乎相等，在模板与 PCB 的分离期间，模板拖长胶剂，因此胶点高度大于模板厚度；0.3～0.6mm 尺寸的胶点，由于贴片胶与模板的附着力比与 PCB 好，部分胶留在模板内。胶点高度较低，一致性非常好，如图 9-4（a）所示。

（2）有间隙式印刷

采用薄模板印刷，当在模板与 PCB 之间存在一定间隙时，可以达到很高的胶点，如图 9-4（b）所示。胶被挤压在模板底面与 PCB 之间的间隙内。当模板与 PCB 缓慢分离（如速度为 0.5mm/s），胶被拉出并落下，根据胶的流变性能不同，可得到一种或多种高度的圆锥形状胶点。

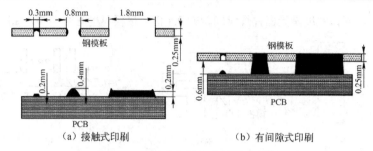

图 9-4　接触式印刷和有间隙式印刷

4. 用 250μm 厚的模板印刷所推荐的参数

- 印刷速度：50mm/s。
- 印刷顺序：可选择双向印刷或单向印刷。
- 刮刀：金属刮刀。刮刀硬度是一个比较敏感的工艺参数，低硬度刮刀刀刃会"挖空"模板漏孔内的贴片胶，所以采用硬度较高的金属刮刀。见第 8 章图 8-11。
- 印刷间隙：1mm 或更高的胶点，间隙为 0.6mm；如只印刷小胶点，印刷间隙可以为零。
- PCB 与模板分离速度：0.1～0.5mm/s。
- 分离高度：>3mm（应该高于胶点高度）。

5. 用 1mm 厚的塑料模板泵压印刷所推荐的参数（由 DEK 推荐）

- 刮刀：金属刮刀 45° 角。
- 刮刀压力：0.33kg/cm。
- 印刷速度：25mm/s。
- 印刷顺序：单程印刷。
- 印刷间隙：0mm（接触式）。
- 分离速度：0.2mm/cm。

9.2.3　压力注射法

压力注射法分为手动和全自动两种方式。手动滴涂与焊膏滴涂相同，用于试验或小批量生产；全自动滴涂用于大批量生产。按分配泵的不同分为时间/压力、螺旋泵、活塞泵、喷射滴涂法 4 种。

图 9-5　时间/压力滴涂

1. 时间/压力滴涂法

时间/压力滴涂是一种以时间/压力为特征的滴涂方法，是施加贴片胶最原始、最广泛的方法。

它的原理是注射针管中的贴片胶材料直接受到压缩空气的压力，有一个针嘴阀门在一定时间内控制、分配所需要数量的贴片胶，如图 9-5 所示。当机器工作时，顶针首先接触到 PCB，机器发出信号，通过启动机构使阀门打开，施加气压，针管内开始增压，压力为 P，并迫使贴片胶流出，同时设定加压时间为 t。当时间到位后，气压阀关闭，点胶停止，接着点胶头移到下一个点胶位置。

时间/压力滴涂法灵活性好，控制方便，操作简单、可靠，针头、针管易清洗，但速度受黏度的影响大，高速和滴涂小胶点时一致性差。

时间/压力滴涂法的主要工艺参数有黏度、温度、压力、时间、点胶针头内径、机器的止动高度、Z 轴回程高度、胶点的直径、高度和数量等，下面分别讨论。

（1）黏度

滴涂的均匀一致性对贴片胶黏度的变化很敏感，影响贴片胶黏度的主要因素是温度和压力。

时间/压力滴涂中贴片胶的黏度选用范围通常在 100～150Pa·s。

（2）温度

温度会影响黏度和胶点形状。温度升高，贴片胶的黏度就会降低，这意味着同等时间、同等压力下从针管流出的贴片胶量增加。一般点胶的环境温度控制在 23℃±2℃ 范围内。

（3）压力

一般控制在 5bar 之内，通常设在 3.0～3.5bar。加大压力，使点胶量增加。

（4）元器件与胶点直径、点胶针头内径的关系

不同元器件与 PCB 之间所需的黏结强度是不同的，所需涂布的胶量也不一样。不同大小元器件的点胶直径不同，需要不同内径的针头。松下点胶机配置 0.58mm、0.41mm、0.33mm 三种针头。

焊盘间距可确定最大胶点直径，最小直径要满足元器件最小黏结力。黏结力与贴片胶的黏结强度、被黏结元器件尺寸、质量及黏结面积有关。0805 元器件最小胶点直径大于等于焊盘间距的 1/2，约 0.6mm。

大量实践表明，胶点的直径与针头内径之比为 2∶1 时，点胶时不易出现拉丝拖尾现象。一旦胶点直径确定，就很容易确定针头的大小，如 0805 元器件选用的针头内径在 0.33～0.41mm。

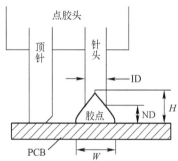

图 9-6 是针头内径、胶点直径/胶点高度、止动高度的图示，其中 ID 表示针头内径，ND 表示针头离 PCB 的高度，W 表示胶点直径，H 表示胶点高度。

（5）压力、时间与止动高度的关系

影响贴片胶涂布质量的另外一个因素是滴涂时针头离

图 9-6　ID、W、H、ND 的图示

PCB 的高度，即止动高度 ND。当 ND 过小，压力（P）、时间（t）设定偏大时，由于针头与 PCB 之间空间太小，贴片胶受压并会向四周漫流，甚至会流到定位针附近，容易污染针头和顶针（见图 9-7，图中 KD 是贴片胶漫流的宽度）；反之，ND 过大，压力（P）、时间（t）设定又偏小时，胶点直径 W 变小，胶点的高度 H 增大，当点胶头移动的一刹那，会出现拉丝、拖尾现象（见图 9-8）。通常，最大的止动高度是针嘴 ID 的一半；超过这个点，会发生不连续滴胶和拉丝。因此，当 ND 值确定后应仔细调节 P、t 值，使三者达到最佳设置。

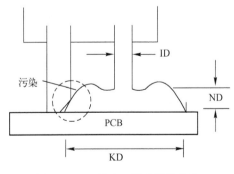

图 9-7　ND 过小、胶点漫流现象

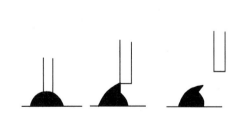

图 9-8　ND 过大、拖尾现象

（6）Z 轴回程高度

点胶头 Z 轴上升的回程距离和回程速度，又称等待时间。它会影响胶点形状和拖尾现象。

当顶针接触到 PCB 后，机器立即发出工作指令进行点胶，压缩气体进入胶管，此时没有时间差，但信号发出后到真正的贴片胶被挤压出来，却有一个明显的时间差，称为延迟效应，这是由气体的可压缩性特点造成的。此外，机器对信号的灵敏度、胶管内径、针头的长度等都会有一定的影响。点胶头相关动作原理如图 9-9 所示。

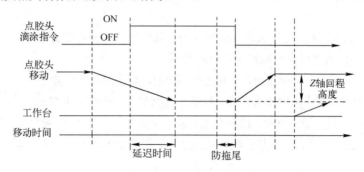

图 9-9　点胶头相关动作原理图

如果 *Z* 轴回程距离太小，则针头会拖着贴片胶从一个胶点移到另一个胶点，产生拖尾现象。当贴片胶完全离开胶口的一刹那，点胶头离开最好。为了避免拖尾现象，有些点胶机采用多头点胶，既降低单个点胶头的滴胶速度，保证贴片胶完全脱离针头，又不影响整机的点胶速度。

（7）胶点高度（*H*）

由图 9-10 可看到，*A* 是 PCB 上焊盘层的厚度，一般为 0.05mm，*B* 是元器件端焊头包封金属层厚度，一般为 0.1mm，SOT23 元器件可达 0.3mm 之多。因此，要达到元器件底部与 PCB 有良好的黏合，须贴片胶高度 *H*>*A*+*B*，考虑到胶点是倒三角状态，顶端在上，为达到元器件间有 80% 的面积与 PCB 相结合，实际 *H* 为（1～2）倍的（*A*+*B*）。可设计辅助点胶焊盘，以增加 *H* 的高度（见图 9-11），或者选用元器件底部与引脚平面之间尺寸较小的元器件，以达到良好的胶接强度。

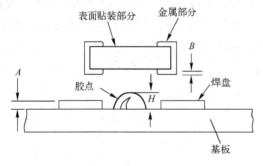

图 9-10　胶点高度设定

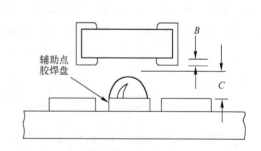

图 9-11　辅助点胶焊盘元器件尺寸

（8）胶点数量

0805 小尺寸元器件，推荐双胶点，见图 9-2（a）。

对于 SOIC，一般设置 3～4 个胶点，能增加强度，起到抗震作用。对于质量较大的 IC 器件，增加胶点数，即增加黏合面积，可防止大元器件滑移。点胶机工艺参数与元器件尺寸关系见表 9-4。

表 9-4　点胶机工艺参数与元器件尺寸关系

工艺参数	0603	0805	1206	SOT23	SOD8	SO16-28
针头内径（mm）	0.3	0.4	0.4	0.4	0.6	0.6
止动高度（mm）	0.1	0.1	0.15	0.15	0.3	0.3
胶点点数	2	2	2	2	2	4
顶针、针头之间距（mm）	0.8	1	1.0～1.2	1.0～1.3	2	—
胶点直径（mm）	0.5	0.7±0.1	0.9±0.1	0.9±0.1	1.35±0.15	17.7±0.3
点胶压力（bar）	3	3	3	3	2.7	2.7
点胶时间（ms）	50	50	80	80	100	120
胶管温度（℃）	24±1	24±1	24±1	24±1	24±1	24±1

2．螺旋泵、活塞泵、喷射泵式滴涂法

详见第 4 章 4.3 节。

9.3　施加贴片胶的工艺流程

（1）全自动点胶机施加贴片胶的工艺流程（见图 9-1）

施胶前的准备工作→开机→添加贴片胶→设置点胶温度、压力参数→胶点数量的选择→胶点尺寸的控制→首件点胶并检验→根据点胶结果调整参数→连续点胶生产→检验→关机→转贴装工序。

（2）自动印刷机印刷贴片胶工艺

自动印刷机印刷贴片胶工艺与印刷焊膏相同，只是模板设计及工艺参数有一些区别。

（3）手动点胶机滴涂贴片胶

手动点胶机滴涂贴片胶与焊膏滴涂相同，只是针嘴规格有所区别。详见第 8 章 8.9 节。

9.4　贴片胶固化

贴片胶的品种不同，固化方式也不一样。常用固化方式有两种：热固化和光固化。环氧树脂贴片胶的固化方式以热固化为主，丙烯酸类贴片胶的固化方式以光固化为主。

9.4.1　热固化

热固化有烘箱间断式和再流焊炉连续式两种形式。烘箱间断固化是将已施加贴片胶并贴装好 SMD 的 PCB 分批放入恒温的烘箱中，按照所使用的贴片胶固化参数进行固化，如温度 150℃、时间 5min；再流焊炉连续式固化是 SMT 工艺中最常用的方式。贴片胶温度固化曲线的设置方法、过程和焊膏相同，但热电偶应放置在胶点上。温度和时间的设置取决于所选的贴片胶。

环氧树脂贴片胶的固化曲线有两个重要的参数：升温速率和峰值温度。升温速率决定贴片胶固化后的表面质量，峰值温度影响贴片胶的黏结强度。图 9-12 是采用不同温度（100℃、125℃、150℃）固化同一种贴片胶的固化曲线。由图可知，固化温度对黏结强度的影响比固化时间对黏结强度的影响更大。设置温度曲线时要注意，超过 160℃时会加快固化过程，但容易造成胶点脆弱。

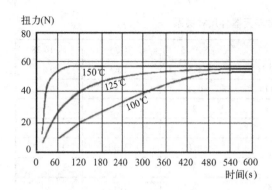

图 9-12　温度与时间对固化强度的影响

9.4.2　光固化

与环氧树脂固化机理不同，丙烯酸类贴片胶是通过加入过氧化合物，在光和热的作用下实现固化的，固化速度快、质量高。在生产中，通常是再流焊炉配备 2～3kW 的紫外灯管，距已施加贴片胶并贴装好 SMD 的 PCB 上方 10cm 的高度，10～15s 即可完成光固化；同时，在炉内继续保持 140～150℃的温度约 1min，完成彻底固化。光固化应注意阴影效应，即光照射不到的地方是不能固化的。因此，设计时应将胶点暴露在元器件边缘，见图 9-2（a）。

9.5　施加贴片胶检验、清洗、返修

1. 检验

在施加贴片胶过程中，首先是检查贴片胶，检查是否在储存期内；施胶后，检查是否有漏印、漏点或拖尾等缺陷；元器件贴片后检查是否有掉件、胶污染焊盘等；固化后检查元器件的剪切力。每道工序都应建立工序合格率统计表，记录检验情况。检验手段有人工目视、AIO 检查等。

2. 清洗

（1）金属模板的清洁

为了避免清洁剂对模板与丝网的贴片胶的侵蚀，建议使用专门的清洁剂。当印刷小胶点、如小于等于 0.6mm，或在模板被贴片胶严重污染的情况下，推荐先使用预清洗工序，采用更强的清洗剂，手工操作，避免清洗剂与贴片胶的接触，然后再用普通清洗剂来清洗模板。

（2）塑料模板的清洁

在清洁塑料模板期间，可能发生静电放电，所以应该用专门的防静电清洁剂。不要用抹布手工清洁，因为塑料容易被刮坏。另外，手工清洁不容易彻底清洁通孔，残留物累积，影响印刷质量。

（3）针头的清洗

一种方法是将针头浸泡在相容的溶剂中，再用高压喷雾把胶吹出针头内孔，然后用干燥的压缩空气吹内孔，让针头干燥。另外一种方法是超声波加静态浸泡，首先用与针头内孔适当直径的钢丝、钻针等小工具，用机械方法清除未固化的胶；第二步是将要清洗的针头浸泡在清洁溶剂中一段时间并搅拌；第三步是设定超声波机加温到 40℃，以最大功率超声清洗 3min；第四步是对清洗后的针头用清洁溶剂进行冲刷，对于内孔非常小的针嘴，可用高压喷雾；最后用干燥的压缩空气吹针孔来干燥针头。

3. 返修

对已固化需要返修的元器件可用热风枪均匀地加热，如果元器件已焊接好，还需增加温度使焊点熔化，及时用镊子取下元器件。大型的 IC 需要用维修站加热。

去除元器件后，仍应在热风枪配合下用小刀慢慢地铲除残胶，不要损坏 PCB 印制导线和焊盘。

需要时重新施胶，用热风枪局部固化，但应保证加温温度和时间。

9.6　点胶中常见的缺陷与解决方法

生产中常常出现一些滴涂缺陷，如拉丝/拖尾、胶点大小的不连续、无胶点和卫星胶点等。

（1）拉丝/拖尾

胶的拉丝/拖尾是滴涂工艺中常见现象，当针头移开时，在胶点的顶部产生细线或"尾巴"，尾巴可能塌落，直接污染焊盘，引起虚焊，如图 9-13 所示。

图 9-13　拉丝/拖尾

拉丝/拖尾产生的原因之一是对点胶机设备的工艺参数调整不到位，如针头内径太小、点胶压力太高、针头离 PCB 的距离太大等；贴片胶的品质不好或已过期，板的弯曲或板的支撑不够等。

针对上述原因，可调整工艺参数，更换较大内径的针头，降低点胶压力，调整针头离 PCB 的高度；更换贴片胶等。可在滴胶针头上或附近加热，降低黏度，使贴片的胶拉丝/拖尾易断开。

（2）卫星点

卫星点是在高速点胶时产生的细小无关的胶点。在接触滴涂中，通常是由于拖尾和针嘴断开而引起的。在非接触喷射中，是因为不正确的喷射高度产生的。卫星点可能造成污染。

在接触点胶中，经常检查针头是否损坏，调整设备参数、防止拖尾，以减少卫星点的产生。在非接触喷射中，调整喷射头与 PCB 的高度，有利于减少卫星点。

（3）爆米花、空洞

这是因为空气或潮湿气体进入贴片胶内，在固化期间突然爆出或形成空洞。爆米花和空洞会降低黏结强度，并为焊锡打开通路，渗入元器件下面，导致桥接、短路。

解决办法是使用低温慢固化。延长加热时间，有利于潮气在固化前排出。尽量缩短贴装与固化之间的时间，正确储存、管理和使用贴片胶。对自行灌装的贴片胶，要进行脱气泡处理。

（4）空打或出胶量偏少

如果点胶时只有点胶动作，却无出胶量或针头出胶量偏少，一般是贴片胶中混入气泡、针头被堵塞，或者生产线的气压不够这 3 种原因。

注射针筒中的胶应进行脱气泡处理，特别是自己装的胶；经常更换清洁的针头；适当调整机器压力。如果经常发生堵塞，可以考虑更换其他品牌的贴片胶。

（5）不连续的胶点

发生不连续的胶点的原因有：针头的顶针落在焊盘上，换一种不同的针头可解决这个问题；恢复时间不够，增加延时可解决恢复问题；再就是随着胶面水平线下降，压力时间不足以完成滴胶周期。可通过增加压力与周期时间的比，来纠正胶点大小不连续的问题。

（6）元器件位移

固化后元器件产生位移，严重时造成开路。其原因是胶量太小，贴片胶初黏力低，点胶后 PCB 放置时间太长，造成贴装时元器件发生位移。另外胶量太多，也会引起元器件位移。

首先应检查胶点是否有不均匀现象，再调整贴装机的工作状态，使贴装高度更合适。同时，可更换贴片胶，并在工艺文件中规定，点胶后 PCB 的放置时间一般不超过 4h。

（7）固化、波峰焊后元器件掉片

焊后元器件掉片主要原因：固化温度低；胶量不够；元器件或 PCB 有污染也会引起掉片。

重新测试 PCB 的固化曲线，特别注意固化温度，调整固化曲线。光固化时，应观察光固化灯是否老化，灯管是否发黑；胶点直径和高度需要检查；还应检查元器件或 PCB 是否有污染。

（8）固化后元器件引脚上浮/产生位移

固化后元器件引脚浮起，波峰焊后焊料会进入焊盘，严重时会出现短路和开路。主要原因是贴片胶量过多，贴片时元器件偏移。

解决办法是调整点胶工艺参数，控制点胶量，调整贴片工艺参数，使表面贴装元器件不偏移。

思 考 题

1. 简述施加贴片胶的技术要求。

2. 请对 0805、0603 元器件印刷贴片胶进行模板厚度与开口设计，将设计参数填入表 9-5 中。

表 9-5 0805、0603 元器件印刷贴片胶金属模板圆形开口设计表

元器件	模板开孔直径（mm）	胶点中心之间的距离（mm）	模板厚度（mm）
0805			
0603			

3. 按照分配泵的不同，压力注射法可分为哪 4 种方法？各有什么优缺点？

4. 以 0805 元器件为例，已知焊盘间距为 0.8mm，请计算：（1）胶点最大直径；（2）胶点与元器件底部最小接触直径；（3）针嘴的内径。

5. 如何正确设置胶点高度？如何通过压力、时间、止动高度及 Z 轴回程高度控制胶点高度？

6. 已固化和已焊接好的缺陷还能返修吗？如何返修？

7. 简述点胶工艺中常见的缺陷与解决方法。分析拉丝/拖尾的产生原因和解决措施。

第10章 自动贴装机贴装通用工艺

贴装元器件是保证 SMT 组装质量和组装效率的关键工序。本章主要介绍贴装元器件的工艺要求、离线编程和在线编程、自动贴装机的贴装原理、如何提高自动贴装机的贴装质量、手工贴装工艺、如何提高自动贴装机的贴装效率、贴片故障分析及排除方法、贴装机的设备维护等内容。

10.1 贴装元器件的工艺要求

贴装元器件时应按照组装板装配图和明细表的要求，准确地将元器件逐个拾放到印制电路板规定的目标位置上，这个目标位置一般是指 PCB 设计时每个元器件的中心位置。

1. 贴装工艺要求

① 各装配位号元器件的类型、型号、标称值和极性等特征标记要符合装配图和明细表要求。

② 贴装好的元器件要完好无损。

③ 贴装元器件焊端或引脚不小于 1/2 厚度要浸入焊膏。对于一般元器件，贴片时的焊膏挤出量（长度）应小于 0.2mm；对于窄间距元器件，贴片时的焊膏挤出量（长度）应小于 0.1mm。

④ 元器件的端头或引脚要和焊盘图形对齐、居中。由于再流焊时有自定位效应，因此元器件贴装位置允许有一定的偏差，允许偏差范围要求如下。

- 矩形元器件：在 PCB 焊盘设计正确的条件下，元器件的宽度方向焊端宽度 1/2 以上在焊盘上；元器件的长度方向，元器件焊端与焊盘交叠后，焊盘伸出部分要大于焊端高度的 1/3；有旋转偏差时，元器件焊端宽度的 1/2 以上必须在焊盘上。特别注意，元器件焊端必须接触焊膏图形。

- 小外形晶体管（SOT）：SOT 允许 X、Y、θ（旋转角度）有偏差，但引脚（含趾部和跟部）必须全部处于焊盘上。

- 小外形集成电路（SOIC）：SOIC 允许 X、Y、θ（旋转角度）有贴装偏差，但必须保证器件引脚宽度的 3/4（含趾部和跟部）处于焊盘上。

- 四边扁平封装器件和超小形封装器件（QFP）：QFP 要保证引脚宽度的 3/4 处于焊盘上，允许 X、Y、θ（旋转角度）有较小的贴装偏差；允许引脚的趾部少量伸出焊盘，但必须有 3/4 引脚长度在焊盘上，引脚的跟部也必须在焊盘上。

2. 保证贴装质量的三要素

（1）元器件正确

要求各装配位号元器件的类型、型号、标称值和极性等特征标记要符合产品的装配图和明细表要求，不能贴错位置。

（2）位置准确

元器件的端头或引脚均和焊盘图形尽量对齐、居中，还要确保元器件焊端接触焊膏图形。元器件贴装位置要满足工艺要求。两个端头的片状元器件、翼型引脚与 J 型引脚器件、球形引脚器件的贴装位置要求如下。

① 两个端头无引脚片状元器件。两个端头无引脚片状元器件自定位效应的作用比较大，贴装时元器件宽度方向有 1/2 以上搭接在焊盘上，长度方向两个端头只要搭接到相应的焊盘上并接触焊膏图形，如图 10-1（a）所示，再流焊时就能够自定位；但如果其中一个端头没有搭接到焊盘上或没有接触焊膏图形，如图 10-1（b）所示，再流焊时就会产生移位或立碑。

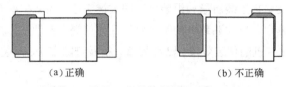

(a)正确　　　　　　　(b)不正确

图 10-1　片状元器件贴装位置要求示意图

② 翼型引脚与 J 型引脚器件。对于 SOP、SOJ、QFP、PLCC 等器件，其自定位作用比较小，贴装偏移是不能通过再流焊纠正的。如果贴装位置超出允许偏差范围，必须进行人工拨正后再进入再流焊炉焊接。同时应及时修正贴装坐标。翼型与 J 型引脚器件的贴装位置要求如图 10-2 所示。

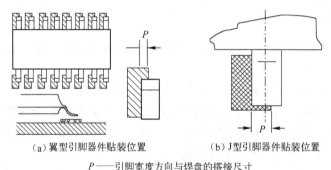

(a)翼型引脚器件贴装位置　　　　　(b)J型引脚器件贴装位置

P——引脚宽度方向与焊盘的搭接尺寸

图 10-2　翼型引脚与 J 型引脚器件贴装位置要求示意图

● 引脚宽度方向与焊盘的搭接尺寸：P>引脚宽度的 3/4。

● 引脚长度方向：引脚的跟部和趾部在焊盘上。

③ 球形引脚器件。由于 BGA、CSP 等球形引脚器件的焊盘面积相对于器件体的面积比较大，自定位效应非常好，因此，只要满足以下两点即可（见图 10-3）。

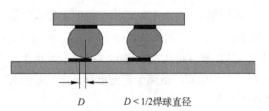

D　　D<1/2焊球直径

图 10-3　BGA/CSP 等球形引脚器件贴装位置要求示意图

● BGA 器件的焊球与相对应的焊盘一一对齐。

● 焊球的中心与焊盘中心的最大偏移量小于 1/2 焊球直径。

（3）贴装压力（贴装高度）合适

贴装压力与吸嘴的 Z 轴高度有关，轴高度要恰当、合适。

Z 轴高度过大，相当于贴装压力过小，元器件焊端或引脚没有压入焊膏，浮在焊膏表面，焊膏粘不住元器件，在传递、贴片和再流焊时容易产生位置移动；Z 轴高度过大，还会使贴片时元器件从高处扔下，相当于自由落体下来，会造成贴装位置偏移，如图 10-4（b）所示。

Z 轴高度过小，相当于贴装压力过大，焊膏挤出量过多，容易造成焊膏粘连，再流焊时容易产生桥接，同时也会由于焊膏中合金颗粒滑动、造成位置偏移，严重时会损坏元器件，如图 10-4（c）所示。

正确的 Z 轴高度要求元器件底面与 PCB 焊盘上表面之间的距离（H）约等于焊膏中最大合金

颗粒的直径，如 3 号粉的最大颗粒为 $\phi45\mu m$，$H\approx50\mu m$ 的吸嘴高度最合适，如图 10-4（a）所示。

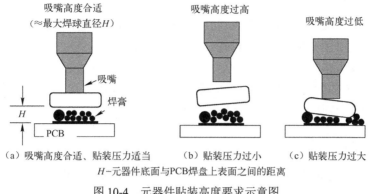

（a）吸嘴高度合适、贴装压力适当　　　（b）贴装压力过小　　　（c）贴装压力过大

H-元器件底面与PCB焊盘上表面之间的距离

图 10-4　元器件贴装高度要求示意图

10.2　全自动贴装机贴装工艺流程

全自动贴装机的贴装工艺流程如图 10-5 所示。

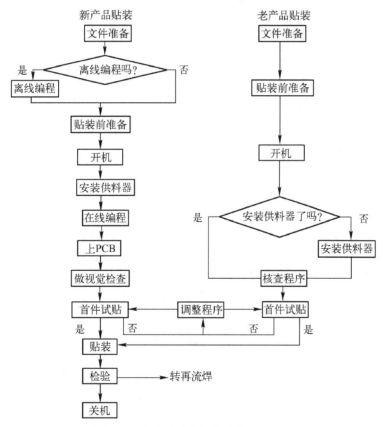

图 10-5　全自动贴装机的贴装工艺流程

10.3　贴装前的准备工作

贴装前的准备工作是非常重要的，一旦出了问题，无论在生产过程中或产品检验时查出问题，

都会造成不同程度的损失。

（1）贴装前必须做好的准备

① 根据产品工艺文件的贴装明细表领料（PCB、元器件）并进行核对。

② 对已开启包装的 PCB，根据开封时间的长短及是否受潮或受污染，进行清洗和烘烤处理。

③ 对于有防潮要求的元器件，检查是否受潮，对受潮元器件进行去潮处理。

开封后检查包装内附的湿度显示卡，如果指示湿度大于 10%（在 23℃±5℃时读取），说明元器件已经受潮，在贴装前需对元器件进行去潮处理。

（2）设备状态检查

开机前必须检查以下内容，以确保安全操作。

① 检查压缩空气源的气压是否达到设备要求，应达到贴装机要求的驱动压力。

② 检查并确保在导轨、贴装头移动范围内、自动更换吸嘴库周围、托盘架上没有任何障碍物。

（3）选择供料器并安装元器件

按元器件的规格及类型选择适合的供料器并正确安装元器件。

10.4　开　　机

必须按照设备安全技术操作规程开机，确保人身和设备安全。开机的步骤如下：

① 检查贴装机的气压是否达到设备要求，一般应为 $5kgf/cm^2$ 左右。

② 打开伺服。

③ 将贴装机所有轴调回到原点位置。

④ 调整贴装机导轨宽度应大于 PCB 宽度 1mm 左右，并保证 PCB 在导轨上滑动自如。

⑤ 设置并安装 PCB 定位装置。一般有针定位和边定位两种方式。

● 采用针定位时，调整定位针的位置，使定位针恰好在 PCB 的定位孔中间，使 PCB 上下自如。

● 采用边定位时，必须根据 PCB 的外形尺寸调整限位器和顶块的位置。

⑥ 根据 PCB 的厚度和外形尺寸安放 PCB 支撑顶针，以保证贴装时 PCB 上受力均匀，不松动。若为双面贴装 PCB，B（第一）面贴装完毕后，必须重新调整 PCB 支撑顶针的位置，以保证 A（第二）面贴装时，PCB 支撑顶针避开 B 面已经贴装好的元器件。

⑦ 设置完毕，则可装上 PCB，进行在线编程或贴装操作。

10.5　编　　程

贴装机是计算机控制的自动化生产设备。贴装之前必须编制贴装程序。贴装程序编制得好不好，直接影响贴装精度和贴装效率。贴装程序由拾片程序和贴片程序两部分组成。

（1）拾片程序

拾片程序告诉机器到哪里去拾片、拾什么样的元器件、元器件的包装是什么样的等拾片信息。其内容包括：每一步的元器件名，每一步拾片的 X、Y 和转角的偏移量，供料器料站位置，供料器的类型，拾片高度，抛料位置，是否跳步等。拾片程序表举例如图 10-6 所示。

（2）贴片程序

贴片程序告诉机器把元器件贴到哪里、贴的角度、贴片的高度等信息。

其内容包括：每一步的元器件名、说明，每一步的 *X*、*Y* 坐标和转角，贴片的高度是否需要修正，用第几号贴装头贴片，是否多头同时拾片，是否跳步等；贴片程序中还包括 PCB 和局部 Mark 的 *X*、*Y* 坐标信息等。贴片程序表举例如图 10-7 所示。

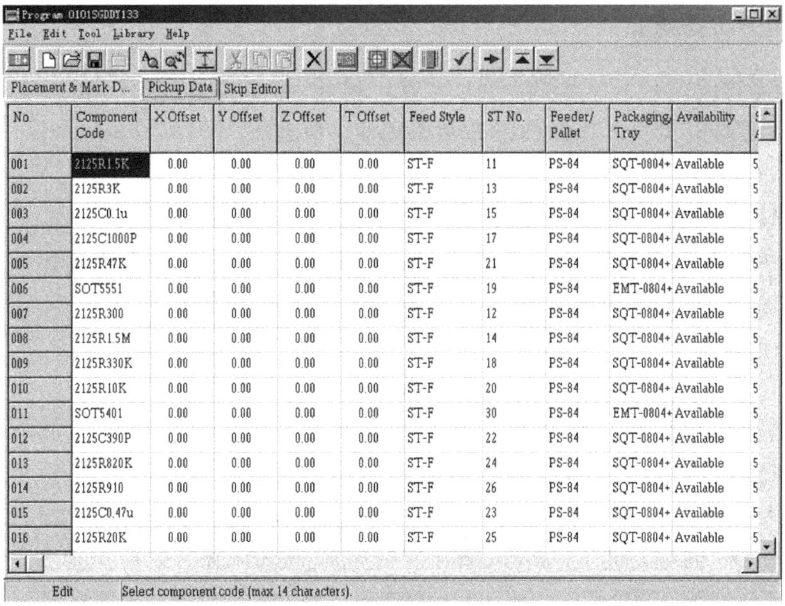

Program 0101SGDDY133
File Edit Tool Library Help
Placement & Mark D... | Pickup Data | Skip Editor

No.	Component Code	X Offset	Y Offset	Z Offset	T Offset	Feed Style	ST No.	Feeder/Pallet	Packaging Tray	Availability
001	2125R1.5K	0.00	0.00	0.00	0.00	ST-F	11	PS-84	SQT-0804+	Available
002	2125R3K	0.00	0.00	0.00	0.00	ST-F	13	PS-84	SQT-0804+	Available
003	2125C0.1u	0.00	0.00	0.00	0.00	ST-F	15	PS-84	SQT-0804+	Available
004	2125C1000P	0.00	0.00	0.00	0.00	ST-F	17	PS-84	SQT-0804+	Available
005	2125R47K	0.00	0.00	0.00	0.00	ST-F	21	PS-84	SQT-0804+	Available
006	SOT5551	0.00	0.00	0.00	0.00	ST-F	19	PS-84	EMT-0804+	Available
007	2125R300	0.00	0.00	0.00	0.00	ST-F	12	PS-84	SQT-0804+	Available
008	2125R1.5M	0.00	0.00	0.00	0.00	ST-F	14	PS-84	SQT-0804+	Available
009	2125R330K	0.00	0.00	0.00	0.00	ST-F	18	PS-84	SQT-0804+	Available
010	2125R10K	0.00	0.00	0.00	0.00	ST-F	20	PS-84	SQT-0804+	Available
011	SOT5401	0.00	0.00	0.00	0.00	ST-F	30	PS-84	EMT-0804+	Available
012	2125C390P	0.00	0.00	0.00	0.00	ST-F	22	PS-84	SQT-0804+	Available
013	2125R820K	0.00	0.00	0.00	0.00	ST-F	24	PS-84	SQT-0804+	Available
014	2125R910	0.00	0.00	0.00	0.00	ST-F	26	PS-84	SQT-0804+	Available
015	2125C0.47u	0.00	0.00	0.00	0.00	ST-F	23	PS-84	SQT-0804+	Available
016	2125R20K	0.00	0.00	0.00	0.00	ST-F	25	PS-84	SQT-0804+	Available

Edit　Select component code (max 14 characters).

图 10-6　拾片程序表举例

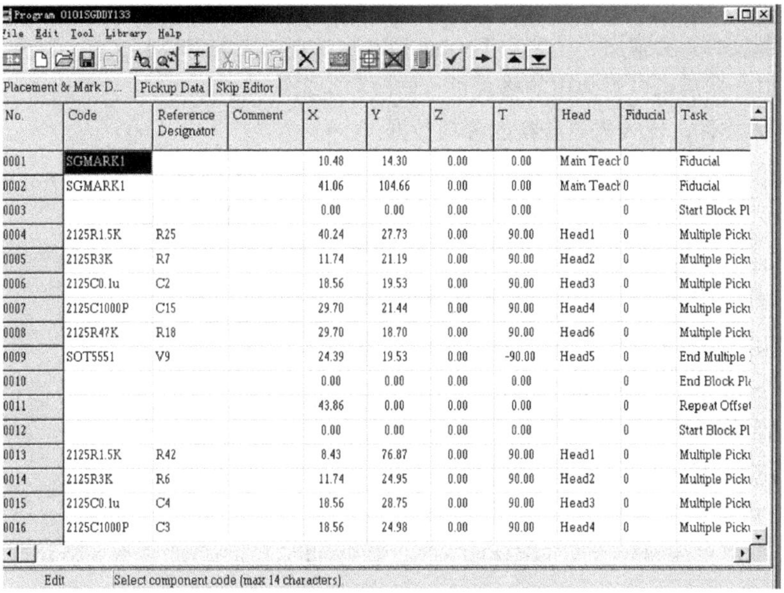

Program 0101SGDDY133
File Edit Tool Library Help
Placement & Mark D... | Pickup Data | Skip Editor

No.	Code	Reference Designator	Comment	X	Y	Z	T	Head	Fiducial	Task
0001	SGMARK1			10.48	14.30	0.00	0.00	Main Teach	0	Fiducial
0002	SGMARK1			41.06	104.66	0.00	0.00	Main Teach	0	Fiducial
0003				0.00	0.00	0.00	0.00		0	Start Block Pl
0004	2125R1.5K	R25		40.24	27.73	0.00	90.00	Head1	0	Multiple Picku
0005	2125R3K	R7		11.74	21.19	0.00	90.00	Head2	0	Multiple Picku
0006	2125C0.1u	C2		18.56	19.53	0.00	90.00	Head3	0	Multiple Picku
0007	2125C1000P	C15		29.70	21.44	0.00	90.00	Head4	0	Multiple Picku
0008	2125R47K	R18		29.70	18.70	0.00	90.00	Head6	0	Multiple Picku
0009	SOT5551	V9		24.39	19.53	0.00	-90.00	Head5	0	End Multiple
0010				0.00	0.00	0.00	0.00		0	End Block Pl
0011				43.86	0.00	0.00	0.00		0	Repeat Offset
0012				0.00	0.00	0.00	0.00		0	Start Block Pl
0013	2125R1.5K	R42		8.43	76.87	0.00	90.00	Head1	0	Multiple Picku
0014	2125R3K	R6		11.74	24.95	0.00	90.00	Head2	0	Multiple Picku
0015	2125C0.1u	C4		18.56	28.75	0.00	90.00	Head3	0	Multiple Picku
0016	2125C1000P	C3		18.56	24.98	0.00	90.00	Head4	0	Multiple Picku

Edit　Select component code (max 14 characters).

图 10-7　贴片程序表举例

编程的方法有离线编程和在线编程两种。

10.5.1　离线编程

离线编程是指利用离线编程软件和 PCB 的 CAD 设计文件在计算机上进行编制贴片程序的工作。离线编程可以节省在线编程时间，从而可以减少贴装机的停机时间，提高设备的利用率。

离线编程软件一般由两部分组成：CAD 转换软件和自动编程并优化软件。

离线编程的步骤：PCB 程序数据编辑→自动编程优化并编辑→将数据输入设备→在贴装机上对优化好的产品程序进行编辑→校对检查并备份贴装程序。

1. PCB 程序数据编辑

PCB 程序数据编辑有 3 种方法：CAD 转换，利用贴装机自学编程产生的坐标文件，利用扫描仪产生元器件的坐标数据。其中 CAD 转换最简便、最准确。

（1）CAD 数据转换

① CAD 转换项目。

- 每一步的元器件名；
- 每一步的 X、Y 坐标和转角 θ；
- 坐标方向转换；
- 比率；
- 说明；
- mm 与 in 单位转换；
- 角度 θ 的转换；
- 原点修正值。

② CAD 转换操作步骤。

- 调出表面贴装元器件坐标的文本文件。

当文件的格式不符合要求时，需从 Excel 中调出文本文件；在弹出的文本导入向导中选分隔符，单击"下一步"按钮，选"空格"，单击"下一步"按钮，选"文本"，单击"完成"按钮后在 Excel 中显示该文件；通过删除、剪切和粘贴工具，将文件调整到需要的格式。

- 打开 CAD 转换软件。
- 选择 CAD 数据格式。

如果建立新文件，会弹出一个空白 Format Edit 窗口；如果编辑现有文件，则弹出一个有数据的格式编辑窗口，然后可以对弹出的格式进行修改和编辑。

- 对照文本文件，输入需要转换的各项数据。
- 存盘后即可执行转换。

（2）利用贴装机自学编程产生的坐标程序、通过软件进行转换和编辑

当没有表面贴装元器件坐标的 CAD 文本文件时，可利用贴装机自学编程产生的贴片坐标，再通过软件进行转换和编辑（软件需要具备文本转换功能）。

① 转换和编辑条件。

- 需要一块没有印刷焊膏的 PCB；
- 需要表面贴装元器件明细表和装配图；
- 备份用的 U 盘。

② 操作步骤。

- 利用贴装机自学编程输入元器件的名称、X、Y 坐标和转角 θ，其余参数都可以在自动编程和优化时产生（如果贴装机自身就装有优化软件，则可直接在贴装机上优化，否则按照以下步骤进行）；
- 将贴装机自学编程产生的坐标程序备份到 U 盘；
- 将贴装机自学编程产生的坐标程序复制到 CAD 转换软件中；
- 将贴装机自学编程产生的坐标程序转换成文本文件；
- 对文本文件进行格式编辑；
- 转换。

（3）利用扫描仪产生元器件的坐标数据（必须具备坐标转换软件）

① 把 PCB 放在扫描仪的适当位置上进行扫描；

② 通过坐标转换软件产生 PCB 坐标文件；

③ 按照前面（1）中所述 CAD 转换。

2．自动编程优化并编辑

操作步骤：打开程序文件→输入 PCB 数据→建立元器件库→自动编程优化并编辑。

（1）打开程序文件

按照自动编程优化软件的操作方法，打开已完成 CAD 数据转换的 PCB 坐标文件。

（2）输入 PCB 数据

① 输入 PCB 尺寸：长度 X（沿贴装机的 X 方向）、宽度 Y（沿贴装机的 Y 方向）、厚度 T。

② 输入 PCB 原点坐标：一般 X、Y 的原点都为 0。当 PCB 有工艺边或贴装机对原点有规定等情况时，应输入原点坐标。

③ 输入拼板信息：分别输入 X 和 Y 方向的拼板数量、相邻拼板之间的距离；无拼板时，X 和 Y 方向的拼板数量均为 1，相邻拼板之间的距离为 0。

（3）对元器件库中没有的新元器件逐个建立元器件库

输入该元器件的元器件名称、包装类型、所需要的料架类型、供料器类型、元器件供料的角度、采用几号吸嘴等参数，并在元器件库中保存。

（4）自动编程优化并编辑

完成以上工作后，即可按照自动编程优化软件的操作方法进行自动编程优化，然后还要对程序中某些不合理处进行适当的编辑。

3．将数据输入设备

① 将优化好的程序复制到 U 盘。

② 再将 U 盘上的程序输入到贴装机。

4．在贴装机上对优化好的产品程序进行编辑

① 调出优化好的程序。

② 做 PCB Mark 和局部 Mark 的图像。

③ 对没有做图像的元器件做图像，并在图像库中登记。

④ 对未登记过的元器件在元器件库中进行登记。

⑤ 对排放不合理的多管式振动供料器，根据元器件体的长度进行重新分配，尽量把元器件体长度比较接近的元器件安排在同一个料架上；并将料站排放得紧凑一点，中间尽量不要有空闲的料站，这样可缩短拾元器件的路程。

⑥ 把程序中外形尺寸较大的多引脚、窄间距器件，如 160 条引脚以上的 QFP，大尺寸的 PLCC、BGA 器件，以及长插座等改为 Single Pickup 单个拾片方式，这样可提高贴装精度。

⑦ 存盘检查是否有错误信息，根据错误信息修改程序，直至存盘后没有错误信息为止。

5．校对检查并备份贴片程序

① 按工艺文件中的元器件明细表，校对程序中每一步的元器件名称、位号、型号规格是否

正确，对不正确处按工艺文件进行修正。

② 检查贴装机每个供料器站上的元器件与拾片程序表是否一致。

③ 在贴装机上用主摄像头检查每一步元器件的 X、Y 坐标是否与 PCB 上的元器件中心一致，对照工艺文件中的元器件位置示意图检查转角 θ 是否正确，对不正确处进行修正（如果不执行本步骤，可在首件贴装后按照实际贴装偏差进行修正）。

④ 将完全正确的产品程序复制到备份 U 盘中保存。

⑤ 校对检查完全正确后才能进行生产。

10.5.2　在线编程

在线编程又称自学编程、自教编程。

在线编程是在贴装机上人工输入拾片和贴片程序的过程。拾片程序完全由人工编制并输入，贴片程序是通过教学摄像机对 PCB 上每个贴片元器件贴装位置的精确摄像，自动计算元器件中心坐标（贴装位置），并记录到贴片程序表中，然后通过人工优化而成的。

1．编制拾片程序

（1）拾片程序的编制内容

在拾片程序表中，对每一种表面贴装元器件输入以下内容：

① 元器件名，如 2125R 1K；

② 输入 X、Y、Z 拾片坐标修正值；

③ 输入拾片（供料器料站号）位置；

④ 输入供料器的规格；

⑤ 输入元器件的包装形式（如散件、编带、管装、托盘）；

⑥ 输入有效性（若某种料暂不贴时，选 Not Available）；

⑦ 输入报警数（如输入 50，当所用元器件数减少为 50 时，就会有报警信息）。

（2）拾片程序的编制方法

调出空白程序表，由人工编制并逐项输入以上内容。

2．编制贴片程序

（1）贴片程序的编制内容

① 输入 PCB 基准标志（Mark）和局部（某个元器件）基准标志（Mark）的名字，Mark 的 X、Y 坐标、使用的摄像机号，在任务栏中输入 Fiducial（基准校正）；

② 输入每一个表面贴装元器件的名称（如 2125R 1K）；

③ 输入元器件位号（如 R1）；

④ 输入元器件的型号、规格（如 74HC74）；

⑤ 输入每一个表面贴装元器件的中心坐标 X、Y 和转角 θ；

⑥ 输入选用的贴装头号；

⑦ 选择 Fiducial 的类型（采用 PCB 基准或局部基准）；

⑧ 采用几个头同时拾片或单个头拾片方式；

⑨ 输入是否需要跳步（若程序中某个位号不贴，可在此输入跳步，在贴片过程中，贴装机将自动跳过此步）。

（2）Mark 及元器件贴片坐标输入方法

Mark 和片状元器件坐标的输入方法可用一点法或两点法，SOIC、QFP 等器件的中心坐标输入方法可用两点法或四点法，如图 10-8 所示。

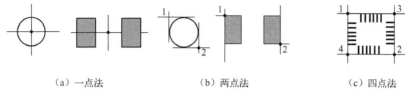

　　（a）一点法　　　　　　　（b）两点法　　　　　　　（c）四点法

图 10-8　Mark 及元器件贴片坐标输入方法示意图

① 一点法操作方法。将光标移到 X 或 Y 的空白格内点蓝，单击右键，弹出 Teaching 对话框和一个图像显示窗口。用方向箭移动摄像机镜头至 Mark（或 Chip）焊盘图形处，用十字光标对正 Mark（或 Chip）焊盘中心位置，按输入键，中心坐标将自动写入 X、Y 坐标栏内。一点法操作简单、快捷，但精确度不够高，可用于一般片状元器件。

② 两点法操作方法。用方向箭移动摄像机镜头至 Mark（或 Chip）焊盘图形处，选择两点法。用十字光标找到 Mark（或 Chip）焊盘图形的一个角，单击"1st"，再找到与之相对应的第二个角，单击"2st"，此时机器会计算出 Mark（或 Chip）焊盘图形的中心，并将中心坐标值自动写入 X、Y 坐标栏内。两点法输入速度略慢一些，但精确度高。

③ 四点法操作方法。用方向箭移动摄像机镜头至 SOIC 或 QFP 焊盘图形处，选择四点法。先照器件的一个对角，找正第一个角，单击"1st"，再找正与之相对应的第二个角，单击"2st"；然后照另一个对角，找正第三个角，单击"3st"，再找正与之相对应的第四个角单击"4st"，此时机器会计算出 SOIC 或 QFP 焊盘图形的中心，并将坐标值自动写入 X、Y 坐标栏内。

3. 人工优化原则

① 换吸嘴的次数最少。

② 拾片、贴片路程最短。

③ 多头贴装机还应考虑每次同时拾片数量最多。

4. 在线编程注意事项

① 输入数据时应经常存盘，以免因停电或误操作而丢失数据。

② 输入元器件坐标时，可根据 PCB 元器件位置顺序进行。

③ 所输入元器件的名称、位号、型号等必须与元器件明细和装配图相符。

④ 拾片与贴片及各种库的元器件名要统一。

⑤ 编程过程中，应在同一块 PCB 上连续完成坐标的输入，重新上 PCB 或更换新的 PCB 都有可能造成贴片坐标的误差。

⑥ 凡是程序中涉及的元器件，都必须在元器件库、包装库、供料器库、托盘库、托盘料架库、图像库建立并登记；各种元器件所需要的吸嘴型号也必须在吸嘴库中登记。

10.6　安装供料器

安装供料器是将装好元器件的供料器安装到贴装机的料站上。这一步非常重要，第一，如果装错位置，机器就会将装错的元器件拾放到 PCB 上，造成"贴错元器件"的重大损失；第二，现在新出的贴装机，有的是电子供料器，电子供料器没有安装到位，指示灯不亮并且还会报警。另外，如果是机械供料器，料站两侧都会配置检测供料器浮起的激光传感器，如果供料器没有安装到位，也会报警。但是，过去老式的贴装机料站上没有配置供料器浮起检测装置，如果供料器安装不到位（浮起），拾片时会砸坏贴装头。

安装供料器的要求如下：

① 按照离线编程或在线编程编制的拾片程序表将各种元器件安装到贴装机的料站上；

② 安装供料器时必须按照要求安装到位；

③ 安装完毕，必须由检验人员检查，确保正确无误后才能进行试贴和生产。

10.7　做基准标志（Mark）图像和元器件的视觉图像

自动贴装机贴装时，元器件的贴装坐标是以 PCB 的某一个顶角（一般为左下角或右下角）为原点计算的。而 PCB 加工时多少存在一定的加工误差，因此必须对 PCB 进行基准校准。

基准标志（Mark）是一个特定的标记，属于电路图形的一部分，用来识别和修正电路图形偏移量，以保证精确的贴装。基准校准是通过在 PCB 上设计基准标志和贴装机的光学对中系统进行校准的。

基准标志分为 PCB 基准标志和局部基准标志，如图 10-9 所示。PCB Mark 用来修正 PCB 之间的电路图形偏移量，局部 Mark 用来修正大的 SMD 的焊盘图形偏移量。

一个基准标志只能测量直线运动方向（X、Y）的偏移量，两个基准标志能够测量直线运动方向（X、Y）和旋转角度（θ）的偏移量。因此，PCB Mark 和局部 Mark 都要求至少加工两个。

1．做基准标志图像

（1）PCB Mark 的作用和 PCB 基准校准的原理

PCB Mark 是用来修正 PCB 加工误差的。贴装前要给 PCB Mark 照一个标准图像存入图像库中，并将 PCB Mark 的坐标录入贴片程序中。贴装时每上一块 PCB，首先照 PCB Mark，与图像库中的标准图像比较：一是比较每块 PCB Mark 图像是否正确，如果图像不正确，贴装机则认为 PCB 的型号错误，会报警不工作；二是比较每块 PCB Mark 的中心坐标（图 10-10 中 X_1、Y_1）与标准图像的坐标（图 10-10 中 X_0、Y_0）是否一致，如果有偏移，贴装时贴装机会自动根据偏移量（见图 10-10 中 ΔX、ΔY）修正每个表面贴装元器件的贴装位置（坐标），以保证精确地贴装元器件。

（2）局部 Mark 的作用

多引脚、窄间距的器件，贴装精度要求非常高，只靠 PCB Mark 不能满足定位要求，需要采用 2～4 个局部 Mark 单独定位，以保证单个器件的贴装精度。

（3）Mark 图像的制作方法

Mark 图像具体的制作方法要根据设备的操作规程进行。一般制作图像时，首先输入 Mark 图形的类型（如圆形、方形、菱形等）、图形尺寸、寻找范围、认识系数（精度），然后用灯光照并反复调整各光源的光亮度，直到显示正确为止。

（4）Mark 图像的制作要求

Mark 图像做得好不好，直接影响贴装精度和贴装效率。如果 Mark 图像做得虚，也就是说，

Mark 图像与 Mark 的实际图形差异较大时，贴装时会不认 Mark 而造成频繁停机。因此，对制作 Mark 图像有以下要求。

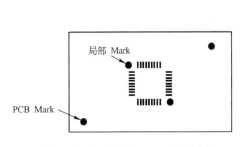

图 10-9　基准标志（Mark）示意图

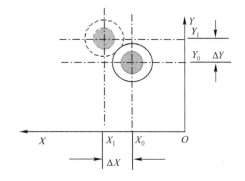

图 10-10　利用 PCB Mark 修正 PCB 加工误差示意图

① Mark 图形尺寸要输入正确。

② Mark 的寻找范围要适当，过大时会把 PCB 上 Mark 附近的图形划进来，造成与标准图像不一致；过小时会造成某些 PCB 由于加工尺寸误差较大而寻找不到 Mark。

③ 认识系数要恰当。认识系数太小，容易造成不认 Mark；认识系数太大，影响贴装精度。

④ 照图像时各光源的光亮度一定要恰当，显示正确以后还要仔细调整。

⑤ 使图像黑白分明、边缘清晰。

⑥ 照出来的图像尺寸与 Mark 图形的实际尺寸应尽量接近。

2．将未在图像库中登记过的元器件制作视觉图像

（1）元器件视觉图像的作用和元器件贴装位置光学对中原理

元器件视觉图像的作用是纠正拾片和贴片误差。

元器件贴装位置光学视觉对中原理和过程见第 4 章 4.4.5 节。

（2）元器件视觉图像的制作方法

具体制作方法要根据设备的操作规程进行。一般制作图像时，首先输入元器件类型（如 Chip、SOP、SOJ、QFP 等）、元器件尺寸（输入元器件的长、宽、厚度）、失真系数，然后用 CCD 的主灯光、内侧和外侧灯光照，并反复调整各光源的光亮度，直到显示正确为止。

（3）元器件视觉图像的制作要求

① 元器件尺寸要输入正确。

② 元器件类型的图形方向与元器件的拾取方向一致。

③ 失真系数要适当。

④ 照图像时各光源的光亮度一定要恰当，显示正确以后还要仔细调整。

⑤ 使图像黑白分明、边缘清晰。

⑥ 照出来的图像尺寸与元器件的实际尺寸尽量接近。

注意：做完元器件视觉图像后应将吸嘴上的元器件放回原来位置，尤其是用固定摄像机照的元器件，否则元器件会掉在镜头内损坏镜头。

10.8　首件试贴并检验

首件检验非常重要，只要首件贴装的元器件规格、型号、极性方向是正确的，后面量产时机器是不会贴错元器件的；只要首件贴装位置符合贴装偏移量要求，一般情况机器是能够保证后面量产时的重复精度的。因此，每班、每天、每批都要进行首件检验，要制定检验（测）制度。

1．程序试运行

程序试运行一般采用不贴装元器件（空运行）方式，若试运行正常则可正式贴装。

2．首件试贴

① 调出程序文件。
② 按照操作规程试贴装一块 PCB。

3．首件检验

（1）检验项目
① 各元器件位号上元器件的规格、方向、极性是否与工艺文件（或表面组装样板）相符。
② 元器件有无损坏，引脚有无变形。
③ 元器件的贴装位置偏离焊盘是否超出允许范围。
（2）检验方法
检验方法要根据各单位的检测设备配置而定。
普通间距元器件可用目视检验，高密度、窄间距时可用放大镜、显微镜、在线或离线光学检查设备（AOI）。
（3）检验标准
按照本单位制定的企业标准或参照其他标准（如 IPC 标准或 SJ/T 10670—1995《表面组装工艺通用技术要求》）执行。

10.9　根据首件试贴和检验结果调整程序或重做视觉图像

若检查出元器件的规格、方向、极性错误，则应按照工艺文件修正程序。

1．PCB 的元器件贴装位置有偏移，可用以下两种方法调整

① 若 PCB 上所有元器件的贴装位置都向同一方向偏移，这种情况应通过修正 PCB Mark 的坐标值来解决。把 PCB Mark 的坐标向元器件偏移方向移动，移动量与元器件贴装位置偏移量相等，注意每个 PCB Mark 的坐标都要等量修正。
② 若 PCB 上个别元器件的贴装位置有偏移，可估计一个偏移量，在程序表中直接修正个别元器件的贴片坐标值，也可以用自学编程的方法通过摄像机重新照出正确的坐标。

2. 首件试贴时，贴装故障比较多要根据具体情况处理

（1）拾片失败

如果拾不到元器件，可考虑按以下因素检查并进行处理。

① 拾片高度不合适，由于元器件厚度或 Z 轴高度设置错误，检查后按实际值修正。

② 拾片坐标不合适，可能由于供料器的供料中心没有调整好，应重新调整供料器。

③ 编带供料器的塑料薄膜没有撕开，一般都是由于卷带没有安装到位或卷带轮松紧不合适造成的，应重新调整供料器。

④ 吸嘴堵塞，应清洗吸嘴。

⑤ 吸嘴端面有脏物或有裂纹，造成漏气。

⑥ 吸嘴型号不合适，孔径太大会造成漏气，孔径太小会造成吸力不够。

⑦ 气压不足或气路堵塞，检查气路是否漏气，增加气压或疏通气路。

（2）弃片或丢片频繁

可考虑按以下因素检查并进行处理。

① 图像处理不正确，应重新照图像。

② 元器件引脚变形。

③ 元器件本身的尺寸、形状与颜色不一致，对于管装和托盘包装的元器件，可将弃件集中起来，重新照图像。

④ 吸嘴型号不合适、真空吸力不足等原因造成贴装路途中飞片。

⑤ 吸嘴端面有焊膏或其他脏物，造成漏气。

⑥ 吸嘴端面有损伤或有裂纹，造成漏气。

10.10　连续贴装生产

应按照操作规程进行生产，贴装过程中应注意的问题有以下几个。

① 拿取 PCB 时不要用手触摸 PCB 表面，以防破坏印刷好的焊膏。

② 报警显示时，应立即按下警报关闭键，查看错误信息并进行处理。

③ 贴装过程中补充元器件时，一定要注意元器件的型号、规格、极性和方向。

④ 贴装过程中，要随时注意废料槽中的弃料是否堆积过高，并及时进行清理，使弃料不高于槽口，避免损坏贴装头。

10.11　检　　验

连续贴装生产时的检验（检测），可以根据产品的组装难度确定每隔多长时间检测一次，或按照取样规则抽检。

① 首件自检合格后送专检，专检合格后再批量贴装。

② 检验方法和检验标准与首件检验相同。

③ 有窄间距（引线中心距为 0.65mm 以下）时，必须全检。

④ 无窄间距时，可定时检测，如每小时 1 次，也可以按第 8 章表 8-1 所列的取样规则抽检。

10.12　转再流焊工序

全自动生产线是通过传送导轨直接将完成贴装的组装板传送到再流焊炉中的，半自动生产线需要人工将组装板放在再流焊炉的传送导轨或网带上。如果放在网带上，一定要注意轻拿轻放，不要振动网带，否则会发生焊点扰动缺陷。

10.13　提高自动贴装机的贴装效率

同样的贴装机，贴装相同的产品，贴装质量和贴装效率可能会不一样。影响贴装质量和贴装效率的因素很多，主要有 PCB 设计、程序优化等。提高自动贴装机贴装效率的措施如下。

（1）按照 DMF 要求进行 PCB 设计

① Mark 设置要规范。

② PCB 的外形、尺寸、孔定位、边定位的设置要正确，必须符合贴装机的要求。

③ 小尺寸的 PCB 要加工拼板，可以减少停机和传输时间。

（2）优化贴装程序

优化原则如下。

① 换吸嘴次数最少。

② 拾片、贴装路程最短。

③ 多头贴装机每次同时拾片数量最多。

（3）离线编程

多品种、小批量时采用离线编程。

（4）换料和补充元器件采取的措施

① 采用可更换的小车。

② 采用胶带、黏结剂。

③ 提前装好备用的供料器。

④ 托盘料架可多设置几层相同的元器件。

⑤ 用量多的元器件可设置多个料站位置，不仅可以延长补充元器件的时间，同轴多头贴装机还可以增加同时拾片的机会。

（5）元器件备料时可根据用料的多少选择包装形式

用料多的元器件尽量选用编带包装。

（6）维护和保养

按照安全操作规程操作机器，注意设备的维护和保养。

10.14　生产线多台贴装机的任务平衡

生产线多台贴装机的任务平衡也是提高生产效率的重要手段。如果一条全自动生产线有三台贴装机（一台高精度多功能机，两台中、高速机），三台机器的任务不平衡，势必造成有的机器有停顿等待现象，这样会大大影响整线的生产效率。现代贴装机大多也配有这种平衡贴装任务的管理软件，但有时也存在优化不理想的情况，需要人工再优化。一般多台贴装机的任务分配是这样的：高速机与中、高速机完成公制 0603、1005、1608、3216 及 SOT、SOP 等尺寸小于 6～32mm、高度 6mm 以下的小元器件，以及引脚间距不太密的器件的贴装（具体多大尺寸，由不同贴装机的性能指标决定）；高精度多功能机主要完成对精度要求高的 QFP、BGA，较大尺寸的 PLCC，以及连接器等异形元件的贴装。

速度匹配、任务平衡的一般原则是尽量将片状元器件全部安排给中、高速机，因为中、高速机速度快，能够提高效率。但也要根据具体产品而定，如果组装板上小元器件比较多，两台中、高速机不能满足的情况下，可分配一些多功能机；如果组装板上 IC 比较多，可以将尺寸较小而且精度要求不高的 IC 分一些给中、高速机。然后，可以在优化软件上模拟贴片生产，并进行优化，直至获得最佳的速度平衡；或者在生产线上采用"空运行"，记录时间，进行速度匹配、任务平衡。

特别注意：速度匹配、任务平衡时对多功能机要进行精度保护，尽量只贴装精度较高的元器件，这样才能使多功能机长久保持较高的贴装精度，从而保证生产线长期保持较高的贴片质量水平。

10.15　贴装故障分析及排除方法

贴装机运行正常与否，直接影响贴装质量和产量。要使机器正常运转，必须全面了解机器的构造、特点，掌握机器容易发生各种故障的表现形式，产生故障原因及排除故障方法。只有及时发现问题、查出原因，及时纠正解决、排除故障，才能使机器发挥应有的贴装效率。

1. 常见故障

常见错误有设备方面的，也有拾错、贴错等问题，主要有以下几类故障。

① 机器不启动；

② 贴装头不动；

③ 上板后 PCB 不向前走；

④ 拾取错误；

⑤ 贴装错误。

2. 产生故障的主要原因

产生故障的主要原因有传输系统、气路、吸嘴、元器件、贴片程序等因素。

① 传输系统——驱动 PCB、贴装头运动的传输系统及相应的传感器；

② 气路——管道、吸嘴；

③ 吸嘴孔径与元器件不匹配；

④ 程序设置不正确——图像做得不好或在元器件库没有登记；

⑤ 元器件不规则——与图像不一致；

⑥ 元器件厚度、贴装头高度设置不正确。

3. 贴装故障分析及排除方法

下面按照故障的表现形式分析发生故障的原因，介绍排除贴装故障的方法，见表 10-1～表 10-5。

表 10-1　机器不启动故障分析及排除方法

故障表现形式	故 障 原 因	排 除 方 法
机器不启动	机器的紧急开关处于关闭状态	拉出紧急开关钮
	电磁阀没有启动	修理电磁阀
	互锁开关断开	接通互锁开关
	气压不足	检查气源并使气压达到要求值
	微机故障	关机后重新启动

表 10-2　贴装头不动故障分析及排除方法

故障表现形式	故 障 原 因	排 除 方 法
贴装头不动	横向传输器或传感器接触不良或短路	检查并修复传输器或传感器
	纵向传输器或传感器接触不良或短路	
	加润滑油过多，传感器被污染	润滑油不能过多，清洁传感器

表 10-3　上板后 PCB 不向前走故障分析及排除方法

故障表现形式	故 障 原 因	排 除 方 法
上板后 PCB 不向前走	PCB 传输器的皮带松或断裂	更换 PCB 传输器的皮带
	PCB 传输器的传感器上有脏物或短路	擦拭 PCB 传输器的传感器
	加润滑油过多，传感器被污染	润滑油不能过多，清洁传感器

表 10-4　拾取错误的故障分析及排除方法

故障表现形式	故 障 原 因	排 除 方 法
① 贴装头不能拾取元器件。 ② 贴装头拾取元器件的位置偏移。 ③ 在移动过程中，元器件从贴装头上掉下来。	吸嘴磨损老化，有裂纹引起漏气	更换吸嘴
	吸嘴下表面不平，有焊膏等脏物，吸嘴孔内被脏物堵塞	将吸嘴的底端面擦净；用细针通孔使吸嘴孔内畅通
	吸嘴孔径与元器件不匹配	更换吸嘴
	真空管道和过滤器的进气端或出气端有问题，没有形成真空，或形成的是不完全的真空（不能听到排气声，真空阀门 LED 未亮，过滤器进气端的真空压力不足）	检查真空管道和接口有无泄漏；重新连接空气管道或将其更换；更换接口或气管；更换真空阀
	元器件表面不平整（曾发现 $0.1\mu F$ 电容表面不平，沿元器件长度方向呈瓦形）	更换合格元器件
	元器件粘在底带上，编带孔的毛边卡住了元器件，元器件的引脚卡在带窝的一角，元器件和编带孔之间的间隙不够大	揭开塑料胶带，将编带倒过来，看一下元器件能否自己掉下来
	编带元器件表面的塑料胶带太黏或不结实，塑料胶带不能正常展开；或塑料胶带从边缘撕裂开	查看塑料胶带展开和卷起时的情况；重新安装供料器或更换元器件
	拾取坐标值不正确；供料器偏离供料中心位置	检查 X、Y、Z 的数据；重新编程
	吸嘴、元器件或供料器的选择不正确；元器件库数据不正确，使得拾取时间太早	查看库数据；重新设置
	拾取阈值设置得太低或太高，经常出现拾取错误	提高或降低这一设置
	振动供料器滑道中元器件的引脚变形，卡在滑道中	取出滑道中变形的元器件
	由于编带供料器卷带轮松动，送料时塑料胶带没有卷绕	调整编带供料器卷带轮的松紧度
	由于编带供料器卷带轮太紧，送料时塑料胶带被拉断	调整编带供料器卷带轮的松紧度
	由于剪带机不工作或剪刀磨损或供料器装配不当，使纸带不能正常排出；编带供料器顶端或底部被纸带或塑料带堵塞	检查并修复剪带机；更换或重新装配供料器；人工剪带时要及时剪带

表 10-5　贴装错误的故障分析及排除方法

故障表现形式	故 障 原 因	排 除 方 法
元器件贴错或极性方向错	贴片编程错误	修改贴片程序
	拾片编程错误或装错供料器位置	修改拾片程序，更改料站
	晶体管、电解电容器等有极性元器件，不同生产厂家编带时方向不一致	更换编带元器件时要注意极性方向，发现不一致时修改贴装程序
	向振动供料器滑道中加管装元器件时与供料器编程方向不一致	向振动供料器滑道中加料时要注意元器件的方向
贴装位置偏离坐标位置	贴装编程错误	个别元器件位置不准确时修改元器件坐标；整块板偏移可修改 PCB Mark
	元器件厚度设置错误	修改元器件库程序
	贴装头高度太高，使元器件从高处扔下	重新设置 Z 轴高度使元器件焊端底部与 PCB 上表面的距离等于最大焊料球的直径
	贴装头高度太低，使元器件滑动	
	贴装速度太快，X、Y、Z 轴及转角 θ 方向速度过快	降低速度
贴装时元器件被砸裂或破损	PCB 变形	更换 PCB，或对 PCB 进行加热、加压处理
	贴装头高度太低	贴装头高度要根据 PCB 厚度和贴装的元器件高度来调整
	贴装压力过大	重新调整贴装压力
	PCB 支撑柱的尺寸不正确；PCB 支撑柱的分布不均衡；支撑柱数量太少	更换与 PCB 厚度匹配的支撑柱；将支撑柱均衡分布；增加支撑柱
	元器件本身易破碎	更换元器件

4. 制定有效措施，减少或避免故障发生

建立设备维护规章制度是非常有必要的。确保设备始终处于正常运行的良好状态，是保证产品质量和生产效率的重要手段。

（1）加强对机器的日常维护

贴装机是一种很复杂的高技术、高精密机器，要求在一个恒定的温度、湿度并且很清洁的环境下工作。必须严格按照设备规定的要求坚持每日、每周、每月、每半年、每一年的维护措施，做好日常维护工作。

（2）对设备操作人员的要求

① 操作人员应接受一定的 SMT 专业知识和技术培训。

② 严格按照机器的操作规程进行操作。不允许带故障操作设备。发现故障应及时停机，并向技术负责人员或设备维修人员汇报，排除后方可使用。

③ 要求操作人员在操作过程中要集中精力，做到眼勤、耳勤、手勤。

眼勤——观察机器运行过程中有无异常现象，如卷带器不动作、塑料胶带断、贴装不正等。

耳勤——耳听机器运行过程中有无异常声音，如贴装头、抛料、传输器、剪刀的异常声音等。

手勤——发现异常现象及时解决。小毛病可自己解决；机械和电路问题，要请维修人员检修。

（3）制定减少或避免错误的措施

最容易、最多出现的错误就是贴错元器件和贴装位置不正，因此制定以下措施预防。

① 供料器编程后，必须有专人检查核对料站位各编号位置上的元器件值与编程表中相对应的供料器号的元器件值是否一致。如果不一致，必须纠正。

② 带状供料器，贴装完每一盘料再补料时，必须有专人检查核对新上的料盘值是否正确。

③ 贴片编程后必须编辑一次，核对每个贴装步骤的元器件号、旋转角度及贴装位置是否正确。

④ 每批产品贴装完首件后，必须有专人检验。发现问题应及时通过修改程序等方法纠正。

⑤ 贴装过程中，经常检查贴装位置正不正、抛料等情况。发现问题及时检查，并予以排除。

⑥ 设置焊前检测工位（人工或通过 AOI）。

总之，贴装机的贴装速度和贴装精度是一定的，如何发挥机器应有的作用，人的因素很重要。要制定切实有效的规章制度和管理措施来保证机器正常运转，保证贴装质量和效率。

10.16　贴装机的设备维护和安全操作规程

为了确保贴装机始终保持完好、处于正常运行状态，应制定每天、每周、每月、三个月、半年等定期检查与维护制度，以及安全操作规程，并认真落实。

1. 每天检查

每天检查的项目如下。

（1）打开贴装机的电源前查看的项目

① 温度和湿度：温度在 20～26℃，湿度在 45%～60%。

② 室内环境要求空气清洁，无腐蚀气体。

③ 确保传输导轨上、贴装头移动范围内没有杂物。

④ 查看固定摄像机上有没有杂物，镜头是否清洁。

⑤ 确保在吸嘴库周围没有杂物。

⑥ 检查吸嘴是否脏、是否变形，必要时清洗或更换吸嘴。

⑦ 检查编带供料器是否正确地安放在料站中，确保料站上没有杂物。

⑧ 查看空气接头、空气软管等的连接情况。

（2）打开贴装机的电源后检查的项目

如果贴装机的情况或运行不正常，在显示器上会显示错误信息提示。

① 在启动系统后，检查菜单屏幕的显示是否正常。

② 按下"Servo"开关后，指示灯应变亮。否则关机后重新启动，再将其打开。

③ 检查紧急开关能否正常工作。

④ 检查贴装头是否能正确地返回起始点（原点）。

⑤ 检查贴装头移动时，有无异常的噪声。

⑥ 检查所有贴装头吸嘴的负压是否均在量程内。

⑦ 检查 PCB 在导轨上的运行传输是否顺畅，检查传感器是否灵敏。

⑧ 检查边定位、针定位是否正确。

⑨ 检查吸嘴库的动作是否正常。

2. 每月检查

每月检查的项目如下。

① 清洁显示器的屏幕和磁盘驱动器。

② 在贴装头移动时，确保 X、Y 轴没有异常噪声。

③ 确保在电缆和电缆支架上的螺钉没有松动。

④ 确保空气接头没有松动。

⑤ 检查管子和连接处，确保空气软管没有出现泄漏。

⑥ 确保 X、Y 电动机没有不正常的发热。

⑦ 超程警报——将贴装头沿 X 轴和 Y 轴的正、负方向移动，当贴装头移出正常范围后，警报应响起，贴装头能立即停止运动。报警后采用手动操作菜单，确保贴装头能够运行。

⑧ 旋转电动机——检查定时传动带和齿轮上有没有污迹。确保贴装头可以无障碍地旋转，确保贴装头有足够大的转矩。

⑨ Z 轴电动机——检查贴装头能否上下平滑地移动。用手指向上推吸嘴，查看其移动是否平滑。使贴装头分别向上和向下移出正常范围，检查警报是否能响起并且贴装头是否能立即停止。

⑩ S 电动机（如果有扫描 CCD）——确保扫描头能平滑地运动。

⑪ 负压——检查所有贴装头的负压。如果负压值不正常，清洁吸嘴轴中的过滤器，如果真空排出管中的过滤器脏（发黑）了，进行更换。

⑫ 传输导轨——检查传输导轨的运动；检查传送带的松紧程度；检查传送带上有没有污迹、刮痕和杂物；检查导轨的自动宽度调节；检查调为最大宽度和最小宽度时的运动情况；在入口和出口处，检查导轨的平行性和 PCB 的传送情况。

⑬ PCB 限位器——查看其运动和有无噪声。

⑭ 查看边夹紧、后顶块、缓冲挡块的磨损情况。

⑮ 吸嘴库上的夹具——查看是否灵活及磨损情况。

⑯ 清洁所有摄像机的镜头和灯盒。

⑰ 摄像机照明装置——检查其运动情况和明亮程度。

⑱ 检查在 I/O 信号屏幕上，是否所有的制动器都能正常地工作。检查紧急停止开关。

⑲ 确保所有警报灯都能亮，其安装都很牢固。

⑳ 检查危险警报、警示警报能否正常工作。

㉑ 摄像机——进行"图像检测"。

㉒ 检查供料器料站的拾取点坐标值。

㉓ 贴装位置——确保元器件都能被装配到指定的地点。

3. 机械部分维护

机械部分的维护包括贴装头、吸嘴、空气压力、润滑等的维护。

（1）贴装头

① 空气通道——为了保证机器的精确性和安装速度，要求定期清洁空气通道（从空气过滤组件到吸嘴托进行吹气）。

② 空气过滤器——每星期将空气过滤器从空气过滤组件中拿出一次，查看其污染情况。如果被灰尘堵塞，予以更换。

（2）吸嘴

① 如果吸嘴有污物，如焊料，堵在吸嘴里，吸气就不会有力。如果在吸嘴的底面有污物，会造成漏气，同时造成进行图像处理时，系统不能识别较小的元器件。用酒精清洁吸嘴，用吹风机吹去灰尘（每周至少一次）。

② 检查橡胶吸垫是否有裂缝和污染。

注意：

● 清洁时不要将酒精洒在吸嘴标记上。如果不小心洒上了，要立即将其擦去。

● 清洁吸嘴后，一定要再涂上硅酮润滑油。

● 将少量硅酮润滑油涂在吸垫的外表面上，然后再用干布擦去润滑油，可防止橡胶吸垫变质。

（3）检查空气压力

这一步主要检查真空排出管的性能。首先打开真空阀门，然后用手指堵住吸嘴顶部，查看负压是否大于 0.08MPa（600mmHg）。

（4）润滑

① 对以下部件每月进行一次润滑。

X 轴球形螺钉，X 轴引导器；Y 轴引导器、引导轴、球形螺钉、调节螺钉；传输导轨引导轴；贴装头球形螺杆、线性通路、润滑油孔、多槽轴；托盘供料器的球形螺钉、滑动组件、多槽轴。

② 指定的润滑剂：相当于 JISK2220—1980 下的 0 级（0 级指的是 25℃时的渗透率为 355～385）。

注意：不要使用过多的润滑油。否则在贴装机运转时，会将润滑油溅得到处都是。当润滑油污染传感器时，会造成运行故障。

4. 电器部分

电器部分的维护主要有电供料器、传感器、处理伺服电动机的警报等运动部件的维护。

① 当供料器料站和编带供料器上的电极变脏时，用棉签清洁。

② 到达传感器/缓冲传感器的传感距离可以适当调节。

③ 处理伺服电动机的警报。

当 X、Y、Z 轴电动机出现过载或者发现异常信号时，伺服电动机上的警报就会响起。一旦电动机警报响了，要重新启动，必须先关掉贴装机电源，等待 15s 或更长时间，再打开电源开关。因为伺服电机中放大器上的电流须经 10s 才能消退。

注意：如果不能找出报警原因，必须请专业维修人员解决，千万不能带病运行。

5. 建立合理的备件库

对于吸嘴、过滤器等易损件，建立合理的备件库是很有必要的，主要考虑以下几方面内容。

① 建立合理的备件清单。

② 对于易损件，应建立安全库存量。

③ 良好的备件管理。

6. 贴装机安全技术操作规程

① 非操作人员不允许使用贴装机。

② 操作人员应熟悉使用说明书内容，严格按其规定操作、维护设备。

③ 必须确认电压、气压贴装符合要求时才能开启总电源开关。

④ 每日查看过滤器有无积水，有则放水。

⑤ 每日打开总电源前，按参考手册检查摄像机、吸嘴等应清洁，检查并确保传送带上、贴装头移动范围内、吸嘴库周围、托盘架上没有任何障碍物。

⑥ 调整导轨宽度时，将所有 PCB 支撑顶针拔下来，入口端和出口端不能有 PCB，以防损坏导轨。调整好导轨宽度后，同时调整缓冲导轨台导轨宽度，使 PCB 传输畅通。

⑦ 供料器安装前用检查装置检查应完好。没有配置供料器浮起装置的设备，安装气动供料器时应确保供料器正确安装到位，以防砸坏贴装头；电动供料器安装后绿灯应亮，表示安装成功。

托盘供料器安装后，应关好门。

⑧ 按 Start 开关键以前，确保贴装头周围、传送带、供料器库和托盘供料器上没有障碍物。

⑨ 设备在启动过程中，不要随意打开或关闭机器罩；不要提前按鼠标或键盘。任何不规范操作都会引起系统的不正常启动。

⑩ 正常运行时，应盖好防护罩操作机器。

⑪ 安装供料器时，必须等设备完全停止才能进行。关闭机器后，超过 15s 以上才能再次启动机器。当机器不正常运作时，立即按紧急停止开关。

⑫ 遇突然断电时，应马上关闭设备，以防突然重新启动造成人身伤害或损坏机器。

⑬ 关闭设备时，先退出程序关闭监视器，再关总电源，最后关闭气源。

⑭ 保持设备清洁，每周清扫一次。不使用设备时，应盖好罩布。

⑮ 两人配合工作时要认真细致，不能两人同时操作，防止造成设备及人身伤害。设备工作台面不允许放置任何杂物。

⑯ 每日打开设备总电源后，按参考手册检查设备的各开关、ANC、PCB 传送等是否正常。

⑰ 每月检查 *X-Y* 工作台、连接器、各电动机、CCD、报警系统、各开关等是否正常。

⑱ 按使用说明书对所有的润滑部位每月加一次油。

10.17　手工贴装工艺介绍

在返工、返修和制作样机时，常常还会用到手工贴装。其技术要求与机器贴装是一样的。

（1）手工贴装的工艺流程

施加焊膏→手工贴装→贴装检验→再流焊→修板→清洗→检验。

（2）手工贴装的技术要求

① 贴装静电敏感元器件必须带接地良好的防静电腕带，并在防静电工作台上进行贴装；

② 贴装方向必须符合装配图要求；

③ 贴装位置准确，引脚与焊盘对齐，居中，切勿贴放不准，在焊膏上拖动找正；

④ 贴放后用镊子轻轻揿压元器件体顶面，使表面贴装元器件的焊端或引脚不小于 1/2 厚度浸入焊膏。

（3）手工贴装工具

① 不锈钢镊子；

② 吸笔；

③ 防静电工作台；

④ 防静电腕带。

⑤ 3～5 倍台式放大镜或 5～20 倍立体显微镜（用于引脚间距为 0.5mm 以下时）。

（4）施加焊膏

可使用简易印刷工装手工印刷焊膏工艺或手动点胶机滴涂焊膏工艺。

（5）贴装顺序

① 先贴小元器件，后贴大元器件。

② 先贴矮元器件，后贴高元器件。

③ 一般可按照元器件的种类安排流水贴装工位。每人贴一种或几种元器件；数量多的元器件也可安排几个贴装工位。

④ 可在每个贴装工位后面设一个检验工位，也可以几个工位后面设一个检验工位，还可以完成贴装后整板检验。要根据组装板的密度进行设置。

（6）手工贴装方法

① 矩形、圆柱形片状元器件贴装方法：用镊子夹持元器件，将元器件焊端对齐两端焊盘，居中贴放在焊盘焊膏上，极性元器件贴装方向要符合图纸要求，确认后用镊子轻轻揿压，使焊端浸入焊膏。

② SOT 器件贴装方法：用镊子夹持 SOT 器件体，对准方向，对齐焊盘，居中贴放在焊盘焊膏上，确认准确后用镊子轻轻揿压器件体，使器件引脚不小于 1/2 厚度浸入焊膏中，要求器件引脚全部位于焊盘上。

③ SOP、QFP 贴装方法：器件一脚或前端标志对准印制板字符前端标志，用镊子或吸笔夹持或吸取器件，对准标志，对齐两侧或四边焊盘，居中贴放，并用镊子轻轻揿压器件体顶面，使器件引脚不小于 1/2 厚度浸入焊膏中，要求器件引脚全部位于焊盘上。引脚间距为 0.65mm 以下的窄间距器件，应在 3～20 倍显微镜下贴装。

④ SOJ、PLCC 贴装方法：SOJ、PLCC 的贴装方法同 SOP、QFP。由于 SOJ、PLCC 的引脚在器件四周底部，对中时需要用眼睛从器件侧面与 PCB 成 45°角检查引脚与焊盘是否对齐。

（7）其他

贴装检验、再流焊、修板、清洗、组装板检验工序全部与机器贴装工艺相同。

思 考 题

1. 贴装元器件有哪些工艺要求？对两个端头无引脚片状元器件、翼型引脚与 J 型引脚器件、球形引脚器件的贴装位置各有什么要求？

2. 压力（Z 轴高度）过高、过低对贴装精度有什么影响？如何正确设置 Z 轴高度？

3. 简述自动贴装机的贴装过程。贴装前应做好哪些准备工作？

4. 简述贴装机的开机与关机程序、调整导轨宽度和安放顶针的要求，以及贴装机的安全技术操作规程。

5. 贴片程序由哪两部分组成？贴片程序需要编制哪些数据？

6. 简述在线编程、Mark 和元器件坐标的输入方法；简述制作 Mark、元器件视觉图像（Image）的正确方法；简述贴片程序优化原则及编程工艺注意事项。

7. 离线编程软件由哪两部分组成？离线编程的步骤是什么？CAD 数据转换包括哪些项目？自动编程优化后为什么还需要人工编辑？

8. 简述光学视觉定位 Fiducial（基准校准）和元器件贴装位置光学视觉对中的原理与过程。

9. 首件检验的内容是什么？当 PCB 的元器件贴装位置有偏移时如何进行修正（两种方法）？

10. 简要分析贴片过程中弃片（抛料）的原因。如何排除？简述减少或避免故障发生的措施。

11. 简述如何提高自动贴装机的贴装精度和贴装效率。

12. 如何对生产线多台贴装机进行速度匹配和任务平衡？为什么尽量让高精度机只贴装精度较高的元器件？

13. 贴装机会发生哪些常见故障？分析贴装错误的故障原因及排除方法。

14. 贴装机设备维护的重要意义是什么？怎样才能使贴装机始终保持正常的运行状态？

15. 手工贴装元器件有哪些工艺技术要求？

第11章 再流焊通用工艺

再流焊（Reflow Soldering）又称回流焊。再流焊是通过重新熔化预先分配到印制板焊盘上的膏状软钎焊料，实现表面贴装元器件焊端与印制板焊盘之间机械与电气连接的软钎焊技术，具体工艺是在 PCB 的焊盘上印刷焊膏、贴装元器件，从再流焊炉入口到出口，完成预热、熔化、冷却凝固全部焊接过程。按照焊接学定义，根据钎料的熔点，再流焊属于软钎焊。本章从再流焊工艺的锡焊（钎焊）机理出发，介绍再流焊的工艺要求和流程、温度曲线的测试方法、通孔插装元器件再流焊工艺介绍，以及再流焊常见缺陷的分析。

11.1 钎 焊 机 理

钎焊过程是焊接金属表面、熔融焊料、助焊剂和空气等之间相互作用的复杂过程。

焊接学中，熔点低于450℃的焊接称为软钎焊，所用焊料为软钎焊料。在电子装联技术各种焊接方法中无论是传统有铅焊接（Sn-37Pb 共晶合金的熔点 179～189℃）还是无铅焊接（Sn-3.0Ag-0.5Cu 合金的熔点 216～221℃），其熔点温度均低于 450℃，均属于软钎焊范畴。

11.1.1 概述

钎焊是采用比焊件（被焊接金属，或称母材）熔点低的金属材料作钎料，将焊件和钎料加热到高于钎料熔点、低于母材熔化温度，利用液态钎料润湿母材、填充接头间隙，并与焊件表面相互扩散、实现连接焊件的方法。用 Sn-37Pb 焊料焊接的 QFP 引脚焊点如图 11-1 所示。

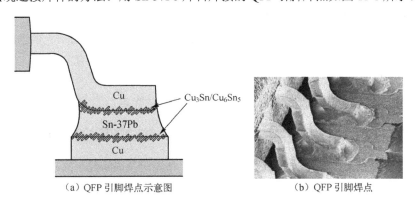

（a）QFP 引脚焊点示意图　　　　　（b）QFP 引脚焊点

图 11-1　用 Sn-37Pb 焊料焊接的 QFP 引脚焊点

合格的焊点必须满足：①产生电子信号或功率的流动；②产生机械连接强度。

焊接后要使焊点具有一定的连接强度，必须在焊料与被焊金属之间生成金属间结合。从图 11-1（a）可看出，经过焊接后，在 Sn 系焊料与铜（Cu）引脚、与 Cu 焊盘之间生成了结合层——金属间化合物（InterMetallic Compounds，IMC）Cu_6Sn_5 和 Cu_3Sn。焊点的机械强度与 IMC 的厚度有关。如果没有 IMC，焊料只是堆在焊料与 Cu 之间，没有连接强度；如果 IMC 太多（厚），由于 IMC 是脆性的，IMC 与焊料合金、与引脚、焊盘的热膨胀系数不匹配，也是没有强度的。

实际焊点如图 11-1（b）所示，用肉眼是判断不了焊点内部的微观结构及 IMC 厚度的。学习焊接理论，就是为了运用焊接理论正确设置再流焊温度曲线，以获得合格、可靠的优良焊点。

1. 软钎焊的特点

① 钎料熔点低于焊件熔点。
② 加热到钎料熔化，润湿焊件。
③ 焊接过程焊件不熔化。
④ 为了清除金属表面的氧化层，焊接过程需要加助焊剂。
⑤ 焊接过程可逆，能够解焊，可以返修。

2. 钎焊过程

（1）表面清洁
钎焊焊接只能在清洁的金属表面进行。

表面清洁的作用是清理焊件的被焊界面，把界面的氧化膜及附着的污物清除干净。表面清洁是在加热过程中、钎料熔化前，通过助焊剂的活化作用使其与焊件表面氧化膜起反应后完成的。

（2）加热
在一定温度下金属分子才具有动能，才能在很短的时间内完成产生润湿、扩散、溶解、形成结合层，因此加热是钎焊焊接的必要条件。

对于大多数合金而言，较理想的钎焊温度是加热到钎料液相线以上 15.5～71℃。

（3）润湿
只有当熔融的液态钎料在金属表面漫流铺展，才能使金属原子自由接近，因此熔融的钎料润湿焊件表面是扩散、溶解、形成结合层的首要条件。

（4）毛细作用、扩散和溶解、冶金结合形成结合层
熔融的钎料润湿焊件表面后，在毛细现象、扩散和溶解作用下，经过一定的温度和时间形成结合层（焊缝），焊点的抗拉强度与金属间结合层的结构和厚度等因素有关。

（5）冷却，焊接完成
冷却到固相温度以下，凝固后形成具有一定抗拉强度的焊点。

11.1.2 钎焊过程中助焊剂与金属表面（母材）、熔融焊料之间的相互作用

Cu 暴露在空气中很容易氧化，生成表面氧化膜，低温时生成暗红色的氧化亚铜 Cu_2O，高温时生成黑色的氧化铜 CuO。Sn-Pb 合金在固态时不易氧化，但在熔融状态下极易氧化，主要生成黑色的 SnO，在助焊剂作用下还会生成白色的 SnO_2 及少量的 PbO。金属表面所有的氧化物都会妨碍焊接，因此焊接过程需要加助焊剂去除氧化物。

助焊剂中的主要成分是松香、活性剂、添加剂、溶剂等。

下面以采用母材 Cu 与 Sn 基焊料用松香脂助焊剂焊接为例，分析它们之间的相互作用。

1. 助焊剂与母材之间的反应

① 松香去除氧化膜。松香的主要成分是松香酸 $C_{19}H_{29}COOH$，软化点为 74℃。松香酸在 170～175℃时呈活性反应，随着温度升高活性逐渐增大，升到 230～250℃时转化为不活泼的焦松香酸，300℃

以上时无活性。松香酸和 Cu_2O、CuO 反应生成松香酸铜。松香酸铜（残留物）能溶于有机溶剂，可以被清洗掉。松香酸在常温下和 300℃ 以上不能和 Cu_2O、CuO 起反应。

$$4C_{19}H_{29}COOH + Cu_2O \longrightarrow 2Cu(OCOC_{19}H_{29})_2 + H_2O \uparrow \tag{11-1}$$

$$2C_{19}H_{29}COOH + CuO \longrightarrow Cu(OCOC_{19}H_{29})_2 + H_2O \uparrow \tag{11-2}$$

② 活性剂去除氧化膜。活性剂是一种强还原剂，通常使用的活性剂是有机胺的盐酸盐。这些活性剂在加热时能释放出 HCl 并与 Cu_2O 起还原反应，生成氯化物（残留物）。氯化物能溶于水和溶剂，可以被清洗掉。

$$2C_{17}H_{35}COOH + CuO \longrightarrow Cu(OCOC_{17}H_{35})_2 + H_2O \uparrow \tag{11-3}$$

$$Cu_2O + 2HCl \longrightarrow CuCl_2 + Cu + H_2O \uparrow \tag{11-4}$$

③ 有机卤化物去氧化膜。

④ 助焊剂中的金属盐与母材进行置换反应。

2. 助焊剂与焊料之间的反应

① 松香酸和 SnO、PbO 反应生成松香酸锡和松香酸铅。

$$2C_{19}H_{29}COOH + SnO \longrightarrow Sn(OCOC_{19}H_{29})_2 + H_2O \uparrow$$

$$2C_{19}H_{29}COOH + PbO \longrightarrow Pb(OCOC_{19}H_{29})_2 + H_2O \uparrow \tag{11-5}$$

② 助焊剂中的活化剂在加热时能释放出 HCl，与 SnO 和 PbO 起还原反应，使焊料表面的氧化膜生成 $SnCl_2$ 和 $PbCl_2$（残留物）。$SnCl_2$ 和 $PbCl_2$ 能溶于水和溶剂，可以被清洗掉。

$$SnO + HCl \longrightarrow SnCl2 + Sn + H2O \uparrow \tag{11-6}$$

$$PbO + HCl \longrightarrow PbCl2 + Pb + H2O \uparrow \tag{11-7}$$

③ 活化剂的活化反应产生激活能，减小界面张力，提高浸润性。

④ 焊料氧化，产生锡渣。

11.1.3 熔融焊料与焊件（母材）表面之间的反应

熔融焊料与母材的反应主要是润湿、毛细作用、扩散、溶解、冶金结合，以形成结合层。

1. 润湿——液态焊料润湿被焊固体金属（母材）表面

图 11-2 是气-液-固界面示意图。一滴液体置于固体表面，如果液滴和固体界面的变化促使液-固体系自由能降低，则液滴沿固体表面自动铺展。这种液体在固体表面漫流的物理现象称为润湿。润湿是物质固有的性质，取决于原子半径和晶体类型。

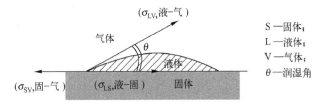

$$S——固体；$$
$$L——液体；$$
$$V——气体；$$
$$\theta——润湿角$$

图 11-2 气-液-固界面示意图

图中，σ_{SV} 为固体与气体之间的界面张力（或称固体的表面张力）；σ_{LV} 为液体与气体之间的表面张力（或称液体的表面张力），其方向与液滴表面相切，它是使液体表面积趋向最小的作用力；σ_{LS} 为液体与固体之间的界面张力，即界面能量；θ 为润湿角；$\cos\theta$ 为润湿系数。

σ_{SV} 与 σ_{LS} 的作用力均沿固体表面，但作用方向相反。

当液滴沿固体表面铺展结束（固-气界面、液-气界面、液-固界面张力达到平衡）时，润湿角与固体表面张力、液体表面张力及液-固界面张力存在以下关系：

$$\sigma_{SV} = \sigma_{LS} + \sigma_{LV}\cos\theta \tag{11-8}$$

$$\cos\theta = \frac{\sigma_{SV} - \sigma_{LS}}{\sigma_{LV}} \tag{11-9}$$

从式（11-9）可以看出，如果 σ_{SV} 和 σ_{LV} 为固定值，则 σ_{LS} 与 θ 为正比关系，即液体和固体之间的界面张力 σ_{LS} 越小，θ 也越小，也就是说越容易润湿。

表面张力的单位为毫牛顿/米（mN/m），通常液体金属的表面张力在 200～2500mN/m，而助焊剂（非金属）的表面张力小于 50mN/m。

根据式（11-9）可以将液滴对固体表面的润湿程度用润湿角 θ 的大小来表示（见图 11-3）。

● 当 $0 < \cos\theta < 1$，$0° < \theta < 90°$，表示液滴能润湿固体表面。

● 当 $\cos\theta < 0$，$90° < \theta < 180°$，表示液滴不能润湿固体表面。

● 当 $\cos\theta = 1$，$\theta = 0°$，完全润湿。

● 当 $\cos\theta = 0$，即 $\theta = 180°$ 时，完全不润湿。

通常用润湿角 θ 判断焊点的润湿性，$\theta < 90°$ 为润湿；$\theta > 90°$ 为不润湿，如图 11-4 所示。

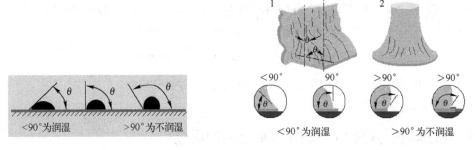

图 11-3　润湿角示意图　　　　　　　　图 11-4　焊点润湿角示意图

钎焊过程中，只有当熔融的液态钎料在金属表面漫流铺展，才能使金属原子自由接近，因此熔融的钎料润湿焊件表面是扩散、溶解、形成结合层的首要条件。

（1）润湿条件

① 液态焊料与母材之间有良好的亲和力，能互相溶解。液态焊料与母材之间的互溶程度取决于晶格类型和原子半径，所以润湿是物质固有的性质。

② 液态焊料与母材表面清洁，无氧化层和污染物。清洁的表面使焊料与母材原子紧密接近，产生引力（润湿力）。当焊料与被焊金属之间有氧化层和其他污染物时，会妨碍金属原子自由接近，不能产生润湿作用。这是形成虚焊的原因之一。

（2）影响润湿力的因素

① 表面张力。在不同相共同存在的体系中，由于相界面分子与体相内分子之间作用力的不同，导致相界面总是趋于最小的现象称为表面张力。

如一杯水，由于液体内部分子受到四周分子的作用力是对称的，作用彼此抵消，合力为零，但液体表面分子受到液体内部分子的引力大于大气分子对它的引力，因此液体表面都有自动缩成最小的趋势，如图 11-5 所示。

润湿是液体在固体表面漫流的力，表面张力是液体在固体表面缩小的力，表面张力与润湿力的方向相反，因此表面张力不利于润湿。

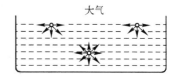

图 11-5 液体表面与内部分子受力示意图

熔融焊料在金属表面也有自动缩成最小的表面张力现象，因此熔融焊料在金属表面润湿的程度与液态焊料的表面张力有关。

② 黏度。黏度与表面张力成正比的，黏度越大，焊料的流动性越差，不利于润湿。

③ 合金的成分。不同的合金与不同的合金成分配比，其黏度与表面张力是不同的。锡铅合金的黏度和表面张力与合金的成分密切相关，详见表 11-1。

④ 温度。提高温度可以起到降低黏度和表面张力的作用。

（3）改变表面张力与黏度的措施

表 11-1 锡铅合金配比与表面张力及黏度的关系（280℃测试）

配比（%）		表面张力（N/cm）	黏度（mPa·s）
Sn	Pb		
20	80	$4.67×10^{-3}$	20
30	70	$4.7×10^{-3}$	30
50	50	$4.76×10^{-3}$	50
63	37	$4.9×10^{-3}$	63
80	20	$5.14×10^{-3}$	80

黏度与表面张力是焊料的重要性能。优良的焊料熔融时应具有低的黏度和表面张力。表面张力是物质的本性，不能消除，但可以改变。焊接中降低表面张力和黏度的主要措施有以下几个。

① 提高温度。升高温度可以增加熔融焊料内的分子距离，减小液态焊料内分子对表面分子的引力，因此升温可以降低黏度和表面张力（见图 11-6）。

② 调整金属合金比例。Sn 的表面张力很大，增加 Pb 可以降低表面张力。从图 11-7 中可以看出，在 Sn-Pb 焊料中增加铅的含量，当 Pb 的含量达到 37% 时，表面张力明显减小。

图 11-6 温度对黏度的影响

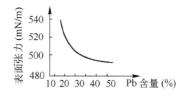

图 11-7 250℃时 Pb 含量与表面张力的关系

③ 增加活性剂。此举能有效地降低焊料的表面张力，还可以去掉焊料的表面氧化层。

④ 改善焊接环境。采用氮气保护焊接或真空焊接可以减少高温氧化，提高润湿性。

（4）表面张力在焊接中的作用

表面张力与润湿力的方向相反，因此表面张力是不利于润湿的因素之一。

无论是再流焊、波峰焊还是手工焊，表面张力对于形成良好焊点都是不利因素。但在再流焊中表面张力又能被利用——当焊膏达到熔融温度时，在平衡的表面张力的作用下，会产生自定位效应（Self Alignment），即当元器件贴放位置有少量偏离时，在表面张力的作用下，元器件能自动被拉回到近似目标位置（见图 11-8）。因此表面张力使再流焊工艺对贴装精度的要求比较宽松，比较容易实现高度自动化与高速度。同时也正因为"再流动"及"自定位效应"的特点，再流焊工艺对焊盘设计、元器件标准化等方面有更严格的要求。如果表面张力不平衡，即使贴装位置十分准确，焊接后也会出现元器件位置偏移、立碑、桥接等焊接缺陷。

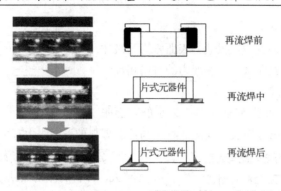

再流焊前

片式元器件　再流焊中

片式元器件　再流焊后

图 11-8　再流焊中的自定位效应（Self Alignment）

波峰焊时，由于 SMC/SMD 本身的尺寸和高度，或由于高元器件挡住矮元器件而阻挡了迎面而来的锡波流，又受到锡波流表面张力的影响造成阴影效应，在元器件体背面形成液态焊料无法浸润到的挡流区，造成漏焊。

2．毛细作用

（1）钎料的毛细填缝作用

毛细管现象是液体在狭窄间隙中流动时表现出来的特性。

把间隙很小的两片金属板平行插入液体，或把很细的金属管插入液体时，由于润湿程度的不同，两片金属板间隙内侧的液面高度会上升或下降。如果液体可润湿金属板，金属板间隙内侧的液面将高于金属板外侧的液面高度，否则金属板间隙内侧的液面将低于金属板外侧的液面高度，如图 11-9 所示。在熔融焊料中也存在毛细管现象。

液体能够润湿金属板　　液体不能润湿金属板

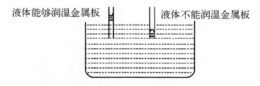

图 11-9　液体在平行板间隙中的毛细作用示意图

金属板间隙内侧液面的上升或下降高度可用下式来表示：

$$H = \frac{2\sigma_{LV}\cos\theta}{a\rho g} = \frac{2\sigma_{SV} - \sigma_{LS}}{a\rho g} \tag{11-10}$$

式中，H 为液体在平行板间隙中的上升或下降高度；a 为平行板间隙；ρ 为液体的密度；g 为重力加速度。

从式（11-10）可以看出：

① 　只有当液体充分润湿母材，$\theta<90°$、$\cos\theta>0$ 时，液体沿平行板间隙才能上升，$H>0$；当液体对母材不润湿，$\theta>90°$、$\cos\theta<0$ 时，液体沿平行板间隙下降，$H<0$。

② 液体沿平行板间隙上升的高度 H 与平行板间隙 a 成反比，因此在通孔插装元器件设计时孔径比要适当，过大的孔径比不利于毛细填缝。

（2）毛细管现象在焊接中的作用

钎焊时钎缝很小，如同毛细管，钎焊通过毛细作用在钎缝间隙内流动，因此钎焊时要求钎料尽量填满钎缝的全部间隙。例如，通孔插装元器件在波峰焊、手工焊时，当插装孔间隙适当时，毛细作用能够促进元器件孔的"透锡"。又如再流焊时，毛细作用能够促进元器件焊端底面与 PCB 焊盘表面之间液态焊料的流动。另外，液态焊料在粗糙的金属表面也存在毛细管现象，有利于液态焊料沿着粗糙凹凸不平的金属表面铺展、浸润，因此毛细管现象是有利于焊接的。

3．扩散

通常金属原子以结晶排列，原子间作用力平衡的情况下，能保持晶格的形状和稳定。原子晶格点阵模型如图 11-10 所示。当金属与金属接触时，由于界面上晶格紊乱导致部分原子从一个晶格点阵移动到另一个晶格点阵，此现象称为扩散现象。扩散的类型有置换型和间隙型，置换型扩散是指置换了原晶格点阵的原子，如图 11-11（b）所示；间隙型扩散是指部分原子从一个晶格点阵移动到另一个晶格点阵的间隙中，如图 11-11（c）所示。

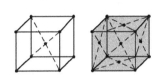

图 11-10　原子晶格点阵模型

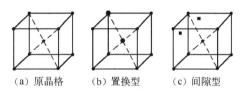

（a）原晶格　　（b）置换型　　（c）间隙型

图 11-11　原子晶格点阵中的扩散示意图

（1）4 种扩散形式

扩散有表面扩散、晶内扩散、晶界扩散和选择扩散 4 种形式。钎焊时这 4 种扩散形式都存在。下面以 63Sn-37Pb 焊料与母材 Cu 表面焊接为例加以说明。4 种扩散形式如图 11-12 所示。

● 表面扩散：熔融焊料 Sn 原子沿母材 Cu 表面的扩散。

● 晶内扩散：熔融焊料 Sn 扩散到母材 Cu 晶粒中。

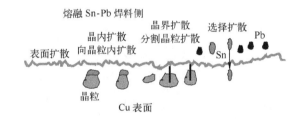

图 11-12　表面扩散、晶内扩散、晶界扩散、选择扩散示意图

● 晶界扩散：熔融焊料 Sn 原子分割母材 Cu 晶粒，向母材 Cu 晶界扩散。

● 选择扩散：在两种以上金属元素组成的焊料焊接时，只有某一金属元素扩散，其他元素不扩散。如 Sn-Pb 焊料与某一金属表面焊接时，Sn 扩散，而 Pb 在 300℃以下是不扩散的。

（2）扩散条件

相互距离：金属表面清洁，无氧化层和其他杂质。只有在两块金属紧密接触没有距离的情况下，两块金属原子间才会发生引力。

温度：在一定温度下金属分子才具有动能。

扩散的速度与温度成正比关系，温度越高，扩散速度越快；扩散的量与峰值温度的持续时间、液相时间也成正比关系，峰值温度的持续时间和液相时间越长，扩散的量越多。

（3）扩散过程（以 63Sn-37Pb 焊料与母材 Cu 表面焊接为例）

当温度达到 210～230℃时，Sn 向 Cu 表面扩散，而 Pb 不扩散。初期生成的 Sn-Cu 合金为 Cu_6Sn_5

（η相）。其中，Cu 的质量百分比含量约为 40%。随着温度的升高和时间的延长，Cu 原子渗透（溶解）到 Cu_6Sn_5 中，此时 Cu 含量由 40% 增加到 66%，局部结构转变为 Cu_3Sn（ε相）。当温度继续升高、时间进一步延长，Sn-Pb 焊料中的 Sn 不断向 Cu 表面扩散，在焊料一侧只留下 Pb，形成富 Pb 层。Cu_6Sn_5 和富 Pb 层之间的界面结合力非常脆弱，当受到温度、振动等冲击，就会在焊接界面处发生裂纹。

4. 溶解

母材表面的 Cu 分子被熔融焊料溶蚀，Cu 分子溶解到熔融的液态焊料中。

5. 液体钎料与固体母材表面的相互作用

当达到扩散温度时，首先是钎料组分向母材扩散，达到饱和溶解度后，固体母材才向液态钎料中溶解。钎缝中的反应是非平衡的，几种反应常常会在钎缝中同时发生。

63Sn-37Pb 焊料与 Cu 焊接生成的金属间化合物主要是 Cu_6Sn_5 和 Cu_3Sn。

11.1.4　钎缝的金相组织

钎缝的金相组织主要由固溶体、共晶体和 IMC 的混合物组成，是很不均匀的。

① 固溶体钎缝组织。固溶体组织具有良好的强度和塑性，有利于焊点性能。

② 共晶体钎缝组织。一方面是钎料本身含有大量的共晶体组织，另一方面钎料与固体母材能形成共晶体。

③ 金属间化合物（IMC）钎缝组织。冷凝时会在界面析出 IMC。图 11-13 是 Sn 系焊料直接与 Cu 焊接生成界面合金层的扫描电子显微镜（SEM）照片。从图中可看出，Sn 系焊料与 Cu 焊接生成的金属间化合物主要是 Cu_6Sn_5 和 Cu_3Sn。

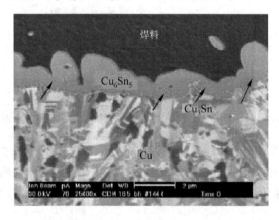

图 11-13　Sn 系焊料直接与 Cu 焊接生成界面合金层的 SEM 照片

11.1.5　如何获得理想的界面组织

我们希望通过钎焊获得微细强化的共晶体结晶颗粒和固溶体组织，希望界面处有一层薄而平坦的结合层（0.5～4μm），尽量减少钎缝中出现化合物层。无铅焊接希望得到偏析较小的焊锡组织。

要获得理想的界面组织有许多条件，例如：

① 钎料成分和母材的互溶程度好；

② 液态焊料与母材表面清洁，无氧化层和其他污染物；

③ 优良表面活性物质（助焊剂）的作用；

④ 环境气氛，如氮气或真空保护焊接；

⑤ 恰当的温度和时间（理想的温度曲线）；

⑥ 能够保持一个平坦的反应层界面，如热膨胀系数小的 PCB 材料及平稳的 PCB 传输系统。

无铅焊接温度高，特别要求 PCB 材料 Z 轴方向热膨胀系数小，能够保持一个平坦的反应层界面，否则在有偏析的情况下，如果 PCB 有应力变形，很容易造成焊点起翘，甚至焊盘剥离。

在以上列举的条件中，在其他条件都一定的情况下，影响结合层（钎缝）厚度及金属间化合物的成分和比例的主要因素是温度和时间。温度过低不能形成结合层或结合层太薄；温度过高、时间过长，化合物层会增厚，因此正确设置温度曲线非常重要。

11.1.6　无铅焊接机理

下面以 Sn-Ag-Cu 焊料与母材 Cu 表面焊接为例，加以说明。

1. 无铅焊接过程、原理与有铅焊的基本一样

无铅焊接的过程、原理与有铅焊的基本是一样的，主要区别是由于合金成分和助焊剂成分改变了，因此焊接温度、生成的金属间结合层及其结构、强度、可靠性也不同。何况有铅焊接时 Pb 在 300℃ 以下是不扩散的，Pb 在焊缝中只起到填充作用。另外，无铅焊料中 Sn 的含量达到 95% 以上。因此，Sn-Ag-Cu 与 Cu 焊接的金属间化合物的主要成分还是 Cu_6Sn_5 和 Cu_3Sn。当然也不能忽视次要元素也会产生一定的作用。从 Sn-Ag-Cu 三元合金相图（见第 3 章图 3-5）中可以看出，液态时的成分为 β- $Sn+Cu_6Sn_5+Ag_3Sn$；

2. Sn-Ag-Cu 系统中 Sn 与次要元素 Ag 和 Cu 之间的冶金反应

从 Sn-Ag-Cu 三元合金相图中分析，在 Sn、Ag、Cu 三种元素之间有三种可能的二元共晶反应。

（1）Ag 与 Sn 在 221℃ 形成 Sn 系质相位的共晶结构和 ε 金属之间的化合相位（Ag_3Sn）

当 Ag 的成分在 3.5% 时 Sn-Ag 合金是共晶合金，共晶点为 221℃。在共晶温度下，Sn-Ag 所形成的合金组织是由不含银的纯 β-Sn 和微细的 Ag_3Sn 相结成的二元共晶组织。添加 Ag 所形成的 Ag_3Sn，因为晶粒细小，因此 Ag_3Sn 是稳定的化合物，能够改善合金的机械性能。

（2）Cu 与 Sn 在 227℃ 形成 Sn 系质相位的共晶结构和 η 金属间的化合相位（Cu_6Sn_5）

当 Cu 的成分在 0.75% 时 Sn-Cu 合金是共晶合金，共晶点为 227℃。在共晶温度下，Sn-Cu 所形成的合金是 β-Sn 与 Cu_6Sn_5 相结成的二元共晶组织。

（3）Ag 与 Cu 在 779℃ 形成富 Ag α 相和富 Cu α 相共晶合金

从理论上讲，Ag 与 Cu 在 779℃ 应形成富 Ag α 相和富 Cu α 相共晶合金，但在 Sn-Ag-Cu 的三种合金固化温度的测量研究中没有发现 779℃ 相位转变。对这个现象，理论界认为，在温度动力学上解释为更适于 Ag 或 Cu 与 Sn 反应，生成 Ag_3Sn 和 Cu_6Sn_5。

从以上分析中也可以看出，Sn-Ag-Cu 系统中液态时的成分为 β $Sn+Cu_6Sn_5+Ag_3Sn$，Sn-Ag-Cu 与 Cu 焊接界面的钎缝组织还是 Cu_6Sn_5 和 Cu_3Sn，和 63Sn-37Pb 与 Cu 焊接的界面组织是基本相同的。Sn-Ag-Cu 与 Cu 焊接的焊点中只是多了一个成分 Ag_3Sn，而 Ag_3Sn 是稳定的化合物，能够改善合金的机械性能。因此，Sn-Ag-Cu 与 Cu 焊接的连接可靠性应该是可以的。

3．Sn-Ag-Cu 合金凝固特性

在 Sn-Pb 二元合金中，Sn 和 Pb 结晶彼此都能在某种程度上固溶对方的元素。结晶的形状比较规则，因此外观比较光滑。

Sn-Ag-Cu 合金非平衡状态凝固的特性是：Sn 先结晶，以枝晶状（树状）出现，中间夹 Cu_6Sn_5 和 Ag_3Sn，其结晶粗糙、不规则。因此无铅焊点的外观比较粗糙、不光亮，这不是焊接缺陷，是由于 Sn-Ag-Cu 合金的非平衡状态凝固特性造成的。

11.1.7　Sn-Ag-Cu 焊料与不同材料的金属焊接时的界面反应和钎缝组织

在有铅焊接中，PCB 焊盘表面镀层大多是 63Sn-37Pb 镀层，元器件的焊端绝大多数也是 63Sn-37Pb 镀层，因此焊接时相容性非常好。在无铅焊接中，元器件焊端镀层材料的种类很复杂，同一块组装板上所用元器件的种类很多，同时，无铅 PCB 焊盘表面镀层的选择也很多。由于不同的焊料合金，甚至同一种焊料合金与不同金属焊接时的界面反应和钎缝组织都是不一样的，可能发生焊料合金与某种金属不相容，导致焊点可靠性问题。

1．焊料合金元素与各种金属电极焊接后在界面形成的化合物

表 11-2 列出了常用的几种焊料合金元素与各种金属电极（包括元器件焊端和 PCB 焊盘）焊接后在界面形成的化合物。从表中可清楚地看出，Sn 和许多金属元素容易形成化合物。

表 11-2　焊料合金元素与各种金属电极焊接后在界面形成的化合物

电　极	焊料合金元素						
	Sn	Pb	In	Ag	Bi	Zn	Sb
Cu	Cu_6Sn_5 Cu_3Sn	—	Cu_9In_4 （$CuIn_2$） （Cu_4In_3）	—	—	Cu_5Zn_8 CuZn	Cu_4Sb Cu_2Sb
Au	（Au_6Sn） $AuSn_2$ $AuSn$ $AuSn_4$	Au_2Pb $AuPb_2$	Au_9In Au_3In $AuIn$ $AuIn_2$	—	Au_2Bi	Au_3Zn $AuZn$ $AuZn_3$	$AuSb_2$
Ni	Ni_3Sn Ni_3Sn_4 Ni_3Sn_2	—	Ni_3In $NiIn$ Ni_2In_3 Ni_3In_7	—	$NiBi$ $NiBi_3$	$NiZn$ $NiZn_3$ Ni_5Zn_{21} $NiZn_8$	$Ni_{13}Sb_4$ Ni_5Sb_2 $NiSb$ $NiSb_2$
Fe	$FeSn$ $FeSn_2$	—	—	—	—	4 种 Fe_xZn_y	$FeSb_2$ Fe_3Sb_2
Ag	Ag_3Sn （Ag_6Sn）	—	Ag_3In $AgIn_2$ Ag_2In	—	—	$AgZn$ Ag_5Zn_8 ε-Ag_xZn_y	Ag_3Sb
Al	—	—	—	Ag_3Al Ag_2Al	—	—	$AlSb$

注：—表示从相图判断为不形成化合物的系。

　　　x、y 表示不定比化合物。

2．Sn 系焊料与 Ni/Au（ENIG）焊盘焊接的界面反应和钎缝组织

图 11-14 是 Sn 系焊料与 Ni/Au（ENIG）焊接后钎缝组织的扫描电子显微镜（SEM）照片。从图中可以看出，在 Ni 焊盘这一侧，Ni 与焊料之间的金属间化合物主要是 Ni_3Sn_4，在焊料一侧主要是 $AuSn_4$。Ni-Sn 化合物比较稳定，Ni-Sn 界面反应层与 Sn-Cu 反应层相比，反应速度稍慢一些，IMC 的厚度也相对薄得多，因此 Ni-Sn 合金的连接强度较好；但是 Au 能与焊料中的 Sn 形成

Au-Sn 间共价化合物 $AuSn_4$。$AuSn_4$ 不是我们需要的结合层。在焊点中金的含量超过 3%会使焊点变脆，过多的 Au 原子替代 Ni 原子，因为太多的 Au 溶解到焊点里，无论与 Sn-Pb 还是与 Sn-Ag-Cu 焊接，都将引起"金脆"。所以，ENIG 的镀层中一定要限定 Au 层的厚度，用于焊接的 Au 层厚度小于等于 1μm（一般控制在 0.05～0.15μm）。

关于 ENIG 的"黑焊盘"（见图 11-15）问题说明如下。

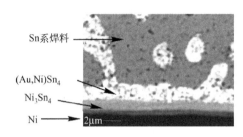
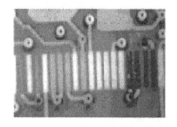

图 11-14　Sn 系焊料与 Ni/Au（ENIG）焊接后钎缝组织的 SEM 照片　　图 11-15　"黑焊盘"现象

黑焊盘也称黑镍现象，有铅焊接也存在这个问题。用手指一推黑焊盘处，元器件就会掉下来。

（1）"黑焊盘"现象的产生原因

① 金镀层结构不够致密，表面存在针孔和裂缝，空气中的水汽进入，造成镍镀层氧化。

② 镍镀层磷含量偏高或偏低，导致镀层耐酸腐蚀性能差，易发生腐蚀变色，出现"黑焊盘"现象，使镀层可焊性变差。（pH 值为 3～4 较好，一般磷含量控制在 7%～9%较好）

③ 镀镍后没有将酸性镀液清洗干净，长时间 Ni 被酸腐蚀。

④ 作为可焊性保护性涂覆层的 Au 镀层在焊接时会完全溶蚀到焊料中，而被氧化或腐蚀的 Ni 镀层由于可焊性差不能与焊料形成良好的合金层，最终导致虚焊，使元器件从 PCB 上脱落。

（2）关于富磷现象的解释

① 化学镀 Ni-P（镍-磷）时，Ni 向 Sn 一侧扩散，在焊料一侧形成较厚的 Ni_3Sn_4（见图 11-16（a）），造成 Ni-P 合金中 Ni 欠缺、P 剩余，可理解为形成了富 P 的 Ni 层[见图 11-16（b）]。

② $Ni3Sn4$ 和富 P 的 Ni 层界面附近易形成空洞[见图 11-16（b）]，会降低界面的连接强度。

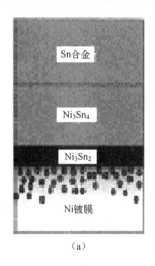
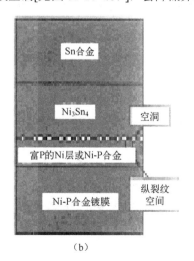

（a）　　　　　　　　　　（b）

图 11-16　Ni 镀层与 Sn 合金界面的模型

3．Sn系焊料与42号合金钢（Fe-42Ni合金）焊接的界面反应和钎缝组织

Sn系合金与Fe-42Ni的界面反应和Cu相比速度比较慢，主要反应如下：

① Fe-42Ni合金中的Ni向Sn中溶解，凝固时结晶出板状的Ni_3Sn_4。

② 剩余的Fe和残留的Ni在界面发生反应生成$(Fe,Ni)Sn_2$，大多形成$FeSn_2$。

图11-17（a）是Sn与42号合金钢在250℃时界面反应层成长状况的SEM照片。从照片中可明显看出钎缝组织看上去是两层结构，42号合金钢一侧主要由$FeSn_2$和残留的Ni构成，而另一侧凹凸剧烈的、具有小晶面的结晶层是Fe扩散到Sn液体中生长起来的$FeSn_2$，其中几乎没有Ni固溶。也就是说，原来的界面变成了两个反应层的界面，溶入Sn中的Ni在凝固时结晶出板状的Ni_3Sn_4。图11-17（b）显示最弱的部位是两个反应层的界面，容易在此处发生失效。

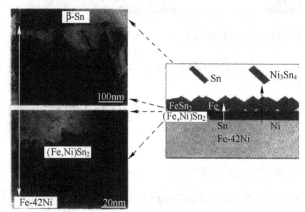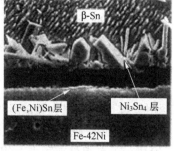

　　　（a）Sn与Fe-42Ni合金在250℃时界面反应层SEM照片　　　　　（b）两个反应层界面的钎缝组织最弱

图11-17　Sn与42号合金钢的界面反应和钎缝组织

42号合金钢与Sn系合金一般能形成良好的界面，但加入Bi会发生界面偏析，因此加入Bi会造成连接强度明显降低。

11.1.8　影响钎缝（金属间结合层）质量与厚度的因素

金属间结合层的质量与厚度和以下因素有关。

1．焊料的合金成分

合金成分是决定焊膏的熔点及焊点质量的关键参数。在第3章3.1.3节2．的内容中，结合图3-2 Sn-Pb二元合金相图，详细分析了相变温度及其含义。

从Sn-Pb系二元合金相图可看出，其共晶成分为Sn-37Pb，共晶点温度为183℃；

从第3章图3-5（a）Sn-Ag-Cu系三元合金相图可看出，其共晶成分为Sn-3.24Ag-0.57Cu，共晶点温度为217.7℃（日本研究）。

从一般的润湿理论上讲，大多数金属较理想的钎焊温度应高于熔点（液相线）温度15.5～71℃为宜。对于Sn系合金，建议在液相线之上30～40℃左右。在图3-2中，ABC是液相线，其上方的虚线是最佳焊接温度线。

下面以Sn-Pb焊料合金为例，分析合金成分是决定熔点及焊点质量的关键参数（参考图3-2）。

（1）共晶合金的熔点最低，焊接温度也最低

在 Sn-Pb 合金配比中，共晶合金的熔点最低，63Sn-37Pb 共晶合金（B 点）的熔点为 183℃，其焊接温度也最低，在 210～230℃左右，焊接时不会损坏元器件和印制板。其他任何一种合金配比的液相线都比共晶温度高，如 40Sn-60Pb（H 点）的液相线为 232℃，其焊接温度在 260～270℃左右，显然焊接温度超过了元器件和印制板的耐受极限温度。

（2）共晶合金的结构是最致密的，有利于提高焊点强度

所谓共晶焊料就是由固相变液相或由液相变固相均在同一温度下进行，在此组分下的细小晶粒混合物叫作共晶合金。升温时当温度达到共晶点时焊料全部呈液相状态，降温时当温度降到共晶点时，液态焊料一下子全部变成固相状态，因此焊点凝固时形成的结晶颗粒最小，结构最致密，焊点强度最高。而其他配比的合金冷凝时间长，先结晶的颗粒会长大，影响焊点强度。

（3）共晶合金凝固时没有塑性范围或黏稠范围，有利于焊接工艺的控制

共晶合金在升温时只要到达共晶点温度，就会立即从固相变成液相；反之，冷却凝固时只要降到共晶点温度，就会立即从液相变成固相，因此共晶合金在熔化和凝固过程中没有塑性范围。

合金凝固温度范围（塑性范围）对焊接的工艺性和焊点质量影响极大。塑性范围大的合金，在合金凝固、形成焊点时需要较长时间，如果在合金凝固期间 PCB 和元器件有任何振动（包括 PCB 变形），都会造成"焊点扰动"，有可能会发生焊点开裂，使设备过早损坏。

从以上分析可以得出结论：合金成分是决定焊膏的熔点及焊点质量的关键参数。

因此，无论是传统的 Sn-Pb 焊料还是无铅焊料，要求焊料的合金组分尽量达到共晶或近共晶。

2．合金表面的氧化程度

合金粉末表面的氧化物含量也直接影响焊膏的可焊性，因为扩散只能在清洁的金属表面进行。虽然助焊剂有清洗金属表面氧化物的功能，但不能驱除严重的氧化问题。要求合金粉末的含氧量应小于 0.5%，最好控制在 $80×10^{-6}$ 以下。

3．助焊剂的质量和选择

（1）助焊剂的质量

焊膏中的助焊剂是净化焊接表面、提高润湿性、防止焊料氧化和确保焊膏质量及优良工艺性的关键材料。加热过程中助焊剂对 PCB 的焊盘、元器件端头和引脚表面的氧化层起到清洗作用，同时对金属表面产生活化作用。

如果助焊剂的活性好，可以使金属表面获得足够的激活能，促使熔融的焊料在经过助焊剂净化的金属表面上进行浸润、发生扩散反应。因为扩散只能在清洁的金属表面进行，如果金属表面有氧化物，焊料就不能浸润金属表面，就无法产生扩散。再流焊后，虽然在元器件引脚和 PCB 焊盘之间堆积了焊料，但实际是虚焊，加压时可能有电气连接，振动或松开时就会失去电气连接。如果熔融的焊料在金属表面局部润湿，那么只有局部润湿的地方产生连接，也会影响焊点强度。

由于无铅合金的熔点高、润湿性差，因此要求无铅焊膏中助焊剂的活化温度和活性都要提高，与焊料合金的熔点相匹配；另外，助焊剂与焊料合金表面之间可能有化学反应，因此不同合金成分要选择不同的助焊剂；确定了无铅合金后，可焊性的关键在于助焊剂。

有铅焊接时，助焊剂的活性反应恰好在焊料的熔点 183℃之前，对金属表面进行清洗，焊料

熔化时助焊剂还保持足够的活性，从而能够起到降低熔融焊料的黏度和表面张力、提高浸润性的作用，有利于扩散、溶解，形成金属间合金层。但是无铅焊接时，熔点为 217℃，比有铅高 34℃，如果使用传统的助焊剂，在无铅合金熔化温度 217℃前焊膏中的助焊剂已经被烧掉，当升温到 217℃以上液相区时，不仅起不到清洗和活化作用，还可能造成助焊剂炭化，严重时会使 PCB 焊盘、元器件引脚和焊料合金在高温下重新氧化而造成焊接不良。因此无铅助焊剂必须专门配制。

（2）助焊剂的选择

首先根据 PCB 与元器件存放时间和表面氧化程度来决定焊膏的活性。一般采用 RMA 级；高可靠性产品可选择 R 级；PCB、元器件存放时间长，表面严重氧化，应采用 RA 级，焊后清洗。

（3）助焊剂和钎料的匹配

选择助焊剂不能只考虑助焊剂的活化能力，必须与钎料特点和具体的加热方法结合起来。首先要保证助焊剂的活性温度范围覆盖整个钎焊温度，其次是助焊剂与钎料的流动、铺展进程要协调，使钎料的熔化与助焊剂的活性高潮保持同步。钎焊时钎料最好在助焊剂熔化后的 5～6s 即开始熔化，这时恰好是助焊剂的活性高潮。这样钎料熔化时就能迅速铺展开。

4. 焊件（母材）表面的氧化程度

如果 PCB 的焊盘、元器件端头和引脚表面的氧化程度高，焊膏中的助焊剂不能将母材表面的氧化物清洗干净，尤其免清洗焊膏中的助焊剂活性较差，清洗作用较小，也容易造成熔融的焊料不能浸润或不能完全浸润金属表面，同样也会造成虚焊或焊点强度差。

5. 焊接温度和焊接时间

焊接过程是焊接金属表面、熔融焊料和空气等之间相互作用的复杂过程，必须控制好焊接温度和时间，一般焊接温度设置在液相线上 30～40℃左右。63Sn-37Pb 共晶焊料的共晶点为 183℃，焊接温度设置为 210～230℃左右；Sn-Ag-Cu 焊料的近共晶温度为 217℃左右，焊接温度设置为235～250℃左右。

焊接热量是温度和时间的函数，焊点和元器件受热的热量随温度和时间的增加而增加。IMC 的厚度与焊接温度和时间成正比。例如，Sn-Ag-Cu 焊料在 217℃以上、但没有达到 235℃时，由于温度偏低，液体焊料的黏度大，不能很好地在 Cu 和 Sn 之间扩散、溶解，不能生成足够的 IMC，只有在 235～250℃左右的条件下才能生成良性的结合层。但焊接温度更高或峰值时间与液相时间过长时，扩散反应率加速或扩散时间延长，就会生成过多的恶性 IMC，焊点变得脆而多孔。如果焊接温度过高，还容易损坏元器件和印制板，会由于助焊剂被炭化失去活性、焊点氧化速度加快，产生焊点发乌等问题。因此一定要正确设置再流焊温度曲线，控制好再流焊的温度和时间。

11.2　再流焊的工艺要求和流程

根据 11.1 节的锡焊机理，再流焊工艺是通过重新熔化预先分配到印制板焊盘上的膏状软钎焊料，实现表面贴装器件焊端与印制板焊盘之间机械与电气连接的软钎焊技术。

再流焊的工艺过程：当 PCB 进入升温区（或称干燥区）时，焊膏中的溶剂、气体蒸发掉，同时，焊膏中的助焊剂润湿焊盘、元器件端头和引脚，焊膏软化、塌落，覆盖焊盘，将焊盘、元器件引脚与氧气隔离；PCB 进入预热（保温区）时使 PCB 和元器件得到充分的预热；在助焊剂浸润区，焊膏中的助焊剂润湿焊盘、元器件焊端，并清洗氧化层；当 PCB 进入焊接区（液相区）

时，温度迅速上升，使焊膏达到熔化状态，液态焊锡对 PCB 的焊盘、元器件端头和引脚润湿、扩散、漫流或回流混合，形成焊锡接点；PCB 进入冷却区，使焊点凝固，此时完成再流焊。

11.2.1　再流焊的工艺要求

再流焊是 SMT 的关键工序，必须在受控的条件下进行。再流焊的工艺要求如下。

① 根据所选用焊膏的温度曲线与表面组装板的具体情况，结合焊接理论，设置"理想的再流焊温度曲线"，并定期（每个产品或每班）测"实时温度曲线"，确保焊接质量与工艺稳定性。

② 要按照 PCB 设计时的焊接方向进行焊接。

③ 焊接过程中，严防传送带振动。当生产线没有配备卸板装置时，要注意在贴装机出口处接板，防止后出来的板掉落在先出来的板上，碰伤 SMD 引脚。

④ 必须对首件焊接质量检查。批量生产过程中用 AOI 实时监控或定时检查焊接质量。

11.2.2　再流焊的工艺流程

再流焊的工艺流程如图 11-18 所示。

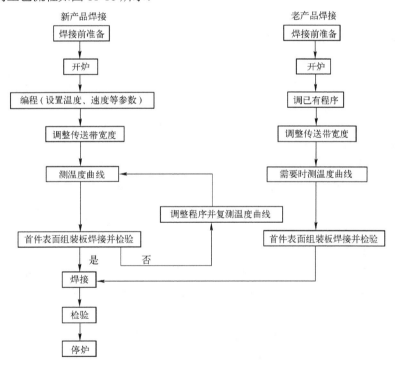

图 11-18　再流焊的工艺流程

1. 焊接前准备

焊接前，要检查电源开关和 UPS 电源开关是否处于关闭位置；熟悉产品的工艺要求；根据所选用焊膏与表面组装板的厚度、尺寸、组装密度、元器件等具体情况，结合焊接理论，设置合理的再流焊温度曲线；特殊情况（如挠性板）还可能需要准备焊接用的工装（治具）。

2. 开炉

开炉的步骤如下：

① 打开总电源和排风机电源；

② 接通再流焊炉总电源；

③ 打开 UPS 后备电源；

④ 按照设备操作规程启动设备，当设备完成系统自检后即可进行编程或调程序。

3．编程（设置温度、速度等参数）或调程序

生产新产品需要编制程序，生产老产品时只需要调出已有程序即可。

编程的目的是通过设置每个温区的温度、传输速度、风速等参数，使"实时温度曲线"尽量达到事先为该产品设计的"理想的再流焊温度曲线"。

（1）编程操作

不同公司的再流焊炉，编程操作方法可能略有不同，但其内容和步骤基本相同。

① 获知登录密码。再流焊是保证表面组装质量的关键工序，一般设备对焊接程序都有密码保护，编程和修改程序必须登录密码，密码由车间管理、备案，非工程人员不应得知密码。

② 按照操作规程打开程序表。

③ 设置各温区的温度。

④ 设置冷却区风速（量）。

⑤ 设置传送带（导轨）速度。

⑥ 设置传送导轨宽度。导轨宽度应大于 PCB 宽度 1～2mm，并保证 PCB 在导轨上滑动自如。

⑦ 如果是可调节风量的热风炉，还要设置各温区的风速（量）。

理想的温度曲线是通过以上各种工艺参数的设置和调制出来的。

（2）设置再流焊温度和速度等工艺参数

① 根据使用焊膏的温度曲线进行设置。不同合金成分的焊膏有不同的熔点，即使相同合金成分，由于助焊剂成分不同，其活性和活化温度也不一样。各种焊膏的温度曲线是有一些差别的，因此，具体产品的温度和速度等工艺参数设置首先应满足焊膏加工厂提供的温度曲线。

② 根据 SMA 搭载元器件的密度、元器件的大小，以及有无 BGA、CSP 等潮敏元器件的特殊要求设置。既保证焊点质量又不损坏元器件。

③ 根据 PCB 的材料、厚度、是否为多层板、尺寸大小，设定工艺参数，确保不损伤 PCB。

④ 要根据设备的具体情况，如加热区的长度、加热源的材料、再流焊炉的构造和热传导方式等因素进行设置。

⑤ 要根据温度传感器的实际位置来确定各温区的设置温度。

⑥ 应根据排风量的大小进行设置，并定时测量。

⑦ 环境温度对炉温也有影响，特别是加热温区较短、炉体宽度窄的再流焊炉，炉温受环境温度影响较大，因此在再流焊炉进、出口要避免对流风。

4．测试实时温度曲线

焊接过程中，沿再流焊炉长度方向的温度随时间的变化而变化。从再流焊炉的入口到出口方向，温度随时间变化的曲线称为温度曲线。在实际焊接过程中，如果把热电偶固定在组装板的某个焊点上，组装板随传送带的运动，每隔 1ms 或规定的时间采集一次温度，然后将相邻采集点的温度连接起来画出的曲线，称为实时温度曲线。

再流焊炉中温度传感器是安装在炉膛顶部和底部内壁处的，因此设备温度显示器的显示温度

是炉腔顶部和底部热空气温度，并不是 PCB 焊点的实际温度。虽然 PCB 的实际温度与炉内热空气的温度存在一定的关系，但由于 PCB 的质（重）量、层数、组装密度、进入炉内的 PCB 数量、传送速度、气流等不同，进入炉子的 PCB 温度曲线也是不同的；即使焊接同一种产品，由于环境温度的变化、排风量的变化、电源电压波动等随机原因，可能造成 PCB 的温度曲线发生变化。因此，必须正确测试再流焊实时温度曲线，确保测试数据的有效性和精确性。

5. 首件表面组装板焊接与检测

首件是指符合焊接质量要求的第一块表面组装板。

（1）首件表面组装板焊接

将经过贴装、检验合格的表面组装板平放在网状传送带或链条导轨上，表面组装板随传送带按其设定的速度缓慢地进入炉内，经过升温区、保温区、回流区和冷却区，完成再流焊。在出口处及时接出表面组装板。操作过程中应佩戴防静电腕带。

（2）检验首件表面组装板的焊接质量

① 检验方法。

首块表面组装板的焊接质量一般采用目视检验，根据组装密度选择 2～5 倍放大镜或 3～20 倍显微镜进行检验。

② 检验内容。

● 检验焊接是否充分，有无焊膏熔化不充分的痕迹。

● 检验焊点表面是否光滑、有无孔洞缺陷，孔洞的大小。

● 检验焊料量是否适中，焊点形状是否呈半月状。

● 检查锡球和残留物的多少。

● 检查立碑、虚焊、桥接、元器件移位等缺陷率。

● 还要检查 PCB 表面颜色变化情况，再流焊后允许 PCB 有少许但是均匀的变色。

③ 检验标准

按照本单位制定的企业标准或参照其他标准。

（3）根据首块表面组装板焊接质量检查结果调整参数

① 调整参数时应逐项参数进行，以便于分析、总结。

② 首先调整（微调）传送带的速度，复测温度曲线，进行试焊。

③ 如果焊接质量不能达到要求，再调整各温区的温度，直到焊接质量符合要求为止。

6. 连续焊接

首件焊接后的表面组装板经检验合格后可进行连续焊接。步骤如下：

① 经过贴装、检验合格的表面组装板才可进行焊接；

② 将表面组装板平稳地放在网状传送带（或链条导轨）上；

③ 注意观察温度参数的变化，温度变化范围应在±1℃（根据设备指标）；

④ 当生产线没有配置卸板装置时，在出口处及时接板，防止表面组装板下滑（或跌落）碰撞元器件（如果是全自动生产线，则转 AOI 检测，或转在线测或由卸板装置卸下 PCB）。

7. 检测

检测是对焊接后的每块表面组装板都要进行检验。

检验方法、内容和标准同首件表面组装板检验。

如果有 AOI 或 ICT 在线测设备，可直接按自动检测设备要求执行。

8．停炉

停炉前检查，确保炉内没有运行的表面组装板。一般情况下，启动冷态关机程序，炉温降低到 90℃会自动关机；特殊情况下，可以打开炉盖加快冷却速度。

首先关闭计算机和显示器，然后关闭电源。

关闭电源时注意：先关 UPS 后备电源，再关再流焊炉电源，最后关排风电源。

9．注意事项与紧急情况处理

再流焊是 SMT 的关键工序，在工作中可能会遇到各种意外情况，如果没有正确的处理方法和采取必要的措施，可能会造成严重的安全和质量事故。

（1）注意事项

① 再流焊炉必须完全达到设定温度（绿灯亮）时，才能开始焊接。

② 焊接过程中经常观察各温区的温度变化，变化范围±1℃（根据再流焊炉）。

③ 当设备出现异常情况时，应立即停机。

④ 基板的尺寸不能大于传送带宽度，否则容易发生卡板事故。

⑤ 焊接前根据工艺文件规定或元器件包装说明，对不能经受正常焊接温度的元器件要采取保护措施（屏蔽）或不进行再流焊，采用手工焊，或焊接机器人进行后焊。

⑥ 焊接进行过程中严防传送带产生振动，否则会造成元器件移位和焊点扰动。

⑦ 定时测量再流焊炉排风口处的排风量，排风量直接影响焊接温度。

（2）紧急情况处理

① 卡板。

● 如果出现卡板情况，不要再往炉内送板。

● 打开炉盖，把板拿出。

● 找出原因，采取措施。

● 待温度达到要求后，再继续焊接。

② 报警。如果出现报警情况，应停止焊接，检查报警原因，及时处理。

③ 突然停电

● 出现停电时，不要再往炉内送板。由于有 UPS 后备电源的支持，传送带或导轨会继续运行。待表面组装板运行到炉口，把表面组装板全部接出后，打开炉盖，冷却后，方可停机。

● 意外情况下，如 UPS 有故障时，用活扳手夹住出口处的电动机方轴，使之旋转，尽快将 PCB 从炉内传送出来。

11.2.3　再流焊炉的安全操作规程

操作人员必须经过专业培训，持证上岗。为了人身和设备安全，要制定安全技术操作规程，并严格执行。再流焊炉安全技术操作规程的主要内容如下。

① 非操作人员不允许使用再流焊炉。

② 操作人员应熟悉使用说明书内容，严格按其规定操作、维护设备。

③ 必须确认电压在 380V，才能开启再流焊炉总电源开关。开机时先开排风，再开再流焊炉

电源，最后开 UPS 后备电源。

④ 设备工作台面不允许放置任何杂物。

⑤ 开机后，检查机器是否复位。

⑥ 再流焊炉最高设置温度不能超过设备的极限温度 350℃（视不同设备而定），并根据不同的 PCB 适当调节风量。

⑦ 按不同的 PCB 调节轨道，轨道宽度比 PCB 约大 2mm。

⑧ 所有温区实际温度达到设定温度后，绿灯亮时方可进行焊接。

⑨ 使用热电偶时注意极性方向。

⑩ 出现意外情况，立即按下紧急停止手柄停机。

⑪ 关机时，先关 UPS 后备电源，再关再流焊炉电源，炉温降到 90℃ 以下才可关排风电源。

⑫ 两人配合工作时要认真细致，不能两人同时操作，防止造成设备损坏及人身伤害。

⑬ 定期检查设备链条、齿条及电动机、风扇等的运转情况。在规定周期和规定部位，按要求加高温润滑油、润滑脂并进行清洗。

⑭ 保持设备清洁，每周清扫一次。不使用设备时，应盖好罩布。

11.2.4　再流焊炉的设备维护

1．再流焊炉的日常维护措施

① 保持设备清洁，每周清扫一次。

② 定期清洗助焊剂回收系统（无铅的残留物更多）。

③ 定期检查设备链条、齿条、电动机、风机等的运转情况。

④ 在规定周期和规定部位（热风电动机轴承、板宽调节丝杆、传输链条）按要求加高温润滑油、润滑脂并清洗。润滑剂可降低两个相对运动接触表面之间的摩擦系数，是机械运动不可缺少的。

2．再流焊炉高温润滑剂的要求

① 280℃高温下的有效润滑。

② 电动机轴承脂润滑周期不少于一年。

③ 不污染环境，不影响操作人员的健康。

④ 不影响产品的质量。

⑤ 延长设备寿命。

⑥ 润滑油脂的闪点温度在 300℃ 以上，减少火灾隐患。

11.3　设置和测量再流焊温度曲线

11.3.1　温度曲线测量、分析系统

测量温度曲线需要温度曲线测量仪。根据再流焊设备的配置，有的设备自带 3～12 根耐高温导线的热电偶并自带测试软件；有的设备需要另外配置由温度采集器、K 型热电偶、软件组成的温度曲线测量、分析系统。热电偶如图 11-19 所示。温度曲线测量、分析系统如图 11-20 所示。

图 11-19　热电偶

图 11-20　温度曲线测量、分析系统

1. SMT 使用 K 型热电偶应注意的问题

① 组成热电偶的两个热电极的焊接必须牢固。

② 两个热电极彼此之间应很好地绝缘，以防短路。

③ 属于接触式测温方式，测温元器件与被测介质需要热交换，存在测温的延迟现象。

④ K 型热电偶的允许测温误差为 $±0.75\%|T|$。

⑤ 热电偶结点必须与被监测表面直接、可靠的接触，否则测量的温度只是热空气的温度。

⑥ 用于将热电偶结点固定到被测表面的材料应最少，否则将影响温度曲线的真实性。

⑦ 根据热电偶测温原理，每年必须对热电偶校验一次。

2. 热电偶的固定方法

固定热电偶的目的是获得各个关键位置精确、可靠的温度数据。因此，热电偶的固定方法对数据真实性的影响极大。主要有 4 种方法：高温焊料焊接和采用贴片胶、胶带、机械夹固定。

图 11-21　机械夹固定热电偶

其中机械夹固定（见图 11-21）和高温焊料固定（见图 11-22）的测温准确性比较好；采用贴片胶方法较简单、方便，但残留的胶不容易去除，如果用小刀刮，很容易损坏电路板；采用高温胶带（见图 11-23）是最简单、方便的固定方法，要求将热电偶的测试端牢固地粘在测试点上，并必须保证整个测试过程中始终与被测表面紧密接触，否则测量温度是周围的热空气温度。

图 11-22　高温焊料固定热电偶

图 11-23　高温胶带固定热电偶

11.3.2　实时温度曲线的测试方法和步骤

① 准备一块焊好的实际产品表面组装板。

因为印好焊膏、没有焊接的组装板无法固定热电偶的测试端，因此需要使用焊好的实际产品进行测试。另外，测试样板不能反复使用，最多不要超过 2 次。一般而言，只要测试温度不超过极限温度，测试过 1～2 次的组装板还可以作为正式产品使用，但绝对不允许长期反复使用同一块测试样板进行测试。因为经过长期的高温焊接，印制板的颜色会变深，甚至变成焦黄褐色。虽然全热风炉的加热方式主要是对流传导，但也存在少量辐射传导，深褐色比正常新鲜的浅绿色 PCB 吸收的热量多。因此，测得的温度比实际温度高一些。如果在无铅焊接中，很可能会造成冷焊。

② 选择测试点。

根据组装板的复杂程度及采集器的通道数（一般采集器有 3～12 个测试通道），选择至少三个以上能够反映表面组装板上高（最热点）、中、低（最冷点）有代表性的温度测试点。

最高温度（热点）一般在炉膛中间、无元器件或元器件稀少及小元器件处；最低温度（冷点）一般在大型元器件处（如 PLCC）、大面积布铜处、传输导轨或炉堂边缘、热风对流吹不到的位置。

③ 固定热电偶。

用高温焊料（Sn-90Pb、熔点超过 289℃的焊料）将多根热电偶的测试端分别焊在测试点（焊点）上，焊接前必须将原焊点上的焊料清除干净；或用高温胶带将热电偶的测试端分别粘在 PCB 各个温度测试点位置上，无论采用哪一种方式固定热电偶，均要求确保焊牢、粘牢、夹牢。

④ 将热电偶的另外一端分别插入机器台面的 1、2、3……插孔的位置上，或插入采集器的插座上，注意极性不要插反。将热电偶编号，并记住每根热电偶在表面组装板上的相对位置，予以记录。

⑤ 将被测表面组装板置于再流焊机入口处的传送链/网带上（如果使用采集器，应将采集器放在表面组装板后面，略留一些距离，大约 200mm 以上），然后启动温度曲线测试程序。

⑥ 随着 PCB 的运行，在屏幕上画（显示）出实时曲线（设备自带测试软件时）。

⑦ 当 PCB 运行过冷却区后，拉住热电偶线将表面组装板拽回，此时完成一个测试过程，在屏幕上显示完整的温度曲线和峰值温度/时间表（如果采用温度曲线采集器，则从再流焊炉出口处取出 PCB 和采集器，然后通过软件读出温度曲线和峰值温度/时间表）。

⑧ 输入文件名，存盘。

⑨ 还可将实时温度曲线打印出来。

11.3.3　BGA/CSP、QFN 器件实时温度曲线的测试方法

BGA/CSP、QFN 器件的焊点都是在封装体底部的，测试点不能设置在焊球上，只能设置在封装体边角附近的焊点或 PCB 表面作为"参考点"，因此测到的数据并不是焊点的实际温度。

1. 测试 BGA 器件底部"冷点"的实际温度与"参考点"的温度差

如果有条件，可以专门用一块板（或利用该产品的废板）作为试验板，试验方法如下。

在 BGA 器件底部中间位置的 PCB 上打一个小孔，在 BGA 器件及其周围设置若干个测试点，如图 11-24 所示。将热电偶固定在选定的测试点位置上，然后测实时温度曲线。测试后比较各个测试点的温差，其中测试点 TC4 是 BGA 器件底部焊球的实际温度，这个温度在实际生产过程中是无法测试的；测试点 TC1、TC1′是 BGA 器件边角附近的焊点或 PCB 表面温度，TC2 是 BGA 器件表面温度，TC3 是 PCB 底部温度，这几个位置的温度在实际生产中是可以测到的"参考点"温度。这样，就可以计算出各个"参考点"与 BGA 器件底部焊球的实际温差。试验过程中可以重复测试 2～3 次，每次间隔 2h，取其平均值。以后实际生产中就能够比较准确地判断 BGA 器件底部焊球的实际温度。

2. 实际生产中 BGA/CSP、QFN 器件实时温度曲线的测试方法

实际生产中，测实时温度曲线时，在 PCB 上是不允许打孔的，只能测"参考点"的温度。

一般情况，选择 BGA 器件边角附近的焊点或 PCB 表面（TC1、TC1′）作为"参考点"即可。

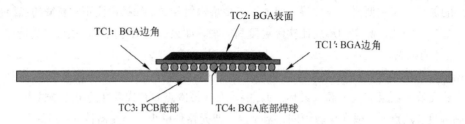

图 11-24　BGA 器件实时温度曲线测试"试验"示意图

"参考点"的温度是根据 BGA 器件焊点与"参考点"的温差来设置的。例如，BGA 器件焊点与"参考点"温差为 10℃，如无铅焊要求 Sn-3.0Ag-0.5Cu 焊球达到 230℃，则"参考点"应设为 240℃。

11.3.4　再流焊温度曲线设置要求

设置再流焊温度曲线与确定再流焊技术规范的主要依据：焊膏的温度曲线，PCB 的材料、厚度、尺寸，元器件的大小、组装密度，以及设备的构造、性能等具体条件等。

测定实时温度曲线后应进行分析、优化（调整），以获得最佳、最合理的温度曲线。分析、优化时必须根据实际的焊接效果、焊膏温度曲线，同时结合焊接理论设计一条"理想的温度曲线"，并将它作为优化的"标准"。然后将每次测得的实时温度曲线与"理想的温度曲线"进行比较、分析和优化，一直优化到与"理想的温度曲线"相同或接近，同时确保组装板上的所有焊点质量达到合格条件为止。既要保证每个焊点符合质量要求，还要不损坏元器件和 PCB。

"理想的温度曲线"是以焊接理论为基础，以选定焊膏的温度曲线，表面组装板的尺寸、厚度、层数，元器件尺寸大小，组装密度具体等条件进行设计的；然后进行多次再流焊实验，对每次实验的焊接效果进行检测、比较，直到焊接质量合格为止。每次实验检测不仅检查焊点质量，还要检查元器件和印制板是否受损坏。然后将能够确保焊接质量的实时温度曲线保留下来，并将这些温度曲线进行排列、统计、比较、分析，找出满足焊接质量的上限和下限温度曲线；最后确定该焊膏应用在某产品或某一类产品的"再流焊技术规范"。

将测得的实时温度曲线与"理想的温度曲线"进行比较并作适当调整（优化）。

再流焊温度曲线的优化是通过对再流焊炉各温区的温度、传送速度、风量等参数的设置和调整来实现的。因此，再流焊温度曲线的优化过程是对再流焊炉参数的调整过程。

1. 调整温度曲线的准则

调整温度曲线应以热容量最大、最难冷元器件为准，使最冷点温度达到 210℃以上。应特别注意：

① 热电偶的连接是否有效。

② 热电偶测温系统的精度（每台炉子都有差别）。

③ 考虑再流焊炉的热分布。例如，测试到再流焊炉"定轨处"的温度最低，如果有一种组装板的一侧边缘有热容量大的元器件，说明此处需要较高的温度，那么选择再流焊进板方向时就应该考虑尽量将该侧远离温度最低的"定轨处"，可将进板方向转 180°。

2. 传送带速度的设置

传送带速度应根据炉子的加热区长度、温度曲线要求进行设置和调整。链速与加热区长度成正比，因此产量大应选择加热区长度大的炉子。

改变链速对温度曲线的影响大于改变炉温设置。链速的改变幅度必须适中，因为改变链速对每个温区都有影响。一般情况下，在焊接温度或焊接时间需要微调时调整传送带速度。

3．风速、风量的设置

目前强制式热风炉的风机都有风速、风量的调整功能。最好的炉子可以对每个温区的风速、风量分别进行调整，这样的炉子能够将温度曲线调整得更细致一些。如果组装板有 0201、01005等极小元器件，风速、风量应低一些。

11.3.5　正确设置有铅再流焊温度曲线

结合图 11-25，介绍如何正确分析与优化有铅再流焊温度曲线。

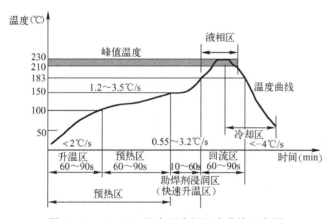

图 11-25　Sn-37Pb 焊膏再流焊温度曲线示意图

（1）升温区

从室温到 100℃为升温区，也称干燥区、预热 1 区。升温速度一般控制在<2℃/s，或 160℃前的升温速度控制在 1～2℃/s。

在升温区，随着温度升高，焊膏的黏度下降，焊膏塌落、覆盖焊盘，将焊盘、元器件引脚与氧气隔离；另外，焊膏中的溶剂、气体蒸发掉。溶剂的沸点一般在 80℃左右，如果升温速度过快，容易使焊膏合金中的微粉（微小颗粒）随溶剂挥发而飞溅到 PCB 焊盘以外的地方，回流时造成微小焊锡珠；如果升温速度过慢，溶剂挥发不干净，回流时也会造成飞溅。

（2）预热区

100～150（160）℃为预热区，也称预热 2 区或保温区。预热区的时间约 60～90s。

在预热区（保温区），PCB 和元器件得到充分预热。缓慢升温、充分预热的作用是避免元器件及 PCB 突然进入回流区，由于受热太快而损坏元器件、造成 PCB 变形；充分预热的另一个作用是减小 PCB 及大小元器件的温差ΔT，有利于降低回流时大小元器件的焊接温差。但是，如果预热温度太高、时间过长，容易使元器件焊端与焊料合金高温再氧化，影响焊接质量。

（3）快速升温区（助焊剂浸润区）

150～183℃为快速升温区，或称为助焊剂浸润区。理想的升温速度为 1.2～3.5℃/s，但目前国内很多设备很难实现，通常在 0.55～3.2℃/s，大多控制在 30～60s（有铅焊接时还可以接受）。

在助焊剂浸润区，焊膏中的助焊剂润湿焊盘、元器件焊端，并清洗氧化层。我们知道，焊膏中助焊剂的主要成分是松脂（树脂）、活化剂、溶剂和少量其他添加剂。松脂的活化温度在 170～

175℃，恰好在 Sn-37Pb 合金熔点（183℃）之下。所谓"活化"就是发生分解反应，在活化温度下松香酸能够起到清洗氧化铜的作用。一般要求在合金熔化之前 5～6s 焊膏中的助焊剂开始迅速分解活化，这样既能够起到清洗作用，又能使助焊剂在合金熔化后还保持足够的活性，有利于清洗金属表面氧化层，降低液态焊料的黏度和表面张力，提高浸润性。

如果助焊剂浸润区的温度太低、时间太短，不能在合金熔化前充分清洗焊件表面的氧化层，就会造成合金熔化时由于反应太剧烈而产生焊液飞溅，形成锡珠；如果助焊剂浸润区的温度过高、时间过长，又会使助焊剂提前失效，影响液态焊料的润湿性，影响金属间合金层的生成。因此，助焊剂浸润区的温度和时间控制对保证焊点质量是非常重要的。

（4）回流区（液相区）

从 183℃再到 183℃是回流区，回流区是焊料流动的液相区，因此也称液相区。有铅焊接的工艺窗口比较宽，一般为 60～90s。有一些简单的组装板，40s 就可以。

此区域是焊膏从熔化到凝固形成焊点的焊接区。回流区时间过短，会造成焊接不充分；时间过长，会形成过多的金属间化合物，并使焊端和液态焊料高温再氧化，影响焊点可靠性。

（5）峰值区

峰值区是形成金属间合金层的关键区域。

合金熔化以后，如果温度太低，液态焊料的黏度和表面张力太大，金属分子间扩散的动能很小，如焊料刚刚熔化时，扩散速度非常慢，很难在几秒内形成焊点。因此峰值温度一般设定在比合金熔点高 15.5～71℃。经多年的实践证明，Sn-Pb 合金在液相线之上 30～40℃为最佳焊接温度。63Sn-37Pb 焊膏的熔点为 183℃，峰值温度为 210～230℃左右，大约需要 7～15s。

焊接热是温度和时间的函数。温度高，时间可以短一些；温度低，时间应长一些。峰值温度低或再流时间短，会使焊接不充分，金属间合金层太薄（<0.5μm），严重时会造成焊膏不熔；峰值温度过高或再流时间长，会造成液态焊料严重氧化，合金层过厚（>4μm），影响焊点强度，严重时还会损坏元器件和印制板。从外观看，焊点发黄而且印制板会严重变色。

（6）冷却区

从峰值温度至炉子出口称为冷却区。在此区域焊料冷却、凝固，它是形成焊点的关键区域。

11.3.6 正确设置无铅再流焊温度曲线

结合图 11-26，介绍如何正确分析与优化无铅再流焊温度曲线。

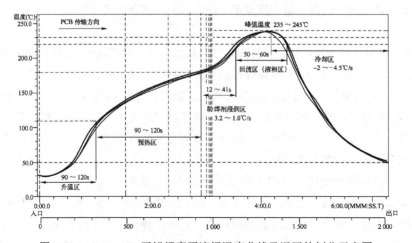

图 11-26 Sn-Ag-Cu 无铅焊膏再流焊温度曲线及温区的划分示意图

1. 升温区和预热区

升温区从室温 25℃升到 110℃需要 90～120s，预热区从 110～180℃需要 90～120s，多层板、大尺寸板及有大热容量元器件的复杂印制电路板，为了使整个 PCB 温度均匀，减小 PCB 及大小元器件的温差ΔT，无铅焊接需要缓慢升温和充分预热。

实际再流焊中，在同一块 PCB 上，特别是大尺寸、复杂的多层板，由于不同位置铜的分布面积不同，不同位置上元器件的大小、元器件的密集程度不同，因此 PCB 表面的温度是不均匀的。再流焊时如果 PCB 某处最小峰值温度为 235℃，最大峰值温度取决于板面的温差ΔT，它取决于板的尺寸、厚度、层数、元器件布局、Cu 的分布及元器件的尺寸和热容量。拥有大而复杂器件（如 CBGA、CCGA 等）的大、厚印制板，典型ΔT高达 20～25℃。因此，缓慢升温和充分预热能够减少 PCB 表面的ΔT。

2. 助焊剂浸润区（快速升温区）

此阶段的作用是清理焊件的被焊界面，将界面的氧化膜及附着的污物清除干净。

从 180℃升到 217℃，升温 37℃，只允许在 12～41s 之间完成，升温速率为 0.8～1.1℃/s，无铅焊接要求助焊剂浸润区的升温速率比有铅高 30%以上。由于 Sn-Ag-Cu 比 63Sn/37Pb 的熔点高 34℃，另外温度越高升温越困难，如果升温速率提不上去，长时间处在高温下会使焊膏中的助焊剂提前结束活化反应，严重时会使 PCB 焊盘、元器件引脚和焊膏中的焊料合金在高温下重新氧化而造成焊接不良。从润湿理论和钎焊机理中可以看出，钎焊焊接只能在清洁的金属表面进行，金属表面的氧化层会阻碍浸润和扩散。助焊剂浸润区对扩散、溶解形成良好结合层是极其重要的。

助焊剂浸润区的温度和时间是根据焊膏中助焊剂的活化温度来确定的。在助焊剂浸润区要求助焊剂在完成对焊件（焊盘和元器件焊端）金属表面氧化层清洗的前提下，还要保持足够的活性，使助焊剂对熔融的焊料产生去氧化、降低黏度和表面张力、增加流动性、提高浸润性，使钎料熔化时就能迅速铺展开等作用。从这一点考虑，也要求助焊剂浸润区有更高的升温斜率。

总之，无论有铅焊接还是无铅焊接，都要求助焊剂的活性温度范围覆盖整个钎焊温度。其次是助焊剂与钎料的流动、铺展进程要协调，使钎料的熔化与助焊剂的活性高潮保持同步。一般要求助焊剂的熔化（活性化）温度在焊料合金熔点前 5～6s。由于无铅合金的熔点高，因此必须专门配置耐高温的、适合无铅合金的助焊剂；同样，设置无铅焊接温度曲线时，必须考虑助焊剂的活性温度范围。

3. 回流区

从 Sn-Ag-Cu 焊料熔融温度 217℃到焊料凝固温度 217℃为回流区，即流动的液相区，液相区的时间要控制在 50～60s 以内，峰值温度为 235～245℃。峰值区是扩散、溶解、冶金结合形成良好焊点的关键区域。

设置峰值温度和液相时间要考虑金属间化合物（IMC）的厚度，IMC 的增长与峰值温度和液相时间（TAL）成正比。峰值温度越高，IMC 生长速度越快；液相区时间越长，IMC 越多。由于无铅焊接温度高，IMC 的生长速度比 Sn-Pb 焊接快，为了控制 IMC 不要太多，应尽量采用低峰值温度、峰值时间和最短的液相时间，这一点是极其重要的。

设置峰值温度和液相时间还要考虑 PCB 和元器件的耐温极限。由于 FR-4 基材 PCB 的极限温度为 240～245℃，有些有铅元器件的极限温度也是 240℃，因此无铅焊接时只允许有 5～10℃的波动范围，工艺窗口非常窄。如果 PCB 表面温度是均匀的，那么实际工艺允许有 5～10℃ 的误差。假若 PCB 表面温度差 $\Delta T > 5℃$，那么 PCB 某处已超过 FR-4 基材，以及某些元器件的极限温度 240℃，会损坏 PCB 和元器件。这个例子仅仅适合简单产品。对于有大热容量的复杂产品，可能需要 260℃ 才能焊好。因此 FR-4 基材 PCB 及某些元器件就不能满足无铅的高温要求了。

4．冷却区

从峰值温度至再流焊炉出口称为冷却区。在此区域焊料冷却、凝固，形成焊点。

研究表明，冷却速率对焊点的质量有很大影响。冷却速率决定焊点的结晶形态、内部组织，会影响焊点微结构的形成，进而影响焊点的可靠性。冷却速率还对焊点外观有一定的影响，尤其对于非共晶系无铅钎料，影响更为明显。

对于焊点来说，快速冷却凝固时形成的结晶颗粒最小，结构最致密，有利于提高焊点强度；快速冷却有利于非共晶系无铅钎料在凝固过程中减少塑性时间范围；提高冷却速率还有利于降低组装板移出再流焊炉出口的温度；缩短组装板处在高温下的时间也有利于减少对热敏元器件的伤害。因此，选择冷却速率高和冷却区长的设备有利于保证焊接质量和保护操作人员。一般要求 PCB 在出口处的温度低于 60℃。

11.3.7　三种典型的无铅温度曲线

1．适用于简单产品的三角形温度曲线

对于简单产品，由于 PCB 相对容易加热、元器件与印制板材料的温度比较接近，PCB 表面温差 ΔT 较小，因此可以使用三角形温度曲线，如图 11-27 所示。

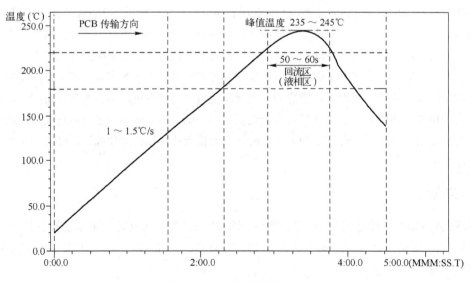

图 11-27　三角形温度曲线

当焊膏有适当配方时，三角形温度曲线将得到更光亮的焊点。但助焊剂活化时间和温度必须适应无铅焊膏的较高熔化温度。三角形曲线的升温速度是整体控制的，一般为 1～1.5℃/s，与传统的升温-保温-峰值曲线比较，能量成本较低。一般不推荐这种曲线。

2．推荐的升温-保温-峰值温度曲线

升温-保温-峰值温度曲线又称帐篷形曲线。图 11-28 是推荐的升温-保温-峰值温度曲线，其中曲线 1 是 Sn-37Pb 焊膏的温度曲线，曲线 2 是无铅 Sn-Ag-Cu 焊膏的温度曲线。从图中看出，元器件和传统 FR-4 印制板的极限温度为 245℃，无铅焊接的工艺窗口比 Sn-37Pb 窄得多。因此无铅焊接更需要通过缓慢升温、充分预热 PCB、降低 PCB 表面温差ΔT，使 PCB 表面温度均匀，从而实现较低的峰值温度（235～245℃），避免损坏元器件和 FR-4 基材 PCB。升温-保温-峰值温度曲线的要求如下。

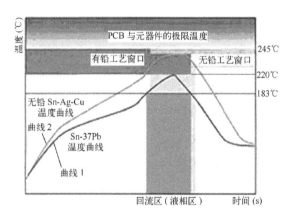

图 11-28　升温-保温-峰值温度曲线

- 升温速度应限制到 0.5～1℃/s 或 4℃/s 以下，取决于焊膏和元器件。
- 焊膏中助焊剂成分的配方应该符合曲线，保温温度过高会损坏焊膏的性能。
- 第二个温度上升斜率在峰值区入口，典型的斜率为 3℃/s。
- 液相线以上时间要求 50～60s，峰值温度 235～245℃。
- 冷却区，为了防止焊点结晶颗粒长大，防止产生偏析，要求焊点快速降温，但还应特别注意减小应力。例如，陶瓷片状电容的最大冷却速度为-2～-4℃/s。

3．低峰值温度曲线

所谓低峰值温度曲线，就是首先通过缓慢升温和充分预热，降低 PCB 表面温差ΔT；在回流区，大元器件和大热容量位置一般都滞后小元器件到达峰值温度。图 11-29 是低峰值温度（230～240℃）曲线示意图。图中，实线为小元器件的温度曲线，虚线为大元器件的温度曲线。当小元器件到达峰值温度时保持低峰值温度、较宽峰值时间，让小元器件等候大元器件；等大元器件也到达峰值温度并保持几秒钟，然后再降温。通过这种措施可预防损坏元器件。

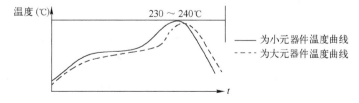

图 11-29　低峰值温度（230～240℃）曲线示意图

低峰值温度（230～240℃）接近 Sn-37Pb 的峰值温度，因此损坏元器件风险小，能耗少；但对 PCB 的布局、热设计、再流焊工艺曲线的调整、工艺控制，以及对设备横向温度均匀性等要求比较高。低峰值温度曲线不是对所有产品都适用，实际生产中一定要根据 PCB、元器件、焊膏等的具体情况设置温度曲线，复杂的板可能需要 260℃。

焊接过程中涉及润湿、黏度、毛细管现象、热传导、扩散、溶解等物理反应，助焊剂分解、氧化、还原等化学反应，还涉及冶金学、合金层、金相、老化等，是很复杂的过程。在 SMT 工艺中，必须运用焊接理论正确设置再流焊温度曲线。同时还要掌握正确的工艺方法，并通过工艺控制，尽量使 SMT 实现通过印刷焊膏、贴装元器件、最后从再流焊炉出来的 SMA 合格率实现零（无）缺陷或接近零缺陷的再流焊质量，同时还要求所有的焊点达到一定的机械强度，只有这样的产品才能实现高质量、高可靠性。

11.4 双面再流焊工艺控制

11.4.1 双面再流焊的工艺实现方法

双面再流焊大致有 4 种方法：用贴片胶粘；应用不同熔点的焊锡合金；第二次再流焊时将炉子底部温度调低，并吹冷风；双面采用相同温度曲线。下面分别介绍这 4 种方法。

1. 用贴片胶粘

这种方法是用贴片胶粘住辅面（或称 B 面）元器件，工艺流程如图 11-30 所示。

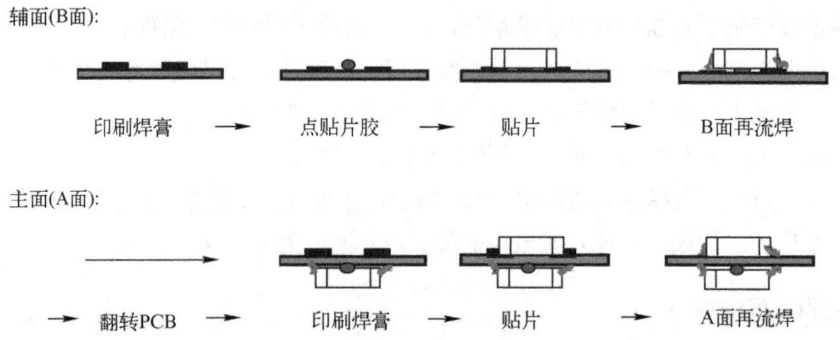

图 11-30 用贴片胶粘的双面再流焊工艺流程

这种方法由于元器件在第一次再流焊时已经被固定在 PCB 上，因此当它被翻过来进行二次再流焊时不会掉落。此方法很常用，但工艺复杂，同时需要额外的设备和操作步骤，增加了成本。

2. 应用不同熔点的焊锡合金

这种方法是辅面第一次再流焊采用较高熔点合金，主面第二次再流焊采用较低熔点合金。

这种方法的问题是高熔点的合金势必要提高再流焊的温度，因此可能会对元器件与 PCB 本身造成损伤。低熔点合金可能受到最终产品工作温度的限制，也会影响产品可靠性。

3. 第二次再流焊时将炉子底部温度调低并吹冷风

这种方法是通过降低第二次再流焊时炉子底部温度，使 PCB 底部焊点温度低于二次再流焊的熔点，使二次再流焊时 PCB 底部焊点不至于熔化。采用这种方法对设备有一定的要求，要求炉子底部具备吹冷风的功能。但是由于上、下面温差产生内应力，也会影响可靠性。

实际上很难将 PCB 上、下面拉开 30℃以上的温差，因其可能会引起二次熔融不充分，造成焊点质量变差。最严重时，经过二次再流焊的焊点被拉长，破坏焊点界面结合层的结构。

4．双面采用相同温度曲线

这种方法是目前应用最多的双面再流焊工艺。对于大多数小元器件，由于熔融焊点的表面张力足以抓住底部元器件，二次熔融后完全可以形成可靠的焊点。其工艺控制如下。

① 要求 PCB 设计将大元器件布放在主（A）面，小元器件布放在辅（B）面。设计时遵循原则为

$$D_g/P<30g/in^2 \tag{11-11}$$

式中，D_g 为元器件质量；P 为该元器件焊盘总面积。

② 不符合以上原则的大而重的元器件，用胶粘住。

③ 先焊 B 面，后焊 A 面。

11.4.2　双面贴装 BGA 器件工艺

双面贴装 BGA 器件工艺一般情况是没有问题的。因为虽然 BGA 器件封装体比较大，但 BGA 器件的焊盘面积也较大，通常能够满足式（11-11）的要求。

双面贴装 BGA 器件工艺的 PCB 设计应尽量满足以下要求。

① PCB 设计应将大 BGA 器件布放在主（A）面，小 BGA 器件布放在辅（B）面。

② 双面都有大尺寸 BGA 器件时，尽量交叉排布。辅面大 BGA 器件也要满足式（11-11）的要求。

③ 双面都有大 BGA 器件时，应缓慢升温，尽量减小 PCB 表面的 ΔT。

11.5　通孔插装元器件再流焊工艺

通孔插装元器件再流焊工艺（Pin-In-Hole Reflow，PIHR），是把引脚插入填满焊膏的插装孔中，并使用再流焊的工艺方法，可实现对通孔插装元器件（THC）和表面组装元器件（SMC/SMD）同时进行再流焊。相对于传统工艺，它在经济性、先进性上都有很大的优势。PIHR 工艺是电子组装中的一项革新，可以替代波峰焊、选择性波峰焊、自动焊接机器人、手工焊。

11.5.1　通孔插装元器件再流焊工艺的优点及应用

1．通孔插装元器件再流焊与波峰焊相比的优点

① 可靠性高，焊接质量好，每百万个的不良比率（DPPM）可低于 20。

② 虚焊、桥接等焊接缺陷少，修板的工作量减少。

③ PCB 板面干净，外观明显比波峰焊好。

④ 简化了工序。由于省去了点贴片胶、波峰焊、清洗工序，同一产品中使用的材料和设备越少越容易管理。而且再流焊炉的操作比波峰焊机的操作简便得多，无锡渣的问题，劳动强度低。

⑤ 降低成本，增加效益。免去了波峰焊机，节省了大量焊料，减少操作人员。

2．用再流焊替代波峰焊可以完成的混装方式

（1）单面混装（a）

A面（主面）印 SMC/SMD 焊膏→贴装 SMC/SMD→再流焊 1→翻转 PCB→在 B 面（辅面）模板印刷焊膏→A 面插装 THC→再流焊 2，如图 11-31 所示。

（2）单面混装（b）

B 面印 SMC/SMD 焊膏→贴装 SMC/SMD→再流焊 1→管状印刷机印刷或点膏机在 B 面施加 THC 焊膏→翻转 PCB→A 面插装 THC→再流焊 2，如图 11-32 所示。

简单的组装板，可以采用 SMC/SMD 与 THC 同时印刷焊膏，先贴，后插，然后同时回流。

（3）双面混装

B 面印焊膏→B 面贴装 SMC/SMD→再流焊 1→翻转 PCB→A 面印 SMC/SMD 焊膏→贴装 A 面 SMC/SMD→再流焊 2→管状印刷机印刷或点膏机在 B 面施加 THC 焊膏→翻转 PCB→A 面插装 THC→再流焊 3，如图 11-33 所示。

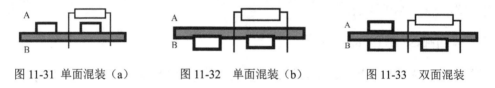

图 11-31　单面混装（a）　　　　图 11-32　单面混装（b）　　　　图 11-33　双面混装

3．SMT 混装时采用再流焊替代波峰焊工艺的适用范围

① 大部分 SMC/SMD，少量 THC 的产品，特别是一些通孔连接器的场合。

② THC 的外包封材料要求能经受再流焊炉的热冲击，如线圈、接插件、屏蔽等。

③ 如果产品上有个别不能经受再流焊炉热冲击的元器件，可以采用后附手工焊的方法解决。

11.5.2　通孔插装元器件再流焊工艺对元器件的要求

图 11-34　可用于通孔插装
元器件再流焊的连接器

通孔插装元器件再流焊工艺要求通孔插装元器件的封装体能耐受回流炉的高温和时间的考验，图 11-34 是可用于通孔插装元器件再流焊的连接器。另外，对引脚的成形也有一定的要求。具体要求如下。

① 元器件封装体能耐受的温度和时间：>230℃/65s（锡铅工艺）；>260℃/65s（无铅工艺）。

② 元器件的引脚长度应和板厚相当，插装后使其有一个正方形或 U 形截面（长方形为好）。

③ 如果有铝电解电容、塑封元器件，应采用后附手工焊的方法解决。

11.5.3　通孔插装元器件焊膏量的计算

图 11-35 是 THC 理想的固态金属焊点示意图。从图中可以看出，理想的固态金属焊点要求固态金属完全覆盖（润湿）焊接面（底面）和元件面（顶面）的焊盘，形成半月形的焊点，同时要求固态金属 100%填充插装孔。根据经验，

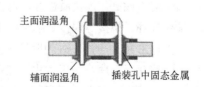

图 11-35　THC 理想的固态金属焊点示意图

需要的焊膏量大约是 SMC/SMD 的 3～4 倍。

由于不同的焊料合金组分、引脚条件、回流特点等因素的变化，很难准确地计算焊接润湿角的形状和体积，因此可以采用较简易的近似方法来确定固态焊点的体积。

理想固态金属焊点体积=焊接面和元件面润湿角固态金属体积+插装孔中固态金属体积

插装孔中固态金属体积=电镀后的通孔总体积−元器件引脚的体积

当计算出焊点的固态金属体积后，再计算所需焊膏的体积，这是合金类型、流量密度及焊膏中金属质量百分比的函数。

由于印刷用焊膏中焊料合金只占大约 50%的体积，另外 50%的体积是助焊剂、溶剂和其他添加剂，它们在焊接温度下会挥发、消失在空气中。所以，理想的焊膏体积≈固态金属体积×2。

如果采用点胶机滴涂焊膏工艺，焊料合金与助焊剂的体积比更低，焊膏的体积还需增加，大约是：理想的焊膏体积=固态金属体积×2.5。因此，采用点焊膏工艺时，也要掌握好适当的焊膏量。

根据以上分析，通孔插装元器件的焊膏印刷量可以用下面的简易计算方法进行计算：

$$通孔中的焊膏量=(V_{pth}-V_{pin})×2 \qquad (11\text{-}12)$$

式中，2 为补偿焊膏在再流焊中的收缩因子；V_{pth} 为通孔圆柱体的体积，$=\pi R^2 h$（R 为通孔圆柱体的半径）；V_{pin} 为引脚圆柱体的体积，$=\pi r^2 h$（r 为引脚圆柱体的半径）；h 为 PCB 的厚度。

PCB 上、下表面焊盘的焊膏量也可根据焊盘尺寸采用较简易的近似方法来计算。

11.5.4　通孔插装元器件的模板设计

模板的设计方法和要求如下。

（1）模板厚度

必须仔细考虑模板厚度，一般使用 0.15～0.20mm 的厚度。

（2）开孔形状

建议开孔设计成方形开口，因为方形开口的焊膏漏印量比圆形开口大。

例如计算：长、宽、高均为 1mm 的正方体与直径和高度均为 1mm 的圆柱体的体积，因为正方体的体积=长×宽×高，圆柱体的体积=$\pi R^2 h$，计算结果为：正方体的体积=1mm³，圆柱体的体积≈0.785mm³，正方体的体积比圆柱体的体积大，如图 11-36 所示。

对于 PCB 上特别大的开孔，应使用"分解饼形"，将圆形区域分割成 4 个部分，避免印刷时刮刀嵌入开口中，造成印刷量减少，如图 11-37 所示。

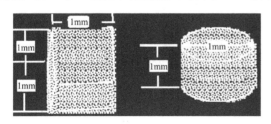

图 11-36　正方体的体积比圆柱体的体积大

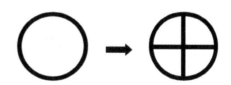

图 11-37　特大孔的模板开口设计

（3）开孔尺寸

为了使焊膏很好地充填 PCB 通孔，模板开孔尺寸应比焊盘放大一些。

放大的量要根据对 THC 焊膏量的精确计算来确定。需要通过反复试验，可以绘制出涂覆焊料体积和 PCB 通孔充填程度之间的关系曲线。由于模板开孔尺寸比焊盘大，部分焊膏将涂在阻焊层上，故还需要通过试验确认再流焊后不会出现锡珠。

（4）印锡间距

一般，相邻开口之间大致需要有 0.2mm 间隙。

焊膏加热时，黏度随温度的升高而降低，焊膏图形有坍塌或溢散的趋势，因此相邻的开口之间需要适当的间隙，回流时可避免最热点从相邻焊盘吸收焊料，导致相邻焊盘锡量不足。一般，相邻开口之间大致需要有 0.2mm 间隙，需要进行反复试验后确定最佳的相邻焊盘印锡间距设计。

（5）刮刀的印刷方向

设计模板时，要考虑刮刀的印刷方向。对于较小直径引脚尤为重要，刮印方向与两列开孔垂直，会造成焊膏充填不足、一致性差；刮印方向与两列开孔平行，焊膏充填量充足并且一致性好。

11.5.5　施加焊膏工艺

有 4 种施加焊膏的工艺方法：点膏机滴涂/喷印机喷印、管状印刷机印刷、模板印刷、印刷或滴涂后加焊料预制片。

1. 点膏机滴涂/喷印机喷印

点膏机滴涂/喷印机喷印工艺过程：滴涂（喷印）焊膏→插装通孔插装元器件→再流焊，如图 11-38 所示。

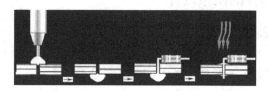

图 11-38　点膏机滴涂/喷印机喷印工艺示意图

需要注意的问题：

① 点膏的焊膏黏度应比印刷的低一些；

② 滴涂/喷印的焊膏量应比印刷的多一些；

③ 点膏工艺要通过针孔直径的选择、时间、压力、温度等的控制来保证焊膏量的一致性，喷印工艺通过设备程序控制焊膏量。

2. 管状印刷机印刷

双面混装时，因为在元件面已经有焊接好的 SMC/SMD，因此不能用平面模板印刷焊膏，需要用特殊的立体式管状印刷机，如图 11-39 所示。

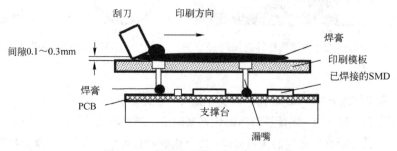

图 11-39　管状印刷机印刷原理示意图

管状印刷机使用的焊膏要求流动性好，黏度要求比印刷用的焊膏低一些，大约为 240Pa·s±30Pa·s。

图 11-39 中：

印刷模板——厚度为 3mm，主要由铝板及许多漏嘴组成，要求平面度好，无变形。

漏嘴——漏嘴的作用是使焊膏通过其漏到线路板上。漏嘴的数量与元器件脚的数量相同；漏嘴的位置与元器件脚的位置相对应；漏嘴的尺寸可以选择，漏嘴太大引起焊膏过多而短路，太小引起焊膏过少而少锡；漏嘴下端与 PCB 之间的间距为 0.3mm，目的是保证焊膏可以容易地漏印在 PCB 上。

刮刀——采用不锈钢材料，无特别要求。刮刀与模板之间间距为 0.1～0.3mm，角度为 9°。

印刷速度：在机器设置完成后，印刷速度可调节，印刷速度对焊膏的漏印量有较大的影响。

3．模板印刷

模板印刷有 3 种方法：单面一次印刷；台阶式模板，单面一次印刷；套印，单面二次印刷。

（1）单面一次印刷

SMC/SMD 与 THC 同时印刷，一次完成，适用于简单的单面板。

此方法的模板厚度优先考虑适合板上的 SMC/SMD。通孔插装元器件需要扩大开口，因此一部分焊膏量被印进通孔中，其余印在 PCB 表面。这样做虽然简便，但是很容易造成锡量不足，如图 11-40 所示。

为了增加焊膏量，可以采取双向印刷、增加通孔直径、减小焊膏黏度、减小刮刀角度等措施。

① 增加焊膏量措施 1：双向印刷，如图 11-41 所示。这种方法是往返印刷两次。

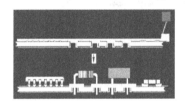　　　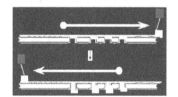

图 11-40　单面一次印刷示意图　　　　　　图 11-41　双向印刷示意图

② 增加焊膏量措施 2：增加通孔的开口直径，如图 11-42 所示。

③ 增加焊膏量措施 3：减小焊膏黏度，如图 11-43 所示。

图 11-42　增加通孔的开口直径示意图　　　图 11-43　减小焊膏黏度示意图

④ 增加焊膏量措施 4：减小刮刀角度，如图 11-44 所示。

（2）台阶式模板，单面一次印刷

台阶式模板如图 11-45 所示。是通过对 SMC/SMD 处钢板减薄工艺实现的，其中较厚的区域专为通孔插装元器件设计。这种方法焊膏量控制比较精确，成本较低，应使用橡胶刮刀。

（3）套印，单面二次印刷

需要两块模板，分两次印刷。一块薄模板是印刷 SMC/SMD 用的，一块厚模板是印刷通孔插装元器件（THC）用的。二次印刷的模板加工时需要将 SMC/SMD 焊膏图形处的模板底部减薄（掏空），不开口，作为掩模用，只对 THC 的焊盘开出窗口，如图 11-46 所示。

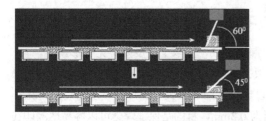

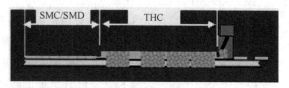

图 11-44　减小刮刀角度示意图　　　　　　　图 11-45　台阶式模板示意图

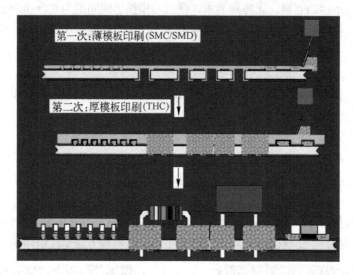

图 11-46　套印工艺示意图

　　套印工艺必须使用两台排成一列的模板印刷机。第一台印刷机用薄模板，将焊膏印刷在 SMC/SMD 焊盘上；第二台印刷机用厚模板，只对 THC 焊盘印刷，由于 SMC/SMD 的焊膏图形处有掩模，因此不影响前次印好的焊膏图形。套印的工艺方法比较复杂，但能够精确控制焊膏量。

4. 预置焊料预制片法

　　焊料预制片是 100%焊料合金冲压出来的，如同片式元器件一样进行编带包装，如图 11-47 所示，可使用贴装机进行高速取/放。预成形焊片是提供所需焊料体积的另一种方法。

（a）垫圈形焊料预制片　　　　　　（b）矩形焊料预制片卷带

图 11-47　焊料预制片

　　焊料预制片的应用与优点：当 THC 端子（针）很多时，如果增加模板厚度会影响印刷质量；增大开口尺寸会引起焊膏粘连，导致产生大量锡珠。采用先印刷或滴涂焊膏后，再在焊膏图形旁边（末端）增加焊料预制片。由于预制片是 100%焊料合金，不会增加助焊剂的量。因此既增加了合金量，又避免焊膏粘连。焊料预制片有以下几种放置方法。

① 加工适当的吸嘴，用贴装机贴装在通孔插装元器件的焊盘上。此方法先在通孔焊盘上印刷焊膏，然后如同贴装片式元器件一样，用贴装机拾/放矩形焊料预制片，如图 11-48 所示。

② 通过模具将垫圈形焊料预制片预先套在引脚上。这种方法需要根据垫圈形焊料预制片的外径、内径和厚度，加工一个与连接器引脚（针）相匹配的矩阵模具，如图 11-49 所示。

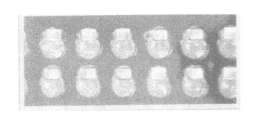

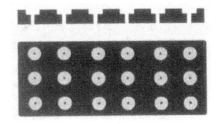

图 11-48　焊料预制片放置在通孔焊盘末端的焊膏上　　　图 11-49　与连接器引脚（针）相匹配的矩阵模具

放置焊料预制片的过程：先将预制片撒在模具上振动，筛入模具的每个钻孔内，并将多余的预制片清除掉；再将连接器的引脚压入模具孔中；最后拔出连接器，拔出连接器时由于焊片比较软，模具中的预制片便分别套在每个引脚上，如图 11-50 所示；然后，再插装元器件和再流焊。

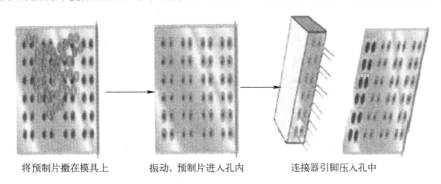

将预制片撒在模具上　　　　　振动，预制片进入孔内　　　　　连接器引脚压入孔中

图 11-50　通过模具将垫圈形焊料预制片预先套在引脚上

11.5.6　插装工艺

目前大多采用人工插装通孔插装元器件。插装时使用辅助定位夹具有助于元器件对位；也可采用特殊的、为每种通孔插装元器件专门设计的吸嘴，在贴装机上自动插装通孔插装元器件。插装元器件的要求如下。

① 必须采用短插，元器件的引脚不能过长。长引脚也会吸收焊膏量，一般控制在 1.5mm以下。

② 控制元器件插装高度，封装体距 PCB 板面的距离约 0.5mm。元器件的外壳不能和焊膏接触。

③ 紧固件不能有太大的咬接力，因为贴装设备通常只支持 10～20N 的压接力。

11.5.7　再流焊工艺

通孔插装元器件再流焊，当达到焊料的熔点温度时，通常在引脚底部（针尖）处的焊料熔化并浸润引脚，由于毛细作用，使液体焊料填满通孔。通孔插装元器件再流焊要保证焊点处的最佳热流。

（1）通孔插装元器件再流焊工艺控制

由于通孔插装元器件的元器件体在 PCB 的顶面，为了预防损坏元器件，要求顶面温度不能太高；通孔插装元器件的主焊点在 PCB 的底部，要求底部温度高一些。焊料液相线之上的时间应该足够长，从而使助焊剂从通孔中挥发，因此通孔插装元器件再流焊比标准再流焊的温度曲线长一些。

（2）专用设备"点焊回流炉"工艺介绍

下面以 SONY 公司 MSR-M201 再流焊炉（见图 11-51）为例，介绍 "点焊回流炉"工艺。

（a）点焊炉回流区　　　　　　（b）回流模板　　　　　　（c）热风喷嘴

图 11-51　日本 SONY 公司 MSR-M201 再流焊炉

该设备共有 4 个温区：2 个预热区，1 个回流区，1 个冷却区。只有下部才有加热区，上方没有加热区，这样的设计可以最大限度减少温度对元器件封装体的损坏。两个预热区和一个回流区的温度可以独立控制，回流区有特制的回流模板（治具）配合使用。冷却区为风冷。

回流模板是根据每一种产品（组装板）专门设计的，安装在回流区底部主加热器上方。每个引脚相应位置都安装一个热风喷嘴，再流焊时热风气流通过喷嘴直接吹到每个引脚上。

点焊回流炉工艺过程和原理（见图 11-52）：PCB 经过印刷焊膏、贴片，传送到回流炉传送带上；经过两个预热区，使 PCB 充分预热到 140℃。进入回流区，恰好停留在回流模板上方，每个喷嘴对准相应的引脚，喷嘴上端与 PCB 之间的间距为 3mm。在回流区可设置停留时间，根据不同产品组装密度等情况，一般需要停留 20～30s。在回流区，通孔中焊膏熔化，经过润湿、扩散，在焊料合金与引脚和焊盘之间形成结合层。进入冷却区，冷却、凝固，形成焊点。

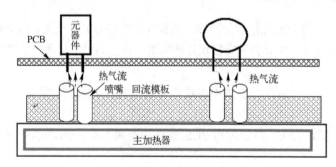

图 11-52　点焊回流炉工艺过程和原理

CD、DVD 等产品使用含 Bi 焊膏 46Sn-46Pb-8Bi。熔点 178℃，比 Sn-37Pb 低 5℃，目的是降低回流温度，避免 SMC/SMD 再熔而跌落。SMT 采用 Sn-37Pb。含 Bi 焊膏的成分及主要参数见表 11-3。

表 11-3　含 Bi 焊膏的成分及主要参数

金属组成部分	Sn: 46%±1%	Bi: 8%±1%	Pb: 剩余部分
松香含量（质量）	9.5%±0.5%		
黏度	240%±30Pa·s		
粉末尺寸	25μm 以下，<10%	25～50μm，>89%	50μm 以上，<1%
熔点	163℃固相线，178℃液相线		

11.6　常见再流焊焊接缺陷、原因分析及预防和解决措施

再流焊质量除了与温度曲线有直接关系以外，还与生产线设备条件、PCB 焊盘和可生产性设计、元器件可焊性、焊膏质量、印制电路板的加工质量等都有密切的关系。

11.6.1　再流焊中与焊接缺陷产生相关的工艺特点

1. 有"再流动"与自定位效应

由于焊膏是触变流体，可以通过印刷施加焊膏、贴片，把元器件临时固定在焊盘的位置上。再流焊时，当焊膏中的合金熔融后呈液态，焊膏"再流动"一次。由于元器件很轻，漂浮在焊料液面上，原来的贴装位置会发生移动。

如果焊盘设计正确（焊盘位置尺寸对称，焊盘间距恰当），元器件端头与印制板焊盘的可焊性良好，当元器件的全部焊端与相应焊盘同时被熔融焊料润湿时，就会产生自定位效应（Self Alignment）。自定位效应是 SMT 再流焊工艺最大的特性。

2. 每个焊点的焊料成分与焊料量是固定的

再流焊工艺中，焊料是预先分配到印制板焊盘上的，每个焊点的焊料成分与焊料量是固定的，因此再流焊质量与工艺的关系极大。特别是印刷焊膏和再流焊工序，严格控制这些关键工序就能避免或减少焊接缺陷的产生。

11.6.2　影响再流焊质量的原因分析

影响再流焊质量的因素很多，主要有 PCB 焊盘设计，焊膏质量，元器件焊端和引脚、印制电路基板的焊盘质量，焊膏印刷质量，贴装精度，再流焊温度曲线，再流焊设备的质量等。

1. PCB 焊盘设计

SMT 的组装质量与 PCB 焊盘设计有直接的、十分重要的关系。

元器件尺寸越小、质量越小，由于自定位效应越强，因此对焊盘结构、尺寸设计要求更严格。具体要求详见第 5 章 5.4 节 5.的内容。

无论哪一种封装形式的表面贴装元器件，其焊盘结构（尺寸、间距等）设计一定要保证焊后能够形成主焊点的位置，同时还要满足印刷、贴装工艺要求。如果违反设计要求，再流焊时会产生焊接缺陷，而且 PCB 焊盘设计问题在生产工艺中是很难甚至无法解决的。

2. 焊膏的性能、质量及焊膏的正确使用

焊膏中，合金与助焊剂的配比、颗粒度及分布、合金的氧化度，助焊剂和添加剂的性能，焊膏的黏度、可焊性、焊接强度、触变性、塌落度、黏结性、腐蚀性，焊膏的工作寿命和储存期限等都会影响再流焊质量。详见第 3 章 3.4.4 节。

例如：合金与助焊剂的配比、颗粒度及分布直接影响焊膏的黏度和触变性。如果焊膏黏度过低，印刷后焊膏图形会塌陷，甚至造成粘连，再流焊时也会形成焊锡球、桥接等焊接缺陷；如果合金微粉含量高，再流焊升温时微粉随着溶剂、气体蒸发而飞溅，形成焊锡球；如果焊膏黏结力达不到要求，会影响焊膏的漏印量，焊膏量过少会造成漏焊、虚焊，黏结力达不到要求还会造成元器件移位、立碑等缺陷。总之，焊膏的性能、质量直接影响再流焊的质量。

另外，焊膏使用不当，例如，从低温柜取出焊膏直接使用，由于焊膏的温度比室温低，产生水汽凝结，在高温下水汽会使金属粉末氧化，飞溅形成焊锡球，还会产生润湿不良等问题。

3. 元器件焊端和引脚、印制电路基板的焊盘质量

当元器件焊端和引脚、印制电路基板的焊盘氧化或污染，或印制板受潮等情况下，再流焊时会产生润湿不良、虚焊，焊锡球、空洞等焊接缺陷。

4. 焊膏印刷质量

据资料统计，在 PCB 设计正确、元器件和印制板质量有保证的前提下，表面组装的质量问题中有 70%出在印刷工艺。印刷位置正确与否（印刷精度）、焊膏量的多少、焊膏量是否均匀、焊膏图形是否清晰、有无粘连、印制板表面是否被焊膏沾污等都直接影响表面组装板的焊接质量。

影响印刷质量的因素很多。详见第 8 章 8.6 节和 8.7 节。

5. 贴装元器件

保证贴装质量的三要素是元器件正确、位置准确、压力（贴装高度）合适，详见第 10 章 10.1 节。

6. 再流焊温度曲线

温度曲线是保证焊接质量的关键。掌握正确的焊接方法和焊接工艺，设置正确的温度曲线是生成高质量、高机械强度焊点的首要条件。

7. 再流焊设备的质量

再流焊质量与设备有着十分密切的关系。影响再流焊质量的主要参数如下。

① 温度控制精度应达到±（0.1～0.2）℃，温度传感器的灵敏度要满足要求。

② 温度分布的均匀性，无铅要求传输带横向温差≤±2℃，否则很难保证整板的焊接质量。

③ 加热区长度。加热区长度越长、加热区数量越多，越容易调整和控制温度曲线。

④ 传送带运行要平稳，传送带振动会造成移位、立碑、冷焊等焊接缺陷。

⑤ 加热效率会影响温度曲线的调整和控制。加热效率与设备结构、空气流动设计等有关。

⑥ 是否配备氮气保护系统，氮气保护可以减少高温氧化，提高焊点浸润性。

⑦ 应具备温度曲线测试功能，如果设备无此配置，应外购温度曲线采集器。

8. 总结

从以上分析可以看出，再流焊质量与 PCB 焊盘设计、元器件可焊性、焊膏质量、印制电路板的加工质量、生产线设备，以及 SMT 每道工序的工艺参数、操作人员的操作都有密切的关系。

同时也可以看出，PCB 设计、PCB 加工质量、元器件和焊膏质量是保证再流焊质量的基础，因为这些问题在生产工艺中是很难甚至无法解决的。因此，只要 PCB 设计正确，PCB、元器件和焊膏都是合格的，再流焊质量是可以通过印刷、贴装、再流焊每道工序的工艺来控制的。

11.6.3 SMT 再流焊中常见的焊接缺陷分析与预防对策

1. 焊盘露铜（暴露基体金属）现象

元器件引线、焊盘图形边缘暴露基体金属的现象称为焊盘露铜，如图 11-53 所示。如果焊盘露铜的面积超过焊点润湿性要求的面积，则认为是不可接受的。

焊盘露铜现象主要发生在无铅焊接二次回流的 OSP 涂覆层的焊盘上。产生焊盘露铜的主要原因是 OSP 的耐热性差，丧失了高温下保护焊盘的作用，使焊盘在高温下被氧化而不能润湿。

图 11-53　焊盘露铜

解决措施：双面回流或多次焊接工艺的 PCB 要选择耐高温的 OSP 材料；缩短两次再流焊的时间间隔；采用氮气保护焊接。

2. 焊膏熔化不完全

焊膏熔化不完全是指焊膏回流不完全，全部或局部焊点周围有未熔化的残留焊膏，如图 11-54 所示。

图 11-54　焊膏熔化不完全

焊膏熔化不完全产生的原因分析与预防对策见表 11-4。

表 11-4　焊膏熔化不完全产生的原因分析与预防对策

原 因 分 析	预 防 对 策
当表面组装板所有焊点或大部分焊点都存在焊膏熔化不完全时，说明再流焊峰值温度低或再流时间短，造成焊膏熔化不充分	调整温度曲线，峰值温度一般定在比焊膏熔点高 30～40℃，再流时间为 30～60s
当焊接大尺寸 PCB 时，横向两侧存在焊膏熔化不完全现象，说明再流焊炉横向温度不均匀。这种情况一般发生在炉体比较窄、保温不良时，因横向两侧比中间温度低所致	可适当提高峰值温度或延长再流时间。尽量将 PCB 放置在炉子中间部位进行焊接
当焊膏熔化不完全发生在表面组装板的固定位置，如大焊点、大元器件及大元器件周围，或发生在印制板背面贴装有大热容量元器件的部位时，是因为吸热过大或热传导受阻而造成的	① 双面设计时尽量将大元器件布放在 PCB 的同一面，确实排布不开时，应交错排布。② 适当提高峰值温度或延长再流时间
红外炉问题——红外炉焊接时由于深颜色吸收热量多，黑色元器件比白色焊点大约高 30～40℃左右，因此在同一块 PCB 上，由于元器件的颜色和大小不同，其温度就不同	为了使深颜色周围的焊点和大体积元器件达到焊接温度，必须提高焊接温度

原 因 分 析	预 防 对 策
焊膏质量问题——金属粉末的含氧量高，助焊剂性能差，或焊膏使用不当：如果从低温柜取出焊膏直接使用，由于焊膏的温度比室温低，产生水汽凝结，即焊膏吸收空气中的水分，搅拌后使水汽混在焊膏中，或使用回收与过期失效的焊膏	不要使用劣质焊膏，制定焊膏使用管理制度。例如，在有效期内使用，使用前一天从冰箱取出焊膏，达到室温后才能打开容器盖，防止水汽凝结；回收的焊膏不能与新焊膏混装等

3．润湿不良

润湿不良又称不润湿或半润湿。

不润湿是指焊料未润湿焊盘或元器件端头，造成元器件焊端、引脚或印制板焊盘不沾锡或局部不沾锡；或焊料覆盖焊端的面积没有满足检测标准的要求，如图 11-55（a）所示。

半润湿是这样一个状态：当熔融焊料覆盖某一表面后，又回缩留下不规则焊料团，而焊料离开的区域被一薄层焊料所覆盖，焊盘或元器件端头的金属和表面涂层并未暴露，如图 11-55（b）所示。

（a）不润湿

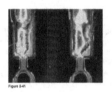  

（b）半润湿

图 11-55　润湿不良

润湿不良产生的原因分析与预防对策见表 11-5。

表 11-5　润湿不良产生的原因分析与预防对策

原 因 分 析	预 防 对 策
元器件焊端、引脚、印制电路基板的焊盘氧化或污染，或印制板受潮	元器件先到先用，不要存放在潮湿环境中，不要超过规定的使用日期。对印制板进行清洗和去潮处理
焊膏中金属粉末含氧量高，焊膏中助焊剂活性差	选择满足要求的焊膏
焊膏受潮或使用回收焊膏、使用过期失效焊膏	回到室温后使用焊膏，制定焊膏使用条例

4．焊料量不足与虚焊或断路

当焊点高度达不到规定要求时，称为焊料量不足。焊料量不足会影响焊点的机械强度和电气连接的可靠性，严重时会造成虚焊或断路（元器件端头或引脚与焊盘之间电气接触不良或没有连接上）。焊料量不足、虚焊、断路如图 11-56 所示。

图 11-56　焊料量不足、虚焊、断路

焊料量不足、虚焊、断路产生的原因分析与预防对策见表 11-6。

表 11-6　焊料量不足、虚焊、断路产生的原因分析与预防对策

原 因 分 析	预 防 对 策
整体焊膏量过少原因：①可能由于模板厚度或开口尺寸不够，或开口四壁有毛刺，或喇叭口向上，脱模时带出焊膏；②焊膏滚动（转移）性差；③刮刀压力过大，尤其橡胶刮刀过软，切入开口，带出焊膏；④印刷速度过快	①加工合格的模板，模板喇叭口应向下，增加模板厚度或扩大开口尺寸；②更换焊膏；③采用不锈钢刮刀；④调整印刷压力和速度；⑤调整基板、模板、刮刀的平行度
个别焊盘上的焊膏量过少或没有焊膏：①可能由于漏孔被焊膏堵塞或个别开口尺寸小；②导通孔设计在焊盘上，焊料从孔中流出	①清除模板漏孔中的焊膏，印刷时经常擦洗模板底面。若开口尺寸小，应扩大开口尺寸；②修改焊盘设计
器件引脚共面性差，翘起的引脚不能与其相对应的焊盘接触	运输和传递 SMD、特别是 SOP 和 QFP 的过程中不要破坏其包装，人工贴装时尽量采用吸笔，不要碰伤引脚
PCB 变形，使大尺寸 SMD 引脚不能完全与焊膏接触	①PCB 设计时要考虑长、宽和厚度的比例；②大尺寸 PCB 再流焊时应采用底部支撑

5. 立碑和移位

立碑是指两个焊端的表面贴装元器件，经过再流焊后其中一个端头离开焊盘表面，整个元器件呈斜立或直立，如石碑状，又称吊桥、墓碑现象、曼哈顿现象；移位是指元器件端头或引脚离开焊盘的错位现象。立碑和移位如图 11-57 所示。

图 11-57　立碑和移位

立碑和移位产生的原因分析与预防对策见表 11-7。

表 11-7　立碑和移位产生的原因分析与预防对策

原 因 分 析	预 防 对 策
两个焊盘尺寸大小不对称，焊盘间距过大或过小，使元器件的一个端头不能接触焊盘	按照片式元器件的焊盘设计原则进行设计，注意焊盘的对称性，焊盘间距应等于元器件的总长度减去两个电极的长度及修正系数 0.25mm±0.05mm（视元器件尺寸而定）
贴装位置偏移，或元器件厚度设置不正确或贴装头 Z 轴高度过高，贴片时元器件从高处扔下造成；或元器件的焊端没有压在焊膏上	提高贴装精度，精确调整首件贴装坐标，连续生产过程中发现位置偏移时应及时修正贴装坐标，设置正确的元器件厚度和贴装高度；小元器件贴片时采用“APC”技术，将印刷焊膏的偏移量告诉贴装机，使焊端压在焊膏上
元器件的一个焊端氧化或被污染，或元器件端头电极附着力不良；焊接时元器件端头不润湿或脱帽（端头电极脱落）	严格来料检验制度，严格进行首件焊后检验，每次更换元器件后也要检验，发现端头问题及时更换元器件
PCB 焊盘被污染（有丝网、字符、阻焊膜或氧化等）	严格来料检验制度，将问题反映给 PCB 设计人员及 PCB 加工厂。对已经加工好 PCB 的焊盘，若有丝网、字符可用小刀轻轻刮掉
两个焊盘上的焊膏量不一致（模板漏孔被焊膏堵塞或开口小）	清除模板漏孔中的焊膏，印刷时经常擦洗模板底面。若开口尺寸小，应扩大开口尺寸
贴装压力过小，元器件焊端或引脚浮在焊膏表面，焊膏粘不住元器件，在传递和再流焊时产生位置移动（元器件厚度或贴装头 Z 轴高度设置不准确）	在贴片程序中输入正确的元器件厚度和贴装头 Z 轴高度。Z 轴高度调整到使吸嘴刚好碰到元器件表面，再略微提高一点
传送带振动会造成元器件位置移动	检查传送带是否太松，可调大轴距或去掉 1～2 节链条；检查电动机是否有故障；检查入口和出口处导轨衔接高度和距离是否匹配。人工放置 PCB 时要轻拿轻放
风量过大	调整风量

6. 焊料过多、焊点桥接或短路

桥接是指元器件端头之间、元器件相邻焊点之间，焊点与邻近导线、过孔等电气上不该连接的部位被焊锡连接在一起（桥接不一定短路，但短路一定是桥接），如图11-58所示。

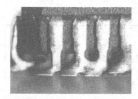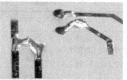

图11-58　焊料过多，焊点桥接或短路

桥接或短路产生的原因分析与预防对策见表11-8。

表11-8　桥接或短路产生的原因分析与预防对策

原 因 分 析	预 防 对 策
焊锡量过多；模板厚度与开口尺寸不恰当；模板与印制板表面不平行或有间隙	减薄模板厚度或缩小开口尺寸或改变开口形状；调整模板与印制板表面之间的距离，使之接触并平行
由于焊膏黏度过低，触变性不好，印刷后塌边，使焊膏图形粘连	选择黏度适当、触变性好的焊膏
由于印刷质量不好，使焊膏图形粘连	提高印刷精度并经常擦洗模板底面
贴装位置偏移	提高贴装精度
贴装压力过大，焊膏挤出量过多，使图形粘连	提高贴装头 Z 轴高度，减小贴装压力
由于贴装位置偏移，人工拨正后使焊膏图形粘连	提高贴装精度，减少人工拨正的频率
焊盘间距过窄	修改焊盘设计

7. 焊锡球和焊料微粒

焊锡球又称焊料球、焊锡珠，是指散布在焊点附近的微小珠状焊料。大尺寸的焊料球会破坏最小电气间隙，引起短路；焊料微粒（小锡珠）残留在免清洗残留物中、敷形涂覆层中，或散布在组装板表面都会引起可靠性问题，如图11-59所示。

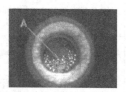

图11-59　焊锡球和焊料微粒

焊锡球和焊料微粒产生的原因分析与预防对策见表11-9。

表11-9　焊锡球和焊料微粒产生的原因分析与预防对策

原 因 分 析	预 防 对 策
焊膏本身质量问题：如金属微粉含量高，再流焊升温时金属微粉随着溶剂、气体蒸发而飞溅，若金属粉末的含氧量高，还会加剧飞溅，形成焊锡球。另外，如果焊膏黏度过低或焊膏的保形（触变）性不好，印刷后焊膏图形会塌陷，甚至造成粘连，再流焊时也会形成焊锡球	控制焊膏质量，例如，3#粉的合金颗粒直径<20μm的微粉应少于10%
元器件焊端和引脚、印制电路基板的焊盘氧化或污染，或印制板受潮，再流焊时不但会产生不润湿、虚焊，还会形成焊锡球	严格来料检验，若印制板受潮或污染，贴装前应清洗并烘干
焊膏使用不当：如果从低温柜取出焊膏直接使用，由于焊膏的温度比室温低，产生水汽凝结，即焊膏吸收空气中的水分，搅拌后使水汽混在焊膏中，再流焊升温时，水汽蒸发带出金属粉末，同时在高温下水汽会使金属粉末氧化，也会产生飞溅，形成焊锡球	在焊膏有效期内使用，使用前一天从冰箱取出焊膏，达到室温后才能打开容器盖，防止水汽凝结

原 因 分 析	预 防 对 策
温度曲线设置不当：如果升温区的升温速率过快，焊膏中的溶剂、气体蒸发剧烈，金属粉末会随溶剂蒸气飞溅，形成焊锡球；如果预热区温度过低，突然进入焊接区，也容易产生焊锡球	温度曲线与焊膏的升温斜率和峰值温度应基本一致。160℃前的升温速度控制在 1～2℃/s
焊膏量过多，贴装时焊膏挤出量多：可能由于模板厚度与开口尺寸不恰当，或模板与印制板表面不平行或有间隙	加工合格的模板；调整模板与印制板表面之间的距离，使之接触并平行
印刷工艺方面：印刷质量不好的原因很多，如刮刀压力过大、模板质量不好，印刷时会造成焊膏图形粘连，或没有及时将模板底部的残留焊膏擦干净，印刷时使焊膏沾污焊盘以外的地方，或焊膏量过多等	严格控制印刷工艺，保证印刷质量
贴装压力过大，焊膏挤出量过多，使图形粘连	提高贴装头 Z 轴高度，减小贴装压力

8. 气孔、针孔和空洞

气孔和针孔是指分布在焊点表面或内部的气孔（带有气泡）、针孔，也称空洞，如图 11-60 所示。焊点上的针孔、气泡、空洞会降低最低的电气与机械连接可靠性要求。

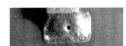

图 11-60　气孔、针孔和空洞

气孔、针孔和空洞产生的原因分析与预防对策见表 11-10。

表 11-10　气孔、针孔和空洞产生的原因分析与预防对策

原 因 分 析	预 防 对 策
焊膏中金属粉末的含氧量高或使用回收焊膏、工艺环境卫生差、混入杂质	控制焊膏质量，制定焊膏使用条例
焊膏受潮，吸收了空气中的水汽	达到室温后才能打开焊膏的容器盖，控制环境温度 20～26℃、相对湿度 40%～70%
元器件焊端、引脚、印制电路基板的焊盘氧化或污染，或印制板受潮	元器件先到先用，不要存放在潮湿环境中，不要超过规定的使用日期
升温区的升温速度过快，焊膏中的溶剂、气体蒸发不完全，进入焊接区产生气泡、针孔	160℃前的升温速度控制在 1～2℃/s
前 3 个原因都会引起焊锡熔融时焊盘、焊端局部不润湿，未润湿处的助焊剂排气及氧化物排气时会产生空洞	

9. 焊点高度接触或超过元器件体（吸料现象）

焊接时焊料向焊端或引脚跟部移动，使焊料高度接触元器件体或超过元器件体，这种现象称为吸料现象。焊点高度接触或超过元器件体如图 11-61 所示。

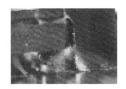

图 11-61　焊点高度接触或超过元器件体

焊点过高产生的原因分析与预防对策见表 11-11。

表 11-11　焊点过高产生的原因分析与预防对策

原　因　分　析	预　防　对　策
焊锡量过多；模板厚度与开口尺寸不恰当；模板与印制板表面不平行或有间隙	减薄模板厚度或缩小开口尺寸或改变开口形状；调整模板与印制板表面之间的距离，使之接触并平行
PCB 加工质量问题或焊盘氧化、污染（有丝网、字符、阻焊膜或氧化等），或 PCB 受潮。焊料熔融时由于 PCB 焊盘润湿不良，在表面张力的作用下，使焊料向元器件焊端或引脚上吸附（又称吸料现象）。 另一种解释为，由于引脚温度比焊盘处温度高，熔融焊料容易向高温处流动	严格来料检验制度，将问题反映给 PCB 设计人员及 PCB 加工厂；对已经加工好 PCB 的焊盘，若有丝网、字符可用小刀轻轻刮掉；若印制板受潮或污染，贴装前应清洗并烘干

10．锡丝、焊锡网与焊锡斑

锡丝是指元器件焊端之间、引脚之间、焊端或引脚与通孔之间的微细锡丝。如果许多微细锡丝、锡斑粘连在一起，称为焊锡网与焊锡斑，如图 11-62 所示。

图 11-62　锡丝、焊锡网与焊锡斑

锡丝、焊锡网与焊锡斑产生的原因分析与预防对策见表 11-12。

表 11-12　锡丝、焊锡网与焊锡斑产生的原因分析与预防对策

原　因　分　析	预　防　对　策
如果发生在片式元器件体底下，可能由于焊盘间距过小，贴片后两个焊盘上的焊膏粘连所致	扩大焊盘间距
预热温度不足，PCB 和元器件温度比较低，突然进入高温区，溅出的焊料贴在 PCB 表面而形成	调整温度曲线，提高预热温度；可适当提高一些峰值温度或加长回流时间
焊膏可焊性差；阻焊膜太光滑	更换焊膏；采用亚光阻焊膜技术

11．元器件裂纹缺损

元器件裂纹缺损是指元器件体或端头有不同程度的裂纹或缺损现象，如图 11-63 所示。

图 11-63　元器件裂纹缺损

元器件裂纹缺损产生的原因分析与预防对策见表 11-13。

表 11-13　元器件裂纹缺损产生的原因分析与预防对策

原　因　分　析	预　防　对　策
元器件本身的质量	制定元器件入厂检验制度，更换元件
贴装压力过大	提高贴装头 Z 轴高度，减小贴装压力
再流焊的预热温度或时间不够，突然进入高温区，由于激热造成热应力过大	调整温度曲线，提高预热温度或延长预热时间
峰值温度过高，焊点突然冷却，由于激冷造成热应力过大	调整温度曲线，冷却速率应<4℃/s

12．元器件端头金属镀层剥落

元器件端头金属镀层剥落是指元器件端头电极镀层不同程度剥落，露出元器件体材料陶瓷，俗称"脱帽"现象，如图 11-64 所示。端头镀层剥落超过规定的尺寸[超过元器件宽度（W）或厚度（T）的 25%；端头顶部区域金属镀层缺失超过 50%]，会影响连接可靠性。

图 11-64　元器件端头金属镀层剥落

元器件端头金属镀层剥落产生的原因分析与预防对策见表 11-14。

表 11-14　元器件端头金属镀层剥落产生的原因分析与预防对策

原 因 分 析	预 防 对 策
元器件端头电极镀层质量不合格；温度过高，时间过长	可通过元器件端头可焊性试验判断，若质量不合格，应更换元器件；调整温度曲线
元器件端头电极为单层镀层时，没有选择含银的焊膏，锡铅焊料熔融时，焊料中的铅将钯银厚膜电极中的银溶蚀掉，造成元器件端头镀层剥落，俗称"脱帽"现象	一般应选择三层金属电极的片式元器件。单层电极时，应选择含银 2%的焊膏，可防止蚀银现象

13．元器件侧立、元件面贴反

元器件侧立（见图 11-65）是指元器件侧面站立，元件面贴反（见图 11-66）是指片式电阻器的字符面向下。

图 11-65　元器件侧立　　　　　　　　　图 11-66　元件面贴反

元器件侧立、元件面贴反产生的原因分析与预防对策见表 11-15。

表 11-15　元器件侧立、元件面贴反产生的原因分析与预防对策

原 因 分 析	预 防 对 策
由于元器件厚度设置不正确或贴装头 Z 轴高度过高，贴片时元器件从高处扔下造成翻面	设置正确的元器件厚度，调整贴装高度
拾片压力过大引起供料器振动，将纸带下一个孔穴中的元器件翻面	调整贴装头 Z 轴拾片高度

14．冷焊、焊点扰动

冷焊是指焊点表面呈现焊锡紊乱痕迹，扰动是凝固时因运动造成以应力线为特征的焊点，如图 11-67 所示。

 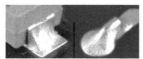 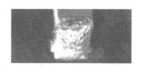

图 11-67　冷焊、焊点扰动

冷焊、焊点扰动产生的原因分析与预防对策见表 11-16。

表 11-16　冷焊、焊点扰动产生的原因分析与预防对策

原 因 分 析	预 防 对 策
由于传送带振动，冷却凝固时受到外力影响，使焊点发生扰动	检查传送带是否太松，可调大轴距或去掉 1～2 节链条；检查电机是否有故障；检查入口和出口处导轨衔接高度和距离是否匹配；人工放置 PCB 时要轻拿轻放；另外一个方法是加速冷却，使焊点迅速凝固
由于回流温度过低或回流时间过短，焊料熔融不充分	调整温度曲线，提高峰值温度或延长回流时间

15. 焊锡裂纹

焊锡裂纹是指焊锡表面或内部有裂缝，如图 11-68 所示。

图 11-68　焊锡裂纹

焊锡裂纹产生的原因分析与预防对策见表 11-17。

表 11-17　焊锡裂纹产生的原因分析与预防对策

原 因 分 析	预 防 对 策
峰值温度过高，焊点突然冷却，由于激冷造成热应力过大，产生焊锡裂纹	调整温度曲线，缓慢升温，降低冷却速度，冷却速率应 <4℃/s
焊料本身的质量问题	更换焊料

16. 爆米花现象

爆米花现象（见图 11-69）主要发生在非气密性（Non-Hermetic）元器件（或称潮湿敏感元器件）中。吸潮的元器件在再流焊过程中由于水蒸气膨胀、压力随温度升高而上升，造成元器件的内部连接或外部封装破裂，使 BGA 器件的焊盘脱落，或引脚的焊点处出现锡球飞溅等现象。

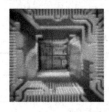  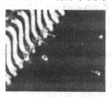

芯片基板起泡

（a）器件内部连接破裂　　（b）PBGA基板翘起、焊盘脱落　　（c）封装肿胀、有起泡　　　（d）焊点喷气现象

图 11-69　爆米花现象

爆米花现象产生的原因分析与预防对策见表 11-18。

表 11-18　爆米花现象产生的原因分析与预防对策

原 因 分 析	预 防 对 策
库存、元器件管理和使用环境湿度造成芯片受潮，再流焊时芯片内部或基板、引脚气体膨胀	加强物料管理；进行去潮处理
塑胶封装厚度与尺寸越大越容易吸潮	严格按照元器件封装防潮等级使用
回流曲线不正确，升温速度过快，峰值温度过高	缓慢升温，较低峰值温度

17. 其他

还有一些肉眼看不见的缺陷，如焊点晶粒大小、焊点内部应力、焊点内部裂纹等，这些要通过 X 光、焊点疲劳试验等手段才能检测到。这些缺陷主要与温度曲线有关。例如，冷却速度过慢，会形成大结晶颗粒，造成焊点抗疲劳性差，但冷却速度过快，又容易产生元器件体和焊点裂纹；又如，峰值温度过高或回流时间过长，又会增加共界金属化合物的产生，使焊点发脆，传统 FR-4 基板超过 240℃的时间过长，还会引起 PCB 中环氧树脂物理化学变质，影响 PCB 的性能和寿命等。

思 考 题

1. 再流焊（Reflow Soldering）的定义和工艺过程是什么？

2. 什么是"自定位效应"？再流焊的工艺要求是什么？

3. 如何正确设置每个温区的温度、风速、传送速度等工艺参数？干燥阶段（第一个升温区）升温速率过快会产生什么问题？预热阶段的作用是什么？预热结束后为什么要求有一个快速升温阶段，使迅速到达焊料熔融温度？如何正确设置峰值温度和时间？冷却速率应控制在什么范围？冷却速率过快或过慢对焊接质量有什么影响？

4. 什么是实时温度曲线？如何正确设置、测试和优化温度曲线？

5. 为什么不能完全按照焊膏的温度曲线进行再流焊？

6. 首件表面组装板焊接质量的检查方法和主要检查有哪些内容？

7. 再流焊过程中，当发生突然停电或卡板的紧急情况时，应怎样正确处理？

8. 影响再流焊质量的因素有哪些？请分析焊锡球和立碑的产生原因及预防措施。

9. 再流焊时，组装板上最冷点和最热点通常在什么位置？

10. 如何正确测试 BGA/CSP、QFN 器件实时温度曲线？

11. 双面再流焊有几种方法？目前常用的是哪一种方法？

12. 软钎焊的定义是什么？软钎焊的特点是什么？钎焊过程分为几个阶段？

13. 松香助焊剂中松香的主要成分是什么？助焊剂的作用？

14. 焊接过程中，熔融焊料与焊件（母材 Cu）表面之间有什么反应？

15. 解释润湿现象、润湿角、完全润湿、完全不润湿的定义。影响润湿力的因素有哪些？

16. 什么是表面张力和毛细管现象？焊接中降低表面张力和黏度的主要措施是什么？

17. 扩散现象的定义是什么？有哪 4 种扩散形式？

18. 钎缝的金相组织是由哪些成分组成的？过多的 IMC 对焊点性能有哪些不利影响？

19. Sn-Ag-Cu 焊点外观粗糙是焊接缺陷吗？粗糙的原因是什么？

20. 设置无铅再流焊温度曲线时，升温区和预热区的升温速率一般要求设置在什么范围？

21. 焊接温度和焊接时间之间是什么关系？设置峰值温度和液相时间要考虑哪些因素？

22. 冷却速率对焊点的质量有什么影响？一般冷却过程可按照哪几个阶段进行控制？

23. 通孔插装元器件采用再流焊工艺有什么优点？对元器件有什么要求？对焊盘设计和模板设计有什么特殊要求？通孔插装元器件再流焊工艺的适用范围是什么？

24. 通孔插装元器件再流焊工艺有几种焊膏施加方法？THC 焊膏量的简易计算方法是什么？

25. 简述通孔插装元器件再流焊工艺的焊点检测标准。

第12章 波峰焊通用工艺

波峰焊主要用于传统通孔插装印制电路板电装工艺，以及表面贴装元器件（SMC/SMD）与通孔插装元器件（THC）的混装工艺。适合波峰焊的表面贴装元器件有矩形和圆柱形片式元器件、SOT 及较小的 SOP 等器件。

尽管再流焊与波峰焊相比较具有很多优点，尽管再流焊已经成为 SMT 的主流工艺技术，尽管越来越多的通孔元器件也被整合到再流焊工艺中，但是波峰焊接仍是当前、甚至将来很长时间必须采用的焊接工艺。许多廉价的消费类电子产品考虑加工成本仍然需要使用廉价的通孔插装元器件和纸基或酚醛树脂的单面板，因此波峰焊仍然富有生命力。

随着元器件越来越小，PCB 组装密度越来越高，加上无铅化，使波峰焊工艺难度越来越大。

12.1 波峰焊原理

波峰焊机的种类很多，按照泵的形式可分为机械泵和电磁泵波峰焊机。机械泵波峰焊机又分为单波峰焊机和双波峰焊机。单波峰机适用于纯 THC 组装板的波峰焊工艺；对于 SMC/SMD 与 THC 混装板，一般采用双波峰焊机或电磁泵波峰焊机；另外，选择性波峰焊机的应用也越来越多。

图 12-1（a）是双波峰焊机的结构与原理示意图，下面以双波峰焊机为例来说明波峰焊原理。

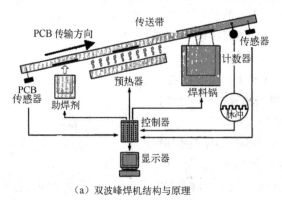
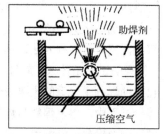

（a）双波峰焊机结构与原理　　　　　　（b）喷助焊剂

图 12-1　双波峰焊机结构与原理示意图

当 PCB 从波峰焊机的入口端随传送带向前运行，通过助焊剂喷雾槽时，使 PCB 的下表面和所有的元器件端头与引脚表面均匀地涂覆一层薄薄的助焊剂。图 12-1（b）所示为助焊剂正在喷射。

随着传送带的运行，PCB 进入预热区（90～130℃）。预热的作用：①助焊剂中的溶剂被挥发掉，可以减少焊接时产生的气体；②助焊剂中的松香和活化剂开始分解和活性化，可以去除 PCB 焊盘、元器件端头和引脚表面的氧化膜及其他污染物；③助焊剂覆盖焊端和焊盘表面起到保护金属表面、防止发生高温再氧化的作用；④使 PCB 和元器件充分预热，减小 PCB 表面的温差（ΔT），有利于提高焊接质量，同时，避免焊接时急剧升温、产生热应力损坏 PCB 和元器件。

PCB 继续向前运行，PCB 底面首先通过第一个熔融的焊料波，第一个焊料波是乱波（振动波或紊流波、扰流波），将焊料打到 PCB 底面所有的焊盘、元器件焊端和引脚上；之后，PCB 的底面通过第二个熔融的焊料波，熔融的焊料在经过助焊剂净化的金属表面上浸润和扩散，并在毛细管现象的作用下，使焊料迅速填充元器件引脚的插装孔；第二个焊料波是平滑波（λ波），平滑波将引脚及焊端之间的连桥分开，并去除拉尖（冰柱）等焊接缺陷。

当印制板继续向前运行、离开第二个焊料波后，经自然降温冷却或加速冷却（风冷或水冷），凝固形成焊点，即完成整块组装板的焊接。

图 12-2（a）是双波峰焊接过程示意图，图中左边第一个焊料波是乱波，右边第二个是平滑波。图 12-2（b）是正在喷射的双波峰焊锡波。

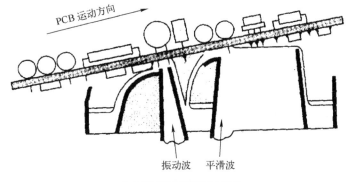
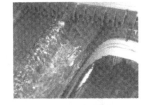

（a）双波峰焊接过程示意图　　　　　　　　　　（b）双波峰焊锡波

图 12-2　双波峰焊接过程示意图和双波峰焊锡波

下面结合图 12-3 分析波峰焊焊点的形成过程。

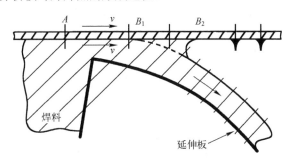

图 12-3　波峰焊焊点形成过程示意图

当 PCB 进入波峰面前端 A 处至尾端 B_2 处时，PCB 焊盘与引脚全部浸在焊料中，被焊料润湿，开始发生扩散反应，此时焊料是连成一片的。当 PCB 离开波峰尾端的瞬间，由于焊料与焊盘和引脚表面之间金属间润湿力和毛细管的作用，经过扩散、溶解，在界面形成合金层，使少量焊料黏附在焊盘和引脚上。此时焊料与焊盘、引脚之间的润湿力大于两焊盘之间焊料的内聚力，使各焊盘之间的焊料分开，并由于表面张力的作用使焊料以引脚为中心收缩到最小状态，形成饱满、半月形焊点；B_2 处剩余的液态焊料在重力加速度的作用下回落到焊料锅中。如果焊盘和引脚可焊性差或温度低，会出现焊料与焊盘、引脚之间的润湿力小于两焊盘之间焊料的内聚力，就会造成桥接、漏焊或虚焊等现象。PCB 与焊料波分离点位于 B_1 和 B_2 之间的某个位置，分离后形成焊点。

波峰焊的焊点形成是一个非常复杂的过程，除与上面分析的润湿、毛细管现象、扩散、溶解、表面张力之间的互相作用有直接影响外，还与 PCB 的传送速度、传送角度、焊锡波的温度、黏度、锡波高度、焊锡波喷流的速度、PCB 与焊锡波喷流相对运动时的速度比、B_2 处剩余锡的重力加速度等都有关。同时，这些参数不是独立的，它们互相之间存在一定的制约关系。

下面结合图 12-4 分析波峰焊时流体（锡波）在喷嘴与出口处的管道现象。

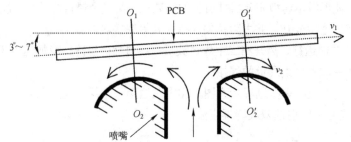

O_1—O_2 处 PCB 的运动方向与流体的流向相逆；O_1'—O_2' 处 PCB 的运动方向与流体的流向相同；
v_1—PCB 的运动速度；v_2—流体（锡波）的流动速度。

图 12-4　波峰焊时流体（锡波）在喷嘴与出口处的管道现象示意图

根据流体力学理论，流体在管道里流动时的流速分布是这样的：紧贴喷嘴内壁处流体的相对速度等于零；在流体层（深度方向）中心线位置的流速最快；PCB 与喷嘴壁之间所夹焊料流体的速度均呈抛物线状。PCB 静止（$v_1=0$）时，紧贴 PCB 板面的流速也为零，波峰表面保持静态。

从焊料波峰动力学理论分析，熔融的液态焊料从 PCB 底面流过时，会在焊接部位引起擦洗现象，这非常有利于浸润作用。当 PCB 开始进入波峰 O_1—O_2 处时，焊锡流动方向和 PCB 运动方向相反，在元器件引脚周围产生涡流。就像是一种洗刷，将引脚和焊盘表面所有助焊剂和氧化膜的残留物去除，使液体焊料很容易浸润引脚和焊盘。当 PCB 开始进入波峰后端 O_1'—O_2' 处时，PCB 运动方向与流体方向相同，此时，v_1 和 v_2 的相对速度对焊点质量有较大影响。我们可以把锡波流动的速度 v_2 分解成 v_1 方向的 v_2' 和 v_1 垂直方向的 v_2''，如图 12-5 所示，当 $v_2' = v_1$ 时，PCB 移动的速度与锡波流动的速度相等，这时的状态与浸锡相同，最有利于形成良好的焊点；当 $v_2' < v_1$ 时，焊料容易被焊盘和引脚一起带着向前，容易发生桥接和拉尖；当 $v_2' > v_1$ 时，过度擦洗会造成焊点浸润量减少，使焊点干瘪、缺锡、虚焊。

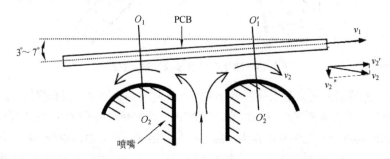

图 12-5　锡波流动的速度 v_2 分解成 v_1 方向的 v_2' 和 v_1 垂直方向的 v_2''

由此可以看出：PCB 移动速度、锡波流动速度和传送带传送角度的相对协作才是形成良好焊点的条件。在其他条件都一定的情况下，当 PCB 与焊料波相对运动时，加快 PCB（传送带）运动速度，会使黏附在焊盘和引脚上的液体焊料一起被带着向前，这就构成了桥接和拉尖的条件；减小 PCB（传送带）运动速度，或增大流体逆向速度，可以减少黏附在焊盘和引脚上的多余液体焊料，减少形成桥接和拉尖的发生概率。

设备方面，在波峰喷嘴（见图 12-6）前、后外侧，一般都设置有可调节的"侧板"。调节侧板的倾斜角，可使焊料在沿倾斜面逐渐返回焊料槽的过程中不断减速，从而达到控制焊料流速的目的；调节位于喷嘴前面的侧板的位置，可以控制波峰形状，从而控制流体的速度特性。

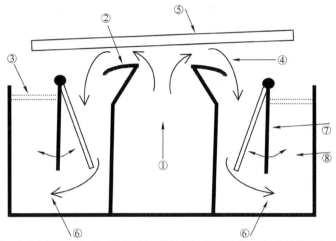

①增压腔；②喷嘴；③液态焊料液面；④平滑焊料波；⑤倾斜角可调的传送装置；⑥焊料从远远低于液面处返回焊料槽；⑦可调节的"侧板"；⑧旋转"侧板"呈不同的倾斜角度，控制焊料流速

图 12-6　波峰喷嘴示意图

通过以上分析可以得出一个结论：当传送角度、焊料波温度、黏度等条件都一定时，对某一特定的 PCB，其传送速度与液态焊料流体速度都有一个最佳的配合关系。因此，如何找到这个最佳的配合关系，是波峰焊工艺要掌握和控制的难点。

当然，波峰焊与再流焊一样，都要控制温度曲线，这样才能获得理想的焊接界面组织，才能从根本上提高和稳定焊接质量。双波峰焊的理论温度曲线如图 12-7 所示。

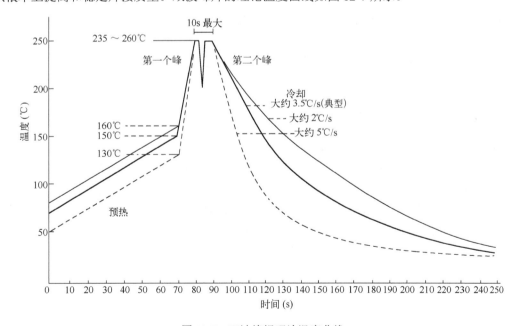

图 12-7　双波峰焊理论温度曲线

图 12-7 中：50～130℃为预热区，复杂的组装板预热到 160℃需要 70s 左右；焊接温度为 235～260℃；两个波峰之间的时间最多不超过 10s；典型的冷却速率为 3.5℃/s。

12.2　波峰焊工艺对元器件和印制板的基本要求

1. 对表面贴装元器件的要求

表面贴装元器件的金属电极应选择三层端头结构，元器件封装体和焊端能经受两次以上 260℃±5℃、10s±0.5s（无铅要求 270～272℃/10s±0.5s）波峰焊的温度冲击。焊接后元器件封装体不损坏、无裂纹、不变色、不变形、不变脆，片式元器件端头无剥落（脱帽）现象，同时还要确保波峰焊后元器件的电性能参数变化符合规格书定义的要求。

2. 对通孔插装元器件的要求

采用短插一次焊工艺，元器件引脚应露出 PCB 焊接面 0.8～3mm。

3. 对印制电路板的要求

PCB 应具备经受 260℃的时间大于 50s（无铅焊接为 260℃的时间大于 30min 或 288℃的时间大于 15min、300℃的时间大于 2min）的耐热性，铜箔抗剥强度好，阻焊膜在高温下仍有足够的黏附力，焊接后阻焊膜不起皱，无烧焦现象。一般采用 RF-4 环氧玻璃纤维布印制电路板。印制电路板翘曲度小于 0.75%。

4. 对 PCB 设计的要求

必须按照大元器件的特点进行设计。

元器件布局和排布方向应遵循较小的元器件在前和尽量避免互相遮挡的原则。

12.3　波峰焊的设备、工具及工艺材料

12.3.1　设备、工具

适合焊接 SMC/SMD 的波峰焊机，一般为双波峰焊机或电磁泵波峰焊机。设备必须鉴定有效。

生产现场必须具备的主要工具有：300℃温度计（鉴定有效），用于测量锡波的实际温度；密度计（鉴定有效），用于测量助焊剂的密度；喷嘴清理工具；焊料锅残渣清理工具。

波峰焊对环境要求：① 工作间要通风良好、干净、整齐；② 助焊剂器具用后要盖上盖子，以防挥发；③ 回收的助焊剂应隔离存放，定期退化工库或集中处理。

12.3.2　工艺材料

工艺材料主要有焊料、助焊剂、稀释剂、防氧化剂、锡渣减除剂、阻焊剂或耐高温阻焊胶带等。

1. 焊料

有铅产品一般采用 Sn-37Pb 棒状共晶焊料，熔点为 183℃。使用过程中，Sn 和 Pb 的含量分别保持在±1%以内。锡铅焊料合金中有害杂质最大含量控制见表 3-5。

无铅高可靠性产品一般采用 Sn-3Ag-0.5Cu 或 Sn-3.5Ag-0.75Cu，其熔点约为 216～220℃。消费

类产品可采用 Sn-0.7Cu 或 Sn-0.7Cu-Ni，其熔点为 227℃。添加微量 Ni 可增加流动性和延伸率；或采用低银的 Sn(0.5～1.0)Ag(0.5～0.7)Cu 合金，熔化温度为 217～227℃。

无铅焊料合金及杂质最大允许值见表 3-6。

根据设备的使用情况定期（三个月至半年）检测焊料的合金比例和主要杂质，不符合要求时更换焊锡或采取措施，如当 Sn 含量少于标准要求时，可掺加一些纯 Sn。

2．助焊剂和助焊剂的选择

（1）助焊剂的作用

助焊剂中的松香树脂和活性剂在一定温度下产生活性化反应，能去除焊接金属表面的氧化膜，同时松香树脂又能保护金属表面在高温下不被氧化。

助焊剂能降低熔融焊料的表面张力，有利于焊料的润湿和扩散。

（2）助焊剂的特性要求

① 熔点比焊料低，扩展率大于 85%。

② 黏度和密度比熔融焊料小，容易被置换，不产生毒气。助焊剂的密度可以用溶剂来稀释，一般控制在 0.8～0.84g/cm³；免清洗助焊剂的密度为 0.8g/cm³ 左右。

③ 免清洗助焊剂要求固体含量小于 2.0%，不含卤化物，焊后残留物少，不产生腐蚀作用，绝缘性能好，绝缘电阻大于 $1 \times 10^{11} \Omega$。

④ 水清洗、半水清洗和溶剂清洗型助焊剂要求焊后易清洗。

⑤ 常温下储存稳定。

（3）助焊剂的选择

按照清洗要求，助焊剂分为免清洗、水清洗、半水清洗和溶剂清洗 4 种类型，按照松香的活性分为 R（非活性）、RMA（中等活性）、RA（全活性）3 种类型，要根据产品对清洁度和电性能的具体要求进行选择。

一般情况下，军用及生命保障类如卫星、飞机仪表、潜艇通信、保障生命的医疗装置、微弱信号测试仪器等电子产品，必须采用清洗型助焊剂；其他如通信类、工业设备类、办公设备类、计算机等类型的电子产品，可采用免清洗或清洗型助焊剂；一般家用电器类电子产品，均可采用免清洗型助焊剂或 RMA（中等活性）松香型助焊剂，可不清洗。

3．稀释剂

当助焊剂的密度超过要求值时，可使用相应的稀释剂进行稀释。

4．防氧化剂

防氧化剂是为减少焊料在高温下氧化而加入的辅料，起节约焊料和提高焊接质量的作用。

5．锡渣减除剂

锡渣减除剂能使熔融的焊锡与锡渣分离，从而起到节省焊料的作用。

6．阻焊剂或耐高温阻焊胶带

阻焊剂或耐高温阻焊胶带用于防止波峰焊时后附元器件的插孔被焊料堵塞，以及金手指等不需要镀焊料的地方沾染焊料。

以上材料除焊料外，其余均应避光保存，期限为半年。

12.4　波峰焊的工艺流程和操作步骤

波峰焊的工艺流程：焊接前的准备→开炉→设置焊接参数→首件焊接并检验→连续焊接生产→送修板检验。波峰焊的操作步骤如下。

1．焊接前的准备

① 检查待焊 PCB（该 PCB 已经过涂覆贴片胶、SMC/SMD 贴片胶固化并完成 THC 插装工序）后附元器件插孔的焊接面及金手指等部位是否涂好阻焊剂或用耐高温胶带粘贴住，以防波峰焊后插孔被焊料堵塞。若有较大尺寸的槽和孔，也应用耐高温胶带贴住，以防波峰焊时焊锡流到 PCB 的上表面。（水溶性助焊剂应采用液体阻焊剂，涂覆后放置 30min 或在烘灯下烘 15min 再插装元器件，焊接后可直接水清洗。）

② 用密度计测量助焊剂的密度，若密度偏大，用稀释剂稀释。

③ 如果采用传统发泡型助焊剂，将助焊剂倒入助焊剂槽。

2．开炉

① 打开波峰焊机和排风机电源。

② 根据 PCB 宽度调整波峰焊机传送带（或夹具）的宽度。

3．设置焊接参数

① 发泡风量或助焊剂喷射压力：根据助焊剂接触 PCB 底面的情况确定，使助焊剂均匀地涂覆到 PCB 的底面。还可以从 PCB 上表面的通孔处观察，应有少量助焊剂从通孔中向上渗透到通孔顶面的焊盘上，但不要渗透到元器件体上。

② 预热温度：根据波峰焊机预热区的实际情况设定（PCB 上表面温度一般在 90～130℃，大板、厚板及片式元器件较多的组装板取上限）。

③ 传送带速度：根据不同的波峰焊机和待焊接 PCB 的情况设定（一般为 0.8～1.92m/min）。

④ 焊锡温度：必须是喷上来的实际波峰温度为 250℃±5℃（无铅 260℃±10℃）时的表头显示温度。由于温度传感器在锡锅内，因此表头或液晶显示温度比波峰的实际温度高约 5～10℃。

⑤ 测波峰高度：将波峰高度调到超过 PCB 底面，在 PCB 厚度的 1/2～2/3 处。

4．首件焊接并检验（待所有焊接参数达到设定值后进行）

① 用自动上板机，或人工把 PCB 轻轻放在传送带（或夹具）上，机器自动完成喷涂助焊剂、干燥、预热、波峰焊、冷却等操作。

② 在波峰焊出口处接住 PCB。

③ 按照 SJ/T 10666—1995《表面组装组件的焊点质量评定》或 IPC-A-610G 进行首件焊接质量检验。

根据首件焊接结果调整焊接参数，直到质量符合要求后才能进行连续批量生产。

5．连续焊接生产

① 方法同首件焊接。

② 下板机自动卸板，或人工在波峰焊出口处接住 PCB，检查后将 PCB 装入防静电周转箱送

修板后附工序（或直接送连线式清洗机进行清洗）。

③ 连续焊接过程中根据产品的具体情况，定时或按抽样规则进行抽检，或每块印制板都进行检查，有严重焊接缺陷的印制板，应检查原因，对工艺参数作相应调整后才能继续焊接。

6. 检验

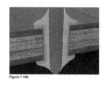

图 12-8　通孔插装元器件的优良焊点

（1）双面板金属化孔通孔插装元器件优良焊点的条件

① 外观条件（见图 12-8）。

● 焊盘和引脚周围全部被焊料润湿。

● 焊料量适中，避免过多或过少。

● 焊点表面应完整、连续平滑。

● 无针孔和空洞。

● 焊料在插装孔中 100%填充。

● 元器件引脚的轮廓清晰可辨别。

② 内部条件。

● 必须形成适当的 IMC 金属间化合物（结合层）。

● 没有开裂和裂纹。

（2）检验方法

目视或用 2～5 倍放大镜、3.5～20 倍显微镜观察（根据组装密度选择）或 AOI 检测。

（3）检验标准（按照 IPC-A-610G 标准）

● 焊接点表面应完整、连续平滑、焊料量适中，无大气孔、砂眼。

● 焊点的润湿性好，呈弯月形状，通孔插装元器件的润湿角 θ 应小于 90°，以 15°～45° 为最好，如图 12-9（a）所示；片式元器件的润湿角 θ 小于 90°，焊料应在片式元器件金属化端头处全面铺开，形成连续均匀的覆盖层，如图 12-9（b）所示。

● 双面板通孔插装元器件焊料在插装孔中 100%填充，至少达到 75%以上。

● 漏焊、虚焊和桥接等缺陷应降至最少。

● 焊接后片式元器件无损坏、无丢失，端头电极无脱落。

● 双面板时，要求通孔插装元器件的元件面焊盘润湿性好（包括元器件引脚和金属化孔）。

● 焊接后印制板表面允许有微小变色，但不允许严重变色，不允许阻焊膜起泡和脱落。

（a）通孔插装元器件的焊点

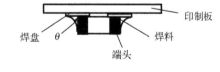

（b）片式元器件的焊点

图 12-9　通孔插装元器件和片式元器件的焊点润湿示意图

7. 关机

① 关掉锡锅加热电源。

② 关闭助焊剂喷雾系统。旋下喷嘴螺帽，放入酒精杯内浸泡。

③ 温度降到 150℃以下时关掉设备总电源。

④ 擦净工作台上残留的助焊剂，清扫地面。

⑤ 关掉总电源。

12.5 波峰焊工艺参数控制要点

波峰焊的工艺参数比较多，主要有助焊剂涂覆量、印制板预热温度、焊接温度和时间、印制板爬坡角度和波峰高度、传送带速度、冷却速率等。这些参数之间互相影响，相当复杂，因此工艺参数的综合调整也十分重要。

1. 助焊剂涂覆量

助焊剂涂覆要求在印制板底面有薄薄的一层助焊剂，要均匀，不能太厚，对于免清洗工艺特别要注意不能过量。助焊剂涂覆量要根据波峰焊机的助焊剂涂覆系统，以及采用的助焊剂类型进行设置。助焊剂的涂覆方法主要有涂刷、发泡、定量喷射、超声喷雾等，其中超声喷雾法质量最好，但成本最高。自从推广免清洗和无铅工艺以来，大多采用定量喷射方式。

采用涂刷与发泡方式时，助焊剂的密度一般控制在 $0.8\sim0.84g/cm^3$。若发现密度增大，应及时用稀释剂将其调整到正常范围内。还要注意不断补充助焊剂槽中的助焊剂量，不能低于最低极限位置。

采用定量喷射方式时，助焊剂密闭在容器内，不会挥发，不会吸收空气中的水分，不会被污染，因此助焊剂成分能保持不变。关键是要求喷头能够控制喷雾量，应经常清理喷头，喷射孔不能堵塞。

2. 印制板预热温度

预热的作用如下。

① 将助焊剂中的溶剂及组装板上可能吸收的潮气蒸发掉，溶剂和潮气在过波峰时会沸腾并造成焊锡溅射（俗称"炸锡"现象），炸锡好比在沸腾的油锅中混进水一样，会产生飞溅，形成中空的焊点、砂眼、锡珠、漏焊、虚焊、气孔等缺陷。因此，预热可以减少焊接缺陷。

② 助焊剂中松香和活性剂需要一定的温度才能发生分解和活性化反应，活性化反应可以去除印制板焊盘、元器件端头和引脚表面的氧化膜，以及其他污染物。

③ 使印制板和元器件充分预热，避免焊接时急剧升温产生热应力损坏印制板和元器件。

印制板预热温度和时间要根据助焊剂的类型、活化温度范围，以及组装板的大小、厚度、元器件的大小和多少、表面贴装元器件的多少，即组装板的热容量等来确定。波峰焊机预热区的长度由产量和传送带速度来决定，产量越高，为使组装板达到所需的浸润温度，就需要越长的预热区。

预热温度在 90～130℃（指 PCB 表面温度），多层板及有较多表面贴装元器件时预热温度取上限，不同 PCB 类型和组装形式的预热温度可参考表 12-1。参考时一定要结合组装板的具体情况，做工艺试验或试焊后进行设置。与再流焊一样也要测实时温度曲线。

表 12-1 预热温度参考

PCB 类型	组装形式	预热温度（℃）
单面板	纯 THC 或 THC 与 SMC/SMD 混装	90～100
双面板	纯 THC	90～110
双面板	THC 与 SMD 混装	100～110
多层板	纯 THC	110～125
多层板	THC 与 SMD 混装	110～130

3．焊接温度和时间

焊接过程是焊接金属表面、熔融焊料和空气等之间相互作用的复杂过程，必须控制好焊接温度和时间。若焊接温度偏低，液体焊料的黏度大，不能很好地在金属表面润湿和扩散，容易产生拉尖和桥接、焊点表面粗糙等缺陷；若焊接温度过高，容易损坏元器件，还会由于助焊剂被炭化而失去活性，使焊点氧化速度加快，产生焊点发乌、焊点不饱满等问题。

波峰温度一般为250℃±5℃（无铅波峰焊的为260℃±10℃）。必须测喷上来的实际波峰温度，可以用 300℃温度计进行测试。有条件时可测实时温度曲线。由于热量是温度和时间的函数，在一定温度下焊点和元器件受热吸收的热量随时间的增加而增加。波峰焊的焊接时间通过调整传送带的速度来控制，传送带的速度要根据不同型号波峰焊机的长度、预热温度、焊接温度统筹考虑进行调整。以每个焊点接触波峰的时间来表示焊接时间，一般焊接时间为2～4s，无铅焊接为3～5s。

4．印制板爬坡角度（传送带倾角）和波峰高度

传送带倾角是通过调整波峰焊机传输装置的倾斜角度来实现的，一般为3°～7°。

适当的爬坡角度有利于排除残留在焊点和元器件周围由助焊剂产生的气体，当 THC 与 SMD 混装时，由于通孔比较少，应适当加大印制板爬坡角度。通过调节倾斜角度还可以调整 PCB 与波峰的接触时间，倾斜角度越大，每个焊点接触波峰的时间越短，焊接时间就短；倾斜角度越小，每个焊点接触波峰的时间越长，焊接时间就长。适当加大传送带倾角还有利于焊点与焊料波的剥离，有利于焊点上多余的液体焊料返回到锡锅中。当焊点离开波峰时，如果焊点与焊料波的分离速度太快，容易造成桥接；分离速度太慢，容易形成焊点干瘪，甚至缺锡、虚焊。

另外，适当减小印制板爬坡角度，可以提高传送带速度，从而可以达到提高产量的目的。

波峰高度是指波峰焊接中 PCB 的吃锡高度。适当的波峰高度可增加焊料波对焊点的压力和流速，有利于焊料润湿金属表面、流入插装孔和通孔中。波峰高度一般控制在印制板厚度的 1/2 或 2/3 处，无铅焊接可以提高到 4/5 左右。但是，波峰高度过高会导致焊锡波冲到 PCB 上方，造成桥接，甚至一大堆焊锡堆到元器件体上，造成元器件损坏。

5．传送带速度

传送带速度主要是根据不同的波峰焊机预热区长度、波峰的结构、波峰宽度、具体产品（组装板）的复杂情况、助焊剂和焊料的特性要求等情况来设定的。波峰焊机预热区长度越长、波峰宽度越宽，传送带速度越快；产品越简单，传送带速度越快；传送带倾斜角越小，焊点接触波峰的宽度越宽，相当于增加了波峰宽度，因此传送带速度也越快。传送带速度一般为0.8～1.92m/min。

调整传送带速度，对预热温度和时间、焊接温度和时间都会产生很大的影响。因此，不能轻易大幅度调整传送带速度，即使调整，也要通过测试实时温度曲线、检测焊接质量来确定。

6．液面高度控制

一般要求锡槽液面高度为不喷流，静止时锡面离锡槽边缘10mm。

液面高度控制对焊接质量也会产生影响。如果液面高度下降，说明焊料量少，浮渣及沉在四角底部的锡渣被泵打入锡槽内再喷流出来，浮渣夹杂于波峰中，导致波峰的不稳定，甚至堵塞泵及喷嘴。因此，对锡锅中焊料量（液面高度）的控制与维护非常重要。

传统的波峰焊机都是根据焊接量，采用人工加锡。目前有些波峰焊机可以选择自动加锡装置，该装置能够在波峰焊时，不断地往锡槽中添加焊料，使液面始终保持稳定的液面高度。

7. 冷却速率的控制

波峰焊的冷却速率主要靠设备的冷却装置来控制。从焊点而言，加速冷却能够获得最小结晶颗粒，能够减少或避免偏析现象，但过高的冷却速率可能会损坏元器件，一般控制在 $-2\sim-4℃/s$。

8. 焊料合金组分配比与杂质对焊接质量的影响

焊料合金组分配比与杂质对焊接质量的影响是很大的。

我们都知道，随着工作时间的延长，锡锅中合金的比例发生变化，杂质也越来越多。焊料成分的变化会影响焊接温度和液态焊料的黏度、流动性、表面张力、浸润性。对锡锅中的焊料长期不管理、不维护，必然会引起熔点、黏度、表面张力的变化，造成波峰焊质量不稳定，严重时必须换锡。

（1）焊料合金配比对焊接温度的影响

Sn 的比例减少会提高熔点，随着熔点温度的提高，最佳焊接温度会越来越高。随着焊接时间的延长，Sn 的比例会越来越少，因此，Sn-Pb 合金的配比是经常检测的项目。

（2）Cu 等杂质对焊接质量的影响

浸入液态焊料中的固体金属会产生溶解，称为浸析现象。波峰焊中，PCB 焊盘、引脚上的铜会不断溶解到焊料中，因此 Cu 等杂质随时间的延长会越来越多。Cu 溶解到焊锡中会生成片状的金属间化合物 Cu_6Sn_5，随着 Cu_6Sn_5 的增多，焊料的黏度也随之增加，并使焊料熔点上升。当 Cu 含量超过 1%时，流动性变差，焊点易产生拉尖、桥接等缺陷，因此铜含量也是经常检测的项目。

无铅波峰焊比有铅波峰焊高 30℃左右，Cu 的溶解速度更快，因此需要每月检测铜的含量。

随着波峰焊时间的增加，还会有其他微量杂质混入，如锌（Zn）、铝（Al）、镉（Cd）、锑（Sb）、铁（Fe）、铋（Bi）、砷（As）、磷（P）等金属元素。它们也会对焊点质量产生影响。

9. 锡炉中焊料的维护

通过以上分析可以认识到锡炉中焊料维护的重要性。应定期检测 Sn-Pb 比例和杂质含量，特别是监测焊料中铜的含量，一旦超标，应及时清除过量的铜锡合金。主要采取如下措施。

① 当 Sn 的比例减少时，可适当补充一些纯 Sn，调整 Sn-Pb 比例。

② Sn-Pb 焊料采用所谓的"冻干"法：将锡锅内的焊锡冷却至 188～190℃ 静置 8h；由于 Cu_6Sn_5 的密度为 $8.28g/cm^3$，Sn-Pb 的密度为 $8.8\sim8.9g/cm^3$，Cu_6Sn_5 浮在表面，故可用不锈钢丝网制成的小勺撇除掉。

③ 无铅波峰焊中，Cu_6Sn_5 的密度比无铅焊料大，Cu_6Sn_5 会沉在锡槽底部。有机构介绍把温度降低到大约 235℃（约比熔点温度高 8℃），锡槽停工一整夜，这时，大部分合金仍处于熔化状态，可以设计专用工具，从锡槽的底部捞出沉淀的 Cu_6Sn_5，但是难度还是很大的。

④ 加强设备的日常维护。

10. 工艺参数的综合调整

波峰焊的工艺参数比较多，这些参数之间互相影响，相当复杂。例如，改变预热温度和时间，就会影响焊接温度，预热温度低了，PCB 接触波峰时吸热多，就会起到降低焊接温度的作用；又如，调整了传送带速度，会对所有有关温度和时间的参数产生影响。因此，无论调整哪一个参数，都会对其他参数产生不同的影响。

综合调整工艺参数要根据焊接机理，设计理想的温度曲线和工艺规范。与再流焊一样，也要测量实时温度曲线，然后根据试焊或首焊（件）的焊接结果进行调整。

综合调整工艺参数时首先要保证焊接温度和时间。双波峰焊的第一个波峰一般在 220～230℃/1s，第二个波峰一般在 230～240℃/3s。

$$焊接时间=焊点与波峰的接触长度/传输速度$$

焊点与波峰的接触长度可以用一块带有刻度的耐高温玻璃测试板过一次波峰进行测量。

传输速度是影响产量的因素。在保证焊接质量的前提下，通过合理地综合调整各工艺参数，可以实现尽可能提高产量的目的。

12.6　无铅波峰焊工艺控制

波峰焊的质量控制方法在原则上与再流焊基本相同，因为它们的焊接机理、焊点质量要求都相同，因此，首先也是应该控制实时温度曲线。

无铅波峰焊接的主要特点也是高温、润湿性差、工艺窗口小。其工艺难度比无铅再流焊的难度还要大得多，因此要从 PCB 设计开始采取措施，把工艺做得更细致，尽量提高通孔透锡性，减少虚焊、桥接、焊点剥离等焊接缺陷。同时，还要预防和控制 Pb 污染、Cu 污染和 Fe 污染。

① PCB 孔径比的设计应比有铅焊接大一些。通常规定元器件孔径 $\phi=d+(0.2～0.5)$mm（d 为引线直径），无铅波峰焊应取上限。通过增加孔径，改善插装孔内焊锡的填充高度。

② 按照表 12-2 针对无铅波峰焊的特点采取各种对策。

表 12-2　无铅波峰焊特点及对策

特　点	对　策
高温	设备耐高温，抗腐蚀，加长预热区，锡锅温度均匀，增加冷却装置
	助焊剂耐高温，PCB 耐高温，元器件耐高温
工艺窗口小	选择低 Cu 合金，在合金中添加少量 Ni 可增加流动性和延伸率
	定期监测 Sn-Cu 焊料中 Cu 的比例，应小于 1%
	定期监测焊料中 Pb 的比例和其他杂质含量，要控制焊点中的 Pb 含量小于 0.05%
	PCB 充分预热（100～130℃），减小 PCB 及大小元器件的温差
	加速冷却，防止焊点结晶颗粒长大，避免枝状结晶的形成。减轻起翘（Lift-off）缺陷
润湿性差	提高助焊剂活性，提高助焊剂的活化温度
	增加一些助焊剂涂覆量
	适当提高波峰高度，增加锡波向上的压力，以改善焊锡在通孔中的填充高度
	注意 PCB 与元器件的防潮、防氧化保存
	充 N_2 可以提高焊点浸润性，减少焊渣的形成

③ 两个波之间距离要短一些，在预热区末端、两个波之间插入加热元器件，防止 PCB 降温。

④ 根据焊料合金组分及组装板的尺寸、厚度、元器件的大小、密度等具体情况制定无铅波峰焊技术规范，正确设置温度曲线。无铅波峰焊技术规范的内容包括预热温度、预热时间、升温速率、峰值温度和时间、冷却速率，以及此波峰焊的焊接时间等参数。

图 12-10 是某产品采用 Sn-3.0Ag-0.5Cu 焊料、单波峰焊接的温度曲线规范。

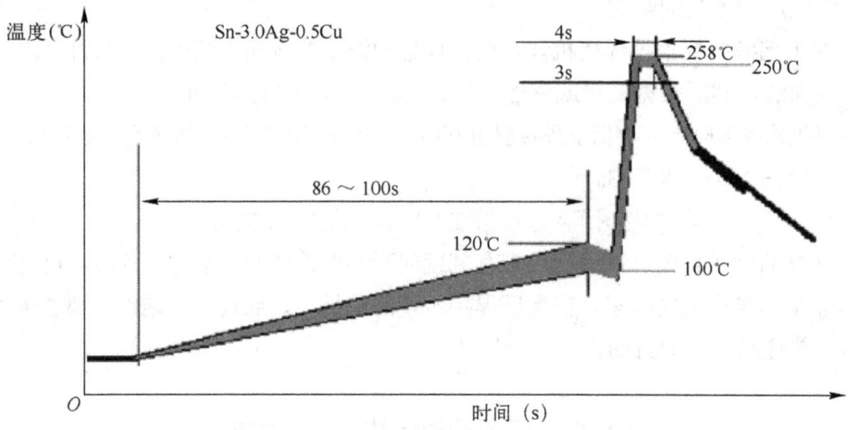

图 12-10 Sn-3.0Ag-0.5Cu 焊料、单波峰焊接的技术规范举例

技术规范如下（举例）。

- 预热温度 100～120℃，时间约 86～100s，升温速率为 1～2℃/s。
- 锡锅峰值温度为 250～258℃，持续时间为 3～4s。
- 冷却速率为 1～3℃/s。
- 整个波峰焊接持续时间约 3.5min。

12.7　无铅波峰焊必须预防和控制 Pb 污染

一般情况下，有铅波峰焊是可以使用无铅元器件和无铅印制板的，因为无铅元器件引脚镀层和无铅印制板焊盘表面镀层主要是 Sn。有铅波峰焊使用无铅元器件时主要需要考虑无铅镀层对焊料的污染问题。另外，与再流焊工艺一样要重视镀 Sn-Bi 元器件在有铅工艺中的应用。

无铅生产线很重要的一个问题是预防和控制 Pb 污染，因为 ROHS 要求限制的 Pb 含量是非常严格的。一旦超过 0.1%质量百分比，就不符合 ROHS。另外，无铅波峰焊使用有铅元器件和有铅 PCB 会发生焊缝起翘现象（Lift-off），严重时还会将焊盘带起。因此，无铅波峰焊不能使用有铅元器件和镀 Sn-37Pb 的印制板，要严格控制 Pb 污染。一般要求无铅焊料中的 Pb 含量限制在 0.08%以下，焊点中的 Pb 含量限制在 0.1%以下。因此，每月对锡锅中 Pb 的含量需要进行监测，Pb 含量超过 0.08%，必须换新的无铅焊锡。

对于波峰焊，无铅与有铅的焊接设备是不兼容的。无铅波峰焊机只能用于无铅波峰焊工艺。建立无铅波峰焊生产线特别要控制 Pb 污染。

12.8　波峰焊机安全技术操作规程

波峰焊是 SMT 生产线中综合技术含量比较高、劳动强度最大、设备维护工作量最大的工序，因此，对波峰焊操作人员的技术水平、综合素质要求比较高。

① 设备操作人员要持证上岗。工作前操作者应穿戴好防护用品，按工艺文件进行操作。

② 开机前。检查电源、电压是否正常，检查助焊剂喷雾系统的传感器并清除污垢；检测助焊剂密度（发泡型 0.8g/cm³，喷射型 0.82g/cm³ 左右），若密度过大，可加入适量稀释剂调整。

③ 开机。打开电源开关后，检查控制面板各指示灯是否正常；注意预热区电压是否正常；当焊锡锅温度升到 220℃时，检查液面高度，要求不喷流、静止时锡面离锡槽边缘 10mm，低于 10mm 应添加焊锡；当焊锡锅温度升到设置温度时，开始自动喷锡，此时可调整波峰高度、防氧化剂和波峰状态，如果波峰不正常（如波峰高度过高、过低、波峰不平整），需要调整或清理喷嘴；用水银温度计测量锡波温度，有铅为 240～250℃，无铅为 250～265℃（根据不同焊料而定）。

④ 首件必须检查焊接质量，并根据首件焊接质量调整工艺参数，直到合格后才能批量生产。

⑤ 批量焊接过程中。PCB 要由链爪自行带入，切勿用手推拉，避免其他无关物体（如手）在传感器上方影响正常的动作；控制喷雾流量调节阀不要随意乱动；经常清洁移动汽缸的移动导轨，使喷枪移动正常；经常检查传感器，清除污垢；经常检查并清除空气过滤器中的积水；如果出现喷雾错误，可按一下"复位"键，但此时传感器上方不能有 PCB，否则复位无效；工作期间应经常检查液面高度，不可低于炉面 10mm；应经常测量预热器表面温度是否正常；定时用水银温度计测量锡波温度；焊接过程中经常清除锡槽表面的氧化物及锡渣。

⑥ 每次工作结束后。先关闭锡锅加热电源，等温度降到 150℃以下再关闭设备总电源；将助焊剂喷雾系统的喷嘴螺帽旋下，放入酒精杯内浸泡，并清洗；清理溅在预热器上的助焊剂，保证预热器表面清洁；清理锡槽液面的锡渣。

⑦ 定期检测焊料合金成分和杂质含量，定期采取措施或换锡。

⑧ 注意检查电线是否老化，以及部分螺钉是否松动。

⑨ 工作中出现线路或机械故障应立即停机，请维修人员检修。

12.9　影响波峰焊质量的因素与波峰焊常见焊接缺陷分析及预防对策

随着目前元器件变得越来越小，PCB 组装密度越来越高，加之由于免清洗助焊剂不含卤化物，因此去氧化和助焊作用大大减小，使波峰焊工艺难度越来越大，造成各种焊接缺陷的概率也更大。

12.9.1　影响波峰焊质量的因素

影响波峰焊质量的主要因素有设备、工艺材料、印制板质量、元器件焊端的氧化程度、PCB 设计、工艺等。

1. 设备

（1）助焊剂涂覆系统的可控制性

助焊剂涂覆系统的可控制性直接影响助焊剂的涂覆质量。目前应用最多的是定量喷射。

超声喷雾系统是目前最先进的涂覆方式。它是事先根据涂覆面积计算出助焊剂的喷涂量，然后自动将定量的助焊剂经过超声雾化进行喷雾，因此这种方式质量最好。

（2）预热区和锡锅温度控制系统的稳定性

预热区和锡锅温度控制系统的稳定性直接影响实时焊接温度，焊接温度的波动是焊接质量不稳定最主要的因素。目前炉温控温方式一般采用 PID 控制，炉温波动范围小于等于±2℃。

（3）波峰结构对焊接质量的影响

SMC/SMD 采用波峰焊工艺时，由于元器件体有一定的尺寸和高度，元器件体之间会产生互相遮挡；另外，由于液态焊料波表面张力的作用，PCB 与焊料波相对运动时，使元器件体背面的引脚和焊盘不能接触到焊锡波，使用单波峰焊接 SMC/SMD 容易造成漏焊、虚焊等缺陷，这种现象称为"阴影效应"，如图 12-11（a）所示。因此，焊接 SMC/SMD 需要双波峰，或采用空心波。PCB 设计时，在焊盘的末端（尾部）延长焊盘能起到克服"阴影效应"的效果，如图 12-11（b）所示。

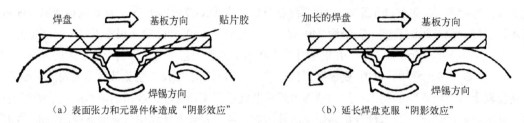

（a）表面张力和元器件体造成"阴影效应"　　　　　　（b）延长焊盘克服"阴影效应"

图 12-11　SMC/SMD 波峰焊"阴影效应"示意图

双波峰和电磁泵波峰焊机焊接 SMC/SMD 能够克服"阴影效应"。目前流行的选择性波峰焊机也是采用电磁泵的原理，因此其焊接质量比较高，尤其适合无铅波峰焊工艺。

（4）波峰高度的稳定性及可调整性

波峰的高度控制就是一个很重要的参数。

在波峰焊过程中，PCB 必须浸入波峰中使焊料能够浸润引脚和焊盘。目前有一种波峰的高度控制技术，是将一个感应器安装在波峰上面的传送链导轨上，连续测量波峰相对于 PCB 的高度，然后通过提高或降低锡泵速度来保持正确的浸锡高度，从而使波峰高度控制在受控范围内。

（5）PCB 传输系统的平稳性

波峰焊要求 PCB 夹送、传输系统传动平稳、无振动和抖动现象，传输系统材料的机械特性、热稳定性要好，长期使用不变形。传输系统不稳定，在焊点冷却凝固时会造成焊点扰动。

（6）波峰焊机的配置

波峰焊机除基本配置外，还有一些功能选项，如扰流（振动）波、热风刀、氮气保护、波峰高度控制传感器等。增加这些选项，有助于提高焊接质量。

2．工艺材料

焊料合金、助焊剂、防氧化剂等工艺材料的质量及正确的选择和使用是很重要的。其中焊料合金和助焊剂是保证电子焊接质量的关键材料。焊料合金是形成焊点的材料，直接决定了焊点强度；在焊接过程中，助焊剂能净化焊接金属表面，因此助焊剂的活性直接影响浸润性。

3．PCB 设计及印制板加工质量

PCB 焊盘、金属化孔与阻焊膜的质量、PCB 的平整度、元器件的排布方向，以及插装孔的孔径和焊盘设计是否合理，这些都是影响焊接质量的重要因素。另外，印制板受潮也会在焊接时产生氧化、焊料飞溅，造成气孔、漏焊、虚焊和锡球等缺陷。

4．元器件引脚和焊端的氧化程度

焊端与引脚是否污染或氧化会影响浸润性，也会造成虚焊、漏焊等缺陷。

5．工艺

波峰焊工艺比较复杂，影响质量的因素很多，操作过程中需要设置的工艺参数也比较多。

为了获得优良的焊点，首先要控制实时温度曲线，还要正确地综合调整各工艺参数，找到这些参数之间最佳的配合关系，这就是波峰焊工艺要掌握和控制的难点。

12.9.2　波峰焊常见焊接缺陷的原因分析及预防对策

1. 焊料不足（半润湿）

焊料不足是指焊点干瘪、不完整，或焊料没有润湿到元件面的焊盘上；插装孔及导通孔中焊料填充高度不足 75%，不饱满，如图 12-12 所示。焊料不足有时是半润湿引起的。

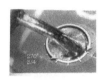

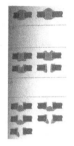

（a）焊点不完整、元件面上锡不好　　（b）插装孔中焊料填充不足75%　　（c）导通孔中焊料填充不足75%

图 12-12　焊料不足（半润湿）

焊料不足（半润湿）的产生原因和预防对策见表 12-3。

表 12-3　焊料不足（半润湿）的产生原因和预防对策

产 生 原 因	预 防 对 策
PCB 预热和焊接温度过高，使熔融焊料的黏度过低	预热温度在 90～130℃，有较多表面贴装元器件，复杂板的预热温度取上限 锡波温度为 250℃±5℃，焊接时间 3～5s
插装孔的孔径过大，焊料从孔中流出	插装孔的孔径比引脚直径大 0.15～0.4mm（细引线取下限，粗引线取上限）
通孔插装器件细引线、大焊盘，焊料被拉到焊盘上，使焊点干瘪	焊盘尺寸与引脚直径应匹配，要有利于形成弯月面的焊点
焊盘可靠性差、金属化孔质量差或阻焊剂流入孔中，或元器件引脚表面氧化、可焊性差	反映给印制板加工厂，提高加工质量；元器件先到先用，不要存放在潮湿环境中
波峰高度不够，不能使印制板对焊料波产生压力，不利于上锡	波峰高度一般控制在印制板厚度的 2/3 处
印制板爬坡角度偏小，不利于助焊剂排气	印制板爬坡角度为 3°～7°
焊料不足有时是半润湿引起的。 半润湿是当熔融焊料覆盖某一表面后，又回缩留下不规则的焊料团，而焊料离开的区域被一薄层焊料所覆盖，基体金属和表面涂层并未暴露	

2. 焊料过多（不润湿）

焊料过多是指元器件焊端和引脚周围被过多的焊料包围，或焊点中间裹有气泡，不能形成标准的弯月面焊点，如图 12-13 所示。焊料过多通常由于不润湿造成，使润湿角 $\theta > 90°$。

图 12-13　焊料过多（不润湿）

焊料过多（不润湿）的产生原因和预防对策见表12-4。

表12-4　焊料过多（不润湿）的产生原因和预防对策

产 生 原 因	预 防 对 策
焊接温度过低或传送带速度过快，使熔融焊料的黏度过大	锡波温度为250℃±5℃，焊接时间为3～5s
PCB预热温度过低，由于PCB与元器件温度偏低，焊接时元器件与PCB吸热，使实际焊接温度降低	根据PCB的尺寸、是否为多层板、元器件多少、有无表面贴装元器件等设置预热温度。PCB底面温度在90～130℃，有较多表面贴装元器件时预热温度取上限
助焊剂活性差或密度过小	更换助焊剂或调整适当的密度
焊盘、插装孔或引脚可焊性差，不能充分浸润，产生气泡裹在焊点中	提高印制板加工质量，元器件先到先用，不要存放在潮湿环境中
焊料中锡的比例减少，或焊料中杂质Cu成分过高使熔融焊料黏度增加、流动性变差	锡铅焊料中锡的比例小于61.4%时，可适量添加一些纯锡，还可采用重力法清除一些Cu的化合物。杂质过高时应更换焊料
焊料残渣太多	每天结束工作后应清理残渣

3. 焊点拉尖

焊点拉尖也称冰柱，即焊点顶部拉尖呈冰柱状、小旗状，如图12-14所示。其产生原因和预防对策见表12-5。

图12-14　焊点拉尖

表12-5　焊点拉尖的产生原因和预防对策

产 生 原 因	预 防 对 策
PCB预热温度过低，使PCB与元器件温度偏低，焊接时元器件与PCB吸热	根据PCB的尺寸、是否为多层板、元器件多少、有无表面贴装元器件等设置预热温度。预热温度在90～130℃，有较多表面贴装元件时预热温度取上限
焊接温度过低或传送带速度过快，使熔融焊料的黏度过大	锡波温度为250℃±5℃，焊接时间为3～5s；温度略低时，传送带速度应调慢一些
电磁泵波峰焊机的波峰高度太高或引脚过长，使引脚底部不能与波峰接触。因为电磁泵波峰焊机是空心波，空心波的厚度为4～5mm	波峰高度一般控制在印制板厚度的2/3处。通孔插装元器件引脚成形要求元器件引脚露出印制板焊接面0.8～3mm
助焊剂活性差	更换助焊剂
通孔插装元器件引线直径与插装孔比例不正确，插装孔过大，大焊盘吸热量大	插装孔的孔径比引线直径大0.15～0.4mm（细引线取下限，粗引线取上限）

4. 焊点桥接或短路

桥接又称连桥，指元器件端头之间、元器件相邻的焊点之间，以及焊点与邻近的导线、过孔等电气上不该连接的部位被焊锡连接在一起（桥接不一定短路，但短路一定是桥接），如图12-15所示。

焊点桥接或短路的产生原因和预防对策见表12-6。

图12-15　焊点桥接或短路

表12-6　焊点桥接或短路的产生原因和预防对策

产 生 原 因	预 防 对 策
PCB设计不合理，焊盘间距过窄	按照PCB设计规范进行设计。两个端头片式元器件的长轴应尽量与焊接时PCB的运行方向垂直，SOT、SOP的长轴应与PCB运行方向平行。将SOP最后一个引脚的焊盘加宽（设计一个窃锡焊盘）
通孔插装元器件引脚不规则或插装歪斜，焊接前引脚之间已经接近或已经碰上	通孔插装元器件引脚应根据印制板的孔距及装配要求进行成形，若采用短插一次焊工艺，焊接面元器件引脚应露出印制板表面0.8～3mm，插装时要求元器件体端正

续表

产 生 原 因	预 防 对 策
PCB 预热温度过低，由于 PCB 与元器件温度偏低，焊接时元器件与 PCB 吸热，使实际焊接温度降低	根据 PCB 的尺寸、是否为多层板、元器件多少、有无表面贴装元器件等设置预热温度。预热温度在 90～130℃，有较多表面贴装元器件时预热温度取上限
焊接温度过低或传送带速度过快，使熔融焊料的黏度过大	锡波温度为 250℃±5℃，焊接时间为 3～5s；温度略低时，传送带速度应调慢一些
助焊剂活性差	更换助焊剂

5. 漏焊、虚焊

漏焊、虚焊是指元器件焊端、引脚或印制板焊盘不沾锡或局部不沾锡，如图 12-16 所示。漏焊、虚焊大多由于润湿不良造成。

图 12-16　漏焊、虚焊

漏焊、虚焊的产生原因和预防对策见表 12-7。

表 12-7　漏焊、虚焊的产生原因和预防对策

产 生 原 因	预 防 对 策
元器件焊端、引脚、印制电路基板的焊盘氧化或污染，或印制板受潮	元器件先到先用，不要存放在潮湿环境中，不要超过规定的使用日期；对印制板进行清洗和去潮处理
片式元器件端头金属电极附着力差或采用单层电极，在焊接温度下产生脱帽现象（元器件端头电极镀层不同程度剥落，露出元器件体材料）	波峰焊应选择三层端头结构的表面贴装元器件，元器件体和焊端能经受两次以上 260℃波峰焊的温度冲击
PCB 设计不合理，波峰焊时阴影效应造成漏焊	表面贴装元器件采用波峰焊时元器件布局和排布方向应遵循较小的元器件在前和尽量避免互相遮挡的原则。另外，还可以适当加长元器件搭接后的剩余焊盘长度
PCB 翘曲，使 PCB 翘起位置与波峰接触不良	印制电路板翘曲度应小于 0.8%～1.0%
传送带两侧不平行（尤其使用 PCB 传输架时），使 PCB 与波峰接触不平行	调整波峰焊机及传送带或 PCB 传输架的横向水平
波峰不平滑，波峰两侧高度不平行，尤其电磁泵波峰焊机的锡波喷口如果被氧化物堵塞时，会使波峰出现锯齿形，容易造成漏焊、虚焊	清理波峰焊机的波峰喷嘴
助焊剂活性差，造成润湿不良	更换助焊剂
PCB 预热温度过高，使助焊剂炭化，失去活性，造成润湿不良	设置恰当的预热温度

6. 焊料球

焊料球又称焊锡珠，是指散布在焊点附近的微小珠状焊料，如图 12-17 所示。

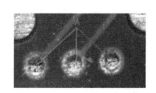

图 12-17　焊料球

焊料球的产生原因和预防对策见表 12-8。

表 12-8　焊料球的产生原因和预防对策

产 生 原 因	预 防 对 策
PCB 预热温度过低或预热时间过短，助焊剂中的溶剂和水分没有挥发掉，焊接时造成焊料飞溅	提高预热温度或延长预热时间，严格遵循助焊剂供应商推荐的预热参数
元器件焊端和引脚、印制电路基板的焊盘氧化或污染，或印制板受潮	严格来料检验，元器件先到先用，不要存放在潮湿环境中，不要超过规定的使用日期；对印制板进行清洗和去潮处理
PCB 与锡波分离时，落回锡缸时溅在 PCB 上的焊锡形成锡球，当锡球和 PCB 表面的黏附力大于锡球的重力，锡球就会保留在 PCB 上	从设备方面考虑，在设计锡波发生器和锡缸时，应注意减少锡的降落高度，小的降落高度有助于减少锡渣和溅锡现象；选择亚光型和耐高温的阻焊层材料
比较粗糙的阻焊层和锡球有更小的接触面，锡球不易粘在 PCB 表面。在无铅焊接过程中，高温会使阻焊层更柔滑，更易造成锡球粘在 PCB 上	选择亚光型和耐高温的阻焊层材料；尽量设置较低的波峰温度
焊料中锡的比例减少，焊锡的氧化和杂质含量的影响	锡铅焊料中锡的比例小于 61.4%时，无铅焊料中 Cu 的比例超过 1%时，可适量添加一些纯锡。每天结束工作后应清理残渣，杂质过高时应更换焊料
PCB 板材和阻焊层内挥发物质的释气。如果 PCB 金属化孔镀层上有裂缝或镀层过薄，这些物质加热后挥发的气体就会从裂缝中逸出，在 PCB 的元件面形成锡珠	通孔内适当厚度的金属镀层是很关键，孔壁上的铜镀层不能小于 25μm，而且无裂缝
金属化孔过大，进入孔内的焊料过多	与设计有关。适当降低波峰高度；修改设计

7. 气孔

气孔是指分布在焊点表面或内部的气孔、针孔，如图 12-18 所示。在焊点内部比较大的吹气孔也称空洞。

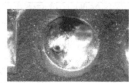

图 12-18　气孔

焊点上的针孔、气孔、空洞等会降低最低电气和机械连接可靠性。

焊点上的针孔、气孔、空洞的产生原因和预防对策见表 12-9。

表 12-9　焊点上的针孔、气孔、空洞的产生原因和预防对策

产 生 原 因	预 防 对 策
元器件焊端、引脚、印制电路基板的焊盘氧化或污染，或印制板受潮	严格来料检验，元器件先到先用，不要存放在潮湿环境中，不要超过规定的使用日期；对印制板进行清洗和去潮处理
焊料杂质超标，Al 含量过高，使焊点多孔	更换焊料
焊料表面有氧化物、残渣，污染严重	每天关机前清理焊料锅表面的氧化物等残渣
印制板爬坡角度过小，不利于排除残留在焊点和元器件周围由助焊剂产生的气体	印制板爬坡角度为 3°～7°
波峰高度过低，不利于排气	波峰高度一般控制在印制板厚度的 2/3 处

8. 冷焊和焊点扰动

冷焊和焊点扰动（又称焊锡紊乱）指焊点表面呈现焊锡紊乱痕迹，如图 12-19 所示。

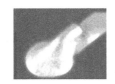 

图 12-19　冷焊和焊点扰动

冷焊和焊点扰动的产生原因和预防对策见表 12-10。

表 12-10　冷焊和焊点扰动的产生原因和预防对策

产 生 原 因	预 防 对 策
由于传送带振动，冷却时受到外力影响，使焊锡紊乱	检查电机是否有故障，检查电压是否稳定，人工取放 PCB 时要轻拿轻放
焊接温度过低或传送带速度过快，使熔融焊料的黏度过大，使焊点表面发皱	锡波温度为 250℃±5℃，焊接时间为 3～5s 温度略低时，将传送带速度调慢一些

9. 锡丝、焊锡网

锡丝是指元器件焊端之间、引脚之间、焊端或引脚与通孔之间的微细锡丝，焊锡网是指黏着在阻焊层的焊接残留物，如图 12-20 所示。

 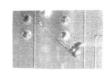 

图 12-20　锡丝、焊锡网

锡丝、焊锡网的产生原因和预防对策见表 12-11。

表 12-11　锡丝、焊锡网的产生原因和预防对策

产 生 原 因	预 防 对 策
预热温度不足，PCB 和元器件温度比较低，与波峰接触时溅出的焊料贴在 PCB 表面而形成	提高预热温度或延长预热时间
印制板受潮	对印制板进行去潮处理
阻焊膜粗糙，厚度不均匀，无铅高温使阻焊层变得更弱，同时锡珠更容易黏着	提高印制板加工质量，加工中应该充分烘烤
有些金属会溶解于焊料中，如铁溶解于焊锡中形成 $FeSn_2$ 晶体。这种晶体的熔点高达 510℃，结晶体通常集中在角落处。但是如果晶体与焊锡一起被泵出，结晶体可能会留在焊点处引起桥接	控制焊锡槽液面高度在离锡槽上边缘 10mm 处，避免锡槽底部四个死角的残渣被波带入波峰

10. 焊缝起翘

焊缝起翘又称焊点剥离（Lift-off），如图 12-21 所示，主要发生在金属化孔的双面板或多层板的波峰焊工艺中，是指在通孔插装元器件主面，焊料底部和焊盘表面分离，或辅面焊料与焊盘表面分离的现象。严重时焊缝起翘会损坏焊盘连接，造成焊盘剥落。无铅焊接中焊缝起翘的问题较多。焊缝起翘的产生原因和预防对策见表 12-12。

图 12-21　焊缝起翘

表 12-12　焊缝起翘的产生原因和预防对策

产 生 原 因	预 防 对 策
由于偏析现象造成。无铅焊料与有铅焊料混时，微量 Pb 在焊锡与焊盘界面容易产生 Pb 偏析，形成 Sn-Ag-Pb 的 174℃ 低熔点层，当焊点凝固时，振动或 PCB 变形造成起翘	加强物料管理，无铅波峰焊不使用有铅元器件；快速冷却；PCB 传送系统要平稳，不发生振动或抖动
焊点冷却凝固时冷凝收缩现象造成。焊点先凝固收缩，基板焊盘界面处残留液相，基板越厚，基板内部储存的热量越多，越容易发生焊点剥离	快速冷却；PCB 传送系统要平稳，不发生振动或抖动
由于无铅熔点高，焊料合金与 PCB 材料、Cu 焊盘的热膨胀系数（CTE）不匹配更严重，PCB 受热变形或有应力时，很容易发生焊缝起翘	选择热膨胀系数低（特别是 Z 方向）的 PCB 材料
印制板受潮	对印制板进行去潮处理；提高预热温度或延长预热时间

11. 焊料上吸（灯芯效应）

焊料上吸又称灯芯效应，是指焊锡从焊接处向上流，被引脚或焊端吸走，严重时由于熔融焊料接触到元器件封装体而造成元器件损坏，如图 12-22 所示。

图 12-22　焊料上吸（灯芯效应）

焊料上吸的产生原因和预防对策见表 12-13。

表 12-13　焊料上吸的产生原因和预防对策

产 生 原 因	预 防 对 策
预热温度过高，焊接温度过高，焊接时间过长，焊接时引脚温度过高，由于熔融焊料有向温度高的金属出流的特点，焊料被引脚吸上来	适当控制温度
通孔设计过大，波峰压力（高度）过大，使焊锡冲到元件面	修改设计，调整波峰压力（高度）

12. 元器件损坏

元器件损坏指 SMC/SMD 点贴片胶波峰焊工艺中，经过波峰焊以后，元器件体出现裂纹或破损，如图 12-23 所示。

图 12-23　元器件损坏

元器件损坏的产生原因和预防对策见表 12-14。

表 12-14　元器件损坏的产生原因和预防对策

产 生 原 因	预 防 对 策
冷却速度过快，冷却凝固时，陶瓷体、玻璃体元器件受到激冷冲击造成元器件体开裂	将冷却速率控制在 4℃/s 以下
玻璃封装的 MELF 晶体管，在锡波中停留时间过长，可能产生碎裂	提高 PCB 传送速度，或增加传送带倾斜角度

13．热撕裂或收缩孔

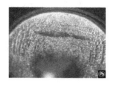

热撕裂或收缩孔是无铅的焊接缺陷，如图 12-24 所示，严重时缩孔或热裂纹接触到引脚或焊盘，这种情况认为是不可接受的。

产生热撕裂或收缩孔的主要原因是无铅焊焊料合金的熔点高、黏度大、表面张力大、焊接时气体无法排出；其次，是由于焊接温度高，焊点冷却凝固时体积收缩等原因造成的。

图 12-24　热撕裂或收缩孔

解决对策：选择活性高的助焊剂；提高预热温度或延长预热时间；适当提高焊接温度，降低熔融焊料的表面张力，增加流动性。

14．其他

（1）板面脏

板面脏主要是由于助焊剂固体含量高、涂覆量过多、预热温度过高或过低，或由于传送带 PCB 夹持爪太脏、焊料槽中氧化物及锡渣过多等原因造成的。

主要解决措施：选择适当的助焊剂；控制助焊剂涂覆量；控制预热温度；检查自动清洗 PCB 夹持爪的清洁效果并采取措施；及时清理焊料槽表面的氧化物及锡渣。

（2）白色残留物

白色残留物俗称白霜。虽然不影响表面绝缘电阻，但客户不接受。

解决措施：先用助焊剂，再用溶剂清洗；如果清洗不掉，可能由于助焊剂过期老化，或暴露在空气中吸收水汽，也可能由于清洗剂（溶剂）中水分含量过高，或助焊剂与清洗剂不匹配，应请供应商协助解决或更换助焊剂、清洗剂。

（3）PCB 变形

PCB 变形主要由于大尺寸 PCB 质量大或元器件布置不均匀造成的。

PCB 设计时尽量使元器件分布均匀，在大尺寸 PCB 中间设计支撑带（设计 2～3mm 宽的非布放元器件区）；或采用一个质量平衡的工装压在 PCB 上元器件稀少的位置，焊接时实现质量平衡。

（4）点红胶波峰焊工艺中，SMC/SMD 掉片（丢片）现象

主要原因是贴片胶质量差、过期，或由于贴片胶固化温度过低或过高都会降低黏结强度，波峰焊时由于经不起高温冲击和波峰剪切力的作用，使 SMC/SMD 掉在焊料锅中。

解决措施：选择合格的贴片胶并正确储存和使用；设置正确的固化温度曲线；检测黏结强度。

（5）焊点灰暗

有的焊点焊后就灰暗，有的经过半年至一年后变暗。主要原因是残留在焊点表面的有机助焊剂残留物长时间会轻微腐蚀而呈灰暗色。

焊接后立即清洗可改善此种状况，并定期采样分析，检测锡槽内的合金比例及杂质含量。

（6）焊点发黄

焊点发黄一般是由于焊锡温度过高造成，应立即查看温度及温度控制器是否有故障。

（7）焊点表面暗淡、粗糙

主要原因可能是锡锅中锡损耗、锡含量低的征兆，此时可添加纯锡。

另一个原因可能是锡槽液面高度太低，沉在四角底部的锡渣被泵打入锡槽内再喷流出来，使焊点中混入锡渣。要求锡槽液面高度为：不喷流、静止时锡面离锡槽边缘 10mm。

（8）浮渣过多

浮渣过多是一个令人棘手的问题。双波峰的第一个波是扰流波，对 SMD 及高密度焊接很有

帮助，但由于扰动、湍流，大大增加了暴露于大气的液体焊料面积，加剧了焊料氧化，产生更多的浮渣。因此如果组装板上没有 SMC/SMD，一般不需要双波峰，只要一个平滑波就足够了。

浮渣过多会影响焊接质量，常规方法是将浮渣撇去。但如果经常撇的话，就会产生更多的浮渣，而且耗用的焊料更多。因此，对锡锅中焊料量（液面高度）的控制与维护非常重要。

（9）二次熔锡问题

二次熔锡是指：在再流焊和波峰焊混装（A 面再流焊，B 面波峰焊）工艺中，A 面再流焊后是合格的，但经过 B 面波峰焊后使中间导通孔附近的焊球产生二次熔锡，造成 BGA 器件焊点失效。这是 PCB 设计造成的。

（10）其他肉眼看不见的缺陷

还有一些肉眼看不到的缺陷，如焊点晶粒大小、焊点内部应力、焊点内部裂纹、焊点发脆、焊点强度差等，这些要通过 X 光、电镜扫描、焊点疲劳试验等手段才能检测到。这些缺陷主要与焊接材料、印制板焊盘附着力、元器件焊端或引脚的可焊性及温度曲线等因素有关。

以上这些肉眼看不见的缺陷，在外观检测时一般不容易查出来。往往在交给客户，在使用过程中，由于加电、振动、环境温度变化等因素，造成焊点提前失效。

最后，对波峰焊工艺提一些建议：

- 很多缺陷与 PCB 设计有关，必须考虑 DFM。
- 很多缺陷与 PCB、元器件质量有关，应选择合格的供应商，受控的物流、存储条件。
- 很多缺陷源于助焊剂活性不够。好的助焊剂能够经受高温，防止桥接，改善通孔的透锡率。
- 波峰焊温度尽可能低，防止元器件过热、材料损坏，尤其要控制混装工艺中的二次熔锡。
- 低的焊料温度能减轻焊锡氧化，减少锡渣，减轻熔融焊料对焊料槽及叶轮的侵蚀作用，限制 $FeSn_2$ 晶体的生成。
- 优秀的工艺控制可以降低缺陷水平。应进行工艺参数的综合调整，且必须控制温度曲线。
- 注意锡炉中焊料的维护，加强设备的日常维护。

思 考 题

1. 波峰焊的定义是什么？哪两种波峰焊设备适用于表面贴装元器件？

2. 以双波峰焊机为例，简要说明波峰焊原理。

3. 通过对焊点形成过程的理论学习，分析产生桥接和拉尖的机理。

4. 波峰焊工艺对元器件和印制板有什么要求？

5. 助焊剂在波峰焊中的作用是什么？如何正确选择助焊剂？采用免清洗工艺有什么意义？

6. 波峰焊工艺参数中主要的控制要点是什么？印制板预热温度和时间对波峰焊质量有什么影响？如何设置印制板预热温度和时间？如何进行工艺参数的综合调整？

7. 印制板爬坡角度一般为多少？为什么焊接 SMD 时印制板爬坡角度要适当大一些？

8. 锡锅液面高度对波峰焊质量会产生什么影响？

9. 焊料合金组分配比与杂质对焊接质量的影响有哪些？

10. 简述无铅波峰焊质量控制方法。

11. 波峰焊首件检验的项目和标准是什么？分析润湿不良、焊料不足的主要原因和解决对策。

12. 表面贴装元器件波峰焊时发生掉片（丢片）现象的主要原因与解决对策是什么？

第13章 手工焊、修板和返修工艺

在 SMT 制造工艺中手工焊、修板和返工/返修是不可缺少的工艺。

随着 SMT 的深入发展，不仅元器件越来越小，而且还出现了许多新型封装的元器件，还有无 Pb 化、无 VOC 化等要求，不仅使组装难度越来越大，同时使返修工作的难度也不断升级。对于高密度、BGA、CSP、QFN 等新型封装的元器件，如何进行返修、如何提高返修的成功率、如何保证返修质量和可靠性等，也是 SMT 业界极为关心的问题。

13.1 手工焊基础知识

1. 手工焊工具

手工焊的主要工具是电烙铁。电烙铁的种类很多，按照加热方式来分，有直热式，感应式、恒温电烙铁、智能电烙铁、吸锡泵、热风焊台、电热夹等。手工焊应优选防静电恒温电烙铁，根据被焊元器件种类、选择电烙铁的功率和温度，根据焊点大小选择烙铁头的形状和尺寸。

2. 手工焊材料

手工焊材料主要有焊丝、助焊剂。手工焊中常用的焊料合金成分与熔点见表 13-1。

表 13-1 手工焊中常用的焊料合金成分与熔点

合　金	成分（%）	熔点（℃）
Sn-Pb	63Sn-37Pb	183
Sn-Cu	Sn-0.7Cu	227
Sn-Ag-Bi	Sn-3.5Ag-3Bi	206～213
Sn-Ag-Cu	Sn-3.8Ag-0.7Cu	217
Sn-Ag	Sn-3.5Ag	221

3. 选择焊丝和助焊剂的原则

（1）手工焊和返修时选择焊丝的原则

① 不要使用过期的焊丝，焊丝也有使用期限（约 2 年）。

② 一定要选择与再流焊、波峰焊时相同的焊料。应特别注意有铅和无铅不能混淆。

③ 根据焊点大小（组装密度）选择焊丝的直径。

焊接通孔插装元器件时，焊丝的直径略小于焊盘宽度的 1/2。焊接表面贴装元器件时，一般选择 ϕ0.5mm 或更细的焊丝。

（2）手工焊和返修时选择助焊剂的原则

① 尽量选择与再流焊、波峰焊时相同的助焊剂。如果不同，则焊后应立即清洗。

② 电子装联焊接通常采用松香型助焊剂，如果被焊的金属表面有一定的氧化，需要使用活性助焊剂。而活性助焊剂的残留物会腐蚀焊点，降低绝缘性能，因此焊接后需要清洗。

根据电子元器件的引线及印制电路板焊盘表面的镀层材料，选择不同的助焊剂。

● 对于铂、金、铜、银、锡等金属，可选用松香免洗型助焊剂。

● 对于铅、黄铜、青铜、镀镍等金属，可选用有机助焊剂中的中性助焊剂。

● 对于镀锌、铁、锡、镍合金金属等，因焊接较困难，可选用酸性助焊剂，焊后需清洗。

4. 焊点形成过程

手工焊的焊点形成过程与再流焊、波峰焊是一样的，都要经过对焊件（被焊金属或称母材）界面的表面清洁、加热、润湿、扩散和溶解、冷却凝固几个阶段。图13-1是一个Sn-37Pb焊点的形成过程示意图。图中，横坐标代表时间（以s为单位），纵坐标代表温度（℃）；阴影温度区域（150～183℃）是助焊剂活化区，在此区域助焊剂清洁焊件表面，将焊件表面的氧化物、污染物清除掉；网格状温度区域183～183℃（无铅为220～220℃）是焊丝从熔化到凝固的液相区，焊丝熔化后迅速浸润焊件表面，在此区域的峰值温度220℃左右处经过2～3s（无铅240℃左右，3～5s）快速扩散、溶解，形成界面结合层，然后冷却和凝固，形成焊点。

5. 理想的手工焊温度和时间

理想的手工焊温度和时间也要根据焊接理论，要满足形成理想焊点的条件。以Sn-37Pb焊料为例，必须满足220℃以下，维持2s才能在焊接界面形成适当的IMC厚度。因此，手工焊接也要按照温度曲线进行。图13-2是Sn-37Pb焊料理想的手工焊焊接温度-时间曲线。

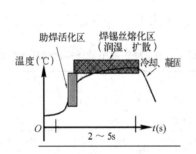

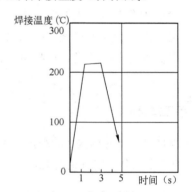

图13-1　手工焊Sn-37Pb焊点形成过程示意图　　图13-2　Sn-37Pb焊料理想的手工焊焊接温度-时间曲线

从图13-2分析，手工焊的工艺要求如下。

① 尽量缩短加热过程的时间。

② 升温速度越快越好，但不要超出元器件、PCB的承受能力。

③ 焊锡熔化后最佳温度与停留时间：220℃下2～3s（无铅为240℃下3～5s）。

④ 降温速度越快越好，但不要超出元器件、PCB的承受能力。

表13-2是手工焊、再流焊、波峰焊的工艺条件比较。从表中可看出，再流焊和波峰焊都属于群焊工艺，都在一个比较受控的环境下进行，从而保证了焊点质量的一致性和稳定性；而手工焊接是单个焊点逐个焊接，并在空气中敞开进行，烙铁头的热容量小、散热快，温度不稳定，焊接大小不同的焊点时温度和时间都不一样，因此，手工焊质量的一致性和稳定性较差。

表13-2　手工焊、再流焊、波峰焊工艺条件比较

工 艺 条 件	焊接材料与应用情况	设备、工具	焊 接 方 式	工艺环境条件
手工焊	焊丝（焊丝中含固体助焊剂）焊接时，一般不使用助焊剂，只有当焊件表面氧化或返修时需要使用液体助焊剂	电烙铁（热传导原理）	单个焊点逐个焊接	在空气中敞开焊接，环境温度不可控；烙铁头的热容量小，烙铁头的温度不稳定；焊接时，印制板一般不预热，烙铁头散热快；对热容量差异大的焊点，需要灵活掌握温度和时间

工 艺 条 件	焊接材料与应用情况	设备、工具	焊 接 方 式	工艺环境条件
再流焊	焊膏（焊膏中含膏状助焊剂）焊接时，不使用助焊剂	再流焊炉（对流、热传导和辐射）	群焊	在温度比较稳定的炉腔内焊接，环境温度可控；焊接前组装板经过预热
波峰焊	棒状焊料（纯合金，无助焊剂）焊接时，必须使用液体助焊剂	波峰焊机（热传导）	群焊	波峰焊的热容量大，相对于手工焊，锡波的温度比较稳定而且可控；焊接前组装板经过预热

美军标和 IPC 规定：焊接温度不得高于焊锡熔点 40℃（100F），停留时间为 2～5s。

表 13-3 是常用焊料合金的焊接温度与烙铁头温度对照表。实际应用时还需要根据组装板的具体情况，灵活掌握温度和时间。例如，多层板、热容量大的元器件和焊点，如果烙铁头温度是一定的，那么焊接时间可能就要延长一点。

表 13-3　常用焊料合金的焊接温度与烙铁头温度对照表

焊料合金	熔　　点	理想焊接温度	烙铁头理论温度	烙铁头实际温度
Sn-37Pb	183℃	223℃	≈330℃	≈360℃
Sn-3.8Ag-0.7Cu	217℃	257℃	≈360℃	≈410℃
Sn-0.7Cu	227℃	267℃	≈370℃	≈420℃

6. 手工焊的焊接过程

手工焊的焊接过程是热能量从热源向被焊物转移的过程：加热体的热能量传递给烙铁头，烙铁头的热量传给焊盘，当烙铁头离开焊盘时，焊点和焊盘迅速降温，冷却凝固，完成一个焊点的焊接。

手工焊中，重要的参数有烙铁头热容量（功率大小）、烙铁头形状、焊料和助焊剂种类、焊接温度和时间等。只有在最佳的条件配合下，才能在最短的时间内，用最低的温度完成最好的焊接品质。当选定了烙铁和烙铁头后，理想的焊接温度和时间取决于热传递，即所有的变量都与被焊的元器件和 PCB 的情况及操作人员的熟练程度有关。

7. 焊接五步法（见图 13-3）

（1）准备焊接——清洁烙铁。

① 给烙铁头加锡，清洁烙铁头，有利于热传导。

② 不能用刀或其他东西刮烙铁头的氧化层。

（2）加热焊件——烙铁头放在被焊金属的连接点。

① 将烙铁头放在被焊金属的连接点（热容量最大的地方）。

② 开始热流动——加热被焊金属表面。

（3）熔锡润湿——添加焊丝，焊丝放在烙铁头处。

① 将焊丝放在烙铁头与被焊金属的连接点处，形成热桥。

② 助焊剂朝冷方向流动、浸润焊盘——从烙铁头流向整个焊盘，去除氧化层，促进热传导。

③ 移动焊丝到热源对面，熔化的锡朝热方向流动、浸润焊盘和引脚，在界面发生毛细现象、扩散、溶解、冶金结合。

④ 将助焊剂残留物推向焊点表面和边缘。

（4）撤离焊锡——先撤离焊丝，后撤离烙铁，否则焊丝会凝固在焊点上。

（5）停止加热——撤离烙铁。

① 冷却、凝固，形成焊点。

② 注意，在焊锡尚未完全凝固时不要晃动元器件和 PCB，以免造成虚焊（扰动）。

每个焊点的焊接时间为 2～3s（无铅为 3～5s）。

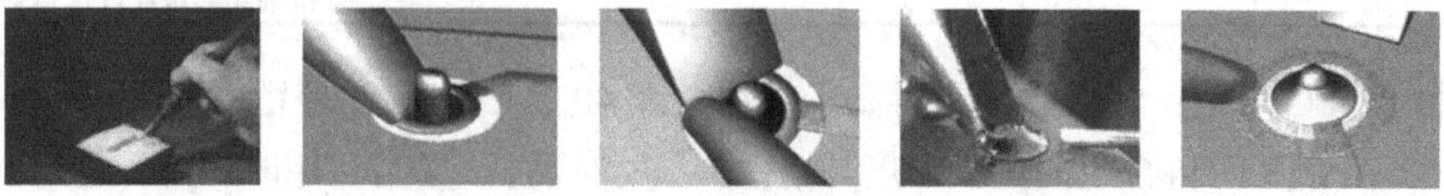

　（a）准备焊接　　　（b）加热焊件　　　（c）熔锡润湿　　　（d）撤离焊锡　　　（e）停止加热

图 13-3　焊接五步法示意图

8. 手工焊中的 7 种错误操作

① 过大的压力，对热传导没有任何帮助，只能造成烙铁头氧化、产生凹痕，使焊盘翘起。

② 错误的烙铁头尺寸、形状、长度，会影响热容量，影响接触面积。

③ 过高的温度和过长的时间，会使助焊剂失效，增加金属间化合物的厚度。

④ 焊丝放置位置不正确，不能形成热桥。焊料的传输不能有效传递热量。

⑤ 助焊剂使用不合适，使用过多的助焊剂会引发腐蚀和电迁移。

⑥ 不必要的修饰和返工，会增加金属间化合物，影响焊点强度。

⑦ 转移焊接手法会使助焊剂提前挥发掉，不能用在通孔插装元器件的焊接中，焊接 SMD 可采用。

转移焊接手法是指先用烙铁头在焊丝上熔一点焊锡，然后再用烙铁头焊接的方法。这种方法是传统手工焊经常使用的方法，是错误的方法。因为烙铁头的温度很高，熔锡时会使焊丝中的助焊剂在焊接前就提前挥发掉，焊接时因起不到助焊作用而影响焊点质量。

13.2　表面贴装元器件（SMC/SMD）手工焊工艺

1. SMC/SMD 手工焊工艺要求

① 操作人员应戴防静电腕带。

② 一般要求采用防静电恒温烙铁，使用普通烙铁时必须接地良好。

③ 修理片式元器件时应采用 15～20W 小功率烙铁，烙铁头温度控制在 265℃以下。

④ 焊接时不允许直接加热片式元器件的焊端和元器件引脚的脚跟以上部位，焊接时间不超过 3s。同一个焊点焊接次数不能超过两次。

⑤ 烙铁头始终保持无钩、无刺。

⑥ 烙铁头不得重触焊盘，不要反复长时间在一个焊点加热，不得划破焊盘及导线。

⑦ 助焊剂和焊料要与再流焊和波峰焊时一致或匹配。

2. SMC/SMD 手工焊技术要求及焊点质量要求

一般按照 IPC-A-610G 检测。

① 元器件的规格、极性和方向应符合工艺图纸的要求。

② 表面贴装元器件的位置准确、居中；通孔元器件的引脚全部插入通孔中，元器件体不要歪斜。

③ 焊点质量外观要求：焊点润湿性好，表面应完整、连续平滑，焊料量适中，无大气孔、砂眼，焊点位置应在规定范围内，片式元器件的端头不能脱帽（端头被焊锡蚀掉）。

13.2.1　两个端头无引线片式元器件的手工焊方法

两个端头无引线片式元器件（见图 13-4）的手工焊方法通常有 3 种：逐个焊点焊接，采用专用工具焊接，采用扁片形烙铁头快速焊接。

（a）电阻器　　　　　　（b）陶瓷电容器　　　　　（c）二极管

图 13-4　两个端头无引线片式元器件

1. 逐个焊点焊接

① 用镊子夹持元器件，居中贴放在相应的焊盘上，对准后用镊子按住不要移动。

② 用细毛笔蘸助焊剂或用助焊笔在两端焊盘上涂少量助焊剂。

③ 用凿子形（扁铲形）烙铁头加少许直径小于等于 $\phi 0.5$mm 的焊丝，焊丝碰到烙铁头时应迅速离开，否则焊料会加得太多。

④ 先用烙铁头加热一端焊盘大约 2s 左右，撤离烙铁。

⑤ 然后用同样的方法加热另一端焊盘大约 2s 左右，撤离烙铁。

注意：焊接过程中应保持元器件始终紧贴焊盘，避免元器件一端浮起。

2. 采用专用工具马蹄形烙铁头（见图 13-5）焊接

① 贴放元器件，对准后用镊子按住不要移动。

② 用细毛笔蘸助焊剂或用助焊笔在两端焊盘上涂少量助焊剂。

③ 给马蹄形烙铁头上锡。

④ 用马蹄形烙铁头同时加热两端焊盘大约 2s 左右，撤离烙铁。

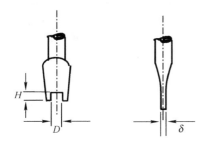

D=元器件长度+0.1mm

H>元器件厚度

δ=1mm 左右

（将普通烙铁头轧扁后用锉刀把扁片中间锉出与片式元器件一样长和厚的缺口，可制成马蹄形烙铁头）

图 13-5　马蹄形烙铁头示意图

3. 采用扁片形烙铁头（见图 13-6）快速焊接

① 贴放元器件，对准后用镊子按住不要移动。

② 用细毛笔蘸助焊剂或用助焊笔在两端焊盘上涂少量助焊剂。

③ 给扁片形烙铁头上锡。

④ 用扁片形烙铁头在元器件的侧面同时加热两端焊盘大约 2s 左右，撤离烙铁。

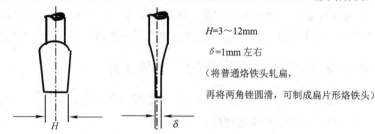

$H=3\sim12\text{mm}$

$\delta=1\text{mm}$ 左右

（将普通烙铁头轧扁，

再将两角锉圆滑，可制成扁片形烙铁头）

图 13-6　扁片形烙铁头示意图

13.2.2　翼型引脚元器件的手工焊方法

翼型引脚元器件包括三焊端的电位器、SOT、SOP、QFP，如图 13-7 所示。

（a）电位器　　　　（b）SOT　　　　（c）SOP　　　　（d）QFP

图 13-7　翼型引脚元器件

1. 逐个焊点焊接

① 用镊子夹持元器件，对准方向使引脚与焊盘对齐，居中贴放在相应的焊盘上，如图 13-8（a）所示。

② 选用圆锥形或凿子形烙铁头，焊牢器件斜对角 1～2 个引脚，如图 13-8（b）所示。

③ 从第一条引脚开始，顺序逐个焊点焊接，同时加少许 $\phi0.5\text{mm}$（或更细一些）的焊丝，将元器件两侧或四周引脚全部焊牢，如图 13-8（c）所示。

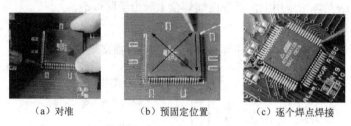

（a）对准　　　　　（b）预固定位置　　　　　（c）逐个焊点焊接

图 13-8　QFP 逐个焊点焊接法示意图

窄间距时，不容易控制焊丝的送入量，因此也可以涂助焊剂，然后用转移法逐个焊点焊接。

2. 拖焊法

① 用镊子夹持元器件，对准极性和方向，使引脚与焊盘对齐，居中贴放在相应的焊盘上，用圆锥形或凿子形烙铁头先焊牢器件斜对角 1～2 个引脚。

② 涂助焊剂。

③ 给烙铁头上锡。

④ 从第一条引脚开始、顺序向下缓慢匀速拖拉烙铁，将元器件

图 13-9　拖焊法焊接示意图

两侧引脚全部焊牢，如图 13-9 所示。

13.2.3　J 型引脚器件的手工焊方法

图 13-10　J 型引脚器件
（SOJ、PLCC）

J 型引脚器件包括 SOJ、PLCC，如图 13-10 所示。J 型引脚器件的手工焊方法与翼型引脚器件一样，通常也可以采用逐个焊点焊接或拖焊法焊接。与焊接翼型引脚器件的不同之处是，由于 J 型引脚在器件体四周底部，因此焊接时烙铁头应与器件成小于 45°角度。J 型引脚器件手工焊方法详见 13.2.2 节中 1.和 2.的内容。

13.3　表面贴装元器件修板与返修工艺

电子行业广泛使用的 IPC-7711/7721 电子组件的返工、修改和维修标准是 PCBA 返修工艺的指导性文件。该标准分成了 3 个部分。第一部分是总体要求，为了方便使用并为返工、修改和维修中常见程序提供重要概括和指导。第二部分重点突出在清除和重新安装表面贴装和通孔元器件时用到的工具、材料和方法。第三部分对修改元器件和完成层压导体修复进行了详细阐述。

1. 修板与返修的工艺目的

① 再流焊、波峰焊工艺中产生的开路、桥接、虚焊和不良润湿等焊点缺陷，需要通过手工借助必要的工具进行修整后去除各种焊点缺陷，从而获得合格的焊点。

② 补焊漏贴的元器件。

③ 更换贴错位置及损坏的元器件。

④ 单板和整机调试后也有一些需要更换的元器件。

⑤ 整机出厂后返修。

2. 需要返修的焊点

下面介绍如何判断需要返修的焊点。

① 首先应给电子产品定位。

判断什么样的焊点需要返修，首先应给电子产品定位，确定电子产品属于哪一级产品。3 级是最高要求，如果产品属于 3 级，就一定要按照最高级的标准检测，因为 3 级产品是以可靠性作为主要目标的；如果产品属于 1 级，按照最低一级标准就可以了。

② 要明确"优良焊点"的定义。

优良焊点是指在设计考虑的使用环境、方式及寿命期内，能够保持电气性能和机械强度的焊点。因此，只要满足这个条件就不必返修。

③ 用 IPC-A-610G 标准进行检测，满足可接受 1、2 级条件就不需要动烙铁返修。

④ 用 IPC-A-610G 标准进行检测，缺陷 1、2、3 级必须返修。

⑤ 用 IPC-A-610G 标准进行检测，过程警示 1、2 级必须返修。

过程警示 3 级是指虽然存在不符合要求的条件，但还可以安全使用。因此，一般情况过程警

示 3 级可以当做可接受 1 级处理，可以不返修。

3. 修板与返修工艺要求

除了满足 13.2 节中 1. SMC/SMD 手工接工艺要求的①～⑦外，再增加下面⑧的要求。

⑧ 拆卸 SMD 时，应等到全部引脚完全熔化时再取下器件，以防破坏器件的共面性。

4. 返修注意事项

① 不要损坏焊盘。

② 元器件的可用性。如果是双面焊接，一个元器件需要加热两次；如果出厂前返工 1 次，需要再加热两次（拆卸、焊接各加热 1 次）；如果出厂后返修 1 次，又需要再加热两次。照这样推算，要求一个元器件应能够承受 6 次高温焊接才算是合格品。因此，对于高可靠性产品，可能经过 1 次返修的元器件就不能再使用，否则会发生可靠性问题。

③ 元件面、PCB 面一定要平。

④ 尽可能地模拟生产过程中的工艺参数。

⑤ 注意潜在的静电放电（ESD）危害的次数。

⑥ 返修最重要的是也要按照正确的焊接曲线进行操作。

13.3.1　虚焊、桥接、拉尖、不润湿、焊料量少、焊膏未熔化等焊点缺陷的修整

虚焊、桥接、拉尖、不润湿、焊料量少、焊膏未熔化等焊点缺陷如图 13-11 所示。这些缺陷中元器件位置没有发生移动，比较容易修复，只需要在缺陷处涂适量助焊剂，再加热熔化一次即可。

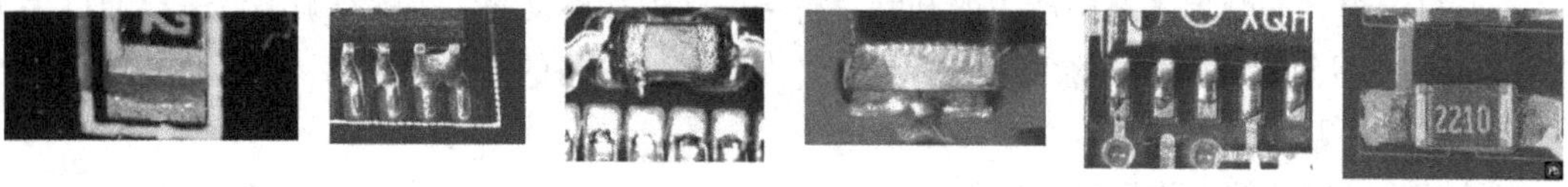

（a）虚焊　　　　（b）桥接　　　　（c）拉尖　　　　（d）不润湿　　　　（e）焊料量少　　　（f）焊膏未熔化

图 13-11　焊点缺陷

13.3.2　片式元器件立碑、移位的修整

片式元器件立碑、移位如图 13-12 所示。可以用两种方法修整：一种是直接用专用烙铁修整；另一种是先将元器件拆卸下来，清理焊盘后重新焊接。

（a）立碑　　　　　　　　　　　（b）移位

图 13-12　片式元器件立碑、移位

1. 直接用专用烙铁修整

① 用细毛笔蘸助焊剂涂在元器件焊点上。

② 用镊子夹持立碑或移位的元器件。

③ 用马蹄形烙铁头（见图 13-5）或用扁片形烙铁头（见图 13-6）同时加热元器件两端的焊点，焊点熔化后立即将元器件的两个焊端移到相对应的焊盘位置上，烙铁头离开焊点后再松开镊子。

2. 将元器件拆卸下来，清理焊盘后重新焊接

操作不熟练时，先用马蹄形烙铁头加热元器件两端的焊点，熔化后将元器件取下来；再清除焊盘上残留的焊锡；最后重新焊接元器件。

修整时注意烙铁头不要直接碰片式元器件的焊端。片式元器件只能按以上方法修整一次，而且烙铁不能长时间接触两端的焊点，否则容易造成元器件脱帽。

13.3.3　三焊端的电位器、SOT、SOP、SOJ 移位的返修

三焊端的电位器、SOT、SOP、SOJ 移位（见图 13-13）的返修，一般情况都需要将元器件拆卸下来，清理焊盘后重新焊接。但小尺寸的元器件，如电位器、SOT 等也可以采用专用烙铁头直接修整。

（a）SOJ移位　　　　　（b）SOP移位

图 13-13　SOJ、SOP 移位缺陷

1. 将元器件拆卸下来，清理焊盘后重新焊接。

方法同 13.3.2 节中 2.的内容，只是需要用双片扁铲式马蹄形烙铁头（见图 13-14）。

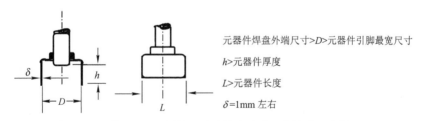

元器件焊盘外端尺寸>D>元器件引脚最宽尺寸

h>元器件厚度

L>元器件长度

δ=1mm 左右

图 13-14　修理 SOIC 用的双片扁铲式马蹄形烙铁头示意图

另外，也可以直接用双片扁铲式马蹄形烙铁头将元器件取下来，如图 13-15 所示。然后将焊盘和元器件引脚上残留的焊锡清理干净，使之平整。用镊子夹持元器件，对准极性和方向，使引脚与焊盘对齐，居中贴放在相应的焊盘上，用扁铲形烙铁头先焊牢元器件斜对角 1～2 个引脚。最后涂助焊剂，用拖焊法焊接。

焊接 SOJ 时，烙铁头应与元器件成小于 45°角度，在 J 型引脚弯曲面与焊盘交接处进行焊接。

图 13-15　用双片扁铲式马蹄形烙铁头拆卸 SOP 元器件

2. 直接用专用烙铁头修整（只适用于小尺寸的元器件）

① 用细毛笔蘸助焊剂涂在元器件焊点上。

② 用镊子夹持移位的元器件。

③ 用双片扁铲式马蹄形烙铁头加热元器件两侧焊点，所有焊点全部熔化后立即用镊子夹住元器件，使两侧的引脚移到相对应的焊盘位置上，烙铁头离开焊点后再松开镊子。

13.3.4　QFP 和 PLCC 表面贴装器件移位的返修

QFP 和 PLCC 如图 13-7（d）和图 13-10 所示。QFP 和 PLCC 表面贴装器件移位的返修方法与 SOP、SOJ 移位的返修方法基本相同，只是烙铁头不一样，QFP 和 PLCC 需要使用四方形烙铁头。

在有返修工作站的情况下，应在返修工作站上进行，可以参考 13.3.5 节 BGA 器件的返修方法进行返修。

在没有返修工作站的情况下，可按照以下步骤进行返修。

① 首先检查器件周围有无影响方形烙铁头操作的元器件，先拆卸这些元器件，返修后将其复位。

② 用细毛笔或助焊笔蘸助焊剂涂在器件四周所有的引脚焊点上。

③ 选择与器件尺寸相匹配的四方形烙铁头（见图 13-16），小尺寸器件用 35W 烙铁，大尺寸器件用 50W 烙铁。在四方形烙铁头端面上熔适量焊锡，扣在需要拆卸器件引脚的焊点处。四方形烙铁头要放平，且必须同时加热器件四周所有的引脚焊点。

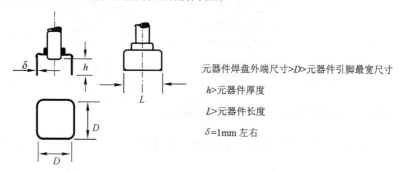

元器件焊盘外端尺寸 > D > 元器件引脚最宽尺寸

h > 元器件厚度

L > 元器件长度

δ = 1mm 左右

图 13-16　修理 QFP、PLCC 用的四方形烙铁头示意图

④ 所有焊点完全熔化（数秒）后，用镊子夹持器件立即离开焊盘和烙铁头。

⑤ 用烙铁与吸锡编织带将焊盘和器件引脚上残留的焊锡清理干净，使其平整。

⑥ 用镊子夹持器件，对准极性和方向，将引脚对齐焊盘，居中贴放后用镊子按住不要移动。

⑦ 用凿形烙铁头先焊牢器件斜对角 1～2 个引脚，然后用拖焊方法将器件四侧引脚全部焊牢。

⑧ 焊接 PLCC 时，烙铁头与器件成小于等于 45° 角度，在 J 型引脚弯曲面与焊盘交接处进行焊接。

13.3.5　BGA 器件的返修和置球工艺

由于 BGA 器件的焊点在器件底部，看不见，因此相对于 QFP 等周边引脚的器件其返修的难度比较大。在拆卸 BGA 器件时没有太大问题，但重新焊接 BGA 器件时要求返修系统配有分光视觉系统（或称为底部反射光学系统），以保证贴装 BGA 器件时精确对中。适合返修 BGA 器件的设备有热风返修工作站、红外加热返修工作站、热风+红外返修系统等。

1．BGA 器件的返修工艺

BGA 器件的返修步骤与返修传统 SMD 的步骤基本相同，都要经过以下几步：

① 拆除芯片；② 清理 PCB 焊盘、元器件引脚；③ 涂刷助焊剂或焊膏；④ 放置元器件；⑤ 焊接；⑥ 检查。

下面以美国 OK 公司 BGA5000 系列的热风返修系统为例，介绍 BGA 器件的返修工艺。

（1）拆卸 BGA 器件

① 将需要拆卸 BGA 器件的表面组装板安放在返修系统的工作台上。

② 选择与器件尺寸相匹配的四方形热风喷嘴，并将热风喷嘴安装在上加热器的连接杆上。

③ 将热风喷嘴扣在器件上，注意器件四周的距离要均匀。如果 BGA 器件周围有影响热风喷嘴操作的元器件，应先将这些元器件拆卸，待返修完毕再焊上将其复位。

④ 选择适合吸着需要拆卸 BGA 器件的吸盘（吸嘴），调节吸取器件的真空负压吸管装置高度，将吸盘接触器件的顶面，打开真空泵开关。

⑤ 设置拆卸温度曲线，注意必须根据 BGA 器件的尺寸、PCB 的厚度等具体情况设置。BGA 器件的拆卸温度与传统的 SMD 相比，要高 15℃左右。

⑥ 打开加热电源，调整热风量，拆卸时一般可将风量调到最大。

⑦ 当焊锡完全熔化时，BGA 器件被真空吸管吸取。

⑧ 向上抬起热风喷嘴，关闭真空泵开关，接住被拆卸的 BGA 器件。

图 13-17 是拆除后的 BGA 器件，焊球已被破坏。

（2）清理去除 PCB 焊盘上残留的焊锡并清洗这一区域，检查阻焊层

① 用烙铁或吸锡器带将 PCB 焊盘上残留的焊锡清理干净、平整，也可采用拆焊编织带和扁铲形烙铁头进行清理，如图 13-18 所示。操作时注意不要损坏焊盘和阻焊膜。

图 13-17　拆除后的 BGA 器件（焊球被破坏）　　　图 13-18　清理去除 PCB 焊盘上残留的焊锡

② 用异丙醇或乙醇等清洗剂将助焊剂残留物清洗干净。

（3）去潮处理

由于 PBGA 器件对潮气敏感，因此在组装之前要检查器件是否受潮，对受潮的器件进行去潮处理。

（4）印刷焊膏或膏状助焊剂

对于 BGA 器件一般采用印刷焊膏，对于 CSP 一般可以涂覆膏状助焊剂。印刷焊膏有两种方法：印在 PCB 焊盘上或直接印在 BGA 器件的焊球上。涂覆膏状助焊剂（也称助焊膏）同样也可以涂覆在 PCB 焊盘上或直接涂覆在器件的焊球上。

① 印刷焊膏方法 1：印在 PCB 焊盘上（见图 13-19）。

（a）返修工具　　　　　　　　　　　　　（b）在PCB焊盘上印刷焊膏

图 13-19　焊膏印在 PCB 焊盘上

因为表面组装板上已经装有其他元器件，因此必须采用 BGA 器件专用小模板，模板厚度与开口尺寸要根据球径和球距确定。印刷完毕必须检查印刷质量，如果不合格，须清洗后重新印刷。

② 印刷焊膏方法 2：直接将焊膏印在 BGA 器件的焊球上（见图 13-20）。

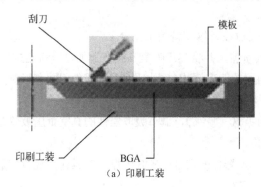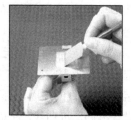

（a）印刷工装　　　　　　　　　　　　　　　（b）在 BGA 器件的焊球上印刷焊膏

图 13-20　直接将焊膏印在 BGA 器件的焊球上

在 BGA 器件的焊球上印刷焊膏需要专用印刷工装。这种方法印刷质量比较好，操作简单。

③ 涂覆膏状助焊剂方法 1：涂覆在 PCB 焊盘上。

这种方法可以用排笔将膏状助焊剂涂覆在 PCB 焊盘上，其操作简单，但不容易控制涂刷量。

④ 涂覆膏状助焊剂方法 2：用浸沾方法直接涂覆在器件的焊球上。

这种方法需要准备一个装膏状助焊剂的容器，并控制容器中膏状助焊剂的高度（大约为 1/2～2/3 焊球的直径）。选择适当的吸嘴，打开真空泵。将 BGA 器件吸起来（BGA 器件焊球向下），然后吸嘴向下移动，使 BGA 器件的焊球在容器中浸沾膏状助焊剂，如图 13-21 所示。

（a）BGA器件在返修台上浸沾膏状助焊剂　　　（b）浸沾膏状助焊剂后的BGA器件焊球面

图 13-21　用浸沾方法直接将膏状助焊剂涂覆在 BGA 器件的焊球上

注意：每次浸沾前要用刮刀刮一下容器中膏状助焊剂的水平面，可以有效控制沾量和一致性。

图 13-22　返修台贴装 BGA 器件

（5）贴装 BGA 器件

如果使用新 BGA 器件，必须检查是否受潮，若已经受潮，应先进行去潮处理后再贴装。

拆下的 BGA 器件一般情况下可以重复使用，但必须在进行置球处理后才能使用。

贴装 BGA 器件的步骤如下。

① 将印好焊膏或膏状助焊剂的表面组装板安放在返修系统的工作台上，如图 13-22 所示。

② 选择适当的吸嘴，打开真空泵。将 BGA 器件吸起来，用

摄像机顶部光源照 PCB 上印好焊膏的 BGA 焊盘，调节焦距使监视器显示的图像最清晰。然后拉出 BGA 器件专用的反射光源，照 BGA 器件底部并使图像最清晰。接下来调整工作台的 X、Y、θ（角度）旋钮，使 BGA 器件底部图像与 PCB 焊盘图像完全重合，大尺寸的 BGA 器件可采用裂像功能。

③ BGA 器件底部图像与 PCB 焊盘图像完全重合后将吸嘴向下移动，把 BGA 器件贴装到 PCB 上，然后关闭真空泵。

（6）再流焊

① 设置焊接温度曲线，根据器件的尺寸、PCB 的厚度等具体情况设置焊接温度曲线。为避免损坏 BGA 器件，预热温度控制在 130～150℃，升温速率控制在 1～2℃/s，BGA 器件的焊接温度与传统的 SMD 相比，要高 15℃左右，PCB 底部预热温度控制在 160～180℃。

② 选择与器件尺寸相匹配的四方形热风喷嘴，并将热风喷嘴安装在上加热器的连接杆上，注意要安装平稳。图 13-23 是各种热风喷嘴。

③ 将热风喷嘴扣在 BGA 器件上，注意器件四周的距离要均匀。

④ 打开加热电源，调整热风量，开始对 BGA 器件再流焊。

⑤ 焊接完毕，向上抬起热风喷嘴，取下表面组装板。

图 13-23　各种热风喷嘴

（7）检验

① BGA 器件的焊接质量检验需要 X 光或超声波检查设备。另外，还有一种光纤显微镜，从 BGA 器件的四周检查，显示屏上显示图像，此方法只能观察到 7 排焊球图像，检查速度慢。

② 如没有检查设备，可通过功能测试判断焊接质量。

③ 凭经验检查。把焊好 BGA 器件的 SMA 举起来，对光平视 BGA 器件四周，观察是否透光、BGA 器件四周与 PCB 之间的距离是否一致，焊膏是否完全熔化、焊球的形状是否端正、焊球塌陷程度等，以经验来判断焊接效果。判断时可参考以下几条。

● 如果不透光，说明有桥接或焊球之间有焊料球。

● 如果焊球形状不端正，有歪扭现象，说明温度不够，再流焊时没有充分完成自定位效应。

● 焊球塌陷程度：再流焊后 BGA 器件底部与 PCB 之间距离比焊前塌陷 1/3～1/2 属于正常；焊球塌陷太少，说明温度不够，易发生虚焊和冷焊；焊球塌陷太大，说明温度过高，易发生桥接。

● 如果 BGA 器件四周与 PCB 之间的距离不一致，说明四周温度不均匀。

图 13-24　清理 BGA 器件焊盘上残留的焊锡

2．BGA 器件的置球工艺

置球，也称植球。具体步骤如下。

（1）去除 BGA 器件底部焊盘上残留的焊锡并清洗

① 用拆焊编织带和扁铲形烙铁头将 BGA 器件底部焊盘上残留的焊锡清理干净、平整，操作时注意不要损坏焊盘和阻焊膜，如图 13-24 所示。

② 用异丙醇或乙醇将助焊剂残留物清洗干净。

（2）在 BGA 器件底部焊盘上涂覆膏状助焊剂或印刷焊膏

采用膏状助焊剂，起到粘接和助焊作用。有时也可以用焊膏，采用焊膏时焊膏的金属组分应与焊球相同。采用 BGA 器件专用小模板，印刷完毕必须检查印刷质量，如果不合格，须清洗后重新印刷。

（3）选择焊球

选择焊球时要考虑焊球的材料和球径的尺寸。目前有铅 PBGA 器件的焊球采用 63Sn-37Pb；无铅 BGA 器件的焊球采用 Sn-Ag-Cu；CBGA 器件的焊球采用高温焊料 90Pb-10Sn，因此必须选择与 BGA 器件焊球材料一致的焊球。

如果使用膏状助焊剂，应选择与 BGA 器件焊球相同直径的焊球；如果使用焊膏，应选择比 BGA 器件焊球直径小一些的焊球。

（4）置球

置球的方法有 4 种：倒装法；正装法；手工贴装焊球；印刷适量焊膏，再流焊形成焊球。

① 倒装法（采用置球设备）。

a．如果有置球设备（也称置球器），可选择一块与 BGA 器件焊盘匹配的模板，模板的开口尺寸应比焊球直径大 0.05～0.1mm；将焊球均匀地撒在模板上，摇晃置球器，把多余的焊球从模板上滚到置球器的焊球收集槽中，使模板表面恰好每个漏孔中保留一个焊球。

b．把置球器放置在 BGA 器件返修设备的工作台上，将印好膏状助焊剂或焊膏的 BGA 器件置于 BGA 器件返修设备的吸嘴上（印好膏状助焊剂或焊膏的焊盘面向下），打开真空使之吸牢，如图 13-25 所示。

c．按照贴装 BGA 器件的方法进行对准，使 BGA 器件底部图像与置球器模板表面每个焊球图像完全重合。

d．将吸嘴向下移动，使 BGA 器件底部的焊盘接触到置球器模板表面的焊球上，借助膏状助焊剂或焊膏的黏性，将焊球粘在 BGA 器件相应的焊盘上。

e．用镊子夹住 BGA 器件的外边框，关闭真空泵。

f．将 BGA 器件的焊球面向上放置在设备工作台上。

g．检查 BGA 器件每个焊盘上有无缺少焊球的现象，若有用镊子补齐焊球。

② 正装法（采用置球工装）。

a．将清理干净、平整的 BGA 焊盘向上，放在置球工装（见图 13-26）底部 BGA 支撑平台上。

图 13-25　倒装法置球设备 　　　　　　　　　　图 13-26　置球工装

b．准备一块与 BGA 焊盘匹配的小模板，模板的开口尺寸应比焊球直径大 0.05～0.1mm；把小模板安装在置球工装上方夹持模板的框架上，与下方 BGA 器件的焊盘对准并固定住。

c. 把印好膏状助焊剂或焊膏的 BGA 器件放置在置球工装底部的 BGA 支撑平台上,印刷面向上。

d. 把模板移到 BGA 器件上方(前面已对准的位置上),将焊球均匀地撒在模板上,晃动置球工装,使模板表面恰好每个漏孔中保留一个焊球,把多余的焊球用镊子从模板上拨下来。

e. 移开模板。

f. 检查 BGA 器件每个焊盘上有无缺少焊球的现象,若有,用镊子补齐焊球。

③ 手工贴装焊球。

a. 把印好膏状助焊剂或焊膏的 BGA 器件放置在工作台上,膏状助焊剂或焊膏面向上。

b. 如同贴片一样,用镊子或吸笔将焊球逐个贴放到印好膏状助焊剂或焊膏的焊盘上。

④ 直接印刷适量的焊膏,通过再流焊形成焊球。

a. 加工模板时将模板厚度加大,并略放大模板的开口尺寸。

b. 印焊膏。

c. 再流焊。由于表面张力的作用,焊后形成焊料球。

以上 4 种置球方法中,正装法(采用置球工装)的效果最好;倒装法(采用置球设备)是 BGA 器件封装使用的方法,由于我们从焊膏厂商处采购的焊球尺寸精度较差,造成一些直径偏小的焊球不能被膏状助焊剂或焊膏粘上来;用手工贴装焊球的效率比较低;直接印刷适量焊膏,通过再流焊形成焊球的方法最简单,但这种焊球致密度不好,容易产生空洞。

(5)再流焊

按照 13.3.5 节介绍的 BGA 器件返修工艺进行再流焊。焊接时 BGA 器件的焊球面向上,把热风量调到最小,以防将焊球吹移位,经过再流焊处理后,焊球就固定在 BGA 器件上了。

置球工艺的再流焊也可以在再流焊炉中进行,焊接温度比组装板再流焊略低 5～10℃。

完成置球工艺后,应将 BGA 器件清洗干净,并尽快贴装和焊接,以防焊球氧化和器件受潮。

13.4　无铅手工焊和返修技术

由于无铅合金熔点温度高、润湿性差、工艺窗口小,造成手工焊和返修最容易损坏的是 PCB 焊盘。因为常用的 FR-4 环氧玻璃纤维覆铜层压板是在高温高压下通过黏结胶将铜箔与玻璃纤维布粘在一起的,大约能够承受 290℃高温。从图 13-27 中可以看出,Sn-Pb 焊接的峰值温度与 PCB 铜焊盘的极限温度之间有 60℃的工艺窗口,而无铅(Sn-3.8Ag-0.7Cu)焊接只有 30℃的工艺窗口。

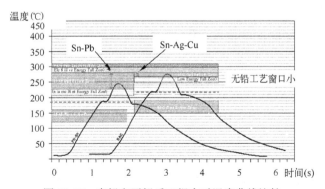

图 13-27　有铅和无铅手工焊实时温度曲线比较

由于手工焊暴露在空气中,散热快,无铅焊接烙铁头温度一般在 360～410℃,厚板、大热容量元器件、大焊盘、粗引脚等难焊的情况下,可能需要 420℃以上,因此很容易使焊盘脱落。

（1）无铅手工焊和返修注意事项

● 选择适当的焊接、返修设备和工具。

● 正确使用焊接、返修设备和工具。

● 正确选择焊膏、助焊剂、焊丝等材料。

● 正确设置焊接参数（温度曲线）。

● 注意潜在的静电放电（ESD）危害的次数。

● 拆卸元器件时，应等全部引脚完全熔化时再取下元器件，预防损坏元器件和焊盘脱落。

● 返修过程中要小心，将任何潜在的对元器件和 PCB 的可靠性产生不利影响的因素降至最低。

（2）无铅手工焊的焊接温度和时间

见本章表 13-3。

（3）对应无铅手工焊的主要措施

● 掌握正确的焊接方法。

● 增加助焊剂活性。

● 提高焊接温度。

● 适当延长焊接时间。

● 及时清洗残留物。

13.5　通孔插装元器件 PCBA 返修工艺

通孔插装元器件 PCBA 基本的返修方式可分两大类：

一是采用恒温电烙铁（手工焊）进行返修。这种方式需要合适的烙铁头、合适的温度设置、合适的操作步骤来进行。

二是采用专门的返修工作台/站进行返修。专门的返修工作台/站是一种局部波峰焊接设备，也可称之为选择性波峰焊接设备，通过配备适应性的焊接头（喷嘴)，与实际的元器件拆焊相适应，仅对 PCBA 组件上某个元器件进行加热拆焊。焊接头（喷嘴）选择最好比返修元器件边缘大 4～5mm，这样才能将元器件完全覆盖，加热时才可能降低元器件中心及周边温差，保证焊接成功。

13.5.1　恒温电烙铁返修

恒温电烙铁返修主要用于纠正插装元器件不良，更换外观缺损件，更换错件等。

（1）拆件

由元器件本身不良或插件不到位造成要拆件，首先要在元器件焊接面加焊锡，然后均匀加热，使焊锡溶化，用镊子把元器件从基板插装面（主面）取下来；或使用吸锡枪（手动或电动）将焊盘及插件孔内的焊锡清理干净，然后将元器件从基板插装孔内取出来。

（2）焊盘整理

使用吸锡编带，或使用吸锡枪将焊盘上的残留焊锡清理干净，并使插件孔完全通透。如果有残锡堵孔，将会给重新插装元器件带来不便。

（3）装件

更换不良元器件时，先进行元器件的预成型（如果需要的话），再插装、焊接。要先固定好一个点，再焊接另一个点，如是有很多管脚排插座类，要先固定第一个点和最后一个点（确认元器件是否安装到位），再焊接中间的管脚。

（4）检查

使元器件安装到位，焊点良好，最后进行清洗或清洁使外观满足要求。

13.5.2　插件返修工作站返修

从电路板上拆除多引脚的通孔插装元器件和大热容量的通孔插装元器件比较麻烦，比如变压器、接插件。对这种元器件，传统的方法是采用手工的吸锡枪或金属吸锡线，但是效率低、容易损伤板子和元器件。采用喷流焊的方法拆除这些通孔插装元器件可以避免这些问题。将电路板放置在焊台上，针对要解焊的通孔插装元器件，选择合适的喷锡口，启动波峰，一次性同时熵化所有的通孔引脚，从而安全方便地将元器件从电路板上取下来，甚至把要更换的元器件直接插入板卡实现拆除、更换一次完成。

插件返修工作站（见图 13-28）返修：

图 13-28　插件返修工作站

（1）更换插件评估与成型

首先要对要更换的元器件进行评估，主要评估元器件对返修温度耐受的适应性，其次要评估返修点周围能够适应返修需要的空间，对返修更换的元器件成型。

（2）选择合适的喷锡口

按照返修元器件的形状选择合适的喷锡口，特殊情况下需要定制喷锡口。

多个元器件需要返修/更换时应准备相应的喷锡口。

（3）PCBA 保护

用阻焊胶带将喷锡口附近保护起来，特别是附近有其他表面贴装元器件时，需要用阻焊胶带包裹起来，避免喷锡口喷出的焊锡接触其他元器件。

（4）拆焊/更换元器件

返修工作站焊锡预热/加热到返修温度，有铅焊锡锡缸温度为 250℃；无铅焊锡锡缸温度为270℃，将返修板返修位置对准相应喷锡口，按动脚踏开关，喷锡口焊锡涌上，接触返修位置，观察返修位置元器件焊脚焊锡熵化时，用工具将元器件取下，随即将要更换的元器件插入对应焊接孔内，观察焊锡润湿达到要求时，抬起脚踏开关，完成返修。

（5）检查

对更换的元器件进行检查，去除保护，检查返修焊点及周围焊点情况，最后进行清洗或清洁使外观满足要求。

13.6 手工焊、返修质量的评估和缺陷的判断

手工焊、返修质量的评估和缺陷的判断，其标准和方法与再流焊、波峰焊相同，都要用 IPC-A-610E 标准或行业、企业标准来评估和判断。

思 考 题

1. 简述手工焊的工艺要求，SMC/SMD 手工焊技术要求及焊点质量要求。

2. 手工焊和返修时选择焊料和助焊剂的原则是什么？

3. Sn-37Pb 和 Sn-Ag-Cu 焊料的理想手工焊焊接温度和时间是多少？

4. 简述手工焊"五步法"的要领。

5. 手工焊中要避免哪 7 种错误操作？

6. 什么样的焊点需要返修？修板及返修的工艺要求和注意事项是什么？

7. 手工焊、返修质量的评估和缺陷的判断标准是什么？

8. SMD 与 BGA 器件的返修步骤是什么？BGA 器件植球时如何选择焊球的材料和球径的尺寸？

9. 无铅手工焊和返修最容易发生什么问题？无铅手工焊和返修应注意哪些事项？

第14章　表面组装板焊后清洗工艺

表面组装板焊后清洗是指利用物理作用、化学反应的方法去除再流焊、波峰焊和手工焊后残留在表面组装板表面的助焊剂残留物及组装工艺过程中造成的污染物、杂质的工序。

1. 污染物对表面组装板的危害

① 助焊剂和焊膏中添加的活化剂带有少量卤化物、酸或盐，焊接后形成极性残留物覆盖在焊点表面。当电子产品加电时，极性残留物的离子就会朝极性相反的导体迁移，严重时会引起短路。

② 目前常用助焊剂中的卤化物、氯化物具有很强的活性和吸湿性，在潮湿的环境中对基板和焊点产生腐蚀作用，使基板的表面绝缘电阻下降并产生电迁移，严重时会导电，引起短路或断路。

③ 对于高要求的军品、医疗、精密仪表等特殊要求的产品需要做三防处理，三防处理前要求有很高的清洁度，否则在潮热或高温等恶劣环境条件下会造成电性能下降或失效等严重后果。

④ 由于焊后残留物的遮挡，造成在线测或功能测时测试探针接触不良，容易出现误测。

⑤ 对于高要求的产品，由于焊后残留物的遮挡，使一些热损伤、层裂等缺陷不能暴露出来，造成漏检而影响可靠性。同时，残渣多也影响基板的外观和板卡的商品性。

⑥ 焊后残留物会影响高密度、多 I/O 连接点阵列芯片、倒装芯片的连接可靠性。

2. 污染物的来源和类型

（1）污染物的来源（见表 14-1）

表 14-1　表面组装板污染物的来源

污染物类型	来　源
有机复合物 无机不溶物 有机金属化物 无机可溶物 特殊颗粒物	助焊剂、助焊剂残留物、焊锡球； 印制板加工过程中的污染物； 元器件引脚及焊端表面氧化物； 波峰焊机锡锅表面防氧化油残渣、焊接工具上的氧化物； 各加工工序过程中的手印（手印的主要成分有水、油脂、氧化钠及护肤化妆品等）； 空气中的灰尘、水汽、烟雾、微小颗粒有机物等

（2）污染物的类型

残留物由离子（极性）、非离子（非极性）和微细的污物组成。离子残留物由助焊剂活性剂、残留电镀盐和操作污物组成；非离子残留物包括助焊剂、油、脂、熔化液体和游离材料中已反应的、非挥发性的残留物；微小的残留物由锡球或锡渣、操作污物、钻孔或走线灰尘和空气中的物体组成。

3. 电子产品清洁度等级分类及清洁度要求

不同的电子产品由于其应用环境不同、可靠性要求不同，对清洁度也有不同的要求。我国根据美军标 MIL-P-28809 将电子产品的清洁度要求分为 5 个等级。

各种电子产品的清洁度要求见表 14-2。

表 14-2　各种电子产品的清洁度要求

电子产品清洁度等级	电子产品种类范围	清洁工艺方法	清洁度标准
一级：军品及生命保障类	卫星、飞机仪表、潜艇通信、陆地通信设备、保障生命的医疗装置、汽车零件（刹车、电机等）	各种清洗方法	残留离子污物含量≤1.5μg（NaCl）/cm² 电子法测电阻率>2×10⁶ Ω·cm（表面绝缘电阻≥2×10¹² Ω）
二级：高级工业类设备	各种复杂的工业设备、计算机、低档通信设备	各种清洗方法	残留离子污物含量≤1.5～5.0μg（NaCl）/cm² 电子法测电阻率>2×10⁶Ω·cm（表面绝缘电阻≥2×10¹² Ω）
三级：工业及医疗设备类	工业设备、非保障生命的医疗设备、低成本的外部设备	各种清洗方法或 N₂保护焊	残留离子污物含量为 5.0～10.0 μg（NaCl）/cm²
四级：办公设备类	低成本仪表、仪器、办公设备、TV 电路、音响	大多数需要清洗，松香助焊剂、溶剂清洗或低固态松香助焊剂免洗	残留离子污物含量>10.0μg（NaCl）/cm²
五级：免清洗	消费类电子产品、TV 音响、娱乐小用品	配免清洗助焊剂	

14.1　清洗机理

无论采用溶剂清洗或水清洗，都要经过表面润湿、溶解、乳化作用、皂化作用等，通过施加不同方式的机械力将污染物从组装板表面剥离下来，然后漂洗或冲洗干净，最后干燥。

1. 表面润湿

清洗介质在被洗物表面形成一层均匀的薄膜，润湿被洗物表面，使被洗物表面的污染物发生溶胀。表面润湿的条件是要求清洗介质的表面张力小于被洗物的表面张力。在清洗介质中加入一些表面活性剂可以明显提高润湿能力。

2. 溶解

有机溶剂清洗的主要去污机理是溶解。选择溶剂时应遵循相似相容原则，极性污染物应选用极性溶剂，非极性污染物应选用非极性溶剂，但在实际生产中经常将极性溶剂与非极性溶剂混合使用。在有机溶剂清洗中加入一些表面活性剂可提高清洗剂对残留物的溶解能力。

（1）离子性溶解

离子性溶解是指将污染物在水中离解成离子。

这种离子性物质的溶解，会使水的电导率提高。表面组装板上典型的离子污染物有助焊剂中的活性物质、助焊剂中的活性物质与金属氧化物的反应物、手汗中的盐、印制电路基板制造中的聚合物及焊后残留物中的盐等。这类污染物可能导致电子产品电性能不良或造成焊点腐蚀。

（2）非离子性溶解

非离子性溶解是指污染物溶于水中，不会使水的电导率发生变化。

典型的非离子污染物是助焊剂载体，如聚乙二烯、手中的污物、水中的糊状物及相似的化合物。这些物质不导电，但会吸附潮气，也会导致绝缘电阻下降、焊点腐蚀。

3. 乳化作用

在水清洗和半水清洗工艺中，可以在水中加入一定量的乳化剂。在清洗合成树脂、油、脂类污染物时，这些污染物与乳化剂发生乳化而溶于水中。加入表面活性剂可以提高乳化作用。

4. 皂化作用

皂化作用是单纯的化学过程，也是中和反应。

皂化反应使用的是脂肪酸盐，它使松香、羧酸发生皂化反应，使被洗物表面的残留物溶于水中而被清除。皂化剂对铝、锌等金属表面会产生腐蚀，因此使用皂化剂时应添加相应的缓蚀剂，并观察皂化剂与元器件等材料的相容性。加入表面活性剂可以促进皂化反应。

5. 螯合作用

螯合作用是指加入络合物，使不溶性物质（如重金属盐）产生溶解。

6. 施加机械力

施加不同方式的机械力可加快清洗速度，提高清洗效率。

① 刷洗。刷洗有人工刷洗和机械刷洗两种方式。人工清洗是指操作人员手持刷洗工具对焊后的表面组装板进行手工清洗。机械刷洗是指由安装在清洗设备上的刷洗工具进行刷洗。

② 浸洗。浸洗是指把被洗物浸入清洗剂液面下清洗，可采用搅拌、喷洗或超声等不同的机械方式来提高清洗效率。

③ 空气中喷洗。在闭合容器中，通过增加水压和流量，进行喷洗。喷洗有批量清洗和在线清洗两种方法。水流的能量（压力和流量）直接影响清洗效果，在相同水流量下，高压更有助于残留物的清洗。但如果压力过高，由于水流打到组装板表面时回溅大，反而会影响清洗效果。低压水流能起到浸泡效果，有利于残留物的溶解。因此，一般采用高、低压水流结合的喷洗方式。

④ 浸入式喷洗（喷流清洗）。是指浸泡在液面下的液流冲洗。喷嘴安装在液面下，在清洗机两侧相对位置交叉排放，以保证液流互不干扰，形成涡流热浴效果。这种方法适用于清洗对超声波敏感的产品，适用于易燃、易爆、易挥发、易起泡沫的清洗剂。

⑤ 离心清洗。其原理是利用电动机动力所构成的转矩使被洗物产生离心力，并由离心力作用使污染物从组装板表面剥离下来。这种清洗方法能使清洗液、漂洗液穿透窄间距、微小缝隙、洞、孔等难以清洗的部位，达到清洗目的。离心清洗适用于高密度表面组装板的焊后清洗。

⑥ 超声波清洗。超声波清洗是依靠空穴作用、加速作用来促进物理化学反应。超声波的空穴作用可使清洗介质渗入使用其他清洗方法很难到达的细小区域，清洗效率比较高。

14.2　表面组装板焊后有机溶剂清洗工艺

有机溶剂清洗是指仅使用有机溶剂进行清洗和漂洗，清洗后工件表面上的有机溶剂迅速挥发，不需要干燥工序，其清洗机理主要是溶解。这种方法适合于清洗对水敏感的和元器件密封性差的印制线路板。

有机溶剂清洗一般采用超声或气相清洗技术，这是应用最广泛的高清洁、高效率清洗技术。

14.2.1　超声波清洗

超声波能够清洗元器件底部、元器件之间及细小间隙中的污染物，适合高密度、窄间距表面组装板及污染较严重 SMA 的焊后清洗。由于超声波的振动会产生较大的冲击力，且具有一定的穿透能力，可能穿透封装材料进入器件内部，会损坏 IC 的内部连接，因此军工产品一般不推荐使用。

1．超声波清洗原理

清洗剂在超声波的作用下产生孔穴作用和扩散作用。产生孔穴时会产生很强的冲击力，使黏附在被清洗物表面的污染物游离下来；超声波的振动，使清洗剂液体粒子产生扩散作用，加速清洗剂对污染物的溶解速度。由于清洗剂液体可以进入被清洗工件最细小的间隙中，在清洗剂液体的任何部位产生孔穴和扩散作用，因此可以清洗元器件底部、元器件之间及细小间隙中的污染物。

超声波清洗时产生孔穴的数量、孔穴的大小及清洗剂振动的力度与压电振子的振动功率和频率有关，孔穴的密度和孔穴的尺寸越大，清洗效率越高。应调整孔穴的密度和尺寸尽量最大。

2．清洗剂的选择原则

① 有良好的润湿性，表面张力小，这样才能使组装板表面的污染物充分润湿、溶解。

② 毛细作用适中，黏度小，能渗入被洗物的缝隙中，又容易排出。

③ 密度大，可减缓溶剂的挥发速度。可降低成本，减少对环境的污染。

④ 沸点高，有利于蒸气凝聚。沸点高的清洗剂安全性好，可以通过升温提高清洗效率。

⑤ 溶解能力强。溶解能力又称贝壳松脂丁醇值（Kauri-Butanol，KB 值），是表征溶剂溶解污染物能力的参数。KB 值越大，溶解污染物的能力越强。

⑥ 腐蚀性（溶蚀性）小。对元器件的封装体、印制板和焊点不发生腐蚀作用。清洗后元器件表面与印制板上的字符、标记保持清晰。

⑦ 无毒（或毒性小），对人体无害，对环境污染小。

⑧ 安全性好，不易燃、易爆。

⑨ 成本低。

3．清洗剂的配置

配置溶剂时应遵循相似相容原则，极性污染物应选用极性溶剂，非极性污染物应选用非极性溶剂。为了将残留物全部溶解，通常将极性溶剂与非极性溶剂混合，配置成恒沸溶剂。恒沸溶剂是用两种或两种以上的溶剂混合而成的，混合后表现为单一溶剂的性质，只有一个沸点。

（1）用于波峰焊和手工焊的焊后清洗剂

波峰焊和手工焊组装板的污染物主要是非极性松香脂残渣和少量油脂、尘埃等。HCFC-141b是一种高纯度液体，由于其对臭氧层的破坏是 CFC-113 的 1/10，因而目前被指定为全卤代氟碳化合物的一种理想替代物。使用时在 HCFC-141b 中加入 5%～10%的无水乙醇极性溶剂，以提高对极性污染物的清洗能力，改善 HCFC-141b 的挥发特性。

（2）用于再流焊的焊后清洗剂

再流焊工艺中使用膏状助焊剂，除了松香脂或合成树脂外，还需要添加黏结剂、触变剂、消光剂及阻燃剂等多种添加剂，其化学成分比波峰焊和手工焊用的助焊剂复杂得多，焊后生成石蜡等残留物的成分也比较复杂。再流焊的高温时间比波峰焊长得多，又增加了松香的聚合程度，因此再流焊后的残留物清洗难度比较大。另外，由于表面组装板的组装密度高，细小缝隙中和元器件底部的残留物不容易清除。由于以上多种原因，再流焊的焊后清洗要选择溶解能力更强的 1.1.1.三氯乙烷作清洗剂。HCFC-141b 与二氯甲烷组合清洗剂，在 HCFC-141b 中加入 2%～5%的二氯甲烷，可有效提高 HCFC-141b 清洗剂对残留物的溶解能力，由于二氯甲烷的沸点较低，二氯甲烷的添加会提高清洗剂的挥发性，使用时最好加装冷却水降温装置。

4．清洗时间与温度、超声功率、频率

清洗时间根据污染物种类、污染程度、清洗剂的溶解能力和清洗方式来决定。一般原则是污染程度轻、清洗剂本身的溶解能力强（KB 值大）、超声功率大，可适当缩短清洗时间。

一般超声波频率范围为 18～300kHz，典型的高精密清洗频率为 40kHz；溶剂清洗温度为 40～60℃左右；通常超声时间控制在 30～60s。

清洗一定数量的组装板后，清洗剂出现浑浊，溶解能力就会下降，应及时更换新的清洗剂，否则会造成二次污染。为了节省清洗剂，可用漂洗液作第一遍超声清洗液。

5．漂洗与干燥

超声波清洗后要用清洁的清洗剂漂洗。漂洗时可使用与超声清洗液相同的清洗剂，也可以使用乙醇漂洗。根据组装板的污染程度决定漂洗一遍或两遍。

漂洗干净后将清洗篮放在通风柜中自然干燥约 30min。如清洗数量较多，干燥时间要长一些。

6．超声波清洗操作步骤

① 将需要清洗的组装板垂直码放在清洗提篮内并将提篮放在超声槽内，码放时注意每块组装板之间保留一定的间距，确保在清洗过程中相邻的组装板不会发生互相碰撞和摩擦。垂直码放有利于残留物随清洗液从组装板上剥离下来。

② 向超声槽内加入按比例配置好的清洗剂，清洗剂的量要没过组装板，盖好超声槽盖子。

③ 接通电源→开启预热开关→5min 后打开超声开关→将定时钟设置在 30～60s。

④ 调节功率和频率，使孔穴的密度和尺寸尽量最大。

⑤ 定时钟报警后取出提篮，沥干清洗剂（10s 左右）。

⑥ 将提篮放置在漂洗槽（或容器）中漂洗 10～15s，根据污染程度可漂洗 1～2 遍。

⑦ 将清洗提篮放置在通风柜中自然干燥。

根据污染程度，在打开超声开关前可浸泡 30～60s。如果超声波清洗机具有加热功能，根据污染程度，可将加热温度调到 40～60℃。

可准备若干个清洗用的提篮，便于连续清洗。

7．清洗检验（见本章 14.6 节）

14.2.2　气相清洗

气相清洗是通过对溶剂加热，使溶剂气化，利用溶剂蒸气不断蒸发和冷凝，使被清洗工件不断"出汗"并带出污染物的一种清洗方法。为了提高清洗效果，通常与超声波清洗结合使用。

1．气相清洗原理

气相清洗设备底部是加热浸泡装置和超声清洗槽，在清洗槽上方槽壁的四周安装有几圈冷凝管，在此处形成冷凝温区环。当溶剂加热到气化温度时，开始蒸发，同时也蒸发到被清洗工件上，当溶剂蒸气上升到环状冷凝管位置时，溶剂蒸气凝结并落在被清洗工件上。由于溶剂的蒸气很纯净，利用溶剂蒸气不断地蒸发和冷凝，使被清洗工件不断"出汗"并带出污染物。

2．气相清洗过程

① 先在加热的清洗溶剂中浸泡工件，使污染物软化。

② 超声清洗，使工件表面的污染物游离下来。

③ 气相清洗，气相清洗相当于蒸气浴，溶剂的蒸气是很纯净的，利用溶剂蒸气不断地使被清洗工件"出汗"并带出污染物。

④ 再用较清洁的清洗溶剂漂洗。

⑤ 最后用干净的清洗溶剂喷淋。

气相清洗设备有单槽和多槽式两种结构。单槽式清洗机清洗时，被清洗工件上、下移动，先在清洗槽底部加热浸泡和超声清洗，然后将清洗工件提升到浸泡超声槽与冷凝管之间进行气相清洗，最后用干净的清洗溶剂喷淋。多槽式清洗机清洗时，被清洗工件从第一个槽向最后一个槽横向移动，在第一个槽中加热浸泡和超声清洗，同时进行气相清洗，在第二个槽中漂洗（有的设备有三个漂洗槽），然后将被清洗工件提上来，用干净溶剂喷淋。最后在排风的环境中自然干燥。

小批量一般采用单、双槽式，大批量采用多槽式。

14.3　非 ODS 清洗介绍

非 ODS 清洗全称为 Non-ODS Cleaning，是指在清洗介质中不采用大气臭氧损耗物质作为清洗介质的清洗工艺方法。替代 ODS 物质的清洗技术有免清洗技术、非 ODS 溶剂清洗、水清洗和半水清洗。其中免清洗技术工艺简单，成本最低，是推荐的优选替代技术。

14.3.1　免清洗技术

免清洗技术是指对 PCB 和元器件等原材料进行质量控制、工艺控制，在焊接过程中采用免洗助焊剂或免洗焊膏，焊后产品满足清洁度和可靠性能指标要求。焊接后直接进入下一个工序，不再进行任何清洗。免清洗技术是建立在保证原有质量要求的基础上简化工艺流程的一种先进技术，而不是简单地取消原来清洗工序的不清洗。

1．免清洗工艺对工艺材料、PCB、元器件的技术要求

（1）免清洗工艺使用的助焊剂/焊膏应具有的特性

① 无毒、无严重气味、无环境污染，操作安全。

② 不含卤化物，无腐蚀作用。

③ 有足够高的表面绝缘电阻。

④ 可焊性好，焊球焊接缺陷少。

⑤ 焊后残留物少，板面干燥、不粘手。

⑥ 焊后具有在线测试能力。

⑦ 离子残留应满足免清洗要求。

（2）对免清洗类液态助焊剂的要求

① 外观：透明液体，无沉淀，无强烈刺激气味。

② 固体含量：不大于 2%。

③ 卤素含量：0。

④ 助焊性：扩展率大于 80%。

⑤ 铜镜试验：通过。

⑥ 表面绝缘电阻：大于 $1.0 \times 10^{11} \Omega$。

（3）免清洗工艺所用 PCB 的参考技术指标

① PCB 可焊性测试方法可按 IPC-EIA JSTD003B 和 GB/T 4677—2002 采用润湿称量法。

② 表面污染测试。一般情况，采用目视或 4 倍以上的放大镜，并借助灯光检测 PCB 板面污染情况。板面不允许有灰压、手印、油渍、松香、胶渣或其他等外来污染。

③ PCB 光板（组装前）的表面绝缘电阻测试方法、检测标准见 14.6 节。

（4）免清洗工艺所用元器件的参考技术指标

① 元器件可焊性测试。

② 元器件洁净水平测试。也可以参照组装前 PCB 光板的检测方法与标准。

（5）免清洗工艺所用焊料合金的参考技术指标

① 合金成分；

② 润湿性。

2. 免清洗生产工艺控制

免清洗是一个系统工程，从设计到生产过程都须严格要求，要尽量避免生产制造过程中造成人为的污染。在免清洗工艺设计和工艺管理控制上要有切实有效的措施。

（1）制造过程中污染物的来源分析

① 组装前元器件和印制板带来的污染物，以及检验、包装、运输过程中带来的污染物。

② 组装过程中带来的污染。手工操作，如备料、手工拿取元器件和印制板、元器件成形等都会产生污染；环境温度、湿度、环境气氛会使元器件和印制板受潮、氧化；空气中和工作台、工具表面的灰尘造成污染。

（2）免清洗工艺管理控制措施

免清洗工艺，必须确保组装前 PCB 与元器件满足所要求的清洁标准；确保助焊剂和焊膏符合免清洗的质量要求；在制造过程的每道工序中避免发生污染；必要时采用氮气保护焊接等。

① 采购合格的元器件，不要提前打开元器件和 PCB 的密闭包装，组装前检查 PCB 与元器件的清洁度，并检查是否受潮，必要时进行清洗和干燥处理。

② 在元器件、电路板等原材料的管理、传送过程中，印刷焊膏和贴片操作时，要求拿 PCB 的边缘或戴手套，应避免手直接接触，防止手汗、指纹等污染 PCB。

③ 波峰焊工艺中，对于可靠性要求较高的电子产品，应使用低固含量弱有机酸类型的助焊剂，并在焊接过程中采用氮气保护。助焊剂使用喷雾式涂覆方式，在保证焊接质量的前提下，尽可能降低助焊剂的涂覆量，使助焊剂的焊后残留量达到最低水平。

④ 对于一般电子产品中的电路板，可以选用中活性低残留松香助焊剂（RMA）。这种类型的助焊剂一般不需要氮气保护。助焊剂的涂覆尽量采用喷雾式和超声雾化式，以控制助焊剂量。

⑤ 定期检测波峰焊锡锅中焊料合金的组分及杂质含量（有铅焊接不应超过 6 个月，无铅焊接每月检测一次），若不符合要求必须彻底更换。

⑥ 免清洗焊膏印刷模板开口缩小 5%～10%，提高印刷精度，避免焊膏印刷到焊盘以外的地方。

⑦ 一般情况免清洗工艺不能使用回收的焊膏。

⑧ 印刷后尽量在 4h 内完成再流焊。

⑨ 生产前必须测量实时温度曲线，使其符合工艺要求。细致调整波峰焊机/再流焊炉的温度曲线，使助焊剂的活性在焊料合金熔化前和焊接时达到最佳状态，提高焊接质量。

⑩ 手工补焊和返修应使用免清洗焊丝和免清洗助焊剂。

⑪ 手工补焊和返修后应立即将漫流到焊点以外、没有被加热的助焊剂擦洗掉，因为没有加热的助焊剂具有腐蚀性。

14.3.2 有机溶剂清洗技术

有机溶剂清洗详见本章 14.2 节。这种方法适合于清洗对水敏感的和元器件密封性差的印制线路板，目前还处于替代技术过渡阶段。有两种溶剂清洗方法：一种是非 ODS 溶剂清洗；另一种是过渡阶段的 HCFC 清洗，HCFC 清洗是一种使用有机溶剂与 CFC 混合液的清洗方法。

14.3.3 水清洗技术

水清洗工艺是以水作为清洗介质，可在水中添加少量（一般为 2%～10%）表面活性剂、缓蚀剂等化学物质，通过洗涤，经多次纯水或去离子水的漂洗和干燥完成清洗。

水清洗的优点是水清洗的清洗介质一般无毒、不危及工人健康，而且不可燃、不爆炸，因此安全性好；水清洗对微粒、松香类助焊剂、水溶性类污染物和极性污染物等有良好的清洗效果；水清洗与元器件的封装材料、PCB 材料的相容性好，对橡塑件和涂层等不溶胀、不开裂，使元器件表面的标记、符号能保持清晰完整，不会被清洗掉。因此水清洗是非 ODS 清洗的主要工艺之一。水清洗的缺点是设备投资大，还需要投资纯水或去离子水的制水设备，另外不适用于非气密性元器件，如可调电位器、电感器，开关等；水汽进入元器件内部不容易排出，甚至会损坏元器件。

水洗技术可分为纯水洗和水中加表面活性剂两种工艺，典型的工艺流程如下：

$$水+表面活性剂 \rightarrow 水 \rightarrow 纯水 \rightarrow 超纯水 \rightarrow 热风$$
$$洗涤 \quad 洗涤 \quad 漂洗 \quad 漂洗 \quad 干燥$$

一般在洗涤阶段均附加超声波装置，在清洗阶段除加超声外还附加空气刀（喷嘴）装置。水温控制在 60～70℃，水质要求很高，电阻率要求在 8～18MΩ·cm。这种替代技术适用于生产批量大、产品可靠性等级要求较高的企业。对于小批量清洗，可选用小型清洗设备。

14.3.4 半水清洗技术

半水清洗是一种介于有机溶剂清洗剂清洗和水清洗之间的清洗工艺。在清洗过程中，首先使用有机溶剂进行清洗，或在水中加入一定比例的有机溶剂洗涤剂、表面活性剂、添加剂组成清洗剂，使有机溶剂和水形成乳化液，然后清洗，用纯水或去离子水漂洗、喷淋、干燥。

半水技术属于水洗范畴，所不同的是加入的洗涤剂属于可分离型，洗涤后废液经静止，洗涤剂可从水中分离出来，还可以反复使用。半水清洗适合于树脂类助焊剂的清洗。

半水清洗剂按是否溶于水分为两类：溶于水的半水清洗剂和不溶于水的半水清洗剂。

半水清洗剂按水中加入的成分不同，分为以下 4 种：

- 水+N 甲基 2 吡咯烷酮+添加剂；
- 水+乙二醇醚+表面活性剂；
- 水+碳氢化合物+表面活性剂；
- 水+萜烯+添加剂。

14.4　水清洗和半水清洗的清洗过程

水清洗和半水清洗的清洗设备相同，有立柜式和流水式两种。立柜式（批次式）是分批清洗的，通过编制清洗程序，在同一腔体内自动完成表面润湿、溶解、乳化、皂化、洗涤、漂洗、喷淋清洗过程。流水式水清洗机由多个清洗槽组成，是流水线式的，在每个清洗槽中分别完成表面润湿、溶解、乳化、皂化、洗涤、漂洗、喷淋清洗过程，然后烘干。

立柜（批次）式清洗设备适用于多品种、中小批量电子组装板焊后清洗，流水式水清洗机适用于大批量清洗。

水清洗和半水清洗的清洗过程包括预清洗、清洗、漂洗、干燥 4 个阶段，如图 14-1 所示。

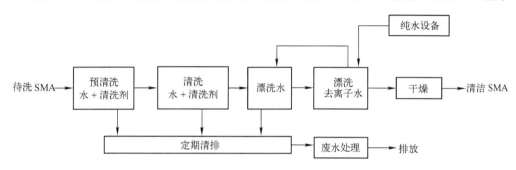

图 14-1　典型水清洗和半水清洗工艺流程

14.5　无铅焊后清洗

由于无铅合金的密度小、浸润性差，因此无铅焊膏中需要更多量的助焊剂和更强的活性剂。焊后不仅残留物的量会增加，而且残留物的腐蚀性也会增大，因此焊点被残留物腐蚀、造成电迁移和泄漏的危险性随之增加。过多的残留物覆盖在焊点表面，可能会掩盖裂纹等焊点缺陷，影响目视可检测性，影响无线射频损耗。另外，由于无铅合金的焊接温度高，残留物的硬度增加，可能会影响在线测探针的接触性。因此无铅焊后清洗的机会和必要性比有铅更多；同时，更多、更硬的残留物增加了清洗难度。

无铅焊后清洗可能需要提高清洗液的温度、压力，增加清洗时间，必要时增加清洗剂浓度。

14.6　清洗后的检验

清洗后的检验大多采用目视检验方法进行。对于高可靠性产品，需要采用专门的检测设备和标准的方法来测量清洁度。衡量清洁度的标准主要有离子污染度和表面绝缘电阻。

1．清洁度标准

（1）离子污染度（见表 14-3）

离子污染度目前国内还没有标准，一般都引用美军标 MIL28809 或美国标准协会的标准 ANSI/J-001B。

（2）表面绝缘电阻（SIR）

表面绝缘电阻通常采用梳形电路测量。这种方法具有直观性和量化性，可靠性最高，但其难度也最大，需要设计梳形电路才能测量。

通常要求表面绝缘电阻 SIR≥$10^{10}\Omega$。

表 14-3　离子污染度

离子污染度等级	MIL28809 要求测 NaCl 离子（$\mu g/cm^2$）	ANSI/J-001B 要求测松香含量（$\mu g/cm^2$）	应 用 范 围
I 级	≤1.5	<40	军用、医用
II 级	1.5～5.0	<100	精密、通信
III 级	5.0～10	<200	一般电子产品

2. 检验方法

清洗工序检验要根据产品的清洁度要求进行。

如果是军品、医疗、精密仪表等特殊要求的产品，需要用欧米伽（Ω）仪等测量仪器测量 Na 离子污染度；另外，通常还要采用梳形试件测试表面绝缘电阻。

欧米伽（Ω）仪测量清洁度的方法是通过将被测的印制电路组装件（PCBA）浸入清洁的标准溶剂中，将 PCBA 表面的离子污染物溶解到标准溶剂中，然后计算标准溶剂的等价钠离子的含量，从而给出被测件的清洁度指标。

对于一般要求的产品，可以通过目视检验方法进行检验。

目视检验方法需要用 4 倍显微镜检查。PCB 和元器件表面应洁净，无锡珠、助焊剂残留物和其他污物，以看不到污染物为判断标准。

思 考 题

1. 焊后清洗的主要目的是什么？表面组装板污染物的主要来源是什么？

2. 什么是极性残留物和非极性残留物？它们分别来源于哪些物质？会产生什么危害？

3. 超声波清洗的原理是什么？清洗时间与温度、超声功率、频率之间有什么关系？

4. 什么叫气相清洗？简述气相清洗过程。

5. 什么是免清洗技术？它有哪些优点？免清洗工艺在组装前、组装中怎样管理控制？

6. 半水清洗与水清洗的区别是什么？

7. 清洁度有几种检测方法？衡量清洁度的标准有哪两个指标？军品及生命保障类电子产品的清洁度应达到哪一级标准要求？

第15章 表面组装检验（检测）工艺

检验是 SMT 制造技术中的重要工序之一，是质量控制中不可缺少的重要手段。产品质量是企业的生命线。正确、先进的检测技术不仅能够确保产品合格、防止不合格品被漏判而流入市场，同时还能减少误判、提高生产效率、降低制造成本。

SMT 的检测内容包括来料检测、工序检测及表面组装板检测。

目前，SMT 制造中的检验方法主要有目视检验、自动光学检测（AOI）、自动 X 光检测（AXI）、自动焊膏检测（SPI）和超声波检测、在线测（ICT）、功能测等。

15.1 组装前的检验（或称来料检测）

来料检测是保证表面组装质量的首要条件。因为元器件、印制电路板、表面组装材料的质量问题在后面的工艺过程中是很难甚至不可能解决的。来料检测项目见表 15-1。

表 15-1 来料检测项目

来料	检测项目		一般要求	检测方法
元器件	可焊性		235℃±5℃，2s±0.2s 或 230℃±5℃，3s±0.5s，焊端90%沾锡（无铅焊接为 250～255℃）	润湿法和浸渍试验
	耐焊性		再流焊：235℃±5℃，10～15s（无铅焊接为 265～270℃，10～15s）	浸渍试验
			波峰焊：260℃±5℃，5s±0.5s（无铅焊接为 270～272℃，10s±0.5s）	
	引线共面性		<0.1mm	光学平面和贴装机共面性检查
	性能			抽样，仪器检查
PCB	尺寸与外观			目检
	翘曲度		<0.0075mm/mm	平面测量
	可焊性			旋转浸渍等
	阻焊膜附着力			热应力实验
工艺材料	焊膏	金属百分含量	75%～91%	加热称量法
		焊料球尺寸	1～4 级	测量显微镜
		金属粉末含氧量		
		黏度、工艺性		旋转式黏度计、印刷、滴涂
	黏结剂	黏结强度		拉力、扭力计
		工艺性		印刷、滴涂试验
	棒状焊料	杂质含量		光谱分析
	助焊剂	活性		铜镜、焊接
		密度	79～82g/cm^3	密度计
		免洗或可清洗性		目测
	清洗剂	清洗能力		清洗试验、测量清洁度
		对人和环境有害否	安全无害	化学成分分析鉴定

15.1.1　表面贴装元器件（SMC/SMD）检验

表面贴装元器件来料检测的主要检测项目有可焊性、耐焊性、引脚共面性和使用性。

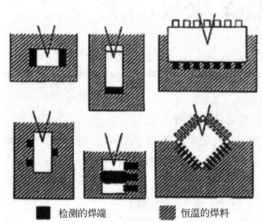

检测的焊端　　　　■　恒温的焊料

图 15-1　可焊性、耐焊性浸渍试验测试方法示意图

可焊性有润湿试验和浸渍试验两种方法。

元器件可焊性浸渍试验的方法：用不锈钢镊子夹住元器件体，浸入 235℃±5℃ 的恒温锡锅中，保持 2s±0.2s；或 230℃±5℃，保持 3s±0.5s（无铅焊接为 250～255℃，保持 2.5s±0.5s），然后在 20～40 倍显微镜下检查焊端沾锡情况。要求元器件焊端 90% 沾锡，如图 15-1 所示。

耐焊性检测方法同上，检测条件如下。

● 再流焊：235℃±5℃，10～15s（无铅焊接为 265～270℃，10～15s）。

● 波峰焊：260℃±5℃，5s±0.5s（无铅焊接为 270～272℃，10s±0.5s）。

经过以上检测后用 40 倍以上的放大镜观察表面，元器件的封装、引脚结合处不得发生破裂、变形、变色、变脆等现象；还要对测试过的样品进行电气特性的检测，电气参数变化符合规格书定义要求，则可以判定为合格。

注意：检测可焊性、耐焊性的焊料应选择应用在产品工艺中合格的有铅或无铅焊料。

领取元器件后可做以下外观检查。

① 目视或用放大镜检查元器件的焊端或引脚表面是否氧化、有无污染物。

② 元器件的标称值、规格、型号、精度、外形尺寸等应与产品的工艺要求相符。

③ SOT、SOIC、QFP 的引脚不能变形，窄间距多引线 SMD 的引脚共面性应小于 0.1mm。

④ 要求清洗的产品，清洗后元器件的标记不脱落，且不影响元器件的性能和可靠性。

15.1.2　印制电路板（PCB）检验

印制电路板的来料检测主要检测可生产性设计、PCB 加工质量及焊盘的可焊性。

① PCB 焊盘图形及尺寸、阻焊膜、丝网、导通孔的设置应符合 SMT 印制电路板的设计要求。

② PCB 的外形尺寸应一致，PCB 的定位孔、基准标志等应满足生产线设备的要求。

③ PCB 允许的翘曲尺寸。

● 向上/凸面：最大 0.2mm/50mm 长度，最大 0.5mm/整块 PCB 长度方向。

● 向下/凹面：最大 0.2mm/50mm 长度，最大 1.5mm/整块 PCB 长度方向。

④ 检查 PCB 是否被污染或受潮。对受污染或受潮的 PCB 应做清洗和去潮处理。

15.1.3　工艺材料检验

SMT 的主要工艺材料有焊膏、贴片胶、棒状焊料、助焊剂、清洗剂等，这些工艺材料是保证 SMT 组装质量的关键材料。从原则上讲，选择和应用这些工艺材料前应该对其进行检测和评估。但评估需要专用设备、仪器，有些项目对于一般的 SMT 加工厂是没有条件开展的。

由于一般的中、小企业大多不具备工艺材料的检测手段，因此对工艺材料通常不作检验，主要靠对焊膏、贴片胶等材料生产厂家的质量认证体系的鉴定，并固定进货渠道，定点采购，作为保障。进货后主要检查产品的包装、型号、生产厂家、生产日期和有效使用期是否符合要求，检查外观、颜色、气味等是否正常。另外，在使用过程中观察使用效果。例如，对焊膏主要观察印刷性和触变性是否好、室温下使用时间的长短，焊后检查焊点表面形状、浸润性，以及锡球、残留物的多少等，发现问题及时与供应商联系。

对于有条件的企业，以及有高可靠性或特殊要求的产品，应对工艺材料进行检测与评估。

（1）焊膏的检测与评估

焊膏的检测与评估，可以分为材料特性评估和工艺特性评估两个部分。焊膏材料特性评估通常包括焊膏黏度、合金颗粒尺寸及形状、助焊剂含量、卤素含量、绝缘电阻等焊膏材料本身所有的物理化学指标；工艺特性则是指焊膏在 SMT 实际生产中的应用特性，包括可印刷性、塌陷、润湿性、焊球等与 SMT 工艺相关的性能。

（2）助焊剂的测试与评估

助焊剂的主要测试与评估项目有外观、物理稳定性、密度、不挥发物含量、pH 值、卤化物、助焊性、干燥度、铜镜腐蚀试验、表面绝缘电阻、铜板腐蚀、离子污染、长霉。

15.2　工序检验（检测）

工序检验也称工序检测。SMT 工序检验的内容包括印刷焊膏工序检验、贴装工序检验、再流焊工序检验（焊后检验）和清洗工序检验。工序检验是产品质量管理过程控制的重要手段，具有以下作用：通过每道工序的质量检测，除了能够控制每道工序的质量外，还能有效控制和避免将前一道工序的缺陷带入下一道工序中；有利于检查缺陷的产生原因；能够避免焊后返修；有利于提高 SMT 的组装质量和生产效率；有利于通过最终产品的可靠性。

15.2.1　印刷焊膏工序检验

为了保证 SMT 组装质量，必须严格控制印刷焊膏的质量。有窄间距器件时，必须全检；无窄间距器件时，可以定时检测（如每小时一次），或按照取样规则检测。取样规则见第 8 章表 8-1。

施加焊膏要求详见第 8 章 8.1 节。

1. 检验标准

按照本企业标准或参照 IPC 或 SJ/T10670—1995《表面组装工艺通用技术要求》等标准执行。

不同的工艺，检验标准也略有不同。例如，需要焊后清洗的产品，焊膏覆盖焊盘的面积达到 75%以上即为合格，因为焊后要清洗，印刷在焊盘以外的焊膏、焊后可能产生的锡球能够被清除掉；但是采用免清洗技术时，印刷在焊盘以外的焊膏、焊后可能产生的锡球会影响可靠性，因此免清洗工艺可通过缩小模板开口尺寸的方法，使焊膏全部位于焊盘上；无铅工艺中，由于无铅焊膏浸润性差，尤其当 PCB 采用 OSP（有机防护剂）时，没有被焊膏覆盖的焊盘，焊后可能发生露铜现象，影响焊点的长期可靠性，因此无铅工艺要求焊膏覆盖焊盘的面积达到 100%（详见第 8 章 8.1 节及图 8-1）。图 15-2 为焊膏印刷缺陷示意图。

2. 检验方法

印刷焊膏检验方法有放大镜和显微镜目视检验，以及焊膏检查机（SPI）检验。

一般较大的开口重复精度好，对片式元器件采用 2D SPI 检测就可以了，而对窄间距 QFP、

CSP、01005、POP 等封装，应采用选择性 3D SPI 检测。

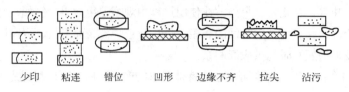

| 少印 | 粘连 | 错位 | 凹形 | 边缘不齐 | 拉尖 | 沾污 |

图 15-2　焊膏印刷缺陷示意图

15.2.2　贴装工序检验（包括机器贴装和手工贴装）

贴装工序检验即焊前检验。在焊接前把型号、极性贴错的元器件及贴装位置不合格纠正过来，比焊接后检查出来要节省很多成本。因为焊后的不合格需要返工，既费工时、材料，又有可能损坏元器件或印制电路板（有的元器件是不可逆的），即使元器件没有损坏，但对其可靠性也会有影响，所以焊后返修成本高、损失较大。贴装机自动贴装工序的首件检验非常重要，只要首件检验是合格的，贴装过程中补充元器件准确，由于有贴装程序保证，机器是不会贴错的。

1．贴装元器件的工艺要求

详见第 10 章 10.1 节。

2．检验方法

检验方法要根据各单位的检测设备配置及表面组装板的组装密度而定。

普通间距元器件可用目视检验，高密度、窄间距时可用放大镜、显微镜或（AOI）检验。

3．检验标准

图 15-3　器件贴装缺陷（器件错位）

按照本企业标准或参照 IPC 或 SJ/T10670—1995《表面组装工艺通用技术要求》等标准执行。

可参考第 10 章 10.1 节 2.的内容检测，确保满足贴装质量的三要素的要求。

器件贴装缺陷（器件错位）如图 15-3 所示。

15.2.3　再流焊工序检验（焊后检验）

焊后必须 100%全检，如果采用双面再流焊工艺，可以在完成双面再流焊后一起检测。

1．检验方法

检验方法要根据各单位的检测设备配置来确定。如果没有光学检查设备（AOI）或在线测试设备，一般采用目视检验，可根据组装密度选择 2～5 倍放大镜或 3～20 倍显微镜进行检验。

2．检验内容

详见第 11 章 11.3.2 中 5 的内容。

3. 检验标准

按照本企业标准或参照其他标准（如 IPC-A-610 标准或 SJ/T10670—1995《表面组装工艺通用技术要求》等标准）执行。图 15-4 是常见焊点缺陷举例。

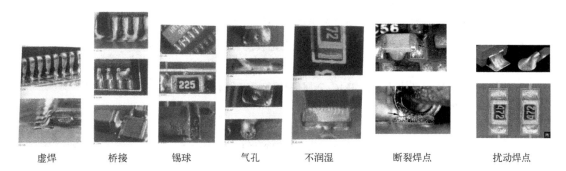

| 虚焊 | 桥接 | 锡球 | 气孔 | 不润湿 | 断裂焊点 | 扰动焊点 |

图 15-4　常见焊点缺陷举例

15.2.4　清洗工序检验

清洗工序检验要根据产品的清洁度要求进行，如果是军品、医疗器械、精密仪表等特殊要求的产品，需要用欧米伽（Ω）仪等测量仪器测量 NaCl 离子污染度、绝缘电阻等清洁度指标。对于一般要求的产品，可以通过目检方法进行检验。

15.3　表面组装板检验

组装好的 SMA，需要 100%检验。高密度板用 2～5 倍放大镜或在 3～20 倍立体显微镜下检验。

装有静电敏感元器件的组装板，检验人员必须戴防静电腕带，在防静电工作台上检验。检验时轻拿轻放，待检验或完成检验的表面组装板应码放在防静电箱、架上，并要有标识。

1. 外观检验质量要求

① 元器件应完好无损，标记清楚。

② 通孔插装元器件要端正，扭曲、倾斜等不能超过允许范围。

③ PCB 和元器件表面要洁净，无超标的锡珠和其他污物。

④ 元器件的安装位置、型号、标称值和特征标记等应与装配图相符。

⑤ 焊点润湿良好，焊点要完整、连续、圆滑，焊料要适中，焊点位置应在规定范围内，不能有脱焊、吊桥、虚焊、桥接、漏焊等不良焊点。

⑥ 焊点允许有孔洞，但其直径不得大于焊点尺寸的 1/5，一个焊点上不能超过两孔洞。

2. 表面贴装元器件的焊点质量标准（一般都按照 IPC-A-610 标准执行）

良好焊点的定义：在设计要求的使用环境、方式及寿命期内，保持电气性能和机械强度的焊点。

图 15-5 优良焊点

图 15-5 所示是优良焊点，其外观条件：
● 焊点的润湿性好；
● 焊料量适中，避免过多或过少；
● 焊点表面完整、连续平滑；
● 无针孔和空洞；
● 元器件焊端或引脚在焊盘上的位置偏差符合规定要求；
● 焊接后表面贴装元器件无损坏、端头电极无脱落。
优良焊点的内部条件：
● 优良的焊点必须形成适当的 IMC 金属间化合物（结合层）；
● 没有开裂和裂纹。

15.4　自动光学检测（AOI）

AOI 是指当自动检测时，机器通过摄像头自动扫描 PCB，采集图像，将测试焊点的参数与数据库中的合格参数进行比较，经过图像处理，检查出组装板上的各种缺陷，并通过显示器或自动标志将缺陷显示或标示出来，供维修人员修整。

15.4.1　AOI 在 SMT 中的作用

① 代替人工目视检验，并检查人工无法检查的小型化高密度的产品。
② 节省人工目视检验的工作量，降低人工成本。
③ AOI 的软件技术具有过程控制能力，已成为有效的过程控制工具。
AOI 能够产生两种类型的过程控制信息：
● 定量的信息，如元器件偏移的测量等；
● 定性信息，可通过直接报告全部装配过程的缺陷信息来判断制造过程的系统缺陷。
AOI 具有强大的统计功能，能直接统计出 ppm 数据，还能直接生成控制图。通常可选择一个控制图作为主监视图（见图 15-6），这个图一般设置在检查设备或返工站。操作人员可以选择一个点来作进一步的调查，并且可产生一个更详细的缺陷分类图。

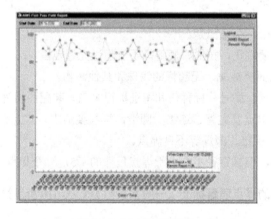

图 15-6　主监视控制图

图 15-7（a）是一个缺陷分类 Pareto（排列）图，该图告诉工程师什么类型的缺陷正在出现。

在本例中，最重要的缺陷是桥接，占了缺陷的 42%。线性图显示与 Pareto 条形图有联系的缺陷的累积百分率。它表明最多的 3 种缺陷占总错误的 75%。消除这些缺陷，可得到重大改进。

然后再进一步深究这些数据，可以确定焊锡短路的位置。图 15-7（b）显示焊锡短路缺陷发生在哪里。通过逐个位置检查特殊缺陷的发生，工程师可更好地分析缺陷的根源。在本例中，缺陷最多的位置占锡桥总数量的 15%。由于这个至关重要，将要求进一步调查缺陷的根源。

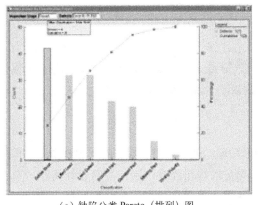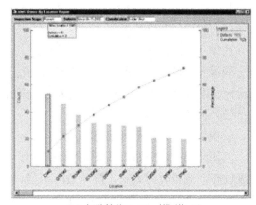

（a）缺陷分类 Pareto（排列）图　　　　　　　　　　　　（b）短路缺陷 Pareto（排列）图

图 15-7　缺陷 Pareto（排列）图

④ 可将 AOI 放置在印刷后、焊前、焊后的不同位置进行过程跟踪。

⑤ 实施最终品质控制，统一评判标准，保证组装质量的稳定性。

15.4.2　AOI 编程

AOI 编程方法有在线编程和离线编程两种。

编程结束后用一个文件名将这块标准板的程序保存在程序库中作为标准板程序。连续检测时，机器自动与标准板程序进行比较，并把不合格的部分作标记或打印出来，或者把不合格信息直接发送到返工站，供维修人员修整。

15.5　自动 X 射线检测（AXI）

自动 X 射线检测（AXI），是近几年兴起的一种新型测试技术。AXI 主要用于 BGA、CSP、倒装芯片、QFN 等焊点在器件底部，用肉眼和 AOI 不能检测的，以及印制电路板、元器件封装、连接器、焊点的内部损伤检测。

目前，X 射线检测设备大致有 3 种档次：①透射式 X 射线测试系统；②断面 X 射线[或称三维（3D）X 射线]测试系统；③X 光/ICT 结合的检测技术。

15.5.1　X 射线评估和判断 BGA、CSP 器件焊点缺陷的标准

X 射线焊点图像分析需将软件与工艺结合，与 IPC-A-610D 验收标准结合。为了正确评估和判断焊接缺陷，首先要了解 BGA、CSP 器件主要的焊接缺陷，以及这些缺陷的产生原因；了解 BGA、CSP 器件焊点检测标准；还要正确使用自动 X 射线的图形分析软件。

BGA 器件的主要焊接缺陷有空洞、脱焊、桥接、焊球内部裂纹、焊接界面的裂纹、焊点扰动，以及由于焊接温度过低造成的冷焊、锡球熔化不完全、焊球与 PCB 焊盘不对准、球窝等。

（1）空洞

焊接空洞是由于在 BGA 器件加热期间焊料中的助焊剂、活化剂与金属表面氧化物反应时产生的气体和气体在加热过程中膨胀所导致的。理想的情况是焊点内无空洞。但空洞并不可怕，只要空洞不在焊接界面，电气性能可能会满足要求，但机械强度会受到影响。IPC-A-610E 验收标准为，焊球中的空洞不应该超过焊料球直径的 25%，并且没有单个空洞出现在焊接点外表。如果多个空洞出现在焊球内部，空洞的总和不应该超过焊料球直径的 25%。

（2）脱焊（开路）

脱焊（开路）是不允许、不可接受的。

脱焊（开路）的主要原因：焊膏未能充分熔化；PCB 或 PBGA 器件的塑料基板变形；金属化孔设计在焊盘上，回流时液体焊料从孔中流出；印刷缺陷（漏印或少印）。

（3）桥接和短路

桥接和短路也是不可接受的。

其原因很多，例如：焊膏量过多或印刷焊膏图形粘连；贴片后手工拨正时，焊膏滑动；焊接温度过高，液相时间太长，焊球过度塌陷，使相邻焊盘的焊料连在一起；焊盘设计间距过窄；还可能由于 PBGA 器件的塑料基板吸潮，焊接时在高温下水蒸气膨胀引起焊盘起翘，使相邻焊点桥接。

（4）冷焊、锡球熔化不完全

这种缺陷是由于焊接温度过低造成的，也是不可接受的。

（5）焊点扰动

焊点扰动是焊点冷却凝固时由于 PCB 振动，或由于加热过程中 PCB 膨胀变形，冷却凝固时 PCB 收缩变形应力造成的，无铅焊点表面粗糙不属于焊点扰动。

（6）焊球与 PCB 焊盘不对准

一种可能是由于贴片偏移过大；另一个原因是焊接温度过低，焊接过程中没有到达使焊球完成二次下沉的温度，没有完成自定位效应就结束焊接。这种情况下，贴片造成的偏移量不能被纠正，造成焊球与 PCB 焊盘不对准，看上去焊球的形状是扭曲的。

（7）球窝缺陷（见图 15-8）

这种缺陷属于虚焊或脱焊，是不可接受的。

看上去焊球好像与焊料连在一起，但实际焊料和焊球之间没有形成真正的金相连接。

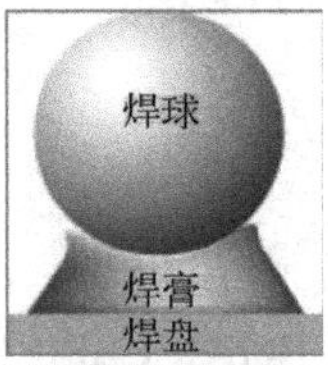

图 15-8　球窝缺陷

球窝缺陷在运输或使用中就可能失效，其产生原因如下。

① 焊膏印刷的厚度不够或者焊膏量不足。

② BGA 器件共面性差。

③ BGA 器件四个角的温差（ΔT）。大约有 95% 以上的温差出现在器件的一侧或者一角，可通过优化温度曲线，充分预热，减少器件四个角的（ΔT）解决。

④ 器件或 PCB 在加热过程中变形，也是发生在器件四个角或 PCB 变形严重的位置。翘起的一角焊球完全没有与焊膏接触。如果焊球完全脱离焊膏，焊膏中的助焊剂没有发挥功效，高温下造成焊球很快氧化，焊料就无法湿润焊球。结果焊球只是坐在焊料上面，而没有形成金相连接。

15.5.2　X 射线检测 BGA、CSP 器件焊点图像的评估和判断及其他应用

理想的、合格 BGA 器件的 X 光图像将清楚地显示 BGA 焊料球与 PCB 焊盘一一对准。图 15-9（a）

所示为焊球图像均匀一致，是理想的再流焊结果。图 15-9（b）所示为畸形焊球，大致由以下原因造成：回流温度低，PCB 翘曲或 PBGA 器件的塑料基板变形，以及印刷缺陷。

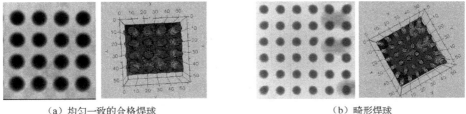

（a）均匀一致的合格焊球　　　　　　　　　　　（b）畸形焊球

图 15-9　BGA 器件均匀一致的合格焊球与畸形焊球图像比较

X 射线检测对简单和明显的缺陷，如桥接（见图 15-10）、短路、缺球等的定义已经很清楚，但对于虚焊、冷焊等复杂和不明显缺陷没有更多深入的定义。图 15-11 是 BGA 器件焊球空洞的图像。

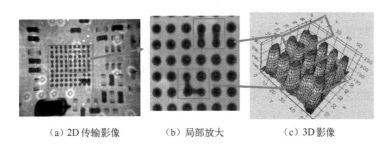

（a）2D 传输影像　　　　（b）局部放大　　　　（c）3D 影像

图 15-10　BGA 器件焊球桥接的图像

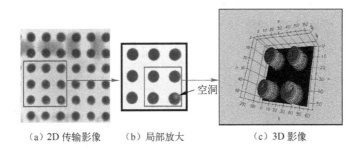

（a）2D 传输影像　　　（b）局部放大　　　　　（c）3D 影像

图 15-11　BGA 器件焊球空洞的图像

双面板上密集的组装元器件常常导致阴影。虽然 X 射线头和被测工件的工作台设计为旋转式，可以从不同角度进行检测，但有时效果不明显。为了有效地判断复杂和不明显缺陷，有的设备制造商开发了"信号确认"软件。例如，根据再流焊后 X 光图形中焊球的尺寸改变及均匀一致性，来评估和判断 X 光图像的真正含义。下面介绍如何根据 BGA、CSP 器件再流焊工艺过程中三个阶段焊球直径的变化和 X 光图像的均匀性来判断某些焊接缺陷。

（1）63Sn-37Pb 焊料再流焊工艺过程中，三个阶段焊球直径的变化（见图 15-12）

A 阶段（150℃预热阶段、焊球未熔化），BGA 器件站立高度等于焊球高度。

B 阶段（开始塌陷阶段或称一次下沉），当温度上升到 183℃时，焊球开始熔化，进入塌陷阶段，此时焊球的站立高度降至初始焊球高度的 80%。

C 阶段（最后塌陷阶段或称二次下沉），当温度上升到 230℃时，焊球充分熔化，并与焊膏熔在一起，在焊球上、下两个界面形成结合层，此时焊球的站立高度降至初始焊球高度的 50%，X 光图上球的直径增至 17%，导致突出面积增加 37%。

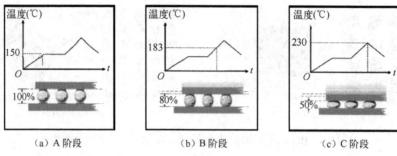

（a）A 阶段　　　　　　　　　　（b）B 阶段　　　　　　　　　　（c）C 阶段

图 15-12　63Sn-37Pb 焊料再流焊工艺过程中，三个阶段焊球直径的变化示意图

（2）X 光图像的均匀一致性

如果所有球的 X 光图像均匀一致，圆形面积等于焊球面积或在 10%～15%的范围内变化，则这种情况非常好，在再流焊中没有缺陷，称作"均匀一致"。在使用 X 光检查中，均匀性对于迅速判定 BGA 器件焊接质量提供了最首要的特性。从垂直的角度检测，BGA 焊球是有规则的黑色圆点。桥接、不充分焊接或者过度焊接、焊料溅散、没有对正和气泡都能够很快地检查出来。

虚焊的检查是通过一定的原理分析出来的。当 X 射线倾斜一定角度观察 BGA 器件时，焊接良好的焊球由于会发生二次坍塌，而不再是一个球形的投影，而是一个拖尾的形状。如果焊接后 BGA 焊球的 X 射线投影仍然是一个圆形的话，说明这个焊球根本没有发生焊接而坍塌，这样就可以推定该焊点是虚的，或是开路的结构。从图 15-13 可以观察到仍然是球形的焊球是开路的焊点。

X 射线还可以应用于印制电路基板、元器件封装、连接器、焊点的内部损伤等检测。

图 15-14 显示了从侧面观察到右边两个插装孔中焊料填充高度不足。

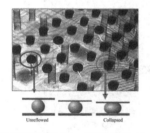

图 15-13　从侧面检测 BGA 器件的焊点，右边
外侧中间的焊点是开路的

图 15-14　从侧面检测通孔插装元器件的焊点，右边
两个插装孔中焊料不足

15.6　自动焊膏检测（SPI）

自动焊膏检测（SPI）是指焊膏自动检查时，机器通过摄像头自动扫描 PCB，依靠结构光测量（主流）或激光测量（非主流）等技术手段采集图像，对 PCB 印刷后的焊膏进行 2D 或 3D 量测，检查出焊膏印刷的各种缺陷，通过显示器将缺陷显示出来，避免印刷不良 PCB 流入贴片工序，同时统计分析印刷制程的过程能力，供印刷参数的调整优化。

15.6.1　SPI 在 SMT 中的作用

统计显示，SMT 工艺中 70%的不良原因与焊膏印刷不良有关，焊膏印刷后检测的项目及准确性很重要。焊膏检查机通过摄像头扫描 PCB，能提供多种焊膏印刷不良的检测能力，如体积超限、面积超限、高度超限、偏移、短路、缺失、拉尖等，可以定量地测量出焊盘上焊膏的高度、面积和体积，高度精度可以达到 1μm。针对轻薄短小的产品，SPI 可避免因锡点小，锡少或产品使用时振动、热胀冷缩造成接触不良，有效提高产品质量；SPI 也可在制程初期筛选出焊膏印刷不良产品，一方面实时提供信息供印刷机修改参数，一方面避免不良产品在生产线继续加工，有效提高产能及减少生产、维修成本。

15.6.2　SPI 的统计分析功能

SPI 具有强大的统计分析功能，可以按照时间、器件类型和板号分别统计计算 CPK 和控制图，基于统计分析的结果，进行印刷参数的优化，提升制程控制能力，所以 SPI 也是一种质量过程控制手段。图 15-15 是印刷高度的 CPK 统计，图 15-16 是印刷不良的类型分布及比重。

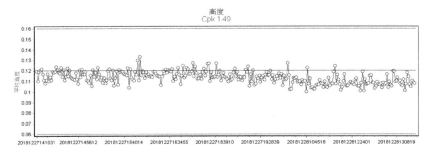

图 15-15　印刷高度的 CPK 统计

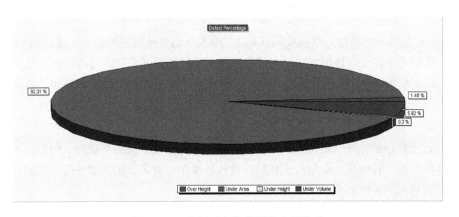

图 15-16　印刷不良的类型分布及比重

15.6.3　SPI 编程步骤

① 导入 Gerber 文件进行处理；

② 输入钢网厚度和 PCB 尺寸；

③ 设定 Mark 点参数；

④ 设定高度、体积、面积和偏移量等规格参数；

⑤ 调整轨道宽度和设备进板；

⑥ 自动校正焦距；

⑦ 系统设定及扫描 PCB；

⑧ 定位点校正；

⑨ 程序检测。

15.7 美国电子装联协会 IPC-A-610《电子组件的可接受性》简介

美国电子装联业协会制定的 IPC-A-610《电子组件的可接受性》是国际上电子制造业界普遍公认的可作为国际通行的质量检验标准，目前的最新版本是 IPC-A-610H。该标准的内容很多，这里仅概要简要介绍。

IPC-A-610 标准根据电子产品可靠性要求及使用条件等情况，首先将电子产品划分为 3 个级别，将各级产品均分为 4 级验收条件，每一级验收条件又分为 3 个等级（1、2、3 级）。因此，不同级别的电子产品要用不同的等级标准进行检测。

1. 电子产品的 3 个级别

1 级为通用类电子产品——包括对外观要求不高，以使用功能要求为主的消费类电子产品。

2 级为专用服务类电子产品——包括通信设备、复杂商业机器、高性能长使用寿命要求的仪器。这类产品需要持久的寿命，但不要求必须保持不间断工作，外观上也允许有缺陷。

3 级为高性能电子产品——包括持续运行或严格按指令运行的设备和产品。这类产品使用中不能出现中断，如医用救生、飞行控制、精密测量仪器，以及使用环境苛刻的高可靠性产品。

2. 各级产品的 4 级验收条件，每一级验收条件又分为 3 个等级（1、2、3 级）

1 级：目标条件——是指近乎完美的或称优选条件。这是希望达到但不一定总能达到的条件。

2 级：可接受条件——是指组装件在使用环境下运行能保证完整、可靠，但不是完美。

3 级：缺陷条件——是指组装件在完整性、安装或功能上可能无法满足要求。这类产品可根据设计、服务和用户要求进行返工、修理、报废或"照章处理"，其中"照章处理"须取得用户认可。

4 级：过程警示条件——是指虽没有影响到产品的完整性、安装和功能，但存在不符合要求条件（非拒收）的一种情况。这是由于材料、设计、操作、设备、工艺参数等造成的，需要制造者掌握对现有过程的控制要求，采取有效改进措施。

3. IPC-A-610 的制定目的

IPC-A-610 的制定目的，帮助制造商实现最高的 SMT 生产质量。

IPC-A-610 规定了怎样把元器件合格地组装到 PCB 上，对每种类（级）别的标准都提供了可测量的元器件位置和焊点尺寸，并提供了完成再流焊后的外观图片。例如，图 15-17 标出了焊点的关键尺寸参数，表 15-2 列出了片状元器件和 QFP 器件焊点的相应技术参数指标。检测时，每种类别的焊点的任何一个参数都可以从表中找到相应的可测量的技术参数指标。另外，还可以参考再流焊后的外观图片进行对照。例如，图 15-18 是 SOP 器件焊点高度检测标准：（a）是可接受 2 级，（b）是可接受 3 级。同样，对焊点宽度、长度都有详细的定义，因此非常直观、方便，且各个参数非常具体。

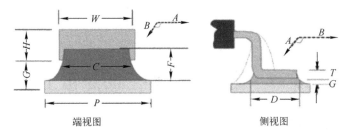

端视图　　　　　　　　　　　　　侧视图

图 15-17　焊点的关键尺寸参数示意图

表 15-2　片状元器件和 QFP 器件焊点的相应技术参数指标

特　点	标　签	片状元器件	QFP 器件
侧面悬垂最大值	A	1、2 类：$A<0.5W$ 或 $0.5P$ 1、2 类：$A<0.5W$（或 0.5mm）	3 类：$A<0.25W$ 或 $0.25P$ 3 类：$A<0.25W$（或 0.5mm）
尾部悬垂最大值	B	1、2、3 类：B 不允许	1、2、3 类：$B<$导电间隙
最小焊点宽度	C	1、2 类：$C>0.5W$ 或 $0.5P$ 3 类：$C>0.75W$ 或 $0.75P$	1、2 类：$C>0.5W$ 3 类：$C>0.75W$
最小焊点长度	D	1、2、3 类：$D>0.5W$ 或 $0.5P$	1 类：$D>W$（或 0.5mm） 2、3 类：$D>0.75L$ 或 W
最小焊点高度	F	3 类：$F>G+0.25H$	2 类：$F=G+0.5T$ 3 类：$F=G+T$

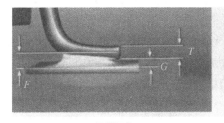

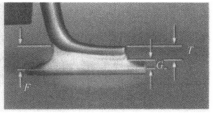

$F=T/2+G$　　　　　　　　　　　　　　$F=T+G$
(a) 可接受 2 级　　　　　　　　　　　　(b) 可接受 3 级

F—焊点高度；T—引脚厚度；G—引脚底面焊料厚度

图 15-18　SOP 器件焊点高度的检测标准

思　考　题

1．SMT 的检验（检测）包括哪些内容？

2．组装前检验（来料检验）包括哪些检验项目？元器件的可焊性和耐焊性有什么要求？

3．SMT 工序检测包括哪些内容？工序检测对 SMT 质量控制有什么意义？

4．印刷焊膏工序检测有几种方法？

5．贴装工序检测包括哪些检测项目？为什么首件检验非常重要？

6．表面组装板的最终检测包括哪些检测项目？良好焊点的定义是什么？

7．清洗工序检验的方法和要求是什么？

8．AOI 在 SMT 中起什么作用？

9．X 光检测在 SMT 中主要应用在什么场合？

10．SPI 在 SMT 中起什么作用？

11．IPC 标准将电子产品划分为哪几个级别？将各级产品分为几级验收条件？

第16章 电子组装件三防涂覆工艺

"三防"通常是指防湿热、防盐雾、防霉菌。但这是较狭隘的理解，实际上"三防"的意义远远超过这三个内容。凡是由大气（候）环境或设备的平台环境而引起的设备所有故障都属于"三防"防护的范畴，而不仅限于防潮、防霉、防盐雾。

根据电子产品的应用及环境要求，涂覆技术被广泛应用于汽车电子及电力系统、工业控制系统、军工行业等。在一般情况下，高可靠电子产品，尤其是工作在野外、机载、航天和海上的电子设备，为适应湿热、霉菌和盐雾环境和高冲击振动，确保电路板的正常工作必须对印制电路板组装件进行保护涂覆。

印制板组装件（PCBA）的保护涂覆的目的是使电路板在工作和储存期间能抵御恶劣环境对电路和元器件的影响，元器件通过涂层与底板粘接而增加机械强度和可靠性，达到长期防潮、防霉、防盐雾侵蚀的作用。涂层还能防止由于温度骤然变化所引起的"凝露"使印制导线或焊点间漏导增加、短路甚至于击穿。对于高电压的印制电路导线或在低气压下工作的印制电路组件进行保护涂覆后，可以有效地避免导线之间发生爬电、击穿现象，从而提高产品可靠性。

电子组装件的三防保护涂覆工序是在 PCBA 的后端，一般是测试好之后涂覆一层合成树脂或聚合物。处理的工艺有浸、刷、喷、选择涂覆等多种方法。涂覆的薄膜虽可提升产品可靠性，但由于涂层很薄，仅 20～200μm，不能期望三防涂层提供很高的抗冲击振动和完全抗水蒸气穿透能力，也不要期望通过保护涂覆来提高 PCB 基材的绝缘性，涂层仅能延缓其受潮，不能提高其防潮性能。

16.1　环境对电子设备的影响

环境不仅与人类的生活息息相关，而且对电子设备的使用寿命和稳定性产生重大的影响。在诸多的环境因素中，潮湿、盐雾和霉菌直接威胁着电子产品的使用和储存。高科技产品，特别是军用武器和装备、航天、航海、电源、电力、汽车，以及所有在野外、特别是潮湿环境下工作的电子设备，由于其使用环境的特殊性而更容易受到上述因素的影响。

16.2　三防设计的基本概念

三防技术是涉及电路、结构、工艺和技术管理等内容的综合性系统工程。三防设计应从系统和整机的方案阶段就介入，把三防融会通于结构设计之中。

1. 结构设计中需要考虑的内容（以通信设备为例）

机箱材料的选择，综合考虑机箱结构的散热性、导电性（电磁屏蔽）、机加工工艺性、结构强度、刚度及防锈性等。例如，通信设备的机箱通常采用整体机架加上、下盖板的结构形式。在材料选择方面，机架和上、下盖板一般选择防锈铝。还要考虑机架成形工艺、导电氧化工艺的难易及三防效果。确定机架和上、下盖板材料的具体牌号和状态，如选定防锈铝 LF6R，并在设计图纸的材料栏中正确填写。

对构成机架的侧板零件的设计，从最终产品是整体机架这一点出发，在零件设计时就将相互对接氩弧焊的两侧板的焊口斜面在零件的结构设计图上画出来，并注明焊接技术要求。

应按三防要求在零件图中的涂覆栏内正确标注。例如，钢件镀锌钝化、铝导电氧化、表面涂覆油漆等都要有相应的代号给予标注。

2．印制电路板设计时应考虑的问题

印制电路板设计时，应根据电子产品的使用环境、可靠性要求，选择能满足使用环境要求的电子元器件、工艺材料和组装工艺，要考虑防湿热、防盐雾、防霉菌的要求。

（1）防湿热

当空气相对湿度大于 80%时，尤其在高温环境下，很多电子设备中的有机及无机材料构件由于受潮热的影响而增大质量，发胀，变形，金属构件腐蚀加速。如果绝缘材料选用和工艺处理不当，则绝缘电阻下降，以致绝缘击穿，性能破坏，造成故障。为保证可靠性，应进行防潮湿设计。

（2）防盐雾

盐雾的影响是指盐雾与潮湿空气结合时，其中所含的半径很小的氯离子对金属保护膜有穿透作用。盐和水结合能使材料导电，故可使绝缘电阻降低，引起金属电蚀、化学腐蚀加速，使金属件与电镀件受破坏。二氧化硫、氯气、氨气等有害气体与潮湿空气会合便产生酸性、碱性气体。这些气体也有加速金属构件腐蚀的作用，使绝缘性下降。

（3）防霉菌

霉菌、白蚁等生物类也会在不同情况下对产品产生影响。例如，霉菌在一定温度、湿度（一般为 25～35℃、相对湿度 80%以上）的环境条件下，繁殖生长迅速，其分泌物形成的斑点影响产品外观；这些分泌物所含的弱酸会使电工仪表的金属细线腐蚀断，损坏电路功能。尤其在光学仪器上长霉，会使玻璃的反射和透光明显下降，破坏光学性能。所以，设计中也应进行防霉设计。

16.3　三防涂覆引用的相关标准

评估三防效果的最终方法是通过环境试验来判断。环境试验通常模拟气候和力学环境，通过对存在问题的分析、研究，促进产品环境适应性设计，促进电子装备环境适应性水平的不断提高。一般根据质量体系文件要求，三防涂覆属特殊过程，当使用的设备更新或经过大修后、操作人员发生变更、工艺方法发生重大变化、停工时间超过一年以上、产品质量发生重大批次性问题、产品的接收准则发生变化，需对人、机、料、法、环、测各环节进行确认评价。考核印制电路板在高温及高湿环境条件下的适应性、抗霉、抗盐雾大气影响能力，指标是否达到设计要求，其参照的主要标准如下。

GB/T 1723—1993《涂料黏度测定法》

GB/T 8264—1987《涂装技术术语》

GB/T 9286—1998《色漆和清漆涂膜的划格试验》

GB/T 13452.2—2008《色漆和清漆　漆膜厚度的测定》

GJB 3023—1997《防霉氨基烘漆规范》

SJ 20812—2002《军用电子设备三防设计的管理规定》

SJ 20671—1998《印制板组装件涂覆用电绝缘化合物》

SJ 20897—2003《聚对二甲苯气相沉积涂敷工艺规范》

QJ 3259—2005《航天电子产品防护涂敷技术要求》

IPC-CC-830B《印制线路组件用电气绝缘化合物的鉴定及性能》

IPC-TM-650《测试方法手册》

IEC 61086《承载印制电路板用涂料》

GJB 150.9A—2009《军用装备实验室环境试验方法 第 9 部分：湿热试验》

GJB 150.10A—2009《军用装备实验室环境试验方法 第 10 部分：霉菌试验》

GJB 150.11A—2009《军用装备实验室环境试验方法 第 11 部分：盐雾试验》

16.4 三防涂覆材料

三防涂覆材料俗称三防漆。随着对电子产品可靠性要求的不断提高，三防漆的材料也有了很快的发展。国内外不断开发出新的涂覆材料。

1. 对三防涂覆材料的要求

（1）理化性能

① 化学性能稳定，无腐蚀性，能与印制板组件使用的材料相容；

② 物理机械性能好，对基板及元器件有良好的粘接性和柔韧性，抗温变能力强，在按照该组件设计任务书或技术协议中规定的温度试验条件进行温度循环或温度冲击试验后，涂层与基板之间不出现开裂、剥离和脱落等现象；

③ 耐热性好，热膨胀系数（CTE）低；

④ 吸水率低。

（2）电性能

① 有较好的电性能：介电常数（ε）和损耗角正切值（$\tan\delta$）要小，体电阻率（ρ_v）要高；

② 涂料的电性能随温度、湿度变化要小。

（3）防护性能

① 涂层按 GJB 150.9A—2009 进行湿热试验，指标达到设计要求；

② 涂层按 GJB 150.10A—2009 进行霉菌试验，指标达到设计要求；

③ 涂层按 GJB 150.11A—2009 进行盐雾试验，指标达到设计要求。

（4）工艺性

① 涂料应当是聚合型的，以减少溶剂挥发时留下的针孔；

② 涂层应是无色透明的（允许加荧光剂）；

③ 所选用的涂料具有可操作性。

2. 涂料分类

常用的三防涂料有以下几种：

① AR 型——丙烯酸树脂：有良好的电性能，工艺性好，可喷、浸及刷涂。

② ER 型——改性环氧树脂：有良好的电性能和附着力，工艺性好；但由于聚合时产生应力，对一些易脆元器件需特殊保护；可浸、喷及刷涂。

③ UR 型——聚氨酯树脂：在要求耐湿热和耐盐雾腐蚀环境中使用，最好喷涂二次；双组分、

可喷、浸和刷涂；涂层韧性好，耐高低温冲击。

④ SR 型——有机硅树脂：电性能优良，损耗和介质系数值比其他类涂料低，耐湿热性能好；适合于高频、微波板涂覆；也适合于在高温下工作的电路板涂覆；可喷、浸及刷涂。

⑤ XY 型——聚对二甲苯：聚对二甲苯的环二体在特定的真空设备中气相沉积于印制板组件上，适用于高频板。

常用三防涂料的性能见表 16-1。

表 16-1　常用三防涂料的性能

性能	聚合型液态涂料				聚合型固态涂料	
	AR 型	ER 型	UR 型	SR 型	HY 型	
	丙烯酸树脂	改性环氧树脂	聚氨酯树脂	有机硅树脂	聚对二甲苯	
					N 型	C 型
体积电阻率ρ（$\Omega \cdot cm$）	$10^{12} \sim 10^{14}$	$10^{12} \sim 10^{15}$	$10^{11} \sim 10^{14}$	$10^{13} \sim 10^{15}$	$10^{15} \sim 10^{16}$	$10^{16} \sim 10^{17}$
介电常数ε	3.8～4.2	3.4	3.8	2.6～2.8	2.65	2.95
损耗角正切值$\tan\delta$	3.5×10^{-2}	2.3×10^{-2}	3.4×10^{-2}	3.5×10^{-3}	8×10^{-4}	2×10^{-2}
CTE（$\times 10^{-5}$/℃）	5～9	4.5～6.5	6～9	10～20	6.9	3.5
耐热性（℃）	120	130	120	180	130	120
24h 吸水率（%）		0.08～0.15	0.02～4.5	0.12（168h）	≤0.1	
推荐涂层厚度	20～35	30～50	20～50	20～70	8～12	
最高使用频率	400MHz				1.2GHz	1.2GHz

3. 常用辅助材料（见表 16-2）

表 16-2　常用辅助材料

名称	要求	用途
清洗剂	与印制板组件材料兼容，具有良好的清洗能力，润湿性好，能同时去除极性污染和微粒杂质	清洗印制板组件
稀释剂	与印制板组件材料兼容，溶解性强	调配涂料时，用其调整涂料黏度
涂覆保护材料	对保护部位无腐蚀和污染	对不需要涂覆部位的保护

4. 新材料的应用

亿铖达 PU 1030-35S-WB 是一款以水性聚氨酯树脂为基料的单组分室温固化新型敷型涂覆材料。产品以水为稀释剂，不含任何有机溶剂，具有安全健康环保、无毒无害无味、不易燃易爆、施工方便和明显改善车间作业环境等特点。固化速度快，固化后的漆膜光亮，附着力好，具有优异的耐磨、耐化学、耐高低温、耐湿热、耐盐雾等性能，可用于不同使用环境下、不同施工工艺的线路板防腐绝缘。

16.5　电子组装件防护技术

我国大多军工企业使用环氧绝缘清漆作为三防涂覆材料，采用传统的浸渍、刷涂、喷涂工艺。

由于军品的产量比较小，很多企业采用手工操作。手工操作的主要缺点是不容易掌握涂覆层的厚度，均匀性不好，一致性差；遮蔽的问题通常采用贴胶带遮蔽，但对于高大的异形零部件不容易解决；另外，手工操作有比较大的污染，对操作者及环境不利。随着科技的发展，目前已经有不少军工企业购买了选择性涂覆设备，采用自动选择性涂覆工艺。

1. 工艺流程

无论是手工浸、刷、喷，还是选择性涂覆工艺，其工艺流程都是相同的，如图16-1所示。

图16-1　涂覆工艺流程

三防工艺还要特别注意工艺控制和工序的连续性：整个焊接、清洗、干燥和三防工艺应安排在一个班上完成。连贯起来做，对提高质量和合格产品直通率有好处。因为空气中的灰尘、微生物、潮气（尤其夏天空气湿度大）都对质量有影响。

（1）组装板清洗

清洗的目的在于去除电路板表面、元器件表面及底部、过孔及引脚之间的焊料和助焊剂残留物，以及制造过程中带进来的污染物，避免潜在的腐蚀危险，同时提高涂料与PCBA的结合强度。

清洗方法有溶剂清洗、水清洗、半水清洗。具体采用哪一种方法，需要根据电子产品的可靠性要求、焊接时采用的助焊剂性质，以及残留物的具体情况来选择。一般而言，对于军工产品和高可靠要求的产品，焊接时采用水溶性助焊剂，焊后采用水清洗的效果最好。

水溶性助焊剂的可焊性非常好，但对焊点有腐蚀作用，焊接后必须马上清洗（最多不超过2h），清洗后立即修板（用水溶性助焊剂和水溶性焊丝），修过的组装板必须在2h内再清洗。

（2）保护

漆雾会污染某些元器件，当印制板组件对介质损耗有严格要求或者涂覆材料对导电、导热和接触电阻有影响时，应进行涂覆保护，如PCB插件、IC插座、可调元器件、元器件散热部位、接地部位、某些敏感的触点及有灌封要求的元器件及部件，这些部位需注意遮蔽保护的可靠性。保护胶带应选择不干胶膜不会转移的胶带，进行涂覆保护操作时，不应用裸手接触工件上待涂覆的部位，涂覆保护时应确保无遗漏、无错位，保护材料边缘不应有起翘和黏合不严之处。在涂覆结束后清除时，胶带应不会在工件表面预留残胶。保护胶带应选择防静电胶带，保护胶浆应选择快干型、可剥性胶浆。

（3）预烘

水清洗后的干燥对三防工艺非常重要，涂覆保护的工件在涂覆前应进行过预烘驱潮处理，干燥不彻底，会影响三防质量。

表16-3　不同相对湿度下的参考预烘温度和时间

环境相对湿度	预烘温度（℃）	预烘时间（h）
＜60%		2
60%～70%	45±2	2.5
70%～80%		3

（4）三防涂料的涂覆

涂覆主要控制涂层的厚度、均匀性、致密性。采用自动涂覆设备将三防涂料高效、均匀地涂覆到电路板的表面，使其形成一层保护膜，以起到防护作用。自动化设备可提高涂覆的均匀性和一致性，减少涂料的浪费和对环境的污染。

（5）涂覆方式

常用的涂覆方式有浸涂、喷涂、刷涂和真空气相涂覆四种，各自适用对象见表 16-4。

表 16-4　涂覆方式适用对象及工艺方式优缺点

涂料类型	涂覆方式	优点	缺点	应用范围
聚合型液态涂料（AR 型、ER 型、UR 型、SR 型）	浸涂	可以得到较好的涂覆效果，对设备要求低，操作简单	对涂料黏度要求较高，不能控制涂层厚度，涂料浪费严重	不能涂覆有电位器、微调磁芯以及不密封元器件的电子组件
	刷涂	对设备要求低，过程简单，适用性广	对操作工人要求较高，对不允许涂覆的部位要有醒目的标识，转换效率低，产品一致性差	通常用于小体积产品的三防涂覆以及涂层的修补
	手工喷涂	使用最多，属于雾化涂覆，往往不需要二次涂覆	对一些不允许涂覆的元器件及组件，需要严加保护，使喷雾不污染到这些部位，对印刷插件和接地部位，需采用专用夹具或专用保护膜保护	适合于元器件排列不十分稠密、需局部保护不多，且不十分苛刻的产品
	自动选择性涂覆	涂层均匀性好，涂层厚度可控，喷涂一致性好，可提高涂料的利用率和工作效率，缩短生产周期	＼	适合于一定批量，组装密度高，需保护部位较多且涂覆精度要求高的电路基板的保护涂覆
聚合型固态涂料（XY）型	气相沉积涂覆	在涂覆过程中，没有液相存在，可以免除很多涂覆缺陷，如针孔等，涂层表面致密，薄膜厚度可精确控制，可以渗透间隙小于 10μm 区域涂覆，可在形状复杂的元器件表面形成均匀涂层	设备昂贵，成本较高	只针对聚对二甲苯树脂类的三防涂料，常应用于各种高端、关键技术领域，如军工、航天等

（6）固化

涂覆后的产品根据所选用的三防涂料规定的时间和温度进行固化；需要根据涂料的种类选择热固化或紫外固化设备；要求在短时间内使涂料干燥固化，形成涂层薄膜。大多热固型涂覆材料的固化条件为 120℃下 5～10min；UV（紫外线）固化要求暴露在紫外线中的时间控制在10～20s，固化条件为 120℃下 5～10min。要注意，某些涂料在固化过程中会释放可燃性气体，要考虑到防爆问题。小批量生产可选择立体烘箱；大批生产大多采用流水式固化炉，其结构与空气回流炉相同。

（7）去保护层

固化完成后，保护材料必须彻底清除干净，残留物应用蘸有无水乙醇的脱脂棉或擦拭纸清洁干净。去除过程必须保护好印制板组件与保护材料边缘衔接的涂层，去除过程不能划伤印制板组件及涂层。

（8）检测

通常通过对涂层的厚度、均匀度及致密性的检测来调整涂覆过程的工艺参数，使其达到相关的标准。同时，根据检测结果对不能满足要求的涂层进行去除或修补。另外，维修的内容也包括对那些性能指标不合格的 PCBA 进行元器件的调整、测试及更换等处理。

2．外观检查

（1）外观检验要求

① 涂层应均匀、光滑，无局部堆积、流痕、泛白、针孔、皱纹、裂缝、剥离等缺陷。允许每平方分米有不多余 3 个、直径不大于 1.5mm 的不影响防护性能的气泡存在。

② 涂层内应无尘埃和其他多余物。

③ 不应有漏涂现象存在。

④ 不需涂覆的部位应无漆痕和其他污物。

（2）固化性能检验

可用手指用力压按涂层，不应有粘手和压陷现象。

（3）厚度

涂层厚度系指 PCBA 无元器件、焊点的 PCB 平滑处涂层厚度，测量方法包括直接测量或采用标准样板测量，采用涂层测厚仪、湿膜测厚仪、千分表 、超声等。涂层厚度按 GB/T 13452.2—2008 中 5.2 规定的非破坏性方法进行检测并符合要求。

（4）附着力

涂层附着力可每班次制作试验样件按 GB/T 9286—1998 规定进行检测，要求 0 级～2 级。

（5）三防性能检测

涂层三防性能检测随产品例行试验进行，或者定期（一般 2 年一次）制作试验样件分别按照 GJB 150.9A—2009、GJB 150.10A—2009、GJB 150.11A—2009 规定进行检测。

3．三防涂料的去除

当涂覆后的印制板组件需局部返工返修时，应根据需返工返修印制板组件所用三防涂料的种类合理选择去除涂层的方法（见表 16-5）。去除涂层过程中不得损伤印制板组件及其上面的元器件、印制导线及焊点。返工返修完成后需清洗干净返工返修部位、烘干，然后手工刷涂相应的三防涂料后再固化。

表 16-5　各种三防涂料的去除方法

三防涂料	去除方法			
	加热法	机械法	化学溶剂法	微研磨法
聚氨酯	加热后会释放有毒气体，不建议采用	固化后太硬，难去除，不建议采用	① 甲醇基/碱性活化剂溶液、乙二醇醚基/碱性活化剂溶液等；② 厚度为 0.004in 的涂覆层，去除时间不到 1～3h	简单快速，厚度为 0.004in 的涂覆层，去除时间不到 1min
有机硅	可耐 200℃高温，操作时注意观察烟雾	弹性好，可选用机械法去除	① 二氯甲烷/酸性活化剂溶液或羟基/酸性活化剂溶液；② 厚度为 0.010in 的涂覆层，去除时间需要 15min～1h	可非常容易地去除厚度达 0.02in 的涂覆层
丙烯酸树脂	快速有效	快速，可能会造成损伤	① 二氯甲烷，氯仿，酮类，丁内酯，乙酸丁酯等；② 厚度为 0.007in 的涂覆层，去除时间需要 1h	简单快速
环氧树脂	加热后会释放有毒气体，不建议采用	固化后太硬，难去除，不建议采用	① 仅适用于局部区域或元器件涂覆层；② 二氯甲烷/酸性活化剂	简单快速，厚度为 0.004in 的涂覆层，去除时间不到 1min
聚对二甲苯	快速有效	快速，可能会造成损伤	浸渍在四氢呋喃基溶剂中 2～4h，使涂覆层从板上分离出来，用乙醇进行清洗，干燥后用镊子去除干净	简单快速
UV 固化类	加热后会释放有毒气体，不建议采用	难易程度取决于涂覆层厚度		简单快速

思　考　题

1. "三防"涂覆工艺是指哪三防？

2. "三防"设计包括哪些内容？

3. 对三防涂覆材料有什么要求？

4. 三防保护涂覆的工艺流程是什么？为什么清洗和干燥是三防工艺成功与否的重要环节？

5. 通常热固化或紫外固化的固化条件（温度和时间范围）是多少？

6. 选择性涂覆工艺替代传统喷涂、浸渍、刷涂等手工操作有什么优点？

第17章 表面组装的可靠性

17.1 电子制造与可靠性概述

电子制造包括了从电子材料开始，到元器件、组件、设备整机以及系统集成的整个硬件实现的过程，其中涉及物料、化学、材料、机械电子等多学科的综合运用，是一个知识密集型的高技术的产业。随着技术的发展和越来越细的社会分工，现今的电子制造则演绎为主要包括技术复杂度较高的两个环节，即由电子材料到电子元器件的封装工艺，以及把元器件安装到印制板上形成电路板组件的组装工艺。本书主要讨论电路板组件组装工艺的可靠性。

在组装过程中最大量的工作就是焊接，焊接的可靠性直接威胁整机或系统的可靠性，换言之，焊接的可靠性已成为影响现代电子产品可靠性的关键因素。它直接关系到国计民生，在各行各业中广泛使用的电子产品可靠性的高低，以及国防军事装备能否正常运转都与之息息相关。

1. 可靠性定义及概论

在人们的印象中，"可靠"的意义似乎就是"不出问题"，或没有故障等，对于 SMT 焊点而言就是焊点不出问题。那么，到底什么是可靠性？如何对可靠与否进行衡量呢？根据国家标准 GB 6583—1994 的规定，可靠性是指产品在规定的条件下和规定的时间内，完成规定功能的能力。

对于一个完整的、可靠的电子组装制造过程而言，首次通过 SMT 或 THT 技术获得了组件并没有达成最终的目标，其中还必须通过各种可靠性试验的考核以及失效分析手段，暴露和分析组件所隐含的缺陷以及造成缺陷的根本原因，并针对这些原因通过工艺优化、物料控制以及设计进行改进，不断地改进和提高焊点或组件的可靠性与质量，最终才能获得符合质量目标的组件和稳定的工艺条件。组装工艺获得的 PCBA 的互连可靠性问题的关键则是如何获得良好的、可靠的焊点，又不伤及周围的元器件和材料。

2. 焊点可靠性的意义

焊点通俗地说就是印制电路板与元器件之间起固定作用的接点，元器件通过接点输入、输出信号而发挥其作用。因此，焊点最基本的作用就是固定元器件，确保这一机械连接的牢固，然后在此基础上实现电气连接，传导电信号，最终实现组件的设计功能。从这个意义上讲，焊点是否可靠地持续保持良好的机械连接与电气连接的功能对于组件甚至整机来讲至关重要。因为，即使一个焊点不良或不可靠，也会导致整个设备异常甚至失效，严重的会引起灾难性的责任事故，如航天飞机的事故、火箭发射失败等。

3. 可靠性试验概述

从广义上来说，凡是为了了解、评价、分析和提高产品可靠性水平而进行的试验，都可称为可靠性试验。从这个意义上讲，在产品设计到制造、鉴定到使用的每一个阶段都需要进行可靠性试验。比如，在设计阶段，我们需要了解所设计的产品或焊点是否满足可靠性指标的要求，要进行可靠性试验。在生产制造阶段，需要了解生产工艺是否满足要求，需要进行可靠性试验。工艺定型后的正式生产时，需要对其产品的可靠性水平进行鉴定，也需要可靠性试验。在使用阶段，由于使用现场与实验室条件的差异，同样需要进行现场的可靠性试验。通过这么一系列的可靠性试验，我们期望可以达到保证出售的产品的可靠性水平满足要求的目标。具体来说，就是通过可靠性试验可以发现可以发现在设计、原材料、结构、工艺和环境适应性方面存在的问题，再通过失效分析手段分析问题产生的原因，并进行有效的改进，直到达成最终的设计目标，并可为后续的可靠性管理提供有效的依据。

为了达到不同的目的可以选择不同类型的试验方法。可靠性试验有不同的分类方法，如根据环境条件分为模拟试验和现场试验；根据试验的性质，可以分为破坏性试验与非破坏性试验；按照项目可分为环境试验、寿命试验、加速试验和各种特殊试验。但通常惯用的分类方法是将其分为5 类：环境试验、寿命试验、筛选试验、现场使用试验和鉴定试验。而鉴定试验又可以分为产品的可靠性试验与工艺的可靠性试验。产品的可靠性鉴定试验一般在新产品设计定型和生产定型的时候进行，目的是考核产品的指标是否满足预定的设计要求。而工艺（含材料）的可靠性鉴定试验主要是用于考核生产工艺和材料的选择与控制能力是否能保证所制造的产品可靠性与质量等级的要求。由于 SMT 工艺从有铅的传统工艺到无铅的环保工艺，主要涉及工艺与材料的转换，因此，更多地需要做工艺的可靠性鉴定试验，以确认所更新后的工艺和材料是否满足预期的可靠性要求。

由于无铅制造过程涉及的因素很多，仅仅无铅焊料在业界就无法统一，各种合金组成的无铅焊料以及不同的表面处理，导致影响无铅工艺可靠性的因素很多，且无铅工艺实施的时间不长，与有铅产品的大量可靠性数据积累相比，无铅产品的可靠性数据缺乏积累。这也严重制约了无铅焊接技术的发展，导致在某些高可靠性要求的领域仍然得到豁免而继续使用有铅工艺，这样无铅、有铅混装的工艺就产生了新的可靠性问题。为此，除了进行上面提到的可靠性鉴定试验以外，业界仍然需要针对无铅焊点进行必要的寿命试验，以获取无铅焊点的寿命特征。这种方法是模拟焊点的使用条件，在不改变失效机理的条件下采用加大应力、缩短试验时间的寿命加速试验的方法。尽管如此，为了获得焊点的特征寿命，试验的时间仍然较长，投入仍然很大，在业界一般的中小企业都难以单独承担。所以，现在业界大多采用工艺可靠性鉴定试验的方式，结合一定的机理分析来确保消费类产品的可靠性满足要求。

4. 电子组件的可靠性试验方法的选择

电子组件可靠性试验的项目或内容要根据组件的主要失效模式以及可能遇到的环境应力来确定。组件所在的设备的运输、存储、使用环境和使用条件，决定了互连焊点可能遇到的主要应力，焊点的可靠性又因为这些应力的影响而逐渐降低，或者这些应力更容易导致焊点失效。可靠性试验就选择这些应力来进行，考虑到试验的时间及成本，因此，试验又必须针对焊点的主要失效模式并且采用加速应力试验的方法才可以满足要求失效模式与应力及可靠性试验的关系，见表 17-1。

表 17-1　失效模式与应力及可靠性试验的关系

失效模式	主要应力类别	可能的环境应力 （规定的条件）	试验方法
热疲劳断裂、 蠕变断裂	热应力	日夜与季节导致的温度变化、 使用与非使用状态的温度变化	温度循环
		使用与转移现场温度的快速变化	温度冲击
		储存期间的热应力	高温存储（老化）

失效模式	主要应力类别	可能的环境应力 （规定的条件）	试验方法
电化学迁移、 腐蚀、 绝缘性能下降	化学/电化学应力	高温、高湿的工作环境	湿热加电试验
			潮热试验、 高加速应力试验
静态断裂、 振动断裂、 蠕变断裂	机械应力	跌落	机械跌落
		车载使用	随机振动
		按键与不正确的把握与移动	三点弯曲

17.2　主要的可靠性试验方法

1. 热疲劳试验方法——温度循环

焊点通常需要面对温度变化的环境条件，如日夜与季节导致的温度变化，使用与非使用状态的温度变化，位置改变导致的温度变化等，以及焊点的不同材料结合的结构特点。这些温度变化都会导致焊点材料的周期性蠕变，周期性的蠕变则最终会导致焊点疲劳失效。因此，要基于焊点的主要失效机理，首先选择温度循环试验来考核焊点的可靠性。这种通过加大应力来进行的加速试验的前提是，试验全过程不能改变焊点的失效机理。因此，在选择试验方案或条件的时候，必须考虑应力及其水平的设置。按照 IPC 9701A 的标准给出的条件，温度循环的幅度分为 5 个等级，即 TC1～TC5，低温区最低温度为-55～0℃，高温区为 100～125℃，优选的条件是温度循环为 0～100℃，并且分别在最低和最高温度点处保持 10min，升温或降温速率小于等于 20℃/min，以保持加速状态的蠕变与实际情况一致。具体情况详见表 17-2。

表 17-2　温度循环试验要求与推荐的条件

项目		试验条件	备注
温度范围 （TC）	TC1	0～100℃	优选
	TC2	-25～100℃	—
	TC3	-40～126℃	—
	TC4	-55～125℃	—
	TC5	-55～100℃	—
试验时间或试验同期数	试验时间	直到50%（最佳63.2%）焊点失效	按失效时间或循环次数
	试验周期数 （NTC）	NTC-A	200	
		NTC-B	500	
		NTC-C	1000（对于 TC2、TC3、TC4 优选次数）	
		NTC-D	3000	
		NTC-E	6000（TC1 优选的次数）	
低温	低温停留时间	10min	一般采取 1h 一个循环的设置
	温度容忍偏差	+0/-10℃（+0/-5℃）	
高温	高温停留时间	10min	
	温度容忍偏差	+10/-0℃（+5/-0℃）	
温变速率		≤20℃/min	

项目	试验条件	备注
全部生产的样本量	33	需要考核返修，则加 10
电路板厚度	2.35mm	或实装板的厚度
元器件封装情况	菊花链结构或实际组装结构	—
试验监测方式	连续电阻检测/时间检测	监测焊点的失效时间

注：源自 IPC 9701A 的表 4-1。

为了确保加速应力条件下的焊点的失效机理与实际使用中的情况保持一致，标准 IPC 9701A 推荐温度循环的温度范围最好选择 TC1，即 0～100℃。这时候，高温阶段仍然处于典型的 PCB 的玻璃化温度之下，又不至于改变焊点的损伤机理。当然，在我们能够确认焊点损伤的失效机理不变的情况下，其他的大范围的 TC 也是可以选择的，并且可以缩短试验的时间。在试验时间的选择上，最好试验到板面 63.2%的焊点失效为止，因为这个时候正好对应的是这批焊点的特征寿命，并且可以很好地绘出精度较高的威布尔分布图，求得相关的特征参数。如果试验到 50%的焊点失效，这一点对应的时间恰好是这批焊点的平均寿命，这样也是可以接受的。当然，如果焊点的可靠性很好，要试验到使 50%或 63.2%的焊点失效可能需要很长的时间，这个时候也可以选择试验适当的循环周期数，进行指定周期的定时截尾试验，这是相对于焊点的可靠性水平，可以选择 NTC-A 的 200 次循环，也可以选择 NTC-E 的 6000 次循环。对于大多数的循环温度范围而言，一般选择 NTC-C 水平的 1000 次来进行试验。温变速率要控制在 20℃/min 以内，1h 完成 1 个循环。同时，该标准建议，为了便于监测焊点的失效状况，在相同工艺的前提下采用菊花链的测试结构来代替实际的 PCBA。这样只要工艺与材料不变，得到的可靠性就可以与实际的 PCBA 的基本一致。

值得注意的是，IPC 9701A 是 2006 年版的，该版本引用的温度循环的条件来自 JEDEC 的标准 JESD22-A104 的 B 版本，而现在最新 JESD 22-A104 的版本已经到了 2009 年的 D 版本了。现在简单地介绍一下该标准的最新情况：温度循环的条件已经修改为 11 种，分别为 A(-55～85℃)、B(-55～125℃)、C(-65～150℃)、G(-40～125℃)、H(-55-150℃)、I(-40～115℃)、J(0～100℃)、K(0～125℃)、L(-55～110℃)、M (-40-150℃)、N(-40～85℃)。最低温度允许的误差为(+0, -10℃)；最高的温度允许误差为(+10℃/15℃，-0℃)。另外，也将最低或最高温时的停留时间改成 1min、5min、10min 和 15min 共 4 种模式。而每个循环的时间长度为 1～3h 不等，但是对于互连焊点，则推荐每个循环至少时长 30min。

具体的试验方法可参考相关的标准。

2. 振动试验（Vibration Test）

电子电工产品在运输或使用过程中都可能遇到不同频率或不同强度的振动环境，这对产品中的焊点的可靠性是一个严峻的挑战。例如，车载电子设备会由于车辆的运动而产生振动，由于车辆运行的轨迹、速度、路面状况以及车辆的负荷等不同，焊点所受到的振动频率与振幅也不同。一般情况下，汽车、火车在运行过程中产生的振动加速度小于 5.6g，振动频率范围在 2～8Hz；民航飞机运行时产生的振动最大加速度可达 20g，频率多在 30Hz 左右。当振动激励造成应力过大时，会使焊点或结构产生裂纹和断裂。长时间的振动形成的累积损伤会导致焊点产生疲劳破坏，如果焊点含有隐含的缺陷或设计不良，则振动试验很容易触发焊点失效。振动试验就是振动台在实验室的环境下模拟各种振动环境，将样品用专用夹具固定在振动台上进行试验，以检验振动对焊点可靠性的影响，确定焊点可受振动的能力。

振动试验一般可以分为随机振动和正弦振动，后者又可以分为振动疲劳试验、扫频试验和振动噪声试验。自然界中大多数振动属于随机振动，但是由于随机振动的复现性差以及试验的复杂性，许多情况下采用正弦振动来模拟替代。振动疲劳试验常常被用来考察焊点的可靠性，该试验采用固定的频率（如 50Hz），振动加速度约 10g，在 X、Y、Z 三个方向上各进行 1h 的试验。需要注意的是，振动试验中的安装与控制非常关键，特别是固定点、检测点和控制点的选取，必须考虑试验结果的复现性以及与实际使用情况的吻合。对于焊点的评价来讲，焊点所在的 PCBA 一般应该参考实际设备中的情况来安装，或固定四个角上的支点，以使焊点在振动时受到充分的激励应力的考核。

关于振动试验的具体试验方法可参考 IEC 标准，如 IEC 68-2-34（环境试验 第 2 部分：试验方法 试验 Fda：宽频带随机振动——一般要求）、IEC 68-2-35（环境试验 第 2 部分：试验方法 试验 Fdb：宽频带随机振动——中再现性）、IEC 68-2-37（环境试验 第 2 部分：试验方法 试验 Fdb：宽频带随机振动——低再现性）以及 IEC 68-2-6（环境试验 第 2 部分：试验方法 试验 Fc 和导则：振动（正弦）），也可以参考国家标准 GB/T 2423-（10～14）。还可以参考 JESD 22-A110A（Subassembly Mechanical Shock）和 IPC-TM-650 2.6.9 来进行，JEDEC 标准则是专门针对组件或部件的试验方法，不过它把跌落、振动等对焊点的影响通过不同水平的机械脉冲应力来模拟，也把组件分成自由态和固定态（固定在某些治具上）来分别模拟不同的应力环境。

3. 跌落试验

跌落试验主要是考察产品从一定高度上自由跌落下来的适应性和经受这种跌落后的结构或焊点的完整性。随着技术的进步，电子产品越来越小型化，便携式的电子产品越来越多，这些电子产品在使用、运输的过程中极易发生跌落或摔伤。因此，跌落试验越来越常用来评估焊点的耐跌落的性能。试验进行的时候，主要考虑的条件有试验台面的材质和硬度、跌落释放的方式和跌落的方向、跌落的高度或严酷等级等。对于小样品（如 PCBA），试验台面一般采用硬质木地板（地板下为钢筋混凝土），样品的质量大时，直接采用钢筋混凝土地板台面。IEC 标准规定的跌落试验的严酷等级分为 6 级，对于小于 20kg 的样品，跌落高度（严酷等级）在 1.0～1.2m。对于小型的电子产品，一般跌落的方向是 6 个面和 4 个角朝下分别各跌落 1 次，共 10 次。通过显微镜外观检查或电阻检测来考察焊点的破坏情况。

跌落试验的细节请参考 IEC 标准 IEC 68-2-32（Basic Environmental Testing Procedures Part2：Free Fall）或国家标准 GB/T 2423.8（电子电工产品环境试验 第 2 部分：试验方法 试验 Ed：自由跌落），也可以参照 JEDEC 的标准 JESD 22-B111 规定的方法，通常选取的试验条件是 JESD 22-A110A 规定的自由态测试水平条件 B（1500G，0.5ms）的脉冲；也可以是条件 H（2900G，0.3ms）的脉冲。关于详细的试验程序、样品安装方式以及失效监测方法等在标准中都有明确的规定。

4. 高温储存试验

高温储存主要是用来考查产品在储存条件下，温度与时间对产品的可靠性的影响。对于焊点而言，经常会遇到高温的储存与使用环境。高温对焊点的影响主要体现在促使焊点界面的金属间化合物的生长，金属间化合物长厚的同时，可能还会产生 Kirkendall 空洞，这时焊点的强度就会下降。就是说，高温应力可以导致焊点老化或早期失效。这一加速老化的过程可以用阿累尼乌斯定律来描述。

目前没有专门针对焊点的高温试验的试验标准，一般焊点高温试验条件的选择可以参考 JEDEC 的标准 JESD22-A103C-2004（High Temperature Storage Life，高温储存寿命试验）。高温应力的水平可以划分为 A～G 共 7 个等级（见表 17-3），对于 PCBA 上的焊点而言，一般选择条件 A 或 G，因为其他温度条件可能导致其他新的退化失效机理。例如，超过 PGB 基材的 T_g，将导致 PCB 严重变形，这样会对焊点产生新的应力，必然导致新机理的产生。此外，部分塑料封装的元器件的焊点也会产生类似问题。另外，由于高温应力单一及受周围的因素影响所限，试验的时间一般较长，都在 1000h 以上。试验过程最好由检测设备进行检测，以便及早发现失效样品；也可以通过切片后用扫描电子显微镜来检查 Kirkendall 空洞的生长状况或速度，以达到初步评估焊点可靠性的目的。

表 17-3　高温储存条件

等级	存储条件
A	$+125^{-0}_{+10}$ ℃
B	$+150^{-0}_{+10}$ ℃
C	$+175^{-0}_{+10}$ ℃
D	$+200^{-0}_{+10}$ ℃
E	$+250^{-0}_{+10}$ ℃
F	$+300^{-0}_{+10}$ ℃
G	$+85^{-0}_{+10}$ ℃

5. 湿热试验

湿热试验的目的是确定焊点在高温、高湿或有温度、湿度变化的情况下工作或储存的适应性。焊点是一个焊盘、引线脚以及焊料等不同材料组成的统一体，高温、高湿的同时作用，水分会在高温的推动下不断扩散、吸附、溶解等，会促使焊点及其周围发生化学或电化学反应，导致金属加速腐蚀，如果焊接工艺中有助焊剂的残留物，则这种腐蚀则更快、更为显著。湿热试验的失效判据一般是检查外观变色或枝晶生长与否，同时还可能进行功能检查以及绝缘性能的检测，看看功能正常与否和绝缘电阻是否下降到极限值以下。

对于焊点而言，大多选取恒定湿热试验来考察，交变湿热少使用。考虑到焊点可能遇到的环境条件以及试验的时间，湿热条件一般选为温度 40℃±2℃，RH93%±3%，或温度 85℃±2℃，RH85%±2%。另外，根据产品的可靠性等级或使用寿命长短，可以选取不同的试验时间：48h、96h、144h、240h、504h、1344h，也有选择 168h 或 1000h 的。试验的顺利进行还需要有能达到上述试验条件要求的试验箱。

6. 电迁移（ECM）试验

随着电子产品向小型化以及智能化的方向发展，焊点及导线之间的间距越来越细，而焊点在形成工艺过程中在其表面或周围会有一定的残留物聚集。当这些残留物中包含有腐蚀性强的离子性物质时，将会给焊点乃至整个 PCB 组件带来腐蚀和漏电的可靠性问题。这一问题产生的主要机理就是发生了电化学迁移（ECM）。为了评估焊点或 PCBA 发生电化学迁移的可能性，常常需要针对 PCBA 工艺过程或相关物料进行电迁移试验。电迁移发生的机理和过程可以简单描述如下：

第一步，焊点表面的金属在大气环境下首先氧化形成氧化物；

第二步，残留物吸湿并电离出活性离子；

第三步，活性离子在空气中水分的帮助下与金属氧化物反应并生成金属离子；

第四步，设备工作时焊点之间产生电位差，金属离子向阴极移动；

第五步，金属离子移动过程电场反复导致离子结晶析出溶解反复；

上述第三步至第五步反复循环，最终产生枝晶及漏电。

其中，最容易产生电迁移或枝晶的金属元素是银、铅、锡及铜。图17-1是这些枝晶的典型代表。这种失效往往不是一两个样品的失效，是整批次的产品都会出故障，导致损失巨大。

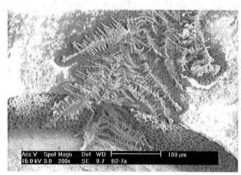 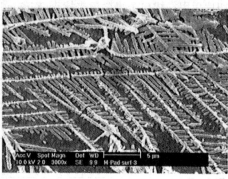

（a）铅枝晶　　　　　　　　　　　　　（b）银枝晶

图 17-1　电迁移产生的典型枝晶

评价焊点的生产工艺或材料的电迁移情况，一般按照标准 IPC-TM-650 2.6.14.1（抗电化学迁移试验）规定的程序进行。其主要方法简单介绍如下：

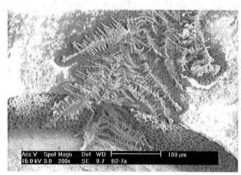

图 17-2　电迁移所使用的梳形标准电极
（IPC-B-25A 测试板 D 区）

首先要在实际的样品上制作标准的梳形电极图形，或参照标准制作标准的梳形电极（间距 0.318mm）（见图 17-2），也可以在实际的 PCBA 上选择类似的图形进行参考测试。然后使用相应的材料与工艺并且按照正常的工艺流程制作待测样品，再将这些样品接上导线后置于温湿度为 65℃，RH88.5%±3.5%（或 40℃，RH93%±2%；85℃ +2℃，RH88.5%±3.5%）的试验箱中，稳定 96h 后，测量绝缘电阻作为初始值，然后通过导线加上直流 10V 的偏置电压，再在试验箱中保持 500h。最后再测量其绝缘电阻并将其与初始值比较，如果不低于初始值的十分之一，并且无枝晶生长（或生长不超过电极间距的 20%），焊点无腐蚀，则该 PCBA 或焊点的耐电迁移能力合格。

近来某些研究显示，低的偏压如直流 5V 更能激发电迁移的发生。为此，一些国际知名品牌的大公司还制定了自己公司内部的电迁移试验程序，例如，美国惠普公司的试验条件就是温湿度为 50℃，90%RH，所加偏压为直流 5V，试验时间 672h（28 天）。

当然，对于可靠性要求很高的产品，其电迁移试验的时间还将被延长到 1000h 以上，并且连续监视其绝缘电阻值随时间的变化，同时可能还需要进行 PCBA 的表面离子清洁度的测量，评估离子残留量与电迁移发生概率之间的关联性。

7. 高加速寿命试验和高加速应力筛选

传统的正常应力水平或加速寿命试验一般都需时半年以上，显然不能满足日新月异的电子信息产品更新换代对设计品质或工艺品质验证的需求。因此，最早由美国军方研究推出的 HALT（Highly Accelerated Life Test）与 HASS（Highly Accelerated Stress Screening）试验技术现已经成为电子信息产业快速设计验证与工艺验证的试验方法，试验时间可以缩短到一周左右。由于目前HALT 试验还是一种全新的可靠性试验技术，还没有国际标准可以参考，国标也是刚刚出来，因此，本节将较为详细地介绍这一方法。

（1）HALT 试验

HALT 从名称上看是一种寿命试验，但其更重要的作用是充当产品的设计或操作极限验证的角色。它是一种使受测样品承受不同阶梯应力，进而及早发现设计极限以及潜在缺陷或弱点的程序性的试验方法。利用此测试可迅速找出产品设计及制造的缺陷，改善设计缺陷，增加产品可靠度并缩短上市时间，同时可建立设计能力、产品可靠度的基础资料并日后成为研发的重要依据。通过失效分析手段对 HALT 发现的缺陷进行分析，再通过设计改进等达到产品可靠性增长的目标。HALT 试验的具体内容包括：

- 逐步施加步进应力直到产品失效/故障。
- 采取临时措施，修正产品的失效/故障。
- 继续逐步施加应力直到产品再次失效/故障时，再次修正。
- 重复以上应力-失效-修正步骤，直到不可修复。
- 找出产品的基本操作界限和基本破坏界限。

在 HALT 试验中，可找到试样在温度及振动应力下的可操作界限（Operational Limit）与破坏界限（Destruct Limit）。可操作界限的定义为当实验过程中发生功能故障，在环境应力消除后即自动回复的应力临界点。破坏界限是功能故障在环境应力消除后依然存在的应力临界点。HALT 试验结果如图 17-3 所示。

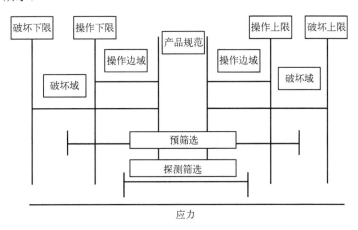

图 17-3　HALT 试验结果示意图

因此，HALT 试验主要用于产品的研发阶段，使用的应力远高于正常运输、储存、使用时的应力，所使用的这些应力一般包括高低温储存、温度冲击、随机振动以及多轴向振动、温度与振动组合应力等。一般 HALT 的试验程序主要包括：

① 温度步进应力试验：此项试验分为低温及高温两个阶段应力，首先进行低温阶段应力试

验，将待测物放于综合环境试验机中，将温度感应线接至欲记录的零件上，并调整风管使气流能均匀分布于机台上，依待测物的电气规格加满载，设定起始温度 20℃，每阶段降温 10℃，阶段温度稳定后维持 10min，之后在阶段稳定温度下进行至少一次的开关机及功能测试，如一切正常则将温度再降 10℃，并待温度稳定后维持 10min 再进行开关机及功能测试，以此类推直至发生功能故障，则将温度恢复至常温并稳定后，再进行开关机及功能测试，观察其功能是否恢复，以判断是否达到操作界限或破坏界限。如功能正常恢复，则将故障前的低温值记录为可操作界限，同时再将温度逐段下降直至发现当恢复常温仍然无法使功能自动恢复的低温，则此低温即为低温破坏界限。在完成低温应力试验后，即可依相同程序进行高温应力试验，即将综合环境应力试验机自 20℃开始，每阶段升温 10℃（线路板组件的第一步升温可以到 55℃），待温度稳定后维持 10min，然后进行开关机及功能测试直到发现高温操作界限及高温破坏界限为止（见图 17-4）。

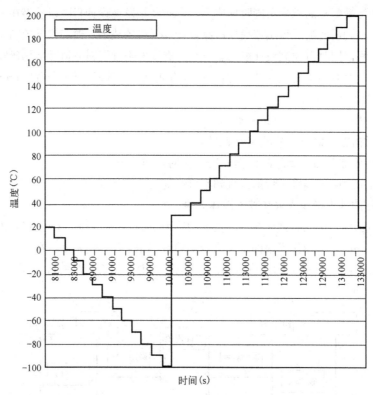

图 17-4　温度步进应力试验剖面

② 快速温变试验：此试验将先前在温度应力试验所得到的低温及高温操控界限作为此处的高低温度界限，并以 60℃/min 的快速温度变化率在此区间内进行 6 个循环高低温度变化，在每个循环的最高温度及最低温度皆需停留 10min，使温度稳定后再进行开关机及功能测试，如发现待测物发生可恢复性故障，则将温变速率减小 10℃/min，再进行温变，直到 6 个循环皆无可恢复性故障发生，则此温变速率即为此试验的操作极限，在此验中不需寻找破坏极限。

③ 随机振动试验：此试验是将振动峰值加速度自 5g 开始，且每阶段增加 5g，并在每个阶段维持 10min 后，在振动持续的条件下进行开关机及功能测试，以判断其是否达到可操作界限或破坏界限。当达到 30g 时，在功能测试完成后，须降至 5g，再进行功能测试以观察是否在高振动条件下遭到破坏，但却无法测得隐含的不良，而后更高频率值的测试都需以此模式进行。

④ 温度振动组合环境试验：此试验将快速温变及随机振动试验合并同时进行，使加速老化

的效果更显著。在 HASS 的实验中就是以组合的条件进行，方能在短时间内发现制造上的问题，此处使用先前的快速温变循环条件及温变率，并将随机振动自 5g 开始配合每个循环递增 5g，且使每个循环的最高及最低温度持续 10min，待温度稳定后进行开关机及功能测试，如此重复进行直至达到可操作界限及破坏界限为止。

在以上 4 个试程中，受测物所产生的任何异常状态都应加以记录，且应分析是否可借由变更设计克服这些弱点，并加以修改后再进行下一步骤的测试，提高产品的可操作界限及破坏界限，从而达到提升可靠性的目的。

（2）HASS 试验

HASS 试验技术是一种高效的工艺筛选过程。它使用较高个别或组合应力，施加在批量生产的产品上进行筛选，剔除产品的隐含缺陷而又不至于损伤良好产品，同时可以为生产工艺的改进提供依据。HASS 所使用的应力来自 HALT 试验，通常，预筛选所采用的应力介于产品的操作界限与破坏界限之间，而探测筛选所采用的应力介于产品的标称值与操作界限之间。HASS 一般应用于工艺试验或生产阶段，找出那些极有可能沉淀在客户使用终端并最终导致产品故障的潜在缺陷，HALT/HASS 已被证明是非常有效的。

HASS 试验条件的建立一般包括三个步骤：

① HASS 试验计划须参考 HALT 试验所得到的结果。一般均将组合环境试验中的高、低温度的可操作界限缩小 20%，而振动条件则以破坏界限 g 值的 50%作为 HASS 试验计划的初始条件，然后再依据此条件开始进行组合环境试验，并观察试样是否有不良发生。如有不良发生，须先分析判断是因过大的环境应力造成的，还是受测物本身品质不良造成的，属前者时应再放宽温度及振动应力 10%，属后者时表示目前测试条件有效。如皆无不良情况发生，则必须再加大测试环境应力 10%。

② 不良品有效性验证。在建立 HASS 试验条件时应注意两个原则：第一，该试验须能检测出可能造成设备故障的潜在不良；第二，经试验后，不致造成设备损坏或"内伤"。为了确保 HASS 试验所得到的结果符合上述两个原则，首先还必须准备三个试品，并在每个试品上制作一些未依标准所制造或组装的缺陷，如零件浮插、空焊及组装不当等。以最初 HASS 所得到的条件测试各试品，并观察各试品上的人为不良是否被检测出，以决定是否加严或放宽测试条件，而能使 HASS 试验剖面达到预期效果。

③ 良品有效性验证。在完成有效性测试后，应再把新的良品在调整过的条件测试 30～50 次，如皆未发生因应力不当而破坏的现象，此时即可判定 HASS 试验条件。反之则须再检测，调整测试条件以求得最佳组合。同时仍须配合产品经客户使用后所回馈的异常再做适当的调整。另外，当设计变更时，亦应修改测试条件以符合要求。

由于设备或整机产品由众多的零部件和模块组成，HALT 试验会导致故障模式分布零散而复杂，使失效或故障分析困难。因此，HALT 和 HASS 主要应用于组件、模块以及电路单元等，尤其适于 PCBA 及焊点质量的考察。

17.3　有铅和无铅混合组装的工艺可靠性

随着无铅化在电子装联领域的推广，焊料、PCB 镀层和元器件焊端镀层等已基本实现无铅化，但是有些电子产品如军工、航天等领域的产品及部分特殊封装的元器件，为了保证可靠性还是采用有铅材料。另一方面，在市面上一部分元器件已经全部无铅化，已找不到有铅镀层表面处理的，所以在实际生产中面临部分元器件有铅和部分元器件无铅的现象，即混装工艺。混装，从广义上讲是指有铅制程中有铅、无铅元器件混用，或是无铅制程中有铅、无铅元器件混用。混装工艺可以分为向前兼容（有铅元器件采用无铅焊料焊接）和向后兼容（无铅元器件采用有铅焊料焊接）。

有铅制造向无铅制造转变不可能一蹴而就。因此，电子产品组装生产线在一个较长的时间内，都可能是使用无铅元器件和有铅焊料进行组装焊接的缓和组装阶段，即有铅焊料和无铅焊料共同存在于同一块 PCBA 上。

1. 组合类型

（1）SAC 镀层或焊料球与 Sn-Pb 焊膏组合（向后兼容）

① 引脚 SAC 镀层。

一般情况没有问题，因为焊端镀层非常薄。

例如应用最多的镀 Sn 层厚度在 3～7μm，Sn 熔点为 232℃，与 Sn-37Pb 合金焊接时，一般情况下峰值温度比焊接有铅元器件略微高 5℃左右即可。但是有一点要特别警惕！镀 Sn-Bi 元器件只能应用在无铅工艺中，不能用到有铅工艺中。这是由于有铅焊料中的 Pb 与 Sn-Bi 镀层在引脚或焊端界面形成 Sn-Pb-Bi 的三元共晶低熔点层（熔点93℃），容易引起焊接界面剥离、空洞等问题，导致焊接强度劣化。

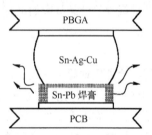

图 17-5 SAC 焊料球与 Sn-Pb 焊膏

② SAC 焊料球。

SAC 焊料球与 Sn-Pb 焊膏，如图 17-5 所示，工艺相容性存在的问题，主要是 Sn-Pb 焊膏在再流焊过程中，当使用 Sn-Pb 焊膏和普通温度曲线时，因再流焊峰值温度为 205～220℃，当 SAC 焊料球合金不能完全熔化时，可能会产生下面的几种后果：

- 自校正作用减弱或没有自对准作用产生，它可能产生局部开路的焊点，这对精细间距引脚器件尤为重要。
- 焊料球坍塌不够，器件共面性的问题更趋严重，它可能产生局部开路的焊点。
- 焊料球没有熔化，两种合金极少混合，焊点显微结构不均匀，可能导致焊点在长期使用或温度冲击下容易失效。

SAC 焊料球与 Sn-Pb 焊膏混用时，PBGA 器件与 63Sn-37Pb 焊料焊接必须提高 10～15℃，此时，SAC 焊料球完全熔化，与使用 Sn-Pb 焊料球/Sn-Pb 焊膏组合相比，其可靠性并不下降。

（2）Sn-Pb 镀层或焊料球与 SAC 焊膏组合（向前兼容）

① 引脚 Sn-Pb 镀层。

有铅元器件引脚和焊端镀层只有几微米厚，焊端或引脚镀层中微量 Pb 在无铅焊料与焊端界面容易发生 Pb 偏析现象，形成 Sn-Ag-Pb 的 174℃的低熔点层，可能发生焊缝起翘（Lift-off）现象，影响焊点长期可靠性。Pb 在 1%左右的微量时发生焊点剥离的概率最高。

② 焊点剥离（Lift-off）现象的机理——锡钎焊时的凝固收缩现象

63Sn-37Pb 合金的 CTE 是 24.5×10⁻⁶，从室温升到 183℃，体积会增大 1.2%，而从 183℃降到室温，体积的收缩却为 4%，故锡铅焊料焊点冷却后有时有缩小现象。因此有铅焊接时也存在 Lift-off，尤其在 PCB 受潮时。

无铅焊料焊点冷却时也同样有凝固收缩现象。由于无铅熔点高、与 PCB 的 CTE 不匹配更严重、出现偏析现象，因此当存在 PCB 受热变形等应力时，很容易发生 Lift-off，严重时甚至会造成焊盘剥落，如图 17-6 所示。

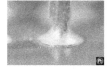

图 17-6　凝固收缩导致焊盘脱落

冷却时由于基板温度高，焊点先凝固收缩，基板焊盘界面处残留液相，基板越厚，基板内部储存的热量越多，越容易发生焊点剥离，如图 17-7 所示。

③ Sn-Pb 焊料球。

Sn-Pb 焊料球与 SAC 焊膏混装时，有铅焊料球先熔化，覆盖在焊盘与元器件焊端上面，助焊剂挥发物不易完全排除，易发生空洞，如图 17-8 所示。

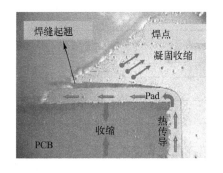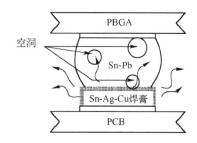

图 17-7　焊点凝固、焊点剥离机理分析　　　　图 17-8　排气不畅形成空洞

研究表明，焊膏材料与 PBGA、CSP 器件引脚焊料球材料对再流焊后空洞的影响程度，按下述不同组合而递减：

Sn-Pb 球/SAC 焊膏＞SAC 球/SAC 焊膏＞Sn-Pb 球/Sn-Pb 焊膏。

下述模型（图 17-9、图 17-10）对上述现象做了解释。

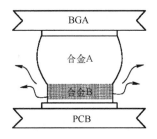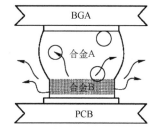

图 17-9　熔点：合金 A＞合金 B　　　　图 17-10　熔点：合金 A＜合金 B

当焊料球的熔化温度高于焊膏的熔化温度时，不会有助焊剂挥发气体渗透进焊料球中形成空洞，如图 17-9 所示。如果焊料球的熔化温度低于焊膏的熔化温度，如图 17-10 所示，则一旦焊料球达到熔化温度，助焊剂中产生大量的挥发性气体将进入熔化的焊料球焊料中，形成非常明显的空洞。这个空洞形成过程将一直持续下去，直到焊膏焊料熔化后与焊料球焊料结合。而结合后才会导致助焊剂挥发物从熔化焊料内部被驱赶出来，空洞形成过程就会由于缺少挥发物质而慢慢地平息下来。

综合比较向前兼容和向后兼容的利弊，向前兼容存在较严重的缺陷和隐患，此节不做讨论，重点叙述向后兼容，即 SAC 镀层或焊料球与 Sn-Pb 焊膏组合。

2．组合的相容性

（1）混装焊接机理。

混装焊接过程、原理与 63Sn-37Pb 是相同的。

金属间结合层（IMC）的主要成分是 Cu_6Sn_5（η 相）和 Cu_3Sn（ε 相）。

由于混装工艺中无铅元器件的焊端镀层和焊球的熔点高于锡铅焊料的熔点，因此，焊接温度略高于有铅焊接，有无铅 PBGA 时，焊接温度接近无铅焊接的。

有铅/无铅混装焊接，尽量避免温度过高和多次焊接，警惕富铅层与过多的 IMC，警惕高温损坏元器件和印制板。

常用有铅、无铅元器件焊端镀层与 Sn63-Pb37 焊料相容性比较见表 17-4。

表 17-4　常用有铅、无铅元器件焊端镀层与 Sn63-Pb37 焊料相容性比较

元器件类型		焊端表面镀层成份	与 63Sn-37Pb 焊料的相容性	
			材料	焊接温度
有铅元器件		Sn63-Pb37	相容性很好	
无铅元器件	通孔插装元器件、无引线和有引线表面贴装元器件	Sn	Sn 须问题	需要提高 5～10℃
		Sn-Ni	好	相容性较好
		Sn-Ag	不相容，Ag 的浸析现象	
		Ni-Pd-Au	不确定	需要工艺控制
		Sn-Bi	不相容，发生偏析现象	
	PBGA 等球状器件	Sn-Ag-Cu	不确定	需要提高 10～15℃

（2）工艺相容性

有铅焊料焊接无铅元器件时，Sn-Pb 焊料的熔点为 183℃，无铅元器件焊端镀层 Sn 熔点为 232℃，无铅 BGA 焊球 Sn-Ag-Cu 熔点为 217℃。由于无铅元器件焊端镀层和焊球的熔点高于 Sn-Pb 焊料的熔点，因此，焊接时需要提高焊接温度。

有铅焊料焊接有铅元器件时虽然材料和熔点温度都是相容的，但由于焊接温度提高了，高温可能损坏有铅元器件和 PCB 基板，特别是对潮湿敏感元器件的影响不可忽视。

（3）助焊剂的相容性

混装焊接工艺需要提高焊接温度，因此助焊剂的活化温度与活性也要相应提高。

（4）设计相容性

PCB 和工艺设计时，元器件、基板材料、PCB 焊盘涂镀层材料选择不当也会发生材料不相容等问题。

3．混装常见缺陷与机理

向后兼容工艺中常见缺陷有焊料扩散不均匀、开裂、冷焊、枕头效应等，组装工艺不当而影响焊点可靠性的几个主要失效模式和机理如下。

（1）印刷工艺引起的失效

对于向后兼容焊点，印刷依然是有铅焊料，对于无铅 BGA 器件的焊接，如果模板开口不改进，易造成焊料量偏少，那么由于无铅焊球没有完全熔融或塌陷造成的焊点自定位能力不足的问题将更突出，焊点移位的缺陷将更多，此时焊点的抗机械冲击能力将大大降低。

（2）贴片工艺引起的失效

由于向后兼容焊点的自定位能力不足，这就对贴装设备的贴装精度提出更高的要求。在以前的纯有铅焊接中允许的贴片误差在向后兼容中就可能造成严重的焊点可靠性问题。

（3）焊接工艺引起的失效

回流曲线参数设置是影响向后兼容焊点可靠性的关键因素，如果焊接温度不能满足无铅 BGA 器件的温度要求，无铅 BGA 器件的焊球只能部分熔融或塌陷，这样就会造成冷焊或金相结构不均匀，使焊点的抗热、抗机械疲劳和抗冲击的能力大大下降。另外，也容易造成 Sn-Pb 共晶焊料中的 Pb 在无铅 BGA 器件焊球中扩散不均匀，将会引起焊接界面处的富铅现象，而且界面处的微观结构不均匀，这样很可能会产生细小的裂缝甚至导致整个焊点开路。此外，由于再流焊过程中过度的预热，以及焊球与焊料（焊膏）的熔点不同而导致的熔融时间差异，很容易产生枕头效应（Head in Pillow），即焊料球和焊盘上的焊料没有充分融合或伪融合，形成虚假的焊点。这种枕头效应在向后兼容工艺中非常普遍。

4．混装焊点可靠性

混装工艺的可靠性问题主要来源于有铅/无铅的兼容性，具体表现为以下方面：

（1）焊接空洞问题

不论采用何种混装工艺，其产生焊点空洞的机率都会高于纯有铅焊接。

混装工艺再流焊过程中，BGA 器件的焊接空洞按以下组合递减：

Sn-Pb 焊球/SAC 焊膏>SAC 焊球/Sn-Pb 焊膏>Sn-Pb 焊球/Sn-Pb 焊膏

向前兼容工艺空洞问题最突出，所以混装工艺优选向后兼容工艺。

（2）焊接热量不足导致的问题

由于焊接热量不足导致焊点组织结构不均匀，这种不均匀的组织结构更易诱发热疲劳失效，如图 17-11 所示。

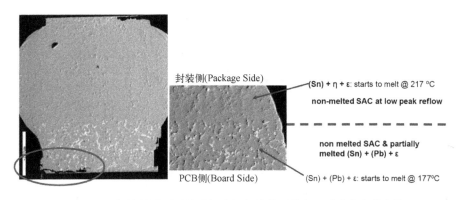

图 17-11　焊接热量不足导致焊点组织结构不均匀，诱发热疲劳失效

混装回流峰值温度 217℃，经过温度循环测试（-55℃/+125℃）、137 个周期后失效，如图 17-12 所示。

（3）金属间结合层（63Sn-37Pb 焊料与 Cu 表面焊接为例）

当温度达到 210~230℃时，Sn 向 Cu 表面扩散，而 Pb 不扩散，初期生成的 Sn-Cu 合金为 Cu_6Sn_5

（η相），其中 Cu 的含量约为 40wt%。

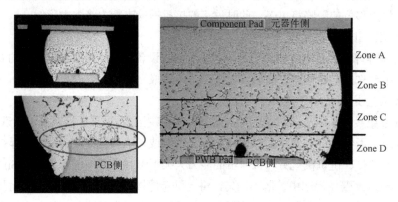

图 17-12　热量不足焊接，温度循环测试后焊点失效

随着温度升高和时间延长，Cu 原子渗透（溶解）到 Cu_6Sn_5 中，局部结构转变为 Cu_3Sn（ε 相），Cu 含量由 40wt%增加到 66wt%，Cu_6Sn_5 与 Cu_3Sn 两种金属间化合物比较见表 17-5。当温度继续升高和时间进一步延长，Sn/Pb 焊料中的 Sn 不断向 Cu 表面扩散，在焊料一侧只留下 Pb，形成富 Pb 层。Cu_6Sn_5 和富 Pb 层之间的界面结合力非常脆弱，当受到温度、振动等冲击，就会在焊接界面处发生裂纹。金属间结合层结构示意图如图 17-13 所示。

表 17-5　Cu_6Sn_5 与 Cu_3Sn 两种金属间化合物比较

名称	分子式	形成	位置	颜色	结晶	性质
η 相	Cu_6Sn_5	焊料润湿到 Cu 时立即生成	Sn 与 Cu 之间的界面	白色	截面为六边形实芯和中空管状，还有一定量五边形、三角形、较细的圆形状、在焊料与 Cu 界面处有扇状、扇贝状	良性，强度较高
ε 相	Cu_3Sn	温度高、焊接时间长引起	Cu 与 Cu_6Sn_5 之间	灰色	骨针状	恶性，强度差，脆性

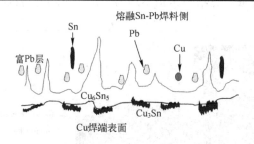

图 17-13　金属间结合层结构示意图

（4）金属间结合层厚度和抗拉强度关系（见图 17-14）

● 厚度为 0.5μm 时抗拉强度最佳；

● 0.5～4μm 时的抗拉强度可接受；

● <0.5μm 时，由于金属间合金层太薄，几乎没有强度；

● >4μm 时，由于金属间合金层太厚，使连接处失去弹性，由于金属间结合层的结构疏松、发脆，也会使强度小。

焊接后必须生成结合层，此结合层由共晶体、固溶体、金属间化合物的混合物组成。

钎缝中不可能没有金属间化合物，但不能太厚。因为金属间化合物比较脆，与基板材料、焊盘、元器件焊端之间的热膨胀系数差别很大，容易产生龟裂造成失效。

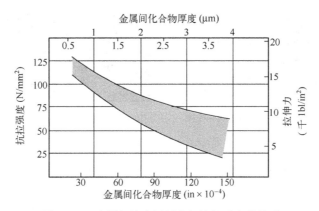

图 17-14　金属间结合层厚度与抗拉强度的关系

17.4　无铅焊接可靠性讨论

由于无铅化实施时间不长，还有许多不完善之处。目前国际上对于无铅产品、无铅焊点可靠性问题（包括测试方法）还在最初的研究阶段，无铅焊点的长期可靠性还存在不确定的因素，即使完全无铅化以后，无铅焊点的长期可靠性，到目前为止国际上也还没有完全研究清楚。高可靠性产品是获得豁免的，因此，高可靠性产品实施无铅工艺必须慎重考虑长期可靠性问题。

下面从以下几方面对无铅焊点的连接可靠性进行讨论。

1. 焊点机械强度

因为铅比较软，容易变形，因此无铅焊点的硬度比 Sn/Pb 高，无铅焊点的强度也比 Sn/Pb 高，无铅焊点的变形比 Sn/Pb 焊点小，但是这些并不等于无铅的可靠性好。一些研究显示，在撞击、跌落测试中，用无铅焊料装配的结果比较差，长期的可靠性也较不确定。

据美国伟创立、Agilent 等公司的可靠性试验，如推力试验、弯曲试验、振动试验、跌落试验，以及经过潮热、高低温度循环等可靠性试验，大体上都得出一个比较相近的结论：

大多数消费类产品，如民用、通信等领域，由于使用环境没有太大的应力，无铅焊点的机械强度甚至比有铅的还要高；但在使用应力高的地方，如军事、高低温、低气压、振动等恶劣环境下，由于无铅蠕变大，因此无铅比有铅的连接可靠性差很多。

2. 锡晶须问题

晶须（Whisker）是指从金属表面生长出的细丝状、针状形单晶体，它能在固体物质的表面生长，易发生在 Sn、Zn、Cd、Ag 等低熔点金属表面，通常发生在 0.5～50μm、厚度很薄的金属沉积层表面。典型的晶须直径为 1～10μm，长度为 1～500μm。在高温和潮湿的环境里，在有应力的条件下，锡晶须的生长速度会加快，过长的锡晶须可能导致短路，引发电子产品可靠性问题，如图 17-15 所示。

由于镀 Sn 的成本比较低，因此，目前无铅元器件焊端和引脚表面采用镀 Sn 工艺比较多，但镀 Sn 容易形成 Sn 须。例如，发生在窄间距 QFP 等器件引脚上的晶须容易造成短路，如图 17-15（d）所示，使电气可靠性存在隐患。无铅产品锡须生长的机会和造成危害的可能性远远高于有铅产品，会影响电子产品的长期可靠性。

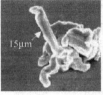
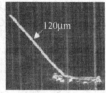

　　（a）Sn 镀层表面的晶须　　　　（b）15μm晶须　　　　（c）120μm晶须　　（d）晶须可能引起电气短路

图 17-15　锡晶须增长会引发电子产品可靠性问题

　　针对锡晶须问题，业界做了许多研究，目前已经有一些有效抑制 Sn 晶须生长的措施，如镀暗 Sn、热处理、中间镀 Ni 阻挡层、镀层合金化等。详见第 3 章 3.1.1 节 6. 的内容。

3. 空洞、裂纹及焊接面空洞（或称微孔）

造成空洞、裂纹的原因很多，主要有以下方面因素：
- 焊接面（PCB 焊盘与元器件焊端表面）存在浸润不良；
- 焊料氧化；
- 焊接面各种材料的热膨胀系数不匹配，焊点凝固时不平稳；
- 再流焊温度曲线的设置未能使焊膏中的有机挥发物及水分在进入回流区前挥发。

　　无铅焊料的问题是高温、表面张力大、黏度大。表面张力的增加势必会使气体在冷却阶段的外逸更困难，气体不容易排出来，使空洞的比例增加。因此，无铅焊点中的气孔、空洞比较多。

　　另外，由于无铅焊接温度比有铅焊接高，尤其大尺寸、多层板，以及有热容量大的元器件时，峰值温度往往要达到 260℃左右，冷却凝固到室温的温差大，因此，无铅焊点的应力也比较大。再加上较多的 IMC，IMC 的热膨胀系数比较大，在高温工作或强机械冲击下容易产生开裂。

　　图 17-16（a）显示了 QFP、片式元器件及 BGA 器件焊点空洞，分布在焊接界面的空洞会影响连接强度；图 17-16（b）显示了 SOJ 引脚焊点裂纹及 BGA 器件焊球与焊盘界面的裂纹缺陷，焊点裂纹和焊接面的裂纹都会影响电子产品的长期可靠性。

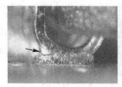

　　　　　　　　（a）空洞　　　　　　　　　　　　　　（b）裂纹

图 17-16　无铅焊点的空洞和裂纹缺陷

　　另一类是处于焊接界面的空洞（或称微孔），这类空洞非常小，甚至只有通过扫描电子显微镜（SEM）才能发现。空洞的位置和分布可能是造成电连接失效的潜在原因。特别是功率器件空洞会使器件热阻增大，造成失效。

　　研究表明，焊接界面的空洞（微孔）主要是由于 Cu 的高溶解性造成的。由于无铅焊料的熔点高，而且又是高 Sn 焊料，Cu 在无铅焊接时的溶解速度比 Sn-Pb 焊接时高许多。无铅焊料中铜的高溶解性会在铜与焊料的界面产生"空洞"，如图 17-17 所示。随着时间的推移，这些空洞有可能会削弱焊点的可靠性。从图中可以看出，在靠近 Cu 附近的金属间化合物 Cu₃Sn 中有空洞。

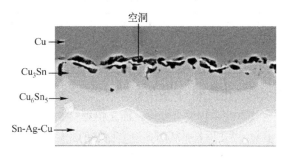

图 17-17　Sn-Ag-Cu 与 Cu 焊接钎缝组织的 SEM 照片

4. 金属间化合物的脆性

金属间化合物（IMC）通常是凝固时在焊接点的界面析出，因此，IMC 位于母材与焊料的界面。IMC 与母材及焊料的结晶体、固溶体相比较，强度是最弱的。其原因是：金属间化合物是脆性的，与基板材料、焊盘、元器件焊端之间的热膨胀系数差别很大，容易产生龟裂造成失效。

有研究表明，无铅焊料与 Sn-37Pb 焊料最大的不同是，在再流焊和随后的热处理及热时效（老化）过程中，金属间化合物会进一步长大，从而影响长期可靠性。

图 17-18 是有铅焊接与无铅焊接温度曲线比较，图中下方曲线是 Sn-37Pb 的温度曲线，Sn-37Pb 的熔点为 183℃，峰值温度为 210～230℃，液相时间为 60～90s；图中上方曲线是 SAC305 的温度曲线，SAC305 的熔点约为 220℃，峰值温度为 235～245℃，液相时间为 50～60s。图中显示了无铅焊接与有铅焊接的比较，无铅焊接的温度高、工艺窗口窄，IMC 的厚度不容易控制。

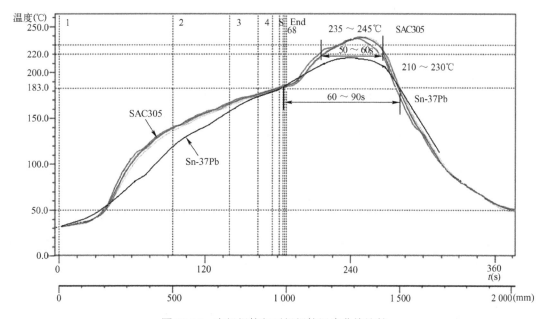

图 17-18　有铅焊接与无铅焊接温度曲线比较

有铅焊接与无铅焊接温度曲线参数比较见表 17-6。

表 17-6　有铅焊接与无铅焊接温度曲线参数比较

	合 金 成 分	峰 值 温 度	液 相 时 间	IMC 厚度
有铅焊接	Sn-37Pb	210～230℃	60～90s	容易控制
无铅焊接	SAC305	235～245℃	50～60s	不容易控制

由于扩散的速度与温度成正比关系，扩散的量与峰值温度的持续时间和液相时间也成正比关系，焊接温度越高，时间越长，化合物层会增厚。而无铅焊料 SAC305 熔点比 Sn-37Pb 高 34℃，因此无铅焊接的高温会使 IMC 快速增长；从两条温度曲线的比较中还可以看到，无铅焊接从峰值温度至炉子出口的时间也比 Sn-37Pb 长，这相当于增加了热处理的时间，也会使无铅焊点 IMC 增多；另外，有研究表明，无铅焊料在热时效（老化）过程中金属间化合物会进一步长大，也就是说，电子产品在使用过程中由于环境温度变化及加电发热（相当于老化），IMC 还会进一步长大，IMC 厚度过大并不断增长。由于 IMC 是脆性的，过厚的 IMC 也会影响无铅焊点的长期可靠性。

为了控制金属间化合物的厚度不要太厚，设置温度曲线时应尽量考虑采用较低的峰值温度和较短的峰值温度持续时间，同时还要缩短液相时间。因此，无铅焊接的工艺窗口非常窄。

总之，温度过低、润湿性差，影响扩散的发生，影响焊点连接强度；温度过高，金属间化合物过多，也会影响焊点连接强度。

5．机械振动失效

有关实验证明，在机械振动、跌落或电路板被弯曲时，Sn-Ag-Cu 焊点的失效负载还不到 Sn-Pb 合金焊点的一半。也就是说，如果 Sn-Pb 焊点振动失效的最大加速度为 $20g$，频率为 30Hz 次数，则 Sn-Ag-Cu 焊点振动失效的最大加速度不到 $10g$，频率不到 15Hz 次数；如果 Sn-Pb 焊点的跌落失效高度为 1.2m，而 Sn-Ag-Cu 焊点的跌落失效高度不到 0.6m。

造成无铅焊点机械振动失效的主要原因如下：

● 脆弱的金属间化合物、空洞；
● 由于 Sn-Ag-Cu 比 Sn-Pb 更硬而传递了更大的应力，容易在焊点和界面产生裂纹；
● 因更高的再流焊温度而导致的电路板降级等因素，使疲劳失效无法得到彻底的控制。

近年来为了改善无铅 CSP 焊点的脆性采取了一些措施，如手机中原来不需要底部填充的 CSP 也采用底部填充技术来增加其连接强度。经过底部填充的便携电子产品的抗振动、抗跌落强度提高了，但也带来了返修困难、甚至无法返修的问题。

6．热循环失效

电子产品在加电使用过程中会发热，特别是功率器件的工作温度比较高；另外，随着一年四季的温度变化，焊点会随时遭遇到不同循环热应力的影响，在有空洞及裂纹等电气连接比较薄弱的部位会使热阻增大，造成失效；再者，由于与焊点相关的材料，如焊点上的焊料合金、金属间化合物、各种元器件的焊端合金（Cu、Ni 等）、PCB 焊盘（Cu）、陶瓷体元器件、环氧树脂、玻璃纤维布等材料，以及 PCB 的 X、Y 方向与 Z 方向，其热膨胀系数的差异是很大的，在温度变化时会遭受到不同程度的应力、应变，使焊点产生疲劳裂纹，随着裂纹的扩展最终造成焊点开裂失效。

7．电气可靠性

通常同一块 PCB 要经过再流焊、波峰焊、返修等工艺，很可能形成不同的残留物，在潮湿环境和一定电压下，可能会与导电体之间发生电化学反应，引起表面绝缘电阻（SIR）的下降。如果有电迁移和枝状结晶生长出现，将发生导线间的短路，造成电迁移（俗称"漏电"）的风险。图 17-19 是电迁移造成的树枝状结晶的例子。

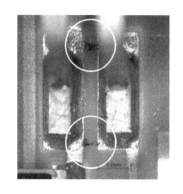

为了保证电气可靠性，需要对不同免清洗助焊剂的性能进行评估，同一块 PCB 要尽量采用相同的助焊剂，或进行焊后清洗处理。

图 17-19　电迁移造成的树枝状结晶

通过对焊点机械强度、锡须、空洞、裂纹、金属间化合物的脆性、机械振动失效、热循环失效、电气可靠性 7 个方面的可靠性分析来看，任何一种失效更容易发生在存在以下缺陷的焊点上：焊后就存在金属间化合物厚度过薄、过厚问题；焊点内部或界面存在空洞与微小裂纹；焊点润湿面积小（元器件焊端与焊盘搭接尺寸偏小）；焊点的微观结构不致密、结晶颗粒大、内应力较大。有些缺陷能够通过目视、AOI、X 射线检测到，如焊点搭接尺寸小、处于焊点表面的气孔、较明显的裂纹等。但是，焊点的微观结构、内应力、内部空洞和裂纹，特别是金属间化合物的厚度，这些隐蔽的缺陷用肉眼是看不见的，无论通过 SMT 的人工或自动检查，都无法检测到，就需要采用各种可靠性试验和分析进行检测，如温度循环、振动试验、跌落试验、高温储存试验、湿热试验、电迁移（ECM）试验、高加速寿命试验和高加速应力筛选；然后再进行电性能、机械性能（如焊点剪切强度、抗拉强度）测试；最后通过外观检查、X 射线透视检查、金相切片、扫描电子显微镜等试验和分析，才能做出判断。

从以上的分析中也可以看出：隐蔽的缺陷使无铅产品的长期可靠性增加了不确定的因素。因此，目前高可靠性产品获得了豁免；无论看得见的缺陷、还是隐蔽的缺陷，都是由于无铅的高锡、高温、工艺窗口小、润湿性差、材料相容性问题，以及设计、工艺、管理等因素造成的。

因此，我们必须从无铅产品的设计开始就考虑到无铅材料之间的相容性，无铅与设计、无铅与工艺的相容性；充分考虑散热问题；仔细地选择 PCB 板材、焊盘表面镀层、元器件、焊膏及助焊剂等；比有铅焊接时更加细致地进行工艺优化和工艺控制；更加严格细致地进行物料管理。

17.5　无铅再流焊的特点及对策

无铅再流焊的主要特点是高温、工艺窗口小、润湿性差。

表 17-7 列出了应对无铅再流焊 3 个主要特点的对策。

表 17-7　无铅再流焊的特点及对策

特　　点	对　　策
高温	设备耐高温，加长升温预热区，炉温均匀，增加冷却区
	助焊剂耐高温，PCB 耐高温，元器件耐高温，增加中间支撑
工艺窗口小	预热区缓慢升温，给导轨加热，减小 PCB 及大小元器件 ΔT
	提高浸润区升温斜率，避免助焊剂提前结束活化反应
	尽量降低峰值温度，避免损害 PCB 及元器件
	加速冷却，防止焊点结晶颗粒长大，避免枝状晶的形成
	对潮湿敏感元器件进行去潮处理

特　　点	对　　策
润湿性差	提高助焊剂活性，增加焊膏中的助焊剂含量
	增大模板开口尺寸，焊膏尽可能完全覆盖焊盘
	提高印刷与贴装精度
	充 N_2 可以减少高温氧化，提高润湿性

17.6　如何正确实施无铅工艺

根据国内外经验，正确实施无铅工艺必须要做好以下几点。

① 加强对上游供应商的管理，确保他们提供的原材料和元器件是符合无铅标准的。

② 建立符合环保要求的生产线。

③ 加强无铅生产物料管理。

④ 对全线人员进行培训。

⑤ 正确实施无铅工艺。从产品设计开始就要考虑到符合 RoHS 要求。工艺方面包括：选择最适合无铅的组装方式及工艺流程；选择元器件、PCB、无铅焊接材料；对无铅产品的 PCB 设计、印刷、贴片、再流焊、波峰焊、手工焊、返修、清洗、检测等制造过程中的所有工序都应该按照无铅工艺要求进行全过程控制。

⑥ 对无铅产品进行质量评估，确保符合 RoHS 与产品可靠性要求。

1．确定组装方式及工艺流程

组装方式及工艺流程设计合理与否，直接影响组装质量、生产效率和制造成本。

无铅工艺流程也要按照选择最简单、质量最优，工艺流程路线最短，工艺材料的种类最少，加工成本最低等原则进行设计和考虑。设计无铅工艺流程时着重考虑优先选择再流焊方式；建议尽量不采用或少采用波峰焊、手工焊工艺；在只有少量通孔插装元器件（THC）并且能采购到耐高温的 THC 时，可以选择通孔插装元器件再流焊工艺来替代波峰焊、选择性波峰焊、自动焊接机器人、手工焊及压接等工艺；在必须采用波峰焊工艺时，可以考虑采用选择性波峰焊工艺；一些单面板及通孔插装元器件非常多的情况，还是需要采用传统波峰焊工艺。

2．选择无铅元器件

选择无铅元器件必须考虑元器件的耐热性问题，无铅高温焊接容易造成损坏元器件；必须考虑焊料和元器件表面镀层的相容性，即可焊性和连接可靠性问题。如果不相容，会造成虚焊和连接可靠性问题。

（1）选择无铅元器件必须考虑元器件的耐热性问题

由于无铅焊料的熔点较高，无铅焊接工艺的一个主要特点是焊接温度高，这就带来了元器件耐热性的问题。

第 1 章表 1-1 是 IPC/JEDEC J-STD-020D 标准对元器件封装耐受无铅再流焊峰值温度的要求。从表中可见，对于薄型小体积元器件而言，新标准要求其耐热温度要高达 260℃。正因为如此，无铅制程在评估元器件供应商时，不仅要评估其是否使用了有毒有害物质，还需要对元器件的耐热性能进行评估。

不同的元器件其耐温模式是不一样的，有的耐冲击不耐高温，有的耐高温不耐冲击。虽然元器件供应商提供了耐温曲线，但元器件的耐温曲线并不等于再流焊温度曲线。因为组装板上元器件的种类非常复杂，稍有不慎，就可能损伤某个元器件。

（2）选择无铅元器件必须考虑焊料和元器件表面镀层材料的相容性

无铅焊接中，元器件焊端镀层材料的种类是最多、最复杂的。无铅元器件焊端表面镀层的种类有镀纯 Sn、Ni-Au、Ni-Pd-Au、Sn-Ag-Cu、Sn-Cu、Sn-Bi 等合金层。

不同的焊料合金，甚至同一种焊料合金与不同的金属元素焊接时界面反应、反应速度和钎缝组织都不一样，如 Sn 系焊料与 Cu 生成 Cu_6Sn_5 和 Cu_3Sn，Sn 系焊料与 Ni/Au（ENIG）生成 Ni_3Sn_4，Sn 系焊料与 42 号合金钢（Fe-42Ni）生成 Ni_3Sn_4 和 $FeSn_2$。它们的界面反应速度不一样，生成的钎缝组织不一样，可靠性也不一样。由于电子元器件的品种非常多，当前正处于过渡时期，还没有统一的标准，元器件焊端的镀层很复杂，因此可能存在某些元器件焊端与焊料的失配现象，造成可靠性问题。

（3）对潮湿敏感元器件（MSD）的管理和控制措施

再流焊过程中水蒸气膨胀随温度的升高而上升，对已经受潮的元器件会造成损坏的威胁。无铅焊接温度高，潮湿敏感元器件由于高温而失效的概率非常高，因此在无铅工艺中要特别注意对潮湿敏感元器件（MSD）进行管理并采取有效措施。例如：

● 设计在明细表中应注明元器件潮湿敏感等级；

● 工艺要对潮湿敏感元器件做时间控制标签，做到受控管理；

● 对已受潮元器件进行去潮处理。

对潮湿敏感元器件（MSD）管理和控制的具体措施如下。

① 制定 260℃ 的 MSL3 目标。

元器件供应商正在努力争取制定 260℃ 的 MSL3 目标，但达到此目标需要时间，目前只能继续使用 220℃ MSL3 的元器件。因此必须采取仔细储存、降级使用的措施，将由于吸潮导致元器件失效的风险减到最小。

② 严格的物料管理制度。

● 建立潮湿敏感元器件储存、使用、烘烤规则的 BOM 表。

● 领料时核对元器件的潮湿敏感等级。

● 对于有防潮要求的元器件，检查其是否受潮，对受潮元器件进行去潮处理。

● 开封后检查包装内附的湿度显示卡，当指示湿度大于 10%（在 23℃±5℃ 时读取）时，说明元器件已经受潮，在贴装前需对元器件进行去潮处理。去潮的方法可采用电热鼓风干燥箱，根据潮湿敏感等级在 125℃±1℃ 下烘烤 12～48h，或在 40℃、小于 RH5% 的条件下存放 79 天。

注意：125℃ 去潮不能超过 3 次，40℃ 去潮不限制次数。

③ 去潮处理注意事项。

● 应把元器件码放在耐高温（大于 150℃）、防静电塑料托盘中进行烘烤。

● 烘箱要确保接地良好，操作人员手腕戴接地良好的防静电手镯。

● 操作过程中要轻拿轻放，注意保护元器件的引脚，引脚不能有任何变形和损坏。

④ 优化再流焊工艺。

选择具有优良活性助焊剂的 Sn-Ag-Cu 焊膏，通过优化再流焊工艺，将峰值温度降到最低（230～240℃）。在接近 Sn63-Pb37 再回流峰值，仅高于 Sn63-Pb37 温度 10℃ 的情况下，将由于吸潮导致元器件失效的风险减到最小。再流焊时缓慢升温（轻度受潮时有一定效果）。

另外，关于物料的运输、存储、使用要求的一般性内容见 1.6 节。

3. 选择无铅 PCB 材料及焊盘涂镀层

选择无铅 PCB 材料必须考虑高温与 PCB 材料的相容性。高温会造成 PCB 的热变形，严重时会使元器件损坏；高温还会使 PCB 材料中的聚合物老化、变质，使 PCB 的机械强度和电性能下降。

选择无铅 PCB 焊盘涂镀层必须考虑焊料和 PCB 焊盘涂镀层的相容性。

（1）无铅对 PCB 材料的要求

无铅工艺对 PCB 材料的主要要求是耐高温。要求玻璃化转变温度 T_g 高、热膨胀系数 CTE 低、PCB 热分解温度 T_d 高、耐热性高、PCB 吸水率小、低成本。其他电气性能如介电常数 ε、介质损耗 $tg\delta$、抗电强度、绝缘电阻等都要满足产品要求。

（2）如何选择无铅 PCB 材料

选择无铅 PCB 材料除了满足与有铅产品相同的条件外，还必须考虑高温与 PCB 材料的相容性。产品越复杂、层数越多、PCB 尺寸越大、元器件尺寸越大、组装板的质量越大，焊接温度就越高。

● 根据产品的功能、性能指标及产品的档次选择 PCB。
● 对于一般的无铅电子产品采用 FR-4 环氧玻璃纤维基板。
● 复杂的无铅电子产品可选择高 T_g（150～170℃）的 FR-4。
● 高可靠性及厚板采用 FR-5。
● 考虑低成本的无铅电子产品可选择 CEM-1 和 CEM-3。
● 对于使用环境温度较高或挠性电路板，采用聚酰亚胺玻璃纤维基板。
● 对于散热要求高的高可靠性电路板，采用金属基板。
● 对于高频电路则需要采用聚四氟乙烯玻璃纤维基板。

（3）如何选择无铅 PCB 焊盘涂镀层

在传统的 Sn-Pb 工艺中，采用 Sn-Pb 热风整平（HASL）与焊料的相容性是最佳的，从界面连接可靠性、焊接工艺、成本等方面考虑也是最佳选择。但由于高密度、窄间距技术的需要，微间距元器件和微型 BGA 器件的使用越来越多，而 HASL 最大的缺点就是表面不平整（有的地方厚度不够，而有的地方又太厚）。因此，早在无铅热潮到来之前，高密度组装中，如在应用 0201、μBGA 等组装板工艺中就开始不使用 HASL，而是采用无铅表面处理工艺——用有机可焊性保护膜（OSP）、化学镀镍浸镀金（ENIG）、浸银来替代 Sn-Pb 热风整平（HASL）。这些表面处理工艺各有各的优缺点。

在实现无铅时，PCB 表面镀覆的选择直接影响组装质量、电子产品的可靠性和成本。

PCB 焊盘表面涂（镀）层及无铅 PCB 焊盘涂镀层的选择，详见第 2 章 2.3 节。

4. 选择无铅焊接材料（包括合金和助焊剂）

无铅化的核心和首要任务是无铅焊料。焊接材料的性能是决定电子产品电气性能和使用寿命的关键要素，同时也是决定制造工艺难度与制造成本的关键要素。

（1）无铅合金的选择

合金组分决定了焊料的熔点（焊接温度）、焊点的电气性能和机械强度，同时也是决定焊料成本的主要因素。无铅焊料合金详见第 3 章 3.2 节。

无铅合金的选择要根据产品的应用环境、可靠性要求、成本、工艺等方面因素综合考虑。使用环境恶劣、不间断工作、长寿命等高可靠性领域的产品可采用 Sn-3.5Ag 合金；通信设备、电力、汽车电子、计算机、医疗等领域一般采用 Sn-Ag-Cu 合金；消费类产品一般可采用成本比较低的 Sn-Cu 合金。

选择无铅合金时要根据组装板的具体情况，要考虑合金材料与元器件和工艺的相容性，还要考虑成本。

① 合金材料与元器件的相容性。

选择无铅合金材料时，必须考虑焊料的熔点（焊接温度）与元器件的内部连接、封装体的耐热性相容。虽然 IPC 等国际标准对无铅元器件的耐温有了新的规定，对于大多数无铅元器件制造厂商都会执行标准，但是有些元器件，如电解电容耐温不能太高，还有一些热敏元器件也不能耐高温，因此选择无铅合金材料时必须考虑元器件的耐热性问题。

选择无铅合金材料时还要考虑焊料合金和元器件表面镀层材料的相容性。无铅焊接中，元器件焊端镀层材料的种类很多、很复杂，不仅不同的元器件焊端镀层不一样，同一种元器件，不同的元器件制造商之间也存在很大差异，同一种焊料合金与不同的金属焊接时其界面反应和钎缝组织都不一样，可靠性也不一样。例如，目前经常发生在镀金元器件、镀金 PCB，采用 Sn-3.0Ag-0.5Cu 焊膏再流焊工艺的焊接不良问题，经过切片分析得出的结论是发生了金脆现象。因为元器件端头和 PCB 焊盘上的金（Au）都要溶蚀到熔融的焊料中，然后露出新鲜的内镀层 Ni 与熔融的 Sn 进行扩散，因此需要延长时间。另外，过多的 Au 溶蚀到焊料中，在界面形成过多的 $AuSn_4$ 造成金脆现象。从这个案例中可以看出，选择无铅合金材料时必须考虑焊料合金和元器件表面镀层材料的相容性。

② 合金材料与工艺的相容性。

选择合金时必须考虑合金材料与工艺的相容性，因此还要根据不同的工艺来选择。再流焊工艺中，组装板上所有的元器件都要经受再流焊炉比较长时间的高温考验，因此希望再流焊峰值温度不要太高。相对而言，Sn-Ag-Cu 的熔点比 Sn-Cu 低一些，而在波峰焊工艺中，焊接时通孔插装元器件的元器件体在 PCB 传输导轨上方，元器件体温度不会超过无铅焊料的熔点，因此再流焊大多选择 Sn-Ag-Cu 焊膏；波峰焊可以采用 Sn-Ag-Cu 和 Sn-0.7Cu、Sn-0.7Cu-0.05Ni 焊料合金；手工焊大多采用 Sn-Ag-Cu、Sn-Ag、Sn-Cu 焊料。

③ 合金材料的熔点与电子设备工作温度的相容性。

为了满足电子设备的工作温度要求，大多数情况都要求合金材料的固相温度高于 150℃，熔点（最高液相温度）根据具体应用而定。对于一些军工、航天航空、大功率不间断电源等工作温度较高的电子设备，应选择固相温度适当高一些的合金材料，如 Sn-3.5 Ag 合金；通信设备、电力、汽车电子、计算机、医疗等领域一般采用 Sn-(3～4)%Ag-(0.5～0.7)%Cu 合金；而一些在室内使用的廉价消费类电子产品，一般可采用低银 Sn-Ag-Cu 或熔点比较低的 Sn-Bi 合金。

常用无铅焊料合金的熔点与应用见表 17-8。

表 17-8　常用无铅焊料合金的熔点与应用

焊 接 方 式	合　金	熔点（℃）	应　　　　用
再流焊	Sn-3.0Ag-0.5Cu Sn-3.5Ag-0.7Cu	216～220	通信设备、电力、汽车电子、计算机、医疗等
	Sn-3.5Ag	221	军工、高可靠性领域
	Sn-58Bi	139	低温焊料用于 DVD、VCD 等

焊接方式	合金	熔点（℃）	应　用
波峰焊	Sn-0.7Cu Sn-0.7Cu-0.05Ni	227	消费类产品
	Sn-3.0Ag-0.5Cu Sn-3.0Ag-0.7Cu	216～220	通信设备、电力等要求较高的产品
手工焊与返修	Sn-3.0Ag-0.5Cu Sn-3.5Ag-0.7Cu	216～220	通信设备、电力、汽车电子、计算机、医疗等
	Sn-3.5Ag	221	军工、高可靠性领域
	Sn-0.7Cu-0.05Ni	227	消费类产品

④ 高可靠性、对人身安全有保障要求的产品应选择高性能合金。

对于使用环境恶劣、不间断工作、长寿命、对人身安全有保障要求的高可靠性领域的产品，要选择机械性能优良的合金材料。建议选择 Sn-3.5Ag 二元共晶合金。主要理由是 Sn-3.5Ag 合金在某些高可靠性电子领域应用了很长时间，已经完成了大量测试，并且已被高可靠性领域广泛接受。例如，福特汽车公司对使用 Sn-3.5Ag 合金的测试板和实际电子组件进行了热循环试验（−40～140℃）和全面热疲劳测试研究，并将无铅组件用于整车中，测试结果显示 Sn-3.5Ag 合金的可靠性与 Sn-37Pb 共晶合金相差无几，甚至更好。摩托罗拉公司也已经完成了 Sn-3.5Ag 和 Sn-37Pb 合金的热循环和振动研究，测试表明 Sn-3.5Ag 合金完全合格。其他 OEM 厂商在各自的 Sn-Ag 和 Sn-Ag-Cu 合金研究中也得到了类似的结论。使用 Sn-3.5Ag 合金要求再流焊温度比 Sn-37Pb 合金高 20～30℃，因此再流焊对元器件的要求也有所提高。目前无铅元器件的耐高温已经提高到 250～260℃。

⑤ 成本考虑。

目前所有的无铅合金成本都比 63Sn-37Pb 共晶合金高出至少 35%以上。再流焊用的焊膏虽然也比 Sn-Pb 焊膏贵一些，但对金属的价格还不那么敏感；而无铅波峰焊和手工焊用的焊锡条和焊丝的合金成本就相当高了，尤其是无铅波峰焊用的焊锡条，成本更高。因此尽管 Sn-Ag-Cu 合金的机械性能和工艺性都比 Sn-Cu 合金优良，但考虑成本，一些低附加值的消费类电子产品，一般都尽量选择较低成本的 Sn-Cu 合金。但是对有较高要求电子产品的波峰焊工艺，还是需要选择 Sn-Ag-Cu 合金。

（2）无铅焊膏的选择与评估

无铅焊膏与有铅焊膏一样，生产厂家、规格很多。即便是同一厂家，也有合金成分、颗粒度、黏度、免清洗、溶剂清洗、水清洗等方面的差别。合金成分主要根据电子产品和工艺来选择，考虑时尽量选择与元器件焊端相容的合金成分。

① 焊膏的选择方法——不同的产品要选择不同的焊膏。详见第 3 章 3.4.5 节和 3.4.6 节。

② 应多选择几家公司的焊膏做工艺试验，对印刷性、脱模性、触变性、黏结性、润湿性及焊点缺陷、残留物等做比较和评估，有条件的企业可对焊膏进行测试、评估和认证。有高品质要求的产品必须对焊点做可靠性认证。

焊膏印刷性、可焊性的关键在于助焊剂。焊膏中的助焊剂是净化焊接表面、提高润湿性、防止焊料氧化和确保焊膏质量及优良工艺性的关键材料。高温下助焊剂对 PCB 的焊盘、元器件端头和引脚表面的氧化层起到清洗作用，同时对金属表面产生活化作用。

确定了无 Pb 合金后，关键在于助焊剂。例如，有 8 家焊膏公司给某公司提供相同合金成分的无 Pb 焊膏进行试验，试验结果差别很大。润湿性好的焊膏焊后不立碑，润湿性差的焊膏焊后电阻、电容移位比较多。因此，选择焊膏要做工艺试验，看看印刷性能否满足要求、焊后质量如何。例如，印刷时焊膏的滚动性、填充性、脱模性是否好，间隔 1h 观察印刷质量有无变化，测 1~8h 的黏度变化，等等。总之要选择适合自己产品和工艺的焊膏。

由于润湿性差，因此无铅焊膏的管理比有铅焊膏更加严格。

③ 无铅焊膏检测、评估项目，详见第 3 章表 3-19。

（3）无铅工艺对助焊剂的要求

无铅焊接要求助焊剂提高活性、提高活化温度，因此无铅助焊剂必须专门配制。随着无铅进程的深入，焊料厂商的努力，助焊剂活性和活化温度的提高，无铅焊接质量得到了改善。目前的无铅焊点从外观上看已经比前几年有了很大改善。波峰焊中无 VOC 免清洗助焊剂也需要特殊配制。水溶性助焊剂对某些产品也是需要的。

助焊剂的选择，无铅助焊剂的特点、问题与对策，详见第 3 章 3.3.5 节与 3.3.6 节。

5. 无铅产品 PCB 设计

第 5 章 5.8 节已经讲解了无铅产品 PCB 设计的内容。

由于无铅焊料的表面张力大，焊接时气体不容易排出，尤其当无铅工艺遇到有铅 BGA 器件时，采用传统 NSMD 设计，焊盘与阻焊之间的气体不容易排出，更容易产生空洞。因此，过渡阶段 BGA、CSP 器件采用 SMD 焊盘设计有利于排气、减少"孔洞"，如图 17-20（b）所示。

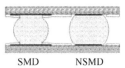
（a）SMD 与 NSMD 焊盘设计

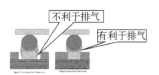
（b）SMD 焊盘有利于排气

图 17-20　BGA、CSP 器件焊盘设计示意图

6. 无铅印刷工艺

一般情况下，无铅印刷工艺不会受到太大的影响。主要由于无铅合金与 Sn-Pb 合金的物理特性相比较，具有密度小、表面张力大、浸润性差等特点，因此在模板开口设计和印刷精度方面有一些要求。

（1）无铅焊膏和有铅焊膏在物理特性上的区别

① 无铅焊膏的浸润性和铺展性远远低于有铅焊膏，在焊盘上没有印到焊膏的地方，熔融的焊料是铺展不到的。那么，焊后就会使没有被焊料覆盖的裸铜焊盘长期暴露在空气中，在潮气、高温、腐蚀气体等恶劣环境下，造成焊点被腐蚀而失效，影响产品的寿命和可靠性。

② 为了改善浸润性，无铅焊膏的助焊剂含量通常要高于有铅焊膏。

③ 由于缺少铅的润滑作用，焊膏印刷时填充性和脱模性较差。

（2）无铅模板开口设计

针对无铅焊膏的浸润性和铺展性差等特点，无铅模板开口设计应比有铅大一些，使焊膏尽可能完全覆盖焊盘。具体可以采取以下措施。

① 对于 Pitch>0.5mm 的元器件，一般采取 1:1.02~1:1.1 的开口。

② 对于 Pitch≤0.5mm 的元器件，通常采用 1:1 开口，原则上至少不用缩小。

③ 对于 0402 片式元器件的开口形状进行修改。

通常采用 1:1 开口，为防止立碑、回流时元器件移位等现象，可将焊盘开口内侧修改成尖角形、V形、椭圆形、圆形、四周平均缩小、内侧缩小等形状，如图17-21所示。

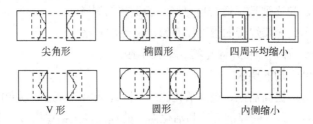

尖角形　　　　椭圆形　　　　四周平均缩小

V形　　　　　圆形　　　　　内侧缩小

图17-21　0402片式元器件无铅模板开口设计示意图

④ 原则上模板厚度与有铅模板相同，详见第5章5.5.11节1.的内容。

⑤ 为了正确控制焊膏的印刷量和焊膏图形的质量，必须保证模板上最小的开口宽度与模板厚度的比率大于1.5，模板开口面积与开口四周内壁面积的比率大于0.66。这是IPC 7525标准，也是有铅模板开口设计最基本的要求，详见第5章5.5.11节2.的内容。

由于无铅焊膏填充和脱模能力较差，因此对模板开口宽厚比、面积比的要求更高一些。

无铅宽厚比：开口宽度(W)/模板厚度(T)>1.6

无铅面积比：开口面积($W{\times}L$)/孔壁面积[$2{\times}(L+W){\times}T$] >0.71

⑥ 无铅模板制造方法的选择：对于一般密度的产品，采用传统的激光、腐蚀等方法均可以。对于0201等高密度的元器件，应采用激光+电抛光或电铸方法，以利于提高无铅焊膏的填充和脱模能力。

（3）无铅对印刷精度的要求

因为无铅的浸润力小，回流时自校正（Self-Align）作用比较小，因此，印刷精度比有铅时要求更高。

7. 无铅贴装工艺

一般情况下，贴装工艺不会受到太大的影响。但因为无铅的低浸润力问题，回流时自校正（Self-Align）作用非常小，因此，贴装精度比有铅时要求更高。精确编程、控制Z轴高度、采用无接触拾取可减小拾片时对供料器的振动。所谓无接触拾取是指拾取元器件时吸嘴不接触元器件。另外，由于无铅焊膏黏性和流变性的变化，贴装过程中要注意焊膏能否保持黏性，从贴装到进炉前能否保持元器件位置不发生改变。

17.7　无铅再流焊工艺控制

无铅焊料熔点高、润湿性差给再流焊带来了焊接温度高、工艺窗口小的工艺难题，容易产生各种隐蔽的焊接缺陷，使无铅产品的长期可靠性增加了不确定的因素。因此，无铅再流焊工艺控制十分重要。如何设置最佳的温度曲线，既保证焊点质量，又保证不损坏元器件和PCB，是无铅再流焊技术要解决的根本问题。

无铅再流焊温度和速度等工艺参数设置依据与有铅工艺相同，详见11.3节。

17.7.1　三种无铅再流焊温度曲线

典型的温度曲线一般可分为3类：三角形温度曲线，升温-保温-峰值温度曲线、低峰值温度曲线，详见 11.3.7 节。

17.7.2　无铅再流焊工艺控制

由于无铅再流焊工艺窗口变小，因此更要仔细优化、严格控制温度曲线。

下面介绍再流焊工艺过程控制。

1．设备控制不等于过程控制，必须监控实时温度曲线

再流焊炉中装有温度（PT）传感器控制炉温。例如，将加热器的温度设置为 230℃，当 PT 传感器探测出温度高于或低于设置温度时，就会通过炉温控制器停止或继续加热（新的技术是使用全闭环 PID 技术控制加热速度和时间）。然而，这并不是实际的工艺控制信息。

由于组装板的质量、层数、组装密度、进入炉内的数量、传送速度、气流等的不同，进入炉子的组装板的温度曲线也是不同的。因此，再流焊工序的过程控制不只是监控设备的数据，而是对制造的每块组装板的温度曲线进行监控。否则它只是设备控制，算不上真正的工艺过程控制。

2．必须对工艺进行优化——确定再流焊技术规范，设置最佳（理想）的温度曲线

在实施无铅再流焊过程控制之前，必须了解再流焊的焊接机理，确定明确的技术规范，设置最佳（或称理想的）温度曲线。

（1）再流焊技术规范一般包括以下内容

● 最高的升温速率；

● 预热温度和时间；

● 助焊剂浸润区（活化）温度和时间；

● 熔点以上的时间（液相时间）；

● 峰值温度和时间；

● 冷却速率。

（2）确定再流焊技术规范的依据

① 焊膏供应商提供的温度曲线。

不同合金成分的焊膏有不同的温度曲线，首先应按照焊膏加工厂提供的温度曲线进行设置，因为焊膏中的焊料合金成分决定了熔点，助焊剂的成分、性质决定了活化温度和活化温度范围。具体产品的温度曲线首先应满足焊膏加工厂提供的温度曲线。

② 元器件能承受的最高温度及其他要求。

设置温度曲线应考虑元器件能承受的最高极限温度和耐受时间。例如，钽电容、BGA 器件、变压器等对最高温度和耐受时间比较敏感；还有一些大尺寸及大热容量的元器件，可能需要较高的温度、或较长的预热时间达到焊接温度，特别是潮湿敏感元器件，很容易被高温损坏。因此，设置温度曲线既要保证焊点质量，又要确保不损坏元器件。一般来说，元器件尺寸悬殊较大的情况，PCB 上的温差（ΔT）也大。对于无铅产品来说，这种情况是最难处理的。

图 17-22 是 IPC 和 JDEC 推荐的潮湿敏感元器件无铅再流焊温度曲线示意图。

IPC/JDEC-STD-020C 推荐的典型潮湿敏感元器件无铅再流焊各温区的参数设置范围如下：

● 从室温（25℃）～150℃的升温速率为 0.5～1.5℃/s，一般不超过 2℃/s；

● 最低预热温度 150℃，最高预热温度 200℃，预热时间为 60～180s；

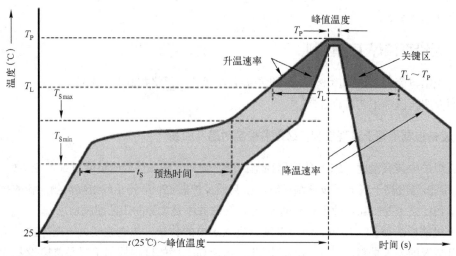

T_{Smin} 为最低预热温度，150℃；T_{Smax} 为最高预热温度，200℃；t_S 为预热时间（150～200℃），60～180s；T_L 为出现液相的温度，217℃；液相以上的时间：45～60s；T_P 为峰值温度235～245℃，峰值时间 20；T_{Smax}～T_P（200℃～峰值温度）升温斜率，最大 3℃/s；T_L～T_P 为开始出现液相的温度（T_L）至峰值温度（T_P）的区域，是关键区（也称临界区的时间）；到达比峰值温度小 5℃的回流时间为 20～40s；降温斜率最大不超过 6℃/s

图 17-22　IPC 和 JDEC 推荐的潮湿敏感元器件无铅再流焊温度曲线示意图

- 峰值温度推荐值为 235～245℃，范围为 230～260℃，目标为 240～245℃；
- 停留在液相温度以上时间为 45～75s，允许为 30～90s，目标为 45～60s；
- 再流焊曲线总长度，从环境温度（25℃）升至峰值温度时间最长不超过 8min。

在进入液相区前要完成的功能：使焊膏中的有机成分及水气充分挥发；使大、小元器件温度均衡；焊膏中的助焊剂充分发挥活性，清洁被焊金属表面。具体再流焊温度曲线的设置要根据焊膏的特性，如熔点或液相线温度、助焊剂活性对温度要求、组装产品的特点来决定。另外，设置温度曲线时还要考虑元器件的耐热冲击性能。一般而言，小尺寸、薄元器件耐受的温度高一些，大尺寸、厚元器件耐受的温度低一些。

③ PCB 材料能承受的最高极限温度，PCB 的加工质量、层数、组装密度及铜的分布等情况。

设置温度曲线还必须考虑 PCB 材料能承受的最高极限温度。例如，当 PCB 板材的 T_g 温度较低时，应适当降低升温速度，以减小 PCB 的翘曲变形；峰值温度和时间不要超过 T_d 和 PCB 材料最高极限温度和时间。另外，PCB 板材的吸湿性、加工质量（铜箔的附着力）、层数、组装密度及铜的分布等情况也直接影响焊接温度，尺寸大的、重的、层数多、有大面积接地的产品，其焊接难度最大。

（3）某产品采用无铅再流焊的技术规范——理想的温度曲线举例

图 17-23 是某产品采用某公司 Sn-3.0Ag-0.5Cu 焊膏再流焊的技术规范举例。具体产品的再流焊规范，应按照实际生产中选用的焊膏、结合产品的元器件及 PCB 能承受的最高温度、PCB 尺寸及厚度、组装密度等具体情况设计温度曲线。一般情况需要进行一次至多次的工艺实验，通过组装板的实际焊接质量检测、确认符合质量要求后，才能确定该产品的技术规范。在以后的批量生产时就有以技术规范作为最佳（理想）的温度曲线。

理想的温度曲线不是一条线，而是一个范围（见图 17-23），每次测量的实时温度曲线都要与技术规范比较，必须控制 SMA 上任何一个焊点的温度曲线都符合技术规范，还要避开技术规范极限值，这样的技术规范才是理想的温度曲线。

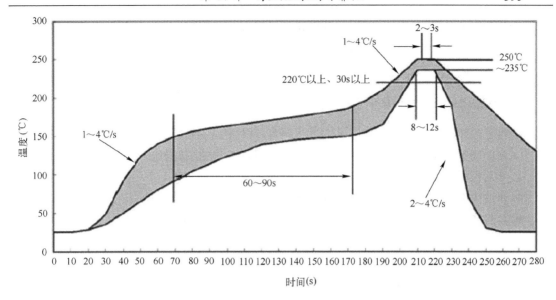

图 17-23　Sn-3.0Ag-0.5Cu 焊膏再流焊技术规范举例

某产品无铅再流焊技术规范（举例）如下：

① 室温～150℃的升温速率为 1～4℃/s。

② 预热温度 150～180℃，时间约 60～90s。

③ 220℃以上保持 30s。

④ 峰值温度为 235℃，持续时间为 8～12s；峰值温度为 250℃，持续时间为 2～3s。

⑤ 冷却速率为-2～-4℃/s。

⑥ 整个再流焊持续时间约 6min。

3. 再流焊炉的参数设置必须以工艺控制为中心

根据再流焊技术规范对再流焊炉进行参数设置（包括各温区的温度、传送速度、风量等设置），但这些一般的参数设置对于许多产品的焊接要求是远远不够的。例如，当 PCB 进炉的数量发生变化时、当环境温度或排风量发生变化时、当电源电压和风机转速发生波动时，都可能不同程度地影响每个焊点的实际温度，这些不确定因素对于较复杂的组装板、要使最大和最小元器件都达到 0.5～4μm 的界面合金层（IMC）厚度会产生影响。如果实时温度曲线接近上限值或下限值，这种工艺过程就不稳定。由于再流焊工艺过程是动态的，即使出现很小的工艺偏移，也可能会发生不符合技术规范的现象。

由此可见，再流焊炉的参数设置必须以工艺控制为中心，避开技术规范极限值。这种经过优化的设备设置可容纳更多的变量，同时不会产生不符合技术规范的问题。

4. 必须正确测试再流焊实时温度曲线，确保测试数据的有效性和精确性

测试再流焊实时温度曲线需要考虑以下因素。

● 热电偶本身必须是有效的：定期检查和校验。

● 必须正确选择测试点：能如实反映 PCB 高、中、低温度。

● 热电偶接点正确的固定方法并必须牢固。

● 还要考虑热电偶的精度、测温的延迟现象等因素。

再流焊实时温度曲线数据的有效性和精确性最简单的验证方法如下。

● 将多条热电偶用不同方法固定在同一个焊盘上进行比较。

● 将热电偶交换并重新测试进行比较。

5. 通过监控工艺变量预防缺陷的产生

● 当工艺开始偏移、失控时，工程技术人员可以根据实时数据进行分析、判断（是热电偶本身的问题、测量端接点固定的问题，还是炉子温度失控、传送速度、风量发生变化……），然后根据判断结果进行处理。

● 通过快速调整工艺参数，预防缺陷的产生。

● 目前能够连续监控再流焊炉温度曲线的软件和设备也越来越流行。

下面介绍两个再流焊工艺控制的例子。

（1）使用再流焊过程控制工具

美国 KIC 公司推出的温度监控系统——KIC Vision（见图 17-24）是自动测量炉温曲线的系统。

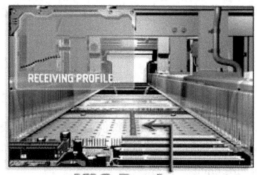

KIC Probe：KIC 探测器　　　RECEIVING PROFILE：侧面接收

图 17-24　自动测量炉温曲线的系统——KIC Vision

该系统包括硬件和软件。使用该系统后，对再流焊炉可进行 24h 实时监控，可以用它不间断地测量温度曲线，因而提高了生产速度和生产率。

该系统的基本原理是，在炉子内部、沿着 PCB 传送轨道边上靠近 PCBA 平面的地方安装一些热电偶（每侧 15～20 个热电偶），用于采集温度数据，在炉体侧面安装了接收系统。KIC 24/7 系统带有一个热电偶测量数据处理器（TPU），它不但能把 30～40 个热电偶测到的温度记录到硬盘上，还能把测到的热空气温度曲线在计算机上显示出来；另外，KIC 24/7 还配有一个光纤感应器，对进入炉内的每块组装板进行跟踪并记录。

使用 KIC 24/7 实时监控系统时，当调温用的 PCBA（测温板）通过每个热电偶的位置时，该热电偶就会测量当时炉内热风的温度情况，并与测试板上测温热电偶所实际测得的温度情况进行比较、记录和模拟。当 PCBA 完全经过整个炉子后，也就是整个焊接过程完成后，炉子内部的固定热电偶就能够模拟出完整的、和实际测温板上相同的一条温度曲线（称为虚拟曲线）。有了这条虚拟的标准曲线，以后每块 PCBA 再流焊时，所有炉内的固定热电偶会不断测量热风的温度并不断模拟每块 PCBA 上的温度曲线。同时对该虚拟曲线上的温度和时间参数进行计算，并显示和记录每块 PCBA 焊接过程中的工艺状态。然后利用实时温度曲线与虚拟温度曲线之间存在的特定关系，通过软件计算后用 PWI、CPK 等来表示工艺风险或能力的信息。用户可以设置预警和警报标准，当某一块 PCBA 在焊接过程中出现问题或即将出现问题时，系统可以发出警报。每块 PCBA 在焊接过程中的参数变化也将被全部记录下来，可供质量信息追踪管理使用。

虽然 KIC 24/7 实时监控系统为再流焊质量控制提供了一套很好的工具，但这不是万能的。能不能使再流焊质量真正受控，关键是能不能设置正确的"虚拟标准温度曲线"。设置"虚拟标准温度曲线"不能完全按照焊膏厂给出的温度曲线，还要结合每批组装板的具体情况，结合"测温板"（或称为"首件"）的实际焊接质量，调制出一条理论上和实际中最理想的"虚拟标准温度曲线"，这样才能使焊接质量真正做到受控。

（2）使用 AOI 软件技术

AOI 的软件技术具有过程控制能力，AOI 已成为有效的过程控制工具。根据不同产品，AOI 可放置在生产线焊膏印刷之后、再流焊前、再流焊后三个位置。多品种、小批量可以不连线。

具体内容详见 15.4 节。

另外，AOI 的软件技术具有过程控制能力，已成为有效的过程控制工具。

虽然无铅焊点的长期可靠性还存在不确定的因素，无铅再流焊相对于有铅再流焊难度大一些。只要我们运用焊接理论，正确设置再流焊温度曲线，同时掌握正确的工艺控制方法，就能做到既保证焊点质量，又保证不损坏元器件和 PCB。

思　考　题

1. 晶须（Whisker）有什么危害？如何抑制 Sn 晶须的生长？

2. 为什么无铅焊点的机械振动失效、热循环失效远远高于 Sn-Pb 焊点？

3. 哪些工艺因素会引发电迁移（俗称"漏电"）的风险？如何预防？

4. 选择无铅元器件必须考虑哪些问题？对于薄型小体积元器件要求其耐热温度达到多少度？对于封装厚度大于等于 2.5mm 的大体积元器件要求其耐热温度达到多少度？对潮湿敏感元器件（MSD）管理和控制应采取哪些具体措施？

5. 如何选择无铅 PCB 材料？选择无铅 PCB 焊盘涂镀层时如何综合考虑焊料、工艺与 PCB 焊盘涂镀层的相容性问题？

6. 对于高可靠性、对人身安全有保障要求的产品应如何选择无铅合金？

7. 如何根据电子产品和工艺来选择无铅焊膏？

8. 无铅工艺对助焊剂有哪些要求？

9. 无铅产品 PCB 设计要考虑哪些问题？

10. 无铅印刷工艺应考虑哪些问题？无铅模板开口设计要求有什么变化？

11. 再流焊技术规范包括哪些内容？如何根据具体产品和所选用的焊膏正确设置、仔细优化无铅再流焊温度曲线，确定再流焊技术规范？

12. 为什么设备控制不等于过程控制，必须监控实时温度曲线？简述如何对无铅再流焊进行工艺控制？

第18章 其他工艺和新技术介绍

随着新型元器件的出现，一些新技术、新工艺也随之产生，从而极大地促进了表面贴装技术的改进、创新和发展。

18.1 0201、01005 的印刷与贴装技术

0201、01005 电阻器和电容器的公称尺寸见表 18-1。

表 18-1 0201、01005 电阻器和电容器的公称尺寸（单位：mm）

封 装 类 型	0201		01005	
	电阻器	电容器	电阻器	电容器
长	0.6±0.02	0.6±0.02	0.4±0.02	0.4±0.02
宽	0.3±0.02	0.3±0.02	0.2±0.02	0.2±0.02
厚	0.2±0.02	0.25±0.02	0.12±0.02	0.2±0.02
焊端宽度	0.1±0.03	0.1±0.03	0.1±0.03	0.1±0.03

18.1.1 0201、01005 的焊膏印刷技术

0201、01005 的焊膏印刷精度直接影响再流焊的质量。因此，必须正确设计 PCB 焊盘，正确设计和加工模板，配备高精度印刷机、优化印刷工艺参数，执行 100%的 3D SPI 检查。

1. 0201、01005 焊盘设计（见图 18-1 和图 18-2）

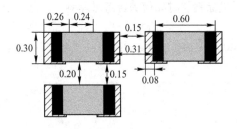

图 18-1 0201 典型焊盘设计（单位：mm）

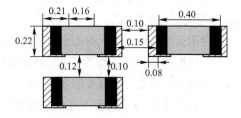

图 18-2 01005 典型焊盘设计（单位：mm）

2. 模板设计和加工

模板开口形状优选矩形，开口的内侧修改成圆弧形，可减少元器件底部的焊膏粘连，如图 18-3 所示。开口的宽厚比和面积比必须满足以下要求：宽(W)/厚(T)>1.5；面积比大于 0.66。

0201 模板厚度一般选择 0.1～0.12mm，模板加工方法一般采用激光+电抛光或采用电铸工艺。

01005 的模板厚度一般选择 0.075mm，01005 必须采用电铸工艺。

焊膏合金颗粒尺寸：0201 选择 4#粉（ϕ20～38μm）；01005 选择 4#粉或 5 #粉（ϕ15～25μm）。

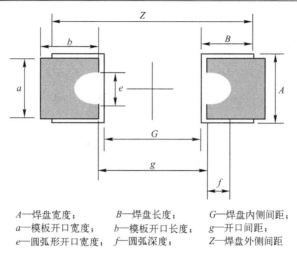

A—焊盘宽度；　　　　B—焊盘长度；　　　　G—焊盘内侧间距；
a—模板开口宽度；　　b—模板开口长度；　　g—开口间距；
e—圆弧形开口宽度；　f—圆弧深度；　　　　Z—焊盘外侧间距

图 18-3　0201、01005 模板开口设计示意图

3. 高精度印刷，并配备在线 3D SPI 测量焊膏的体积

0201、01005 印刷时常见的缺陷是少印、漏印、错位、连印、污染，如图 18-4 所示。这些印刷缺陷会造成缺锡、虚焊、锡桥、锡珠、元器件位置偏移和立碑等焊接缺陷。

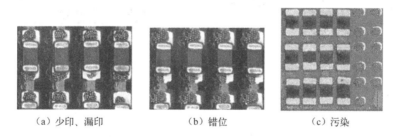

（a）少印、漏印　　　　　　（b）错位　　　　　　　（c）污染

图 18-4　0201、01005 的常见印刷缺陷

18.1.2　0201、01005 的贴装技术

（1）0201、01005 的贴装难度相当大。其贴装问题的主要解决措施见表 18-2。

表 18-2　0201、01005 贴装问题的主要解决措施

特点	控制内容	解决措施
质量小	真空吸力	真空吸力需降低
	贴装压力	贴装压力需降低
	移动速率	移动速率需降低
面积小	吸件偏移 贴片偏移	双孔式真空吸嘴 高倍率相机 吸嘴 X/Y/Z 轴运动的实时闭环反馈 吸取位置和贴装高度的控制 贴片方式 为 0201 元器件专门开发的盘带送料器

0201、01005 对高速贴装机的贴装精度提出更高的要求。必须采用高倍率相机。

图 18-5（a）、（b）是单通道和双通道真空吸嘴比较，双通道真空吸嘴的好处是如果一个孔没有吸住元器件，另一个孔还可能吸住元器件，降低了拾取失败的概率。图 18-5（c）是双

通道吸嘴。

01005 要求 X/Z 轴方向吸取精度±0.1mm，Y 轴方向±0.07mm，3 个轴闭环实时反馈如图 18-6 所示。

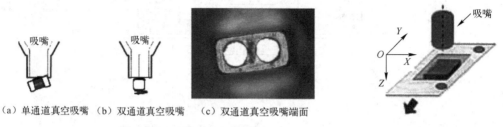

（a）单通道真空吸嘴　（b）双通道真空吸嘴　（c）双通道真空吸嘴端面

图 18-5　真空吸嘴　　　　　　　　图 18-6　元器件吸取位置公差的控制

（2）采用无接触拾取方式。

无接触拾取是指拾取元器件时，吸嘴向下运动不接触元器件，距离元器件表面 40～60μm 左右，然后轻轻将元器件吸取。采用无接触拾取可减小振动，如图 18-7（b）所示。

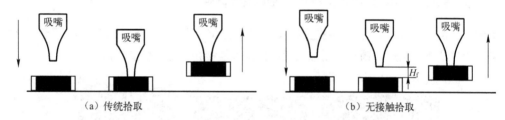

（a）传统拾取　　　　　　　　　　（b）无接触拾取

图 18-7　传统拾取与无接触拾取比较

（3）贴装高度（Z 轴）的控制。

在焊膏上贴装时会发生超程滑移，这是焊膏的合金颗粒造成的。当颗粒大于 20μm 时，元器件就有可能偏斜，因为颗粒在焊盘上分布不均。任何不平的表面度都可能造成元器件偏斜或移动。为了避免元器件滑动，机器必须具有实时反馈机构，采用侧面照相机或激光传感器测量每个元器件的厚度。

从图 18-8 中可看出，当元器件在 Z 轴方向超程冲击焊锡颗粒时，由于反作用力的改变，元器件会向短边方向滑行。元器件底部与 PCB 焊盘表面之间的间隙应略大于最大合金颗粒直径（40～60μm），为了准确控制 Z 轴方向行程，PCB 支撑系统必须为板的拱形提供足够的纠正。

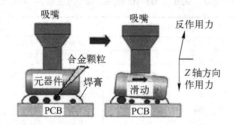

图 18-8　贴装高度（Z 轴）控制不当、贴装时造成元器件滑动

（4）热风整平（HASL）的板不适合 0201、01005。

焊盘表面处理一般采用化学镀镍/金（ENIG）或 OSP（有机防氧化保焊剂）

（5）专用卷带送料器也有助于更精确和更快速地贴装元器件。

（6）APC（Advanced Process Control）系统的应用明显减少了元器件浮起和立碑的现象。

APC 系统是指通过测定上一个工序的品质结果来控制后一个工序的技术。高密度贴装时，把印刷偏移量的信息传输给贴装机，贴装机自动根据焊膏图形的中心进行贴片，如图 18-9 所示。

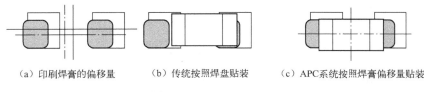

　　（a）印刷焊膏的偏移量　　　　（b）传统按照焊盘贴装　　　（c）APC系统按照焊膏偏移量贴装

图 18-9　APC 系统示意图

18.2　PQFN 的印刷、贴装与返修工艺

PQFN（Plastic Quad Flat No-lead）器件的组装工艺与 BGA、CSP 器件也相似，由于器件底部有大的热焊盘，而且底部电极没有焊球的缓冲作用，因此对共面性的要求更严，其组装难度比 CSP 更大。

18.2.1　PQFN 的印刷和贴装

PQFN 印刷工艺主要是正确的模板设计。贴装时对 Z 轴高度（贴装压力）有更严格的要求。

1. PQFN 的模板设计

推荐使用激光制作开口并经过电抛光处理的模板。一般情况四周导电焊盘的模板开口尺寸略小于或等于焊盘尺寸，中间大的散热焊盘的模板开口尺寸要缩小 20%～50%，如图 18-10 所示。

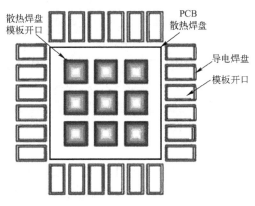

图 18-10　PQFN 的模板设计示意图

① 模板厚度。一般 0.1～0.15mm。0.5mm 间距采用 0.12mm，0.65mm 间距采用 0.15mm。
② 周边焊盘模板开口尺寸。可缩小 5%～10%，较薄的网板开口尺寸可设计为 1：1。
③ 散热焊盘模板开口尺寸如图 18-11 所示。
再流焊时，由于热过孔和大面积散热焊盘中的气体向外溢出时容易产生溅射、锡球和气孔等

各种缺陷。一般要求大面积散热焊盘的模板开口缩小 20%～50%。焊膏覆盖面积 50%～80%。

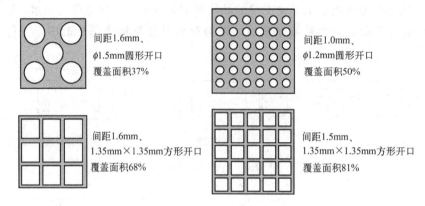

間距1.6mm、
φ1.5mm圆形开口
覆盖面积37%

間距1.0mm、
φ1.2mm圆形开口
覆盖面积50%

間距1.6mm、
1.35mm×1.35mm方形开口
覆盖面积68%

間距1.5mm、
1.35mm×1.35mm方形开口
覆盖面积81%

图 18-11　散热焊盘的模板开口尺寸设计

PQFN 焊后器件底部的散热焊盘与 PCB 热焊盘之间的距离称为器件的离板高度，如图 18-12 所示。

实践证明，PQFN 焊后 50μm 的离板高度对散热效果及改善板级可靠性很有帮助。为了实现 50μm 的焊点高度，对于不同的热过孔设计需要不同的焊膏量。图 18-13 是 4 种散热过孔设计。

离板高度
（焊点高度）

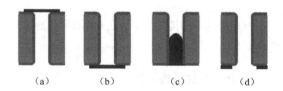

（a）　　　（b）　　　（c）　　　（d）

图 18-12　PQFN 焊后器件离板高度示意图　　　图 18-13　4 种散热过孔设计

下面分析图 18-13 中 4 种散热过孔设计对焊膏量与模板开口的不同要求（参考）：

图（a）从顶部阻焊时，焊膏不会流入孔中。热焊盘模板开口需缩小 40%～50%。

图（b）、（c）从底部阻焊和使用液态感光（LPI）阻焊膜从底部填充时，焊膏会不同程度流入孔中，但不会流出，热焊盘模板开口需缩小 30%～40%。

图（d）对于贯通孔，允许焊料流进过孔，元器件底部热焊盘上的焊料会减少，因此要求焊膏覆盖率至少 75% 以上，热焊盘模板开口一般缩小 20%～30%。

热焊盘模板开口具体缩小多少，还要根据元器件的焊端间距、模板厚度等具体情况而定。

2．PQFN 的印刷和贴装

PQFN 的印刷、贴装与 CSP 相似，由于不能目视检测，要求提高印刷和贴装精度，选择高质量的焊膏。建议选 3 号焊粉，采用免清洗工艺，印刷后进行 3D SPI 测量焊膏的体积。

贴装时注意贴装压力（Z 轴高度）。焊膏量过多或贴装压力过大会造成锡珠或桥接。

3．PQFN 的焊后检查

PQFN 的焊后检查与 CSP 相同，但 X 射线对 PQFN 焊点的少锡和开路无法检测，只能依靠外部焊点的情况加以判断。

18.2.2 PQFN 的返修工艺

PQFN 的返修步骤与返修 BGA 器件的步骤基本相同，都要经过如下几步：①拆除芯片；②清理 PCB 焊盘、元器件引脚；③涂刷助焊剂或焊膏；④放置元器件；⑤焊接；⑥检查。

涂覆焊膏的方法有 3 种。

方法 1：在 PCB 上用维修小丝网印刷焊膏。

方法 2：在组装板的焊盘上点焊膏，如图 18-14 所示，在相邻的焊盘上交叉点焊膏，可以避免焊膏粘连，每个焊盘上的焊膏量要均匀。

图 18-14 在组装板的焊盘上点焊膏

方法 3：将焊膏量分 2 次直接印刷在 PQFN 的焊盘上。第 1 次印刷后先回流一次，相当于在 PQFN 的焊盘上镀一层锡，第 2 次印刷后把 PQFN 贴装到 PCB 基板上进行回流，这种方法成功率较高。

18.3 COB 技术

COB（Chip On Board）是指将裸芯片直接贴在 PCB 上，然后用铝线或金线进行电子连接，检测后封胶。COB 技术主要应用在两个方面：PCB（板）级、元器件级。元器件级的 COB 应用主要在 IC 的制造及封装厂，其工艺技术较复杂，要求也严格。本节介绍 PCB 级的 COB，如图 18-15 所示。

COB 主要用于低端产品，如电子玩具、计算器、遥控器等。

COB 工艺的主要优点是降低了产品的成本。

COB 工艺的主要缺点：①可靠性较差；②工艺流程复杂；③对环境及 ESD 的要求高。COB 工艺要求较高的环境条件（100000 级净化环境）及防静电要求，远比 SMT 严格。

图 18-15 PCB 级的 COB

1. COB 一般工艺流程（COB 的工艺详解见表 18-3）

表 18-3 COB 工艺详解

工 序 名 称	图 片	工 艺 详 解
清洁 PCB 上引线键合 PAD 部分		① 用橡皮擦清洁焊盘上的氧化物。 ② 用刷子或吸尘器将残留物清洁掉。 目的：去除焊盘上的氧化物，以获得良好的绑定性能。橡皮擦：非普通类型的橡皮擦，较为粗糙，易清洁 PCB 上的氧化物，不易留下残留物
点胶		在 PCB 点黏结胶，通常使用两种黏结胶：银浆或红胶。银浆较贵，有导电性能，需要加热；红胶较便宜，无导电性，可自然固化。应根据不同的产品来选择黏结胶。 目的：固定芯片

工 序 名 称	图　片	工 艺 详 解
贴芯片		将裸芯片贴在 PCB 上： ① 特别注意防静电； ② 注意不可碰到裸芯片
烘胶		银浆需要 120℃、30min 烘干 红胶常温 15～20min 自然干燥
键合（Bonding）		用铝线或金线完成裸芯片和 PCB 之间的电气连接。注意控制绑线机的设置： ① 压力； ② 时间； ③ 绑线的弯曲幅度； ④ 压焊机的压焊速度； ⑤ 绑嘴的形状、尺寸、材料
键合检查		使用高倍放大镜检查键合的质量，有无以下不良现象： ① 断线； ② 少线； ③ 未焊接好（假焊）； ④ 短路
功能测试		检测键合后的芯片功能，避免不良产品流入封胶工序
封胶（1）：Dam		加封装胶在芯片四周，以保证下一道填充工序的封装胶不会溢出到其他地方
胶固化		根据封装胶的特性选择固化的温度及时间，一般为 150℃，1.5h
封胶（2）：Fill in		加胶水在芯片上，以保护芯片及键合
固化：Curing		根据胶水的特性选择固化的温度及时间，一般为 125℃，2h
功能测试		检测封胶后的芯片功能，避免不良产品流入下一道工序

2. COB 主要设备

① 键合机。又称自动线焊机，是用来键合（自动互连键合，也称自动线焊）的。

② 点胶机。点胶机与底部填充和表面贴装元器件的点胶机相同。

③ 烘箱（带鼓风）。带鼓风的烘箱其主要作用是将黏结胶固化。

④ 拉力测试仪。拉力测试仪的主要作用是测试绑线的拉力大小。

3．引线键合工艺介绍

引线键合也称自动线焊，有两种方式：平焊/楔焊及球焊。

① 平焊/楔焊与球焊比较（见表 18-4）。

表 18-4　平焊/楔焊与球焊比较

引线键合的方式	平焊/楔焊（Wedge Bonding）	球焊（Ball Bonding）
应用领域	低端的电子产品，如电子玩具、计算器、遥控器等	可靠性要求较高的电子产品及 IC 制造厂
键合线类型	铝线	金线
引线键合方式	铝线通过键合嘴的小孔穿出，然后经过超声波熔化，通过键合嘴压焊到芯片的电极上，压下后作为第一个焊点，为平焊点；然后从第一个焊点抽出弯曲的铝线再压焊到 PCB 相应的焊盘上，形成第二个焊点，为平焊焊点；接着又焊接下一点	金线通过空心夹具的毛细管穿出，经过电弧放电使伸出部分熔化，并在表面张力作用下形成球形，将球压焊到芯片的电极上，压下后作为第一个焊点，为球焊点；然后从第一个焊点抽出弯曲的金线再压焊到 PCB 相应的焊盘上，形成第二个焊点；接着再进行下一点的焊接
键合点图示		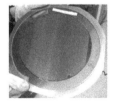

② Wedge——键合嘴（铝线用）。

③ 键合金属线。目前，最常用的是金线（Au，Cu）和铝线（Al，1%Si/Mg）。常用的直径为 25～30μm。

④ 键合用的 PCB[见图 18-16（a）]。PCB 上键合线的焊盘部分为镀金材料，为保证良好的键合线品质，对 PCB 有严格的要求：

● 化学镀 Ni-Au 厚度（0.3～0.5μm）；

● 键合线的焊盘部分无脏物，无异物；

● PCB 无弯曲，无扭曲；

● 键合线的焊盘部分形状规则；

● 键合用的裸芯片通常有晶圆和托盘两种包装方式，如图 18-16（b）、（c）所示。

（a）键合用的 PCB　　　　（b）晶圆 (Wafer)　　　　（c）托盘 (Gel Pack)

图 18-16　键合用的 PCB 与芯片包装

4．COB 工艺评估

（1）标准的键合点

标准的平焊/楔焊点如图 18-17 所示。

标准键合点的要求如下。

线尾长度：0.2～0.5μm。

键合点宽度：（1.3～1.8）×键合线直径（d）。

键合点长度：由所选的绑嘴决定。

键合点偏移量：小于 1/4 绑点宽度。

拉力：键合线直径为 1.25mil，拉力须大于 8gf；键合线直径为 1.15mil，拉力须大于 7gf；
键合线直径为 1.00mil，拉力须大于 6gf。

（2）COB 工艺评估

① 外观检查。外观检查主要通过光学显微镜、电子显微扫描、X 射线探测等手段来实现。

② 机械测试。最常用的有两种：拉力测试（见图 18-18）和焊球剪切测试。

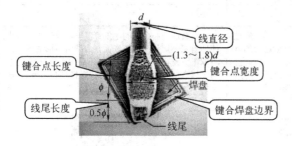
图 18-17　标准平焊/楔焊点

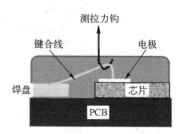
图 18-18　拉力测试示意图

18.4　倒装芯片（Flip Chip，FC）与晶圆级 CSP（WL-CSP）、晶圆级封装（Wafer Level Processing，WLP）的组装技术

1. 倒装芯片

倒装芯片封装锡球小于 150μm，球间距小于 350μm。

（1）倒装芯片的特点

图 18-19（a）所示为传统正装器件，电气面朝上；图 18-19（b）所示为倒装器件，电
气面朝下。

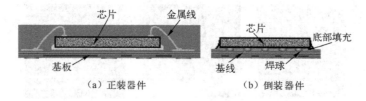

（a）正装器件　　　　　　　　（b）倒装器件

图 18-19　正装与倒装器件比较

另外，倒装芯片在芯片上植球，贴片时需要将其翻转，而被称为倒装芯片。倒装芯片具有以
下特点。

① 基材是硅，电气面及焊凸在器件下表面。

② 最小的体积。倒装芯片的球间距一般为 4～14mil、球径为 2.5～8mil，使组装的体积最小。

③ 最低的高度。倒装芯片组装将芯片用再流或热压方式直接组装在基板或印制电路板上。

④ 更高的组装密度。倒装芯片技术可以将芯片组装在 PCB 的两个面上，大大提高了组装密度。

⑤ 更低的组装噪声。由于倒装芯片组装将芯片直接组装在基板上，噪声低于 BGA 器件和 SMD。

⑥ 不可返修性。倒装芯片组装后需要做底部填充。倒装芯片的焊凸材料与基板的连接方式见表 18-5。

表 18-5　倒装芯片的焊凸材料与基板的连接方式

材　　料	芯片附着	焊凸沉积方式	与基板的连接
焊料合金 95Pb-5Sn、Sn-63Pb，无铅合金焊料	需要 UBM[①]	蒸发、电镀、丝网印刷、熔融焊锡	再流焊
凸金焊球	需要 UBM	电镀	金与金间的热压处理
凸金嵌块	不需要金属线键合，不需要 UBM	金属线键合与切割	导电胶、固化
导电胶	需要 UBM	丝网印刷、点胶	固化

①：UBM（Under Bump Metallurgy）是一种在器件底部的置球（Ball Placement）工艺，实现底部焊球结构再分布技术，形成一个焊锡可湿润的端子。目前最流行、最简单的 UBM 技术是采用 SMT 印刷焊膏并再流焊的方法。

（2）倒装芯片的组装工艺流程

倒装芯片组装方法大体分为两类，一类是再流焊方式，一类是胶黏方式。

下面介绍传统的也是目前应用较普遍的再流焊方式倒装芯片组装工艺。

采用流动性底部填充胶有两种方法，一种采用两条生产线完成，另一种采用一条生产线完成。

① 采用两条生产线（传统的 PC 组装工艺），通过两次再流焊完成，其工艺流程如下：

先在第一条生产线组装普通的 SMC/SMD（印焊膏→贴装元器件→再流焊）→然后在第二条生产线组装倒装芯片（拾取倒装芯片→浸蘸膏状助焊剂或焊膏→贴装倒装芯片→再流焊）→检测→烘烤→底部填充。

倒装芯片组装工艺流程如图 18-20 所示。底部填充工艺详见本章 18.5 节。

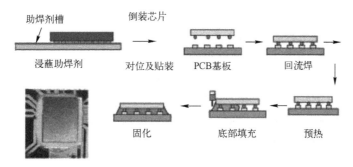

图 18-20　倒装芯片组装工艺流程

② 采用一条生产线，其工艺流程如下：

印刷焊膏→高速贴装机→精细间距/直接芯片附着贴装机→再流焊→检测→烘烤→底部填充灌胶→胶固化→检测。

③ 非流动型底部填充胶工艺有两种底部填充胶材料：（a）环氧树脂绝缘胶；（b）助焊剂、焊料和填充材料的混合物。

其工艺是在器件贴装之前先将非流动型底部填充材料点涂到焊盘位置上，贴片时需要加一定的压力，使芯片底部焊球接触基板的焊盘，再流焊的同时完成填充材料的固化，如图 18-21 所示。

涂覆填充材料　　　对位并加压贴装　　　同时焊接和固化

图 18-21　非流动型底部填充胶倒装芯片组装工艺流程

（3）倒装芯片装配工艺对贴装设备的要求

倒装芯片的最小焊球直径为 0.05mm，最小焊球间距为 0.1mm，最小外形尺寸为 1～2mm。

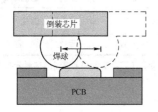

图 18-22　倒装芯片对贴装机的最低精度要求

贴装小球径和微小球距倒装芯片，要求贴装精度达到 12μm 甚至 10μm，同时要求高分辨率 CCD。

在再流焊过程中，器件自定位效应非常好。焊球与润湿面 50%接触，可以被"自动纠正"，如图 18-22 所示。

倒装芯片局部基准点较小（0.15～1.0mm），传统贴装头上的相机光源都是红光，在处理柔性电路板上的基准点时效果很差，甚至找不到基准点。目前贴装倒装芯片的贴装机都开发了各自的解决措施，如美国环球仪器的蓝色光源专利技术就很好地解决了此问题。

最好选择头部是硬质塑料材料且具有多孔的 ESD（防静电）吸嘴。

膏状助焊剂或焊膏的浸蘸量：一般要求蘸取 1/2 焊球直径的高度，如图 18-23 所示。

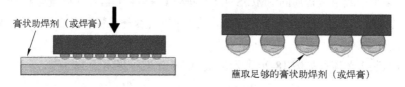

图 18-23　浸蘸膏状助焊剂（或焊膏）

倒装芯片的包装方式主要有圆片盘（Wafer）、卷带料盘（Reel）。

卷带、托盘包装的倒装芯片，其送料方式与传统 SMC/SMD 相同；裸晶圆片使用垂直晶圆送料器。

有些倒装芯片是应用在挠性板或薄型 PCB 基板上的，通常采用载板和真空吸附系统。小尺寸的组装板可加工成拼板（载板）形式，如图 18-24（a）所示；图 18-24（b）是支撑系统。

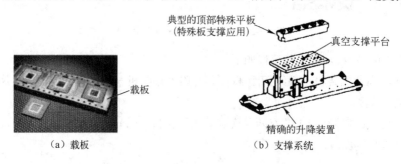

（a）载板　　　　　　　　（b）支撑系统

图 18-24　贴装倒装芯片的载板与支撑系统

再流焊及填料固化后的检查内容及检测方法详见本章 18.5 节。

底部填充常见缺陷详见本章 18.5 节。

2. 晶圆级 CSP（WL-CSP）

晶圆级 CSP 简称 WL-CSP（Wafer-Level Chip Size Package），主要应用于便携式消费类电子产品。

图 18-25 是倒装芯片（左）的超细 50μm 间距与 WL-CSP（右）典型 250μm 间距锡球的比较，图 18-26 是晶圆级 CSP（WL-CSP）器件举例。

图 18-25　倒装芯片（左）的超细 50μm 间距与
WL-CSP（右）典型 250μm 间距锡球的比较

图 18-26　晶圆级 CSP（WL-CSP）器件

3. 晶圆级封装（WLP）

晶圆级封装（Wafer Level Processing，WLP）的一般定义为直接在晶圆上进行大多数或是全部的封装与测试程序，之后再进行切割，制成单颗器件。一般可采用凸点（Bumping）技术作为其 I/O 电极。所谓 Bumping 技术，就是应用 SMT 的高精度、窄间距印刷焊膏技术，然后通过再流焊技术，直接在晶圆上制作凸点（电极）的封装技术。图 18-27（a）是已经制作电路的晶圆（Wafer），图 18-27（b）是已经切割制成单颗器件的晶圆级封装（WLP）器件。WLP 封装具有封装尺寸较小与电性能较佳的优势，目前多用于轻薄短小的消费类产品。

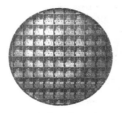 

（a）晶圆（Wafer）　　　　（b）晶圆级封装（WLP）器件

图 18-27　晶圆（Wafer）和晶圆级封装（WLP）器件

实际上可以将 WLP 看作大的倒装芯片。不过，倒装芯片需要依赖填充胶来改进机械和热疲劳阻抗。采用 WLP 可以不做底部填充工艺。因此，WLP 的应用在一定程度上简化了组装工艺。

4. 晶圆级 CSP（WL-CSP）、晶圆级封装（Wafer Level Processing，WLP）的贴装技术

FC、WL-CSP、WLP 技术在工艺和制造上是非常相似的，如图 18-28 所示。

带有 WL-CSP 的表面组装板工艺流程：传统 SMC/SMD 印刷焊膏→WL-CSP 施加膏状助焊剂→贴片→再流焊。

（a）CSP　　　　（b）FC和需要底部填充的WL-CSP　　　（c）WLP和不需要底部填充的WL-CSP

图 18-28　CSP、FC、WL-CSP、WLP 在 PCB 基板上的贴装技术

WL-CSP 贴装技术的要点如下。

① 贴装机上增加助焊剂模块。图 18-29 是德国西门子公司贴装机上的助焊剂模块。

（a）助焊剂模块安装在料站上　　　　　（b）助焊剂模块

图 18-29　德国西门子公司贴装机上的助焊剂模块装置

② 助焊剂蘸取量的控制。要求膏状助焊剂的蘸取高度达到焊球直径的 2/3～1/2 处。膏状助焊剂蘸取量是由助焊剂模块装置（见图 18-30）控制的，主要控制以下参数：

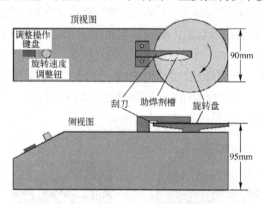

图 18-30　西门子助焊剂模块的助焊剂高度控制

- 助焊剂深度——55μm；
- 浸蘸循环时间——0.25～0.7s。

③ WLP 送料器。贴装晶圆需要使用垂直送料器。

④ WL-CSP 器件的贴装。在垂直送料器侧面有一个顶块，它会在吸嘴拾取 WL-CSP 器件前，将要拾取的 WL-CSP 从晶圆上推到水平的取料盘上；然后由吸嘴从取料盘上拾取从晶圆上推下来的 WL-CSP；拾取 WL-CSP 后，先到助焊剂模块处蘸取膏状助焊剂，最后再贴装。

18.5　倒装芯片（Flip Chip）、晶圆级 CSP 和 CSP 底部填充工艺

目前使用的底部填充工艺主要有以下 3 种方法：

1. 毛细管型底部填充工艺（Capillary Underfill）

毛细管型底部填充是目前使用最为广泛的工艺方法。

（1）毛细流动型的底部填充材料

对底部填充的性能要求主要包括：

① 适当的流动性，固化温度低，固化速度快；

② 树脂固化物无缺陷、无气泡；

③ 耐热性能好，热膨胀系数低，低模量，高黏结强度；

④ 内应力小、翘曲度小等。

目前使用的树脂体系主要是在常温下为液体的低黏度环氧和液体酸酐固化体系。

毛细流动型的底部填充材料一般采用点胶工艺，毛细管型底部填充如图 18-31 所示。

图 18-31　毛细管型底部填充

按照能否返修，底部填充材料可分为可返修型和不可返修型两种类型，举例见表 18-6。

表 18-6　乐泰公司的可返修型和不可返修型底部填充材料举例

型　号	可返修性	性　能
3513	可返修	低温快速固化，用于 CSP。储存温度：5℃
3568	可返修	高性能、高可靠性，快速填充型底部填充剂，为聚酰亚胺钝化表面倒装片 CSP 或 BGA 器件设计。储存温度：−40℃
FP6100	可返修	用于 CSP 或 BGA 器件生产。储存温度：−40℃
3515	不可返修	四角固定型 CSP，四角固定，回流处理。储存温度：−5℃

（2）适合底部填充工艺的 PCB 焊盘设计

以下是对 PCB 焊盘设计的基本要求。

① PCB 设计：底部填充器件与方形器件间隔 200μm 以上。

② 适当缩小焊盘面积，拉大焊盘间距，增大填充的间隙。

③ 底部填充器件与周围元器件的最小间距应大于点胶针头的外径（0.7mm），如图 18-32 所示。

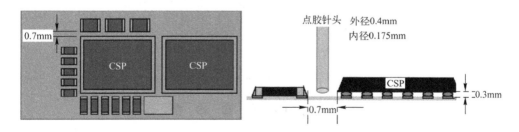

图 18-32　底部填充器件与周围元器件的最小间距示意图

④ 所有半通孔需要填平，并在其表面覆盖阻焊膜。开放的半通孔可能产生空洞，如图 18-33 所示。

⑤ 阻焊膜须覆盖焊盘外所有的金属基底。

⑥ 减少弯曲，确保基板的平整度。

⑦ 尽可能消除沟渠状的阻焊膜开口，以确保一致的流动性，保证阻焊膜的一致、平整，确

保没有细小的间隙容纳空气或者助焊剂残留物，这些都是产生空洞的原因。

 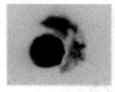 

图 18-33　阻焊膜设计缺陷引起的空洞缺陷

⑧ 减少焊球周围暴露基底材料，配合好阻焊膜尺寸公差，避免产生不一致的润湿效果。

（3）底部填充前的准备

底部填充前的准备主要是清洗、烘烤芯片。

在填充工艺前烘烤芯片可以除去湿气产生的空洞。对 1mm 厚的基材而言，需要在 125℃，烘烤 2h。不同的封装形式需要的时间也不同。如果烘烤的温度升高，可以相应地缩短时间。

（4）点胶设备

底部填充用的点胶机与滴涂用点胶机完全相同。

图 18-34（a）是填充剂用量不足引起的空洞，图 18-34（b）是填充剂适量无空洞的填充质量。

（a）填充剂用量不足引起的空洞　　　　　（b）填充剂适量无空洞

图 18-34　填充剂用量不足引起的空洞与填充剂适量无空洞

（5）点胶

点胶针头离芯片的距离和距基板的高度都是很关键的影响因素。点胶针头在点胶时的位置与元器件的大小、流动速度及针头距离基板的距离有关。典型的设定范围如图 18-35 所示。

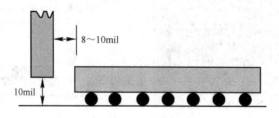

图 18-35　推荐的点胶针头的位置

（6）底部加热

填充胶的流动速度和润湿力会随温度的升高而提高，另外，杂质和残留物的溶解度也随温度升高而增加，这就减少了空洞的产生。通常最佳的预热温度在 80～100℃。对于较大的芯片，需要适当提高底部的预热温度。

（7）点胶路径

① 在芯片的一角或某一边的中间点一个点是最简单的点胶方式。这种点胶方式会在点胶处

的边缘有较多的残胶，适合于小的芯片。

② 直线形的点胶，或称 I 形点胶路径。这种点胶方式适用于在芯片边缘形成较小成型的场合。在芯片较长的一边点胶可以缩短流动的时间。点胶的路线长度一般是芯片边长的 50%～125%。较长的路线能帮助减少芯片边缘胶水的成型，但增加了裹住一些气泡的可能性。因此，须注意控制卷入空气。

③ L 形的点胶路径。L 形的点胶路径是沿芯片相邻的两边点胶。这种方式可以得到较小的点胶边缘位置的胶水成型，胶水的流动时间最短，有利于实现无空洞的填充质量。

④ U 形的点胶路径。U 形的点胶路径近似 L 形的点胶路径，其区别是比 L 形的路线长一些，可增加边角的填充量。U 形还用于 I 形点胶路径后的围边。

以上 4 种形式的点胶路径如图 18-36 所示。

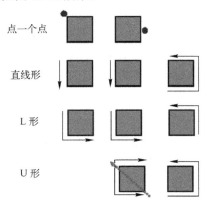

图 18-36　4 种形式的点胶路径示意图

（8）底部填充质量

底部填充要求在芯片周围有适合的胶水附着，呈斜坡形状，并使填充胶充满芯片底部、无空洞，实现理想的包封。点胶的高度最高不超过器件的顶部，最低不低于器件封装体的底部。底部填充质量要求如图 18-37 所示。

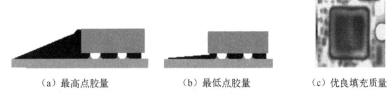

（a）最高点胶量　　　　　（b）最低点胶量　　　　　（c）优良填充质量

图 18-37　底部填充质量要求

2. 非流动型底部填充技术[Fluxing(No-Flow)Underfill]

非流动型底部填充材料是助焊剂、焊料和填充材料的混合物。非流动型底部填充工艺是在器件贴装之前先将非流动型底部填充材料点涂到焊盘位置上。当组装板进行再流焊时，底部填充材料可作为助焊剂活化焊盘，形成焊点互连，并在再流焊的同时完成填充材料的固化，将焊接和胶固化两个工序合二为一。

3. 四角或边角键合底部填充技术

四角或边角键合底部填充技术工艺过程：在器件贴片前，先在 CSP 焊盘位置的四角点涂填充材料成点或线，在正常回流时完成固化。最新研发的边角键合技术具有自对中特性，器件在正常的回流过程中可实现自对中，并实现高直通率和更好的长期可靠性。四角或边角键合底部填充如图 18-38 所示。

图 18-38　四角或边角键合底部填充示意图

4. 预成型底部填充技术

预置晶圆级底部填充技术，可以在焊凸工艺之前或之后预置预成型底部填充材料。

如果在焊凸工艺之前预置，必须考虑工艺兼容问题。如果在焊凸工艺之后预置，则要求预成型底部填充材料不会覆盖或损坏焊凸。还需考虑在晶圆分割过程中底部填充材料的完整性。

5. 底部填充胶的固化

目前底部填充胶的固化炉与 SMT 再流焊炉相同，大多采用全热风炉。固化温度和时间应根据填充胶材料的要求进行，如 165℃固化 30min。

6. 再流焊及填料固化后的检查

固化后的检查有非破坏性检查和破坏性检查两种方法。正常生产中采用非破坏性检查，进行质量评估或出现可靠性问题时需要用到破坏性检查。非破坏性的检查有：

● 光学显微镜外观检查，检查填料爬升情况、是否形成良好的边缘圆角、元器件表面脏污等。
● 利用 X 射线检查仪检查焊点是否短路、开路、偏移，以及润湿情况、焊点内空洞等。
● 电气测试（导通测试），可以测试电气连接是否有问题。
● 利用超声波扫描显微镜检查底部填充后其中是否有空洞、分层，流动是否完整。

底部填充常见的缺陷有焊点桥连/开路、焊点润湿不良、焊点空洞/气泡、焊点开裂/脆裂、底部填料和芯片分层及芯片破裂等。底部填充材料和芯片之间的分层往往发生在应力最大的器件的四个角落处或填料与焊点的界面，如图 18-39 所示，图中箭头处是缺陷。

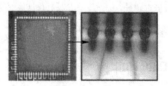

（a）四个角落处　　（b）平行器件底面切片检查到　　（c）用超声波扫描显微镜检查到　　（d）平行器件底面切片
　填料开裂　　　　　　底部填料开裂　　　　　　　底部填料与芯片分层　　　　　检查到底部填料空洞

图 18-39　底部填充常见缺陷

18.6　堆叠封装（Package On Package，POP）技术

堆叠封装（Package On Package，POP）是一个封装在另一个封装上的堆叠。

从图 18-40（a）中看出：3D 系统级封装 SIP（Systems In Package）是在封装内部堆叠的，其堆叠很复杂，难度相当大；图 18-40（b）和图 18-40（c）是 POP（Package On Package）技术，堆叠的难度比 SIP 容易和简单得多。

（a）3D系统级封装 SIP

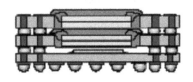

（b）底层ASIC（特殊用途的IC）
+2层存储器

（c）BGA上堆叠BGA

图 18-40　3D 系统级封装 SIP 与 POP 技术比较

1. 底部 POP 器件内部结构尺寸与 POP 外形封装结构

图 18-41（a）是底部 POP 器件内部结构尺寸。图中：

A——通过减薄工艺使裸片厚度降到 $100\sim50\mu m$。

B——低环线的高度，为 $75\mu m$。

C——衬底基板厚度和层数是影响最终堆叠厚度、布线密度和堆叠扭曲控制的关键因素。目前带盲孔和埋孔的四层基板厚度为 $100\mu m$，树脂涂覆金属箔外层为 $40\mu m$，四层总高为 $300\mu m$。

D——尽量减少环线的数量和高度，确保环线和外壳之间足够的间隙，模塑高度为 $0.27\sim0.35mm$。

图 18-41（b）是 POP 底面外形的例子；图 18-41（c）是 POP 顶面（有 Mark）外形的例子。

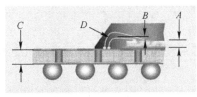

（a）底部POP器件内部结构尺寸

（b）底面

（c）顶面（有Mark）

图 18-41　底部 POP 器件内部结构尺寸与 POP 外形封装结构

2. POP 组装技术

图 18-42 是 POP 技术应用举例。

图 18-42　POP 技术应用举例

最底部的器件与组装板上的其他元器件一起印刷焊膏，上面堆叠的器件采用浸蘸膏状助焊剂的方法堆叠在下面的器件上。浸蘸膏状助焊剂的方法与晶圆级封装（WL-CSP）的贴装基本相同。

（1）POP 贴装工艺过程

下面以图 18-40（b）为例，该堆叠最底层是 ASIC（特殊用途的 IC），在 ASIC 上面堆叠两层存储器。该例子的 POP 贴装工艺流程如图 18-43 所示。

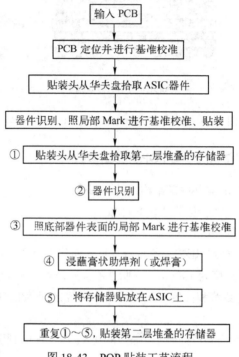

图 18-43　POP 贴装工艺流程

（2）POP 装配工艺的关注点

① 顶部器件助焊剂或焊膏量的控制。与倒装芯片浸蘸工艺相同，要求蘸取 1/2 焊球直径的高度。

② 贴装过程中基准点的选择和压力（Z 轴高度）的控制。底层器件以整板基准点来矫正没有问题，上层器件应选择其底层器件表面上的局部基准点。

POP 贴装机的贴装头应配置 Z 轴高度传感器，过高的压力会将底层器件的焊膏压塌，造成短路和锡珠，高压力贴装多层器件也会因压力不平衡导致器件倒塌。

③ 底部器件焊膏印刷工艺的控制。底部器件球间距为 0.5mm 或 0.4mm 的 CSP，需要优化 PCB 焊盘的设计，印刷钢网的开孔设计也需要仔细考虑。焊膏的选择也成为关键。

④ 再流焊工艺的控制。由于无铅焊接的温度较高，较薄的器件和基板（厚度为 0.3mm）在再流焊过程中很容易产生热变形，升温速度建议控制在 1.5℃/s 以内，需要细致地优化再流焊温度曲线。同时监控顶层器件表面与底层器件内部温度非常重要，既要考虑顶层器件表面温度不要过高，又要保证底层器件焊球和焊膏充分熔化、形成良好的焊点。

⑤ 再流焊后的检查。堆叠两层应用 X 射线来检查没有什么问题，但对于多层堆叠要清楚地检查各层焊点的情况，实非易事，这时需要 X 射线检查仪具有分层检查的功能。

（3）多层堆叠装配的返修

POP 返修变得相当困难。如何将需要返修的器件移除并成功重新贴装，而不影响其他堆叠器件和周围器件及电路板是值得研究的重要课题。

POP 的返修步骤与 BGA 器件的返修步骤基本相同。

① 拆除芯片。拆除芯片的正确方法是一次性将 POP 整体从 PCB 上取下来。

美国 OK 公司开发的镊形喷嘴[见图 18-44（a）是采用特殊材料制成的卡子，在 200℃时会自动弯曲大约 2mm，能够整体夹住 POP，一次性将 POP 整体从 PCB 上取下来，如图 18-44（b）所示。

（a）镊形喷嘴底面　　　　　　（b）镊形喷嘴夹住整个POP

图 18-44　美国 OK 公司为 POP 返修专门开发的镊形喷嘴

② 清理 PCB 焊盘。

③ 浸蘸膏状助焊剂或焊膏。浸蘸要求与贴装 POP 的方法相同。

④ 放置器件。用返修台的真空吸嘴拾取器件，将底部器件贴放在 PCB 相应的位置，然后逐层蘸取、放置上层器件，如图 18-45 所示。贴装时注意压力（Z 轴高度）的控制。

图 18-45　逐层蘸取、放置器件

⑤ 再流焊。再流焊时需要细致地优化温度曲线。由于返修台再流焊是敞开在空气中进行的，散热快，因此更要注意底部预热和提高加热效率。POP 再流焊要注意充分预热，必须保证 PCB 和芯片平整、不变形，尽量缩短液相时间。顶部温度达到 265℃会造成芯片封装变形。

POP 返修常用的美国 OK 公司 APR5000XL 返修站的加热系统见第 4 章图 4-76。

合格焊点如图 18-46（a）所示，由于芯片变形造成的不合格焊点如图 18-46（b）所示，由于 PCB 变形，造成底部芯片焊球压扁而不合格如图 18-46（c）所示。

  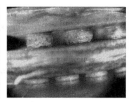

（a）合格焊点　　　　　　（b）不合格焊点1　　　　　　（c）不合格焊点2

图 18-46　POP 合格和不合格焊点

（4）是否需要底部填充

为了提高产品的可靠性，POP 可以考虑进行底部填充工艺。对于两层堆叠，可以对上层器件进行底部填充，也可以两层器件都做填充。如果上、下层器件外形尺寸相同，便没有空间单独对上层器件进行底部填充。对上、下层器件同时进行底部填充时，需要关注填料能否在两层器件间完整流动。适当的点胶路径、适当的胶量控制可以有效控制填料中的气泡。再流焊过程中过多的助焊剂残留会影响填料在器件下的流动，导致气孔的出现。

（5）可靠性是另一个关注重点

从目前采用跌落测试的研究结果来看，失效主要发生在两层器件之间的连接，位置主要集中在器件角落处的焊点。失效模式为在底部器件的上表面焊点沿 IMC 界面裂开，似乎和 Ni/Au 焊盘的脆裂相关，但失效机理还有待进一步研究。

通过染色试验分析，发现器件边角处的焊点出现失效，如图 18-47 所示。

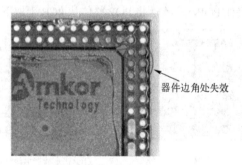

图 18-47　器件边角处失效

通过切片试验分析，发现底部器件上表面焊点沿 IMC 界面裂开。图 18-48 是界面裂开的电子扫描显微镜（SEM）照片。

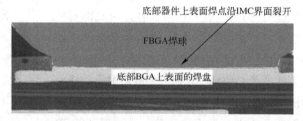

图 18-48　电子扫描显微镜（SEM）发现堆叠焊点沿 IMC 界面裂开的照片

另外一种失效模式是底部器件的焊盘和 PCB 层压材料发生开裂。这种失效通过电气测试无法探测到，所以在实际产品中潜在很大风险。

18.7　ACA、ACF 与 ESC 技术

近年来在间距小于 40μm 的超高密度及无铅等环保要求的形势下，各向异性导电胶（Anisotropic Conductive Adhesive，ACA）、各向异性导电胶薄膜（Anisotropic Conductive Film，ACF）与焊料树脂导电材料（Epoxy Encapsulated Solder Connection，ESC）都属于导电胶（Electrically Conductive Adhesives，ECA）技术。ECA 技术悄然兴起。

18.7.1　ACA、ACF 技术

各向异性导电胶有膏状和薄膜状两种，ACA 是膏状的浆料；ACF 是薄膜状的，通常根据应用的要求加工成不同宽度的薄带状。ACA、ACF 材料内浮有导电球颗粒。用这种胶或薄膜胶带把倒装芯片固定在基板上，当导体反向压在一起时导电路径就会在 Z 轴方向出现。

1. 各向异性导电胶（ACA）与传统锡铅焊料相比具有的优点与应用

① 适合于超细间距（50μm），比焊料互连间距窄一个数量级，有利于封装的进一步微型化。

② ACA 具有较低的固化温度，因而特别适合于热敏元器件的互连和非可焊性表面的互连。

③ ACA 的互连工艺过程非常简单，工艺步骤少，有利于提高生产效率和降低成本。

④ ACA 具有较高的柔性和更好的热膨胀系数匹配,改善了互连点的环境适应性,减少失效。

⑤ 节约封装的工序。

⑥ ACA 属于绿色电子封装材料,不含铅及其他有毒金属。

由于上述一系列优异性能,使 ACA 技术迅速在以倒装芯片互连的 IC 封装中及挠性板电缆与硬板之间的互连中得到广泛应用。

2. ACF 互连器件的黏结原理和工艺

ACF 是在聚合物基体(如环氧基的胶)中掺入一定量(一般为 3%~15%,体积百分比)的导电粒子而形成的薄膜。导电粒子一般为在表面镀有 Ni/Au 涂层的球形树脂微颗粒。在黏结前,各向异性导电胶中的导电粒子一般呈近似均匀分布,互不接触,并有一层绝缘膜保护,因此 ACF 膜本身是不导电的。未使用的各向异性导电膜一般都有上下两层保护膜,在黏结前需要将保护膜揭掉。通常情况下,ACF 的黏结过程包括预黏结和黏结两道工艺。当对 ACF 膜加压、加热后,它会变软化(呈胶体状态),导电粒子可以流动并均匀分布,使得每条线路有一定数量的导电粒子,保证稳定的电阻值。在黏结压力的作用下,导电粒子绝缘膜破裂,圆片上的凸点和与之对应的玻璃基板上的 ITO 电路之间夹着多个受压变形的导电粒子,由这些变形的导电粒子实现上、下凸点之间的电互连,没有受压的其他区域的粒子互不接触。因此,实现了各向异性互连。固化后,实现了电子封装的机械支撑和散热。COG 器件的黏结原理和导电粒子在黏结过程中的变形机理如图 18-49 所示。ACA、ACF 互连工艺用的软板与硬板和加热、加压头如图 18-50 所示。

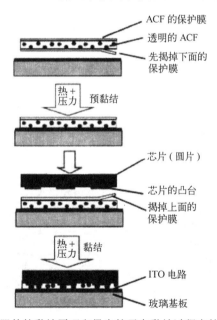

图 18-49 COG 器件的黏结原理和导电粒子在黏结过程中的变形机理示意图

(a)需要互连的软板与硬板   (b)加热、加压头

图 18-50 ACA、ACF 互连工艺用的软板与硬板和加热、加压头

18.7.2　ESC 技术

ESC（Epoxy Encapsulated Solder Connection）技术是环氧树脂密封焊接法，采用新型树脂包裹焊料加热连接。ESC 技术是代替 ACF 的新技术，简化了工艺，降低了成本。

1．ESC 技术工艺方法

ESC 技术工艺方法如图 18-51 所示。首先在硬板的焊盘上滴涂焊膏树脂胶，然后将软板的电极对准并贴放到硬板的焊盘上，最后通过加热、加压同时实现焊接和树脂固化。

滴涂焊膏树脂胶　　——→　　加热、加压　　——→　　焊接+树脂固化

图 18-51　ESC 技术工艺方法示意图

2．ESC 与 ACF 技术比较

由于 ACF 技术在工艺及连接强度上存在一些缺点。从图 18-49 与图 18-51 比较看出，ACF 比 ESC 的工艺复杂。ESC 与 ACF 比较具有以下优点：

① 工艺简单，节省了贴 ACF 胶带的空间；

② 焊接+树脂固化，增强了连接强度，提高了可靠性；

③ 更多的应用领域。

18.8　FPC 的应用与发展

挠性印制电路板（Flexible Printed Circuit，FPC）（见图 18-52）又称软性印制电路板、柔性印制电路板，简称软板或 FPC。FPC 是以聚酰亚胺或聚酯薄膜为基材制成的一种可靠性绝佳的挠性印制电路板。

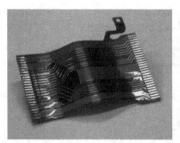

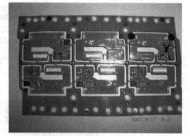

（a）用于连接用的FPC　　　　　　（b）用于电子器件表面贴装的FPC

图 18-52　挠性印制电路板

FPC 的市场广阔、前景诱人，技术含量高，是一个朝阳行业。

挠性印制电路板表面组装的设备、工艺方法与 SMT 基本相同。

由于挠性印制电路板薄而柔软，其表面组装焊接工艺与刚性印制板在以下两点上有所不同。首先，挠性板表面组装焊接要使用载板治具（载具），将挠性板转化成刚性板，以便进行焊膏印刷、贴装、再流焊、检验等工艺。其次，挠性板在加工取放、运输和清洗时，要尽量避免过分弯曲，以防止损伤。

1．FPC 在技术上的难点

① 高密度 FPC 的线路微细化和过孔直径微小化。目前普遍实现了单面和双面 FPC 的线宽/线距为 15μm/15μm，过孔直径为 0.05μm，已经在 COF（Chip On FPC，将 IC 固定于 FPC 上）应用。

② 挠性多层板、刚挠结合板的制造工艺复杂，生产良率相对较低，材料选择严格，聚酰亚胺绝缘层材料和高延展性的压延铜箔的成本高，从而导致成本过高。

③ 高尺寸稳定性。随着 FPC 线路的高密度化发展，对材料尺寸的要求更加严格。

④ 高挠曲产品要求寿命由 10 万次提高到 15 万次，对 FPC 制作工艺的要求也越来越高。

⑤ FPC 基板薄、软，容易变形，在 FPC 上组装 SMD 的难度大。

2．在 FPC 上组装 SMD

（1）固定

在 FPC 上进行 SMD 贴装，关键之一是 FPC 的固定，固定的好坏直接影响贴装质量。图 18-53 是各种载板治具（载具）。

（a）不锈钢或铝质载板　　　（b）合成石载板　　　（c）硅胶载板　　　（d）磁性载板

图 18-53　载板治具（载具）

图（a）所示为不锈钢或铝质载板。不变形，质量大，不利于传输，吸热量大，增加能耗。

图（b）所示为合成石载板。合成石基材抗静电，耐高温，热膨胀系数小，再流焊时不易变形，效果好，成本较高。合成石基材是目前使用最普遍的载板治具基材。

图（c）所示为硅胶载板。初期不变形，使用一段时间后也会变形。

图（d）所示为磁性载板。耐高温，热膨胀系数小，再流焊时不易变形，效果最好，成本最高。

（2）焊膏的选择、印刷

由于载板治具是采用机加工制成的，因此每个载板治具之间或多或少存在一定的机械加工误差，所以，要求印刷机最好带有光学定位系统。采用耐热胶带黏结固定挠性板（FPC）的 SMT 加工制程中，FPC 的边角上有定位用的耐高温胶带，使其表面的高度与载板治具平面不一致，必须选用有弹性的橡胶刮刀。建议选用高质量的免清洗焊膏。

（3）贴装元器件

一般情况下，每个载板治具上要放置多块 FPC，每块 FPC 分别固定在载板治具上，FPC 与载板治具之间总会产生一些微小的间隙；另外，每个载板治具之间也会存在一定的机械加工误差。因此，要求将 Maker 设计在每块 FPC 上，当发现贴装精度超标时，可将每块 FPC 的 Maker 作为"局部 Maker"处理，贴装每块 FPC 之前先照一下"局部 Maker"，以保证贴装精度。

（4）再流焊

在 FPC 固定良好的情况下，可以说 70%以上的不良是再流焊工艺参数设置不当引起的。再流焊时要根据 FPC 的材料、尺寸、SMD，特别是载板吸热性、焊膏特性、设备条件等，设置理想的温度曲线，并监控生产过程，及时发现和解决问题，才能保证不良率控制在百万分之十几之内。

（5）清洗

清洗方法与刚性板相近，如水基超声清洗、有机溶液清洗等。

FPC 焊后清洗时，应使用托筐，以防止损伤组装好的 FPC。

（6）传送运输

加工过程中，取放、传输 FPC 时，应使用专用托盘，并尽量避免过分弯曲，以防止损伤 FPC。另外，为保证组装质量，在印刷焊膏、贴装前最好对 FPC 进行烘干处理。

18.9　LED 应用的迅速发展

发光二极管（Light Emitting Diode，LED）照明是节能环保产业的重要部分。

LED 表面组装的设备、工艺方法与 SMT 基本相同。主要是生产大尺寸 LED 广告显示屏面板的生产线要求配置大尺寸的印刷、贴装、再流焊设备。对这些设备的精度没有特殊要求，但是，印刷焊膏和再流焊工艺必须注意优化和工艺控制。

1．1.2m、1.5m 大型 LED 整板贴装生产线对制造设备的要求

（1）需要有大尺寸焊膏印刷机。

（2）贴装机最低可以贴装 1.2m 大型 LED 整板。

LED 贴装机对贴装精度要求不高，与传统贴装机区别是必须具备 3 个条件：

① 1.2m 大型 LED 整板贴装，因此最低贴装尺寸要达到 1.2m；

② LED 贴装机更重要的是色差控制，最佳效率是一片灯板在一卷料盘上取 LED（保证单个 LED 灯板无色差）；

③ LED 一般都是大批量生产，因此贴装速度要快，最低要求达到 18000 点/小时以上。

（3）LED 再流焊炉最好八温区以上。

2．LED 用的焊膏

LED 灯具由于部分材质只能耐受 150℃左右高温，特别是超薄、超软 PCB 材料目前已实现 25～30m 超长的板材焊接单元，进一步解决了传统 LED 硬板需要小单元焊接完拼接成长灯条的软肋，简化贴装工艺流程的同时大大地减少了在线操作人员数量，大幅降低了制造成本。然而相比传统硬板材料，LED 柔性板材在超过 200～210℃的焊接温度时，会出现明显的板材"过热起泡"现象，所以应使用低温无铅焊膏，见表 18-7。

表 18-7　LED 专用低温无铅焊膏合金的熔化温度、再流焊温度及液相时间

合金	熔化温度（℃）	再流焊温度（℃）	液相时间（s）
42Sn-58Bi	138	150～170	30～60
64Sn-1.0Ag-35Bi	144～179	200～220	30～60
55Sn-43Bi-1.5Sb-0.5Ag	142～144	180～200	30～60

LED 显示屏由于长时间要在户外暴晒和雨淋，需要其主板焊点有足够的韧性，因此有时选用 96.5Sn-3.0-Ag-0.5Cu 和 99Sn-0.3Ag-0.7Cu 无铅焊膏，有时选用改进型的含 Bi 低温无铅焊膏，提高焊点可靠性。

随着 Miro-LED 和 Mini-LED 的发展，芯片尺寸已可小于 200μm，T6（5～15μm）、T7（2～11μm）

型超细粉焊膏可实现其超窄间距的互连。

在客户没有环保要求的情况下，可使用 63Sn-37Pb、43Sn-43Pb-14Bi 等有铅焊膏。

3．LED 组装板的再流焊

如果不用载板，直接将 FPC 放在网链上过回流炉，立碑等焊点缺陷率较高。FPC 烘烤后，再将 FPC 置于载板上过回流炉，立碑等焊点缺陷率有所改善。

建议：用载板缓慢升温、充分预热，仔细优化温度曲线，或采用具有一定熔程的非共晶合金焊料可以降低立碑等焊接缺陷率。

18.10　PCBA 无焊压入式连接技术

PCBA 无焊压入式连接技术，又称压接技术，是由弹性可变形接端或刚性接端嵌入双面或多层印制板金属化孔配合而形成的一种"适度压入"连接，在接端与金属化孔之间形成紧密的接触点，靠机械连接实现电气连接。

压接技术具有较高的可靠性、插接安全性以及易操作性，避免了再流焊时体积过大，连接器吸热量大的问题，不会引起接插件的插头损伤或断裂；同时不需要焊料和助焊剂，解决了被焊件清洗困难和焊接面易氧化等问题。因此，压接技术延续至今，仍被广泛接受和使用。

PCBA 压接技术的关键因素：

①压入式接端；②印制板；③压接工艺；④压接工具和设备。

1．压入式接端

压入式接端（压接的插针）分为刚性插针与柔性插针（见图 18-54）。刚性插针在压接过程中不产生变形，而孔会变形；柔性插针在压接过程中会受挤压而变形，而孔不会变形。

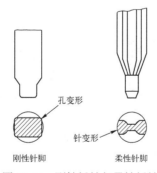

图 18-54　刚性插针与柔性插针

（1）材料

压接应采用合适级别的铜合金，如铜锡合金、青铜铜锌合金、黄铜或铍铜合金。

① 材料的选择不但取决于零件的尺寸和功能而且要与有良好稳定的电气连接要求相适应。

② 所有材料都与时间温度和应力有关而产生应力松弛。

③ 接端材料和结构应使得保持连接的力不会随时间降低以致使连接处的电阻增加到不可接受的程度。

（2）尺寸

① 压入部分的横截面：接端的横截面尺寸必须大于 PCB 金属化孔孔径，在压接过程中，接

端横截面或金属化孔要产生变形，如图 18-55 所示。

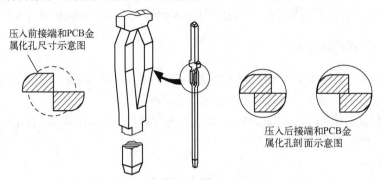

图 18-55　针脚横截面产生变形

② 压入部分的长度：应适合于要嵌入压入式接端的印制板厚度，如图 18-56 所示。

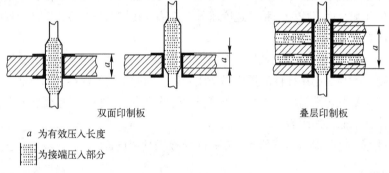

a 为有效压入长度

为接端压入部分

图 18-56　有效压入长度

（3）表面涂覆

压入式接端的压入部分可不电镀，或者镀锡、锡铅合金、金钯或合适的金钯和镍的合金。表面应无污染或腐蚀。

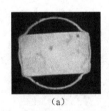

　　（a）　　　　　　（b）

图 18-57　实心压入式接端和柔性压入式接端

（4）结构特性

压入式接端的结构应在接端嵌入印制板规定的镀覆孔内达到印制板中预定的深度时形成压入式连接，要应采用下列压入式接端类型。

① 实心压入式接端（刚性插针）：一种具有实心压入部分的接端，形成压入式连接所需的力是由嵌入实心压入式接端的印制板镀覆孔的变形产生的，如图 18-57（a）所示。

② 柔性压入式接端（柔性插针）：一种具有柔性压入部分的接端，形成压入式连接所需的力是由柔性压入部分和嵌入柔性压入式接端的变形产生的，如图 18-57（b）所示。

2．印制板

应采用符合 IEC 60326-3、IEC 60326-5 和 IEC 60326-6 的镀覆孔的印制板。

（1）材料

印制板应采用符合下列相关标准的基材。

① 双面印制板：

IEC 249-2-4 标准的 IEC-EP-GC-CU 型；

IEC 249-2-5 标准的 5IEC-EP-GC-CU 型。

② 多层印制板：

IEC 249-2-11 标准的 IEC-EP-GC-CU 型；

IEC 249-2-12 标准的 IEC-EP-GC-CU 型。

（2）尺寸

印制板的标称厚度为 1.5～6.4mm。

（3）镀覆孔

通常适合压入式连接的印制板上的镀覆孔应符合 IEC 60326-3 的规定。压入式连接比 IEC 60326-3 中规定的零件接端锡焊连接的涂覆后的镀覆孔的直径可能要求更紧密的公差。因此，对于每种通常的镀覆孔直径采用两种公差等级，实心压入式接端是一种公差等级，柔性压入式接端是一种公差等级。镀覆孔的尺寸和金属镀层见表 18-8，镀覆孔的直径见表 18-9。

表 18-8　涂覆后的镀覆孔

镀覆孔镀后直径（mm）		镀覆孔金属镀层厚度	钻孔直径（mm）
实心压入式接端	柔性压入式接端		
—	0.8±0.05	铜≥25μm； 铜≥25μm （加上锡或锡铅， 镀层≥15μm）	0.9±0.025
0.9±0.05	0.9±0.07		1.0±0.025
$1.0^{+0.04}_{-0.06}$	$1.0^{+0.09}_{-0.06}$		1.15±0.025
$1.6^{+0.04}_{-0.06}$	1.6±0.09		1.75±0.025

注：① 本表中的数值来自产品使用这些孔的尺寸的多方面实践经验。

　　② 钻孔直径对确定压入式连接可靠性方面是极为重要的。

表 18-9　镀覆孔的直径

镀覆孔镀后直径（mm）		镀覆孔金属镀层厚度
实心压入式接端	柔性压入式接端	
—	$0.55^{+0.02}_{-0.03}$	铜箔≥25μm； 铜箔≥25μm（加上锡或锡铅合金， 镀层≤15μm）
—	$0.6^{+0.05}_{-0.03}$	
—	$0.75^{+0.05}_{-0.01}$	
$1.2^{+0.04}_{-0.06}$	1.2±0.09	
1.5±0.05	$1.5^{+0.10}_{-0.06}$	铜箔≥25μm； 铜箔≥25μm（加上锡或锡铅合金， 镀层≤15μm）
$2.0^{+0.04}_{-0.06}$	2.0±0.09	

注：① 本表中的数值仅为参考，未经广泛试验。

　　② 钻孔孔径是非常重要的，它决定了压入式连接的可靠性，应采纳制造商推荐的压入式接端的钻孔孔径。

3. 压接工艺

（1）基本要求

① 压入式接端印制板和接端嵌入工具之间应能适配；

② 压入式接端应按详细规范的规定在印制板的镀覆孔中正确定位；

③ 压入式接端的压入部分与印制板镀覆孔的金属镀层之间的有效压入长度至少为 1.3mm；

④ 为了形成接触面压入操作可引起镀覆孔变形，但这种变形不应造成镀覆孔的镀层破裂。

（2）压入过程

① 连接器的对齐和预安装：将连接器放置到印制板对应位置上，并确保压接上工装、连接

器、印制板和压接下工装对齐，否则可能损坏印制板和接端，如图 18-58 所示。

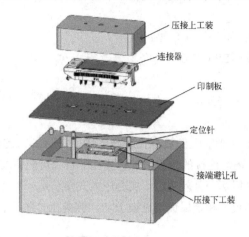

图 18-58 连接器的对齐

② 压入连接器：当压接式连接器在进行压入操作时，所施加的压入力分为 3 个阶段，分别是进入段、接触段和脱离段。

③ 进入段：外部施加的力持续线性增加，通过压接上工装传递施加在连接器上，保证连接器的接端垂直地进入印制板镀覆孔中。

④ 接触段：外部施加的力应稳定保持在一个比较小的范围内不变，保证接触区的良好接触，同时避免插针接触区的镀层磨损过大或者印制板镀覆孔内部覆铜层发生断裂。

⑤ 脱离段：外部施加的力应该在比较短的时间内脱离，防止由于压力持续升高造成对连接器本体的伤害，压力过大，可能会使得连接器本体发生形变；严重时，会造成连接器接端形变胀开，导致接触电阻变大，在插拔时弹性接触部分可能完全失效，产生虚接或者连接不通。

（3）典型的压力曲线（见图 18-59）

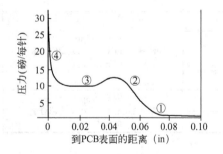

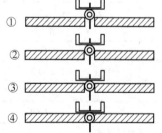

① 外部施加的力通过压接上工装传递施加在连接器上，连接器的接端开始垂直地进入印制板镀覆孔中

② 外部施加的力持续线性增加

③ 外部施加的力稳定保持在一个比较小的范围内不变，保证接触区的良好接触

④ 连接器入到位，外部施加的力在比较短的时间内脱离

图 18-59 典型的压力曲线

（4）压入过程的常见问题

① 连接器过压：指在压接过程中，因压接行程过大，致使连接器在压接到位后仍然受力下压，从而使连接器（或 PCB）受到损伤的情况。轻微的过压会使连接器壳体变形或针体弯曲，严重的过压会导致连接器报废、PCB 变形或破裂。

② 欠压：连接器没有压到位，影响电气性能，降低保持力。

③ 跷针：指在压接过程中，连接器的针脚未完全压入 PCB 的金属化孔，针脚的一部分在金属化孔外弯曲。

（5）压入接端的维修

在整个寿命期间，压入式接端上受到非常应力的作用，可能受到损伤。在此情况下压入式接端是允许置换的，拆除接端要采用适合工装（见图 18-60）；要注意不要使其他接端弯曲并且不要损伤印制板；不推荐在镀覆孔中将嵌入过的接端再嵌入，但是只要镀覆孔和接端能满足本标准中规定的要求允许在先前用过的孔中嵌入新的接端；通常镀覆孔不要重复使用 3 次，以上实心压入式连接不能维修。

（6）压入连接器的维修

压入式连接器受到非常应力的作用，可能受到损伤。在此情况下是允许置换的，拆除连接器要采用适合工装（见图 18-61）；要注意不要损伤印制板和其周围元器件；不推荐在镀覆孔中将嵌入过的连接器再嵌入，但是只要镀覆孔和接端能满足本标准中规定的要求允许在先前用过的孔中嵌入新的连接器；通常镀覆孔不要重复使用 3 次，以上实心压入式连接不能维修。

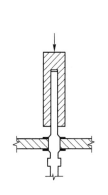

图 18-60 接端拆除工装

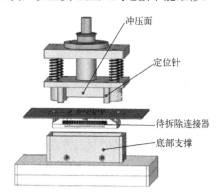

图 18-61 连接器拆除工装

4. 压接工具

压接工具是能将接端或具有压入式接端的布线零件（连接器）正确压入 PCB 的单一工具或工具、工装和设备的组合，保证将压入力正确施加到接端的受力部位；将接端嵌入 PCB 上的一个正确深度；压入过程不应损伤接端有用的表面和 PCBA。

（1）单一接端压接工具

单一接端压接工具多半为动力驱动并具有自动定位装置，主要用于将大量的接端分别压入 PCB 上一些离散的孔中。

（2）梳形压接工具

梳形压接工具用于将一些接端分别压入一组固定分布的 PCB 孔中，例如压入一行孔中，其间距为常数，这种工具能人工操作或动力驱动。

（3）组装压入工具

当需要压入的是预先组装的部件，例如连接器，就要采用专用设备和工装。专用设备一般为半自动或全自动设备（见图 18-62）。半自动、全自动的压接设备，应满足一旦连接器安装到位，即可立即停止压入过程。半自动、全自动的压接设备一般具有 SPC 统计功能，可记录力的变化，绘制压入力曲线，说明压入的整个动态过程，这为连续过程控制提供了有力保障。专用工装主要是用于受力面接触、限位、PCB 支撑等。

（a）半自动　　　　　　　　（b）全自动

图 18-62　半自动、全自动的压接设备

5. 压接检验标准

压接检验标准参考 IPC-A-610E。

18.11　无焊料电子装配工艺——Occam 倒序互连工艺介绍

Occam 工艺是一种倒序互连工艺，它不使用焊料（无焊料），无须传统印制电路板，简化了制造过程，完全改变了电子产品的制造方法，因而极具发展前景。

"奥克姆剃刀原理"（Occam's Razor）这个词语源于拉丁语，意为"如无必要，勿增实体"（Entities should not be multiplied unnecessarily），即"简单就是最好的"。通过这种方法进行组装设计与制造，能够在很短的时间内，利用更少的成本，为客户提供一种优质、容易操控的产品。

Occam 的概念灵感来自 14 世纪英格兰哲学家和逻辑学家 Occam（奥克姆），因而命名为"Occam 工艺"。

1. Occam 工艺概述（见图 18-63）

在 Occam 工艺中，首先将元器件贴在可揭去的黏结胶带上，胶带固定在一块临时或永久的基板上，然后注胶实现永久黏合。胶带和基板用于暂时固定元器件，并在整个结构被密封后可拆掉。因此，已测试的或密封的元器件阵列将组成一块单片的组装电路，每个元器件都被固定在其中。引线端可通过除去临时基板和胶带而露出来，或在永久基板上制造通孔来完成；通孔可使用机械切削、高压喷水钻孔或激光打孔的方法加工。

组装板随后进行铜金属化的过程，可使用加成法工艺制作电路实现元器件之间的互连。然后在镀铜层上铺上绝缘层，重复这些过程直至所要求的互连全部完成。最终的电路层可以连接到各种用户界面、显示和电源接口，最后包覆一层相同形状的或刚性的绝缘保护层。如果需要制造两层元器件，可以将其堆叠起来，在一个中心支撑板上进行背靠背的连接，并可以附带各种传热结构。组装板的两边也可通过各种连接器结构或挠性电路板来扩展，如图 18-64 所示。

图 18-65 是 SMT 布线与 Occam 电镀工艺比较：图 18-65（a）显示传统 SMT 工艺在封装或基板一侧的焊盘蚕食了布线空间；图 18-65（b）显示 Occam 工艺通过电镀在焊盘上形成线路。由于 Occam 工艺不存在线路穿越焊盘的问题，因此有利于面阵列器件布线，并显著减小分布电容。

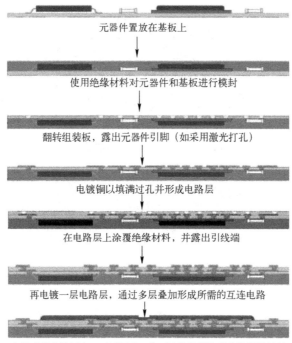

元器件置放在基板上

↓

使用绝缘材料对元器件和基板进行模封

↓

翻转组装板，露出元器件引脚（如采用激光打孔）

↓

电镀铜以填满过孔并形成电路层

↓

在电路层上涂覆绝缘材料，并露出引线端

↓

再电镀一层电路层，通过多层叠加形成所需的互连电路

↓

在最后的电路板上，对无需进一步互连的位置涂覆绝缘保护材料

图 18-63　制造单元层的基本工序（不包括次要步骤和各种附加项）

图 18-64　组装板的两边通过各种连接器结构或挠性电路板扩展

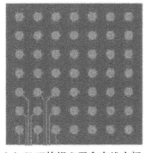　　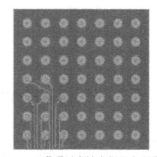

（a）SMT的焊盘蚕食布线空间　　　（b）Occam工艺通过电镀在焊盘上形成线路

图 18-65　SMT 布线与 Occam 电镀工艺比较

2. 与常规的 SMT 工艺比较（见图 18-66）

Occam 工艺具有以下优点。

① 无焊料电子装配工艺。

② 无须使用传统印制电路板，无须焊接材料。

③ 采用许多成熟、低风险和常见的核心处理技术。

④ 简化组装工艺并能够降低制造成本。

⑤ 产品预计更加可靠，更环保。

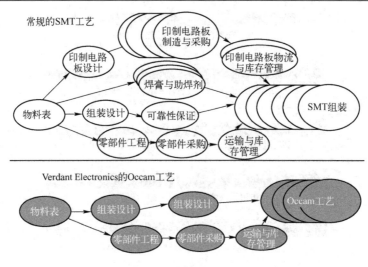

图 18-66　Occam 工艺与常规的 SMT 工艺比较

18.12　超声焊接技术

在功率半导体领域，芯片的互连工艺基本选用无助焊剂焊片的真空再流焊工艺，一般为含铅的高铅含量焊料或成本昂贵的 Au 基无铅焊料，限制了该技术领域的无铅化进程。超声互连技术在半导体领域并不陌生，如引线键合（Wire Bonding）、晶圆键合（Wafer Bonding）、靶材连接（Target Bonding）等都使用到了超声技术。德国英飞凌公司将该技术应用到了功率芯片的贴片（Die Attach）环节，通过超声的高频振动，在无须助焊剂的情况下实现 ZnAl 基高温无铅焊料与芯片的连接，如图 18-67 所示，不仅提升了产品的可靠性与稳定性，更提高了产品良率。

图 18-67　超声波连接原理图

18.13　纳米烧结互连技术

纳米金属低温烧结技术是一种对纳米级金属颗粒在 300℃ 以下进行烧结，通过原子间的扩散从而实现良好连接的技术，也称瞬态扩散焊接技术。

典型的是纳米银低温烧结。通常将纳米银颗粒与有机成分系统配制成纳米银膏用于低温烧结，通过增加银含量（超过 90%）与减小银粒子尺寸（<100nm）增大银粒子的接触面积与驱动力，从而实现低温烧结。纳米银膏作为一种新的互连材料有着与传统钎焊相近的加工温度，而且相对密度 80% 的烧结银有着优异的导电性能（2.6×10^5S/m）和导热能力[240 W(m·K)]，同时因为连接层全部为银，而银的熔点为 961℃，在高温下也具有可靠性。

另外，由于原材料成本优势和全铜化趋势，纳米铜作为 IGBT 功率模块封装中的芯片界面互连材料，科研人员也对其进行了大量研究。预期纳米铜膏能为大功率 IGBT 的互连提供可行的解决方案。

通过本章介绍的部分新工艺和新技术可以看出，SMT 发展总趋势是电子产品功能越来越强、体积越来越小，元器件越来越小，组装密度越来越高，组装难度也越来越大。

创新促发展，技术出效益，电子制造业向上游的电子元器件、半导体封装、PCB 制造及向应用开发和设计公司渗透，将大大缩短产业链，使电子设备的功能和体积以及可靠性显著优化，价格下降，同时更加环保。

思 考 题

1. 0201、01005 焊盘与模板开口设计有什么要求？如何选择模板厚度、模板加工方法、金属粉末颗粒尺寸？0201、01005 印刷焊膏中主要有哪些常见的印刷缺陷？如何提高印刷精度？

2. PQFN 热焊盘的模板设计中，针对四种散热过孔的模板开口设计有什么不同要求？热焊盘的焊膏覆盖量对再流焊质量与散热性能有何影响？PQFN 返修有哪几种涂覆焊膏的方法？

3. 倒装芯片有哪些特点？倒装芯片组装方法分为哪两类？什么是非流动性底部填充胶工艺？倒装芯片装配工艺对贴装设备有何要求？

4. 什么是晶圆级 CSP（WL-CSP）？WL-CSP 有何优点？什么是晶圆级封装（Wafer Level Processing，WLP）？写出带有 WL-CSP 的表面组装板工艺流程。

5. 底部填充工艺对 PCB 焊盘设计有哪些要求？

6. PCBA 无焊压接工艺有哪些基本要求？简述压入过程及压入过程的常见问题。

7. 学习了 18.1 节"无焊料电子装配工艺——Occam 倒序互连工艺介绍"，你有何感想？

第 19 章　精益生产管理

讲解精益生产管理的书籍非常多，国外的、国内的可谓数不胜数。提到精益生产管理，在工厂工作过的或接触做过生产管理的人，都能讲出一些精益管理的专用术语或方法工具，如零库存、零缺陷、5S、七大浪费等，但要真正做好精益生产管理，不是简单地在生产管理工作中应用一些方法和工具。精益生产管理是一种运营思维模式，所以要以运营的思维模式进行生产精益管理的运用和实施，即我们进行精益生产管理的真正核心或目的是什么，本质就是结合企业自身的生产管理实践和企业的经营理念，使精益生产管理与企业运营模式融为一体，实现为企业创造更大的利润空间，实现企业的高质量发展。

本章内容主要是根据多年生产管理的实践，结合生产车间管理的经验，简要介绍了精益生产理念，以及如何保证精益生产管理的方法和工具落地，从而促进生产管理的提升和企业经营的发展，而不是对精益生产管理方法和工具进行详细的分析和讲解。

19.1　精益生产概述

精益生产（Lean Production，LP）是以美国麻省理工学院沃麦克教授为首的国际研究团队，对日本丰田汽车公司的准时生产方式（Just in Time，JIT）进行全面深入的研究后，对这种生产方式的精辟描述。本节内容主要从生产型企业利润的增长方式、精益生产管理体系框架及精益生产五原则对精益生产进行概述，使读者对精益生产管理有一个系统性的初步认识。

19.1.1　生产型企业利润的增长方式

1．传统企业或思想获取更多利润的方式

传统思想下确定产品价格的方式：成本+利润=价格（见图 19-1）。

企业产品的定价是通过财务核算成本加上核定的利润后形成的。这种方式是传统思想所采用的方式，但现在产品价格非常透明且相对固定，此方式已不适用于企业经营。

2．精益生产管理企业获取更多利润的方式

精益思想提升企业经营利润的方式：价格-成本=利润（见图 19-2）。

产品的价格来自用户的需求，也是企业提升产品竞争力的因素之一，是相对固定的。从公式中我们可以看到，要想增加利润，就需要降低成本。实施精益生产管理的目的其实就是用更少的投入或资源，来做更多的事情或取得更多的收益，也就是用更少的时间、更少的空间、更少的人力、更少的设备，甚至更少的原材料等，为企业创造更多的利润。精益生产管理的最终目的就是通过降低库存（Inventory）、缩短周期（Lead Time）、降低成本（Cost）来实现利润的增加。

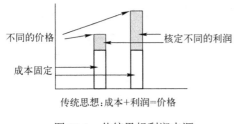

图 19-1　传统思想利润来源

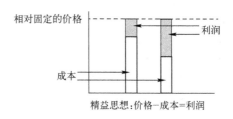

图 19-2　精益思想利润来源

19.1.2　精益生产管理体系框架

精益生产管理体系框架通常以一个屋形结构来体现（见图 19-3）。高质量、低成本和短交期是目标，自动化和准时化，是精益生产的两大支柱，标准化、均衡化是基础。很多资料又将图 19-3 叫作精益生产屋。不同图形的具体内容会略有不同，但体现的精益生产管理本质都是一样的。

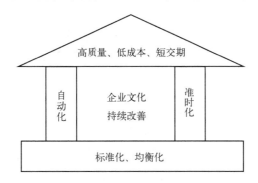

图 19-3　精益生产管理体系框架

自动化（JIDOKA），这里面这个"动"字，非我们简单地理解为动作或运动的概念，从精益生产管理角度来说，是一个范围更宽或要求更高的层面，更主要的体现在动脑上，即智能化，也就是体现了防呆防错理念，表明像人具备智能化判断和处理能力，即具有人类智慧的自动化。自动化是以生产的产品 100%合格为前提，即以零缺陷为目标，当出现品质、操作或设备等一系列异常时，设备本身可检测出异常并自动停止生产，同时通知异常的发生，以防止一连串的异常发生的措施或机制。自动化的效果是将品质管理融入各个工序中，防止不良品流入下一工序，使问题即时充分暴露。当出现停机时，我们可以利用精益生产管理五步为什么（5Why）方法尽力找出问题的根本原因，即连续询问五个为什么。

准时化（Just in time，JIT）就是在需要的时间、按需要的数量、生产需要的产品，即实现最佳生产时机的指导思想，本质就是追求零库存的目标。实际应用中是以客户需求定制产品，采用拉式（Pull）生产模式，保证生产数量、库存数量与市场需求保持匹配，将生产涉及的所有流程与市场的需求融合在一起。

理解了精益生产两大支柱的实质所在，对于精益生产管理理念就有了深刻的认识，另外，标准化、均衡化等在后续内容中都会被涉及。以精益生产管理体系框架为依据在企业中实施精益生产管理就不会出现偏离，可以达到最佳实践，取得更高绩效。

19.1.3　精益生产五大基本原则

精益最初来源于生产企业，其愿景就是追求一个理念化的最佳目标。在生产管理中，一般情况下会和竞争对手、行业标杆进行对标，但管理是不可复制的，所以真正的标杆应该是零缺陷、零浪费等，即理念化的最佳目标。在詹姆斯 P.麦沃克和丹尼尔 T.琼斯联合编写的《精益思想》中，将精益思想概括为五原则（见图 19-4），并且上升到精益企业的层面，不只是精益生产管理层面来阐述。精益的运用和实践对于制造型企业的运营而言更是不可缺失的，这里我们还是结合生产管理性质对这五个原则做简要介绍。

图 19-4　精益生产五原则

① 价值：精益思想认为企业产品的价值只能由最终用户来确定，价值也只有满足特定用户需求才有存在的意义，用户购买的是结果而非产品。精益思想重新定义了价值观与现代企业原则，它同传统的制造思想，即主观高效率地大量制造既定产品向用户推销，是完全对立的。

② 价值流：价值流是指从原材料到成品赋予价值的全部活动，或是从产品的概念及设计，一直到销售给客户的所有流程。识别价值流是实行精益思想的起步点，并按照最终用户的立场寻求全过程的整体最佳，如信息流、物流、资金流等，考虑时间经济，而非规模经济。整体的绩效取决于最弱环节，表象看到的公司间的竞争，实质是供应链之间的竞争。

③ 流动：精益思想要求创造价值的各个活动（步骤）流动起来，强调的是"动"。传统观念是"分工和大量才能高效率"，但是精益思想认为大批量生产意味着等待和停滞，等待和停滞都是企业的浪费。如果可能就使用单件流，并将必要的非增值的活动与增值活动并行起来，即产品按照从原材料到成品的过程连续生产，就会更加精益。

④ 拉动："拉动"的本质含义是让企业按用户需要拉动生产，在需要的时候再进行生产。拉动生产通过正确的价值观念和压缩提前期，保证用户在要求的时间得到需要的产品。实现了拉动生产的企业具备当用户需要时，就能立即设计、计划和制造出用户真正需要的产品的能力。实现拉动的方法是实行准时化生产和单件流，准时化和单件流的实现必须对原有的制造流程做彻底的改造，流动和拉动将使产品开发周期、订货周期、生产周期大幅降低，同时也降低了库存浪费和多余生产的浪费。

⑤ 尽善尽美：精益思想定义企业的基本目标是用尽善尽美的价值创造过程为用户提供尽善尽美的价值，即达到用户满意、无差错生产和企业自身的持续改进和高质量发展。企业应经常与竞争对手或行业内最佳实践者进行对标，其实我们真正的标杆和追求就应该是零浪费。

19.2　生产要素标准化

工作有依据，考核凭数据。工作的依据，就是工作中各种标准化，也是经营的标尺。无论多么复杂，每一项工作或每一件事项都可以被分解、记录、改善，最终形成标准化内容，并可以反复改进。这里主要从人、机、料、法、环生产要素全面制定标准化文件及流程制度，做到所有工作均有据可依，全面实行标准化管理，保证整个生产管理工作有序、有效开展。日本质量管理大师今井正明表示，没有标准化就没有经营的改善。

19.2.1　人员标准化

要想做好员工的管理，必须要学会尊重员工，主动了解和掌握员工的思想动态，以及其真实的想法，建立起员工与管理人员的相互依赖关系。管理人员对员工而言不仅是管理者角色，更是支持者和导师的角色。管理者要为员工的行为规范等制定各种制度和标准化流程，便于员工更好地从事相关岗位工作。从入职上岗、车间行为、日常绩效以及晋升等都需要明确的化准化的规定，这样员工知道该做什么，如何做好，职业通道是什么，工作的积极性就会提升，员工能力和管理水平就会持续提升，对应的生产绩效相应也会提升。

（1）上岗的标准化：①新员工入职一是要适应公司各种要求，以及公司各种规章制度，二是要尽快熟悉将要从事的岗位并且很快能胜任要从事的岗位，所以要建立标准化的入职教育流程，以及标准化的课程。②调岗管理：当一个岗位出现人员临时离岗，为保证生产持续性，如何安排人员替岗或员工离职如何安排其他员工补岗，都需要建立标准流程规范。

（2）车间行为的标准化：明确班组间和岗位间作业人员交接班作业、每班组早晚会需要宣导的内容，以及车间中哪些行为是禁止的，哪些行为是提倡的等。

（3）绩效考核的标准化：从纪律、质量、效率、5S、安全等方面建立绩效标准，形成日考核、月考核制度，使员工非常明确，知道管理者从哪些方面来衡量自己，清楚自己在工作岗位如何做符合公司的要求等，有利于员工绩效提升，也有利于公司发展。

（4）培养晋升的标准化：根据生产性质或不同工序对人员技能等要求不同，可以将岗位或工序设为不同等级，如 SABCD 五级，每个组别还可以再进行细分。每个级别设定不同的知识、技能、绩效等要求，以及每一次晋级的周期，并且可视化到现场，使每个员工都可以有自己的努力目标，认识到付出就会有收获。对于员工的能力的培养，可以采取精益管理中在岗培训（On the Job Training，OJT）、督导人员训练（Training Within Industry，TWI）、单点课程或一点课（One Point Lesson，OPL）等方式。

（5）班组长的标准化职能：生产车间再进行细分，一般是以班组为单位，一个班组就是一个团队。班组长作为团队的负责人，就要带领团队完成全面性地工作，一般负有人事、生产、品质、成本、安全、设备保全等管理职责，将团队建设为一个自我管理型团队。从人事方面讲，要培养相互信任的气氛，建立员工激励机制，培养车间人员成为多能工或全能工，以及员工的思想工作和行为管理；从生产方面讲，就是做好班组生产前准备、生产中控制、生产后的交接，即做生产计划执行及进度控制、人员的调配、标准化作业、效率提升，以及加班管理等；从品质方面讲，首件检验、关键和特殊工序管理、不良品管理、质量小组活动等；从成本讲，各种浪费的发现及改善、持续化改善的推进、生产品种快速切换管理、耗材辅材管理、物料管理；从安全角度讲，危险源识别和管理、安全管理记录稽核、操作安全性监督、员工健康；从设备保全方面讲，设备的日常保养和维修、设备点检保养稽核、工装治具管理及维护等。

19.2.2　设备使用标准化

精益生产管理对设备追求的是零故障，而设备在实际应用中存在六大损失，即设备故障停机损失、换型及调试损失、暂停机损失（小停机或空转）、减速损失、启停损失和生产正常运行时产生的次品损失。如何保证设备发挥更优的效能，最小化其各种损失，也是精益生产管理重要的内容。

① 建立标准化的设备档案库：可以将设备当成一个产品，以物料清单结构建立起来层级的档案库，即从系统、功能单元、模块、组件、零件的层级构架设备的物料清单，对易损件、关键部件、贵重部件、采购周期长部件等进行有序地识别，以及措施对应。

② 建立设备操作的标准化：通过生产标准化 A3 表格式，建立设备操作指引，就如同一个产品某工序的标准作业指导书（Standard Operation Procedure，SOP），开机、操作、异常处理、安全事项、停机、点检保养等建立起标准化的操作流程和正常工作的标准，让每一名员工都用完全一样的步骤应用设备，发挥其最佳性能比。

③ 标准化快速换模（Single Minute Exchange of Die，SMED）：也叫快速换产，所有的转变（和启动）都能够快速切换并且应该少于 10 分钟，所以又称单分钟快速换模法、快速作业转换等，将可能的换线时间缩到最短（即时换线）。如何做到，其实首先就是标准化，通过日常持续试验和改进将切换线流程标准化，其次对应用的附件要统一即标准化，区分内外部换线要素，尽可能将线内时间转换为线外时间，线外准备工作要充分，持续优化和改善线内工作。

④ 全员生产性维护（Total Productive Maintenance，TPM）机制：全员生产性维护是精益不可分割的一部分，如果设备频繁发生故障，我们的生产管理肯定就谈不上精益了，而 TPM 的意义不只是故障解决停机的问题，而是设备寿命周期的概念，以及提高设备综合效率为目标。实现员工每个人"自己使用的设备自己保养维护"的目的，负责自己使用设备的点检、保养、部件更换、异常早发现、小微技改。对设备而言要建立故障管理、预防管理、改善保全、备件管理、日常管理的标准化规范。

19.2.3　物料管理标准化

提到物料，涉及环节多、种类多、状态多、异常多等一系列的问题马上都会显现在我们眼前，头绪繁杂，管理人员都会感到处理起来非常烦琐。怎么办，如何将物料管理简单化，就要对物料涉及的各环节进行重点监控，建立起标准化的流程规范，管理到做"精细严"。

① 标准化的物料清单（Bill of Material，BOM）：相当于制造业的 DNA，是以数据格式来描述产品结构的文件，是产品所需零部件明细表及其结构。具体而言，是构成父项装配件的所有子装配件、零件和原材料的清单，也是制造一个装配件所需要每种零部件的数量的清单。

② 标准化的物料编码制定及管理体系：是用一组代码来代表一种物料。物料编码必须是唯一的，即一种物料不能有多个物料编码，一个物料编码不能代表多种物料。编码的长度应在 6～20，不宜过长，否则不易识别记忆，编码应当是按照一定的编码原则编制出来的，做到一看到物料就能够识别出该物料是属于哪一类的物料、可以考虑采用前段用分类码，后段用顺序码的方式进行编码，满足公司 5～10 年内物料的变化趋势，考虑与主要客户、重要供应商的编码的兼容。可以通过建立一个物料编码对照表，把客户、重要供应商的编码、本公司编码放在一张表内自由查询。

③ 标准化供应商选择及管理：物料采购必须从合格供应商名录中选择供应商，那么合格供应商引入及日常管理需要建立一套标准规范体系，从寻源、考察、样品、物料采购、供应商考核都需要有标准化操作规范，也是物料标准化管理的重要环节。

④ 标准化的物料流动管理：在精益生产中追求零库存的理念，生产一般按订单生产，计划

一般按拉式生产模式进行制定。生产计划确定后，从物料齐套性分析、物料采购计划、到料计划，以及来料检验，入库接收，物料存储、发放到车间，车间的使用，物料盘点，整个流程要有规范性制度。另外，每一个环节，还要有具体标准规范流程，如来料检验，需要检测规格型号一致性，是否进行 ROSH 等都需要明确科学的规定。

⑤ 物料 ABC 分类管理法：一般依据价格高低或对产品的重要程度不同，将物料分为 A、B、C 三类，对不同类别的物料采取不同的控制方法，以帕累托"80/20"法则为基本原理，重要物料重点管理。对于 A 类一般重要控制，在管理中不能出现遗失，即使是一颗无法使用的物料，可以实行专人专区管理等，一般占到物料种类的 10%；B 类一般控制，即按常规方式管理，可以设定小的损耗比；C 类简单化控制，可以设定较 B 类高一些且合理的损耗比。

⑥ 生产用辅料管理：辅料如焊膏、焊丝、钢网擦拭纸、助焊剂等，生产中容易忽略对其科学地管理，一是企业很难放到 BOM 中管理（需要相对比较精确的标准用量的核定），所以在生产时会出现辅料短缺或型号不匹配等情况，二是会存在浪费增加了生产成本，所以必须要建立标准化管理规范，如最小安全库存、先入先出原则、领用标准，尽可能核算出产品生产各工序标准化用量等。

19.2.4　作业方法标准化

作业方法标准化一般指对各工序建立标准化的操作流程，使无论哪个员工操作都保持完全的一致性。本节讲的作业方法标准化不仅阐述这方面的内容，而且还要从更多的角度来讲述方法的标准化，主要为计划标准化、作业标准化、异常停线制度和解决问题标准化等。

① 标准化的计划管理机制：生产保持良好运行的关键因素是生产计划与物料控制（Production Planning Material Control，PMC），是指对生产计划与生产进度的控制，以及对物料的计划、跟踪、收发、存储、使用等各方面的监督与管理。这体现的是精益管理中准时制生产理念，建立月生产预测计划，包括产品及所需要工时、可提供的工时等。另外，每周要对计划变动进行调整确认，理想状态下能锁定三天计划，进行计划滚动。针对每种产品计划，主要是生产要素具体的体现，如人员、工装、技术文档、设备预计负荷、班组工作提前安排等。尽管计划跟不上变化，但对整个生产还是做到了一目了然，心中有数，将变动最小化。生产变动牵涉因素诸多，会造成各种生产浪费，所以应用运营思维来运营计划。

② 标准化的作业方法：是保证产品生产一个流，以及影响产品效率、质量的重要因素。作业方法标准化其实就是精益化生产中自动化的体现，即防错防呆。一般标准化作业都是由生产工艺人员编写标准作业指导书（Standard Operation Procedure，SOP），按作业指导书要求对员工进行岗前培训操作，实现生产作业的标准化操作。标准作业指导书主要包含各工序标准工时、作业顺序、作业操作标准等信息。一条生产线的标准化作业在设定时要充分考虑线体平衡率和生产节拍时间，平衡率越高，浪费越少；节拍时间以满足客户需求交付为标准，但小工序间、大工序间，要统一考虑，避免产生生产的各种浪费。

③ 建立异常临时停线机制：是一种在线解决问题的机制，当生产中出现异常时，SMT 生产线对应设备会自动通过声光报警，并自动停止生产（由安灯系统实现），需要员工判定后确定是否继续生产。对于如手工作业或其他相关装配、测试等工位，任何一个员工发现生产问题时，都可以通过安灯系统临时叫停生产，需要质量、管理、工艺等人员马上到现场解决问题。异常临时停线机制体现精益中自动化理念，是一种差错预防技术，另通过"三现"（现场、现物、现实）原则，实现问题在线解决的快速性。

④ 标准化的解决问题流程：在精益管理体系中，丰田思考法对于问题解决一般有 8 个步骤，即明确问题、把握现状、设定目标、找出真正的原因、建立对策计划、实施对策、确认效果、固定成果。对此有很多资料都有详细的介绍，这里不再做详细阐述。可以通过 A3 问题解决方法及报告的格式，将 8 个步骤通过一页 A3 纸完整体现出来，简洁明了。

19.2.5　车间环境标准化

电子装配车间对环境的要求相对是较高的，环境会直接影响产品的质量、员工的健康，甚至生产的安全。SMT 生产设备是高精度的机电一体化设备，设备和工艺材料对环境的洁净度、湿度、温度都有一定的要求。对于车间相应管理，ISO 14001 环境管理体系、ISO 45001 职业健康安全管理体系、ANSI/ESD S20.20 静电放电体系标准等都有必要的要求。我们只介绍和 SMT 生产最为关键的环境因素。

① 标准化安全生产环境：首要原则是"安全第一、预防为主、综合治理"的方针和"以人为本"的科学发展观。从安全角度讲，电装车间的伤害就是危险化学品伤害、机械伤害、触电类伤害。针对这些必须建立安全管理制度，并对存在的危险源进行识别（安全检查表法和作业条件危险性分析法，即 LEC 评价法等），并建立防护的标准化机制，以及日常分级的巡检机制，在班组会上也要作为一项重要内容进行持续落实与改善。

② 标准化车间工作环境：一般从温湿度、噪音、防静电、洁净度，以及用电、用气、照明、排风等多方面制定车间环境标准。如 SMT 生产车间的环境温度以 25℃ 为最佳，相对湿度为 RH30%～70%，照明度为 800～1200Lx，存在低照明度时，如检验、返修、测量等工作区域，可以安装局部照明。

③ 标准化防静电（Electro-Static Discharge，ESD）环境：电子产品特别是元器件对静电非常敏感，容易被静电击穿，造成隐性伤害。特别是北方天气干燥，静电无处不在，所有与生产相关的都要有静电处理措施，如穿防静电服，所有设备、工作台、工装等进行接地处理。另对于作业平台、物料箱、静电手环等经常做静电测试。这些都是为了从根本上消除静电产生，将其影响最小化。ANSI/ESD-S20.20—2014、IEC 61340-5-1 等有必要的要求和具体指导。

19.3　生产管理可视化

生产管理可视化的核心就是建立一个暴露问题的系统，以视觉信息为基本手段，实现用眼睛看得见的管理。通过看板、安灯、图、表、地标、色彩等多种方式，将所有生产状态展现出来，让所有的人都能了解标准化的状态、生产存在的问题、生产的实际绩效。生产管理可视化使生产管理透明度提升，直观有效，便于班组间相互学习、相互监督，最终实现自我管理，发挥更有效的自我激励作用。

（1）区域功能的可视化：车间的基本颜色标准，如不同区域用不同的地标标识，通过不同色彩的地标线或不同色彩的区域，如物料区、工装区、不良品区等；再配以文字描述进行列示，将不同的功能区直接进行了视觉上的区分。

（2）现场人员着装的可视化：人员着装不仅起劳动保护的作用，而且也是一种标准化的体现；另外，对于不同性质作业人员，无论从管理角度还是作业角度，以及处理异常的角度等，都非常直观明确，员工也会有归属感和责任心，同时体现了整个车间人员的素养。

（3）生产状态的可视化：①安灯系统的设置及应用：安灯系统亦称"Andon 系统"，主要用于实现车间现场的可视化管理，指为了能够使发生的问题得到及时处理而安装的系统。在一个安灯系统中，每个设备或工作站都装配有呼叫灯，如果生产过程中发现问题，员工（或设备）会将灯打开引起注意，同时发出相应的声音，通过声光使得生产过程中的问题得到及时处理，避免生产过程的中断或减少中断重复发生的可能性。现在的生产设备一般都带有三色或多色灯等，当设备处于不同的状态时，灯显示不同的颜色，有些情况同时伴随声音的提示；而在只有人员操作的工位，也可以安装安灯系统，实现员工人工操作。②建立车间或产线的生产计划看板，将当班产线的生产班组早会内容、生产班组的基本信息、细化为小时的生产计划等可视化到看板上，每小时对生产计划达成情况进行实时更新，出现异常时也要将异常情况及解决情况可视化，形成一种完全透明的生产状态；有条件情况下，可以通过制造执行系统（Manufacturing Execution System，MES）或电子看板系统，实现状态的实时显示。

（4）班组及员工绩效的可视化：①生产效率、成本、质量；②车间改善案例、5S 检查效果、安全情况；③每个员工的日考核月绩效等。以上都可以展现到看板上，可以通过葡萄图、苹果图等方式展现。可以起到三方面的作用，一是班组或员工间相互了解其他班组及员工各种工作绩效，认识到自己的差距，提升自主改善意识和改善绩效；二是管理人员可以直观看到各班组和员工绩效；三是对班组和员工的考核更加真实有效，不会存在非正常因素的影响等。

（5）工位标准作业的可视化：每一个工位都张贴或悬挂作业指导书或有电子化的作业指导书，保证员工随时看到作业顺序和标准，以及特殊关注点；对于特殊过程的可通过可视化方式，随时提示员工注意避免出现相关问题；另外，对于个别工位经常出现质量等问题，可以将以前的问题及事项等以知识库形式可视化到该工位，避免同样质量问题重复出现，或在各质量控制点建立质量控制图等。

（6）车间物品或物料可视化：车间内工具、治具、物品、物料等都要进行定置化管理，即依据 5S 中的"三定"（定物、定位、定量）原则，并实现可视化方式，进一步实施形迹管理，即根据物的形状进行归位，实现对号入座；同时在对应的存储区域，需要建立领、用、存放、使用等信息的标识卡等，这样就形成一目了然的状态，以及自我管理的推进。

（7）设备状态及维保可视化：可以建立设置状态标识卡，张贴到设备易于看到且不影响工作的地方，可标识设备的实时状态；对于设备中各种仪表对应的限值一般表中都有标识，为了更清晰，对于重要的也可更显著地进行标识；另对于一些隐性出现的对设备有影响的问题、或其工作状态无法直接感知的，也可以通过不同方式进行可视化。例如，设备散热风扇是否在正常工作，一般不直接专注观察很难识别到，可通过挂布条等将其显现出来；对于点检保养，可以建立档案表张贴到设备上。

（8）各种标准、制度、规范的可视化：19.2 节讲到过，精益化生产车间人、机、料、法、环是构成生产的因素，都有标准化的内容，但如何将标准化内容让车间或员工掌握并按照要求执行，也是管理的重要内容，不能制订并发布后将其放入文件柜等地方，一是不方便员工查阅，二是也起不到提醒警示作用。放在架子或柜子里的手册效果甚微，而张贴在作业处的一张清晰的图片则拥有巨大的威力。可以将主要关键流程形成图表形式，通过看板，现场张贴或悬挂，便于快速理解和识别。

（9）团队文化建设的可视化：班组文化体现的是整个班组的核心竞争力，反映的是班组的精神状态和价值观，所以将班组的价值观、信念、活动、士气进行展现，激发班组成员的积极性、创造性等正能量的发挥，是班组间相互沟通了解的桥梁。

19.4　生产改善持续化

持续改善（Kaizen）是日本今井正明在《改善——日本企业成功的关键》一书中提出的，改善意味着改进，涉及每一个人、每一环节的连续不断的改进，是日本人竞争成功的关键。全员参与，持续改善，是精益生产的精髓。大野耐一针对制造业提出"七大浪费"，通过识别和削减生产的"七大浪费"，实现生产成本的有效降低和制造效益的提升。从提案激励制度建设、员工能力培养、改善圈活动等多维度开展工作，实现全员主动参与，形成自主改善文化。

美国作家威尔·罗杰斯（Will Rogers）讲过"伤害你的并不是你所不知道的，恰恰是你确认不会伤害你的"，而在生产管理中处处都是浪费，又是我们容易忽略且习以为常的，精益的核心思想就是消除一切浪费，提高效率。大野耐一讲过减少一成的浪费，等于增加一倍的销售额，即成本降低 10%，等于经营规模扩大一倍。

19.4.1　生产持续化改善的意义

一个产品，以客户的立场来看是一个产品有原材料到可使用状态的产品价值，体现在物料的改变、组装、改变性能、包装 4 个方面，其他都是不增值的，即无意义的。通过价值流程图（Value Stream Mapping，VPM）分析，一个产品从物料入厂到出厂，其真正增值部分占总成本的比例一般低于 10%，即 90% 及以上都是不增值的部分，也就是浪费。

见微知著，对于制造型企业而言，我们观察其生产车间的精益化管理，就能发现企业的差距，一个车间我们投入的人财物是资源，而产出的产品就是绩效，要使产出的绩效高，生产活动就要成本低，即产出高绩效与生产活动低成本就是一个因变量与自变量的关系，所以就要进行持续的改善活动，使自变量生产活动的成本持续下降。

要使车间中生产活动成本持续降低，首先要了解和掌握的是造成成本提升或成本构成中无价值的生产活动，即在精益生产中通常讲到的七大浪费。

19.4.2　生产中的七大浪费

在精益生产中，追求的目标是一个平稳的快速流生产模式，追求的是零库存、零缺陷。对于精益生产方式而言，凡是超出增加产品价值所必需的最少因素外，多余的全部都是浪费。

①制造不良的浪费：指在生产过程中出现不良品，一是造成生产过程本身的浪费，二是处理不良品所造成工时、物料等浪费。

原因：员工未按作业指导书进行操作；或设备工作状态出现偏差、温度曲线设置不正确；以及在线物料本身不良等。

② 过度加工的浪费：指过分的加工精度、多余的质量控制等因素，存在不必要的流程控制和操作，导致机时、能源等浪费，甚至会存在增加多余辅助设备的浪费。

原因：不了解客户的真正需要，不掌握产品工艺要求和通用的质量标准，缺失标准化等。

③ 动作的浪费：指作业指导书、设备操作指引或生产布局设置不符合人因工程，或设备中运动部件多余的非最佳路线移动等，造成人员工作强度增加、设备运动部件有更多非增值运动，导致生产效率降低。

原因：设置标准作业指导书未充分考虑人因工程；工作站的布局不合理；设备的工作原理掌握不透，导致程序设置不佳。

④ 搬运的浪费：指物料和产品的任何传输，以及物料、半成品、成品的堆积、整理，造成空间和时间、人力的浪费，物料或产品传输操作的次数与损毁的可能性成正比，也影响了生产效率和质量，此浪费不可能完全消除，但可以持续进行优化。

原因：物流规划布局不合理；大批量生产理念影响；缺乏连续流的理念。

⑤ 等待的浪费：指工序不平衡、物料中断等造成的人员、设备等待，造成工时、机时浪费。其和流动直接相关，任何物料或产品不在移动状态时就是浪费。

原因：生产非一个流设计，工序平衡率低；计划制定标准缺失；其他浪费造成；上游工序出现问题。

⑥ 过量生产的浪费：指生产过多产品或过早投入生产，提前消耗掉了生产资源，即会占用物料、流动资金以及场地，降低资源的利用率，同时也增加搬运、整理的浪费等，也无形中增加了在制品或成品库存，导致库存的浪费，并且会掩藏生产中的其他问题，也会造成错误地提高表面生产效率，即设备综合效率（Overall Equipment Effectiveness，OEE）很高，但实质是浪费，超出了下一工序的需求。

原因：受大批量生产理念影响；生产计划等制定没有适应市场多变需求；有多余的生产能力，担心浪费生产能力，安排了生产；防止出现设备故障、产品不良等因素对交付影响，以备不时之需等。

⑦ 库存的浪费：库存一般指原材料、在制品和成品。准时制生产方式追求零库存的理念，认为库存也是万恶之源，不应该存在库存。库存占用了大量流动资金和空间，同时掩盖了生产中很多问题，也存在过期废弃的风险。例如，有些企业生产线出现故障，造成停机、停线，但由于有库存而不至于断货，这样就将故障造成停机、停线的问题掩盖，造成其他浪费。如果降低库存，就能将上述问题彻底暴露于水平面，使问题等到逐步解决。

原因：采用批量生产方式；未有效采用拉式生产模式；生产过程存在瓶颈环节；计划制定不准确造成生产变动大。

其实生产管理中，浪费还有很多，体现在方方面面，如人的利用率和潜能的浪费、多余信息传递的浪费、能源的浪费，等等，也都需要在管理中通过流程优化、明确责任、制定激励措施，进行识别和改善。

19.4.3 将持续改善落到实处

前面我们认识到了什么是浪费，了解了七大浪费的真正含义及产生根源。那如何解决此问题，也有一个标准化流程，即识别生产中存在的浪费，然后利用工具方法进行改善，最后就是形成标准化。但将改善落到实处，形成持续性，形成 PDCA 循环，持续性改善，不是一个流程就能解决的，而是要采用多种方式。

① 制定持续改善的激励制度：激励在学术界有很多种理论和方法，有著名的马斯洛需求层次理论、激励-保健双因素理论等，我们主要从正激励、负激励和自我激励的角度来讲解建立激励制度。在建立改善的激励制度时，要以正激励和自我激励相结合的方式：从正激励角度而言，可以用给予资金的奖励、口头的表扬等方式，同时将改善形成积分制度，作为职级调整或岗位调整的一个直接依据；对于自我激励，可以通过对改善的方案、内容等由改善者来命名或以改善者的名字直接命名等，充分调动大家积极性。

② 以小组为单位带动全体员工参与：在进行改善活动时，为有一个好的开端，能带动全员参与，可以先成立各种类型的精益改善小组，如质量方面的、效率方面的、流程方面的等，让小

组间建立竞争机制，形成竞赛的氛围，以小的团队为活动源，带动全体员工的参与，提升全体员工的改善意识。但切记不能当成一次活动或一个运动，而要形成长效机制。

③ 从自上而下和自下而上两方面同时入手：作为管理者，在持续改善活动中，充当导师和教练者的角色，主动引导和支持员工进行浪费的发现和改善建议的提出，以及改善行为的实施，即从上到下的是支持和鼓励，一定不要纳入管理的元素在其中。现场作业的员工最容易发现问题，同时也最能提出切合工作实际的改善措施，他们是有思想有创造力的集体，要鼓励他们在工作中敢于否定现状，提出自己认为优于现状的改善方案或方法，并给他们一定决策权和试错的空间，这样可以调动其积极性，形成自下而上的改善风气。

④ 让员工学会运用 PDCA 方式进行改善：PDCA 在所有工作中都会用到，分为 4 个阶段，即计划（Plan）、执行（Do）、检查（Check）和处理（Act），并且这 4 个阶段是一个往复循环的过程。这 4 个阶段又可以细分为 8 个步骤，即发现问题、找到影响因素、找出主要因素、采取措施、计划执行、执行后检查、标准化成功经验、发现新的问题，这也是一个循环过程，其中第二个步骤即找到影响的因素，我们可以用六何分析法（5W1H）/鱼骨图等工具进行分析，从而找出主要因素。另外，在第 8 个步骤发现新的问题：一是解决主要问题，原来的次要问题可能变成主要问题需要解决；二是有可能又会出现新的问题。所以，这是一个循环提升的过程。员工不用每一个改善都用此工具做详细的分析，但必须掌握这种改善的方法，特别是要形成这样一种思考和改善的意识，同时会提升员工的主动改善的积极性和改善能力，从意识和能力上促进改善的落地性。

⑤ 效果及时可视化：对于改善中典型的或有代表性的案例及具体的方法，要及时通过看板等在车间或员工相关度比较大的空间中进行可视化：一是让大家学习，提升大家改善意识和改善方法；二是对改善者的另一种肯定和赞扬。例如，可以通过单点课的形式展现到看板上，这种方式简单快捷，一般员工在 10min 内就会理解掌握其内容，也是一种特殊形式的在岗训练；另外，也可以通过 A3 形式的改善表来体现。

19.4.4　形成持续改善的文化

企业如果想让员工认为自己行，认为自己是一个人才，主动挖掘自有的潜能，就需要有一种环境，根本而言就是形成一种人人都行的文化。制造型企业就是要将改善真正形成一种企业的文化，将改善的意识和行为沉浸于员工的血脉中。

① 让思考成为企业力量。在持续改善工作中，培养员工的自我和主动思考习惯，以及发现和解决问题的意识，让员工学会主动思考，主动帮助自己，让员工经常自己问自己"能不能，能不能……"。例如，作业能不能更省力？无用功能不能更少？效率能不能更高？工序能不能实现防呆？等等。

② 构建学习型组织。每个企业都做年度预算，都会包含培训或参观考察等活动。我们往往会习惯认为年度组织一些外训或内训，企业内部购买一些书籍或视频课件，让员工多掌握一些知识或技能就是构建学习型组织，其实这只是构建学习型组织很少的一部分。员工的知识和技能是否真正转化为生产力，是否为企业能力不足做了补差，是否促进了企业的长足发展，是否解决了生产中遇到的问题，是否攻克了工艺难关，持续改善活动是否对生产效率和产品质量有一定贡献等，是衡量一个组织是否为学习型组织的标准。所以，构建学习型组织的真正目的，是要形成可持续、可落地的改善文化，持续改善做得越好越落地，越容易激发员工主动的学习热情，也容易自发地形成改善的兴趣小组，自发地组织一些改善活动，如读书分享会，改善心得每周交流活动，改善典型案例每月分享活动等，从而构建一个真正的实用型的学习型组织。

③ 创造改善的支持环境，让改善成为一种工作方式。作为企业不仅要从制度层面即软的方面来激励员工的持续改善意识和行为，还要为持续改善活动创造一些硬件的条件和环境：要提供专用的空间和专用的改善工具，使员工有动手的机会，能亲自看到自己的成果，也可以让员工进行创意和改善竞赛，如创意空间、生产培训道场等。这些都可以根据企业自己的实际情况设置。

④ 培养改善的人才。企业是否具备竞争力也取决于人才。企业管理者的中职责之一就是发现和培养人才。让员工充分参与改善，培养善于观察和思考的员工，发现能够对问题提出真正想法的员工，从最积极参与改善的人中选拔人才，通过将这些员工向全能工方向培养。对于生产车间言，全能工越多，就越具备竞争力。改善也是全能工的培养方式之一，通过改善人才的培养，同步就实现了全能工的培养，让这些人成为企业的中坚力量，成为改善文化的一部分。

精益是企业运营和管理的必然，本章只是根据精益生产管理理论在实践中的应用体会，进行了简要的讲述，没有从系统性方面进行详细介绍，主要是对生产管理人员如何结合实际情况将精益生产管理真正落地到管理活动中做了一些引导。书不尽言，言不尽意，介绍精益生产管理的专业书籍非常多，大家可以根据自己工作中的实际情况和兴趣再进行研究和应用。其实，理论学起来简单，但应用和管理是不可复制的，生产管理人员真正要用好理论需要进行认真思考，并结合企业的实际情况形成符合本企业管理特色，并能够一以贯之执行。

思 考 题

1. 生产型企业获取更多利润的方式是什么？
2. 准时化和自动化的真正含义是什么？
3. 如何建立精益化管理的系统性思维？
4. 如何将精益化管理持续坚持下去，而不是浅尝辄止或作为一场轰轰烈烈的运动？
5. 如何深刻认识持续性改善的含义，以及其带来的真正价值？
6. 如何将精益化管理形成一种文化，深植于日常管理工作中？

反侵权盗版声明

电子工业出版社依法对本作品享有专有出版权。任何未经权利人书面许可，复制、销售或通过信息网络传播本作品的行为；歪曲、篡改、剽窃本作品的行为，均违反《中华人民共和国著作权法》，其行为人应承担相应的民事责任和行政责任，构成犯罪的，将被依法追究刑事责任。

为了维护市场秩序，保护权利人的合法权益，本社将依法查处和打击侵权盗版的单位和个人。欢迎社会各界人士积极举报侵权盗版行为，本社将奖励举报有功人员，并保证举报人的信息不被泄露。

举报电话：（010）88254396；（010）88258888

传　　真：（010）88254397

E-mail：dbqq@phei.com.cn

通信地址：北京市海淀区万寿路 173 信箱

　　　　　电子工业出版社总编办公室

邮　　编：100036